Fließgewässer- und Auenentwicklung

Heinz Patt
Hrsg.

Fließgewässer- und Auenentwicklung

Grundlagen und Erfahrungen

3., überarbeitete Auflage

Unter herausgeberischer Mitwirkung
von Dr. rer. nat. Mario Sommerhäuser

Hrsg.
Heinz Patt
Sachverständigenbüro Professor Patt & Partner,
Bonn, Deutschland

ISBN 978-3-662-64434-8 ISBN 978-3-662-64435-5 (eBook)
https://doi.org/10.1007/978-3-662-64435-5

Die Deutsche Nationalbibliothek verzeichnet diese Publikation in der Deutschen Nationalbibliografie; detaillierte bibliografische Daten sind im Internet über http://dnb.d-nb.de abrufbar.

Springer Vieweg

Planung: Dr. Daniel Fröhlich
Springer Vieweg ist ein Imprint der eingetragenen Gesellschaft Springer-Verlag GmbH, DE und ist ein Teil von Springer Nature.
Die Anschrift der Gesellschaft ist: Heidelberger Platz 3, 14197 Berlin, Germany

Vorwort zur 3., aktualisierten Auflage

Mit der Verabschiedung der EG-Wasserrahmenrichtlinie (EG-WRRL) und der Anpassung der nationalen Gesetzgebung (Wasserhaushaltsgesetz-WHG und entsprechende Landeswassergesetze) wurden ab dem Jahr 2000 die rechtlichen Schritte für das Flussgebietsmanagement auf der Grundlage eines Bewirtschaftungsplans geschaffen. Zur Veröffentlichung der 1. Auflage dieses Buches im Jahre 2005 waren u. a. die erste Bestandsaufnahme abgearbeitet sowie die Überwachungsprogramme aufgestellt und umgesetzt. Heute, im Jahre 2021, steht die Fortschreibung der Maßnahmenprogramme und der Bewirtschaftungspläne auf der Agenda. Und auch die Frage: Wie soll es nach dem Jahr 2027 mit dem Schutz unserer Gewässerkörper weitergehen?

Der *Auenzustandsbericht 2021* (siehe die Internetseite des Bundesamtes für Naturschutz: www.bfn.de) zeigt den dringenden Handlungsbedarf, um die wenigen noch verbliebenen naturbelassenen Auenlandschaften zu schützen, die Biologische Vielfalt zu verbessern sowie die Rückgewinnung noch vorhandener Auenflächen für den Hochwasserrückhalt und den Natur- und Artenschutz sicherzustellen. Die Entwicklung der Auen in Richtung „mehr Natur" und die Bereitstellung ausreichender Entwicklungsflächen sind hierbei von aus besonderer Bedeutung.

Heute ist die Erkenntnis da, dass solche Schutz- und Entwicklungsmaßnahmen integrativ, unter Beachtung aller wesentlichen Nutzerinteressen und orientiert an den natürlichen Prozessen durchgeführt werden müssen. Als ‚Nature-based solutions' bezeichnet, verbessern integrale Maßnahmen u. a. den Hochwasserschutz, Schützen unser Trinkwasser, tragen zur Erhaltung und Verbesserung des Natur- und Artenschutzes bei, erhalten diese Bereiche für unsere Freizeit und Erholung und leisten einen Beitrag für den Klimaschutz. Die Planung und Umsetzung derartiger Maßnahmen ist in der Praxis mit Sicherheit nicht einfach und bedarf einer ehrlichen Interessenabwägung zwischen allen Beteiligten.

Am 14. Juli 2021 haben die Hochwasser an der Ahr in Rheinland-Pfalz sowie an Erft und Swist in Nordrhein-Westfalen zu erheblichem menschlichen Leid und hohen wirtschaftlichen Schäden geführt. Die fachliche bzw. fachlich-politische Aufarbeitung dieser ausserordentlichen Ereignisse und die sich in der Folge daraus entwickelnden wasserwirtschaftlichen Maßnahmen werden zeigen, wie ernst es uns mit der nachhaltigen Entwicklung der Fließgewässer- und Auenlandschaften ist. Je weiter wir uns der im vorhergehenden Absatz skizzierten Herangehensweise annähern, desto optimaler werden sich Natur und Mensch arrangieren können. Der Bereitstellung ausreichender Abfluss- und Entwicklungsflächen in den gewässernahen Bereichen ist dabei von besonderer, oft bestimmt von ausschlaggebender Bedeutung.

Das Programm „*Blaues Band*“ (www.blaues-band.bund.de) ist ein erster und wichtiger Schritt, um den Biotopverbund entlang unserer Gewässer zu verbessern. Das zugehörige Förderprogramm (www.bfn.de/blauesband/foerderprogramm-auen.html) soll das bestehende Förderprogramm des Bundes „*Chance Natur – Bundesförderung Naturschutz*“ aus dem Jahr 2019 ergänzen.

Nach den Bundestagswahlen im September 2021 hat die sogenannte „Ampelkoalitation“ neue naturschutzfach-ökologische Projekte und Programme in Aussicht gestellt, die zum Redaktionsschluss der entsprechenden Kapitel (31. Dezember 2021) noch nicht rechtswirksam waren. Diesbezüglich muss daher auf das Internet als Informationsquelle verwiesen werden.

Seit der Veröffentlichung der ersten Auflage sind einige der MitautorInnen in den wohlverdienten Ruhestand getreten oder aus anderen Gründen aus dem Bearbeitungsprozess ausgeschieden. Die Fortschreibung der Texte wollten die betreffenden KollegInnen ausnahmslos in „jüngere Hände“ legen. Sie waren alle damit einverstanden, dass wir die „alten“ - meist immer noch aktuellen - Texte bei der Aktualisierung und Fortschreibung des Buches verwenden dürfen. – Dafür möchte ich mich ganz herzlich bedanken.

Dieses Buch lebt von den Beiträgen der zahlreichen Mitautoren. Sie haben meine vielfältigen Wünsche bei der Texterstellung berücksichtigt und auf diese Weise sehr zum Gelingen des Buches beigetragen.

Für die Bearbeitung der 3. Auflage sind wieder Autoren ausgeschieden. Die Texte dieser Autoren wurden durchgesehen und ggf. aktualisiert. Für die Überlassung ihrer Texte aus der 2. Auflage möchte ich Herrn Dipl.-Ing. Bernhard Burkart (Abschn. 6.6.1 und 7.8), Dr. rer. nat. Hanns-Jörg Dahl (Abschn. 4.1), Univ. Prof. Dr. rer. nat. Daniel Hering (Abschn. 6.3), Dr. rer. nat. Petra Podraza (Abschn. 3.3.6, 6.3 und 6.5.2), Univ. Prof. Dr.-Ing. Silke Wieprecht (Abschn. 6.4.3) sowie Forstassessor Uwe Steuer (Abschn. 6.6.3) ganz herzlich danken.

Dr. rer. nat. Mario Sommerhäuser hat mich bei dieser Auflage in hervorragender Weise unterstützt.

Ohne Sie alle, meine Damen und Herren, liebe Kolleginnen und Kollegen, wäre es nicht zu schaffen gewesen. – Danke!

Bonn, Deutschland
August 2022

Heinz Patt

Vorwort der Herausgeber der Erstausgabe

Die Hochwasserschäden in den letzten Jahren haben deutlich gezeigt, dass das Verhältnis zwischen Menschen und Natur vielerorts empfindlich gestört ist. Allein das Hochwasser an der Elbe im Jahre 2002 hat Schäden in der Größenordnung von schätzungsweise 20 Milliarden EURO verursacht. Schaut man in einem größeren Rahmen, werden diese Schadenssummen von Überschwemmungen oder anderen Naturkatastrophen in anderen Teilen der Welt noch weit übertroffen.

Nicht wenige haben immer wieder vor dem Ausverkauf unserer natürlichen Lebensgrundlagen gewarnt und Änderungen angemahnt. Andere haben auf die Statistik gesetzt und gehofft, dass ein Hochwasser zwar eintreffen kann, es aber rechnerisch eher unwahrscheinlich ist. So oder so – den Hochwasserbetroffenen entstanden großes persönliches Leid und den Volkswirtschaften der betroffenen Länder hohe Schäden.

Warner gab es genug! So hat zum Beispiel der Altmeister der nachhaltigen Entwicklung in den Vereinigten Staaten, der Amerikaner Aldo Leopold (1886–1949), schon früh darauf hingewiesen, dass der Schutz unserer natürlichen Ressourcen ein Zustand der „Harmonie zwischen Menschen und Land" ist. Die dazu gehörige Einstellung, muss „in uns sein oder entwickelt werden". Sie kann nicht durch Gesetzestexte oder behördlichen Verordnungen angeordnet werden.

In Europa waren es Alwin Seifert (1890–1972) der in seinem Buch „*Ein Leben für die Landschaft*" die Bedeutung naturbelassener Landschaftsbestandteile hervorhebt. In seiner Monografie „Im Zeitalter des Lebendigen" aus dem Jahre 1943 zeigt er an ganz konkreten Beispielen, dass sich die Störung von natürlichen Entwicklungsprozessen „unentrinnbar rächt". Er spricht in diesem Zusammenhang von Versteppung, Unfruchtbarkeit und Bodenverwüstung. In unseren Regionen ist es nicht so weit gekommen. Andere Teile der Welt haben nicht so viel Glück gehabt.

Das vorliegende Buch gibt einen umfassenden Überblick über die heutigen Vorstellungen bei der Entwicklung von Fließgewässerm und Auen. Fließgewässer und Auen werden dabei als integraler Bestandteil der Landschaft angesehen. Sie sind als Natur- und Lebensräume untrennbar miteinander verknüpft. Alle natürlichen Prozesse bzw. Funktionen eines Fließgewässers, wie zum Beispiel Wasserabfluss, Transport von Feststoffen,

Habitatfunktion, Vernetzung von Lebensräumen u. a., sind vor diesem Hintergrund zu sehen und menschliche Eingriffe in dieses Gefüge hinsichtlich ihrer Auswirkungen zu bewerten.

Im Buch wird deshalb auf die natürlichen Entwicklungsprozesse der Fließgewässer eingegangen und gleichzeitig das Verhältnis zwischen Menschen und Fließgewässer beleuchtet. Dazu wurden sowohl die historische Entwicklung der Fließgewässer als auch naturschutzfachliche und landschaftspflegerische Aspekte beschrieben. Insbesondere wird dargestellt, wie sich unsere Gewässer in den letzten Jahren unter dem Einfluss der Bewirtschaftung verändert haben. Hierbei wird zwischen Fließgewässern in der freien Landschaft und solchen unter urbanen Einflüssen (urbane Gewässer) unterschieden.

Die Entwicklung eines Fließgewässers hin zu mehr Naturnähe erfordert fundierte Kenntnisse über die natürliche Ausstattung der zu entwickelnden Gewässer. Dabei sind die Kategorisierung und die Bewertung des vorgefundenen Zustands im Vergleich zu den natürlichen Gegebenheiten von großer Bedeutung. Das Wissen um die Gewässerstruktur, die Morphologie und der biotischen Merkmale von Fließgewässer und Auen sind Grundvoraussetzungen, um die richtigen Schritte einzuleiten.

Hinsichtlich bestehender und geplanter Nutzungen und der daraus resultierenden Folgen für die Fließgewässer und Auen sind auch wasserwirtschaftliche und wasserbauliche Aspekte von Bedeutung. Sie sind notwendig für die Planung von Eingriffen mit Alternativen, die Abschätzung und Minimierung der Auswirkungen und die erforderliche Pflege und Unterhaltungsmaßnahmen.

Von Bedeutung für die Entwicklung der Fließgewässer ist auch die Entwicklung der Rechtsnormen. Die Europäische Wasserrahmenrichtlinie (EG-WRRL) und die damit verbundene Novellierung des Wasserhaushaltsgesetzes (WHG) hat die Berücksichtigung naturschutzfachlicher Ziele nochmals weiter in den Vordergrund gerückt. Auch sind die im Rahmen der Bestandsaufnahme zu entwickelnden Bewertungsparameter fast ausschließlich an biotischen Parametern ausgerichtet.

Nicht zuletzt verdeutlicht auch die Europäische Wasserrahmenrichtlinie, dass Fließgewässer mit ihren Auen seit etlichen Jahren international als zentrale Elemente von Kulturlandschaften anerkannt werden und einen sehr hohen Stellenwert besitzen. Es ist heutzutage auch unbestritten, dass es ein politisches Ziel ist, diese wertvollen Ökosysteme vor weiterer Zerstörung zu schützen und, wo immer möglich, für bereits beeinträchtigte Fließgewässer die Voraussetzungen für eine eigendynamische Entwicklung zu schaffen. Die Erhaltung und die Wiederherstellung der „ökologischen Funktionsfähigkeit“ unserer Fließgewässer mit ihren Auen unter gleichzeitiger, indirekter Verbesserung des Hochwasserschutzes wird auch in Zukunft ein zentrales Anliegen bleiben.

Wer um die Komplexität der Fließgewässer- und Auenlandschaften weiß, wird sich nicht wundern, dass wir zahlreiche Fachleute verschiedener Disziplinen gebeten haben, an diesem Buch mitzuwirken. Wir wollten damit erreichen, dass die fachspezifischen Fragen umfassend und kompetent erläutert werden, ohne jedoch den Praxisbezug zu verlieren. Die Mitautorinnen und Mitautoren haben dies hervorragend gelöst. Dafür möchten wir uns besonders bedanken.

Unser Dank gilt aber auch Frau cand. Dipl.-Ing. Janine Meistrell. Sie hat zahlreiche Grafiken umgearbeitet und aktualisiert und damit einen wichtigen Beitrag zur Illustration des Buches geleistet.

Erding/Essen, Deutschland
Oktober 2004

Peter Jürging
Heinz Patt

Inhaltsverzeichnis

Autorenverzeichnis

Klaus Arzet Bayerisches Staatsministerium für Umwelt und Verbraucherschutz, München, Deutschland

Birgit Beckers ABU – Biologische Station Soest, Bad Sassendorf, Deutschland

Walter Binder vormals Bayerisches Landesamt für Umwelt, Augsburg, Deutschland

Hubertus Brückner vormals Gewässerverband Kleine Elster – Pulsnitz, Sonnewalde, Deutschland

Holger Brux Planungsbüro Dipl.-Biol. Holger Brux, Oldenburg, Deutschland

Dieter Coldewey vormals Niedersächsischer Landesbetrieb für Wasserwirtschaft, Küsten- und Naturschutz (NLWKN), Verden, Deutschland

Sebastian Döbbelt-Grüne Planungsbüro Koenzen, Hilden, Deutschland

Alexandra Dehnhardt Institut für ökologische Wirtschaftsforschung (IOW) eGmbH, Berlin, Deutschland

Ulrich Detering Bezirksregierung Arnsberg, Lippstadt, Deutschland

Joachim Drüke Bezirksregierung Arnsberg, Arnsberg, Deutschland

Thomas-Ols Eggers Niedersächsischer Landesbetrieb für Wasserwirtschaft, Küsten- und Naturschutz (NLWKN), – Geschäftsbereich Landesweiter Naturschutz, Hannover, Deutschland

Klaus-Dieter Fröhlich Kanzlei Fröhlich, Berlin, Deutschland

Christian Göldi vormals Amt für Abfall, Wasser, Energie und Luft, Zürich, Schweiz

Josef Groß vormals Regionalstelle Wasserwirtschaft Koblenz, Struktur- und Genehmigungsdirektion (SGD) Nord, Koblenz, Deutschland

Anja Kaussow Gewässerverband Kleine Elster – Pulsnitz, Sonnewalde, Deutschland

Stephan von Keitz Hessisches Ministerium für Umwelt, Energie, Landwirtschaft und Verbraucherschutz (HMUELV), Wiesbaden, Deutschland

Ellen Kiel Fakultät V/IBU, Carl von Ossietzky Universität, Oldenburg, Deutschland

Uwe Koenzen Planungsbüro Koenzen, Hilden, Deutschland

Werner Konold Institut für Naturschutzökologie und Landschaftsmanagement, Kirchzarten, Deutschland

Annette Kurth Planungsbüro Koenzen, Hilden, Deutschland

Roland Loerbroks ABU – Biologische Station Soest, Bad Sassendorf, Deutschland

Helmut Mader Institut für Wasserwirtschaft, Hydrologie und konstruktiver Wasserbau, Universität für Bodenkultur Wien, Wien, Österreich

Dietmar Mehl biota – Institut für ökologische Forschung und Planung GmbH, Bützow, Deutschland

Peter Meyer Nordwestdeutsche Forstliche Versuchsanstalt, Hann. Münden, Deutschland

Heinz Patt Sachverständig enbüro Professor Patt & Partner, Bonn, Deutschland

Thomas Paulus Ministerium für Umwelt, Energie, Ernährung und Forsten des Landes Rheinland-Pfalz, Mainz, Deutschland

Tanja Pottgiesser umweltbüro essen, Essen, Deutschland

Bernd Schackers UIH Planungsbüro – Landschaftsarchitekten Figura-Schackers PartGmbB, Hoexter, Deutschland

Michael Schirmer Bremer Deichverband am rechten Weserufer, Bremen, Deutschland

Jörg Scholle BIOCONSULT – Schuchardt & Scholle GbR, Gnarrenburg, Deutschland

Georg Schrenk DWA-Deutsche Vereinigung für Wasserwirtschaft, Abwasser und Abfall e.V., Hennef, Deutschland

Peter Sellheim vormals Niedersächsisches Landesbetrieb für Wasser, Küsten- und Naturschutz (NLWKN), Hannover, Deutschland

Mechthild Semrau Emschergenossenschaft/Lippeverband, Essen, Deutschland

Simon Spinner Landesbetrieb Gewässer, Regierungspräsidium Freiburg, Riegel, Deutschland

Eberhard Städtler vormals Staatliches Umweltamt Köln, Köln, Deutschland

Bernd Walser Landesbetrieb Gewässer, Regierungspräsidium Freiburg, Riegel, Deutschland

Klaus Werk vormals Hochschule Geisenheim University, Institut für Landschaftsplanung und Naturschutz, Geisenheim, Deutschland

Mario Sommerhäuser Emschergenossenschaft/Lippeverband, Essen, Deutschland

Michael Weyand vormals Ruhrverband, Essen, Deutschland

Abkürzungsverzeichnis

AK	Arbeitskreis
ATV-DVWK	Deutscher Verband für Wasserwirtschaft, Abwasser und Abfall e.V., Hennef (jetzt DWA e.V.)
BauGB	Baugesetzbuch
BAW	Bundesanstalt für Wasserbau, Karlsruhe
BayLfW	Bayerisches Landesamt für Wasserwirtschaft, München
BayNatSchG	Bayerisches Naturschutzgesetz
BayObLG	Bayerisches Oberstes Landesgericht
BayStLMU	Bayerisches Staatsministerium für Landesentwicklung und Umweltfragen, München
BayWG	Bayerisches Wassergesetz
BBodSchG	Gesetz zum Schutz vor schädlichen Bodenveränderungen und zur Sanierung von Altlasten (Bundes-Bodenschutzgesetz)
BBodSchV	Bundes-Bodenschutz- und Altlastenverordnung
BfG	Bundesanstalt für Gewässerkunde, Koblenz
BfN	Bundesamt für Naturschutz, Bonn
BGB	Bürgerliches Gesetzbuch
BGBl	Bundesgesetzblatt
BGH	Bundesgerichtshof
BMU	Bundesministerium für Umwelt, Naturschutz und Reaktorsicherheit, Bonn/Berlin
BMV	Bundesministerium für Verkehr, Bonn
BNatSchG	Bundesnaturschutzgesetz
BVerwG	Bundesverwaltungsgericht
BVerwGE	Bundesverwaltungsgericht Entscheidung
BWK	Bund der Wasserbau- und Kulturbauingenieure e.V.
DFG	Deutsche Forschungsgemeinschaft, Bonn
DGM	Digitales Geländemodell
DIN EN	DIN Euro Norm
DKKV	Deutsches Komitee für Katastrophenvorsorge e.V., Bonn
DMJ	Deutsches Meteorologisches Jahrbuch

DVGW	Deutscher Verein des Gas- und Wasserfaches e.V., Bonn
DVWK	Deutscher Verband für Wasserwirtschaft und Kulturbau e.V., Bonn (jetzt DWA e.V., Hennef)
DWA	Deutsche Vereinigung für Wasserwirtschaft, Abwasser und Abfall e.V., Hennef
EG-WRRL	Europäische Wasserrahmenrichtlinie
EU	Europäische Union
EuGH	Europäischer Gerichtshof
FAO	Food and Agriculture Organisation of the United Nations
GG	Grundgesetz
GIS	Geoinformationssystem
GV	Gesetz und Verordnungsblatt
GV NW	Gesetz und Verordnungsblatt des Landes Nordrhein-Westfalen
Hrsg.	Herausgeber
LANA	Länderarbeitsgemeinschaft „Naturschutz, Landschaftspflege und Erholung“
LAWA	Länderarbeitsgemeinschaft „Wasser“
LG NW	Landschaftsgesetz Nordrhein-Westfalen
LUA NRW	Landesumweltamt Nordrhein-Westfalen, Düsseldorf
LWF	Bayerische Landesanstalt für Wald und Forstwirtschaft, Freising
LWG	Landeswassergesetz LWG NW Landeswassergesetz Nordrhein-Westfalen
LWG RP	Landeswassergesetz Rheinland-Pfalz
NHG	Bundesgesetz über den Natur- und Heimatschutz (Schweiz)
NRW	Nordrhein-Westfalen
NUA	Naturschutz- und Umweltakademie Nordrhein-Westfalen
OBB	Oberste Baubehörde im Bayerischen Staatsministerium des Innern
OECD	Organisation für wirtschaftliche Zusammenarbeit und Entwicklung (OWZE); engl.: Organisation for Economic Co-operation and Development (OECD)
OLG	Oberlandesgericht OVG Oberverwaltungsgericht
StaWA	Staatliches Amt für Wasser- und Abfallwirtschaft
StUA	Staatliches Umweltamt
UBA	Umweltbundesamt, Berlin
UVP	Umweltverträglichkeitsprüfung
UVPG	Gesetz über die Umweltverträglichkeit
UVS	Umweltverträglichkeitsstudie
VDSF	Verband Deutscher Sportfischer e.V., Offenbach
VwVfG	Verwaltungsverfahrensgesetz
WBV	Verordnung über den Wasserbau (Schweiz)
WG BW	Wassergesetz Baden-Württemberg
WHG	Wasserhaushaltsgesetz
WVG	Wasserverbandsgesetz
WWA	Wasserwirtschaftsamt

1 Einführung und Systematik

Heinz Patt

Zusammenfassung

Kap. 1 enthält den Geltungsbereich, die Gliederung des Buches und den Hinweis, für welchen Personenkreis dieses Buch geschrieben wurde. Es folgen einige Hinweise zu der Auswahl der Mitautoren und die wichtige Bemerkung, dass auf dem Gebiet der Gewässerentwicklung jedes Projekt einen „eigenen Charakter“ hat und es daher keine Patentlösungen geben kann.

Die Ansprüche an Fließgewässer mit ihren Auen haben sich gewandelt und sind zudem differenzierter geworden. In der Vergangenheit wurden die Erhaltung oder Wiederherstellung einer Fließgewässerlandschaft als dynamischer Abfluss- und Retentionsraum sowie seine Bedeutung und Funktion als Lebensraum für Pflanzen- und Tiergemeinschaften nicht immer ausreichend berücksichtigt. Die Folgen des menschlichen Wirkens waren und sind vielfach Störungen des Natur- und Wasserhaushaltes. Besonders auffällig sind die Reduzierung der Fließgewässerdynamik und die damit einhergehende Verarmung der Biotop- und Artenvielfalt. Heute werden Fließgewässer und Auen von der Öffentlichkeit verstärkt im Hinblick auf ihre Funktionen im Naturhaushalt, für den Hochwasserrückhalt und als Freizeit- und Erholungsraum wahrgenommen. Dieses Buch soll Hilfestellung bei der Planung und Umsetzung von Fließgewässer- und Auenentwicklungen geben. Gleichzeitig ist es auch eine Wiedergutmachung an der Natur in einem bedeutsamen Naturraum.

H. Patt (✉)
Sachverständigenbüro Professor Patt & Partner, Bonn, Deutschland
E-Mail: heinz.patt@t-online.de

H. Patt (Hrsg.), *Fließgewässer- und Auenentwicklung*,
https://doi.org/10.1007/978-3-662-64435-5_1

1.1 Geltungsbereich

Die Inhalte dieses Buchs beziehen sich auf fließende, oberirdische Gewässer humider Landschaften Mitteleuropas mit Ausnahme der Hochgebirge und Tidegewässer. Wildbäche, Wasserstraßen (Kanäle) und Entwässerungsgräben werden nicht oder nur am Rande erwähnt. Wo fachlich sinnvoll werden Fließgewässer in der freien Landschaft und Fließgewässer in städtischen (urbanen) Bereichen gesondert angesprochen.

1.2 Gliederung des Buches

Das Wissen um natürliche, dynamische Fließgewässer mit ihren Auen (Kap. 2) ist als Orientierungshilfe unabdingbar notwendig, ebenso wie das Begreifen, was der Mensch sicherheits- und nutzungsorientiert aus vielen natürlichen Fließgewässern und Auen gemacht hat, wie diese heute vor allem unsere Agrar-, Forst-, Stadt- und Industrielandschaften prägen (Abschn. 3.1) und welche Folgen dies für die fließgewässer- und auentypischen Lebensräume mit ihren Lebensgemeinschaften hat (Abschn. 3.2).

Die ökologischen Defizite naturferner Fließgewässer und Auen machte die Notwendigkeit eines „Kurswechsels" mehr als deutlich. Vielerorts wurde deshalb schon vor Jahren damit begonnen, diese naturfernen Situationen wieder in Richtung intakter Ökosysteme mit den ihnen typischen, vielfältigen Abhängigkeiten und Wechselbeziehungen zu entwickeln, wobei zwangsläufig auch menschliche Belange Beachtung finden mussten und fanden. Betrachtet man diese stets umfassender werdenden Bemühungen, so stehen am Ende – im günstigsten Fall – ganzheitliche und um Nachhaltigkeit bemühte Entwicklungskonzepte für unsere Fließgewässer und ihre Auen (Kap. 4).

Des Weiteren ist die Frage bedeutsam, welche einschlägigen Rechtsnormen existieren und was diese für eine nachhaltige Fließgewässer- und Auenentwicklung leisten können (Kap. 5). Hierbei werden sowohl die europäische Ebene (u. a. EG-Wasserrahmenrichtlinie – s. Abschn. 5.1) als auch die geltenden deutschen wasser- (s. Abschn. 5.1) und naturschutzrechtlichen (s. Abschn. 5.2) Instrumente erläutert.

Für die Planung werden fachliche Grundlagen benötigt. Dazu gehört einerseits die Kenntnis über den Planungsprozess als Ganzes (Abschn. 6.1) und andererseits die Auswahl der erforderlichen Planungsgrößen. Dazu gehören sowohl flächendeckende Planungsparameter (Abschn. 6.2) als auch Fragen der Kategorisierung und Bewertung (Abschn. 6.3), aber auch hydrologische, wasserbauliche und wasserwirtschaftliche Bemessungsgrößen (Abschn. 6.4). Im Zuge der Maßnahmenplanungen im Sinne der EG-Wasserrahmenrichtlinie werden diese Parameter mehr und mehr an Bedeutung gewinnen. Hierbei sind die Besonderheiten des urbanen Bereichs von besonderem Interesse (Abschn. 6.5). Große Auswirkungen auf die Entwicklungsprozesse hat auch die Gewässerunterhaltung (Abschn. 6.6), da sie einerseits die Abflussleistung erhalten soll, andererseits aber durch die diesbezüglichen Maßnahmen die Entwicklungsprozesse immer wieder unterbricht. Nicht zuletzt spielen Fragen der Öffentlichkeitsbeteiligung (Abschn. 6.7) und der Finanzierung (Abschn. 6.8) eine große Rolle.

Einen Eindruck, wie unterschiedlich Gewässerentwicklungskonzepte und deren Umsetzungen aufgrund divergierender Ausgangssituationen sein können, zeigen einige Beispiele aus unterschiedlichen Gewässerlandschaften Deutschlands, wobei aber auch ein „Blick über den Zaun" zu unseren Nachbarn, Schweiz und Österreich, wertvolle Anregungen gibt (s. Beispiele in Kap. 7).

Am Ende einiger Kapitel befinden sich erläuternde Farbtafeln. Diese zeigen in systematischer Abfolge wesentliche Inhalte des jeweiligen Kapitels.

1.3 Entwicklungsprozesse

Neben der Darstellung der fachübergreifenden Grundlagen der Fließgewässer- und Auenentwicklung, soll das Buch die Entwicklung ausgesuchter Fließgewässer über einen langen Zeitraum darstellen. Waren es zu Anfang der naturnahen Entwicklung Unsicherheiten wegen Wissenslücken und fehlender Erfahrungen, so stehen in der heutigen Zeit meist der Umgang mit bestehenden Restriktionen und Nutzungsanforderungen im Mittelpunkt. Vieles was zur Erreichung der Ziele der EG-Wasserrahmenrichtline (EG-WRRL) sinnvoll und erforderlich ist, kann wegen den Widerständen der Nutzer bzw. den Bedingungen vor Ort nicht umgesetzt werden.

Mehr und mehr häufen sich daher bei den Planungen Kompromisse, die aus Sicht der Zielerreichung der EG-WRRL kontraproduktiv sind, weil sie bestehende Mißstände oft für Jahrzehnte festschreiben. So ist es dann nicht verwunderlich, dass oft zu hören ist, dass man eigentlich weiß, was gemacht werden müsste, aber die diesbezüglichen Planungen vor Ort nicht durchsetzbar sind (Harms und Sellheim 2019).

1.4 Klimaveränderungen

Wer hätte gedacht, dass das wasserreiche, natur- und wasserliebende Deutschland so schnell mit deutlich merkbaren Klimaveränderungen konfrontiert wird, die mittlerweile auch deutliche Einflüsse auf die Fließgewässer- und Auenentwicklung hat. Der trockene Sommer im Jahr 2019, und auch im Jahr 2022, hat in einigen Regionen dazu geführt, dass so manches „gut laufende" Entwicklungsprojekt „trocken gefallen ist" ist. Mit dem Anblick von toten Fischen, trockenen Gewässerabschnitten u. a. haben die beteiligten Fachleute auf dem Weg zu mehr Naturnähe an und in den Oberflächengewässern nicht gerechnet.

Aber auch das Gegenteil passiert. – Starkregenereignisse treten häufiger auf und konzentrieren sich auf kleine Bereiche des Einzugsgebiets. Die sich daraus ergebenden Abflüsse verwandeln Straßen in Wasserläufe, Gärten in Seen und verschlammen Keller. Die Schäden sind meist immens, weil sich die Anwohner aufgrund der vorhandenen - oft teuer bezahlten - Hochwasserschutzmaßnahmen in Sicherheit wähnen. Oft ist dann in den anschließenden Verwaltungsprozessen zur Klärung der Schuldfrage zu hören, dass der Klimawandel und die Nutzungen im Einzugsgebiet die Schäden verursacht haben.

1.5 Für wen ist dieses Buch gedacht?

Inhaltlich ist das Buch auf die unmittelbar Handelnden abgestimmt. Es richtet sich deshalb bevorzugt an die Verantwortlichen des Staates, der Kommunen und Verbände sowie an alle Fachleute, die in wasserwirtschaftlichen Dienststellen, Planungsbüros oder Baufirmen tätig sind. Nicht zuletzt wendet es sich aber auch an die Dienststellen des Naturschutzes und der Landschaftspflege, der Landwirtschafts- und Forstverwaltung sowie an Organisationen oder Einzelpersonen, die sich hauptamtlich oder ehrenamtlich mit Fließgewässern befassen. Das Buch soll ermutigen, die Gedanken der naturnahen Fließgewässer- und Auenentwicklung vermehrt aufzugreifen und umzusetzen.

Das Buch soll aber auch diejenigen ansprechen, die sich nur über die Fließgewässer- und Auenentwicklung informieren wollen. Vielleicht können die Ausführungen dazu anregen, sich einerseits für den Schutz- und die Erhaltung natürlicher Fließgewässer- und Auenlandschaften einzusetzen, andererseits aber auch die nutzungsbedingten Schwierigkeiten bei Entwicklungsmaßnahmen an Fließgewässern und Auen zu erkennen und Lösungen anzubieten. Der Schutz und die Wiederherstellung naturnaher Fließgewässer- und Auenlandschaften müssen dabei ein generelles gesellschaftliches Anliegen sein und bleiben. Ein Fachbuch kann hier nur Grundlagen und wertvolle Anregungen liefern.

1.6 Arbeits des Herausgebers

An diesem Buch haben eine Vielzahl von Autorinnen und Autoren mitgearbeitet, die sich allesamt lange Jahre mit unterschiedlichen Themen aus dem Bereich der Fließgewässer- und Auenentwicklung beschäftigt haben. Viele der abzuhandelnden Fachthemen sind miteinander verknüpft, mussten aber für das Buch in eine Gliederung eingepasst werden.

Bei den beschriebenen Planungen und organisatorischen Abläufen galt es regionale oder länderspezifische Unterschiede zu kennzeichnen, ohne wichtige, allgemeingültige Erfahrungen zu vernachlässigen. Es galt aber auch, den Eindruck zu vermeiden, dass die in einem Bundesland oder einer Region gewählte Vorgehensweise als Generallösung erscheint und andere Arbeiten minder wichtig sind. Es soll daher ausdrücklich betont werden, dass die Nichterwähnung von regionalen oder länderspezifischen Entwicklungen deren Bedeutung in keiner Weise schmälern soll. Nach Abgabe der einzelnen Textbeiträge, war es eine Aufgabe des Herausgebers, diesbezüglich für einen Ausgleich zu sorgen, ohne den „Schreibstil" und die Sichtweise der einzelnen Autoren zu verändern.

Ich bin mir darüber im Klaren, dass das vielleicht nicht immer gelungen ist. Ein, hoffentlich kleiner, lokalpatriotischer Einschlag kann mit Sicherheit zwischen den Zeilen heraus gelesen werden. Ich bin mir aber sicher, dass das Ziel, die naturnahe Entwicklung von

Fließgewässer und Auen durch die Bereitstellung von fachlicher Information zu fördern, dadurch nicht geschmälert wird.

Literatur

Harms A, Sellheim P (2019) Strategien, Instrumente und Möglichkeiten, Wege zur Umsetzung des Aktionsprogramms Niedersächsische Gewässerlandschaften, KW Korrespondenz Wasserwirtschaft, 12. Jahrg., Heft 10, S. 573 ff.

Natürliche Fließgewässer, Typologie der Fließgewässer

2

Heinz Patt, Walter Binder, Ellen Kiel, Tanja Pottgiesser, Mario Sommerhäuser, Uwe Koenzen und Annette Kurth

Zusammenfassung

Fließgewässer und die gewässerbegleitenden Uferstreifen und Auen sind in ihrer Funktion als Ökosystem durch ein zeitlich wie räumlich äußerst dynamisches Prozessgeschehen gekennzeichnet. Die Ökosystembausteine, die Besiedlungsdynamik und die ökosystemaren Zusammenhänge sind u. a. Grundbedingung für die sehr speziellen Lebensräume und Lebensgemeinschaften im Wasserkörper und in der angrenzenden Gewässeraue. Ebenso wie die gewässermorphologische Ausprägung des Wasserkörpers sind diese Prozesse Grundlage der Fließgewässer- und Auentypologie.

H. Patt (✉)
Sachverständigenbüro Professor Patt & Partner, Bonn, Deutschland
E-Mail: heinz.patt@t-online.de

W. Binder
vormals Bayerisches Landesamt für Umwelt, Augsburg, Deutschland

E. Kiel
Fakultät V/IBU, Carl von Ossietzky Universität, Oldenburg, Deutschland
E-Mail: ellen.kiel@uni-oldenburg.de

T. Pottgiesser
umweltbüro essen, Essen, Deutschland
E-Mail: tanja.pottgiesser@umweltbuero-essen.de

M. Sommerhäuser
Emschergenossenschaft/Lippeverband, Essen, Deutschland
E-Mail: mario.sommerhaeuser@eglv.de

U. Koenzen · A. Kurth
Planungsbüro Koenzen, Hilden, Deutschland
E-Mail: uwe.koenzen@planungsbuero-koenzen.de; kurth@planungsbuero-koenzen.de

H. Patt (Hrsg.), *Fließgewässer- und Auenentwicklung*,
https://doi.org/10.1007/978-3-662-64435-5_2

Fließgewässer weisen in ihrer Funktion als Ökosystem sowohl gegenüber terrestrischen Ökosystemen als auch gegenüber Stillgewässern große Unterschiede auf. Dabei ist besonders bedeutsam, dass Fließgewässer ein vielfältiges und zeitlich wie räumlich äußerst dynamisches Prozessgeschehen besitzen und abflussbedingt von linearen Strukturen geprägt sind. Sie sind offene Ökosysteme mit Stoff- und Energiedurchfluss. Dementsprechend beeinflussen flussaufwärts gelegene Abschnitte flussabwärts gelegene Strecken in hohem Maße. Aus diesem Grund weisen Fließgewässer im Regelfall von der Quelle bis zur Mündung vor allem physikalische und daraus resultierend auch biotische Gradienten auf. Diese Gradienten sind die Ausgangsbedingungen für Entwicklungsprozesse, ökosystemare Zusammenhänge und damit Grundlage für die spezifischen Lebensräume und Lebensgemeinschaften.

Natürliche Fließgewässer und ihre Auen werden im Wesentlichen von den naturräumlichen Gegebenheiten ihres Einzugsgebiets geprägt. Hierzu zählen vor allem Klima, Geologie, Tektonik, Relief, Boden und Vegetation und in Abhängigkeit davon der Oberflächenabfluss und der Abtrag von Landflächen. Diese Faktoren und die Gegebenheiten des jeweiligen Fließgewässerabschnitts bestimmen die sogenannten dynamischen Ökosystembausteine unserer Fließgewässer und ihrer Auen (s. auch Farbtafeln 2.39 bis 2.47).

2.1 Ökosystembausteine

Walter Binder und Heinz Patt

Zu den Ökosystembausteinen zählen vor allem die Abfluss- und Feststoffdynamik, die Morphologie sowie die physikalischen und chemischen Faktoren der Wasserqualität. Diese vier abiotischen Systemkomponenten sind einerseits für die Entwicklung der Fließgewässer und Auen verantwortlich und andererseits von entscheidender Bedeutung für die jeweiligen Verhältnisse vor Ort, d. h. für die Ausgestaltung als Lebensraum (Biotop) und somit auch für die Entwicklung spezifischer Arten und Lebensgemeinschaften *(Biozoenosen)* (Abb. 2.1).

2.1.1 Abflussdynamik

Das Abflussgeschehen im Jahresverlauf (Abflussregime) bestimmt u. a. die Dauer und Häufigkeit der Abflüsse (Niedrigwasser-, Mittelwasser-, Hochwasserabflüsse) und deren Verteilung im Jahresgang, die Fließgeschwindigkeiten, die Überschwemmungen und die Grundwasserschwankungen in der Aue. Dabei können zum Beispiel Hochwasser in Abhängigkeit von den Bio- und Geofaktoren des Einzugsgebiets unterschiedlich schnell ablaufen. Hochwasserereignisse von Gebirgsflüssen dauern in der Regel nur wenige Tage, fallen vorwiegend in die Vegetationsperiode und sind von hoher Dynamik geprägt. Dagegen sind die Flusslandschaften der Mittelgebirge, und vor allem der Norddeutschen Tiefebene, in erster Linie von lang andauernden Winterhochwassern geprägt.

Abb. 2.1 Naturnahes Fließgewässer. (Foto: H. Patt)

Fließgeschwindigkeiten

Die Fließgeschwindigkeiten im Gewässerbett hängen vom Abfluss, dem Gefälle, den Gerinneabmessungen und den Gewässerbettstrukturen ab. Letztere bestimmen die Fließwiderstände.

Ein erhöhter Abfluss führt zu höheren Fließgeschwindigkeiten im Gewässerbett, wodurch zwangsläufig auch die Kräfte auf die Sohle und Ufer (Schubspannungen) erhöht werden. Die vorhandenen Feststoffe und die unterschiedlichen Schubspannungen beeinflussen u. a. auch die Substratverteilungen im Gewässerbett und der Aue.

Im Längsprofil nehmen die Fließgeschwindigkeiten mit sinkenden Gefälle entsprechend vom Oberlauf zum Unterlauf hin ab. In gefälle- und strukturreichen Oberläufen sind hohe Fließgeschwindigkeiten und große Geschwindigkeitsschwankungen *(Turbulenzen)* typisch (Abb. 2.2), während in tieferen, gefälle- und strukturärmeren Unterläufen kaum Turbulenzen auftreten. Allerdings können die Fließgeschwindigkeiten in Unterläufen aufgrund der geringen Bettrauheiten und des zunehmenden Abflusses relativ hoch sein. Turbulente, auf den ersten Blick rasch fließende, Oberläufe können daher in manchen Fällen langsamer fließen als große, weniger „turbulent" erscheinende Tieflandflüsse (Jungwirth et al. 2003).

Im Querprofil (Abflussquerschnitt) ist die Geschwindigkeit eines Fließgewässers sehr ungleichmäßig verteilt, vor allem in den Ober- und Mittelläufen. Die größten Fließ-

Abb. 2.2 Turbulentes Fließen in einem naturnahen Fließgewässer. (Foto: H. Patt)

geschwindigkeiten werden in der Regel nahe der Wasseroberfläche von tieferen Fließbereichen erreicht, wohingegen sie in Ufer- und Sohlennähe reibungsbedingt deutlich abnehmen bzw. gegen Null tendieren. Je unregelmäßiger ein Profil ausgebildet ist, desto ungleichmäßiger sind die Fließgeschwindigkeiten über den Querschnitt verteilt. Daher kann die Geschwindigkeit in einzelnen Querschnittsbereichen von der mittleren Geschwindigkeit erheblich abweichen, wodurch es unter anderem zur Ausbildung von Sekundärströmungen kommt.

Überschwemmungen

In natürlichen Fließgewässern liegt der Wasserspiegel beim Mittelwasserabfluss (MQ) oftmals nur unwesentlich unter der Geländeoberkante der seitlich anschließenden Auen. Dies macht verständlich, dass natürliche Fließgewässer in Abhängigkeit von ihrem Gewässertyp bis zu mehrmals im Jahr bei erhöhten Abflüssen über die Ufer treten und die Auen überfluten.

Mit zunehmender Ausuferung nimmt die Abflussleistung im eigentlichen Gewässerbett, in Relation zu den Abflüssen in den breiten Auen, nur noch wenig zu. Flussnahe Teile der Aue können deshalb von stark strömenden, energiereichen *Überflutungen* (Abb. 2.3) gekennzeichnet sein, während in anderen, meist höhergelegenen und dichter bewachsenen Bereichen das Hochwasser nur zu einem mehr oder weniger stagnierenden *Überstau* führt.

Abb. 2.3 Energiereiche Überflutung bei etwa einem HQ_3 in einer dealpinen Weichholzaue (Foto: P. Jürging)

Wasserrückhalt und Stoffrückhalt

Ufert ein Fließgewässer in die Aue aus, verlangsamt sich der Hochwasserabfluss und sorgt auf diese Weise für einen Anstieg des ober- und unterirdischen Hochwasserrückhalts (*Retention*), für die quantitative Erneuerung des Grundwassers und, bei sinkenden Flusswasserspiegeln, für eine Wasserrückspeisung in das Fließgewässer.

Der Hochwasserabfluss und in der Folge die ober- und unterirdische Hochwasserrückhaltung, wird u. a. vom Verlauf der Abflussganglinie, von der Größe und der Topografie der überschwemmten Bereiche, der Rauheit der Oberflächen (u. a. Bewuchs) sowie von der Durchlässigkeit des Untergrunds und dem aktuellen Grundwasserspiegelhöhen beeinflusst. Letzteres bedeutet im Hinblick auf die Retention, dass bei sehr hoch anstehendem Grundwasser (d. h. einem vollen „Grundwasserspeicher") auch in natürlichen Auen, die unterirdische Retention gegen Null tendieren kann. Gleiches gilt bei gefrorenem Boden.

Nach dem Abklingen des Hochwassers verbleibt zunächst ein Teil des Wassers in abflusslosen Mulden, Senken und Altgewässern, wobei der Wasserspiegel in der Aue im Vergleich zu dem des Fließgewässers deutlich höher liegt und nur langsam durch Verdunstung oder weitere Versickerung absinkt. In Niedrigwasserzeiten kann ein Teil des gespeicherten Grundwassers aus der Aue in das Fließgewässer einsickern und auf diese Weise für eine Niedrigwasseranreicherung sorgen.

Mit dem Hochwasser werden in die Aue auch Fest- und Nährstoffe verbracht und wieder ausgetragen. Derartige Prozesse hängen von den Korndurchmessern und der Kornverteilung der transportierten Materialien, den Fließgeschwindigkeiten in der überfluteten bzw. überstauten Aue sowie von deren Morphologie und Rauheit (insbesondere der Vegetationsausprägung im Jahresgang) ab. Natürliche Fließgewässer mit ihren Auen sind somit für den Stoff- und Wasserhaushalt, und damit für den Naturhaushalt, von großer Bedeutung.

2.1.2 Feststoffdynamik

In der Natur gibt es kaum geschiebefreie Fließgewässer, wobei die lokal vorherrschenden Korngrößen von der Transportkapazität der Strömung bestimmt werden. So finden sich bei einer überregionalen Betrachtungsweise vom Oberlauf bis hin zur Mündung entsprechend dem abnehmenden Gefälle blockige, steinige, sandige und letztlich schluffige Fraktionen. Beim Sortieren der Feststoffmaterialien spielt der Abfluss die entscheidende Rolle. Schwankende Abflüsse und damit wechselnde Fließgeschwindigkeiten sorgen für ein relativ heterogenes Material, während gleichmäßige Abflüsse einen hohen Sortierungsgrad erreichen.

Das Abflussgeschehen bestimmt also auch das Wechselspiel zwischen Erosion, Umlagerung und Ablagerung von Geschiebe, Sand, Schwebstoffen, Totholz und anderem Treibgut. Der Geschiebetransport spielt sich vorwiegend in sohlennahen Bereichen ab und ist deshalb einer der wichtigsten Faktoren bei der Ausformung des Gewässerbetts. Er hängt im Wesentlichen von Abfluss, Gefälle, Sohlenaufbau und vom Feststoffangebot ab. Erosions- und Sedimentationsvorgänge wechseln in einem natürlichen Fließgewässer ständig einander ab und charakterisieren den Geschiebehaushalt einer Gewässerstrecke. Dabei herrscht im Oberlauf die Erosion, im Mittellauf die Umlagerung und im Unterlauf die Ablagerung bzw. Sedimentation vor.

2.1.3 Morphodynamik, Laufentwicklung

Das Abflussgeschehen und der daran gebundene Stofftransport sind für Gewässerbett und Aue von entscheidender Bedeutung, wobei die wesentlichen, gewässer- und auebildenden, Prozesse ab einem bordvollen Abfluss stattfinden. Die natürliche Überflutungs- und Feststoffdynamik sorgt im Einklang mit den Bedingungen vor Ort für einen erstaunlichen Strukturreichtum, der bei natürlichen Fließgewässern in Abhängigkeit von naturraumtypischen Entwicklungen oder Hochwasserereignissen steten Wandlungen unterworfen ist.

Diese Veränderungen sind ein wesentliches Charakteristikum von Fließgewässerlandschaften, wobei ein natürliches Fließgewässer aufgrund seines Reorganisationsvermögens in aller Regel immer wieder in einen Zustand zurückkehrt, welcher der ursprünglichen Gesamtsituation entspricht. Dies bedeutet aber nicht, dass eine zentimetergenaue Nachbildung des vorherigen Zustands eintritt, sondern dass sich vielmehr die funktionellen Elemente des Systems, zum Beispiel Kies- und Sandbänke, räumlich an anderen Positionen wiederfinden.

Der Korridor, den das Fließgewässer als Migrationsraum in Anspruch nimmt, ist die sogenannte „Mäander-Gürtelbreite" oder „Pendelband-Breite", die abhängt vom Abfluss, dem Gefälle und der Substratzusammensetzung. Die morphodynamischen Prozesse, d. h. die Laufentwicklung des Fließgewässers, die Entwicklung der gewässernahen Bereiche (u. a. Uferstreifen und Aue) und die Entwicklung der anorganischen Strukturen sind dabei für den Lebensraum „Fließgewässer und Aue" von zentraler Bedeutung.

Laufentwicklung

Ein wichtiger gewässermorphologischer Baustein ist die Linienführung eines Fließgewässers, die je nach Gewässerabschnitt und den geologischen sowie geomorphologischen Verhältnissen, sehr verschiedenartig sein kann. Nur in hartem Gestein, zum Beispiel in Tallagen im Gebirge, zeigen Oberläufe eine relativ gestreckte Linienführung, die sich im Wesentlichen in Abhängigkeit von den Feststoffen verändert.

Dahingegen bilden die geschiebereichen Ober- und Mittelläufe bei ausreichend breiten Auen hochdynamische Umlagerungs- bzw. Verzweigungsstrecken (*Furkation*) mit zum Teil großen Schotterflächen aus. Kennzeichen der Mittelgebirgsgewässer, aber vor allem der Fließgewässer im Tiefland, sind die großen Flussschlingen (*Mäander*), die sich bei geringem Gefälle ausbilden. Dabei besitzen die in mehr oder weniger leicht erodierbarem Material strömenden Fließgewässer (z. B. in einer sandig lehmigen Aue) eine große Vielfalt an Strukturelementen, wie Prall- und Gleitufer, Uferanbrüche, Anlandungsbereiche oder Totholz. Dieser morphologische Formenreichtum sorgt wiederum für unterschiedlichste Strömungen innerhalb des Abflussquerschnitts (Patt 2018).

Die Strömungs- und Feststoffdynamik bestimmt auch die anorganische Strukturdiversität (Abb. 2.4) der Fließgewässersohlen. Dazu gehören u. a. …

- die Zusammensetzung und das Verteilungsmuster des Sohlensubstrats (z. B. von der strömungsbedingten Verteilung von groben, mittleren und/oder feineren Ablagerungen),
- der Wechsel und die Abfolge von unterschiedlich tiefen Bereichen (Tiefenvarianz) und
- die unterschiedlichen Mächtigkeiten der jeweiligen Sohlensubstrate (z. B. von nicht oder nur geringfügig überdeckten Felspartien bis hin zu mächtigen Sand- oder Kiespolstern).

Die Differenziertheit der Sohlenstruktur, vor allem die der Zwischenräume in den Bettsedimenten und Uferbereichen (Interstitial), stellen wichtige Lebensräume dar.

Die Uferstrukturen von natürlichen Fließgewässern werden im Wesentlichen von dem jeweiligen morphologischen Flusstyp, den Substratverhältnissen und der vorherrschenden Vegetation geprägt. Dementsprechend können Ufer sehr vielfältige Strukturen aufweisen, zum Beispiel ausgedehnte, flache Sand- und Kiesbänke in Umlagerungsstrecken oder Abfolgen von Prall- und Gleitufern bei mäandrierenden Gewässern.

Strukturen der Auen

Das bereits vorab beschriebene flussmorphologische Geschehen (Strömungs-, Feststoff- und Morphodynamik) und die Auentopografie charakterisieren auch den abiotischen Teil der „Auendynamik".

Abb. 2.4 Der Tagliamento im Friaul, ein alpines Gewässer. - Eines der letzten freifließenden Fließgewässer, **a** morphologische Strukturen bis zum Horizont, **b** Strukturen bei Niedrigwasser (Fotos: H. Patt)

Für die Struktur der Fließgewässerauen sind die Überschwemmungen von ausschlaggebender Bedeutung. Die Auen können bei Hochwasser „katastrophalen" Zerstörungen durch Überflutungen und Flussbettverlagerungen ausgesetzt sein. Lebensräume, insbesondere solche in Flussnähe, können teilweise oder ganz fortgerissen werden, während sich an anderen Stellen wieder Rohböden ablagern, die sich im Laufe der Zeit schrittweise wieder zu reiferen Aueböden entwickeln, sofern die Fließgewässerdynamik dies zulässt. Zumindest langfristig gesehen, entstehen deshalb spezifische Auenstandorte immer wieder neu, wenn auch an wechselnden Orten innerhalb des Systems, so dass in einem bestimmten Auenabschnitt meist alle einer natürlichen Fließgewässerlandschaft entsprechenden Habitate vorhanden sind. Allerdings ist es aber praktisch nicht vorhersagbar, wann und an welchen Stellen vorhandene Standorte der Dynamik zum Opfer fallen und neue entstehen. Letztlich wechseln sich in unregelmäßig erscheinender Verteilung und Häufigkeit trockene, frische, feuchte und nasse Standorte mit unterschiedlichem Substrat und Entwicklungsgrad ab, zum Beispiel vom rohen Kies bis hin zum Auelehm. Diese Standortdynamik macht deutlich, warum natürliche Fließgewässer mit ihren Auen zu den struktur- und damit artenreichsten Lebensräumen unserer Breiten zählen.

Im Gegensatz zu vielen Fluss- oder Stromauen weisen Bäche in aller Regel keine breiten Auen auf. In Niederungen und engen Tälern, vor allem im Einzugsgebiet von Fließgewässern des Berg- und Hügellands, finden sich meist nur schmale, bachbegleitende „Auen-Säume". Derartige Bachauen werden relativ häufig und aufgrund des engeren Profils meist auch höher überflutet. Mitunter werden die Bacheinhänge auch von Quellhorizonten begleitet, die in den schmalen Bachauen stetig für feuchte bis nasse Standorte sorgen.

Auengewässer

Die Fließgewässer- und Auendynamik sorgt in natürlichen Auen für ein abwechslungsreiches Relief und damit auch stets für unterschiedliche Gewässerformen, wodurch Strukturdiversität und Lebensraumqualität erhöht werden. Dabei reicht das vielfältige Spektrum an Augewässern von Altgewässern, über Auebäche, bis hin zu zeitweilig wasserführenden Mulden und Tümpeln.

Bei gewundenen Mittelläufen, vor allem aber bei stark mäandrierenden Unterläufen, sind die meist breiten Auen der Fließgewässer von alten Flussschleifen, den *Altgewässern,* durchsetzt. Diese entstanden aufgrund der Fließgewässerdynamik bei Durchbrüchen von Mäandern und dadurch bedingten Laufverlagerungen. In Altgewässern sind entstehungsbedingt dieselben geo- morphologischen Strukturen (z. B. Prall- und Gleitufer) vorzufinden, wie in den Fließgewässern, aus denen sie entstanden sind. Natürliche Altgewässer werden in Abhängigkeit zu ihrer Verbindung zum Fluss in Altarme oder Altwasser unterschieden (DWA-Merkblatt M 607 2010; Patt und Städtler 2009, Patt et al. 2009).

Altarme stehen als alte Flussschlingen dauernd (ganzjährig) einseitig oder beidseitig mit dem Fließgewässer in Verbindung. Dabei wird auch ein beidseitig angeschlossener Altarm

Abb. 2.5 Naturnahes Altgewässer. (Foto: P. Jürging)

bei Mittelwasser im Gegensatz zu einem Flussarm nicht oder nur unwesentlich durchströmt. Somit nehmen Altarme nur bei Hochwasser am Abflussgeschehen teil (Abb. 2.5).

Altwasser kommunizieren ganzjährig über das Grundwasser mit dem Fluss und stehen nur noch bei Überschwemmungen direkt mit dem Fließgewässer in Verbindung. Abgesehen von Zeiten mit Hochwasserereignissen weisen Altwasser deshalb im Wesentlichen die Eigenschaften von Stillgewässern auf.

Von außerhalb der Aue kommende Fließgewässer durchziehen oftmals über lange Strecken die Auen. Dasselbe gilt für grundwassergespeiste Bäche, die das aus höher gelegenen Randbereichen austretende Quellwasser oder den Abfluss aus Quellschüttungen (Quelltöpfen) aufnehmen und früher oder später dem Hauptgewässer zuführen.

Unter natürlichen Bedingungen fließen viele Nebengewässer und Auebäche vor Ihrer Mündung eine gewisse Strecke nahezu parallel zum Hauptgewässer, um dann höhengleich und im spitzen Winkel zu münden. Der Abfluss dieser als „Niederungsbäche in Fluss- und Stromtälern" bezeichneten Fließgewässer ist im Gegensatz zu den Fließgewässern außerhalb der Niederungs- bzw. Auengebiete über den Grundwasserstand, und gegebenenfalls durch Rückstau, direkt abhängig von der Abflusssituation im vorflutendem Fluss.
Entsprechend dem auf der Topografie und den flussmorphologischen Prozessen beruhenden, relativ bewegten Relief findet sich in natürlichen Auen auch eine Vielfalt an *Kleingewässern,* insbesondere an periodisch austrocknenden Tümpeln. Vor allem bei Hochwasser und den dadurch oftmals bedingten hohen Grundwasserständen, füllen sich alte Rinnen und Mulden mit Wasser, das nach dem Abklingen des Hochwassers dann oft längere Zeit in den abflusslosen Senken verbleibt.

2.1.4 Physikalische und chemische Faktoren

Für natürliche Fließgewässer ist der Begriff „Wasserqualität" eigentlich kein Thema, da das „Selbstreinigungsvermögen", auch eine Bezeichnung die erst durch anthropogene Gewässerverunreinigungen ihre Bedeutung gewann, praktisch nicht überschritten wird. Deshalb werden im Folgenden nur die physikalischen und chemischen Komponenten der Wasserqualität angesprochen, welche die wesentlichen biotischen Vorgänge bestimmen.

Natürliche Fließgewässer – Physikalische Faktoren

Zu den wichtigsten physikalischen Faktoren zählen die unterschiedlichen Fließ- und Wasseraustauschvorgänge sowie die Licht- und Temperaturverhältnisse.

Strömungsverhältnisse Im Gegensatz zu Stillgewässern spielen in Fließgewässern die Strömungs- und Wasseraustauschvorgänge eine Schlüsselrolle im Hinblick auf die aquatischen Lebensbedingungen. Zeitweilig gilt dies auch für die amphibischen und terrestrischen Lebensbereiche des Gewässerumlands. Das Fließen bewirkt ein mehr oder weniger intensives, aber ständiges Durchmischen des Wasserkörpers. Die für stehende Gewässer im Sommer typischen Temperatur- oder Sauerstoffschichtungen können somit in Fließgewässern nicht auftreten.

Die Intensität dieser Durchmischung hängt dabei einerseits von den Rauheiten im Gewässerbett und andererseits von den unterschiedlichen, vorwiegend von Abfluss, Gefälle und Fließwiderständen bestimmten, Fließgeschwindigkeiten ab. So sind zum Beispiel in strukturreichen Fließgewässern mit Totholz und grobem Bettmaterial große Schwankungen bei den Fließgeschwindigkeiten (Turbulenzen) typisch. Je größer die „Turbulenz" ist, umso höher ist der Durchmischungsgrad und damit auch der Sauerstoffeintrag.

Strahlungsverhältnisse Die einfallende, nicht reflektierte Sonnen- und Himmelsstrahlung bestimmt das Strahlungsklima in Fließgewässern. Der Lichteintrag kann durch am Ufer wachsende Bäume und Sträucher wesentlich gemindert werden. Die Intensität dieses Schattenwurfs wird dabei von der Exposition der Gehölze sowie der Tages- und Jahreszeit bestimmt.

Durch die unterschiedliche Beschattung kann der Temperaturhaushalt eines Gewässers entscheidend beeinflusst werden (Rickert 1986). Am stärksten wirkt sich die Beschattung bei relativ schmalen Gewässern aus, bei denen die Ufergehölze einen weitgehenden Kronenschluss bilden. Im Sommer wird dadurch nahezu die gesamte Strahlung abgeschirmt und im Winter, wenn die Gehölze kein Laub tragen, erfolgt in Relation zur Jahreszeit ein höherer Lichteintrag (Abb. 2.6). Mit zunehmender Breite des Flusses verringert sich diese inverse Situation und der Einfluss der Beschattung tritt immer weiter in den Hintergrund.

Im Wasserkörper selbst wird die Einstrahlung durch die optischen Eigenschaften und die Inhaltsstoffe des Wassers abgeschwächt. Letzteres gilt insbesondere bei Hochwasserführung. In Flüssen mit ständiger Schwebstoffführung, zum Beispiel in Lößgebieten, verhindert die permanente Trübung eine gute Durchlichtung des Wasserkörpers. Auch bei

Abb. 2.6 Ein kleineres mit Gehölzen bestandenes Fließgewässer wird im Sommer voll beschattet, während im Winter die Strahlung kaum abgeschirmt wird. (Foto: H. Patt)

breiten, träge fließenden Flüssen mit einer hohen Planktondichte nimmt die in den Wasserkörper eindringende Strahlung relativ schnell ab.

Wassertemperaturen Neben der Herkunft des Wassers, der Größe und Tiefe des Wasserkörpers und dessen Durchmischung bestimmen vor allem die Strahlungsverhältnisse die Wassertemperaturen. So sind beschattete Gewässer im Sommer im Vergleich zu voll besonnten Strecken von niedrigeren Temperaturen gekennzeichnet und weisen somit auch geringere Temperaturamplituden auf. Die Wassertemperatur wiederum hat einen großen Einfluss auf die Sättigungskonzentration von Sauerstoff und anderen Gasen. So kann zum Beispiel das Wasser umso mehr Sauerstoff aufnehmen, je niedriger die Wassertemperaturen sind. Außerdem ist die Wassertemperatur maßgebend für die Dichte und Viskosität des Wassers, letztlich bis hin zu Eisbildung, Eistrieb und Grundeis.

Die relativ hohe spezifische Wärme des Wassers bewirkt, dass die Schwankungen der Umgebungstemperatur entsprechend dem Volumen des Wasserkörpers unterschiedlich stark gepuffert werden. So wird der Wärmehaushalt kleinerer Fließgewässer aufgrund des relativ kleinen Wasserkörpers viel stärker von den Umgebungsfaktoren beeinflusst als bei einem großen Fluss oder einem träge fließenden Strom. In Quellläufen, und auch noch in natürlichen Oberläufen, ist die Temperaturamplitude im Jahresgang aufgrund des weitgehend stenothermen Quellwassers und des in aller Regel beschatteten Wassers relativ klein. In Unterläufen dagegen ist die Temperaturamplitude im Jahresgang auch bei natürlichen Fließgewässern vergleichsweise groß. Dasselbe gilt, wenn auch abgeschwächt, für die Temperaturamplitude im Tagesgang.

Die Wassertemperaturen steuern die Lebensprozesse der aquatischen Lebensgemeinschaften, insbesondere die Stoffwechselaktivitäten der einzelnen Arten. Die meisten Makrophyten stellen unter einer bestimmten Temperatur ihre Stoffwechselaktivitäten weitestgehend ein, während in diesen Temperaturbereichen andere Pflanzen, zum Beispiel bestimmte Moos- und Algenarten, ein Wuchsoptimum aufweisen können.

Die geringsten Temperaturschwankungen innerhalb des Querschnitts eines Fließgewässers sind im Lückensystem der Gewässersohle (*Interstitial*) gegeben, in dem mit zunehmender Sedimenttiefe kaum noch Temperaturschwankungen feststellbar sind. Aufgrund der nahezu stenothermen Temperaturen ist dieser Lebensraum für viele Organismen auch ein überlebensnotwendiger thermischer Rückzugsraum, vor allem bei strengem Dauerfrost.

In relativ seltenen Fällen können auch Zuflüsse einen entscheidenden Einfluss auf die Wassertemperaturen haben. Ein bekanntes Beispiel hierfür ist die Mündung des relativ kalten Inns in die Donau. Die vor der Einmündung des Inns gemessenen Wassertemperaturen erreicen die Donau, vor allem im Sommer, erst wieder im Wiener Becken.

Die unterschiedlichen Fließ- und Wasseraustauschvorgänge sowie die Licht- und Temperatureinwirkungen sind auch für die Temperaturschwankungen in Auebächen maßgebend. *Altgewässer* dagegen, insbesondere *Altwasser*, erfahren nur bei Hochwasser eine durch das Fließgewässer bedingte Durchmischung des Wasserkörpers und weisen dementsprechend in hochwasserfreien Zeiten bei ausreichender Tiefe in den Sommermonaten Temperatur- und Sauerstoffschichtungen auf. Im Gegensatz dazu erwärmt sich der Wasserkörper von kleineren und flachen Stillgewässern, insbesondere von Pfützen und Tümpeln, in hochwasserfreien Zeiten entsprechend der Umgebungstemperatur und der Einstrahlung gleichmäßig.

Chemische Faktoren

Von den chemischen Faktoren sind für ein natürliches Fließgewässer vor allem der verfügbare Sauerstoff, die anorganischen Stoffe und die Nährstoffverhältnisse von Bedeutung.

Sauerstoff Die wichtigste Voraussetzung für die Wasserqualität und damit für artenreiche Lebensgemeinschaften ist eine ausreichende Sauerstoffverfügbarkeit, die von der Sauerstoffkonzentration im Wasser bestimmt wird. Eine Sauerstoffsättigung (100 Prozent) liegt vor, wenn das Wasser keinen Sauerstoff mehr aus der Atmosphäre aufnehmen kann. Unter Umständen kann es aufgrund der hohen Löslichkeit von Sauerstoff zu einer sogenannten Sauerstoffübersättigung kommen, wenn das Wasser nicht unmittelbar mit der Atmosphäre im Partialdruckausgleich steht. Umgekehrt kann aber ein hoher Sauerstoffverbrauch zu einem Sauerstoffdefizit im Wasser führen.

Für natürliche Fließgewässer ist dies nur von untergeordneter Bedeutung, da diese im unbeeinflussten Zustand arm sind an fäulnisfähigen, sauerstoffzehrenden Stoffen. Zudem bedingen vor allem im Ober- und auch noch im Mittellauf, neben dem Fließen, eine gewisse Nährstoffarmut und eine Teilbeschattung, dass kein oder nur ein geringer, submerser Pflanzenaufwuchs existieren kann. Somit können nachts praktisch keine kritischen Sauerstoffwerte durch die Atmung erreicht werden. Letzteres deutet aber an, dass Assimilations- und Atmungsvorgänge durchaus Einfluss auf die tages- und auch jahreszeitlichen Schwankungen des Sauerstoffgehalts eines Fließgewässers nehmen können.

Wie bereits erwähnt, ist die Sauerstoffkonzentration auch von den Wassertemperaturen abhängig. In kaltem Wasser kann mehr Sauerstoff in Lösung gehen als in warmem Wasser. Wesentlich ist auch, dass sich bei steigenden Wassertemperaturen die biochemischen Abbauprozesse und damit auch die Sauerstoffzehrung beschleunigen (Schwoerbel 1999). In natürlichen Gewässern herrschen vor allem im Oberlauf durch den Einfluss des Quellwassers und die Beschattung kühle, wenn nicht gar kaltstenotherme Wassertemperaturen vor, so dass immer eine sehr gute Sauerstoffversorgung gewährleistet ist. Hinzu kommt, dass bei hohen Turbulenzen der Kontakt zwischen Wasser und Luft nahezu optimal ist und somit ideale Voraussetzungen zur Sauerstoffaufnahme aus der Luft vorliegen.

In der fließenden Freiwasserzone natürlicher Fließgewässer ist der Sauerstoffgehalt näherungsweise überall gleich hoch. Im substratnahen Bereich ist die Durchmischung des Wassers herabgesetzt, so dass sich im Benthal bereits Sauerstoffzehrungen durch Organismen und Detritus (abgestorbenes organisches Material) bemerkbar machen können. Im austauschärmeren Interstitial wird der verbrauchte Sauerstoff nur verzögert ersetzt, so dass es im Extrem zu Sauerstoffdefiziten kommen kann.

Natürliche Fließgewässer – anorganische Stoffe Die Geologie des Einzugsgebiets und die in der Regel davon abhängige Zusammensetzung des Sohlenmaterials bestimmen in einem natürlichen Gewässer die Konzentration gelöster und partikulärer anorganischer Substanzen (Schwebstoffe).

In Abhängigkeit von der Konzentration von Kalzium und Magnesiumkarbonat sowie der Silikate wird in unseren Breiten bei kleineren Fließgewässern zwischen Karbonat- und Silikatgewässern unterschieden. Nur in moorigen Einzugsgebieten können auch organische Stoffe, vor allem Huminstoffe, wesentliche chemische Komponenten in natürlichen Fließgewässern darstellen.

Von den einzelnen Verwitterungs- und Lösungsvorgängen sind vor allem Phosphate und Stickstoffverbindungen als Nährstoffe von Bedeutung. Ihre Verfügbarkeit fördert die Entwicklung der Pflanzen bzw. hält diese in Grenzen.

Der natürliche Eintrag von Phosphor, der in vielen Mineralien enthalten ist, erfolgt zunächst über mineralische Schwebstoffe und in der Folge über relativ bescheidene Lösungsvorgänge. Vor allem aufgrund der geringen Löslichkeit und der starken Adsorption von Phosphationen an Tonpartikeln ist die Konzentration gelöster Phosphate in natürlichen Fließgewässern sehr gering. Da aber Phosphat für die Primärproduktion sehr wichtig ist, stellt es in natürlichen Fließgewässern einen Minimumfaktor dar.

Stickstoffverbindungen gelangen im Vergleich zu Phosphor in größeren Mengen, vor allem durch Lösungsvorgänge im Einzugsgebiet, in die Fließgewässer. Dabei sind mengenmäßig nur Ammonium und Nitrat von Bedeutung. Darüber hinaus spielt noch die mikrobielle Nitrifikation des Ammoniums für die natürliche Nitratkonzentration des Wassers eine wichtige Rolle. In natürlichen Fließgewässern sind die Ammonium- und Nitratkonzentrationen grundsätzlich gering, wobei aufgrund der guten Durchlüftung das Ammonium im Vergleich zum Nitrat weit in den Hintergrund tritt.

Neben den physikalischen Vorgaben bestimmen die genannten chemischen Faktoren auch die Qualität der Lebensräume der Auebäche. Altwasser dagegen zeigen mehr die Charakteristika stehender Gewässer und sind durch gelegentliche Hochwassereinträge sowie die allochthonen Einträge von Falllaub und Holz in aller Regel als meso- bis eutroph zu bezeichnen.

2.2 Besiedlungsdynamik

Walter Binder und Heinz Patt

Die Ökosystembausteine Abfluss-, Feststoff- und Morphodynamik bestimmen, neben den physikalischen und chemischen Faktoren der Wasserqualität, die Lebensbedingungen in den einzelnen Lebensräumen und damit das Spektrum der Arten bzw. Lebensgemeinschaften. Diese wiederum können die Ökosystembausteine beeinflussen, zum Beispiel ein Auwald den Abfluss oder ein Ufergehölz die Strahlungsbilanz.

2.2.1 Abflussgeschehen

Die Abflussverhältnisse haben für den Lebensraum Fließgewässer eine herausragende Bedeutung. So werden zum Beispiel mit dem fließenden Wasser zwangsläufig abiotische und biotische Stoffe, aber auch Organismen verfrachtet. Die in einem Gewässerabschnitt auftretenden Abflussschwankungen und die Nahrungsdrift bestimmen bzw. begrenzen die Besiedlungsmöglichkeiten für die Spezialisten, die sich einerseits aus dieser Drift einen wesentlichen Teil ihrer Nahrung holen und andererseits, bis zu einem gewissen Grad, dieser Drift durch Anpassungen Widerstand entgegen setzen können. Dies bedeutet aber auch, dass die Verteilung der im Fließgewässer anzutreffenden Organismen vom Zwiespalt zwischen den verbesserten Austauschvorgängen bei starker Strömung, d. h. einer guten Sauerstoff- und Nährstoffversorgung, und dem erhöhten Energiebedarf zur Verhinderung der Abdrift geprägt ist (Statzner 1992).

In einem natürlichen Gewässer sorgen unterschiedliche Strukturen für verschiedenste Strömungsmuster und damit indirekt für eine artenreiche Besiedlung. So nehmen zum Beispiel die Fließgeschwindigkeiten im Ufer- und Sohlenbereich, auch in Abhängigkeit von der dort vorherrschenden Oberflächenstruktur, ab und können unmittelbar über der Sohle, im Vergleich zum Freiwasser, sehr gering werden. Im Lückensystem der Sohle (Interstitial) gehen die Geschwindigkeiten, zumindest in den tiefer liegenden Zonen, bis auf nahezu Null zurück, so dass dort dauerhaft viele Organismen anzutreffen sind. Dieses Leben ist auf ein gelegentliche Umlagerungen der obersten Kies- bzw. Sandschichten angewiesen, damit sich der Zugang zu diesem Lebensraum nicht im Laufe der Zeit von oben mit Feinsedimenten zusetzt (kolmatiert) und damit abgedichtet wird.

Wird die Gewässersohle bei Hochwasser immer wieder mobilisiert, ist dort eine dauerhafte Besiedlung nur begrenzt möglich. Letzteres gilt auch für Fließgewässersohlen aus glattem Fels sowie zum Teil auch für Sand- und Schlammsohlen. Desweiteren bilden sich hinter Fließhindernissen, wie Wasserpflanzen, Totholz, Steinen, oder in durchspülten Wurzelbereichen, unterschiedliche Fließstrukturen aus, bis hin zu Kehrwasserbereichen, zum Beispiel in Uferbuchten. Bereiche mit geringen Fließgeschwindigkeiten stellen artenspezifische Lebens- und Rückzugsräume dar, die den in der freien Strömung von der Abdrift bedrohten Organismen ausreichend Schutz bieten können.

Diese Randeffekte sind in der „frei fließenden Welle" nahezu bedeutungslos. In diesem Bereich ist für größere Organismen (z. B. für Makrophyten oder Fische) die lokal vorherrschende Fließgeschwindigkeit ausschlaggebend. So können nur wenige Spezialisten der submersen und emersen Vegetation zeitweilig stärkeren Abflüssen Widerstand leisten. Deshalb ist die Anzahl an Makrophytenarten in Fließgewässern, unabhängig von Nährstoffsituation, auch wesentlich geringer als in Stillgewässern. Allerdings können diese wenigen Arten in Abhängigkeit von den Wuchsbedingungen mitunter sehr individuenreiche Bestände ausbilden. Diese submersen Wasserpflanzen bilden einerseits selbst Strukturen aus und beeinflussen andererseits bestehende Strukturen, zum Beispiel das Lichtklima, die Strömung und die Ablagerung von Feinsedimenten. Gleichzeitig dienen diese Makrophyten aber auch als Substrat. Auf den Blättern und Stängeln der Wasserpflanzen können sich aufgrund des nicht zu schnellen Fließens und der guten Durchlichtung mikroskopisch kleine Aufwuchspflanzen (*Epiphyten*) und zahlreiche zoobenthische Arten in Mengen ansiedeln.

2.2.2 Feststoffhaushalt

Das Abflussgeschehen sorgt für Erosion, Umlagerung und Sedimentation von Feststoffen, wie Kies, Sand oder Schluff. Dadurch sind wesentliche Bereiche eines Fließgewässers ständigen strukturellen Veränderungen unterworfen. Dies betrifft insbesondere die Sohle und die Übergangsbereiche zwischen Wasser und Land. Die flächenmäßig größte Ausdehnung dieser Lebensräume ist bei Verzweigungsstrecken gegeben, wo Kies- und Sandbänke oftmals ein Vielfaches der Wasserfläche ausmachen.

In diesen Bereichen herrschen sehr extreme Bedingungen vor, die von häufigen Geschiebeumlagerungen bis hin zu wechselnden, lang andauernden Überflutungen reichen.

Abb. 2.7 Grobschematisiertes Beispiel für einen „Lebensraum Bachsohle" aus grobkörnigem Substrat. Auf und in einem derartigen Lückensystem (Interstitial) findet sich ein reichhaltiges Leben. Stellvertretend seien genannt: *1* Köcherfliegenlarve; *2* Eintagsfliegenlarve; *3* Flußnapfschnecke; *4* Steinfliegenlarve; *5* Bachflohkrebs; *6* Forelleneier (Zeichnung: H. Geipel, aus Patt 2018)

Auch können Extreme im Hinblick auf Kälte, Hitze und Trockenheit auftreten. Die auf diesen dynamischen Kiesbänken sehr spärlich aufwachsende Flora kann sich nur in den relativ kurzen Phasen stabiler Ablagerungen entwickeln. Deshalb wachsen hier fast ausschließlich Pionierpflanzen, die bei Hochwasser wieder weggerissen oder überschottert werden. Die an diese Lebensräume angepasste Fauna umfasst meist terrestrische Tiergruppen wie Schnecken, räuberisch lebende Spinnen und Laufkäfer, sowie als Besonderheit, kiesbrütende Vögel (s. Abb. 2.7).

2.2.3 Morphologische Strukturen

Die Abfluss- und Feststoffdynamik gestalten das gesamte Erscheinungsbild eines Fließgewässers und prägen auf diese Weise die strukturelle Vielfalt einer Fließgewässer- und Auenlandschaft. Diese Strukturvielfalt ist ein wesentlicher Parameter für die Lebensräume und damit für die Lebensgemeinschaften (Besiedlungsdynamik).

Sohle

Für den überwiegenden Teil der im Wasser anzutreffenden Organismen sind die Bettsedimente, vor allem aber das Lückensystem unter der Fließgewässersohle und im angrenzenden Uferbereich (Interstitial), die wichtigsten Lebensräume (s. Abb. 2.7). Die mit Flusswasser gefüllten Hohlräume im Lockergestein unter der Stromsohle sowie im Uferstreifen sind in natürlichen, geschiebeführenden Fließgewässern meist gut ausgebildet und stellen wichtige Refugialräume für viele Arten dar.

Ein großer Teil der Makroinvertebraten, der Fischbrut und auch der kleineren Fische zieht sich in diese Lückenräume vor Hochwasserwellen, bei Austrocknung oder bei strengem Frost und Eisgang zurück. Dabei spielt aufgrund der Mobilität der Sohle auch das Interstitial im angrenzenden Uferbereich als Rückzugsraum bei Hochwasser und Eisgang eine wesentliche Rolle.

Desweiteren ist auch der Schutz vor Feinden oder Abdrift mitunter von erheblicher Bedeutung. So dringen zum Beispiel frisch geschlüpfte Bachforellen bis 25 cm tief in die Hohlräume des Sediments ein und wandern erst nach Beendigung der Dottersackperiode, also nach drei bis vier Wochen, wieder an die Oberfläche zurück. Aufgrund dieser Rückzugsmöglichkeiten bei Stresssituationen kann nach einem Hochwasser eine schnelle Wiederbesiedlung der Gewässersohle erfolgen.

Aber auch ohne Stresssituationen finden sich ganzjährig viele der wirbellosen Fließgewässerarten (in einem Bergbach u. a. Zuckmückenlarven, Eintags-, Stein- und Köcherfliegenlarven, Strudelwürmer, Hüpferlinge und Flohkrebse) in den Lückensystemen unter der Gewässersohle. Nur wenige Arten dringen nicht in das Interstitial ein, zum Beispiel die Flußnapfschnecke aufgrund ihrer Gehäuseform. Zudem findet sie als reiner Weidegänger auch nur auf den Steinoberflächen Nahrung.

Gegenüber den über längere Zeiträume stabilen oder zeitweilig nur oberflächennah bewegten Kiessohlen weisen mobile Sandsohlen, die ständig umgelagert werden, nur sehr geringe Benthosbiomassen auf. In naturnahen Sandbächen, in denen das sandige Substrat mit Fallaub- und Totholzresten durchsetzt ist, treten Umlagerungen jedoch nur kleinräumig und in geringem Maße auf. Geringe Besiedlungsdichten resultieren hier vor allem aus dem für die meisten Benthosarten zu kleinräumigen Lückenraumsystem der Sohle *(Interstitial)*, das damit als Siedlungsraum und Versteckmöglichkeit vor Räubern nicht zur Verfügung steht. Auch stabile Sandbänke, wie sie zum Beispiel im Potamal großer Flüsse vorliegen, zeigen ein vielfältiges Artenspektrum. Hier können neben Würmern, Zuckmücken und Bewohnern des Sandlückensystems vor allem Großmuscheln der Gattungen Flussmuscheln (*Unio* – s. auch Abb. 2.18) und Teichmuscheln *(Anodonta)* erstaunliche Biomassen entwickeln.

Aber auch stabile Sohlen aus größeren Steinen und Blöcken mit dazwischen liegenden kiesigsandigen Substraten können in natürlichen Gewässern einen bedeutenden Lebensraum darstellen, wie zum Beispiel für die Flussperlmuschel *(Margaritifera margaritifera)* im silikatischen Milieu von Mittelgebirgen (Abb. 2.8).

Abb. 2.8 Im silikatischen Millieu findet die Flussperlmuschel (*Margaritifera margaritifera*), die hier zwischen den Steinen ganze Bänke ausbildet, einen zusagenden Lebensraum. (Foto: M. Kämmereit)

Gewässerbett

Ein weiteres wesentliches Ausstattungsmerkmal natürlicher Fließgewässer sind unterschiedliche Breitenverhältnisse (Breitenvarianz) und unregelmäßige Abfolgen unterschiedlicher Wassertiefen (Tiefenvarianz), wie diese zum Beispiel in Kolken und Furten auftreten.

Furkationsabschnitte (Umlagerungsstrecken) sind zum Beispiel durch zahlreiche Rinnsale und Flussarme mit geringer Wassertiefe und rascher bis mittlerer Strömung gekennzeichnet. Dennoch finden sich in solchen Verzweigungsstrecken auch tiefere Bereiche in Form von Rinnen und Kolken, die sich insbesondere beim Zusammentreffen mehrerer Rinnen zu einem gekrümmten Hauptarm oder im Bereich großer Totholzansammlungen entwickeln. Jungwirth (1981) konnte zeigen, dass bei derartigen naturnahen Strukturen mit einer hohen Fischartendiversität gerechnet werden kann und damit auch mit einer hohen Diversität an Arten und Lebensgemeinschaften.

Gleiches gilt auch für Fließgewässer außerhalb der Furkationszone, wo die regelmäßige Abfolge von Schnellen und Stillen („*Riffles* und *Pools*") und die tiefen Wasserbereiche an den Prallufern bzw. Flachwasserzonen an den Gleitufern ebenfalls eine hohe Tiefenvarianz bedingen.

Uferbereiche

Ufer stellen die Übergangszone von Wasser (aquatisch) zu Land (terrestrisch) dar. Sie bilden lang gestreckte Verzahnungsareale und sind nur schwer von der Wasserzone abtrennbar. Diese semiaquatischen Lebensräume sind sowohl für aquatische als auch für terrestrische Lebensgemeinschaften von herausragender Bedeutung.

Von Art und Ausbildung der Ufer werden vor allem kleine Gewässer in großem Maße geprägt. Die Verzahnung zwischen Land und Wasser erstreckt sich hier oft über den gesamten Abflussquerschnitt, wobei die Ufervegetation, zum Beispiel durch eine verminderte Einstrahlung, Falllaub oder hineinfallende Insekten (Abb. 2.9), das gesamte Gewässer als Lebensraum beeinflussen kann.

In den Abflussquerschnitt ragende Äste, unterspülte Ufer und Bäume, Wurzelbärte, der Eintrag und die Ablagerung von Holz und Laub bieten die Voraussetzungen für die Entwicklung vielfältiger Lebensräume. Bei Hochwasser verursachen Uferstrukturen als „Abflusshindernisse" unterschiedlichste Strömungsbereiche und können somit als wichtige Rückzugsräume für viele Tierarten des freifließenden Wassers dienen.

Besonders wichtige Uferhabitate sind Gehölzstrukturen. Deren große Bedeutung für Fischzönosen wurde anhand von Untersuchungen in unterschiedlichen Flüssen belegt (Jungwirth et al. 2003). Auch für nur im Larvenstadium im Wasser lebenden Insektenarten sind die mit Gehölzen bestandenen Uferbereiche von ausschlaggebender Bedeutung. Nur durch die hier vorhandenen Schlüsselreize und das geeignete Mikroklima ist für die erwachsenen, nun terrestrisch lebenden Tiere, eine Partnerfindung und Fortpflanzung möglich.

Auen und Augewässer

Langfristig gesehen sorgt das typische Werden und Vergehen in natürlichen Fließgewässerlandschaften dafür, dass in den Auen auf unterschiedlich strukturierten und unterschiedlich reifen Standorten mosaikartig die verschiedensten Entwicklungsstadien von Pflanzen- und Tiergemeinschaften, von Pionier- bis hin zu reifen Auengesellschaften, anzutreffen sind (s. Abschn. 2.4.4).

Abb. 2.9 Der Blaue Erlenblattkäfer (*Agelastica alni*) bei der Eiablage an einem Erlenblatt lässt erahnen, dass oft Kleintiere von den Ufergehölzen aus in das Wasser fallen und dort eine willkommene Nahrung darstellen. (Foto: P. Jürging)

Wesentliche Strukturen werden u. a. von Einjährigen- und Hochstauden-Fluren, von Röhrichten, Weichholz- und Hartholzauen gebildet. Tiere wie der Biber sind dabei in der Lage durch ihre Fraß- und Bauaktivitäten die Standortdynamik zu vergrößern und auch in den bewaldeten Auenbereichen ein Mosaik aus offenen und waldbestandenen Bereichen zu schaffen. Die in den Auengebieten vorkommenden Lebensgemeinschaften sind sowohl an Überschwemmungen (Überflutungen, Überstau), Grundwasserspiegelschwankungen als auch an trockenere Zeiten angepasst.

Eine weitere wesentliche Strukturbereicherung in Auen stellen die unterschiedlichen Auengewässer dar. Hierzu zählen Altgewässer, wie Altarme und Altwasser, sowie Bäche und zeitweilige wasserführende Kleingewässer (s. DWA-Merkblatt M 607 – Altgewässer – Ökologie, Sanierung und Neuanlage 2010; Patt et al. 2009; Patt und Städtler 2009; Patt 2018; Pottgiesser et al. 2013).

Altgewässer, insbesondere die selten ins Abflussgeschehen einbezogenen *Altwasser*, zeigen die typischen Vegetationszonierungen (Verlandungsvegetation) von stehenden Gewässern (s. Abschn. 2.4.6). Allerdings entwickeln sich alle Altgewässer, die nicht durch die Abflussdynamik wieder umstrukturiert werden, unter natürlichen Verhältnissen, in unterschiedlich langen Zeiträumen, wieder zu terrestrischen Standorten. Bei dieser Alterung spielen Auflandungs- und/oder Verlandungsprozesse eine entscheidende Rolle. Auflandungen werden überwiegend durch eingetragene Feststoffe (mineralisch) bei Überflutungen verursacht, während Verlandungen vorwiegend auf Ablagerungen von abgestorbenen organischen Substanzen beruhen.

Bei einer reinen Auflandung kann sich unter anderem ein Eschen-Ulmen-Auwald als letztes Sukzessionsstadium einstellen, während bei einer ausschließlichen Verlandung ein Bruchwald das Reifestadium darstellt. Bedingt durch die Alterungsprozesse einerseits und die Neuentstehung aufgrund der Fließgewässerdynamik andererseits, finden sich in einer natürlichen Aue im Regelfall alle Entwicklungsstadien von Altgewässern. Die einzelnen Pflanzengesellschaften sind dabei wiederum Nahrungs-, Brut- und Versteckhabitate für spezifische, stark spezialisierte Tiergemeinschaften, die sich ebenfalls entsprechend der Alterungsprozesse im Laufe der Zeit in ihrer Artenzusammensetzung ändern.

Fließgewässer (Seitengewässer) in der Gewässeraue können je nach Herkunft und Größe eigenen physikalischen und chemischen Parametern unterworfen sein und somit hinsichtlich der Milieubedingungen, und damit auch im Hinblick auf die vorkommenden Lebensgemeinschaften, Unterschiede zum Hauptgewässer aufweisen und stellen damit einen eigenen speziellen Lebensraum dar. Zudem sind die Seitengewässer in der Aue als Rückzugsraum und für die Reproduktion bestimmter Tierarten des Hauptflusses, vor allem aber für die biologische Vernetzung, von großer Bedeutung (Abb. 2.10).

Entsprechend dem reichstrukturierten Auenrelief, der Nähe zum Grundwasser und den häufigen Überflutungen gehören ephemere Kleingewässer (u. a. Lachen, Tümpel, Seigen) zum Grundinventar natürlicher Auen und stellen ein wichtiges Bindeglied in der Nahrungskette dar. Einerseits finden fischfressende Tiere, vor allem Vogelarten, nach einem Hochwasser in diesen Kleingewässern einen reichlich gedeckten Tisch („Fischfallen") andererseits können hier viele Tiere, die in ihren ersten Entwicklungsphasen auf Wasser

Abb. 2.10 Seitengewässer sind wichtige Vernetzungselemente in den Auen. (Foto: H. Patt)

angewiesen sind, wie zum Beispiel Amphibien oder unzählige Insekten, einen geeigneten Lebensraum finden.

Zudem haben vor allem die zeitweilig grundwassergespeisten Gewässer eine hohe Bedeutung für bestimmte Tiergruppen, zum Beispiel für Amphibien, aber auch für seltene niedere Krebsarten (z. B. *Leptestheria dahalacensis, Triops cancriformis* und *Branchipus schaefferi),* die bei verminderter Konkurrenz und geringerem Feinddruck (Prädation) hohe Fortpflanzungserfolge erzielen können. Diese *ephemeren* Gewässer stellen auch bei niedrigen Grundwasserständen zeitweilig wichtige Lebensräume für kurzlebige Pflanzenarten dar (z. B. für Vertreter der Schlammlingsfluren).

2.3 Ökosytemare Zusammenhänge

Walter Binder und Heinz Patt

Neben den abiotischen Standortbedingungen sind für das Ökosystem Fließgewässer mit seinen Auen auch die biotischen Faktorenkomplexe bestimmend. Hierzu zählen vor allem organische Strukturen, die Längs- und Quervernetzung sowie die Nahrungsketten.

2.3.1 Organische Strukturen

Neben morphologischen Strukturen sind in natürlichen Fließgewässern und Auen zahlreiche andere Strukturelemente zu finden, die funktionell große Bedeutung besitzen und in natürlichen Fließgewässern die Vielfalt an Lebensräumen ganz wesentlich erhöhen. Hierzu gehören zum Beispiel Wurzelgeflechte und -bärte der Uferbäume, emerse und submerse Vegetation, aber auch abgestorbene Pflanzen. Vor allem Totholz (Abb. 2.11), d. h. im Wasser liegendes, meist untergetauchtes Fallholz aus Baumstämmen, Ästen oder Wurzeln, bildet nicht nur selbst strömungstypische Strukturen und damit Lebensraum, sondern hat auch stark strömungsdifferenzierende Wirkung. Es verursacht vielfältige Strömungsmuster und führt auf diese Weise zu sehr unterschiedlichen Substratverteilungen (z. B. zu Feinsediment- und Laubablagerungen im Strömungsschatten). Totholzbereiche haben auch als Lebensräume und/oder Nahrungsgrundlagen für viele Spezialisten, zum Beispiel für holzbewohnende Benthosorganismen eine große Bedeutung (Gerhard und Reich 2001).

Alle organischen Strukturen bieten einen gewissen Schutz bei Hochwasser, dienen Jungfischen als Kinderstube, größeren Fischen als Unterstand und vielen benthischen wirbellosen Tieren als Wohn-, Fress-, Eiablage- und Verpuppungsräume. Eine ähnliche Bedeutung haben zum Beispiel Spülsäume und Geniste. Auch Auen weisen entsprechend

Abb. 2.11 Totholz sorgt für Strukturvielfalt in und am Fließgewässer und stellt selbst einen Lebensraum dar (Foto: H. Patt)

ihrer reichhaltigen Vegetation und ihrem hohen Totholzanteil eine Vielfalt an organischen Strukturen auf, die für auentypische Spezialisten existenznotwendig sind.

2.3.2 Längs- und Quervernetzung

Ein entscheidendes Merkmal der natürlichen Fließgewässer ist deren „ökologische Durchgängigkeit". Vannote et al. (1980) beschreiben deren Eigenschaften in ihrem „*Konzept des Fließgewässerkontinuums*" (s. Abb. 2.15). Dies trifft nicht nur für die Durchwanderbarkeit der einzelnen Gewässerabschnitte für Fische oder benthische Lebensgemeinschaften zu. Im Prinzip sind alle Lebensräume eines natürlichen Fließgewässers, von der Quelle bis zur Mündung, einschließlich ihrer Nebengewässer, miteinander verbunden. Damit ist das Kontinuum nicht nur räumlich, sondern auch funktional zu verstehen. Dazu gehören zum Beispiel sich kontinuierlich verändernde Gradienten von unter anderem Fließgeschwindigkeit, Temperatur und Sohlenbeschaffenheit, aber auch Veränderungen des Stoffhaushalts, die besonders durch Einträge von organischem Material in Form von Falllaub aus dem Gewässerumfeld und dessen Abbau auf der weiteren Fließstrecke prägend für die Abfolge der Lebensgemeinschaften sind.

Diese Theorie besagt, dass nicht nur der Wasserkörper, sondern auch das Interstitial, die Uferbereiche und die Auen mit ihren Auwäldern durchgehend vernetzt sind. Die „ökologische Durchgängigkeit" entspricht damit in ihrem Grundgedanken der Längsvernetzung, bei der mehr oder weniger vergleichbare fließgewässer- und auentypische Ökosysteme längs des gesamten Fließgewässers untereinander in Wechselbeziehung stehen.

Aufgrund der dadurch gegebenen Migrationmöglichkeiten (Ausbreitungsbänder) bezeichnet man Fließgewässer oftmals auch als „das ökologische Rückgrat" einer Landschaft. Nur bei Fließgewässern mit Durchbruchsstrecken und Wasserfällen kann diese „ökologische Durchgängigkeit" eingeschränkt sein, wobei aber auch diese Hindernisse, im Sinne der *Trittsteintheorie*, für viele Organismen überwindbar sind (z. B. durch Ausbreitungsflüge). Für eine natürliche Fließgewässerlandschaft ist aber auch eine Quervernetzung innerhalb der einzelnen Lebensgemeinschaften, vom freien Fließwasser bis hin zu nahezu ständig hochwasserfreien Standorten, von großer Bedeutung.

Zu dieser biologischen Vernetzung zählen vielfache Wechselbeziehungen, zum Beispiel über das Nahrungsnetz zu den außerhalb der Aue liegenden Ökosystemen (BayLfW 1987). Daneben stellen Auen mit Auengewässern und angrenzenden Hangwäldern für etliche Arten auch vernetzte Funktionsräume dar, wie zum Beispiel als Teillebensräume für einige Amphibienarten als Fortpflanzungshabitat (Auengewässer) bzw. Überwinterungshabitat (u. a. Hangwälder). Letztlich sorgen Fließgewässer mit ihren Auen durch die Längs- und Quervernetzung auch für einen hohen genetischen Austausch ohne Verinselungsprobleme.

2.3.3 Nahrungskette

Die einzelnen Glieder von Lebensgemeinschaften (Biozönosen) sind vor allem über die *Nahrungskette* miteinander verbunden. Ausgangspunkt der Kette sind die *Produzenten* (z. B. Algen, Moose, Farne und höhere Pflanzen), die aus anorganischen Stoffen (Nährstoffen) mit Hilfe der Energieeinstrahlung der Sonne über die Assimilation organische Substanzen aufbauen (Primärproduktion).

Von diesen sind die *Konsumenten* der 1. Stufe, dies sind *herbivore* (pflanzenfressende) Tiere, abhängig. Diese wiederum sind für die Konsumenten der 2. Stufe (oder höherer Ordnungen), d. h. *carnivore* (fleischfressende) Tiere, die Nahrungsgrundlage. Nach dem Absterben von Produzenten und Konsumenten leben von deren organischen Substanzen die *Destruenten* (z. B. Bakterien und Pilze). Letztere wandeln auf dem Wege der Mineralisation die organischen Substanzen wiederum in anorganische um und stellen somit für die Produzenten wieder Nährstoffe zur Verfügung.

In Stillgewässern werden die Nährstoffe im Prinzip immer wieder demselben System für die Primärproduktion zur Verfügung gestellt. In diesem Fall spricht man von einem geschlossenen Ökosystem mit einem Stoffkreislauf. Dagegen stellen Fließgewässer offene Ökosysteme mit einem Stoffdurchlauf dar, da durch die Strömung ein ständiger Energie- und Nährstofftransport erfolgt.

Die Lebensgemeinschaften in Fließgewässern zeigen eine hohe Affinität zu den physikalischen Parametern und vor allem zum Nahrungsangebot. Entsprechend diesem Nahrungsangebot setzt sich die Biomasse der Tiere eines Fließgewässers aus unterschiedlichen Ernährungstypen zusammen. Bei der Beurteilung eines Gewässers hat die ungleiche Verteilung der *Ernährungstypen* einen hohen indikatorischen Wert. Häufig wird dabei zwischen Filtrierern,Weidegängern, Zerkleinerern (alles Konsumenten der 1. Stufe), Sediment- und Detritusfressern (Konsumenten der 1. und der 2. Stufe) sowie Räubern (Konsumenten der 2. Stufe bis hin zum Endkonsumenten) unterschieden.

- *Filtrierer* filtrieren aus dem Wasserstrom schwebende Partikel, zum Beispiel Algen, Bakterien und Feindetritus, heraus. Zu nennen sind vor allem einige Arten der Wimpertierchen (*Ciliata*), Rädertierchen (*Rotatoria*) und der Ruderfüßler (*Copepoda*), aber auch Insekten, wie zum Beispiel netzspinnende Köcherfliegenlarven der Gattung *Hydropsyche* oder Kriebelmückenlarven (*Simuliidae* – s. Abb. 2.12). Eine „schwergewichtige" Rolle können bei den Filtrierern Großmuscheln, vor allem Vertreter der Gattungen Flussmuscheln (*Unio*) und Teichmuscheln (*Anodonta),* spielen.
- *Weidegänger* sind dem benthischen Lebensraum angepasst und weiden vor allem Algenrasen und Mikroorganismen von Substraten ab. Hierzu zählen u. a. zahlreiche Insektenlarven (z. B. viele Eintagsfliegen – *Ephemeroptera*) oder Schnecken (*Gastropoda*), zum Beispiel die Flussnapfschnecke (*Ancylus fluviatilis* – s. Abb. 2.13).
- *Zerkleinerer* sind ebenfalls Benthostiere. Sie zerkleinern Grobdetritus wie Falllaub (aber auch lebende Makrophyten). Ein Teil des zerkleinerten Materials steht dann im weiteren Verlauf für Filtrierer aber auch für Sediment- und Detritusfresser als Nahrung

Abb. 2.12 Die Larven der Kriebelmücken (*Simuliidae*) leben als Filtrierer in Fließgewässern mit einer guten Sauerstoffversorgung. Sie sitzen entweder auf Steinen fest oder bewegen sich schwebend oder kriechend fort. (Foto: W. Rühm)

zur Verfügung. Wichtige Vertreter der Zerkleinerer sind Bachflohkrebse (Gattung *Gammarus* – s. auch Farbtafel Abb. 2.42), Wasserasseln *(Asellus aquaticus)* und etliche Insektenlarven wie die von Köcherfliegen *(Trichoptera)*, Zweiflüglern *(Diptera)* und Steinfliegen *(Plecoptera)*.

- *Sediment- und Detritusfresser* ernähren sich sowohl von tierischem als auch von pflanzlichem Material. Typische Sedimentfresser sind zum Beispiel der Schlammröhrenwurm *(Tubifex tubifex)* aber auch viele Zuckmückenlarven *(Chironomidae)*.
- *Räuber* ernähren sich von Konsumenten. Hierzu zählen räuberische Benthosarten wie bestimmte Käferarten, räuberische Steinfliegen *(Plecoptera)* oder Köcherfliegen der Gattung *Rhyacophila,* auch Libellenlarven, wie zum Beispiel die der Blauflügeligen Prachtlibelle (*Calopteryx virgo* – s. Abb. 2.14), aber auch viele heimische Fischarten, wie zum Beispiel die Bachforelle *(Salmo trutta)* oder die Äsche *(Thymallus thymallus)*.

Die kleineren Gewässeroberläufe stehen unter dem Einfluss der umgebenden Vegetation, deren Beschattung die Primärproduktion im Gewässer hemmt. In der Benthosbiozönose überwiegt daher im Hinblick auf die Energiezufuhr das Laub. Deshalb dominieren hier die Zerkleinerer und Sammler, d. h. Filtrierer und Sedimentfresser. Entlang der breiteren, aber nach wie vor seichten Mittelläufe, nimmt der Einfluss der Ufergehölze ab, die autochthone Primärproduktion gewinnt aufgrund der günstigeren Durchlichtung des Wasserkörpers an Bedeutung. Es überwiegen daher Weidegänger neben Filtrierern und Detritusfressern.

Die auch unter natürlichen Bedingungen nährstoffreicheren, tiefen und anhaltend trüben Unterläufe sind meist von feinpartikulärem Material geprägt, das aus flussaufwärts liegenden Gewässerabschnitten stammt. Detritusfressende Organismen (v. a. Filtrierer und Sedimentfresser) prägen hier im Wesentlichen das Bild der Ernährungstypen. Zur Verteilung der Ernährungstypen in der Längszonierung siehe auch Abb. 2.15.

Selbstverständlich laufen alle diese Prozesse nicht wie unter einer „Glasglocke" ab. Wie alle Ökosysteme sind auch die limnischen mit anderen, meist benachbarten Ökosystemen vernetzt und damit von In- und Output mehr oder weniger geprägt. So kann, wie

Abb. 2.13 Die Flussnapfschnecke *(Ancylus fluviatilis)* hat ein gut an die Strömung angepasstes Gehäuse und weidet als Weidegänger kriechend die Steine ab. Aufgrund ihres Gehäuses kann sie nicht in das Interstitial eindringen. (Foto: Archiv Bayerisches Landesamt für Wasserwirtschaft)

Abb. 2.14 Die Blauflügelige Prachtlibelle *(Calopteryx virgo)* legt ihre Eier im strömenden Wasser in Pflanzen (hier *Sparganium*) ab. In den ersten beiden Jahren leben die Larven, wie praktisch alle Libellenlarven, als Räuber. (Foto: M. Kämmereit)

bereits erwähnt, von Ufergehölzen ein Eintrag von organischem Material in ein Gewässer erfolgen und aus diesem, quasi im Gegenzug, durch fischfressende Vögel wiederum Biomasse entnommen werden. Da bei diesen unterschiedlichen Stoff- und Energieflüssen viele Organismen beteiligt sind, die unterschiedliche Kombinationen in der Nahrungsabhängigkeit zulassen und auch Wechselbeziehungen zu benachbarten Biozönosen bestehen, spricht man auch von einem *Nahrungsnetz* (Jürging und Gröbmaier 1996).

2.4 Lebensräume und Lebensgemeinschaften

Im Gegensatz zu Stillgewässern sind Fließgewässer offene Ökosysteme mit Stoff- und Energiedurchfluss und weisen von der Quelle bis zur Mündung vor allem physikalische und damit biologisch wirksame Gradienten auf. So nimmt in der Regel u. a. die Be-

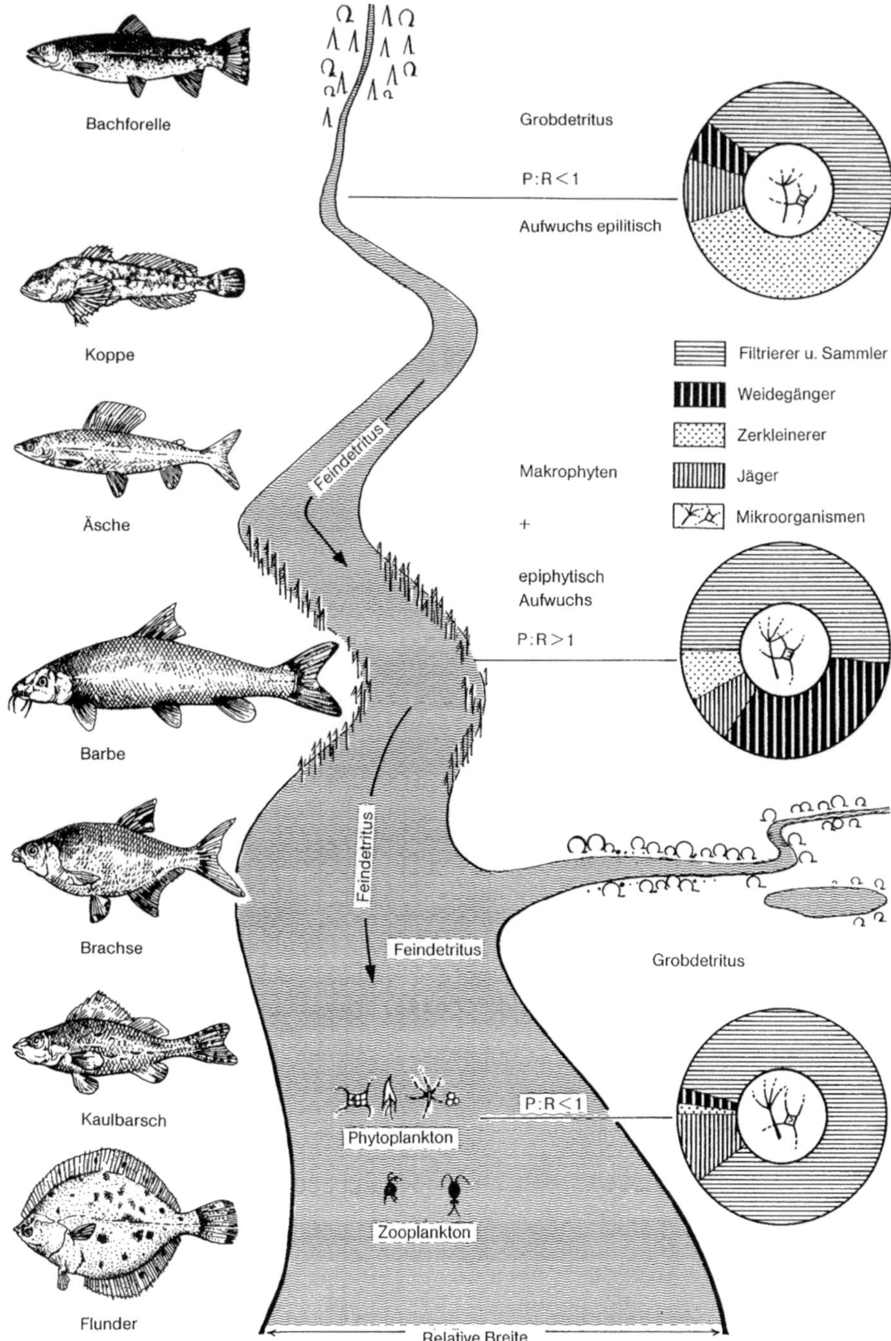

Abb. 2.15 Die anteilsmäßige Zusammensetzung (Biomasse) der Ernährungstypen eines Fließgewässers ist in den *Kreisen* der Abbildung wiedergegeben. Bei den dargestellten Quotienten bedeutet *P* = Produktion und *R* = Respiration, wobei unter *R* die Veratmung von organischen Substanzen durch die Lebewesen im Gewässer zu verstehen ist. (BayLfW 1987)

lichtung. die Temperaturamplitude, der Nährstoffgehalt und die Primärproduktion im Fließverlauf zu, während die Fließgeschwindigkeiten, die Turbulenz, die Sohlenschubspannung, die Korndurchmesser sowie der Sauerstoffgehalt abnehmen.

Dies verdeutlicht, dass in jedem Ausschnitt eines Fließgewässersystems ganz bestimmte, sich im Jahresgang und/oder in Abhängigkeit von Ereignissen ändernde Kombinationen der genannten Faktoren vorzufinden sind. Diese Kombinationen charakterisieren wiederum die ökologischen Amplituden für die jeweiligen Lebensgemeinschaften. Oder anders ausgedrückt, die Arten dieser Lebensgemeinschaften müssen auch im Bereich der Eckwerte dieser ökologischen Amplituden zumindest zeitweilig noch in irgendeiner Form überleben können. Diese Organismen sind also Spezialisten, die, um nur einige Beispiele zu nennen,

- Extremwerte vor Ort verkraften können, zum Beispiel starkes Fließen durch einen angepassten, abgeflachten Körperbau, Haftorgane oder Klebsekrete,
- über entsprechende Rückzugsmöglichkeiten verfügen, zum Beispiel in strömungsschwachen Bereichen, im Interstitial oder in Altarmen,
- hohe Reproduktionsraten aufweisen, so dass Verluste relativ schnell wieder ausgeglichen werden und/oder
- über Drift und Migration diesen kurzzeitig „unwirtlichen“ Lebensraum wiederbesiedeln können.

Die vielfältigen, lebensraumbestimmenden Faktorenkombinationen sind sowohl im Längsschnitt als auch Querschnitt eines Fließgewässers Veränderungen unterworfen, so dass sich jeweils eine Abfolge unterschiedlicher Lebensräume ergibt.

Streng genommen ist es aber nicht zulässig, die zusammenhängenden und vielfach in gegenseitigen Wechselwirkungen und -beziehungen stehenden Lebensräume getrennt voneinander zu betrachten, da ein Fließgewässer von der Quelle bis zur Mündung eine systemare Einheit darstellt. Trotzdem soll im Folgenden aus Gründen der Übersichtlichkeit versucht werden, die wesentlichen Lebensräume natürlicher Fließgewässer mit Beispielen ihrer typischen Vegetation und Tierwelt vom freifließenden Wasserkörper über das Interstitial, die semiaquatischen Standorte (Kiesinseln und -bänke, Ufer) bis hin zu den Auen mit ihren Auengewässern von der Quelle bis zur Mündung grob darzustellen.

2.4.1 Freier Fließwasserkörper

Walter Binder und Heinz Patt

Der *Oberlauf* eines Fließgewässers ist meist noch schmal und weist in der Regel ein großes Gefälle, stark schwankende Abflüsse, hohe Fließgeschwindigkeiten und eine große Strömungsvielfalt auf. Die Hochwasser können sehr energiereich sein, sind meist aber nur von kurzer Dauer. Die große Strömungsdynamik verhindert die Ausbildung von Stillwasserzonen.

Altgewässer fehlen zumindest in der alpinen Region und den Mittelgebirgen nahezu vollständig. Aufgrund der Quellnähe und der bei natürlichen Gewässern nahezu vollständigen Beschattung sind die Temperaturschwankungen des Wassers im Jahresgang sehr gering. Gleichzeitig herrschen weitestgehend *oligotrophe* Verhältnisse vor. Deshalb ist auch die Primärproduktion im Vergleich zu den flussabwärts folgenden Fließregionen sehr bescheiden und in ihrem Maximum auf Winter und Frühjahr, vor dem Laubaustrieb, beschränkt.

Der *Sauerstoffgehalt* ist aufgrund der Wassertemperaturen und -turbulenzen ganzjährig relativ hoch. Im freifließenden Wasserkörper können sich praktisch keine höheren Pflanzen ansiedeln. Kleine, frei im Wasser schwebende Organismen, wie zum Beispiel Algen (*Phytoplankton*), sind im freifließenden Wasser nicht zu finden. Denn die Fließdauer ist für die Entwicklung eines eigenständigen Phytoplanktons zu kurz und die Strömung zu turbulent. Einzelne treibende Algenzellen stammen von der Gewässersohle, wurden dort abgespült und mitgerissen.

Insekten können sich in diesem Gewässerabschnitt nur in strömungsberuhigten Bereichen an oder auf der Oberfläche des freien Wasserkörpers halten. Dazu zählen zum Beispiel Wasserläufer *(Gerris)*, Stoßwasserläufer *(Velia caprai)* und Taumelkäfer *(Gyrinidae)*. Schwimmende Insektenarten, wie zum Beispiel Eintagsfliegen der Gattung *Cloeon*, finden sich nur in den Oberläufen von langsam fließenden Tiefland- aber auch Niederungsbächen. Nur wenige Fischarten vermögen sich in diesem Fließabschnitt zu halten. Typische, räuberisch lebende Vertreter dieser Gewässerregion sind die Bachforelle *(Salmo trutta)* und die Groppe *(Cottus gobio)*, während die Äsche *(Thymallus thymallus)* bereits den beginnenden Mittellauf charakterisiert.

Im *Mittellauf* nimmt bei moderatem Gefälle die Breite des Abflussprofils immer mehr zu und damit der beschattende Einfluss der Ufergehölze ab. Trotz der zunehmenden Temperaturamplitude ist der Sauerstoffgehalt aufgrund der Turbulenzen ganzjährig relativ hoch. Das Sonnenlicht kann den klaren und nicht zu tiefen Wasserkörper nahezu vollständig durchdringen, wodurch die gewässereigene Primärproduktion in diesem Gewässerabschnitt ihren Höhepunkt erreicht.

Im freien Wasser existiert immer noch kein autochthones Phyto- und Zooplankton, jedoch nimmt die Dichte abgespülter benthischer Algen im Wasserkörper zu. Zudem können sich nicht sehr strömungsempfindliche Wasserpflanzen (*Makrophyten*) je nach Nährstoffverfügbarkeit im Wasserkörper breit machen. Hierzu zählt vor allem der Flut-Hahnenfuß *(Ranunculus fluitans)*. In langsamer fließenden Bereichen können auch Fischkraut *(Potamogeton densus)*, Kamm- und Flutendes-Laichkraut *(Potamogeton pectinatus, P. nodosus)* sowie der Teichfaden *(Zanichellia palustris)* einen zusagenden Lebensraum vorfinden.

Mitunter kommen auch Stillgewässerarten wie die Schwanenblume *(Butomus umbellatus)* oder der Aufrechte Igelkolben *(Sparganium erectum)* in nicht zu geschiebereichen Fließgewässern vor. Allerdings weicht die Blattform dieser untergetaucht *(submers)* wachsenden Pflanzen stark von denen der Stillgewässerformen ab. Sie haben weiche, oft sehr lang gestreckte Blätter, die in der Strömung hin und her schwingen. Auf den Wasserpflanzen können sich aufgrund des nicht zu schnellen Fließens und der guten Durchlichtung mikroskopisch kleine Aufwuchspflanzen (*Epiphyten*) und zahlreiche zoobenthische Arten in Mengen ansiedeln. Dieses Nahrungsangebot begünstigt wiederum eine arten- und individuenreiche Weidegängergesellschaft, zu der unter anderem Schnecken und viele Insektenlarven gehören. Der Leitfisch des Mittellaufs ist die Flussbarbe *(Barbus barbus).*

Im *Unterlauf* hat der breite Fluss bzw. Strom meist nur noch ein geringes Gefälle und zeigt dementsprechend fast ganzjährig ein vergleichsweise träges Fließen. Nennenswerte Turbulenzen können sich nur noch an Fließhindernissen ausbilden. Die Temperaturamplitude im Jahresgang ist relativ groß und die Nährstoffversorgung gut. Deshalb, und aufgrund der verminderten Fließgeschwindigkeit, findet sich nun sowohl Phytho- als auch Zooplankton in der fließenden Welle und ist dort auch in der Lage sich zu vermehren.

Aufgrund des ständigen Transports gewässerabwärts ist jedoch zum Erhalt des sogenannten Potamoplanktons eine ständige Zulieferung von Plankton aus angegliederten Stillwasserräumen, vor allem der Aue, notwendig. In der Folge verlagert sich die gewässereigene Primärproduktion ins Freiwasser. Eine höhere Planktondichte und die größere Wassertiefe bedingen aber eine geringere Durchlichtung des Wasserkörpers. Dadurch wird die Hauptvoraussetzung für die Assimilation wesentlich eingeschränkt. Deshalb finden submerse Wasserpflanzen, wie zum Beispiel die Kanadische Wasserpest *(Elodea canadensis),* der Haarblättrige Hahnenfuß *(Ranuculus trichophyllus),* das Raue Hornblatt *(Ceratophyllum submersum)* oder das Glänzende und das Krause Laichkraut *(Potamogeton lucens, P. crispus)*, in Unterläufen meist nur in den Randbereichen, im flacheren Wasser, einen ausreichenden Lebensraum.

Mit dem weitgehenden Fehlen von Makrophyten im Wasserkörper kommen im Vergleich zum Mittellauf zwangsläufig wesentlich weniger Aufwuchsalgen und somit auch Vertreter von Weidegängern vor. Die charakteristische Fischart für den Unterlauf ist die Brachse (*Abramis brama* – s. Abb. 2.16).

Abb. 2.16 Die Brachse (*Abramis brama*) ist die Charakterart des Unterlaufs (Brachsen-Region). (Foto: Archiv Bayerisches Landesamt für Wasserwirtschaft)

2.4.2 Sohle

Walter Binder und Heinz Patt

Der *Oberlauf* eines Fließgewässers weist aufgrund seines oft großen Gefälles und seiner hohen Wassergeschwindigkeiten eine beachtliche Transportkapazität auf. Aufgrund des überwiegenden Abtrages werden diese Gewässerstrecken auch als „Erosionsstrecken" bezeichnet. Die Gewässersohle ist meist äußerst reich an Strukturen. Geprägt wird diese in den Oberläufen der alpinen und Mittelgebirgsregion von anstehendem Fels und/oder von größeren Steinen über Kies bis hin zu Sand. Im Extrem bestimmen bei geschiebeführenden Wildbächen zusätzlich noch sehr große Steine und Felsblöcke die Morphologie der Sohle bzw. des Gewässerbetts. Im Tiefland dagegen ist die Sohle bereits im Oberlauf von feinkörnigen Substraten (Sand, Ton) oder organischen Detritus- oder Torfauflagen geprägt.

Für die Sohlenbewohner des Oberlaufs ist es einerseits überlebenswichtig, dass diese im Interstitial ausreichend Rückzugsmöglichkeiten finden und dass sie andererseits in irgendeiner Weise an die Strömung angepasst sind. Fast alle Tiere dieser Gewässerregion siedeln vorzugsweise in strömungsarmen Bereichen unmittelbar am Substrat oder verbergen sich auf der Unterseite von Steinen oder Blättern. Weitere Anpassungsmechanismen sind ein abgeplatteter Körper (z. B. bei Eintagsfliegen), Klebsekrete (z. B. bei Kriebelmücken und bei einigen Köcherfliegenlarven) oder Saugnäpfe (z. B. bei Egeln und Lidmückenlarven).

Aufgrund der geringen Temperaturamplitude und den zeitweilig sehr dynamischen Abflüssen existiert nur eine geringfügige Primärproduktion. Lediglich einige Algen, zum Beispiel Kieselalgen (*Diatomeen*) wachsen auf den Steinen auf und bilden bräunlich-olive Überzüge auf den Sohlensubstraten aus. Auch etliche schwer unterscheidbare Wassermoose (z. B. Quellmoose – *Fontinalis*) zeigen spärliche Büschel, die oft nur an einer kleinen Stelle des Untergrunds festgewachsen sind. Dieser schüttere Aufwuchs dient einerseits als Habitat für Fischnährtiere und andererseits sogenannten Weidegängern als Nahrung, zum Beispiel einigen Insektenlarven. Die wichtigste Nahrungsquelle für die Primärkonsumenten stellt der Laubeintrag dar.

Hiervon leben vor allem die Zerkleinerer, die in dieser Laufregion dominieren. Hierzu zählen zum Beispiel die Flohkrebse der Gattung *Gammarus* (Abb. 2.17). Der u. a. auch von der Zerkleinerung stammende und auf dem Sediment abgelagerte bzw. driftende Kleindetritus wird von den Filtrierern und Sedimentfressern verwertet. Bekannte Tiere dieses Ernährungstyps sind zum Beispiel Köcherfliegen-Larven der Gattung *Hydropsyche*, die große, mit dem bloßen Auge erkennbare Reusen spinnen, mit deren Hilfe sie aus der Drift ihre Nahrung filtrieren.

Weitere charakteristische Filtrierer des Oberlaufs sind kleine, stecknadelkopfgroße Muscheln der Gattung *Pisidium*, die sich mit ihrem Fuß sehr gut zwischen den Steinen, Wurzelbärten und Moosen der Sohle bewegen können. Eine Besonderheit natürlicher

Abb. 2.17 Insbesondere Falllaub wird vor allem von dem in fließenden Gewässern oft in Massen vorkommenden Bachflohkrebsen (*Gammarus pulex*) als Zerkleinerer verwertet. (Foto: M. Kämmereit)

Ober- und Mittelläufe stellt in kühlen, kalk- und nährstoffarmen, aber sauerstoffreichen Bächen und Flüssen der Mittelgebirge und Niederungen mit silikatisch geprägter Geologie, oftmals die Flussperlmuschel (*Margaritifera margaritifera*) dar (Jungwirth et al. 2003).

Die Spezialisten der Gewässersohle können häufig wiederum eine leichte Beute von Jägern, wie beispielsweise bestimmten Steinfliegenlarven, werden. Vor allem aber dienen die meisten Vertreter des Makrozoobenthos als sogenannte Fischnährtiere den Bachforellen und Groppen zur Nahrung.

Im *Mittellauf* nehmen das Gefälle und somit auch das Transportvermögen der Strömung ab. Deshalb herrscht in dieser Laufregion vor allem bei geschiebeführenden Fließgewässern die Umlagerung vor. Erosion und Sedimentation halten sich in etwa die Waage; das Geschiebe wird von mittleren Korndurchmessern dominiert (Kies- und Sandfraktionen). Aufgrund der zunehmenden Gewässerbreite nimmt der Einfluss der Ufergehölze als Detrituslieferant für die Fließgewässer ab. Dementsprechend werden die Zerkleinerer im Sohlenbereich weniger. Die Sammler profitieren aber nach wie vor noch von dem Fraßvorgang der Zerkleinerer und vor allem aber von der Feindetritusdrift aus dem Oberlauf. Aufgrund der guten Durchlichtung nehmen in diesem Gewässerabschnitt neben den Makrophyten auch mikroskopisch kleine Aufwuchspflanzen zu, was wiederum den Weidegängern zu Gute kommt. Deshalb dominieren an Ernährungstypen neben den Sammlern die Weidegänger.

Der *Unterlauf* ist von vergleichsweise geringem Geschiebetransport gekennzeichnet, so dass Sedimentation aus vorwiegend feinkörnigen Ablagerungen vorherrscht. Zusätzlich zur Drift profitieren hier die bodenbewohnenden Organismen von der Planktonproduktion. Nun überwiegen die Ernährungstypen Sedimentfresser und Filtrierer, von letzteren, insbesondere auf stabilen Sandbänken, auch Großmuscheln, vor allem Vertreter der Gattungen Flussmuscheln (*Unio* – s. Abb. 2.18) und Teichmuscheln (*Anodonta*).

Abb. 2.18 Die Bachmuschel (*Unio crassus*), ein typischer Filtrierer, hat in den Substraten der Gewässersohle von natürlichen Fließgewässern einen dauerhaften Lebensraum. (Foto: M. Kämmereit)

2.4.3 Ufer

Walter Binder und Heinz Patt

Der *Oberlauf* wird häufig von einem schmalen, kiesigen und stark strukturierten Uferstreifen begleitet, der bereits bei kleineren Hochwasserabflüssen überflutet wird, ebenso wie die im Fließgewässer liegenden, mobilen Kiesinseln. In den Alpentälern sind für diese dynamischen, rohen und nur spärlich bewachsenen Standorte knapp oberhalb der Mittelwasserlinie, der Alpen-Knorpellattich *(Chondrilla chondrilloides),* der dichte Fluren ausbilden kann, und sogenannte Alpenschwemmlinge, wie Silberwurz *(Dryas octopetala),* Alpen-Gemskresse *(Hutschinsia alpina)* oder Alpen-Leinkraut *(Linaria alpina)* charakteristisch. Bleiben die Kiesflächen der Inseln und Ufer eine Vegetationsperiode lang von Hochwasser verschont, können sich vereinzelt stehende, sehr wurzelaktive und regenerationsfähige Sträucher etablieren, die in den Alpentälern u. a. aus Tamariske *(Myricaria germanica),* Sanddorn *(Hippophae rhamnoides)* und Weiden (vorwiegend *Salix incana, S. daphnoides, S. eleagnos*) bestehen.

Etwa um oder knapp über der Mittelwasserlinie siedeln, neben vereinzelten Gehölzen, mitunter saumartig ausgedehnte Pestwurz-Fluren *(Petasites spec.)* oder Uferreitgrasbestände *(Calamagrostis pseudophragmites),* die beide den Standort stark durchwurzeln und damit bis zu einem gewissen Grad sichern. Nur geringfügig höher begleiten in vielen Fällen bereits Gehölze die Fließgewässer, im Alpenvorland vor allen Grauerlen *(Alnus incana).*

Im Gegensatz zu den Alpentälern und dem Voralpenland sind am Oberlauf von Fließgewässern des Mittelgebirgs und Tieflands vor allem Schwarzerle *(Alnus glutinosa)* und Esche *(Fraxinus excelsior)* die dominierenden Gehölze dieser durch regelmäßige Überflutungen relativ nährstoffreichen Standorte.

Als typische Vogelart der Ober- und beginnenden Mittellaufregion sei stellvertretend die Wasseramsel *(Cinclus cinclus)* erwähnt, ein Spezialist der Unterwasserjagd in flachen, aber schnell fließenden Fließabschnitten.

Der *Mittellauf* zeichnet sich dadurch aus, dass sich nach jedem Hochwasser der Verlauf des Gewässers innerhalb des Flussbetts verändert. Die kiesig bis sandigen Inseln werden dabei abgetragen, umgelagert und entstehen an anderer Stelle wieder neu.

Auf den Sand- und Kiesbänken im Fluss und an den Ufern bestimmen Pionier- und kurzlebige Pflanzengesellschaften *(Annuellenfluren)* das Bild. Kurzlebig deshalb, da diese flussnahen Vegetationsbestände häufig bereits nach kurzer Entwicklungszeit wieder durch Hochwasser entwurzelt und weggespült werden. In den Umlagerungsstrecken der Alpenflüsse finden sich hier noch viele Alpenschwemmlinge. Bei Zunahme von Feinsedimenten siedeln sich mehr und mehr hochwüchsige Gräser, vor allen das Rohrglanzgras (*Phalaris arundinacea* – s. Abb. 2.19), und Kräuter, wie zum Beispiel das Barbarakraut *(Barbarea vulgaris)*, an.

In feinsedimentführenden und schwebstoffreichen Fließgewässern sind in diesen raschwüchsigen Annuellenfluren dagegen Rispengras *(Poa annua)* und eine Vielzahl von Kräutern, zum Beispiel Wasserpfeffer *(Polygonum hydropiper)*, anzutreffen. In ruhigeren Fließabschnitten kann das Rohrglanzgras bereits im Mittellauf ein durchgehendes Flussröhricht ausbilden, da es seine Halme im Gegensatz zum starr aufrechten Schilf *(Phragmites communis)* vertragen, mehrmals von der Strömung umgelegt zu werden.

An bemerkenswerten Vogelarten dieser Fließgewässerregion seien der Flussregenpfeifer (*Charadrius dubius* – Abb. 2.20) und die Flussseeschwalbe *(Sterna hirundo)* erwähnt, die vorzugsweise auf den Kiesinseln der Umlagerungsstrecken brüten.

Im *Unterlauf*, für den Mäanderschlingen typisch sind, können sich in den semiaquatischen Bereichen auf den bei niedriger Wasserführung freifallenden Flächen mit lehmig-schlickigen Substraten auch sogenannte Zweizahn-Fluren *(Bidens spec.)* und kurzlebige Säume von Schlammlingsfluren entwickeln. Zu Letzteren zählen zum Beispiel Nadelbinse *(Eleocharis acicularis)*, Schlammkraut *(Limosella aquatica)* oder auch Braunes Zypergras *(Cyperus fuscus)*. Auf den Ufersäumen können sich auch raschlebige annuelle (einjährige) Kräuter ansiedeln. Hier sind vor allem Gänsefuß- *(Chenopodium spec.)* und Knöterich-Arten *(Polygonum spec.)* zu nennen, die hier auf Schottern oder nährstoffreichem Sand vollbesonnte und konkurrenzfreie Plätze vorfinden.

Abb. 2.19 Auf Kiesbänken siedelt oft das Rohrglanzgras *(Phalaris arundinacea)*, das im Gegensatz zu vielen Einjährigen Pflanzen durchaus auch energiereiche Hochwasser überstehen kann. (Foto: P. Jürging)

Abb. 2.20 Auf den Kiesbänken geschiebeführender Flüsse stellt der Flussregenpfeifer einen typischen Vertreter der Kiesbrüter dar. (Foto: Archiv Bayerisches Landesamt für Wasserwirtschaft)

Mitunter begleiten ausgedehnte Röhrichtsäume aus Rohrglanzgras *(Phalaris arundinacea)* und, in sehr ruhigen Bereichen, auch aus Schilf *(Phragmites communis)* bestehende Säume die Gewässerränder um die Wasserwechselzone.

2.4.4 Aue

Walter Binder und Heinz Patt

An den *Oberläufen* fehlt in der Regel eine ausgeprägte Gewässeraue. An kleineren, in schmalen Tälern verlaufenden Fließgewässern im Mittelgebirge und Hügelland begleiten meist nur relativ schmale Gehölzstreifen die Ufer bzw. sehr schmalen Auenareale. Hier kennzeichnet neben dem Quell- und Bach-Eschen-Erlenwald (s. Abb. 2.21) vor allem der Schwarzerlen-Eschenwald die Vegetation. Hat sich in einem schmalen Tal das Fließgewässer tief eingegraben, so gedeihen häufig eschenreiche Schluchtwälder auf den unteren Einhängen (Hangfuß).

Bei größeren, alpin geprägten Fließgewässern finden sich in dem weitläufigen System der Kies- und Sandbänke der oberen Laufabschnitte jüngste Pionierstadien mit spärlicher Vegetation. Daneben gedeihen gut entwickelte Strauchweidenbestände mit fast geschlossener Rasendecke. Das fortgeschrittene Stadium der Auenentwicklung stellen hier oftmals vorwiegend lockere Bestände dar, in denen die Waldkiefer überwiegt.

Diese Abfolge der Vegetationsentwicklung von Pionier- und Rohbodenvegetation bis hin zum Endstadium (d. h. im Alpen- und Voralpenraum ein Schneeheide-Kiefernwald mit unterschiedlich hohem Fichtenanteil) wird nur in seltenen Fällen durchlaufen, da zahlreiche Hochwasserereignisse, begleitet von Geschiebebewegungen, häufig die Vegetationsentwicklung in einen Ausgangszustand zurück versetzen. Ein räumliches Nebeneinander verschiedener Pflanzengesellschaften und unterschiedlicher Entwicklungsstadien ist daher für natürliche, alpin geprägte Auen typisch (Jürging und Schauer 1998).

Im *Mittellauf* kann sich eine Aue auf dem alluvialen Kiesen, Sanden und Lehmen in vielen Fällen bereits erheblich aufweiten, wobei nach wie vor wesentliche Bereiche in der

Abb. 2.21 In engen Tälern der Mittelgebirge und der Hügelländer begleitet das Fließgewässer auf den schmalen Ufern oftmals ein Bach-Eschenerlenwald. (Foto: Archiv Bayerisches Landesamt für Wasserwirtschaft)

Aue bei den immer noch energiereichen Hochwasserabflüssen aufgeschottert, überkiest oder übersandet werden können.

Auf die Pioniergesellschaften und die gelegentlich bereits vorkommenden Flussröhrichte der tiefgelegenen Flussalluvionen folgen, im geringfügig darüber liegenden Überflutungsbereich, die als *Weichholzaue* (Abb. 2.22) bezeichnete Weiden- und Erlenaue, in der sich die Vegetation infolge der periodischen Überflutungen (an bis zu 180 Tagen im Jahr) nicht zu langlebigen Wäldern weiterentwickeln kann.

Die wichtigsten Weidenarten sind hier die Silberweide *(Salix alba)*, die Bruchweide *(Salix fragilis)* und die Mandelweide *(Salix triandra)*. Im Flachland und im Mittelgebirge dominiert die Erlenaue mit der Schwarzerle *(Alnus glutinosa)*, während im Voralpenland, also im Bereich der regelmäßig eintretenden Sommerhochwasser, die etwas höher gelegenen Teile der Weichholzaue zusätzlich von der Grauerle *(Alnus incana)* beherrscht werden.

Die höchste und somit nur noch selten bei außergewöhnlichen Hochwassern überstaute Stufe innerhalb des Überschwemmungsbereiches am Mittel- und Unterlauf nimmt bei natürlichen Gewässern die sogenannte *Hartholzaue* (Abb. 2.23) ein, deren Name wohl auf

Abb. 2.22 Weichholzauwälder stellen in fließgewässernahen und häufig überfluteten Bereichen die typische Baumschicht dar. Im Bild ein noch junger Grauerlen-Auwald aus dem Alpenvorland. (Foto: P. Jürging)

dem Reichtum an kräftigen und dauerhaften Baumarten beruht. Im Übergangsbereich zwischen Weich- und Hartholzstufe mischt sich die Esche *(Fraxinus excelsior)* ein, während in den oberen Teilen der Hartholzaue Ulmenarten *(Ulmus glabra* und *U. laevis)* und die Stieleiche *(Quercus robur)* die Hauptbaumarten darstellen.

Für die Vegetationsabfolge in einer Aue ist nicht das einmalige, höchste Hochwasser, sondern die häufigen mittleren Hochwasser und die Niedrigwasser im Hinblick auf die Grundwasserschwankungen ausschlaggebend.

Im U*nterlauf* ähneln die wesentlich breiteren Auwaldbänder in ihrer Vegetationsabfolge denen des Mittellaufs, unterscheiden sich aber von dieser in der Weichholzaue durch das vermehrte Auftreten von Silberweide *(Salix alba)* und in der Hartholzaue durch das Zurückgehen oder Fehlen der Ulmen *(Ulmus spec.)* sowie die Zunahme der Stiel-Eichen *(Quercus robur)*.

Wie vielfältig die Vogelwelt der Auen eines natürlichen Unterlaufs sein kann, lässt sich heute noch an dem in wesentlichen Bereichen naturnahen Fließabschnitt der Unteren

Abb. 2.23 Eine nur noch selten vom Hochwasser überstaute Aubereiche nimmt in naturnahen Flusslandschaften die Hartholzaue ein. Im Bild eine reife Hartholzaue aus den Rheinaue „Taubergießen". (Foto: P. Jürging)

Isar kurz vor der Mündung in die Donau nachvollziehen. Hier kommen auf einer Fläche von etwa einem Viertel Prozent der Landesfläche Bayerns nahezu 75 Prozent aller regelmäßig in Bayern brütenden Vogelarten vor (BayLfW 1987). Hiervon stehen 47 Arten in der *Roten Liste* bedrohter Tiere in Bayern, d. h. fast die Hälfte aller in Bayern gefährdeten Brutvogelarten brüten dort; einige davon in außergewöhnlich hoher Dichte (z. B. Eisvogel – *Alcedo atthis,* Blaukehlchen – *Cyanosylvia svecica* und Schlagschwirl – *Locustella fluviatilis*).

2.4.5 Temporärgewässer

Ellen Kiel

Temporärgewässer sind nicht auf aride Gebiete beschränkt, sondern in jedem Fall auch wesentliche natürliche Bestandteile der Fließgewässerauen Nordeuropas. Es handelt sich dabei um

Gewässer, die mindestens zeitweise eine negative Wasserbilanz aufweisen. Dies kann zum Beispiel Fließgewässer (Bäche) betreffen, aber auch kleine Stillgewässer (Altwasser, Flutmulden, Flachgewässer), verschiedene Quelltypen oder diverse Klein- und Kleinstgewässer (Rockpools, Phytothelmen, wassergefüllte Senken). Zudem existiert eine Vielzahl künstlicher Temporärgewässer, unter anderem Be- und Entwässerungsgräben, Qualmwassertümpel, Polder, Teiche, Wagenspuren, die nachfolgend nicht weiter behandelt werden.

Während das Studium der permanent wasserführenden Systeme eine relativ weit zurückreichende Tradition aufweist, führt die Forschung zu Temporärgewässern ein stiefmütterliches Dasein. Vergleichende oder systematische ökologische Studien erscheinen relativ selten, obwohl diese Gewässertypen für die Biodiversität der Auen von erheblicher Bedeutung sind.

Die Phase der Wasserführung aller Auengewässer hängt wesentlich von der sogenannten „hydrologischen Konnektivität" ab. Zahlreiche natürliche Faktoren nehmen Einfluss auf die spezifische Hydrodynamik der Temporärgewässer. Ihre Speisung erfolgt nicht allein direkt durch Niederschläge, sondern zum Beispiel auch durch Überflutung oder Überstauung, Grundwasser- oder Schmelzwasserzufluss. Wasserverluste resultieren in erster Linie aus der Evaporation und der Infiltration in andere Systeme (Boden, Grundwasser, andere Oberflächengewässer).

Die Dauer und der Zeitraum der Wasserführung ergeben sich aus einem Faktorengefüge, das Geländemorphologie und Bodeneigenschaften ebenso umfasst wie Exposition und Wasserfarbe oder Wasserbedarf der umgebenden Vegetation. Natürliche Auen kennzeichnet deshalb eine große Heterogenität aquatischer Systeme auf engstem Raum, zu denen Temporärgewässer unterschiedlichster Morphologie, Größe und Hydrodynamik gehören.

Eine allgemeingültige wissenschaftliche Einteilung oder Typisierung liegt für Temporärgewässer nicht vor. Differenzierte Klassifizierungen, wie zum Beispiel bei Williams (2007), nutzen allerdings die Faktoren Vorhersehbarkeit bzw. Wahrscheinlichkeit der Austrocknung sowie deren Dauer und Rhythmik als Kriterien. Sie unterscheiden die Typen: *„ephemer"*, *„episodisch"*, *„intermittierend"*, *„saisonal"* und *„nahezu permanent"* und geben Hinweise auf die Besiedlung durch aquatische Organismen. Die in Tab. 2.1 dargestellten hydrodynamischen Bedingungen ermöglichen Rückschlüsse auf ökologisch bedeutende Unterschiede. Die Dauer, Rhythmik, Wahrscheinlichkeit und Art der Wasserspeisung stellen zentrale Faktoren für die aquatische Fauna dar.

Das Leben in Temporärgewässern und die dortigen Stoffwechselprozesse werden von zahlreichen Faktoren geprägt, die situativ unterschiedlich sein können. Eine wichtige Rolle spielt beispielsweise der Zeitraum der Wasserführung bzw. Austrocknung (z. B. ob Winter- oder Sommergewässer), die Menge bzw. Geschwindigkeit der Wassereinspeisung oder die Wasserbeschaffenheit. Diese und weitere Faktoren nehmen Einfluss auf die Lebensbedingungen, indem sie pH-Werte, Temperaturen, Leitfähigkeitswerte und viele andere Parameter bestimmen.

Verallgemeinerbare Aussagen zur Ökologie und Besiedlung der Vielzahl so unterschiedlicher Temporärgewässer sind kaum zu formulieren, zumal nur wenige ver-

Tab. 2.1 Typen natürlicher Temporärgewässer in nordeuropäischen Fließgewässerauen und Kriterien der Einteilung (verändert nach Williams 2007 – Angaben zur Fauna teilweise ergänzt)

Typ	Wasserführung: Vorhersehbarkeit/ Wahrscheinlichkeit	Wasserführung: Dauer/Rhythmus	Aquatische Fauna und Vegetation
ephemer	nach unvorhersehbaren Regen- oder Abflussereignissen	Austrocknung binnen Stunden oder maximal wenigen Tagen	kaum Besiedlung; ggf. Mikroorganismen und Zufallsgäste
episodisch	seltene, unvorhersehbare Wasserführung	jahrelang trocken (90 % der Zeit), maximal einige Monate lang befüllt bzw. feucht	ggf. Mikroorganismen und Zufallsgäste; Algenbewuchs möglich
intermittierend	nicht regelmäßige Wechsel von längere Phasen der Wasserführung und der Austrocknung	ggf. über mehrere Monate oder Jahre Wasser führend; Wasserphase länger als Trockenphase	immer wieder Selektionsdruck auf austrocknungsresistente und mobile Arten, Algenbewuchs möglich
saisonal	regelmäßiger Wechsel von Phasen der Wasserführung und Austrocknung innerhalb eines Jahres	kurzeitig Wasser (Wochen bis Monate); längere Trockenphasen innerhalb eines Jahres	Algen und Makrophyten möglich; typische Fauna austrocknungsresistenter, mobiler oder phänologisch angepasster Taxa
nahezu permanent	seltene, unvorhersehbare Austrocknungsereignisse	jahrelang wasserführend (90 % der Zeit), maximal einige Monate lang trocken	Gewässertypische Fauna, mehrheitlich nicht austrocknungsresistent

gleichende Arbeiten existieren. Generalisierbar scheint jedoch, dass die Artenzahl der mehrzelligen Tiere klar mit der Dauer der Hydroperiode korreliert ist. Die kurzlebigsten Gewässer weisen mithin relativ artenarme Gemeinschaften auf, oft gekennzeichnet durch einen relativ hohen Anteil an Dipteren aber auch einigen Spezialisten (Williams 2007).

Allerdings liefern verschieden Studien Hinweise auf eine geringe Artenidentität benachbarter Temporärgewässer. In natürlichen Auen resultiert somit aus der typischerweise hohen Zahl ggf. relativ artenarmer aber unterschiedlich besiedelter Einzelgewässer eine besonders hohe Gamma-Diversität (Beierkuhnlein 2003). Daten einer einmaligen Beprobung von neun saisonalen Temporärgewässern (Fläche: 0,5 bis 70 m^2, maximale Tiefe: 1,5 bis 24 cm) in einem rezenten Auengebiet der Hunte (vgl. Abb. 2.24, 2.25, 2.26 und 2.27) illustrieren diesen Effekt. Je nach Gewässer wurden in dieser Studie maximal 26 bis 35 Arten erfasst. Die Anzahl der insgesamt erfassten Arten bzw. Taxa höherer Ordnung ergab jedoch 50 (Reineke 2013; siehe Abb. 2.28).

Abb. 2.24 Saisonales Temporärgewässer – Winteraspekt. (Foto: L. Reineke)

Abb. 2.25 Saisonales Temporärgewässer – Winteraspekt. (Foto: L. Reineke)

Abb. 2.26 Saisonales Temporärgewässer (Quellsumpf; Sommeraspekt). (Foto: E. Kiel)

Abb. 2.27 Intermittierender Kalkbach, als Beispiel selten gewordener, dynamischer kleiner Fließgewässer mit temporärer Wasserführung. (Foto: E. Kiel)

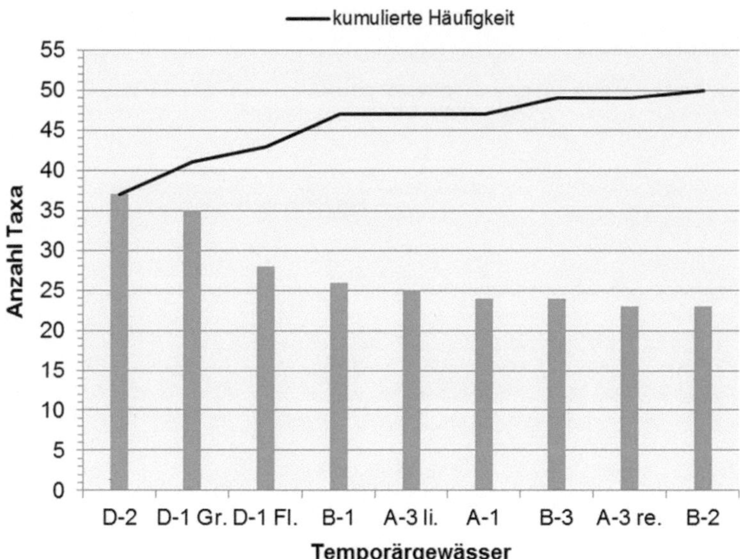

Abb. 2.28 Anzahl der Arten und Taxa höherer Ordnung und kumulative Häufigkeit als Resultat einer Untersuchung von neun saisonalen Temporärgewässern in einem rezenten Auenbereich entlang der Hunte (Einzugsgebiet – EZG – Weser) (Reineke 2013; Darstellung verändert)

Temporärgewässer, wie zum Beispiel natürlicherweise ausgetrocknete Fließgewässer (vgl. Abb. 2.27), sind hochdynamische Systeme, die heute nicht selten naturschutzfachlich Bedeutung erhalten. Dies ist der Tatsache geschuldet, dass diese Biotope und die ihnen eigene Fauna inzwischen weit seltener präsent sind als vor Beginn der intensiven Landnutzung, die vielerorts mit starker Drainage einherging (Williams 2007).

Viele Temporärgewässer verdanken ihre Präsenz natürlicherweise Bedingungen, die in unserer intensiv genutzten Kulturlandschaft kaum noch existieren; unter Umständen aber auch der starken und länger andauernden Vernässung oder Überstauung von Auenflächen infolge von Niederschlägen und Hochwasserereignissen, den geringen Grundwasserflurabständen und der natürlichen Landschaftsmodellierung durch Verlagerungen von Flussläufen in der Aue.

Nicht selten beherbergen diese Auenreste, und speziell die Temporärgewässer dort, besondere Anpassungstypen oder/und seltene Arten, wie den Frühjahrsfeenkrebs (*Eubranchipus grubii* Dybowski 1860 – Abb. 2.29). Er besiedelt primär saisonale Temporärgewässer, die sich im Winter nach starken Hochwassern, Schneeschmelzen oder Niederschlägen bilden. Dort tritt diese winterentwickelnde Art ggf. auch unter der Eisdecke auf.

Abb. 2.29 Frühjahrsfeenkrebs *(Eubranchipus grubii)* als typische Besiedler mit enger Bindung an saisonale Temporärgewässer. **a** Weibchen des Frühjahrsfeenkrebs mit Eisack, **b** Männchen des Frühjahrsfeenkrebs. (Fotos: U. Manzke)

Nach dem Wasserrückgang im Frühjahr übersommert der Frühjahrsfeenkrebs in einem trockenresistenten Eistadium. Ähnlich dem Frühjahrsfeenkrebs besitzen auch andere, als „Auwaldarten" bekannte Krebstiere die Fähigkeit, eine Austrocknung der Temporärgewässer in einem Zystenstadium zu überstehen. *Lepidurus*- und *Triops*-Arten weisen jedoch eine Phänologie auf, die sie an Temporärgewässer bindet, die später im Jahr entstehen.

Die Zahl sommertrockener Gewässer und die Dauer der Austrockung nahm dort in der letzten Dekade deutlich zu. Wie dargestellt können auch temporäre Gewässer einen hohen ökologischen Wert aufweisen. Sie erfordern allerdings besondere Bewertungsverfahren und Bewirtschaftungsweisen, um ihren Wert zu erkennen und zu erhalten (DGL 2000; Müller-Peddinghaus et al. 2017).

2.4.6 Altgewässer

Heinz Patt

Im *Oberlauf* können zwar in den Furkationsstrecken zeitweilig wassergefüllte Hochflutrinnen verbleiben, aber typische Altgewässer fehlen in der alpinen und Mittelgebirgsregion nahezu vollständig. In Tiefland dagegen sind Altgewässer auch bereits in der Oberlaufregion weit verbreitet (s. Patt 2018; DWA-Merkblatt M 607 – Altgewässer – Ökologie, Sanierung, Neuanlage 2010).

Im *Mittellauf,* insbesondere am Übergang zum Unterlauf, können sich in den breiter werdenden Auen bereits vereinzelt Mäander ausbilden und somit erste Altgewässer in der Gewässeraue entstehen.

Für den *Unterlauf* sind Mäanderschlingen charakteristisch. Sie sind die Voraussetzung für das Entstehen verschiedener Formen von *Altgewässern.* In ihnen gedeihen je nach Wassertiefe die typischen Pflanzengesellschaften der Stillgewässer. So bilden sich vor allem in Altwässern gürtelartige Vegetationszonen aus. Diese Zonation kann vom Wasser aus gesehen, von Unterwasserrasen über Laichkrautgesellschaften, freischwimmenden-Wasserpflanzen, Schwimmblattgesellschaften, Röhrichten oder Großseggenrieden bis hin zu Gehölzbeständen mit Arten der Weichholzaue reichen. Bei Altgewässern mit großen Wasserstandschwankungen können sich auch auf den bei Niedrigwasser trockenfallenden Ufern Schlammlingsfluren einstellen (Jürging 1997).

Mit fortschreitender Verlandung bzw. Entwicklung ändern sich zwangsläufig auch die jeweiligen Standortfaktoren, so dass sich an ein und demselben Ort verschiedene Pflanzengesellschaften im Laufe der Zeit nacheinander ablösen. Das Endstadium dieser Sukzession ist unter natürlichen Verhältnissen ein Wald, zum Beispiel bei einer ausschließlichen Verlandung (biogenen) ein Bruchwald (s. Abb. 2.30). Mit dieser Vegetationssukzession ändern sich zwangsläufig entsprechend der einzelnen Verlandungsphasen auch die Artenzusammensetzungen der Tiergemeinschaften.

Analog zur Fließgewässertypologie (Abschn. 2.5) liegt exemplarisch für die verschiedenen Auen- und Altgewässer der Elbe eine hydromorphologische und biozönotische Typologie vor (Pottgiesser et al. 2013). Diese *Altgewässertypologie* umfasst ...

- das Typensystem mit den relevanten Deskriptoren, die in Form von Typendiagrammen grafisch aufbereitet worden sind,
- die Ausweisung von vier Altgewässertypen,
- die Beschreibung der hydromorphologischen und biozönotischen Referenzbedingungen für die biologischen Qualitätskomponenten Fische, Makrozoobenthos, aquatische Makrophyten und Phytoplankton in Form von Steckbriefen sowie
- die Zuweisung der ausgewählten projektrelevanten Altgewässer zu den Altgewässertypen in der „Karte der Altgewässertypen".

Abb. 2.30 In dem verlandeten Altgewässer hat sich ein typischen Bruchwald als Verlandungsstadium entwickelt. Kennzeichnend sind Schwarzerle *(Alnus glutinosa)* und vorherrschende Sumpf-Calla *(Calla palustris)* in der Krautschicht. (Foto: P. Jürging)

2.5 Fließgewässertypologie

Tanja Pottgiesser und Mario Sommerhäuser

„Aquae sunt talis qualis terra per quam fluunt". Die Typisierung der Gewässer ist keine kurzlebige neue Forschungsrichtung oder vorübergehende technische Aufgabe der Wasserwirtschaft. Darauf deutet auch das bereits 2000 Jahre alte „gewässertypologische" Zitat von Plinius dem Älteren hin (Plinius der Ältere, Naturalis historia, Buch 31, § 52, Z. 5). Frei übersetzt lautet es:

> Die Gewässer sind so beschaffen, wie das Land, das sie durchfließen.

Übertragen auf die Gewässertypologie bedeutet dies, dass Gewässer in ihren natürlichen Erscheinungsformen, aber auch in ihrer Wasserqualität immer das Ergebnis ihrer landschafts- und nutzungsbedingten (Vor-)Geschichte sind. Die Gewässertypologie beschäftigt sich also mit dem Einfluss der Landschaft auf die Ausbildung und die natürlichen Eigenschaften der Oberflächengewässer, mit den Folgen der anthropogenen Einflüsse auf die Gewässer die Gewässerbewertung.

Dass die Gewässertypologie in den letzten 25 Jahren eine zunehmende Bedeutung in der wasserwirtschaftlichen Praxis bekommen hat, kann damit erklärt werden, dass die Bewirtschaftung der Gewässer „nach der Natur", also entsprechend ihren naturräumlichen

Eigenschaften und Voraussetzungen, die Effizienz, zum Beispiel von ökologischen Verbesserungsmaßnahmen („*Renaturierungen*"), erheblich steigern kann. Denn typspezifische Arten („*Leitarten*" oder „*Gütezeiger*"), die heute in der Ermittlung des ökologischen Werts eines Gewässers eine bedeutende Rolle spielen (vgl. Beispiel in Abschn. 2.5.3), besiedeln nur dann ein ökologisch verbessertes Gewässer mit großer Wahrscheinlichkeit, wenn dieses auch die typspezifischen Gegebenheiten aufweist (z. B. regional- und gewässertypische Sohlensubstrate, Fließgeschwindigkeiten und Vegetationsstrukturen). Verbessert werden kann durch einen naturnahen, stabilen Artenbestand jedoch auch die Selbstreinigungskraft. Insgesamt gesehen kann die *typentsprechende* Gewässerausprägung, -gestaltung und -bewirtschaftung sich somit eher in einem „guten ökologischen Zustand" abbilden, als bei einer wenig *typgerechten*, d. h. „naturfernen".

Nachdem schon früh in einigen Bundesländern für die Zwecke der Gewässerentwicklung sogenannte „*Leitbilder*" erarbeitet wurden, die man als anwendungsorientierte Beschreibung von naturräumlichen Gewässertypen verstehen kann (z. B. LUA NRW 1999; NLÖ 2001), hat die Gewässertypologie mit der Einführung der EG-Wasserrahmenrichtlinie (EG-WRRL) einen weiteren bedeutenden Impuls erhalten. Als Grundlage der Bewertung aller Oberflächengewässer, die anhand typspezifischer Referenzbedingungen zu erfolgen hat, für die Ausweisung von Wasserkörpern sowie das Aufstellen von Bewirtschaftungs- und Maßnahmenplänen sind flächendeckende Gewässertypen in allen Mitgliedsstaaten heute die grundlegende Voraussetzung einer erfolgreichen Umsetzung dieser gesetzlichen Vorgabe und der Zielerreichung „guter ökologischer Zustand" bzw. „gutes ökologisches Potenzial".

2.5.1 Definitionen und Methodik der Gewässertypisierung

Im Folgenden werden einige Definitionen zum Thema Gewässertypisierung gegeben, die für die weiteren Darstellungen grundlegend sind.

Gewässertyp

Für den Begriff des Gewässertyps finden sich verschiedene Ansätze. Ein Typus ist nach Thieneman (1954) …

> … der in anschauliche Form gebrachte Idealfall, […] [der] in der Natur nie in seiner Simplifikation, sondern stets individuell ausgestaltet vertreten ist.

In der revidierten DIN 38 410 findet sich eine kurze, moderne Definition. Danach ist ein Gewässertyp die …

> … idealisierte Zusammenfassung individueller Fließgewässer nach definierten gemeinsamen (z. B. morphologischen, physikalischen, chemischen, hydrologischen, biozönotischen) Merkmalen. Die Typen natürlicher Gewässer können als Leitbilder beschrieben werden.

Den Gewässertypen liegen umfangreiche Untersuchungen ausgewählter, besonders naturnaher Referenzgewässer zugrunde. Aufgrund der weitgehenden Überformung der Landschaft Mitteleuropas – insbesondere im Tiefland – müssen die an solchen realen Gewässern gewonnenen Erkenntnisse in der Regel durch historische Daten (z. B. historische Karten und Artenlisten) und Expertenwissen ergänzt werden. Aus der Abstraktion dieser Grundlagen lässt sich der Gewässertyp ableiten und beschreiben.

Leitbild bzw. Referenzbedingung

Der Begriff „Leitbild" wirdxig parallel zu Referenzbedingungen verwendet. Gemeinsam ist beiden, dass sie einen Bezug zur Naturnähe bzw. den „natürlichen Funktionen" des Gewässers enthalten und als Grundlage der Bewertung eines aktuellen Zustands (*„Ist-Zustand"*) angesehen werden können (vgl. LAWA 1995). Ein Unterschied besteht darin, dass das Leitbild irreversible anthropogene Einflüsse auf das Gewässerökosystem einschließt (z. B. Auenlehmbildung im Mittelalter, Senkungserscheinungen infolge untertägigen Bergbaus).

Die Beschreibungen der naturnahen Ausprägung der Gewässertypen gemäß EG-WRRL werden als Referenzbedingungen bezeichnet. Als Referenzbedingungen wird der (typspezifische) sehr gute ökologische Zustand bezeichnet, der keine oder nur sehr geringfügige anthropogene Änderungen der Werte für die physikalisch-chemischen und hydromorphologischen Qualitätskomponenten gegenüber den Werten verzeichnet, die normalerweise bei Abwesenheit störender Einflüsse mit diesem Typ einhergehen. Die Referenzbedingungen sind als höchste Wertstufe Ausgangspunkt der Bewertung, die die Abweichung von dieser Referenz in vier Klassen – gut, mäßig, unbefriedigend und schlecht – ermittelt.

Gewässerlandschaften

Gewässerlandschaften sind in Bezug auf die gewässerprägenden geologischen, geomorphologischen und pedologischen (bodenkundlichen) Eigenschaften quasi-homogene Landschaftsräume. Sie stellen den Verbreitungsschwerpunkt von einem bis mehreren Gewässertypen dar, die innerhalb der Gewässerlandschaft kleinräumig wechseln können. Gewässerlandschaften werden in der Regel durch Überlagerung verschiedener Grundlagenkarten (z. B. geologische Karten, Bodenkarten, hydrologische Karten, verschiedene topografische Karten) erarbeitet, dies kann manuell oder digital unter Verwendung geografischer Informationssysteme erfolgen. Sie sind kartografisch darstellbar, wobei die Grenzlinienziehung eine grobe Synthese aus unterschiedlichen Grundlageninformationen darstellt und nicht für die Typusfindung des einzelnen Gewässerlaufs überinterpretiert werden darf.

Für die Bundesrepublik Deutschland wurden in den drei geografischen Haupteinheiten Deutschlands (Norddeutsche Tiefebene, Mittelgebirge, Alpen und Alpenvorland) von Briem (2003) die Fließgewässerlandschaften ausgewiesen. Diese sind in großformatigen Karten im Maßstab 1:500.000 dargestellt.

Ökoregion
Die von der EG-WRRL vorgegebenen Ökoregionen entsprechen den zoogeografischen Großräumen, die Illies in seiner *„Limnofauna Europaea“* (Illies 1978) als Verbreitungsräume der limnischen Organismen angegeben werden. Es handelt sich um im Hinblick auf das potenzielle Vorkommen bestimmter Organismen geografisch einheitliche Großlandschaften. Sie sind in gewisser Weise den Gewässerlandschaften vergleichbare, aber „höhere“, d. h. gröbere Einheiten auf der Maßstabsebene Europas und angrenzender Regionen.

Referenzgewässer
Referenzgewässer sind in Bezug auf ihre Gewässermorphologie, Wasserqualität, Wasserführung und Besiedlung zumindest auf Teilstrecken möglichst naturnahe Bäche oder Flüsse, die als wichtige Grundlage für die Definition von Gewässertypen und die Aufstellung von typspezifischen Leitbildern herangezogen werden. Eine detaillierte Zusammenstellung der Anforderungen, die an Referenzgewässer vor dem Hintergrund der strengen Vorgaben der EG-Wasserrahmenrichtlinie zu stellen sind, hat das Konsortium des EU-Forschungsprojekts AQEM erstellt (AQEMconsortium 2002). Diese sind in Tab. 2.2 dargestellt.

In der Realität der mitteleuropäischen Landschaft werden viele dieser Anforderungen nur teilweise oder gar nicht erfüllt (Abb. 2.31a und b). Für die Definition der Gewässertypen und die Darstellung der Referenzbedingungen im Sinne der EG-WRRL sind daher in der Regel ergänzende Methoden erforderlich, wie zum Beispiel die historische Rekonstruktion, die Konstruktion (Modellierung) und das Expertenwissen (Ehlert et al. 2002). Dies gilt in besonderem Maße für Tieflandgewässer und große Fließgewässer (Flüsse), von denen meist noch nicht einmal Referenzabschnitte vorhanden sind.

Gewässertypenkarten
Die kartografische Ausweisung der Typen für individuelle Gewässer erfolgt in Fließgewässertypenkarten. Die Erstellung von Typenkarten erfolgt auf Grundlage von durch den Menschen weitgehend unveränderlichen Rahmenbedingungen, wie sie zum Beispiel in geologischen Karten, naturräumlichen Gliederungen, Talbodengefällen und hydrogeologischen Karten wiedergegeben sind.

Gewässertypologien
Diese können für verschiedene Räume entwickelt werden, zum Beispiel für ein Bundesland, die Norddeutsche Tiefebene, das Gebiet der Bundesrepublik Deutschland, das Rhein-Einzugsgebiet oder den europäischen Raum. Mit der geänderten Maßstabsebene für solche Typologien ändert sich in der Regel auch der Genauigkeitsgrad der Typen. So sind zum Beispiel in einige der für die Zwecke der EG-Wasserrahmenrichtlinie abgeleiteten Fließgewässertypen Deutschlands eine Reihe von teilweise leicht unterschiedlich ausgeprägten Typen verschiedener Bundesländer integriert worden, um die Anzahl der Typen überschaubar zu halten.

Tab. 2.2 Anforderungen an Referenzgewässer (verändert; nach AQEMconsortium 2002)

Art	Anforderungen an ein Referenzgewässer
Allgemeine Anforderungen	• Repräsentativ für eine große Anzahl von Gewässern • Bedeutende Anteile „natürlicher“ Bedingungen • Nur minimale anthropogene Störungen
Spezifische Anforderungen	*Landnutzung im Einzugsgebiet:* • Einfluss von Urbanisierung, Land- und Forstwirtschaft so niedrig wie möglich. • Vorzugsweise von der natürlichen Klimaxgesellschaft oder unbewirtschaftetem Wald begleitet
	Gewässerhabitat: • Sohle und Ufer unbefestigt • Keine Totholzräumung • Keine Wanderhindernisse, welche die Referenzstelle beeinflussen. • Nur geringer Einfluss durch Hochwasserschutzmaßnahmen
	Ufer- und Auenvegetation: • Ufer/Auenvegetation, die eine laterale Verbindung ermöglicht, vorhanden.
	Hydrologie und Gewässerregulierung: • Keine Veränderungen des natürlichen Regimes • Oberhalb der Referenzstelle keine oder nur leichte Veränderungen der Hydrologie durch Deiche, Reservoirs, Wehre und sonstige Strukturen, die Sedimente zurückhalten.
	Physiko-chemische Bedingungen: • Keine bekannte punktuelle organische Belastung oder Eutrophierung • Keine bekannten oder erwarteten diffusen Belastungen • Keine Anzeichen von Versauerung • Keine Kalkung • Keine Salzbelastung • Keine Veränderung der thermischen Bedingungen

Grundsätzlich sollten Gewässertypologien, die auch biozönotische Komponenten enthalten, wie es zum Beispiel für die Umsetzung der EG-WRRL im Hinblick auf die biologische Bewertung unerlässlich ist, ganzheitlich (holistisch) angelegt sein. Das bedeutet, dass die Typbeschreibungen die morphologischen Strukturen der Gewässer, das Wasserregime, die (naturraumtypische) geochemische Wasserbeschaffenheit und die Lebensgemeinschaften behandeln.

Ein solcher Ansatz ist auch aufgrund der Wechselwirkungen dieser Kompartimente, die zusammen die Funktionalität des Ökosystems bestimmen, erforderlich. Gewässertypologien müssen daher transdisziplinär in einer Gemeinschaft verschiedener Fachdisziplinen wie der Limnologie, Geologie, Geografie/Geomorphologie, Hydrologie und möglichst auch der Vegetationskunde (Gewässer- und Auenvegetation) entwickelt werden.

Abb. 2.31 **a**. Naturnaher Bach im Mittelgebirge mit charakteristischen Längsbänken und Riffle-Pool-Sequenzen, **b**. Naturnaher Bach im Tiefland mit sandiger Sohle und viel Totholz als Sekundärsubstrat. (Fotos: T. Pottgiesser)

Die Erstellung vollständiger und biozönotisch relevanter Gewässertypologien für größere Räume erfolgt in mehreren Schritten und benötigt von der Strukturierung des Raums und den ersten Sichtungen vorhandener Daten über die standardisierte Datenerhebung an den Referenzgewässern bis zur Erstellung des typologischen Systems und der Beschreibung biozönotischer Typen bzw. Leitbilder meist mehrere Jahre.

2.5.2 Anforderungen der EG-Wasserrahmenrichtlinie

Mit der Einführung der EG-Wasserrahmenrichtlinie hat auch für die Bewertung der Qualität von Gewässern ein neuer Abschnitt begonnen. War diese in der Vergangenheit fast ausschließlich an abiotischen Parametern orientiert (eine der wenigen Ausnahmen ist die Bewertung der saprobiellen Belastung der Fließgewässer anhand ausgewählter Indikatoren der Wirbellosenfauna und der Mikroorganismen), so ist nun eine Bewertung des ökologischen Gesamtzustands auf Grundlage der vollständigen aquatischen Lebensgemeinschaften erforderlich. Physio-chemische und hydromorphologische Gegebenheiten werden lediglich unterstützend herangezogen.

Nicht nur für die Bewertung, sondern auch für die Bewirtschaftung ist die Definition von Gewässertypen erste Voraussetzung. Ein wichtiges Hilfsmittel des Flussgebietsmanagements ist die Ausweisung von Wasserkörpern, die in sich homogene Teilbereiche eines Fließgewässerkontinuums darstellen müssen. Der erste Schritt für die Bildung dieser Wasserkörper ist die konkrete, linienhafte Festlegung der an Gewässerläufen vorkommenden Gewässertypen; es muss also zunächst ein typologisches System erstellt und alle in seinem Geltungsbereich vorkommenden Gewässertypen beschrieben werden.

Zur Typisierung der Oberflächengewässer sollen gemäß der EG-WRRL die Mitgliedsstaaten Lage und Grenzen der Oberflächengewässer identifizieren und diese charakterisie-

Abb. 3.4 Sohlenpflasterung im Seebach aus der Zeit der Flößerei. Als Speicher diente der natürliche, jedoch aufgestaute Glaswaldsee (Gem. Bad Rippoldsau-Schapbach, Schwarzwald) (Foto: W. Konold)

lich wiederkehrende Unterhaltungsarbeiten zu machen; diese fanden meist im Sommer („Baumonat") statt (Keweloh 1985).

In viele Gewässer mussten, damit die Langholzflößerei, aber auch die Scheiterholztrift überhaupt über längere Zeit des Jahres möglich war, Floßweiher, Wasserstuben, Treibseen, Schwallungen oder Klausen eingebaut werden, aus denen gespeichertes Wasser schwallartig abgelassen werden konnte. Bei der Bemessung der Volumina und der Abwirtschaftung war zu beachten, dass „Vorwasser" gegeben werden musste, weil die Flöße schneller waren als die fließende Welle (Keweloh 1985).

Die Anzahl derartiger Bauten richtete sich nach der Wasserführung. Allein im württembergischen Enz-Nagold-Gebiet gab es 75 Floßweiher, im Einzugsgebiet der oberen Kinzig Speicher in der gleichen Größenordnung (Konold et al. 2021). Die Standorte wurden sehr sorgfältig ausgewählt. Es sollte eine Engstelle im Tal sein mit einer oberhalb liegenden Talweitung mit geringem Gefälle, der Baugrund sollte aus gewachsenem Fels, der behauen und geebnet wurde, und weitgehend dicht sein. Holzkonstruktionen wurden mit Steinen und Lehm gefüllt und mit Lehm und Ton abgedichtet und zum Teil mit Holzdielen verkleidet. Deren Lebensdauer betrug etwa 30 bis 35 Jahre.

Die ebenfalls verbreiteten und langlebigeren Steindämme waren als Gewichtsstaumauern konzipiert (Abb. 3.5). Aufgrund des Schwallbetriebs war die hydraulische Belastung der Gewässer, der Ufer und teilweise der Auen ganz extrem, was die oben angeführten Sicherungsarbeiten absolut erforderlich machte. Die verschärfte Form des Schwallbetriebs war der Einsatz von Keutern; dies waren Einweg-Bauwerke aus Faschinen, Sand, Lehm und Ton, die vom Schwall zerlegt und mitgerissen wurden (Schweinfurth 1990).

Abb. 3.5 Staumauer des Floßweihers im Witticher Tal (Stadt Schenkenzell, Schwarzwald). Gut erkennbar ist die Holzpritsche im Bach auf der Luftseite des Dammes (Foto: W. Konold)

Soweit irgend möglich, wurden auch natürliche Seen als Speicher in die Wasserbewirtschaftung einbezogen und entsprechend ertüchtigt, das heißt, es wurde mit Hilfe von Stauvorrichtungen und Dämmen zusätzliches Speichervolumen geschaffen und die Seen wurden so weit wie möglich ablassbar gemacht. Die künstlich geschaffenen Schwellweiher hatten zum Teil erhebliche Dimensionen. So besaß der See am Walkersbach im Rems-Murr-Gebiet einen Damm mit 87 m Länge und 8,6 m Höhe; er wurde lediglich zwei bis drei Tage im Jahr genutzt. Auch der Ebnisee, heute ein beliebtes Ausflugsziel mit Bootverleih, hatte einen 8,6 m hohen Damm; sein Inhalt umfasste 460.000 m^3, der in fünf bis sechs Tagen abgewirtschaftet wurde. Beide Gewässer waren nur im Spätherbst und Winter bespannt. Die Presceny-Klause in der Steiermark hatte gar ein Speichervolumen von 650.000 m^3, das in 3,5 Stunden abgewirtschaftet werden konnte. Im Übrigen waren auch viele natürliche Alpenseen, wie etwa der Königsee und der Wolfgangsee, höhergestaut worden, um Speicherkapazitäten für die Flößerei und Holztrift zu schaffen.

3.1.5 Teiche

Werner Konold

Teiche – im süddeutschen Sprachraum meist Weiher genannt – sind stehende Gewässer, die mit Blick auf ganz bestimmte ökonomische Nutzungen gebaut wurden, die also ganz künstlichen Ursprungs sind. Etliche Weiher dürften als Speicher für Mühlen entstanden, mithin also schon sehr alt sein. Sicherlich wurden manche im Schwellbetrieb bewirtschaftet, d. h. in relativ kurzer Zeit völlig entleert. Die allermeisten Weiher/Teiche wurden für die Fischwirtschaft als Hauptnutzung gebaut. In den Mittelgebirgen liegen diese Gewässer im Hauptschluss.

Die das Tal querenden Dämme wurden in der Regel aus dem anstehenden Material geschüttet und festgestampft; große Dämme erhielten zusätzlich eine Steinpflasterung. Zur Ausstattung eines Teiches gehörten ein Grundablass und eine befestigte und mit einem Rechen versehene Dammscharte zur Hochwasserentlastung (Konold 1991b; Schmidt 2001).

Im Flachland finden wir eher Teichverbände mit einfacheren, niedrigeren Dämmen, die durch eigene Grabensysteme gespeist werden. Fischweiher sind/waren generell dort am stärksten verbreitet, wo der Fließgewässerreichtum groß und die Geländegestalt günstig sind. In diesen Landschaften konzentrierten sich die Weiher dann außerdem um Adelssitze, Rittergüter, Klöster und Städte. Schwerpunkte der Teich- bzw. Weiherwirtschaft waren und sind zum Beispiel Holstein, die Oberlausitz, das Gebiet um Schleiz in Thüringen, die Oberpfalz, Mittelfranken, der südliche Pfälzerwald und das südliche Oberschwaben. In allen diesen Gebieten tauchen erste schriftliche Hinweise auf wirtschaftlich betriebene Fischerei und existierende und zu bauende Weiher im 13. Jahrhundert auf.

Vor allem dann im 14. Jahrhundert erlebte die Weiher- und Fischereiwirtschaft einen gewaltigen Aufschwung und eine Blütezeit, die bis ins 16./Anfang 17. Jahrhundert dauerte und in deren Verlauf zigtausende Teiche entstanden sind. Ursache hierfür war nicht etwa nur der hohe Fischbedarf für die vielen Fastentage, sondern auch die Tatsache, dass der Fisch ein Luxusgut war, mit dem man Spitzenpreise erzielen konnte. Der Weiherbau hatte also ganz profane ökonomische Hintergründe (Konold 1987).

Am Beispiel der Oberlausitz sei auf die Teichwirtschaft etwas näher eingegangen (Abb. 3.6). Hier gab es ab der zweiten Hälfte des 15. Jahrhunderts ein regelrechtes „Gründungsfieber", nachdem auch die Rittergüter in die Teichwirtschaft eingestiegen waren. Um die Mitte des 16. Jahrhunderts gab es wohl um die 1000 Teiche mit einer Gesamtfläche von mindestens 10.000 Hektar (Hartstock 2000). Auffallend ist die häufige Koinzidenz der Teichstätten mit der Stammsilbe des slawischen Wortes Luza (Lug, Luksch, Luch, Loch, Lauch), welches Sumpf bedeutet (Schütze 1956). Man hatte also – zumindest in früheren Zeiten – aus landwirtschaftlicher Sicht minderwertige Böden für die Anlage von Teichen ausgewählt.

Spätestens ab dem Ende des 15. Jahrhunderts wurden im Zuge des rigiden herrschaftlichen Bauernlegens und der Aneignung gemeinschaftlichen Eigentums immer mehr Teiche auf Bauernwirtschaften angelegt. Die Teichwirtschaft war über lange Jahre die einträglichste Sparte vieler Rittergüter. Bis ins 18. Jahrhundert gab es einen kontinuierlichen Wertzuwachs (Hartstock 2000).

Abb. 3.6 Fischteich in der Guttauer Teichgruppe (Gem. Malschwitz, Oberlausitz), belebt mit zahlreichen Wasserfröschen (Foto: W. Konold)

Um die Produktivität zu maximieren, leitete man gezielt nährstoffreiches Wasser ein. Es solle – so die Qualitätsanforderung – trübe und warm sein. Oberbodeneinschwemmungen waren erwünscht, ebenso „geiles Wasser“ aus Schäfereien, „aus der Leute Hof“ und aus Ortschaften (Härtwig 1917, Schmidt 1985). Alle Teiche wurden regelmäßig gesömmert und mit Hafer, Roggen, Gerste, Buchweizen oder Lein eingesät (Schmidt 1985). In den nasseren Partien wurde Wiesenbau betrieben. Die Teichhutung war wegen des wertvollen Futters weit verbreitet. Man kann sich gut vorstellen, wie stark die mechanische Belastung der Teichböden und vor allem der Ufer gewesen sein mag. In längeren Abständen wurde der nährstoffreiche Schlamm entnommen, mit Kalk gemischt und als Dünger verwendet. Die mittelalterliche und frühneuzeitliche Teichwirtschaft war Polykultur und Nachhaltwirtschaft im besten Sinne.

3.1.6 Wasserwiesen und Bewässerungsgräben

Werner Konold

Die Bewässerungslandwirtschaft war in vielen Regionen Deutschlands bis in die jüngere Vergangenheit weit verbreitet, ja sogar regional die Agrarlandschaft prägend. Noch in den dreißiger Jahren des 20. Jahrhunderts durchzogen die Lüneburger Heide, die Niederung der Hunte, das Siegerland, den Pfälzerwald, den Spessart, den Bayerischen Wald, das Erzgebirge, die Oberrheinebene und den Schwarzwald unzählige Kilometer von Kanälen und Gräben die Wiesen (Böhm 1990). Gehen wir zeitlich weiter zurück, dann sehen wir, dass auch andere Landschaften – soweit dies irgend möglich war – mit Bewässerungsanlagen ausgestattet waren, etwa das gesamte Alpenvorland und die Schwäbische Alb (Konold und Popp 1994).

Diese Kulturtechnik geht in Mitteuropa – antike Ursprünge sind bei römischen Agrarschriftstellern belegt – nachweislich gebietsweise bis ins Hochmittelalter zurück. Im 12. Jahrhundert gab es schon Wässerungsanlagen bei Isny im Allgäu, die eine grandiose Ausdehnung erreichten (Konold 1991a).

Festlegungen in Dorfordnungen, Wasserbüchern oder Wässerordnungen lassen Rückschlüsse auf die Kompliziertheit und die extrem hohe Bedeutung der Wässerung zu. Sie diente der Verbesserung des Wasserhaushalts („wässernde Wässerung"), der Verlängerung der Vegetationszeit durch Winterwässerung (Erwärmung durch das Wässerwasser), der „Entsäuerung", der Unkraut- und Schädlingsbekämpfung sowie – und zwar primär – der Düngung der Wiesen. Entsprechend spielten Herkunft und Güte des Wässerwassers von jeher eine große Rolle. Man baute eigene Grabensysteme und kleine Weiher, um nährstoffreiches Wasser von Häusern, Straßen und Stallungen zu sammeln (heute würde man abschätzig Abwasser dazu sagen) und zur Ertragssteigerung auf die Wiesen zu leiten.

Die Wiesenwässerung erfuhr im 19. Jahrhundert einen großen Aufschwung und fand wohl ihre weiteste Verbreitung. Man wendete, je nach Wasserangebot und Relief, verschiedene Techniken an, etwa die Überstauung, den „natürlichen Hangbau" oder den „Beethangbau". Am spektakulärsten war der Rückenbau (s. Konold und Popp 1994).

Beispielhaft sei kurz auf die Bewässerungslandwirtschaft in der Lüneburger Heide eingegangen (Grottian 2001). Erste urkundliche Hinweise stammen aus dem Jahre 1476. Sehr viele Unterlagen gibt es ab dem 18. Jahrhundert. Es kamen mehrere Techniken zur Anwendung.

Von besonderer Bedeutung war das sogenannte Wiesenschwemmen oder Flößen, wo mit Hilfe von Gräben Wasser zum Fuß der Talböschungen geleitet wurde, welches dort mit der Hacke und der Schaufel gelockerte Erde aufnahm, die dann wiederum über den Talboden geschwemmt wurde. Auf diese Weise wurde dieser gedüngt, kolmatiert und nivelliert. Ab den 1840er-Jahren setzte man verstärkt auf den aufwändigen, Ertrag steigernden Rückenbau (bis 1844 gab es davon bereits 7690 Morgen) verbunden mit der Beseitigung noch nicht kultivierter Talabschnitte, der Rodung von Bruchwäldern und dem Ausbau und der Begradigung der Gewässer, in die dann Sohlenschwellen eingebaut werden mussten, um die Fließgeschwindigkeit zu bremsen.

Voraussetzungen für eine effektive Bewässerung waren immer der Gewässerausbau, Neutrassierung, die Anlage von Wehren und Fallen, Haupt- und Nebengräben sowie Entwässerungsgräben, um die Flächen nicht versumpfen zu lassen (Abb. 3.7). In manchen Gebieten, so am Oberrhein, wurden die Fließgewässer vielfach als Hochsysteme angelegt, also zwischen Dämmen über dem Gelände geführt, um genügend Gefälle für die Verrieselung des Wassers zu haben. Wiesenbewässerung bedeutete eine optimale Ausnutzung der Nährstoffressourcen, aber auch massive Eingriffe in die Gewässer und den Landschaftswasserhaushalt.

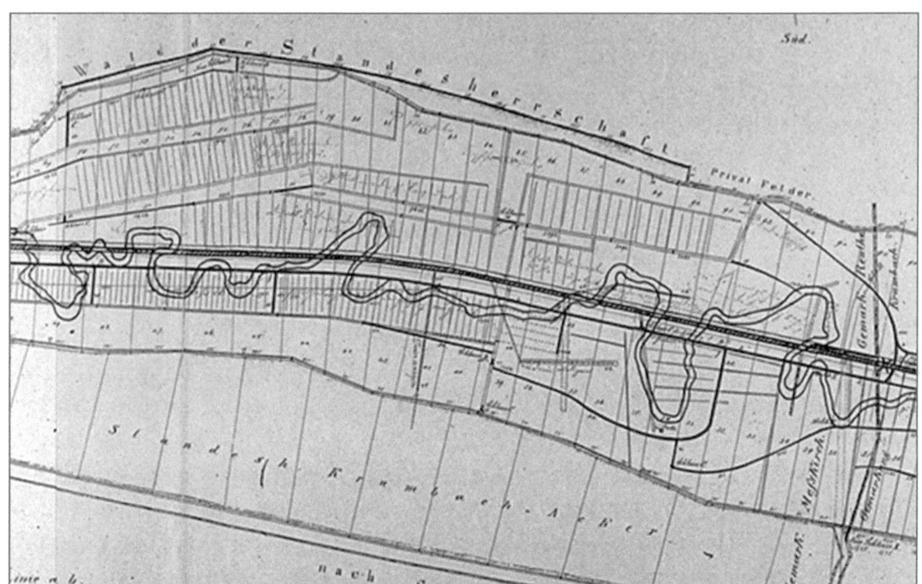

Abb. 3.7 „Plan über die Fürstlich Fürstenbergischen Wässerung im Krumbachthale, Rentamtsbezirk Meßkirch" aus dem Jahr 1851; der Plan zeigt die Begradigung des Bachs und das Grabensystem des Rückenbaus (Fürstlich Fürstenbergisches Archiv Donaueschingen, Kasten IV, Fach 3, OZ 28)

3.1.7 Gräben der Marschen

Ellen Kiel, Holger Brux, Michael Schirmer, Jörg Scholle und Georg Schrenk

Marschen bilden einen mehr als 20 km breiten Gürtel, der auf einer Strecke von rd. 550 km zwischen Den Helder (Niederlande) und Esbjerg (Dänemark) die Nordseeküste säumt (Seemarsch). Marschengebiete begleiten in Deutschland außerdem die Flüsse Elbe, Weser, Eider und Ems landeinwärts, soweit diese natürlicherweise dem Tideeinfluss unterliegen (Brackmarsch, Flussmarsch).

Entwicklung aus hydromorphologischer Sicht

Diese gefällearme Landschaft wies vor dem Eingreifen des Menschen eine intensive Verzahnung von Wattgebieten, Mooren, Bruchwäldern, Sümpfen und Auen auf (s. Abb. 3.8; oben). Sturmfluten, Phasen höherer Niederschläge oder Hochwasser in Bächen und Flüssen bedingten hier großflächige Überstauungen mit Meer-, Süß- oder Brackwasser.

Die Besiedlung und landwirtschaftliche Nutzung der Marschen und ihrer fruchtbaren Böden intensivierte sich deshalb erst in Folge des Deichbaues und der effektiven Drainage über ein ausgeklügeltes Grabensystem (s. Abb. 3.8; unten). Ähnlich den Mühlstauen oder Be- und Entwässerungsgräben anderer Regionen (Abschn. 3.1) ist dieses dichte Grabennetz (Abb. 3.9) seit Jahrhunderten integraler Bestandteil der Kulturlandschaft in den Marschen.

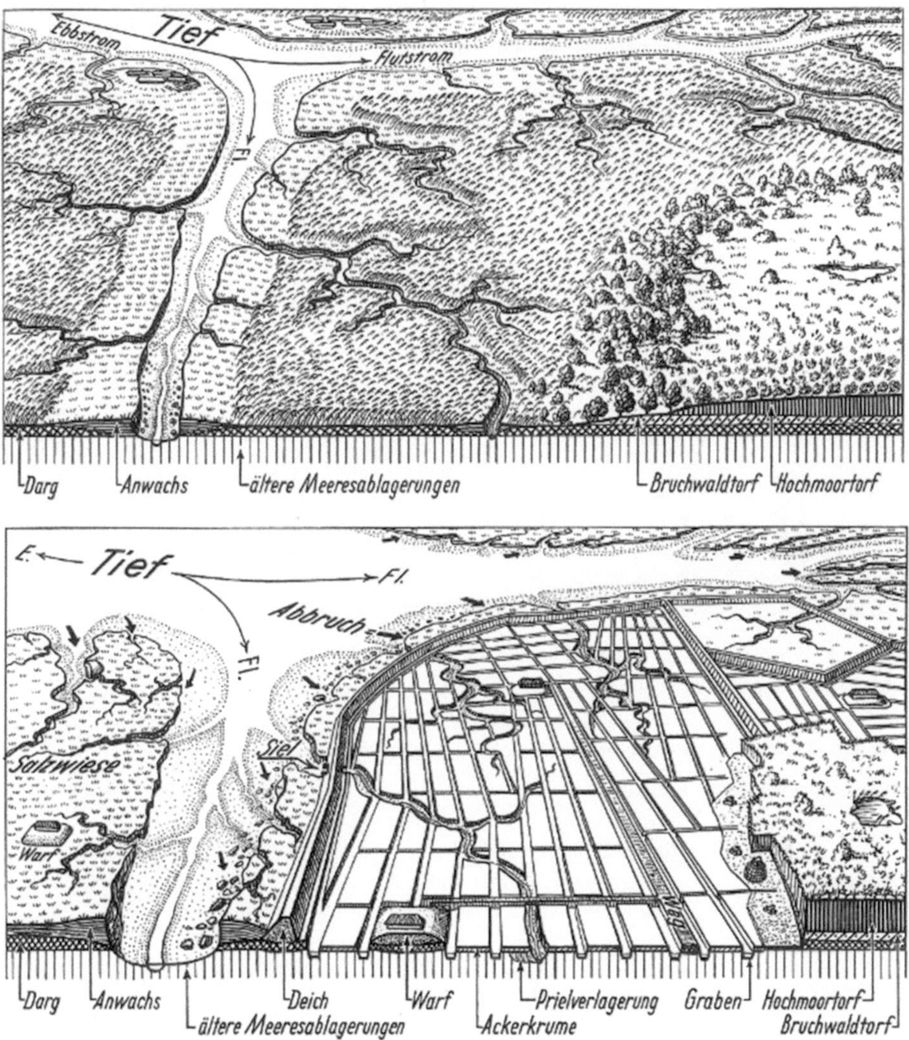

Abb. 3.8 Schematische Darstellung der Landschaftsveränderung infolge des Deichbaus und der Anlage dichter Grabensysteme in den Marschengebieten (aus Bantelmann 1966)

Allein in den niedersächsischen Marschen prägt ein Netz von mehr als 30.000 km Gräben das Land (Kiel et al. 2012). Diese anthropogenen Gewässer mit 1 bis 4 m Wasserspiegelbreite stehen mit größeren Systemen (Kanälen, Fleeten, Tiefs) in Verbindung. Neben ihrer ursprünglichen Funktion, der Entwässerung in den nächstgelegenen Fluss oder ins Meer, dienen sie regional auch als „nasse Zäune“ und in Zeiten zunehmender Trockenheit im Sommer der gezielten „Zuwässerung“ aus dem Vorfluter in das vorherrschende Grünland (Abb. 3.9).

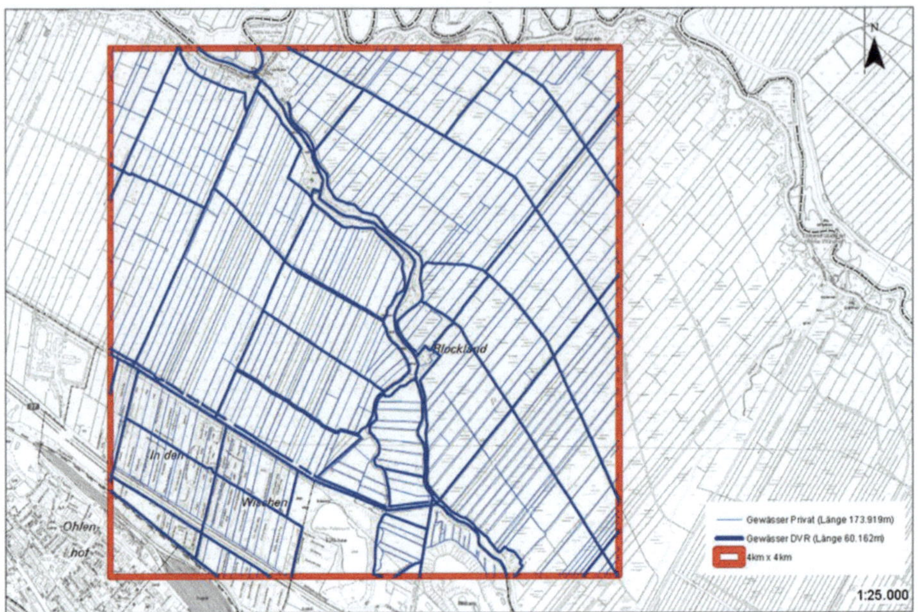

Abb. 3.9 Beispiel eines dichten Grabennetzes im Blockland (Hansestadt Bremen) (Quelle: Bremischer Deichverband am rechten Weserufer – DVR)

Tab. 3.1 Typische Phasen der Grabensukzession in Marschengewässern

Sukzessionsstadium	Kennzeichnend	Vegetationsstruktur
Pionierphase	keine bis wenig Schlammablagerung, Freiwasserraum groß	vegetationsarm oder Wasserlinsen
Aufbauphase	hohe Produktivität, Makrophyten strukturieren Wasserkörper	Wasser- und Sumpfpflanzen, artenreich
Verdichtungsphase	abnehmender Freiwasserraum, zunehmende Schlammablagerung	Zunahme der Röhrichtvegetation
Röhrichtphase	zunehmende Verlandung; minimale, meist temporäre Wasserführung	artenarmes Röhricht dominiert
Verlandungsphase	kein aquatischer Lebensraum	terrestrische Vegetation

Marschengräben – Vegetation, Besiedlung und ökologische Funktion

Die ökologischen Bedingungen in den aquatischen Teillebensräumen der Marschengräben hängen entscheidend vom Grabenmanagement ab. Bei hoher Nährstoffverfügbarkeit und minimaler Strömung führt die Sukzession meist zur schnellen Verlandung. Die Unterhaltung unterbricht diesen Prozess (s. Tab. 3.1) und modifiziert die Gestalt der Teillebensräume Böschung (inkl. Böschungsschulter), Wasserkörper (inklusive Wasseroberfläche), Sohle mit Böschungsfuß und Luftraum über der Wassersohle (Abb. 3.10) und somit die Lebensbedingungen für Fauna und Vegetation.

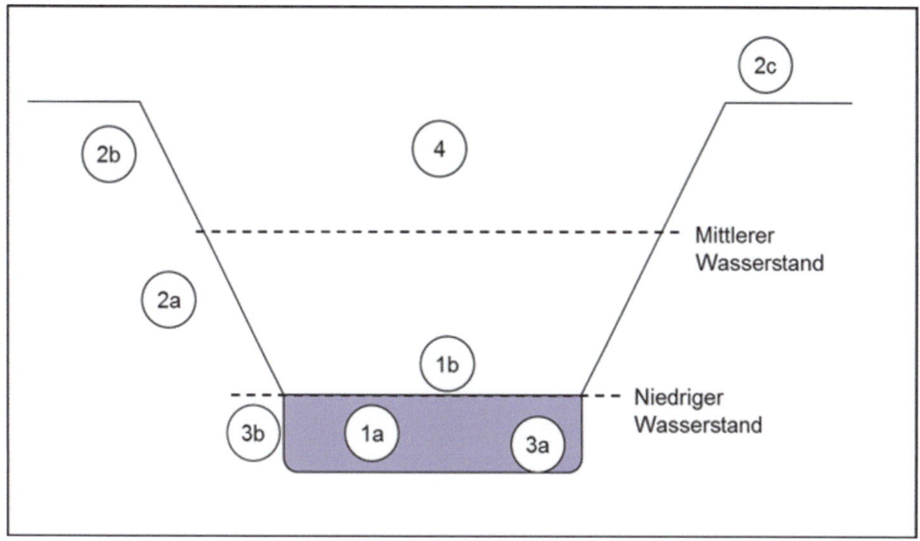

Abb. 3.10 Teillebensräume *(Ziffern)* in typischen Marschengräben (schematisch) (*1a* = Wasserkörper i. e. S., *1b* = Wasseroberfläche; *2a* = Böschung im Bereich schwankender Wasserstände (relativ nass), *2b* = Böschung oberhalb der mittleren Wasserstände (relativ trocken); *2c* = Böschungsschulter (überwiegend trocken); *3a* = Sohle und Auflage, *3b* = Böschungsfuß (unterhalb NW); *4* = Luftraum über dem Wasserkörper)

Die gewässerökologischen Grundeigenschaften (z. B. Strömung, Hydrochemie, Substratbeschaffenheit, Wasserführung) der Marschengräben unterscheiden sich deutlich von denen in natürlichen Fließ- und Stillgewässern (Tab. 3.2). Wesentliches Kennzeichen der Marschengräben ist die hohe Produktivität. Allein die Gemeine Schlammschnecke (*Radix balthica*) erreichte in Gräben entlang der Hunte Maxima von rd. 7556 Individuen/m^3 (Schröder 2012).

Flora und Vegetation der Marschengräben

Marschengebiete kennzeichnet natürlicherweise ein geringer Waldanteil, minimale Höhenunterschiede und relativ uniforme Bodentypen. Prägende Nutzungsformen mit Einfluss auf die Grabensysteme sind intensiver Ackerbau und oft großflächige Grünlandwirtschaft (Abb. 3.11). Die Habitatbedingungen in den Gräben können teilweise vom Auftreten hoher Wassertemperaturen, starker Trübung und erhöhter Salinität geprägt sein und werden allerorten durch regelmäßige Gewässerunterhaltung verändert.

Trotzdem bieten Struktur, Vernetzung und Dynamik der Gräben für viele Wasserpflanzen potenziell sogar besonders geeignete Lebensräume. Dies gilt gerade vor dem Hintergrund der floristischen Verarmung vieler Fließ- und Stillgewässer.

Eine anschauliche Darstellung aus der Mitte des 19. Jahrhunderts (Lantzius-Beninga 1849) beschreibt als Vegetationsdecke der Marschgräben in der Verdichtungsphase (s. Tab. 3.1) einen dichten Filz von Sumpf-Teichfaden (*Zannichellia palustris*), Zwerg-Laichkraut (*Potamogeton pusillus*) und Kamm-Laichkraut (*Potamogeton pectinatus*),

Tab. 3.2 Gewässerökologische Kenngrößen im Vergleich von Marschengräben und natürlichen Systemen (Bächen, Flüssen) (Schuchardt 2001; verändert)

	Marschengräben	**Fließgewässer**	**Seen**
Entstehung	anthropogen	natürlich	natürlich
Sukzession	rasch verlandend	selbst erhaltend	langsam verlandend
Speisung (hauptsächlich)	Oberflächenabfluss, oberflächennaher Abfluss, technische Drainage	Grund-/Quellwasser, Oberflächenabfluss	Grund-/Quellwasser, Oberflächenabfluss
Hydrodynamik	anthropogen, oft antizyklisch	typspezifische Saisonalität	typspezifische Saisonalität
Strömung/ Wasserbewegung	nur phasenweise, meist langsam, ggf. bidirektional	typspezifisch, unidirektional	Austauschvorgänge durch Wind, Temperaturdifferenzen, Wellengang
Morphologie	Unterhaltungsprofil	typspezifische Laufform und Morphologie	natürliches Becken
System	enge Vernetzung in Grabensystemen, anthropogen gestaltetes Umfeld prägend	Aue als prägender Systemteil	natürliches Umfeld prägt das System
Produktion/ Respiration	$P>R$	$P<R$	je nach Lage und Umfeld
Stress und Störung	Schwankungen (z. B. Salinität, Strömung, Wasserstand), Unterhaltungsmaßnahmen	Hochwasser, Niedrigwasser/ Austrocknung	Hochwasser Niedrigwasser Durchmischung durch Wind
Zönosen	unähnlich Fließgewässer	typspezifisch	typspezifisch
Vegetation	zyklische Sukzession	stabile Zonierung	Sukzession, z. T. zyklisch

Abb. 3.11 Typische Grünlandnutzung entlang eines vegetationsreichen Marschengrabens (Foto: M. Voßkuhl)

durchsetzt mit Krebsschere (*Stratiotes aloides*) (Abb. 3.12) und Massenentwicklungen des Europäischen Froschbiss (*Hydrocharis morsus-ranae*) (Abb. 3.7). Als weitere Arte treten Ähren-Tausendblatt (*Myriophyllum spicatum*), Raues Hornblatt (*Ceratophyllum demersum*) und Durchwachsenes Laichkraut (*Potamogeton perfoliatus*) auf.

Das floristische Potenzial ausgedehnter, intensiv vernetzter Grabensysteme kann erheblich sein und steht als Fundus für einer Wiederausbreitung zur Verfügung (Brux 2012). Viele Pflanzenarten, die heute in größeren Gewässern der Marsch fehlen, existieren noch in Marschengräben. Aufgrund der fehlenden (regelmäßigen) Strömung ähnelt die Vegetation in Gräben der von Stillgewässern. Das Fehlen der Strömung ist besonders für Wasserschweber (*Pleustophyten*) günstig, die nur ein schwach entwickeltes Wurzelsystem besitzen.

Entscheidend ist die Notwendigkeit der Gewässerunterhaltung. Sie erfolgt, um die Verlandung zu verhindern und die wasserwirtschaftliche Funktion der Gräben zu erhalten. Unterhaltung, die hier eine ökologische Störung bedingt (Pickett und White 1985), schafft Pionierstandorte (Tab. 3.1).

Die Wuchsbedingungen in Marschgräben begünstigen dann die Selektion von Ruderalstrategen (Grime 1979), also Opportunisten. Aufgrund großer Ausbreitungspotenz und hoher Wachstumsraten besiedeln sie effektiv neue Lebensräume. Beispiele hierfür sind die frei flottierenden schwebenden Wasserlinsenartigen (*Lemniden;* s. Abb. 3.13 und 3.14), die Wasserpestartigen *(Elodeiden)*, Kleinlaichkrautartigen *(Parvopotamiden)* sowie der

Abb. 3.12 Räumung eines verlandeten Marschengrabens im Landkreis Friesland (Foto: H. Brux)

Abb. 3.13 Dichte Wasserlinsendecke in einem Marschgraben im Landkreis Cuxhaven (Foto: H. Brux)

Abb. 3.14 Dichte Wasserschweberdecke aus Buckliger Wasserlinse (*Lemna gibba*), Vielwurzeliger Teichlinse (*Spirodela polyrhiza*) und Froschbiss (*Hydrocharis morsus-ranae*) in einem Marschgraben im Landkreis Wesermarsch (Foto: H. Brux)

Froschbiss *(Hydrocharis morsus-ranae)* und das Raue Hornblatt *(Ceratophyllum demersum)*. Auch ausdauernde Konkurrenz-Stress-Strategen kommen mit den Bedingungen in Marschengräben sehr gut zurecht. Das Schilfrohr *(Phragmites australis)* zum Beispiel toleriert Austrocknung ebenso wie schwankende Salinität. Sofern keine Unterhaltung eingreift, füllen die Ausläufer dieses Polykormons schnell den gesamten Grabenquerschnitt aus (Abb. 3.12).

Über längere Zeit stabile Lebensräume fördern die Selektion langlebiger konkurrenzstarker Pflanzenarten (Konkurrenzstrategen; s. Grime 1979). Hierunter fallen gegenüber Grundräumungen empfindliche Schwimmblattgewächse (*Nymphaeiden*), wie das Schwimmende Laichkraut (*Potamogeton natans*) und die Gelbe Teichrose (*Nuphar lutea*), die eher in den tieferen Marschengewässern vorkommen, in denen keine Grundräumung, sondern eine Krautung üblich ist.

Die artenreichsten Bestände sind in regelmäßig unterhaltenen Gräben in Grünlandgebieten mit hohen und weitgehend konstanten Wasserständen ausgebildet. Bei geringem Flurabstand der Wasseroberfläche sind die Lichtverhältnisse für Wasserpflanzen im Graben günstiger. Aus diesem Grund stellen Gräben der nicht ackerfähigen Grünlandgebiete den Schwerpunkt des Wasserpflanzenvorkommens dar.

Wirbellose Fauna

Alle Phasen der Grabensukzession (s. Tab. 3.1) kennzeichnet eine relativ artenreiche Wirbellosengemeinschaft (Herzon und Helenius 2008). Der Zustand der Teillebensräume prägt die Fauna (Tab. 3.3). Einige Besiedler (Abb. 3.15) sind fakultativ oder obligat an grabentypische Habitatbedingungen gebunden. Unter Berücksichtigung auch der weniger intensiv untersuchten Großgruppen (z. B. *Dipteren*) schätzen Witt und Haesloop (2001) für das Bremer Umland ein Vorkommen von ca. 600 bis 700 Wirbellosenarten.

Nach einer Unterhaltungsmaßnahme treten Wirbellose in der Regel in deutlich niedrigeren Arten- und Individuenzahlen auf als zuvor (u. a. Handke 1999). Die Vegetation ist dann weitgehend entfernt, in unterschiedlichem Maß auch das Substrat der Sohle. Zwar

Tab. 3.3 Beispiele für Zielarten der Wirbellosenfauna in Marschengräben und ihr Schutzstatus. FFH = Fauna-Flora-Habitat Richtlinie, Anhang II der FFH-Richtlinie = Tiere und Pflanzen von gemeinschaftlichem Interesse, für deren Erhaltung besondere Schutzgebiete ausgewiesen werden müssen. Anhang IV: Streng zu schützende Tier- und Pflanzenarten von gemeinschaftlichem Interesse. BAV = Bundesartenschutzverordnung. RL (D) = Rote Liste Deutschland (BfN, 2021; DRL, 2021), 1 = vom Aussterben bedroht, 2 = stark gefährdet, 3 = gefährdet, V = Vorwarnliste.

Wirbellose Besiedler von Marschengewässern		**Schutzstatus**		
		FFH	BAV	RL (D)
Aeshna viridis (Eversmann)	Grüne Mosaikjungfer	Ahg. II	X	2
Leucorrhinia (Charpentier)	Große Moosjungfer	Ahg. II, IV	X	2
Hydrophilus piceus (L.)	Großer Kolbenwasserkäfer		X	V
Graphoderus bilineatus (L.) (de Geer)	Schmalbindiger Breitflügel-Tauchkäfer	Ahg. II, IV		3
Pseudanodonta complanata (Rossmässler)	Abgeplattete Teichmuschel		X	1
Anodonta anatina (L.)	Gemeine Teichmuschel		X	V
Anodonta cygnea (L.)	Große Teichmuschel		X	3
Unio pictorum L.	Malermuschel		X	V
Unio tumidus (Phillipsson)	Aufgeblasene Flussmuschel		X	2

Abb. 3.15 Beispiel für die Artenvielfalt wirbelloser Tiere in einem Grünlandgraben (Foto: M. Voßkuhl)

scheint einigen aquatischen Wirbellosen (z. B. bestimmten Schnecken) eine zügige Wiederbesiedlung möglich, allerdings ändert sich die Gemeinschaftsstruktur infolge der veränderten Habitatbedingungen. Bei gezielter, auf die Grabensituation abgestimmter Unterhaltung kann ein Mosaik unterschiedlicher Sukzessionsstadien resultieren, das räumliche Heterogenität (sog. „*patchiness*") und damit ökologischen Vielfalt ermöglicht (Verdonschot et al. 2011).

Fische

Grabensysteme können für eine Reihe von Fischarten wichtige (Ersatz-)Lebensräume darstellen, insbesondere für typische Arten der Auengewässer, die an allen größeren Flüssen Deutschlands Regulierungsmaßnahmen und der Flurbereinigung zum Opfer fielen.

Mindestens 30 Fischarten werden in Marschengräben regelmäßig nachgewiesen (Scholle et al. 2006). Trotz dokumentierter und zu erwartender Unterschiede der Fischgemeinschaften zwischen verschiedenen Grabentypen und -zuständen lassen sich ökologische Gilden differenzieren, die eine ökologische Charakterisierung der Gräben gestatten.

In der Gilde der „Stillgewässerarten", u. a. mit Karausche (*Carassius carassius*) und Moderlieschen (*Leucaspius delineatus*), benötigen alle Arten die Makrophytenvegetation zur Eiablage. Schlammpeitzger (*Misgurnus fossilis*) oder Steinbeißer (*Cobitis taenia*) zählen zur Gilde der *Auenarten.*

Die Gilde der *indifferenten Fließgewässerarten* umfasst in Marschengräben primär strömungsliebende Flussfische, die, wie zum Beispiel Gründling und Aland, nicht zwingend auf Fließgewässerbedingungen angewiesen sind. Die Gilde der Indifferenten dominieren Arten ohne spezifische Lebensraumansprüche, darunter Karpfenartige, unter unter anderem Rotauge (*Rutilus rutilus*), Brasse (*Abramis brama*), Güster (*Abramis bjoerkna*) oder Barschartige, wie zum Beispiel der Flussbarsch (*Perca fluviatilis*).

Zur typischen Fischfauna der Marschengräben gehören auch fischfressende (*piscivore*) Arten und verschiedene Kleinfische, wie zum Beispiel der Dreistachlige Stichling (*Gasterosteus aculeatus*), die sich in Gräben erfolgreich reproduzieren (Scholle 1997). Für die Fischfauna sind grabentypische Artengemeinschaften belegt (Scholle 2001), die von Sukzessionsprozessen oder deren Unterbrechung durch Unterhaltungsmaßnahmen geprägt werden.

Naturschutzfachliche und ökologische Bedeutung

Über ihre wasserwirtschaftliche Funktion hinaus erlangen Gräben allgemein und speziell die Marschengräben im Sinne der Übereinkunft über die biologische Vielfalt (CBD = *Convention on Biological Diversity*) eine hohe Bedeutung (s. Tab. 3.3). Trotz der anthropogenen Entstehung und des nutzungsorientierten Managements siedeln dort nicht allein euryöke Arten. Ein Beispiel ist das nur noch in wenigen Marschengräben vertretene Froschkraut (*Luronium natans*).

Ein bedeutender Anteil der Fauna weist zum Teil enge Bindungen an diesen Lebensraum auf oder findet dort sogar letzte Refugialräume. Dies gilt in besonderem Maße für die Grüne Mosaikjungfer *(Aeshna viridis)*, deren Eiablage obligat an die Krebsschere (*Stratiotes aloides*) (Abb. 3.16) gebunden ist, sowie den Schlammpeitzger (*Misgurnus fossilis*). Die Marschengräben Nordwestdeutschlands sind für diese FFH-Arten Ersatzlebensräume und erlangen so europaweite naturschutzrechtliche Bedeutung.

Marschengräben sind entscheidende lineare Landschaftsstrukturen und dadurch Basis für die Vernetzung unterschiedlicher Lebensräume. Mit bis zu 20 km Länge pro Quadratkilometer Fläche bedecken Gräben häufig größere Flächen als die oft stark veränderten

Abb. 3.16 Krebsschere (*Stratiotes aloides*) in einem Marschengraben im Landkreis Cuxhaven (Foto: H. Brux)

Fließ- und Stillgewässersysteme andernorts. Sie dienen in der stark fragmentierten Landschaft des Norddeutschen Tieflandes nicht zuletzt der Ausbreitung wandernder Arten und unterstützten die Umsetzung zentraler Naturschutzziele in diesem Naturraum.

Die ökologische Bedeutung der Gräben reicht weit über die Grabenböschung hinaus, denn die Wasseroberfläche, der Luftraum darüber und die Böschung verbinden terrestrische und aquatische Lebensräume. Sie bieten Nahrungs-, Rast- und Reproduktionsareale für zahlreiche Wirbellose und Wirbeltiere. In der artenarmen Agrarlandschaft sind Gräben und die in Gräben lebenden Arten deshalb als Nahrungsressourcen für die terrestrische Fauna wichtig. Nach Kragten et al. (2010) beherbergen 100 m Grabenufer zum Beispiel bis zu 33 boden- und 27 luftlebende Wirbellose. Sie dienen wiederum Vögeln als Nahrung (Voslamber und Vulink 2010). Für Rohrsänger oder die Wasserfledermaus (*Myotis daubentoni*) sind beispielsweise die großen Schwärme der Zuckmücken (*Chironomidae*) eine begehrte Beute (z. B. Bibby und Thomas 1985). Allein die Wasserfledermaus erbeutet täglich bis zu 700 Zuckmücken (Encarnação und Markus 2006).

3.1.8 Flussbau und Hochwasserschutz

Werner Konold

Wie bereits zu Beginn angesprochen, wusste der Mensch nicht nur das Wasser nutzbar zu machen, sondern er musste sich auch dagegen schützen. Dies geschah bis auf den heutigen Tag mehr oder weniger erfolgreich, weil Eingriffe in die Flussdynamik immer Effekte nach sich ziehen, die gar nicht oder nur schwer abschätzbar sind. Diese Aussage gilt für frühere Zeiten umso mehr. Ein spektakuläres Beispiel soll die Unzulänglichkeiten des Menschen im Umgang mit der Natur dokumentieren: die Umleitung des Alpenflusses Kander in der Schweiz (s. Vischer 2003; auch für das Weitere).

Die Kander mündete ursprünglich – aus dem Berner Oberland kommend, unberechenbar und große Geschiebemassen mit sich führend – unterhalb der Stadt Thun in die Aare. Sie schüttete im Unterlauf ihr eigenes Bett auf und trat häufig über die Ufer; darüber hinaus staute sie mit ihrem Schuttfächer an der Mündung die Aare auf, was bei höheren Abflüssen Thun unter Wasser setzte und den Spiegel des Thunersees ansteigen ließ. Die großflächigen Überflutungs- und Sumpfgebiete ließen die Malaria immer mehr zum Problem werden.

Bevor die Kander in die Niederung unterhalb des Thunersees eintritt, kommt sie dem See etwa 600 m nahe und wird von ihm nur getrennt durch einen Höhenzug, den Strättligen-Hügel. Überlegungen, diesen Hügel zu durchstoßen und damit die Kander in den Thunersee zu leiten, um ihn als Geschiebefalle und Hochwasserspeicher zu nutzen, nahmen gegen Ende des 17. Jahrhunderts Gestalt an. Eine auf Wunsch der betroffenen Gemeinden eingesetzte Kommission der Regierung in Bern stand dem Projekt wohlwollend gegenüber. Befürchtungen der Seegemeinden, die Fischerei würde leiden, die Trinkwassernutzung sei gefährdet und vor allem die Abflusskapazität des Seeausflusses der Aare sei dann zu gering und es würden daher Thun und andere Orte unter Wasser gesetzt werden, wurde in weiteren Kommissionsergebnissen verbal berücksichtigt, und zwar dergestalt, dass Mühlenschwellen am Seeausfluss und auch die Mühlen selbst beseitigt werden müssten.

Auf der Grundlage eines völlig unausgereiften Plans wurde das Vorhaben des Kanderdurchstichs und einer damit verbundenen Laufverkürzung um acht Kilometer im Jahre 1711 ins Werk gesetzt, bestehend aus einem 340 m langen, 50 m tiefen, extrem steilen und an der Sohle 32 m tiefen Einschnitt durch den Strättligen-Hügel und einer 230 m langen Führung durch ein mit 23 Prozent zum See abfallendes Gelände. Mit Pickeln, Schaufeln und Schubkarren und straff, nämlich militärisch, organisiert, wurde zunächst mit mehreren hundert Arbeitern begonnen, den Hügel abzutragen – unter Leitung des Militäringenieurs *Samuel Bodmer*. Dieser wurde 1713 von *Samuel Jenner* abgelöst, der eine bergmännische Durchörterung, also einen Stollen, dem offenen Durchstich vorzog.

Im Frühjahr 1714 war der Stollen bereits fertig und bedenkenlos wurde die Umleitung der Kander angeordnet (Abb. 3.17). Eine von uns heute kaum noch nachvollziehbare Katastrophe nahm ihren Lauf: Der Stollen weitete und vertiefte sich rasch. Das steile Gelände jenseits des Stollens hielt überhaupt nicht stand, rückschreitende Erosion erreichte bald den Stollen, dessen Decke löste sich und brach ein, so dass der Stollen zur Schlucht wurde, alles begleitet von furchtbarem Dröhnen, von Senkungen, Rissen und Rutschungen.

Im August war die Sohle des alten Kanderlaufs trocken. Im Jahre 1716 lag die Sohle der neuen Kander 27 m tiefer als projektiert (heute sind es 40 m!). Der Thunersee erhielt um 60 Prozent höhere Zuflüsse, wodurch – da man 1711 die Schwellen am Auslauf in Thun nicht entfernt hatte – weite Bereiche der Ufer und auch Teile der Stadt immer wieder überflutet wurden. Im Jahre 1716 kaufte die Regierung in Bern die Mühlen in Thun und ließ die Schwellen abreißen. Die Folge war eine enorme Seitenerosion, was zum Einsturz einer Brücke und einiger Häuser führte. Erst mit der Erweiterung des Stadtgrabens und damit der Erhöhung der Abflussleistung durch die Stadt, dem Einbau von Regulierwehren an der Stelle der früheren Schwellen sowie einem Ausbau der Aare unterhalb von Thun

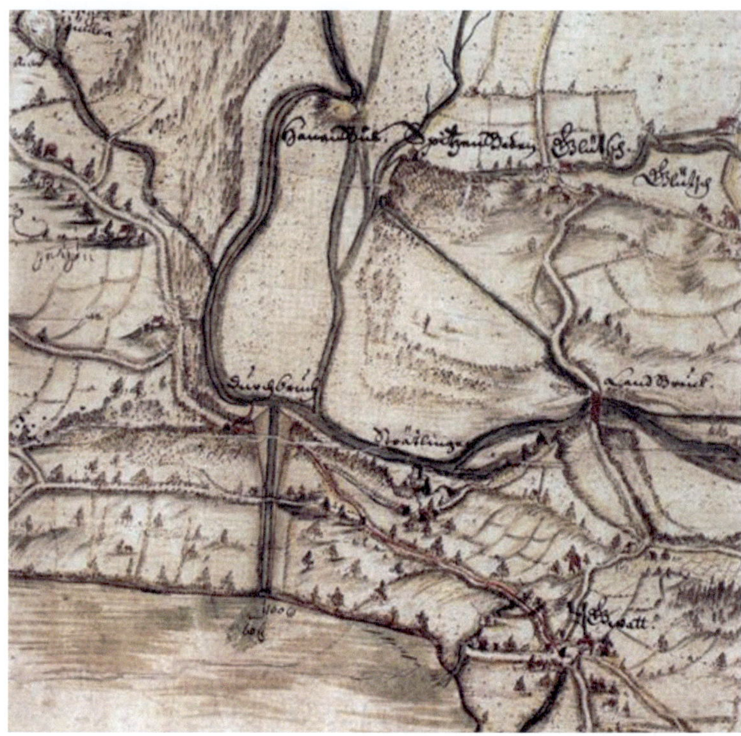

Abb. 3.17 Ausschnitt aus dem Plan von Samuel Bodmer zur Kanderumleitung aus dem Jahre 1710; unten in der Mitte sieht man den Durchbruch zum Thunersee (aus Vischer 2003)

konnten die Probleme, die durch katastrophale Fehleinschätzungen, aber auch mangelnde Erfahrung mit großen Flussbauten ausgelöst worden waren, sukzessive in den Griff bekommen werden.

Noch ein weiterer Blick sei geworfen auf ältere flussbauliche Bemühungen, welche sich vervielfältigen ließen und zeigen, dass der Flussbau bis gegen Ende des 18. Jahrhunderts nicht in größeren Zusammenhängen stattfand, sondern dass man punktuelle Problemlösungen suchte und sich der Wasserbau insgesamt auf Versuch und Irrtum und handwerkliche Erfahrung stützte. Zur Wissenschaft wurde er noch lange nicht, doch profitierte er im Zuge der Aufklärung von den allgemeinen Fortschritten in Naturwissenschaft und Technik.

Von sehr großer Bedeutung war die territoriale Neuordnung weiter Gebiete des alten Reichs und eine sukzessive Einführung von Baubehörden, so etwa in Bayern die Institutionalisierung des Wasser- und Straßenbaus in einer Behörde und das Mandat des Kurfürsten Karl Theodor zur Systematisierung und Vereinheitlichung des Wasserbaus im

Jahre 1790. Zuvor hatten die betroffenen Flussanlieger meist nur im eigenen Interesse und zum Schaden der unterliegenden Nachbarn gehandelt.

Gründe für Eingriffe in die Flussläufe waren unerwünschte Bettaufhöhungen und Engstellen, die zu Ausuferungen führten, „unordentliche" Verläufe, Krümmungen, Aufspaltungen, Inseln, Sediment- und Geschiebeeinträge aus Zuflüssen, ungleich hohe Ufer und die Sicherung von Bauwerken wie Brücken und Wehren sowie von Siedlungen (Leidel 1998).

An vielen Stellen des Donauverlaufs beispielsweise befanden sich Bauten, deren Unterhaltung und Reparatur über Jahrhunderte enorme Summen verschlangen. Leitwerke und Dämme schlossen Seitenarme und Furkationsrinnen ab, die allmählich verlandeten; buhnenartige Gebilde engten den Stromstrich ein und sollten zur Eintiefung des Flussbetts führen (Abb. 3.18). Von der technischen Ausführung her handelte es sich bei den Bauten um verschiedene Variationen von tief verankerten Holzkästen, die mit Steinen gefüllt und mit Faschinen und lehmigem Kies abgedichtet waren (Kränkl 1994 – s. Abb. 3.19).

Abb. 3.18 Die Donau und ihre Aue bei Joshofen um 1611; zu erkennen sind Längsbauwerke, die Furkationsrinnen abschließen, und Buhnen, die die Strömungsrichtung beeinflussen sollen (aus Altbayerische Flusslandschaften 1998)

Abb. 3.19 Der Inn bei Attel im März 1665; Blick auf das Benediktinerkloster Attel. Anlass für den Plan war die Dokumentation des teilweise sehr schlechten Zustands der Ufersicherungen, die Bildung der großen Kieshalbinsel, die den Stromstrich massiv verändert und die starken Uferanbrüche und Auskolkungen, wodurch das Kloster bedroht sei. Sehr gut kann man die mit Steinen gefüllten Holzkästen zur Uferbefestigung erkennen (aus Altbayerische Flusslandschaften 1998)

3.1.9 Brandenburg, Land der Wasserkultur

Werner Konold

Brandenburg: Von den Eiszeiten geprägt, junge Landoberfläche, nur leicht modelliert, nicht reich an Niederschlägen, gleichwohl reich an abflussträgen Gebieten, an Mooren, Seen, Bächen und Flüssen. Es hatte immer schon vielfache Möglichkeiten gegeben, sich das Wasser nutzbar zu machen, in den Landschaftswasserhaushalt einzugreifen, Einzugsgebietsgrenzen zu überwinden.

Für das Gebiet zwischen Elbe und Weichsel ist für die Bronze- und frühe Eisenzeit eine hohe Bevölkerungsdichte nachweisbar. Dies kann nur mit einer hoch entwickelten Landwirtschaft erklärt werden, und zwar auch in den von Natur aus moorigen, sumpfigen Niederungen. Belegbar ist dies mit der Lage und Verbreitung der Siedlungsplätze. Der Mensch hat dort wohl stark zu seinen Gunsten in die Landschaft eingegriffen und Bewässerungslandwirtschaft betrieben. Dies gilt möglicher Weise auch für das Gebiet des Spreewalds, dessen Bruchwälder erst entstanden sein könnten nach dem Zusammenbruch eines ausgefeilten Wasserwirtschaftssystems, zu dem auch die Umleitung der Spree gehört hatte (Goldmann 1982).

Ob es auch in slawischer Zeit im 10. Jahrhundert Be- und Entwässerungssysteme gegeben hat (Goldmann 1982), sei dahin gestellt, sicher ist, dass die Wasserhaushaltsverhältnisse spätestens mit der deutschen Ostkolonisation unter den Askaniern ab der Mitte des 12. Jahrhunderts wiederum massiv beeinflusst wurden (s. Driescher 2003; auch für das Weitere). Es wurden etliche Klöster gegründet, die sich – insbesondere die Zisterzienser – wasserbaulich besonders hervortaten. Die Eingriffe in die Gewässer und den gesamten Wasserhaushalt hatten in Brandenburg die gleichen Gründe wie überall: Energiegewinnung, Verteidigung, Hochwasserschutz, Schifffahrt, Flößerei, Entwässerung und Landgewinnung. Doch waren dort die Auswirkungen in der Fläche ungleich größer wegen des wenig ausgeprägten Reliefs und des zumindest gebietsweise großen Reichtums speziell an stehenden Gewässern.

Eine Voraussetzung für die wirtschaftliche Entwicklung des kolonisierten Landes waren die Mühlen, die im 13. und 14. Jahrhundert in großer Zahl gebaut wurden; etliche davon entstanden an Seeausläufen, was zu erheblichen Seespiegelanhebungen und Flächenvergrößerungen führte. Mühlenwehre in gefällearmen Tälern und Schmelzwasserrinnen hatten enorme Rückstauwirkungen, was wiederum einen Anstieg des Grundwasserspiegels und teilweise auch Versumpfungen zur Folge hatte. Viele ältere slawische Siedlungsplätze gerieten unter Wasser. Es ist zu vermuten, dass Mühlenstaue die Versumpfung und die Vermoorung des Havelländischen Luchs (siehe unten) und des Rhinluchs gefördert haben. An vielen Gewässern reihte sich Mühle an Mühle, so etwa an der Schlaube und der unteren Havel, und dies bei minimalem Gefälle. Da alle Mühlen bestrebt waren, eine maximale Höhendifferenz zwischen Ober- und Unterwasser zu haben, kam es zu immer höheren Aufstauen – direkt gewollt oder als Reaktion auf den unterliegenden Müller.

Manche abflusslosen Seen wurden mit Hilfe von Gräben angezapft, so dass sich der Seespiegel absenkte. Hierdurch vergrößerten sich manche Einzugsgebiete, so das der Ucker, der wohl bereits im 13. Jahrhundert über einen Mühlgraben des Klosters Boitzenburg die Boitzenburger Seen zugeschlagen wurden. Auch der bekannte Parsteiner See, der im Jahre 1258 in den Besitz des Zisterzienserklosters Chorin gelangte, erhielt einen künstlichen Abfluss, den Nettelgraben, der die Fischteiche und die Mühlen des Klosters mit Wasser versorgte. Einige Seen verschwanden völlig von der Bildfläche, weil sie mit Gräben angezapft und abgelassen wurden, so beispielsweise geschehen westlich von Schwedt in den 1780er-Jahren.

Zahlreiche Bäche und Flüsse begradigte und richtete man als Wasserstraßen her und unterhielt man auch in dieser Funktion. Manche Flussaufspaltung wurde abgetrennt und trocken gelegt, um den Wasserabfluss zu konzentrieren. Vielfach kann heute nicht mehr sicher unterschieden werden, ob man ein natürliches oder ein künstliches Gewässer vor sich hat, da schon sehr früh neue Gewässer gegraben wurden, in denen sich längst ein neues dynamisches Gleichgewicht eingestellt hat.

Doch nicht genug mit diesen gravierenden Eingriffen. Ab dem Beginn des 18. Jahrhunderts ging man daran, die großen, feuchten Niederungsmoore, zu deren Entstehen der Mensch möglicher Weise beigetragen hat, zu entwässern und zu kultivieren, so auch das Havelländische Luch, welches hier als Beispiel für weitere Niederungen steht (Kalweit 1998).

Das Luch war kaum zu nutzen und häufigen Überschwemmungen ausgesetzt; Mensch und Vieh litten unter Insektenplagen. Im Jahre 1714 setzte König Friedrich Wilhelm I eine Kommission ein, die eine Machbarkeitsstudie zur Melioration erarbeiten sollte. Nach einigen Verzögerungen wurde im Jahr 1718 mit dem Werk begonnen, auch wenn etliche betroffene Bauern befürchteten, der Graswuchs und damit auch die Viehzucht werde nicht mehr so gut sein wie ehedem. Im Jahre 1719 kamen 1000 Arbeiter und 800 Soldaten zum Einsatz.

Bis zum Jahr 1725 wurden der 73 Kilometer lange *Große Havelländische Hauptkanal* (für Schifffahrt und Bewässerung nutzbar), der 35 Kilometer lange kleine Hauptkanal, Nebengräben, Stauvorrichtungen, Wege und Brücken gebaut. Insgesamt entstanden 520 Kilometer Kanäle und Gräben. In der Folge stieg die Produktivität der landwirtschaftlichen Flächen stark an. Es setzte allerdings auch Torfsackung und -mineralisation ein, die man heute durch Vernässung zu minimieren versucht.

Man kann also mit Fug und Recht behaupten, dass der Wasserhaushalt von Brandenburg, noch ganz abgesehen von den zahlreichen Kanälen, nachhaltig manipuliert wurde, jeweils aus zeitgenössischen Bedürfnissen heraus und mit unterschiedlichem Erfolg und unterschiedlichen Nachwirkungen.

3.1.10 Kulturtechnik contra Natur?

Werner Konold

Wir haben an verschiedenen Beispielen gesehen, wie lange schon und wie stark der Mensch auch auf großen Flächen wasserbaulich in die Landschaften eingegriffen und sie nachhaltig verändert hat und dabei – aus unserer heutigen Sicht – vieles zerstört, aber auch Werte, Lebensräume, sehenswerte Reize geschaffen hat (s. dazu auch Konold 2021). Alle Produkte der Eingriffe sind ein Stück Wirtschaftsleistung, Zeugen menschlicher Arbeit und Kultur, aber sie haben durchaus auch natürliche Züge und Eigenschaften angenommen, besonders offensichtlich bei den Weihern und künstlich gezogenen, alten Bächen. Dennoch entziehen sie sich eigentlich einem Natürlichkeitsmaßstab, weil sie rein künstlichen Ursprungs und meist nur durch Pflege und Nutzung zu erhalten sind.

Auf der anderen Seite gibt es ungezählte Strecken von ehemals natürlichen Fließgewässern, die – etwa aus den Zeiten der Flößerei – von einer trocken gesetzten Mauer begleitet werden oder in denen sich noch technische Einrichtungen der Bewässerung oder Floßgassen befinden. Hier hat die Natur technische, kulturelle Züge angenommen. Soll man sie um eines puristischen Natürlichkeitsdiktats willen entfernen? Was hat Vorrang – die technische Einrichtung als Spiegelbild einer bestimmten Zeit, ein hohes Maß an Natürlichkeit, die ökologische Funktionsfähigkeit, die Schönheit einer wasserbaulichen Anlage oder der Natur? Doch müssen wir überhaupt „entweder – oder“ entscheiden? – Nein, wir müssen es nicht. Aus den hier behandelten früheren Zeiten sind nicht mehr viele Überbleibsel vorhanden. Deshalb sollten wir die wasserbaulichen Elemente und Relikte einfach belassen, integrieren und als Kulturlandschaftselemente pflegen.

3.2 Heutige Nutzungen

Dieser Abschnitt könnte auch mit dem Titel: „Was wurde in und an Fließgewässern und Auen bei steigenden technischen Möglichkeiten im großen Stil verändert?“ überschrieben werden. Es sollen also Veränderungen benannt werden, die im Zeitalter zunehmender Industrialisierung und gestiegener technischer Möglichkeiten realisiert worden sind. Dass der Mensch die Fließgewässer- und Auen nutzungsorientiert gestaltet und damit in die natürlichen Prozesse eingegriffen hat, lässt sich an anhand vieler Beispiele belegen. Unterschiedlich fällt jedoch in den meisten Fällen die Bewertung der Veränderungen aus; beispielsweise die Antwort auf die Frage, ob nicht die Vorteile einer Nutzung, die damit verbundenen Nachteile rechtfertigen. Die allgemeine wirtschaftliche und gesellschaftliche Situation hat auf die Antwort mit Sicherheit großen Einfluss.

Beispielhaft soll hier nur an den Ausbau der Gewässer im Ruhrgebiet erinnert werden. Bergbau und Industrie im „Revier“ waren in den Zeiten der Industrialisierung, und nach den beiden Weltkriegen, Garant und Kennzeichen des deutschen Wirtschaftswunders (s. Abb. 3.20). Dem gegenüber wurde die Trockenlegung des sumpfigen Untergrundes, der Ausbau der Gräben zu offenen Abwasserkanälen und die Sicherstellung der Vorflut mittels Pumpwerken u. a. als kleineres, unvermeidbares, Übel in Kauf genommen. Damals haben nur wenige Umweltschutzgedanken gepflegt und auf die Auswirkungen einer ausschließlich gebrauchsorientierten Gewässerbenutzung hingewiesen.

In der Zukunft werden die prognostizierten *Klimaveränderungen* auf den Naturhaushalt, d. h. unsere Lebensgrundlagen, und unser Wirtschaften von immer größerer Bedeutung werden. Für das wasserwirtschaftlich, aber auch für das naturschutzfachliche Handeln, gilt, das die Veränderungen bei Planungen an Gewässern zwingend berücksichtigt werden müssen (siehe dazu u. a. die zahlreichen Veröffentlichungen der Fachgemeinschaft Hydrologische Wissenschaften in der DWA-Fachgemeinschaft Hydrologische Wissenschaften (DWA-FgHW) (www.dwa.de). Wie die Reaktionen der Wasserwirtschaft auf die bekannten Szenarien im Einzelnen aussehen werden, kann heute noch nicht abschließend vorhergesagt werden. Auf jeden Fall werden sie in vielerlei Hinsicht Einfluss auf die Fließgewässer- und Auenentwicklung haben.

Es würde den Rahmen dieses Buches sprengen, wenn alle denkbaren Benutzungen von Fließgewässer und Aue, inklusive aller denkbaren Interaktionen, im Detail beschrieben würden. Dargestellt werden daher nur häufig vorkommende gebrauchsbedingte Einflussnahmen und einige bedeutsame Nutzungen.

Da „Belastungen“ auftreten können, aber nicht zwangsläufig auftreten müssen, und eine Nutzung in der Regel auch Vorteile mit sich bringt, ist eine „wertfreie“ Darstellung gewählt worden. Bewertungen, wie „*gut*“ oder „*schlecht*“ o. ä., galt es daher zu vermeiden. Das Abwägen zwischen Vor- und Nachteilen ist wesentlicher Bestandteil der Planung (s. Kap. 6). Dass bei den Entscheidungsprozessen u. a. privatwirtschaftliche und politische Interessen einen breiten Spielraum einnehmen, ist eine Spielregel der Demokratie.

Abb. 3.20 Die kanalisierte Emscher bei Oberhausen. Der Bergbau im Ruhrgebiet brachte es mit sich, dass eine künstliche Fließgewässerlandschaft geschaffen wurde. Das gesamte Abflussgeschehen wurde der wirtschaftlichen Entwicklung untergeordnet. Der Mensch muss heute ständig steuernd eingreifen, um dieses System in Gang zu halten. (Foto: Emschergenossenschaft)

Beschrieben werden u. a. die Inanspruchnahme der gewässernahen Flächen sowie die Veränderungen durch Abflussregulierungen (Wasserentnahmen, -einleitungen, Wasserspeicherung) und wasserbauliche Maßnahmen (u. a. Hochwasserschutz und Fließgewässerunterhaltung). Als bedeutsame Nutzungen werden Wasserbewirtschaftung, Schifffahrt, Wasserkraftnutzung, Landwirtschaft und Siedlungswasserwirtschaft gesondert beschrieben (siehe u. a. DWA-Merkblatt M 609-2 Teil 2: Entwicklung urbaner Fließgewässer – Maßnahmen und Beispiele 2018; DWA-Merkblatt M 609-1 Teil 1: Entwicklung urbaner Fließgewässer – Grundlagen, Planung und Umsetzung 2021b).

3.2.1 Inanspruchnahme von gewässernahen Flächen

Heinz Patt

Die Vorteile des Standorts bzw. der Umstand, dass häufig nur dort noch freie Flächen verfügbar sind, haben in der Vergangenheit häufig dazu geführt, dass in den gewässernahen Bereichen (i. d. R. die Auen) verstärkt Straßen- und Eisenbahntrassen gebaut sowie Bereiche für Ansiedlungen und Infrastruktureinrichtungen und Siedlungen erschlossen worden sind. Eine weitere äußerst bedeutsame Benutzung der gewässernahen Bereiche und Auen umfasst den Hochwasserschutz. Durch den Bau von Deichen, Mauern u. a. werden die natürlichen Überschwemmungsgebiete vom Fließgewässer abgeschnitten und stehen damit für den Hochwasserrückhalt nicht mehr zur Verfügung.

Straßen- und Eisenbahntrassen

Die Topografie und die moderaten Gefälleverhältnisse in den Flusstälern waren für den Bau von Straßen- und Eisenbahntrassen von großem Vorteil. Während heutzutage Autobahnen und Schnellbahntrassen die Metropolen auf möglichst kurzen (d. h. geraden) Wegen verbinden und dazwischen liegende Flusstäler mit Hilfe von monumentalen Talbrücken gequert werden, war über lange Jahre die Trassenführung entlang der Fließgewässer die günstigste Variante. Da alle wichtigen Städte an Flüssen liegen, wurden diese gleichzeitig für den zunehmenden Reiseverkehr erschlossen.

Die Platzverhältnisse in den Flusstälern und die Nähe zum Fließgewässer sind aber auch mit besonderen Herausforderungen verbunden. Die gewundene Linienführung macht es beispielsweise erforderlich, dass sich Straßen und Schienen dem Verlauf des Fließgewässers anpassen müssen, diesen ggf. aber auch kreuzen oder, insbesondere an Engstellen, dicht am Ufer entlang verlaufen (s. Abb. 3.21). Durch die Nähe zum Gewässer werden ggf. Schutzmaßnahmen erforderlich, wie zum Beispiel:

- Schutz der Widerlager von Brücken, Schutz von Gebäudefundamenten vor Erosion (u. a. Reduzierung der Kolkbildung) (s. Abb. 3.22),
- Befestigung der Straßen- und Eisenbahntrassen zum Schutz vor Unterspülungen (u. a. Sicherung der Böschungen),
- Schutz der Trassen vor Überflutungen (z. B. durch den Bau in Dammlage).

Derartige Maßnahmen bedeuten für das betroffene Fließgewässer eine Einschränkung der natürlichen Entwicklungsmöglichkeiten.

Mitunter werden in diesem Zusammenhang die vielen kleinen Nebengewässer (Bäche) vergessen, die von den am Hauptgewässer entlang verlaufenden Verkehrsachsen gequert werden. Die dort erforderlichen Kreuzungsbauwerke werden sowohl von den Abflüssen

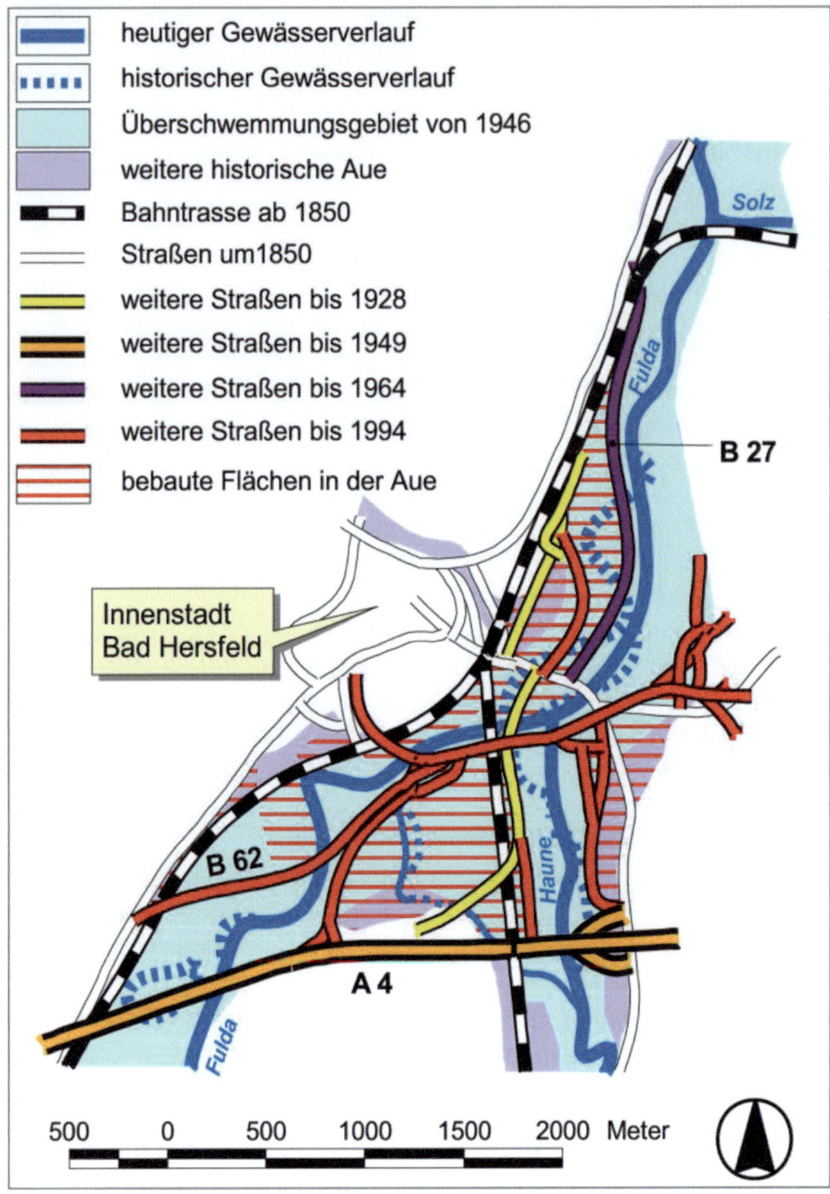

Abb. 3.21 Eisenbahn- und Straßentrassen in gewässernahen Bereichen schränken die Entwicklungsmöglichkeiten der Fließgewässer ein (Grafik: UIH Planungsbüro – Landschaftsarchitekten Figura-Schackers PartGmbB)

Abb. 3.22 Der Mündungsbereich kleiner Seitengewässer ist oft sehr stark ausgebaut, um kreuzende Straßen vor hohen Abflüssen aus den Nebengewässern zu schützen. (Foto: UIH Planungsbüro – Landschaftsarchitekten Figura-Schackers PartGmbB)

des Hauptgewässers als auch von denjenigen des Nebengewässers beaufschlagt und sind daher meistens sehr massiv ausgebildet. Von einer derartigen Fixierung des Gewässerverlaufes ist nicht nur die Linienführung (Laufform), sondern auch die Höhenlage der Gewässersohle betroffen.

In den letzten Jahren ist es in derartig gestalteten Mündungsbereichen bei Hochwasser vielfach zu extremen Überschwemmungen gekommen. Oft war dies nicht nur auf den erhöhten Abfluss zurückzuführen, sondern insbesondere auf die Verlegung (Verklausung) der im Mündungsbereich befindlichen Durchlässe, Verrohrungen o. ä. mit Sträuchern, Bäumen oder Feststoffen.

Die bis dicht an das Gewässer heranreichende Bebauung erschwert häufig die Umgestaltung derartiger Problempunkte. Als einzige Lösung verbleibt oft nur der weitere Ausbau, um zukünftig Schäden zu vermeiden.

Siedlungs- und Gewerbegebiete

Die ständig wachsende Bevölkerung und der damit verbundene Bedarf an wirtschaftlich nutzbaren Flächen, haben dazu geführt, dass in den gewässernahen Bereichen in großem Umfang Areale für Siedlungen, Gewerbe- und Industrieansiedlungen sowie Infrastruktureinrichtungen ausgewiesen worden sind. Dort wo die gewässernahen Areale genutzt werden und die Gefahr einer Überschwemmung besteht, soll der technische Hochwasser-

Abb. 3.23 Siedlungen und Industriegebiete sind in gewässernahen Bereichen von Hochwasser bedroht. Sind die Nutzungen einmal vorhanden, müssen sie oft mit großen Aufwand geschützt werden. (Foto: H. Patt)

schutz (u. a. Gewässerbettsicherungen, Schutzdeiche, Schutzmauern,) das Risiko von Hochwasserschäden reduzieren (s. Abb. 3.23) (Patt und Jüpner 2020).

Bei bedeutsamen Nutzungen und bei hohen Schadenrisiken (z. B. U-Bahn Schächte in urbanen Bereichen) ist der Hochwasserschutz häufig auf sehr große Abflüsse (Hochwasserjährlichkeiten) ausgelegt (Abb. 3.24). Wenn dann die Abflüsse in Niedrigwasserzeiten gering sind, erscheint der Ausbau besonders naturfern.

Dort wo landwirtschaftlich genutzte Bereiche vor Hochwasser geschützt werden bzw. Bereiche durch Straßen- und Eisenbahndämme vom Fließgewässer abgeschnitten werden, fügen sich die Schutzmaßnahmen meist gut in das Landschaftsbild ein. Die Auswirkungen sind aber ähnlich. Die natürlichen Überschwemmungsgebiete sind von der Überflutungsdynamik des Fließgewässers abgeschnitten und stehen dem Wasserrückhalt nicht mehr zur Verfügung (s. Abb. 3.25).

3.2.2 Wasserwirtschaft und Wasserbau

Heinz Patt

Jede Benutzung von Fließgewässer und Aue ist mit einem mehr oder weniger weitreichenden Eingriff in die natürlichen Entwicklungsprozesse verbunden, sei es in quanti-

Abb. 3.24 Schnellbahntrasse und Gewässer teilen sich das Gewässerbett. Eine massive Betonmauer – in *Bildmitte* – trennt die beiden Bereiche voneinander. Das Abflussprofil (*rechts*) ist auf hohe Abflüsse ausgelegt und bietet insbesondere in Niedrigwasserzeiten ein trostloses Bild. (Foto: H. Patt)

tativer, qualitativer oder struktureller Hinsicht. Oft werden alle genannten Komplexe gleichzeitig berührt.

In diesem Abschnitt werden zunächst unter der Bezeichnung *„Abflussregulierung"* die quantitativen (wassermengenwirtschaftliche) Einflussnahmen beschrieben. Dazu gehören Wasserentnahmen und -einleitungen sowie die Speicherung von Wasser. Es folgen unter den Begriffen „Gewässerausbau, Hochwasserschutz" die wasserbaulichen (flussbaulichen) Gestaltungen. Zu berücksichtigen wäre in diesem Kapitel auch die Fließgewässerunterhaltung. Weil sie jedoch in besonderem Maße die Lebensräume und Lebensgemeinschaften beeinflusst, finden sich die entsprechenden Hinweise in Abschn. 3.2.7.

Abflussregulierung

Wasserentnahmen und -einleitungen sowie die Speicherung von Wasser sind gebrauchsbedingte Einflussnahmen, die Grundvoraussetzungen für eine Nutzung sein können oder zu deren Optimierung erforderlich sind.

Wasserentnahmen entziehen einem Fließgewässer bzw. Gewässerabschnitt Wasser und reduzieren damit den Abfluss flussabwärts der Entnahmestelle. Wasserentnahmen dienen unter anderem der Trinkwasserversorgung, der Wasserversorgung der Industrie, der Wasserversorgung von Wasserstraßen (Kanälen) und der Erzeugung von Strom in Wasserkraftanlagen (Ausleitungskraftwerke).

Abb. 3.25 Die Dämme von Straßen trennen häufig die natürlichen Überschwemmungsgebiete vom Fließgewässer ab. Oft werden die dabei „gewonnenen" Flächen zunächst landwirtschaftlich genutzt. Obwohl diese Bereiche in der Regel über das Grundwasser mit dem Fließgewässer in Verbindung stehen, stehen die Flächen für den oberflächigen Hochwasserrückhalt nicht mehr zur Verfügung. Das Überschwemmungsrisiko für die Unterlieger wird größer. (Foto: E. Städtler)

Aber auch die zeitweise Speicherung (Zwischenspeicherung) von Wasser in Talsperren, Poldern oder anderen Rückhalteeinrichtungen entzieht dem Fließgewässer Abfluss und beeinflusst auf diese Weise das Abflussgeschehen (u. a. Patt und Jüpner 2020; Patt et al. 2021; Rieger und Disse 2008). Entsprechendes gilt auch für die Entnahme von unterirdischem Wasser (*Grundwasserentnahmen).* Dadurch verändern sich unter anderem die Grundwasserspiegelhöhen und, zumindest lokal an den Entnahmestellen (Brunnen), auch die Richtung der Grundwasserströmung.

Aber auch unnatürlich hohe *Wassereinleitungen* können in den betroffenen Gewässerstrecken zu Veränderungen führen. So sind zum Beispiel plötzliche Einleitungen von Oberflächenwasser (u. a. nach dem Anspringen eines Regenüberlaufes) stets problematisch, da dadurch die Strömungsgeschwindigkeiten im Zulaufbereich abrupt ansteigen. Die hohen Geschwindigkeiten fördern nicht nur die Erosion, sondern sind u. a. auch verantwortlich für die erhöhte Abdrift von Organismen.

Durch den Einsatz von Speichern (u. a. Talsperren) wird eine bedarfs- oder sicherheitsorientierte Steuerung der Abflüsse möglich. Die *Wasserspeicherung* dient sowohl der

Abb. 3.26 Typische Symbole der Bewirtschaftung von Wasser (Wassermengenwirtschaft) sind Talsperren (Fotoarchiv: Ruhrverband)

Sicherstellung ausreichender Wasserreserven über längere Bewirtschaftungszeiträume (u. a. für die Trinkwassergewinnung und die landwirtschaftliche Bewässerung) als auch der Bereitstellung von Wasser in Niedrigwasserzeiten (z. B. in Trockenperioden). Auch dient die Bereitstellung von ausreichendem Speichervolumen (z. B. in Talsperren und Rückhalteräumen) der Zwischenspeicherung von Wasser aus Gründen des Hochwasserschutzes. Für die Unterlieger wird auf diese Weise der Hochwasserschutz verbessert.

Stauanlagen (Staudämme oder Staumauern) und deren Nebenanlagen (u. a. Wasserentnahmeeinrichtungen, Hochwasserentlastungsanlagen, Betriebsgebäude) prägen aufgrund ihrer Abmessungen eine Fließgewässerlandschaft in großem Ausmaß (Abb. 3.26). Zudem sind erhebliche Aufstandsflächen für das Bauwerk und die Nebenanlagen erforderlich. Sie bilden für Feststoffe und Wasserorganismen ein Hindernis; die Durchgängigkeit geht ohne entsprechende Gegenmaßnahmen (z. B. *Geschiebebewirtschaftung* – ggf. Stauraumspülungen, *Fischwanderhilfen)* vollständig verloren. In den *Stauräumen* wird die Fließgeschwindigkeit derart stark reduziert, dass das Strömungsmuster eines vormals freifließenden Gewässers vollständig verloren geht. Wenn betriebsbedingte Steuerungsmaßnahmen (u. a. schnelles Absenken und Steigen der Wasserspiegel in Speicher, Stauraumspülungen, Fischbesatz) deren Entwicklung nicht andauernd stören würden, würden sich die typischen Entwicklungsprozesse eines stehenden Gewässers einstellen.

Gewässerausbau

Flussbauliche Maßnahmen (Gewässerausbau) und der Bau entsprechender Betriebs- und Kontrolleinrichtungen sind u. a.

Voraussetzung für folgende Nutzungen:

- Wasserversorgung (u. a. Sicherstellung der Trinkwasserversorgung, Bereitstellung von Wasser für die Industrie)
- Güter- und Personentransport auf dem Wasser (u. a. Wasserstraßen und Kanäle, Verbesserung der Bedingungen für die Schifffahrt)
- Ressourcenschonende Stromerzeugung in Wasserkraftanlagen (u. a. Bau und Betrieb der Kraftwerksanlagen)
- Landwirtschaftliche Nutzung (u. a. Be- und Entwässerungsmaßnahmen, Meliorationen),
- Sicherung von baulichen Anlagen in und am Gewässerbett (z. B. Brückenpfeiler, Versorgungsleitungen, Auslassbauwerke von Kläranlagen, Entnahmebauwerke)
- Freizeit, Erholung und Sport (u. a. Infrastruktureinrichtungen, Wander- und Radwege, Einsetzstellen für Boote)
- Hochwasserschutz (u. a. Bauvon Hochwasserschutzdeichen, Schutzmauern, Poldern, Rückhaltebauwerken)
- Nassabbau von Kies in der Gewässeraue.

Diese Aufzählung ist mit Sicherheit nicht vollständig, deckt jedoch die bedeutsamsten Benutzungen ab (siehe u. a. Patt et al. 2021).

Ausbaumethoden In Abhängigkeit von den lokalen Verhältnissen und von der Nutzung sind an den Fließgewässern unterschiedliche Ausbauvarianten anzutreffen. Häufig fügen sich die Gewässerausbauten (z. B. Böschungssicherungen, Buhnen) nahtlos in eine Landschaft ein (Abb. 3.27a). Andere Ausbauten müssen wiederum situationsbedingt massiver gestaltet werden (Abb. 3.27b). Sobald sich Nutzungen in der Nähe eines Gewässers konzentrieren und daher mit erheblichen Schadensrisiken bei Hochwasser zu rechnen ist, steigt der Anteil an Beton an und im Gewässerbett (Abb. 3.27c).

Im Falle eines *konventionellen Ausbaus* wird der Gewässerverlauf weitgehend festgelegt. Ein sehr extremes Beispiel für einen derartigen Ausbau zeigt Abb. 3.27c. Im *naturnahen Wasserbau* (siehe unter anderem Patt 2018; Stowasser und Langemann 2008a, b, Schiechtl und Stern 2002) werden unter anderem naturraumtypische Baustoffe verwendet und eine eigendynamische Ausformung der Laufentwicklung (Linienführung, Längsschnitt, Querschnitte, Gewässerbettstrukturen), wenn auch oft nur in kleinem Rahmen, ermöglicht.

Die Übergänge zwischen einem konventionellen Ausbau und einem naturnahen Ausbau sind manchmal fließend (Abb. 3.27a,b). Nicht jede „naturnahe Methode" führt zwangsläufig zu einer naturnahen Laufentwicklung. Welche Ausbaumethode letztlich umgesetzt wird, hängt in besonderem Maße von den örtlichen Gegebenheiten ab. Befinden sich Nutzungen in Gewässernähe sind sicherheitsorientierte Überlegungen, wie beispielsweise die Standsicherheit von Bauwerken, die Sicherung von Böschungen und die Vermeidung von Überschwemmungen, bei der Auswahl maßgebend.

Abb. 3.27 Nutzungsbedingter Ausbau der Fließgewässer. Je weniger Platz dem Fließgewässer zugestanden wird, desto massiver werden die Ausbaumethoden, **a**. Die Ausbaumaßnahmen in Form von Steinbuhnen sind auf den ersten Blick nur für den Fachmann erkennbar, **b**. Ein Ansteigen der Strömungskräfte und der Schutz von der gewässernahen Nutzungen führen zu einer massiveren Sicherung der Böschungen, **c**. Die Nähe der Nutzungen erfordert ein leistungsfähiges Gerinne dessen Böschungen erheblichen hydraulischen Belastungen standhalten sollen. Die Naturnähe ist allerdings auf der Strecke geblieben (Fotos: H. Patt)

Technischer Hochwasserschutz Hochwasser sind ebenso wie Niedrigwasser Naturereignisse und eine Voraussetzung für viele Entwicklungsprozesse im Naturhaushalt von Fließgewässer und Aue. Es ist eine wichtige Aufgabe des Wasserbaus, gewässernahe Siedlungen, Gewerbegebiete, Infrastrukturanlagen u. a. vor Hochwasser zu schützen (u. a. Patt und Jüpner 2020; Patt und Burkart 2003).

Durch den baulichen (technischen) Hochwasserschutz wurden in der Vergangenheit bedeutsame Entwicklungsflächen – vor allen Dingen die natürlichen Überschwemmungsgebiete (u. a. Auenflächen) – vom Fließgewässer abtrennt, um diese Areale nutzen zu können. Viele dieser Areale sind heute mit Siedlungen, Infrastruktureinrichtungen unter anderem bebaut und werden den Fließgewässern wohl niemals mehr zur Verfügung stehen (Abb. 3.28a). Die Einengung des Fließgewässers durch Hochwasserschutzanlagen führt u. a. zu einer Reduzierung des Abflussquerschnittes und in der Folge zu Erhöhung der Fließgeschwindigkeiten und der Sohlenschubspannungen. Werden bestimmte Grenzwerte (Grenzschubspannungen) überschritten, kommt es zu Erosionen, d. h. unter anderem zu einer Eintiefung der Gewässersohle.

Außerhalb unserer Städte ist der Spielraum für Entwicklungen meist ungleich größer (Abb. 3.28b).In innerstädtischen Bereichen, wo die Bebauung oft nahe an die Gewässerberandungen heranreicht, können lokale Erosionen (Kolke) zu einer Zerstörung der Gewässerberandungen durch Unterspülung führen, mit der Folge, dass dort befindliche Gebäude erheblichen Schaden nehmen und ggf. sogar einstürzen. Um derartige Schäden zu verhindern, sind die Gewässerprofile oft ausgebaut worden.

Über viele Jahre war die entscheidende Frage, wie viel Entwicklungsspielraum der Mensch den Fließgewässern zugesteht. In den letzten Jahren ist der Schutz der verbliebenen Auenlandschaften immer weiter verbessert worden. Die heute gültigen gesetzlichen Regelungen schließen eine weitere Reduzierung der natürlichen Überschwemmungsflächen weitgehend aus (s. Abschn. 5.1.4). Über die Möglichkeiten landwirtschaftlich genutzte Flächen hinter den Hochwasserschutzanlagen wieder als Überschwemmungsgebiet dem Fließgewässer zurück zu geben, wird heute auf höchster Ebene diskutiert.

3.2.3 Bedeutsame Nutzungen

Heinz Patt

Es ist unbestritten, dass der Mensch einen Zugang zu Fließgewässer und Aue zwingend benötigt, da damit existenzielle Erfordernisse verbunden sind. Die vorab sehr allgemein beschriebenen Veränderungen werden getätigt, um Nutzungen zu ermöglichen bzw. diese zu optimieren und zu schützen. Im Folgenden werden ausgewählte Nutzungen vorgestellt, die an Fließgewässern und in Auen häufig vorzufinden sind.

Wasserversorgung

Zur Sicherstellung der Wasserversorgung sind eine Reihe von Einzelanlagen notwendig, die unterschiedliche Aufgaben zu erfüllen haben. Erforderlich sind die eigentlichen

Abb. 3.28 Hochwasserschutz dient der Reduzierung von Schäden, **a** In urbanen Bereichen werden erhebliche Sachwerte geschützt, die sich im Laufe der Zeit in den gewässernahen Bereichen angesammelt haben. Die Platzverhältnisse und die Bauweise lassen dem Fließgewässer keinen Entwicklungsspielraum, **b** In ländlichen Bereichen sind die Schutzdeiche oft derart gestaltet, dass sie sich in das Landschaftsbild einfügen. Die natürlichen Überschwemmungsflächen werden aber auch hier vom Gewässer abgeschnitten. Die Potenziale das Fließgewässer „naturnäher" zu entwickeln, sind jedoch oft vorhanden. (Fotos: H. Patt)

Fassungsanlagen (u. a. Brunnen bei der Wassergewinnung aus dem Grundwasser oder Einlaufbauwerke bei der Entnahme von Oberflächenwasser), entsprechende Einrichtungen zum Speichern von Wasser (u. a. Talsperren, Wasserbehälter), umfangreiche Rohrnetze zum Transport des Wassers sowie die Anlagen zur Trinkwasseraufbereitung.

Einerseits kann Wasser unmittelbar der Trinkwasseraufbereitung zugeführt werden, andererseits kann es aber auch zur Anreicherung des Abflusses in einem Fließgewässer dienen, um von dort als Uferfiltrat entnommen zu werden. So dienen zum Beispiel in der großräumig angelegten Wasserwirtschaft des Ruhrgebietes die Talsperren des Sauerlandes der Sicherstellung einer bestimmten Niedrigwasserführung der Ruhr, die wiederum notwendig ist, um die Wasserentnahmen für die Trinkwasserversorgung der wie Perlen an einer Kette längs der Ruhr installierten Wasserwerke dauerhaft zu gewährleisten.

Die Wassergewinnung aus Uferfiltrat (Abb. 3.29) soll hier hervorgehoben werden, da sie die Fließgewässer und Auen in besonderem Maße betrifft. Die Lage der Brunnen in den Gewässerauen stellt einerseits sicher, dass den Brunnenfassungen aus dem Grundwasser ausreichend Wasser zufließt, andererseits wird dem Fließgewässer aber auch beständig Wasser entzogen, was dann in Niedrigwasserzeiten problematisch sein kann, wenn kein Ausgleich durch Zuschusswasser aus oberhalb liegenden Talsperren erfolgt.

Die Lage der Fassungsanlagen in der Gewässeraue, d. h. im Überschwemmungsgebiet eines Fließgewässers, erfordert in der Regel einen entsprechenden Hochwasserschutz. Oft stehen diese Anlagen inmitten einer sonst extensiv genutzten Auenlandschaft.

Abb. 3.29 Trinkwassergewinnung in der Ruhraue bei Witten (Foto: Ruhrverband)

Wasserstraßen, Kanäle

Bei den *Wasserstraßen* wird zwischen *künstlichen Wasserstraßen (Kanälen)* und dem Ausbau eines vorhandenen Fließgewässers zu einer Wasserstraße *(Flusswasserstraße)* unterschieden. Bei Letzteren ist zwischen einem *staureguliertem Ausbau* (u. a. Steuerung der Wassertiefen durch Stauanlagen sowie Überwindung der Höhenstufen durch Schiffshebewerke oder Schleusen) und einem Ausbau unter Zuhilfenahme *flussbaulicher Methoden* (u. a. Buhnen, Leitwerke, Sohlen- und Böschungssicherungen) zu unterscheiden.

Zur wirtschaftlichen Nutzung der Fließgewässer als kostengünstige Transportwege sind große Schiffseinheiten erforderlich. Diese benötigen möglichst ganzjährig ausreichende Fahrwassertiefen, eine entsprechende Gewässerbreite sowie eine Linienführung, die ein sicheres Navigieren der Schiffseinheiten ermöglicht (Abb. 3.30).

Höhendifferenzen werden bei den staugeregelten Wasserstraßen meist mittels *Schleusen,* vereinzelt aber auch mit Hilfe von *Schiffshebewerken* überwunden. Zwischen derartigen Bauwerken liegen *Stauhaltungen,* in denen durch den Aufstau eine entsprechende Fahrwassertiefe für die Schiffseinheiten ganzjährig sichergestellt wird (Abb. 3.31). Bei jeder *Schleusung* wird Wasser in die nächstfolgende, tiefer liegende Stauhaltung abgegeben. Künstliche Wasserstraßen (Kanäle) benötigen daher eine entsprechende Wasserversorgung, um das bei der Schleusung und Verdunstung verloren gegangene Wasser zu ersetzen. Dieses Wasservolumen wird dem Einzugsgebiet entzogen

Abb. 3.30 Der Wasserstraßenausbau erfordert in vielen Bereichen eine weitgehende Festlegung der Laufentwicklung eines Fließgewässers und steht einer eigendynamischen Entwicklung entgegen (Foto: H. Patt)

Abb. 3.31 Staugeregeltes Fließgewässer. Durch die Stauregelung entfällt die Abhängigkeit vom natürlichen Abflussgeschehen. (Foto: Ruhrverband)

und fehlt als Abfluss in den betroffenen Fließgewässern. Davon ist insbesondere die am höchsten liegende Stauhaltung betroffen, die sogenannte *Scheitelhaltung*.

Bei einer *Flusswasserstraße* wird der Schifffahrtsbetrieb mit flussbaulichen Methoden realisiert und aufrechterhalten. Die Wassertiefe wird unter anderem durch den Einbau von Buhnen vergrößert. Die Wasserversorgung einer derartigen Wasserstraße ist weitgehend vom natürlichen Abflussdargebot abhängig, d. h. eine ausreichende Fahrwassertiefe für die Schifffahrt kann daher oft nicht ganzjährig gewährleistet werden.

Die Ufer einer Wasserstraße und die Gewässersohle müssen in der Regel gegen Wellenschlag unter anderem Auswirkungen des Fahrbetriebs, beispielsweise durch Deckwerke aus Steinschüttungen, geschützt werden (BAW 2004). Häfen oder andere Anlegestellen benötigen eine entsprechende Ufergestaltung und Infrastruktur, um das schnelle Be- und Entladen der Schiffe zu ermöglichen. Dies bedingt eine massive Gestaltung der betroffenen Uferbereiche, so dass dort jede strukturelle Veränderung des Gewässerbettes bzw. Kanalquerschnitts ausschlossen werden kann.

Weitere Veränderungen ergeben sich im Hinblick auf die Anbindung bzw. Einbeziehung der Nebengewässer. Während bei den künstlichen Wasserstraßen (Kanälen) Unterbrechungen des Gewässerverlaufs durch die Kanaltrasse berücksichtigt werden müssen, ist bei Flusswasserstraßen die Veränderung der Wasserspiegellagen durch die betriebsbedingte Abflusssteuerung von Bedeutung.

Die Anbindung der Nebengewässer muss in vielen Fällen technisch gestaltet werden. Dies bedeutet entweder eine Verlegung des Gewässerverlaufes oder, in besonders drastischen Fällen, dass das Wasser in den Kanal gepumpt werden muss. Damit sind die Nebengewässer vom Hauptgewässer vollständig abgetrennt.

Bedeutsam können aber auch die Auswirkungen eines Wasserstraßenausbaus auf das Grundwasser sein (u. a. Grundwasserspiegelhöhen und Strömungsrichtungen). Tieft sich beispielsweise die Sohle einer Wasserstraße ein, hat dies sowohl Auswirkungen auf die Grundwasserspiegelhöhen in der angrenzenden Aue als auch auf die Häufigkeit der Ausuferungen. Beides führt oft zu erheblichen Problemen bei der Umsetzung von Fließgewässer- und Auenrenaturierungen und erfordert kostspielige Gegenmaßnahmen.

Wasserkraftnutzung

Eine bedeutende Veränderung geht auch von Wasserkraftanlagen aus. Zu den beeinflussenden Faktoren zählen unter anderem der Bau der entsprechenden Anlagen im und am Gewässer (Stauanlagen, Kraftwerksanlagen, Hochwasserentlastungsanlagen usw.), der Bau der Nebenanlagen (z. B. Wasserfassung, Zu- und Ableitungskanäle) sowie die flussbaulichen Gestaltungen, wie sie zum Beispiel für die optimale Gestaltung der Anströmung der Anlage erforderlich sind.

Die Stauanlagen (s. Abb. 3.32) und ihre Nebenanlagen beeinflussen die Entwicklungsmöglichkeiten der Fließgewässer in vielerlei Form. Dazu gehört unter anderem die Unterbrechung – oder zumindest Beeinträchtigung – des Feststofftransportes, die Veränderung der Gewässerdynamik in den Stauräumen und die Beeinflussung der ökologischen Durchgängigkeit unter anderem für Wanderfische.

Abb. 3.32 Wasserkraftanlagen liefern umweltfreundlichen Strom. Wasserkraftanlagen schließen eine naturraumtypische eigendynamische Fließgewässerentwicklung weitgehend aus. Die baulichen Anlagen und der Betrieb der Wasserkraftanlagen sind ein signifikanter Eingriff in den Naturhaushalt der Fließgewässer. (Foto: E. Städtler)

Die nutzungsbedingten Wasserspiegelschwankungen in den Speicherbecken (z. B. in den Stauhaltungen einer Kraftwerkskette oder im Reservoir einer Hochdruckanlage) entsprechen in keinem Fall natürlichen Abflussschwankungen.

Weiterhin ist von Bedeutung, ob es sich um ein Ausleitungskraftwerk handelt, d. h. dem eigentlichen Fließgewässer für die Nutzung Wasser entnommen wird, um es über ein künstliches Seitengerinne (Kanal) dem Kraftwerk zuzuführen. Der wirtschaftliche Betrieb der Anlagen erfordert eine Versorgung mit Wasser, die häufig nicht mit dem natürlichen Abflussregime des Fließgewässers in Einklang gebracht werden kann. Der Zyklus des bedarfsorientierten Strommarktes folgt in den wenigsten Fällen den natürlichen Abflussschwankungen in einem Fließgewässer. Näheres zu Planung, Bau und Betrieb von Wasserkraftanlagen findet sich unter anderem bei Patt et al. (2021), Giesecke und Mosonyi (1997).

Abwasserableitung – Kanalnetze, Kläranlagen
Eine der Aufgaben der Siedlungswasserwirtschaft ist die Sammlung und Ableitung von Abwasser aus Siedlungsgebieten sowie deren Klärung in entsprechenden Anlagen. Die Einflüsse sind in der Hauptsache durch das anfallende Wasservolumen und die *Wasserqualität* bestimmt. Welche Wasservolumina aus einem Siedlungsgebiet quantitativ von einem Fließgewässer aufgenommen werden können, hängt vom aufnehmenden Fließgewässer ab. Sinngemäß gilt dies auch für die stoffliche Größenordnung der Einleitung. Auch hier hängt die Stofffracht, die qualitativ vom Gewässer aufgenommen werden kann, von seinem Abfluss in Verbindung mit der vorhandenen Wassergüte und der Qualität des behandelten Abwassers ab.

Bei der Wasserableitung aus Siedlungsgebieten ist zwischen dem Bereich der oberflächlich anfallenden Abflüsse und dem Abfluss in den Kanalnetzen zu unterscheiden. Beim *Oberflächenabfluss* hat insbesondere die *Versiegelung* von Straßen, Wegen und Plätzen und nicht zuletzt der Dachflächen von Gebäuden Auswirkungen auf wesentliche Parameter der Wasserhaushaltsgleichung (s. Abschn. 6.4). Bei einer *versiegelten Oberfläche* kann das Niederschlagswasser nicht versickern, die Verdunstungshöhe wird verändert und die Abflussbildung erfolgt wesentlich schneller, d. h. die Niederschläge werden rascher abgeführt. Dadurch wird die Abflusscharakteristik eines Fließgewässers verändert; insbesondere der Spitzenabfluss deutlich erhöht und die Fließzeiten erheblich verkürzt (s. Abb. 3.33). Dieser sogenannte *„hydraulische Stress"* führt dazu, dass Teile der besiedelten Gewässersohle in untypischer Weise gewässerabwärts verdriftet und gewässertypische Lebensgemeinschaften dauerhaft geschädigt werden.

Das in den Siedlungsgebieten anfallende Niederschlagswasser und das Schmutzwasser aus Haushalten und Industrie werden gesammelt und über die Kanalnetze abgeleitet. In der *Mischkanalisation* werden Schmutzwasser und Niederschlagswasser gemeinsam abgeführt. In der *Trennkanalisation* fließen beide Abwasserarten in getrennten Rohren ab.

Bei der *Mischkanalisation* ist nachteilig, dass das gering verschmutzte Niederschlagswasser gemeinsam mit dem Schmutzwasser aus Haushalten und Industrie abfließt. Das führt dazu, dass bei Trockenwetter nur relativ geringe Wassermengen in den großen, für

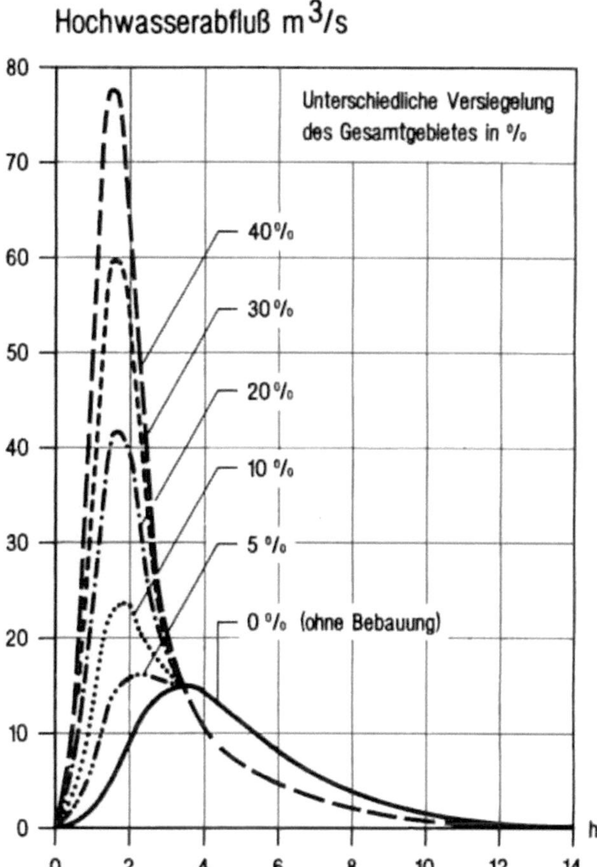

Abb. 3.33 Veränderungen der Abflussspitzen in Abhängigkeit von der Versiegelung (aus DWA-Merkblatt M 609-2 2018b, DWA-Merkblatt M 609-1 2021b)

den Niederschlagsabfluss dimensionierten Kanälen abfließen und in der Folge Ablagerungen nicht zu vermeiden sind.

Die im Zuge von Niederschlagsereignissen auftretenden großen Abflüsse sind daher zu Beginn der Niederschläge vielfach hoch belastet und können auch in der Regel nicht von den nachfolgenden Kläranlagen aufgenommen werden. Um zu verhindern, dass in diesem Fall die Abflüsse ungeklärt den Gewässern zufließen, gibt es in Mischkanalisationsnetzen eine Reihe von Speichermöglichkeiten zum Rückhalt von Wasservolumen (z. B. Regenrückhaltebecken, Regenüberlaufbecken), um dieses dann später den Kläranlagen zuführen zu können. Diese Becken sind entweder für einen totalen Rückhalt oder zumindest so ausgelegt, dass sie den Spülstoss auffangen und eine mechanische Behandlung des Abwassers bewirken. Sind die Rückhaltemöglichkeiten bei länger andauernden Zuflüssen erschöpft, wird das Wasser, dann allerdings von Feststoffen weitgehend frei und stark verdünnt, dennoch über Entlastungsbauwerke dem Vorfluter zugeführt (s. Abb. 3.34).

Abb. 3.34 Schmutzwasserüberlauf. Bei Hochwasser gelangt Abwasser über die Überlaufschwelle ungereinigt in das Fließgewässer (Foto: H. Patt)

Die *Trennkanalisation* hat kleinere Kanalquerschnitte für die Ableitung des Abwassers und größere Querschnitte zur Ableitung des Niederschlagswassers. Sollte es zu einer Überlastung im Bereich der Niederschlagsleitungen kommen, ist dies in der Regel vertretbar, da allenfalls die Entwässerung von Straßen und Plätzen vorübergehend nicht sichergestellt ist und diese dann kurzzeitig unter Wasser stehen können. Vielfach geht man inzwischen zum Schutz der Gewässer vor abgeschwemmtem Boden und Sand von den Straßen dazu über, auch das Niederschlagswasser des Regenwasserkanals der Trennkanalisation in Absetzbecken zu behandeln. Nachteilig bei der Trennkanalisation ist die Gefahr der Fehlanschlüsse, die nicht unterschätzt werden darf.

Kläranlagen sind heute nach dem Stand der Technik nicht nur mit einer mechanischen und einer biologischen Stufe zur Entfernung der sedimentierbaren Feststoffe und zum weitgehenden Abbau der organischen Kohlenstoffverbindungen ausgestattet. Sie verfügen auch über Stufen zur Elimination der Phosphor- und Stickstoffverbindungen, die in der Regel in die biologischen Anlagenteile integriert oder diesen nachgeschaltet sind.

Durch die Ausweitung der Klärtechnik vom Abbau der Kohlenstoffverbindungen auch auf die weitgehende Elimination der Nährstoffverbindungen haben sich die Reinigungsleistungen der Kläranlagen in den letzten Jahren ständig verbessert. Bei Großkläranlagen stellt die technisch nicht vermeidbare Restfracht aus solchen Einleitungen letztlich aber doch noch eine Belastung für die Fließgewässer dar. Bei kleineren Gewässern ist sogar festzustellen, dass die Belastungen aus diffusen Quellen die Gewässergüte signifikanter beeinflussen, als die Einleitungen aus funktionierenden Kläranlagen.

Der Ausbau der Kläranlagen und der Druck durch die ständig verschärften gesetzlichen Anforderungen haben im Laufe der Jahre und unter erheblichem finanziellen Aufwand der öffentlichen Hand und der Industrie hier eine deutliche Verbesserung der Wasserqualität gebracht.

Nach wie vor für die Gewässergüte problematisch sind die Niederschlagswassereinleitungen, denn noch lange nicht alle Kanalnetze entsprechen bezüglich der Niederschlagswasserbehandlung dem Stand der Technik. Problematisch können auch die Einleitungen chemischer, nicht in der Natur vorkommender und daher in der Regel auch nicht biologisch abbaubarer Stoffe (einschließlich von Medikamenten und deren Rückständen oder Metaboliten) und die diffusen Stoffeinträge aus unserer intensiv genutzten und dicht besiedelten Umwelt sein.

Land- und Forstwirtschaft

Es ist kein Zufall, dass Bach- und Flussauen aufgrund der günstigen Bodenfeuchte und Nährstoffversorgung schon sehr frühzeitig von der Landwirtschaft genutzt wurden, während die forstliche Nutzung vor allem in den letzten 50 Jahren oftmals erst dann wieder einsetzte, wenn die landwirtschaftliche Nutzung nicht mehr lohnte und schließlich teilweise oder ganz aufgegeben wurde.

Dräns und Entwässerungsgräben zeugen noch heute davon, wie insbesondere zwischen 1950 und 1970 große Flächen trockengelegt und auf diese Weise einer landwirtschaftlichen Nutzung zugeführt worden sind (s. Abb. 3.35). So verschwanden auch viele zusammenhängende Feuchtgebiete und damit naturschutzfachlich wertvolle Lebensräume.

Die Entwässerungskanäle erfordern heute einen großen Unterhaltungsaufwand, da diese wegen der geringen Fließgeschwindigkeiten zur Verlandung neigen. Die nährstoffreichen Böden und die nicht vorhandene Beschattung begünstigen den Aufwuchs von Wasserpflanzen, wodurch die Abflussleistung beeinträchtigt wird. Andererseits wird durch

Abb. 3.35 Dräns und Entwässerungsgräben sorgen für die Trockenlegung von Feuchtgebieten und sichern so die landwirtschaftliche Nutzung (Foto: P. Jürging)

Abb. 3.36 Landwirtschaftliche Nutzungen in den Gewässerauen (Foto: W. Schumacher)

die Unterhaltung der Entwässerungsgräben immer wieder in die Entwicklungsprozesse eingegriffen (s. Abschn. 3.2.8 und Abb. 3.36). Das Sammeln und rasche Abführen des Wassers aus den Entwässerungsgebieten kann zudem einen Anteil am raschen Aufbau von Hochwasserwellen haben.

In der heutigen Zeit werden viele landwirtschaftliche Betriebe aus wirtschaftlichen Gründen aufgegeben. Betroffen sind oft Flächen, auf denen eine landwirtschaftliche Produktion nur unter Einschränkungen möglich ist (z. B. bei einer regelmäßigen Überschwemmung der Flächen, bei Nutzungseinschränkungen durch behördliche Auflagen, wie Umbruchverbote, Wasserschutzgebiete u. a.) oder wo hohe Unterhaltungs- und Betriebskosten eine wirtschaftliche Produktion belasten.

Die frühere, durchweg extensive landwirtschaftliche Nutzung der Gewässerauen als Wiesen oder Weiden, wie sie vor allem in den Mittelgebirgen noch bis in die 1960er-Jahre üblich war und zum Teil auch heute noch in ost- und südosteuropäischen Ländern betrieben wird, kann im Hinblick auf die Belastung der Gewässer mit Nährstoffen in der Regel als umweltverträglich beurteilt werden (s. Abb. 3.37). Sie hat darüber hinaus ohne Zweifel auch wesentlich zur Förderung einer sekundären Biodiversität in den Auen beigetragen, denn bei dieser Form der Grünlandnutzung wurden weder Dünger noch Herbizide eingesetzt.

Dieser Zustand änderte sich grundlegend, als ab etwa im Jahr 1950 im Zuge von Flurbereinigungsverfahren und/oder im Zusammenhang mit Gewässerregulierungen und

Abb. 3.37 Die Extensivierung einer Gewässeraue leistet immer einen positiven Beitrag zum Gewässerschutz (Foto: W. Schumacher)

Hochwasserschutzmaßnahmen, sich nun zahlreiche Auen für eine intensive landwirtschaftliche Nutzung eigneten. Wiesen und Weiden wurden umgebrochen und als Ackerland genutzt. Das noch vorhandene Grünland wurde im Zuge der allgemeinen Intensivierung ab ca. 1960/70 ebenfalls gedüngt.

Für eine intensivere Nutzung weniger geeigneter Wiesen und Weiden wurden hingegen zunehmend aufgeforstet, in der Regel mit standortfremden Baumarten wie Fichten und Hybridpappeln, seltener mit bodenständigen Gehölzen wie Schwarzerle, Esche, Silber- und Knackweide.

Die Auswirkungen der intensivierten landwirtschaftlichen Nutzung ließen nicht lange auf sich warten. Aufgrund der Ackernutzung kam es nicht nur zu punktuellen und diffusen Einträgen von Düngemitteln und Bioziden, sondern auch regelmäßig zu Belastungen mit Feinsedimenten infolge von Starkregen und Überschwemmungen. Letzteres trifft bei der intensiven Grünlandnutzung im Auenbereich zwar nicht zu, doch sind auch hier – insbesondere bei steilem Gelände – Oberflächeneinträge von organischen und mineralischen Düngern festzustellen.

In Deutschland weisen ca. 17 Prozent der Messstellen des repräsentativen EUA-Grundwassermessnetzes (Messnetz für die Berichterstattung an die Europäische Umweltagentur) Nitratgehalte über dem Schwellenwert von 50 mg je Liter auf (s. Internetpräsentation des Umweltbundesamtes). Auch bei der Bewertung des Grundwasserzustands nach EU-Wasserrahmenrichtlinie/Grundwasserrichtlinie sind 27,1 Prozent der 1200 deutschen Grundwasserkörper wegen der Überschreitung des Schwellenwertes von 50 mg Nitrat je Liter in einem schlechten chemischen Zustand.

Bei den oben genannten Aufforstungen mit standortfremden Gehölzen in der Aue und am Gewässerrand ist die Situation weniger problematisch. Zwar wird auch hier die Biodiversität – insbesondere durch Nadelholzaufforstungen – deutlich reduziert, doch im Hinblick auf den abiotischen Ressourcenschutz sind die Auswirkungen auf das Gewässer deutlich geringer als bei intensiver Landwirtschaft, denn es gibt weder Nährstoff- noch Biozideinträge. Es darf allerdings nicht außer Acht gelassen werden, dass vor allem bei kleineren Fließgewässern die starke, ganzjährige Beschattung durch die Nadelhölzer und der Eintrag von Nadelstreu sich negativ auf die Gewässerbiozönose auswirken. Ferner kann es zur Erosion an den Uferböschungen kommen, wenn Erlen und andere bodenständige Gehölze nicht mehr vorhanden sind bzw. infolge der starken Beschattung absterben.

Hinsichtlich der Unterhaltung, Pflege und Entwicklung von Fließgewässern im Wald gibt es neuere Entwicklungen, die zeigen, dass eine Zusammenarbeit von Wasserwirtschaft und Forst sehr zu einem nachhaltigen Entwicklung der gewässernahen Flächen und Auenbereiche beitragen kann (DWA-Merkblatt M 628 – Unterhaltung, Pflege und Entwicklung von Fließgewässerunterhaltung im Wald 2022a).

Von besonderer Bedeutung ist auch die Belastung der Fließgewässer mit Pflanzenschutzmitteln, da damit der Grenzwert für die Trinkwassernutzung beeinflusst wird. In den vergangenen Jahren wurde diesbezüglich zwischen Wasserwirtschaft und Landwirtschaft sehr kontrovers diskutiert.

Nachteilig ist sicher auch, dass eine Reihe für den Gewässerschutz ausgesprochen wirksamer Maßnahmen derzeit noch nicht flächendeckend umgesetzt worden sind. Hierzu zählen insbesondere die Anlage von Uferstreifen (DWA-Merkblatt M 612 – Gewässerrandstreifen, Uferstreifen, Entwicklungskorridore – Hinweise zur Gestaltung, Beispiele 2020), die Nutzung erosionsmindernder Bodenbearbeitungstechniken, wie etwa der Mulch oder Direktsaat, sowie die Teilnahme an Extensivierungsprogrammen (s. Abb. 3.37).

Sport, Freizeit und Erholung

Freizeit- und Erholungsnutzungen sind in Fließgewässerauen weit verbreitet. Bäche, Flüsse und angrenzende Auen bieten attraktive Räume für viele Erholungsformen (s. Abb. 3.38a bis c). Während wassergebundene, sportlich motivierte Freizeit- und Erholungsaktivitäten überwiegend an mittleren bis großen Gewässern stattfinden, eignen sich viele kleine Fließgewässerauen mit ihrer landschaftlichen Kulisse eher für ruhige, landgebundene Erholungsformen wie das Spazierengehen oder Radfahren (s. DWA-Merkblatt M 603 – Freizeit und Erholung an Fließgewässern 2007 und DWA-Merkblatt M 618 – Erholung und Freizeitnutzung an Seen – Voraussetzungen, Planung und Gestaltung 2014).

Zur Ausübung bestimmter Aktivitäten sind sehr unterschiedliche Voraussetzungen im Hinblick auf die landschaftliche Ausstattung und die weitere Infrastruktur notwendig.

a

b

(Fortsetzung)

c

Abb. 3.38 Freizeit und Erholung an Fließgewässern. In den gewässernahen Bereichen treffen viele unterschiedliche Interessen aufeinander, die sorgfältig aufeinander abgestimmt werden müssen, **a** Die Fließgewässer sprechen viele Erholungssuchende an. Spaziergänger finden ebenso einen Platz …, **b** … wie die Anhänger von sportlicheren Aktivitäten, **c** Campingplätze in einer Gewässeraue. Viele Campingplätze haben sich über die Jahre hinweg zu Zweitwohnsitzen entwickelt, die auch in Hochwasserzeiten nicht geräumt werden. (Fotos: E. Städtler)

Während für das Spazierengehen oder Radfahren oftmals vorhandene land- oder forstwirtschaftliche Wege ausreichen, sind für viele andere Freizeitaktivitäten speziell dafür zu gestaltende Flächen bzw. Infrastruktureinrichtungen notwendig. Dies gilt zum Beispiel für Sportplätze, Zelt- und Campingplätze, Badegewässer in der Aue oder Fließgewässerstrecken, die für das Kanuwandern vorgesehen sind (s. Abb. 3.38c). Hierbei spielen natürlich auch hygienische Fragestellungen eine bedeutende Rolle (s. DWA-Merkblatt M 624 – Risiken an Badestellen und Freizeitgewässern aus gewässerhygienischer Sicht 2016)

Abgrabungsgewässer – Kiesabbau in Fließgewässern und Auen

Der Geschiebetransport setzt bei Hochwasserabflüssen ein und führt bei reduzierten Abflüssen zu entsprechenden Ablagerungen im Gewässerbett. Sofern diese Kiesablagerungen in wirtschaftlich verwertbaren Korngrößen sind, können diese zu Niedrigwasserzeiten dem Fließgewässer entnommen werden und, ggf. nach einer Aufbereitung, als Rohstoffe in der Bauindustrie Verwendung finden.

Abb. 3.39 Nassabbau von Kies in der Gewässeraue (Foto: P. Jürging)

In Deutschland ist die Entnahme von Geschiebe aus Flüssen praktisch kein Thema mehr. Gelegentlich wird noch aus Wildbächen bei Geschiebefängen und aus Flussdeltas Kies entnommen. In anderen Ländern können derartige Entnahmen bemerkenswerte Größenordnungen erreichen, zum Beispiel in der Schweiz u. a. aus dem Rhein bei Chur, aus Reuss- und Rhonedelta (Schweizerische Geotechnische Kommission 1997).

Wesentlich bedeutsamer ist dagegen der Nassabbau von quartären Sanden und Kiesen in unseren Auen (s. Abb. 3.39). Vor allem in den großen Tallandschaften von Strömen und Flüssen prägt, als Hinterlassenschaft der Sand- und Kiesgewinnung, oft eine Vielzahl an Grundwasseraufschlüssen das Landschaftsbild. Dabei entstanden entsprechend den technischen Möglichkeiten und der Mächtigkeit der abbauwürdigen Lagerstätten unterschiedlich große und unterschiedlich tiefe Nassbaggerungen. In früheren Zeiten waren dies nur relativ kleine und flache Baggerweiher im Grundwasserwechselbereich, aber mit Hilfe sich ständig verbessernder Abbaugeräte wurde es möglich, größere und tiefere Kiesseen (z. B. am Oberrhein bis zu 80 m Tiefe) zu erstellen.

Da die Bauwirtschaft einen ständigen, im Laufe der Zeit kontinuierlich steigenden Bedarf an Sanden und Kiesen hatte, wurden immer wieder neue Abbaustellen, auch in Auen, eingerichtet. In den Flusslandschaften verblieb so eine wachsende Zahl von Grundwasseraufschlüssen mit zwangsläufig unterschiedlichem Alter und damit auch mit unterschiedlichen Entwicklungsstadien. Speziell in einigen älteren und flachen Nassabgrabungen konnten sich im Laufe der Zeit sehr schützenswerte Pflanzen- und Tiergemeinschaften entwickeln, zum Teil mit Arten, die früher in Auen und Flachmooren häufig waren, heute aber in den sogenannten „*Roten Listen*“ stehen.

Auch während des Abbaus und in sehr jungen Sukzessionsstadien können Abgrabungsbereiche vor allem für Pionierarten aus der Pflanzen- und Tierwelt kurzzeitig Ersatzlebensräume bieten. So werden zum Beispiel schütter bewachsene Rohbodenflächen mit eingebetteten Klein- und Kleinstgewässern von Arten wie Gelbbauchunke, Kreuzkröte, Flussregenpfeifer oder verschiedenen auentypischen Libellen- und Laufkäferarten besiedelt. In frisch entstandenen (Ufer-) Steilwänden nisten zudem zahlreiche Wildbienenarten, oder sie werden für die Anlage von Brutröhren der Uferschwalbe, des Eisvogels oder des Bienenfressers genutzt.

Von diesen Ausnahmen abgesehen, können aber die allermeisten Nassbaggerungen in den Auen aufgrund ihrer Tiefe, Lage, Form und Ausdehnung nicht die Funktionen von Altgewässern übernehmen (Schackers 2000).
Viele größere Kiesseen, insbesondere in der Nähe von Ballungsgebieten, werden neben Anglern sehr gerne von Erholungssuchenden aufgesucht. Zum Teil wurden auch mit Hilfe von Baggerseen in den Auen großzügige Erholungsgebiete geschaffen.

3.2.4 Ökosystemleistungen (Ecosystem services)

Stephan von Keitz, Dietmar Mehl und Alexandra Dehnhardt

Sauberes Wasser oder die Erholungsfunktionen naturnaher Gewässer werden von Menschen selbstverständlich in Anspruch genommen. Gewässer sind wertvolle Ressourcen, die nicht nur für das Leben und die Gesundheit, sondern auch für zahlreiche Wirtschaftszweige wie zum Beispiel Landwirtschaft, Transport und Energieerzeugung unverzichtbar sind. Dass Natur einen Wert hat, ist seit den 1980er-Jahren gesellschaftlich unstrittig. Weit weniger bewusst ist es in der öffentlichen Wahrnehmung, dass sie in erheblichem Maß auch Nutzen generiert. Dabei sind die für den Menschen und die Gesellschaft vorteilhaften Leistungen der Natur fundamental und auch nach ökonomischen Maßstäben enorm.

Nach den Ergebnissen der *„The Economics of Ecosystems & Biodiversity (TEEB)-Studie“* (TEEB 2010), die weltweit für über 700 Einzelprojekte den Wert der biologischen Vielfalt geschätzt hat, stehen dem hohen ökonomischen Wert vergleichsweise geringe Aufwendungen für deren Erhalt gegenüber. So liefern die 100.000 Schutzgebiete weltweit Ökosystemleistungen im Wert von 3 Billionen Euro pro Jahr – ihr Erhalt kostet aber nur 30 Milliarden Euro pro Jahr. Neben dem wirtschaftlichen Nutzen wurden dabei auch die Kosten des Biodiversitätsverlustes quantifiziert. Andererseits sind auch Wertminderungen zu berücksichtigen, die Zielkonflikte, sogenannte *„trade-offs“*, widerspiegeln. So steigert einerseits der Anbau nachwachsender Rohstoffe die bioenergetische Nutzung und somit die Wertschöpfung durch die Landwirtschaft. Andererseits tragen die damit verbundenen nachteiligen Effekte wie Bodenerosion und Minderung der Biodiversität dazu bei, das Naturkapital zu schmälern. Ziel der Analyse und Bewertung von Ökosystemleistungen ist es insbesondere, den Wert der Leistungen der Natur zu verdeutlichen, die wirtschaftlichen bzw. ökonomischen Auswirkungen der Schädigung von Ökosystemen zu erfassen und ausgehend davon auch die Kosten des Nichthandelns zu verdeutlichen.

Ökosystemleistungen sind als direkte und indirekte Beiträge von Ökosystemen zum menschlichen Wohlergehen definiert; sie stehen für den Nutzen, den der einzelne Mensch, eine Gruppe von Menschen oder die Gesellschaft aus entsprechenden Prozessen und Funktionen zieht (Wüstemann et al. 2014).

Als anthropozentrisches Konzept können Ökosystemleistungen sowohl als Werte im Sinne der Bedeutung und Wichtigkeit der Natur betrachtet werden, als auch in vielen Fällen in Geldeinheiten ausgedrückt werden. Ein ökonomischer Wert spiegelt immer die Nachfrage nach Ökosystemleistungen wider (Naturkapital Deutschland – TEEB DE 2016a), da diese eine Voraussetzung für die Erzielung eines Nutzens darstellt. Die Nachfrage kann dabei aus dem tatsächlichen Konsum oder der tatsächlichen Nutzung eines Gutes oder einer Leistung bestehen, oder aber drückt sich in einer Wertschätzung für Umweltgüter oder -leistungen aus, beispielsweise um diese für künftige Generationen zu erhalten, ohne sie aber selber unmittelbar zu nutzen (Wolff et al. 2015).

Das Konzept der Ökosystemleistungen ist in der aktuellen Diskussion vom Blickwinkel der Umweltökonomie (mit)geprägt, steht aber im Hinblick auf die Analyse von landschaftlichen Funktionen und Prozessen sowie im Hinblick auf einen gesamtgesellschaftlichen Nutzen auch in einer Reihe mit älteren, geografisch und landschaftsökologisch ausgerichteten Arbeiten in Deutschland. Für diese „Naturraum- und Landschaftsforschung“ stehen vor allem und exemplarisch:

- Begründung des Begriffs „gebietswirtschaftliches Potenzial” (Neef 1966)
- Verdeutlichung der Nebenwirkungen der gesellschaftlichen Tätigkeiten im Naturraum (Neef 1976)
- Begriff der „Funktionsleistungsgrade von Landschaftselementen” (Niemann 1977)
- Ableitung und Kennzeichnung von Naturraumpotenzialen (Haase 1978; Mannsfeld 1978)
- Untersetzung in partielle Naturraumpotenziale: Biotisches Ertragspotenzial, Wasserpotenzial, Entsorgungspotenzial, Biotisches Regulationspotenzial, Geoenergetisches Potenzial, Bebauungspotenzial, Rekreationspotenzial (Haase 1978)
- Suche nach Möglichkeiten der Leistungssteigerung und Potenzialerhöhung von Geosystemen und der optimalen Nutzung natürlicher Prozessabläufe für bestimmte gesellschaftliche Nutzungsziele (Neumeister 1978)
- Möglichkeiten der Messung der „Leistung“ des Geosystems im Sinne physisch-geografischer Prozessforschung (Neumeister 1979)
- Systematik der Naturraumerkundung und Methoden zur Begründung von Landnutzungsgrundlagen (Kopp et al. 1982; Haase et al. 1991)
- Begriff der „Umweltfunktionen” im Umweltgutachten des Sachverständigenrates für Umweltfragen (SRU 1987)
- Defintion des Begriffes „Landschaftsökosystem” mit den Kompartimenten Geo- und Biosystem (Leser 1991)

- Möglichkeiten einer Bewertung des Leistungsvermögens des Landschaftshaushaltes mit entsprechenden Funktionen und Potenzialen (Analyse- und Bewertungsanleitung des Zentralausschusses für deutsche Landeskunde; s. Marks et al. 1992)
- Begriff der „Landschaftsfunktionen" als „derzeitige und potenzielle Leistungsfähigkeit der Landschaft zur nachhaltigen Erfüllung menschlicher Ansprüche an den Naturhaushalt und an das Landschaftserleben" (von Haaren 2004).

Es ist daher auch zielführend, vor allem bei den Methoden zur Bestimmung der Ökosystemleistungen auf geeignete Naturraumpotenziale, Elemente des Landschaftshaushalts bzw. Landschaftsfunktionen mit hoher arealer Bindung im Sinne einer „Gebrauchseigenschaft der Landschaft" (Hartsch und Sandner 1991) zu setzen. Bei den Ökosystemleistungen unterschied man bislang neben bzw. aufbauend auf den Basisleistungen drei Typen (Wüstemann et al. 2014):

- Versorgungsleistungen, z. B. Bereitstellung von Gütern wie Trink- und Brauchwasser, Nahrung, Rohstoffe,
- regulative Leistungen, z. B. Selbstreinigung, Abführung von Hochwasser (Minderung von Naturgefahren/Hochwasserschutz), Klimaregulation und
- kulturelle Leistungen im Sinne von Landschaftsbild, Spiritualität und Inspiration, Erholungs- sowie Bildungsmöglichkeiten.

Nach der Definition der *„Common International Classification of Ecosystem Services* – CICES", basierend auf dem *„System of Environmental Economic Accounting* – SEEA", sind zum Beispiel Wasserkraft und Schifffahrt keine Bestandteile der Ökosystemleistungen. In der Logik der EG-Wasserrahmenrichtlinie (EG-WRRL) sind sie als Belastungen *(„pressures")* eingestuft, die den guten Zustand gefährden, hauptsächlich aufgrund ihrer Auswirkungen auf die Gewässerstrukturen.

In vielen Darstellungen über Ökosystemleistungen tauchen Wasserkraft und Schifffahrt jedoch auf (s. Abb. 3.40). Mittlerweile werden in Europa als weitere Gruppe auch sogenannte „abiotische Leistungen" hinzugezogen.

Einen aktuellen Leitfaden der Europäischen Kommission zur Bewertung von Ökosystemleistungen in EU-Life-Vorhaben findet sich unter: *„Assessing ecosystems and their services in LIFE projects. A guide for beneficiaries"*.

(https://ec.europa.eu/easme/sites/easme-site/files/life_ecosystem_services_guidance.pdf).

Hierzu lassen sich Wasserkraft und Schifffahrt systematisch gut zuordnen, was letztlich für eine Ausgewogenheit der Nutzenbetrachtungen von Vorteil ist. Eine Einbeziehung der „wohlfahrts-/nutzenbezogenen" Nutzungen von abiotischem Naturkapital, beispielsweise nicht biologisch produzierte regenerative Energie, wurde auch bereits bei Staub et al. (2011) für die Schweiz vorgeschlagen.

Das zugrundeliegende ökonomische Wertkonzept des Ökosystemleistungen-Ansatzes wird anschaulich bei Dehnhardt et al. (2016) beschrieben. Ökonomische Werte werden

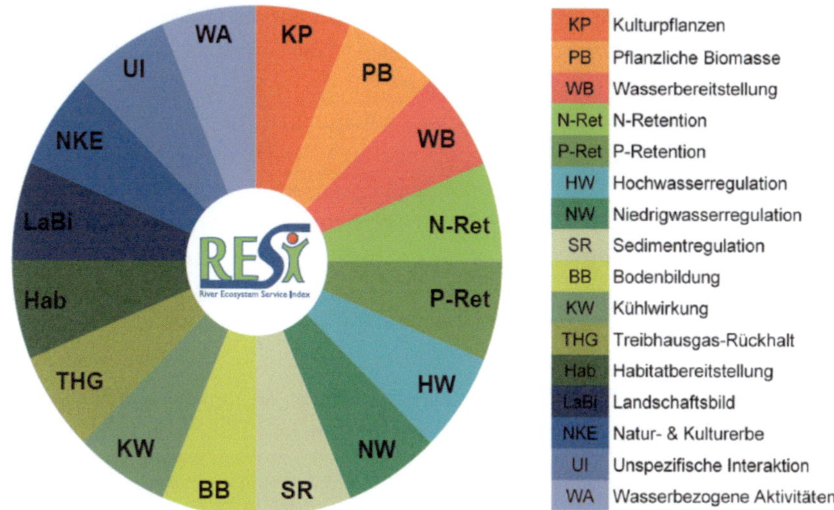

Abb. 3.40 Mit dem RESI-Index (Stand 09/2018) bewertbare Ökosystemleistungen; (Grafik aus Podschun et al. 2018a)

danach in Form individueller Präferenzen ausgedrückt. Die Wertschätzung für die Verbesserung eines Umweltzustands drücken Individuen über ihre (maximale) Zahlungsbereitschaft (oder aber ihre (minimale) Entschädigungsforderung für die Verschlechterung eines Umweltzustands) aus.

Mit diesen Maßstäben wird der monetäre Wert von Umweltveränderungen gemessen. „Eines der normativen Prinzipien, die diesem ökonomischen Wertkonzept zugrunde liegen, ist damit die Orientierung an individuellen Präferenzen und die Annahme, dass diese – und nicht nur Expertenwissen – als ein Maßstab zur Beurteilung der Vorteilhaftigkeit einer Maßnahme herangezogen werden können“ (Dehnhardt et al. 2016).

Insofern finden nicht nur materielle Werte Berücksichtigung, sondern alle Werte, die zum menschlichen Wohlergehen beitragen. Hierfür steht der Betriff des *„ökonomischen Gesamtwertes“*, der nutzungsabhängige und nicht-nutzungsabhängige Werte zusammenfasst. Nutzungsabhängige Werte sind dabei entweder direkt (z. B. Versorgungsleistungen oder kulturelle Leistungen) oder indirekt (z. B. Regulationsleistungen) mit der Nutzung eines Umweltgutes verbunden. Nicht-nutzungsunabhängige Werte können in Form von Existenz-, Options oder Vermächtniswerten auftreten. Insgesamt erfasst der ökonomische Ansatz marktfähige und auch nicht marktfähige Güter – Hauptsache sie dienen dem menschlichen Wohlergehen.

Wesentlicher Ausgangspunkt für die Operationalisierung des Ökosystemleistungen-Konzepts ist die Wirkungskaskade von natürlichen Strukturen und Prozessen, ökologischen Funktionen, Ökosystemleistungen und menschlichem Wohlbefinden bzw. Nutzen (de Groot et al. 2010). Generelles Ziel ist die Integration der gesellschaftlichen und ökonomischen Auswirkungen in die Entscheidungsprozesse. So kann zum Beispiel der

Effekt von Fluss- und Auenrenaturierungsmaßnahmen auf die Ökosystemleistungen sowohl im Vorfeld bzw. konzeptionell, als auch nach Maßnahmenumsetzung bewertet werden (Mehl et al. 2018; Podschun et al. 2018a,b).

Hauptzweck der Einbeziehung des Ökosystemleistungen-Ansatzes bildet mithin „eine nützliche Erweiterung der Entscheidungsgrundlagen" (Albert et al. 2022a,b) für eine nachhaltige Nutzung von Fluss und Aue. „Eine konsequente Anwendung […] des Konzepts der Ökosystemleistungen kann den „Mehrwert" der hydromorphologischen und ökologischen Zustandsverbesserung der Gewässer im Sinne gesteigerter Ökosystemleistungen sichtbar machen". Damit bietet eine Anwendung des Ökosystemleistungsansatzes auch eine zielführende Möglichkeit,

- Anforderungen der EG-WRRL im Hinblick auf das Verbesserungsgebot sowie das Nutzungspotenzial der Gewässer begründeter in Einklang bringen zu können (vgl. einleitender Grund Nr. 23 der EG-.WRRL),
- Kosten der Wassernutzung einschließlich umwelt- und ressourcenbezogener Kosten den Beeinträchtigungen oder Schädigungen der aquatischen Umwelt entsprechend dem Verursacherprinzip besser gegenüber stellen zu können (vgl. einleitender Grund Nr. 38 der EG-WRRL),
- eine belastbare und kommunizierbare Grundlage zu schaffen, um eine Beteiligung der breiten Öffentlichkeit im Entscheidungsprozess um erforderliche und künftige Maßnahmen zu ermöglichen (vgl. einleitender Grund Nr. 46 der EG-WRRL) sowie insbesondere
- in Ergänzung der bisherigen Grundlagen erweiterte Daten und Informationen bereitzustellen, um die gesellschaftliche Abwägung zwischen der gebotenen ökologischen Verbesserung und den nutzbringenden Zielen, denen die künstlichen oder veränderten Merkmale eines Wasserkörpers dienen, sowie der Frage der Verhältnismäßigkeit von Kosten in bessere Übereinstimmung bringen zu können (Artikel 4 EG-WRRL).

Vor allem würde eine weitere Grundlage für Kosten-Nutzen-Abwägungen und für den Vergleich von Planungsvarianten zur Verfügung stehen. Zugleich bestände eine gute Chance, den überragenden gesellschaftlichen Nutzen von Gewässer- und Auenschutz im gesellschaftlichen und politischen Raum noch anschaulicher zu kommunizieren (Mehl 2018). Der konzeptionelle Ansatz einer „*In-Wert-Setzung*" der Natur ist jedoch noch immer vergleichsweise jung. Unter Wissenschaftlern und Wissenschaftlerinnen gibt es verschiedene Konzepte, welche Nutzungen dabei mit einzubeziehen sind. Hier sollten Aspekte der Praktikabilität und der Ausgewogenheit im Blickpunkt stehen.

Die intensive Nutzung der Gewässerlandschaften zur Schifffahrt, Energiegewinnung, Land- und Forstwirtschaft oder Siedlungsraum hat zu erheblichen Veränderungen der Auenbiozönosen und des Naturhaushaltes geführt. Den großen Strömen in Deutschland stehen bei Hochwasser heute noch ca. 10 bis 30 Prozent der ursprünglichen Überschwemmungsflächen für eine Überflutung zur Verfügung (Brunotte et al. 2009; Ehlert und Neukirchen 2012; Scholz et al. 2012). Deshalb werden die meisten naturnahen

Lebensraumtypen in Auen und eine Vielzahl von Tier- und Pflanzenarten einem hohen Gefährdungsstatus zugeordnet (z. B. Riecken et al. 2010; Haupt et al. 2009; Ellwanger et al. 2012). Naturnahe Flusssysteme hingegen gehören zu den artenreichsten Ökosystemen Mitteleuropas und sind Biodiversitäts-Zentren (Robinson et al. 2002; Hughes et al. 2005; Scholz et al. 2005; Gerritsen et al. 2006; Scholz et al. 2012)..

Die naturschutzfachliche Bedeutung von Flussauen-Ökosystemen spiegelt sich auch in den hier vorkommenden Arten- und Lebensraumtypen wider, die in den Anhängen I und II der FFH-Richtlinie aufgeführt sind und ihren Verbreitungsschwerpunkt in Gewässer-Auenökosystemen haben. Sie dienten zur Auswahl des europäischen ökologischen Netzes *Natura*-2000, und viele Flussauen in Deutschland wurden deshalb unter diesen europäischen Schutzstatus gestellt. Häufig sind die Fließgewässer und ihre Auen selbst direkter Bestandteil der FFH- und Vogelschutzgebiete und heben als Indikator für die biologische Vielfalt gemäß den Nachhaltigkeitskriterien der Biodiversitäts-Strategie (BMU 2010) die naturschutzfachliche Bedeutung und den gesellschaftlichen Wert von Flussauenabschnitten hervor. Auf die notwendige hydrologische Konnektivität zwischen Gewässer und Aue weisen zum Beispiel auch Tockner et al. (1999) hin.

Diese Konnektivität hat unter anderem hohen Einfluss auf standörtlichen Verhältnisse (Barett et al. 2010) sowie die Nahrungsketten und somit auf die trophische Stellung der Arten, zum Beispiel für die Fischfauna (Roach et al. 2009). Fließgewässer und ihre angrenzenden Auen (Feuchtgebiete) stehen naturgemäß in enger Wechselwirkung miteinander. Auen und Fließgewässer sind als Bestandteile eines räumlich und funktional untrennbaren Ökosystems anzusehen (Ward 1989; Mehl 1998; Mehl & Thiele 1998; Scholz et al. 2012; Dehnhardt et al. 2015; Dister et al. 2018; Schneider et al. 2018). Gerade eine Wiederherstellung der natürlichen Abflussdynamik bzw. -variabilität in anthropogen veränderten Gewässersystemen bildet eine essentielle Grundlage für die natürliche Gewässer- und Auenlebewelt (Merot et al. 2006). Deutschlands Flussauen halten Schadstoffe und Nährstoffe in großem Stil zurück, allein jährlich 42.000 Tonnen aus der Landwirtschaft (Scholz et al. 2012; Mehl et al. 2013). Die Auen könnten jedoch noch viel mehr filtern, wenn wir sie ließen. Doch intensive Landwirtschaft und Siedlungsbau reduzierten die natürlichen Überflutungsflächen der Flüsse.

Aufgrund des hohen Belastungsdruckes ist der Gewässerschutz in Deutschland schon seit längerer Zeit ein Kernbereich der Umweltpolitik. Wesentliche weitergehende Regelungen enthält insbesondere die EG-WRRL (s. Abschn. 4.3). Die besondere Bedeutung der Flussauen für die Gewässer wird auch im EG-WRRL-Hintergrundpapier WFD CIS Guidance No 12 (2003) betont.

Auf den ersten Blick spielen Ökosystemleistungen in der Richtlinie keine zentrale Rolle, zumal die Thematik beim Inkrafttreten der EG-WRRL im Jahr 2000 noch nicht den heutigen Stellenwert erlangt hatte. Hauptziel der Richtlinie ist ein „guter Zustand", der im Wesentlichen durch biozönotische und chemische Bewertung des Gewässers selbst bestimmt wird. Dabei sind bei der Teilkomponente des ökologischen Zustandes bzw. Potenzials der zu bewertenden Wasserkörper (als Bewirtschaftungseinheiten der Gewässerökosysteme) biologische Indikatoren ausschlaggebend.

Die Ergebnisse der Bestandsaufnahme verdeutlichen, dass sich rd. 80 Prozent aller Oberflächengewässer in Deutschland in einem schlechteren als dem gesetzlich definierten „guten Zustand“ befinden. Auch EU-weit ist zu erwarten, dass 2021 mehr als 50 Prozent der Oberflächengewässer keinen guten ökologischen Zustand aufweisen werden. Diese Zahlen liefern einen Vorgeschmack darauf, dass die tatsächlichen Ergebnisse den Erwartungen der Wasserrahmenrichtlinie, bis 2027 in allen Gewässern einen guten Zustand zu erreichen, nicht gerecht werden.

Als Gründe für die unzulängliche Zielerreichung werden insbesondere die fehlenden finanziellen Ressourcen für zielgerichtete Maßnahmen genannt. Dauerhafte Zielabsenkungen können nach Art. 4.5 EG-WRRL damit begründet werden, dass die Maßnahmen, die notwendig wären, einen guten Gewässerzustand zu erreichen, unverhältnismäßig teuer sind – unverhältnismäßig im Vergleich zu dem Nutzen der durch die Maßnahmen geschaffen wird.

Die Option einer ökonomischen Betrachtung gesellschaftlicher Vor- und Nachteile einer Zielerreichung wurde bislang noch nicht vertieft betrachtet, unter anderem weil hierzu die erforderlichen Daten fehlen (EU-Kommission 2013).

Gerade die Betrachtung der Ökosystemleistungen könnte jedoch die Anstrengungen zur Wiederherstellung eines guten Gewässerzustandes besser legitimieren. Wenn Politik und Bevölkerung nachvollziehen können, dass sich die Investitionen für sie „lohnen“, wäre die Akzeptanz, ausreichend Mittel bereitzustellen, vermutlich größer. Dafür müsste die Umweltverwaltung ihre Ziele jedoch in einen größeren Kontext stellen und um Aspekte wie kulturelle Leistungen oder Erholungsfunktionen erweitern, was bisher nicht erfolgt. Dies ist insofern bedauerlich, als die bisherige, sektorale Betrachtung von Gewässern die zahlreichen, ergänzenden Vorteile für den Menschen nicht ausreichend berücksichtigen (Tockner und Stanford 2002; Trepel 2009; Posthumus et al. 2010; Staub und Ott 2011; Scholz et al. 2012; Mehl et al. 2013).

Gerade vor dem Hintergrund der gesetzlichen Anforderung zur Entwicklung naturnaher, ökologisch funktionsfähiger Gewässer gewinnen Ökosystemleistungen in der gesellschaftlichen Wahrnehmung zunehmend an Bedeutung. Wesentliche ökologische Prozesse in Auen werden vor allem durch den Wechsel von Überflutung und Trockenheit bestimmt. Gewässerausbau, Entwässerung und Deichbau haben zu einem beschleunigten Wasserabfluss aus der Fläche geführt und die Wahrscheinlichkeit von Extremereignissen – Trockenheit und Hochwasser – verstärkt.

Diese Entwicklung wird sich im Zuge des Klimawandels verstärken und weit reichende Auswirkungen auch auf die Ökosystemleistungen haben (s. auch TEEB 2012a,b). Im TEEB DE-Bericht *„Naturkapital und Klimapolitik – Synergien und Konflikte“* (Naturkapital Deutschland – TEEB DE 2015) wurden die Ökosystemleistungen der Fließgewässer und Auen insbesondere im Kontext des Rückhalts von Treibhausgasen durch die Auen und die Leistung der Auen für den vorsorgenden Hochwasserschutz ausführlich behandelt. Im TEEB DE-Bericht *„Ländliche Räume“* (Naturkapital Deutschland – TEEB DE 2016a), werden beispielhaft die Ökosystemleistungen im Zusammenhang mit der

Grund- und Trinkwassernutzung, Nährstoffretention, dem Erholungswert und der biologischen Vielfalt von Fließgewässern näher beleuchtet.

Fließgewässer und Auen spielen auch eine wichtige Rolle im Wasser- und Stoffkreislauf. Durch ihre Befähigung zur Selbstreinigung fungieren naturnahe Fließgewässer gleichsam als „Nieren“ der Landschaft. Derzeit befinden sich weniger als 20 Prozent der deutschen Flüsse in einem guten Zustand (EU-Kommission 2012). Hauptursache hierfür sind bauliche Veränderungen, wie die Begradigung oder Kanalisierung der Gewässer, aber auch Einträge von Dünge- und Pflanzenschutzmitteln aus der Landwirtschaft.

Die Gewässerqualität hat unmittelbare Auswirkungen auf den ökologischen Zustand. Doch inwiefern hat ein guter ökologischer Zustand auch mittel- oder unmittelbare Vorteile für den Menschen? Fluss- und Grundwasser aus Sedimentschichten von Flussauen sind die wichtigsten Trinkwasserquellen weltweit (Pusch et al. 1998).

Ballungsgebiete wie Berlin, München und Düsseldorf beziehen ihr Trinkwasser größtenteils aus Uferfiltration. Rund 30 Prozent des Trinkwassers in Deutschland hängen direkt von Oberflächengewässern ab. Seine Qualität ist nicht nur das Ergebnis technischer Aufbereitung, sondern primär das der Filterleistung durch die Natur. Binnengewässer, aus denen Trinkwasser bezogen wird, sind auch Lebensräume. Die darin lebenden Arten ernähren sich von den Inhaltsstoffen des Wassers und tragen dazu bei, dieses rein zu halten. Das Artenspektrum aquatischer Ökosysteme, von den Mikroorganismen bis zu den Räubern am Ende der Nahrungskette, wirkt dabei als riesiger Filter, der Wasser für den Menschen verfügbar macht. Diese Leistungen sind gesamtwirtschaftlich betrachtet enorm, doch bisher wenig beachtet.

Unter Selbstreinigung wird in diesem Zusammenhang der Gesamtprozess in einem Fließgewässer verstanden, der zu einer Verringerung organischer Belastung (überwiegend Abwasserlast) führt. Hier kann man folgende Teilprozesse unterscheiden (Uhlmann 1988):

- Verdünnung und/oder Vergleichmäßigung
- Chemische und physikochemische Mechanismen (Flockung, Fällung, Neutralisation, Absorption usw.)
- Biochemischer Abbau bzw. Einbau von relevanten Inhaltstoffen in Biomasse

Besonders bedeutsam ist zudem der Rückhalt der Pflanzennährstoffe Phosphor und Stickstoff in den Gewässern und vor allem den Auen. Allerdings befinden sich nur noch zehn Prozent der Auen in einem naturnahen Zustand. Durch Renaturierung von Teilen könnten die vielfältigen Ökosystemleistungen wiederhergestellt – und zusätzliche Nährstofffrachten zurückgehalten werden. Dies würde enorme gesellschaftliche Kosten einsparen. Im Fluss werden vorrangig Stickstoff und Phosphor zum Aufbau von Biomasse genutzt. Dabei metabolisieren Mikroorganismen, insbesondere Bakterien, Algen und Pilze die im Wasser enthaltenen Nährstoffe zu organischer Masse und bilden damit die Nahrungsgrundlage höherer Organismen, meist Insekten und Krebstiere. Diese „grasen“ den Biofilm ab und dienen wiederum anderen Insekten und Fischen als Nahrungsgrundlage. Auf diese Weise werden die Nährstoffe Schritt für Schritt in die höheren Ebenen der Nahrungskette gereicht (Tillich 2013).

Die Auen tragen zur Reinhaltung der Flüsse einerseits dazu bei, bei Überflutungsereignissen große Mengen der mitgeführten Stoffe abzulagern. Hierfür muss allerdings die Möglichkeit einer Überflutung gegeben sein. Darüber hinaus wirkt ein vielfältiger Uferbewuchs als Pufferzone für Stoffeinträge aus angrenzenden Agrarnutzungen. Nach Dosskey (2001) besteht bei kleineren Gewässern ein effektiver Pufferbewuchs aus einem breiten Grassaum, der zum Gewässer abfließendes Wasser an der Oberfläche abfängt, sowie dichte Büsche und Bäume, die den Boden befestigen und Nähr- und Schadstoffe zurückhalten, bevor sie sich mit dem Wasser im Flussbett vermischen. Besonders effektive Nährstoffzersetzer sind naturnahe Auen mit Mooren und Feuchtwiesen und Wäldern (z. B. Verhoeven et al. 2006). Gründe dafür sind die geringe Fließgeschwindigkeit durch die Rauigkeit des Bewuchses (somit höhere Sedimentation) und die geringe Sauerstoffzufuhr in überfluteten oder vernässten Böden. Unter Luftabschluss finden so die Abbauprozesse von Stickstoff (Denitrifikation) wesentlich besser statt als unter aeroben Bedingungen (Pusch et al. 1998). Das erklärt auch, warum ein Fluss wie die Peene mit ihren in weiten Strecken feuchten und durch Moorböden geprägten Auen eine wesentlich höhere Nitratreduktion aufweist als andere Flüsse mit vergleichbaren Auenflächen.

Während sich die negativen Folgen für den Hochwasserschutz infolge fehlender Auen bei Überschwemmungsereignissen wie dem Elbhochwasser im Jahr 2002 leicht beziffern lassen (hier entstand ein finanzieller Schaden von neun Milliarden Euro; 21 Menschen starben), sind die ökonomischen Auswirkungen menschlich überprägter Flussökosysteme auf die Gewässergüte weniger leicht zu quantifizieren. Welche wichtige Rolle die Auen bei der Reinhaltung des Wassers – auch ökonomisch – spielen, zeigt eine im Auftrag des Bundesamts für Naturschutz durchgeführte Studie des Helmholtz-Zentrums für Umweltforschung und des Instituts biota mit dem Titel „*Ökosystemfunktionen von Flussauen*" (Scholz et al. 2012; Schulz-Zunkel et al. 2012; Born et al. 2012) (s. Abb. 3.39).

Bei Überflutung der Auenbereiche lagern Flussauen bis zu 30 Prozent der im Fluss transportierten Nährstoffe ein. Im Schnitt halten die Fluss-Auen-Ökosysteme bis zu 14 Prozent der Stickstoff-Last (durch Denitrifikation) und ca. 11 Prozent Phosphor (durch Sedimentation) zurück. In Deutschland sind das für die großen Flüsse jährlich bis zu 42.000 Tonnen Stickstoff und über 1200 Tonnen Phosphor. Werden ereignisbezogene Eingangsdaten für den Phosphorrückhalt verwendet, kann die Retentionsleistung sogar bei 48 Prozent der Gesamtfracht am Beispiel der Elbe liegen (Schulz-Zunkel et al. 2012). Rund 30 Prozent der Reinigungsleistung, so die Ergebnisse der Studie, fällt auf Prozesse im Fluss selbst zurück, der Großteil erfolgt in der Aue. Ein wesentlicher Faktor für die Sedimentablagerung in der Aue ist das Vorhandensein überflutbarer Fläche und die dortige Verweildauer des Hochwassers.

Bereits kleinere Renaturierungsmaßnahmen, die im Vergleich zur Gesamtlänge der Flüsse nicht relevant erscheinen, können in der Summe deutliche Verbesserungen bewirken. Nach Verhoeven et al. (2006) reicht es bereits, zwei bis sieben Prozent des Gesamteinzugsgebietes des Flusses überfluten zu lassen, um eine signifikante Verbesserung der

Wasserqualität zu erzielen. Ein Hektar renaturierter Elbaue kann beispielsweise die Stickstofffracht des Flusses um ca. 200 Kilogramm reduzieren, was einem monetären Wert von rund 600 Euro pro Hektar entspricht (Jessel et al. 2009). Dieser Betrag ergibt sich aus den ansonsten anfallenden Kosten für eine angepasste Landbewirtschaftung oder für die Trinkwasserbehandlung (Ersatzkostenmethode). Somit können Maßnahmen am Gewässer selbst in erheblichem Maße dazu beitragen, technische Reinigungskosten zu senken.

Investitionen in Renaturierungsmaßnahmen lohnen sich auch vor dem Hintergrund, dass intakte Flussauen als Puffer bei Hochwasserereignissen dienen. Bundesweit sind Vermögenswerte von rd. 300 Mrd. Euro hiervon betroffen. Als effektive Kohlenstoffsenken wirken sie dem Klimawandel entgegen und helfen, die Nährstoffbelastung der Flüsse zu reduzieren. So betrachtet, rechnete sich beispielsweise auch die vorrangig als Hochwasserschutz geplante Deichrückverlegungen an der Mittleren Elbe in Sachsen-Anhalt, die rd. 407 Mio. Euro kosteten. Für die durch die zusätzlichen 35.000 Hektar entstehenden Ökosystemleistungen errechneten Grossmann et al. (2010) einen dreifachen Wert im Vergleich zu den Kosten.

Nach einer Studie von Gren et al. (1995) leistet ein 15.000 Quadratmeter großes Untersuchungsgebiet der Donauauen den Gegenwert von jährlich 3,3 Mio. Euro an Ersatzkosten für eine technische Reinigung. Für alle großen deutschen Flussauen kann nach Scholz et al. (2012) und Born et al. (2012) ein ökonomischer Wert der Nährstoffrückhalteleistung von ca. 500 Mio. Euro im Jahr errechnet werden. Sie sparen somit Kosten für Wasseraufbereitungsanlagen.

Dienstleistungen von naturnahen Auen spielen auch für die Speicherung von Kohlenstoff und die Verringerung von Treibhausgasemissionen eine erhebliche Rolle. Beides funktioniert nur dann richtig, wenn die Böden zeitweise wassergesättigt sind.

Durch Entwässerung und intensive Landwirtschaft sind stark genutzte Auen mit organischen Böden aber inzwischen auch zu einer bedeutenden Quelle für Treibhausgase geworden. Solche Flächen erzeugen pro Jahr in etwa so viel an CO_2-Emissionen wie eine Million Autofahrer mit ihren Personenkraftwagen.

Um die Treibhausgasemissionen in einen monetären Wert umzuwandeln, wurde mit Schadenskosten in Höhe von 80 bis 120 €/t CO_2 gerechnet, die externe Umweltkosten, wie zum Beispiel von Luftschadstoffen verursachte Gebäudeschäden, beinhalten. Diesen Ansatz zugrunde legend, belaufen sich die Kosten der jährlichen Freisetzung von 2,53 Mio. t CO_2-Äquivalenten aus den Moorböden in den Flussauen auf 200 bis 300 Mio. € pro Jahr. Die Umweltschadenskosten wurden mittlerweile in der aktualisierten Methodenkonvention des Umweltbundesamtes (UBA 2018) angepasst. Den aktuellen Empfehlungen zufolge liegen sie in der Höhe von 195 €/t CO_2-Äquivalenten, entsprechend höher wären die Kosten der CO_2-Freisetzung. Durch Renaturierung, das Anpflanzen von Auenwäldern und eine angepasste Bewirtschaftung der Auen könnte Deutschland seine Treibhausgas-Emissionen senken und Folgekosten des Klimawandels einsparen (Scholz et al. 2012; TEEB DE 2012b).

Süßwasserökosysteme bedecken nur etwa ein Prozent der Erdoberfläche, beherbergen aber zehn Prozent aller bekannten Tierarten (Abramovitz 1996). Inwieweit die Filterleistung von Flüssen und Auen von einer großen Biodiversität abhängt, ist bislang nicht ausreichend erforscht. Nach ersten Ergebnissen des EU-Forschungsprojekt „RUBICODE“ steigt die Ökosystemleistungen „Selbstreinigung“ in Flüssen und Auen nicht zwangsläufig mit einer höheren Artenvielfalt. Für die Umsetzung der Stoffe im Biofilm ist vermutlich ein Set von einigen wenigen Mikroorganismen ausreichend (Feld 2013).

Im Falle eines Ausfalls dieser wenigen Arten könnten andere Arten, die ähnliche Leistungen erfüllen, diese ersetzen. Ist dies nicht der Fall (z. B. infolge der Wasserverschmutzung oder anderer Belastungen), würde auch die Selbstreinigungsleistung deutlich vermindert. Artenvielfalt hat hier also vermutlich eine Art Versicherungsfunktion für die Stabilität des Ökosystems.

Auch hier zeigt sich, dass strukturreichere Auen die Reinigungsfunktion deutlich besser erfüllen können. Ein naturnahes Gewässer bietet vielfältige Strukturen, die die Fließgeschwindigkeit bremsen und den Partikeln die Zeit geben, sich als Sediment abzulagern, vor allem bei Hochwasser, wenn die Auen überflutet werden. Noch besser funktioniert dieser Bremseffekt durch entsprechenden Bewuchs mit Wasserpflanzen. Dieser wird im Flussbett jedoch häufig beseitigt, um den Abfluss zu verstärken. Zur Vermeidung negativer Auswirkungen auf die Selbstreinigungsleistung könnte daher zum Beispiel nur ein Teil der Gewässerbreite entkrautet werden, um einen ausreichend hohen Abfluss sicherzustellen. Diese Maßnahme fördert darüber hinaus, Nährstoffe zu binden und die Ansiedlung gewässertypischer Arten zu fördern (Trepel 2010).

Bei konsequenter Umsetzung wesentlicher gewässer- und auenrelevanter Ziele der *„Nationalen Strategie zur biologischen Vielfalt“* (NBS) könnte nach Scholz et al. (2012) die Nährstoffrückhaltung um 17 bis 20 Prozent gesteigert werden. Dies hieße, dass bis 2020 mindestens zehn Prozent der Rückhalteflächen an Flüssen vergrößert werden müssten, was insgesamt 46.000 Hektar entspricht. Die Fläche naturnaher Auenlebensräume in Deutschland würde sich um 27 Prozent erhöhen. Durch Renaturierung und extensiver Landnutzung von organisch geprägten Flussauen ließen sich bis zu 34 Prozent der Treibhausgasemissionen auf landwirtschaftlich genutzten Moorböden einsparen. Dies setzt jedoch eine verstärkte politische Kohärenz, insbesondere zwischen Wasser- und Agrarpolitik, voraus.

Angesichts der überwiegenden land- und forstwirtschaftlich Nutzung in Auen sind vor allem die Entwicklungen im Landwirtschaftsbereich (Biomasseanbau usw.) entscheidend, wie der ökologische Zustand verbessert werden kann. Eine möglichst hohe ökologische Funktionsfähigkeit von Auenökosystemen erfordert aufgrund des heutigen mangelhaften Zustandes (BMU und BfN 2009; Brunotte et al. 2009) erhebliche Verbesserungsmaßnahmen.

Naturnahe Gewässer erbringen – wie erläutert wurde – erhebliche, bisher weitgehend unbeachtete Ökosystemleistungen für die Gesellschaft. Gewässernutzungen, die zwingend eine menschliche Überprägung der Ökosysteme erfordern, stehen dabei typischerweise in Konkurrenz mit den Leistungen, die von naturnahen Ökosystemen erbracht werden. Welcher Nutzung der Vorzug zu geben ist, ob naturnahe oder -ferne Gewässer, erfordert eine sorgfältige Abwägung.

Wesentliche Instrumente zur Bewertung ihrer Nachhaltigkeit sind die EG-Wasserrahmenrichtlinie, die FFH-Richtlinie und die Hochwasserrisikomanagement-Richtlinie sowie die Regional-, Bauleit- und Landschaftsplanung. Um dieses Potenzial nutzen und ausbauen zu können, ist ein Politikwandel in Richtung der Integration bisher getrennt betriebener Sektorpolitiken (Landwirtschafts-, Klima, Naturschutz- und Gewässerpolitik) unabdingbar (EU-Kommission 2012).

Viele der den Ökosystemleistungen naturnaher Fließgewässer zugrunde liegenden Prozesse und Funktionen sind bisher nicht ausreichend in ihrer Bedeutung für den Menschen bzw. die Umwelt erforscht, etwa die des Wasserhaushalts bei der Klimaerwärmung, die pharmakologische Wirkung aquatischer Tier- und Pflanzenarten oder die Verbesserung der Selbstreinigungsleistung von Flüssen in Folge von Renaturierungen. Ökonomische Instrumente könnten also mit beitragen zu verdeutlichen, dass sich ein „guter Gewässerzustand" langfristig auch unter ökonomischen Gesichtspunkten „rechnet" und so zu einer Versachlichung der Diskussion bestehender oder intendierter Nutzungen führen.

Gewässer sind jedoch weit mehr als Transportweg, Kläranlage oder Hochwasserrückhalteraum. Sie bieten Menschen Raum für Erholung und Inspiration. Diese Leistungen kann man nicht mit Geld kaufen. Auch sollte die Natur etwas um „ihrer selbst willen" Erhaltenswertes sein, gleichgültig, ob dies aus dem Beweggrund geschieht, die Schöpfung zu bewahren oder einfach aus dem Gedanken heraus, dass die Spezies Mensch nicht das Recht hat, die Lebensräume anderer Arten zu zerstören. Eine rein anthropozentrische Sicht läuft daher Gefahr, die Betrachtung von vornherein auf die Frage zu reduzieren, welchen Nutzen sich aus den Ökosystemen ziehen lässt. Der Nutzennachweis würde damit zur Bedingung der Erhaltenswürdigkeit von Ökosystemen werden (sog. *„Beweislastumkehr"*). Dass monetäre Werte intrinsische Motivationen möglicherweise nur unzureichend abbilden, ist mittlerweile auch bei Ökonomen anerkannt. Darüber zu debattieren, in welchen Lebensbereichen eine ökonomische Betrachtung mit all ihren möglichen Nebeneffekten möglich und wünschenswert ist und in welchen sie besser außen vorbleiben sollten, ist deshalb ein legitimes Anliegen.

Wie weit sich diese ausdehnen wird, ist derzeit offen. Eine solide Kalkulationsgrundlage für den Wert eines Ökosystems zu finden, dessen komplexe Zusammenhänge bislang zum Teil noch nicht vollständig verstanden sind, bleibt eine schwierige Herausforderung. Die möglichst umfassende und transparente Erfassung von Ökosystemleistungen aquatischer Systeme kann jedoch dazu beitragen, ihren Schutz in politischen Entscheidungen stärker zu berücksichtigen und so – als Ergänzung zu ethischen Gründen des Schutzes von Ökosystemen – zusätzliche Argumente zu liefern, die biologische Vielfalt zu erhalten und degradierte Gewässer wieder herzustellen.

Eine solche umfassende Erfassung von Ökosystemleistungen und die systematische Anwendung des Ökosystemleistungen-Konzeptes auf Flusslandschaften wurde im Forschungsvorhaben „RESI" (vom Bundesministerium für Bildung und Forschung (BMBF) gefördertes Verbundprojektes *„River Ecosystem Service Index"* (RESI), Förderkennzeichen 033W024A-K) vorgenommen, an dem auch die Autor/innen beteiligt waren (Podschun et al. 2018a,b). Auf diese Grundlage wird für die wichtigsten Definitionen für

Ökosystemleistungen sowie deren Erfassung und Bewertung zurückgegriffen. Die Definitionen basieren im Wesentlichen auf denen von „*Naturkapital Deutschland*" (TEEB DE 2012a,b, 2015, 2016a,b). Teilweise wurden diese erweitert um aktuelle Definitionen des Weltbiodiversitätsrates (Intergovernmental Science-Policy Platform on Biodiversity and Ecosystem Services – IPBES):

- **Ökosystemfunktion** („*ecosystem function*") umfasst physikalische, chemische und biologische Prozesse und Wechselwirkungen, die in den verschiedenen Ökosystemen stattfinden (TEEB DE 2012a,b).
- **Ökosystemleistung (ÖSL)** („*ecosystem service*") bezeichnet direkte und indirekte Beiträge von Ökosystemen zum menschlichen Wohlergehen, das heißt Leistungen und Güter, die dem Menschen einen direkten oder indirekten wirtschaftlichen, materiellen, gesundheitlichen oder psychischen Nutzen bringen. In Abgrenzung zum Begriff Ökosystemfunktion entsteht der Begriff Ökosystemleistung aus einer anthropozentrischen Perspektive und ist an einen Nutzen des Ökosystems für den Menschen gebunden (TEEB DE 2015).
- **Menschliches Wohlergehen** („*human well-being*") ist ein kontext- und situationsbezogener Status, der verschiedene Aspekte beinhaltet, unter anderem Material zum Leben, Gesundheit und körperliches Wohlbefinden, soziale Beziehungen, Sicherheit und Spiritualität (MA, 2005). Im Kontext des ÖSL-Konzeptes lassen sich Elemente des Wohlbefindens in die Gruppen menschliche Grundbedürfnisse sowie ökonomisches, ökologisches und subjektives Wohlbefinden einteilen (Summers et al. 2012). Dabei stellt die nachhaltige Nutzung natürlicher Ressourcen die Grundlage für das menschliche Wohlergehen dar und eine Übernutzung eines Ökosystems kann das menschliche Wohlergehen dauerhaft reduzieren (Summers et al. 2012).
- **Naturkapital** Der Begriff Naturkapital ist eine ökonomische Metapher für den begrenzten Vorrat an physischen und biologischen Ressourcen der Erde. Dies bildet damit den sogenannten „natürlichen Kapitalbestand" und steht für die die limitierte Bereitstellung von Gütern und Leistungen durch Ökosysteme. Naturkapital bildet zusammen mit Sachkapital (Maschinen, Produktionsanlagen etc.), Geldkapital und Humankapital (Arbeit und Wissen) die Grundlage für Wertschöpfung und Wohlergehen dar. Naturschutz im erweiterten Sinne und ein nachhaltiger Umgang mit unseren natürlichen Lebensgrundlagen sind folglich ein Gebot ökonomischer Weitsicht und Verantwortung (TEEB DE 2012b).
- **Nutzen** („*benefit*") von Ökosystemleistungen entsteht, wenn die Ökosystemleistungen vom Menschen direkt oder indirekt in Anspruch genommen werden, gesellschaftliche und/oder rechtliche Normen (Wertmaßstäbe) erfüllen oder/und eine positive Bedeutung haben (Naturkapital Deutschland – TEEB DE 2012b). Nach IPBES (2016) bildet der **Nutzen** einen Vorteil, der zum Wohlbefinden im Sinne der Erfüllung von Bedürfnissen und Wünschen beiträgt. Als Beitrag der Natur zum menschlichen Wohlergehen (*nature`s contributions to people*) ist ein Nutzen ein positiver Beitrag (es kann dabei auch

negative Beiträge, Nachteile oder Kosten der Natur geben, wie zum Beispiel Krankheiten).

- **Wertmaßstäbe** umfassen sowohl rechtliche Ziele und Standards, das heißt Normen (z. B. aus dem BNatSchG oder der EU-WRRL), aber auch individuelle Präferenzen (von Haaren et al. 2014). Sie bedingen sowohl die Auswahl der Ökosystemaspekte, die als Ökosystemleistungen aufgefasst werden, als auch die Bewertung dieser Ökosystemleistungen (z. B. im Sinne von Zielerreichungsgraden oder monetären Werten).
- **Bereitgestellte (dargebotene) ÖSL** („*offered*" oder „*potenzial ecosystem services*"): Umfassen alle Beiträge des Ökosystems, die Menschen heute oder zukünftig nutzen könnten, aber nicht zwangsweise heute genutzt werden (von Haaren et al. 2014). Dementsprechend beschreiben bereitgestellte Ökosystemleistungen die Leistungsfähigkeit oder das Angebot an Ökosystemleistungen (Burkhard et al. 2014).
- **Nachfrage nach ÖSL** („*ecosystem services demand*"): Die tatsächliche Entscheidung oder der geäußerte Bedarf nach Gütern und Leistungen ist eine Voraussetzung dafür, einen Nutzen aus Ökosystemen ziehen zu können (Wolff et al. 2015). Dabei können zwei Definitionen unterschieden werden: Die Nachfrage kann die tatsächliche Nutzung (Konsum) von Ökosystemleistungen definiert werden (Burkhard et al. 2014) oder sie leitet sich aus den geäußerten individuellen bzw. gesellschaftlichen Präferenzen nach Ökosystemleistungen ab (Schröter et al. 2014).
- **Genutzte ÖSL** („*utilized ecosystem services*" oder „*ecosystem service flow*") werden direkt von Menschen konsumiert oder in Anspruch genommen (von Haaren et al. 2014). Sie beschreiben den de facto genutzten Teil des Bündels von Ökosystemleistungen in einer bestimmten Fläche zu einer bestimmten Zeit (Burkhard et al. 2014).
- **Menschliche Einflüsse** machen den Unterschied zwischen bereitgestellten und genutzten Ökosystemleistungen aus und beschreiben Handlungen bzw. Aktivitäten zur Nutzung von Ökosystemleistungen und zur Gestaltung des Ökosystems. Dabei bedingen menschliche Entscheidungen zur Einflussnahme (i) Veränderung des menschlichen Beitrags (Input) zur Erbringung von Ökosystemleistungen und (ii) beabsichtigte oder unbeabsichtigte Veränderung (Modifikationen) des Ökosystems Flusslandschaft.

Im Projekt RESI wurden ein Konzept und eine Methodik zur Erfassung und Bewertung von Ökosystemleistungen in Flüssen und Auen entwickelt. Ziel war es dabei u. a. vor dem Hintergrund des aktuellen Forschungsstandes (Tab. 3.4) und des Feedbacks von Experten und Expertinnen im Gewässermanagement anwendbare konzeptionelle Kernbegriffe zu definieren und eine auf Flusslandschaften angepasste Klassifikation von Ökosystemleistungen zu erstellen (Podschun et al. 2018a,b). Die Klassifikation wird auch für die Ökosystemleistungen-Bewertung an der Lahn als fundierte Grundlage angesehen. Abbildung 3.39 zeigt die mit dem RESI-Ansatz bewertbaren Ökosystemleistungen.

Die Ökosystemleistungen können, wie oben beschrieben, gemäß dem anthropozentrischen Ansatz als Werte im Sinne der Bedeutung und Wichtigkeit der Natur betrachtet werden und dabei qualitativ bewertet, über quantitative Indikatoren erfasst und – wenn möglich – über geeignete Bewertungsansätze auch in monetären Wertmaßstäben abgebildet werden.

Tab. 3.4 Übersicht der Studien bzw. Veröffentlichungen, die für den Vergleich der Klassifikation von Ökosystemsystemleistungen im Projekt „RESI" herangezogen wurden

Studie/ Veröffentlichung	Titel (teilweise mit dem zugeordneten Projektakronym)	Schwerpunkt/Fokus
Turner et al. (2008)	Valuing Ecosystem Services: The Case of Multi-functional Wetlands	aquatisch, semiaquatisch
de Groot et al. (2010)	Challenges in integrating the concept of ecosystem services and values in landscape planning, management and decision making	umfassende ÖSL-Liste
Posthumus et al. (2010)	A framework for the assessment of ecosystem goods and services; a case study on lowland floodplains in England	aquatisch, semiaquatisch
Egoh et al. (2012)	Indicators for mapping ecosystem services: a review	umfassende ÖSL-Liste
Keeler et al. (2012)	Linking water quality and well-being for improved assessment and valuation of ecosystem services	aquatisch
Mehl et al. (2013)	Ökosystemfunktionen von Flussauen. Analyse und Bewertung von Hochwasserretention, Nährstoffrückhalt, Kohlenstoffvorrat, Treibhausgasemissionen und Habitatfunktion.	aquatisch, semiaquatisch
Haines-Young und Potschin (2014 und 2018)	Common International Classification of Ecosystem Services (CICES) Version 4.3	international standardisierte ÖSL Klassifikation
Liquete et al. (2013)	Current Status and Future Prospects for the Assessment of Marine and Coastal Ecosystem Services: A Systematic Review	aquatisch, semiaquatisch
Clerici et al. (2014)	Land-cover change dynamics and insights into ecosystem services in European stream riparian zones	aquatisch, semiaquatisch, bezogen auf Burkhard et al. (2014 und 2017)
Haines-Young et al. (2014 und 2018)	Typology/Classification of Ecosystem Services. (OpenNESS Ecosystem Services Reference Book, Vol. 2)	umfassende ÖSL-Liste, Vergleich MA, TEEB, CICES
Maes et al. (2014)	Mapping and Assessment of Ecosystems and their Services (MAES) Indicators for ecosystem assessments under Action 5 of the EU Biodiversity Strategy to 2020	umfassende ÖSL-Liste
Bark et al. (2015)	Operationalising the ecosystem services approach in water planning: a case study of indigenous cultural values from the Murray-Darling Basin, Australia	aquatisch, semiaquatisch, kulturelle ÖSL
Grizzetti et al. (2015)	Cook-book for water ecosystem service assessment and valuation (MARS)	umfassende ÖSL-Liste, aquatisch, semiaquatisch

Dies lässt sich für entsprechende Aufgabenstellungen so operationalisieren, dass Ökosystemleistungen zunächst quantitativ erfasst (berechnet) werden und dann auf dieser Grundlage zum Beispiel nach Wertstufen bzw. Skalen qualitativ bewertet werden. Fehlen Daten und/oder Methoden, um Ökosystemleistungen zu quantifizieren, oder entziehen sie sich einer sinnvollen Quantifizierungsmöglichkeit, dann kann ersatzweise auch auf unmittelbare qualitative Abschätzung gesetzt werden (mittels Expertenbewertung). Bei der qualitativen Bewertung wird einheitlich das Dargebot an Ökosystemleistungen bewertet; die reale Nachfrage spielt zunächst keine Rolle.

Zum anderen können ökonomische Bewertungsmethoden angewandt werden, welche die quantitativen Veränderungen letztlich in monetäre Einheiten überführen. Als individuelle (monetäre) Wertschätzung steht ein ökonomisches Bewertungsergebnis für das Maß an Nutzen, den Individuen aus einer Wahlhandlung (z. B. einer Umweltqualitätsverbesserung) ziehen.

Egal, ob quantitativ ermittelt oder mangels Daten/Methoden qualitativ abgeschätzt, erfolgt die Bewertung im Rahmen des RESI am Ende immer qualitativ. Für diese qualitative Bewertung der Ökosystemleistungen wird vorgeschlagen, wie beim RESI (siehe oben bzw. Podschun et al. 2018a,b) auf der Basis einer linearen Skalierung zwischen 0 und 100 Prozent bereitgestellter Ökosystemleistungen zu agieren (Abb. 3.41), aber gegenüber dem RESI eine weitere Klasse „0“ für äußerst geringe oder gar fehlende Ökosystemleistungen hinzuzufügen und so das ursprünglich 5-stufige System auf 6 Stufen umzustellen. Bewusst wurde bereits beim RESI die Skala gegenüber der WRRL-Skala entgegengesetzt ausgerichtet (einheitliche Konvention), was hier erhalten bleibt.

Die Klasse „0“ ermöglicht es vor allem, eine treffendere Bewertung bei ggf. nur äußerst gering vorhandener oder gar fehlender Ökosystemleistungen vorzunehmen, da solche Fälle ansonsten in der „breiteren“ Klasse „1“ aufgewertet würden. Inhaltlich entspricht dies der 6-stufigen Skala von Burkhard und Maes (2017) bzw. des aktuellen EU-Leifadens zur Bewertung von Ökosystemleistungen in EU-Life-Projekten (https://ec.europa.eu/easme/sites/easme-site/files/life_ecosystem_services_guidance.pdf).

Klasse	Ökosystemleistung	Wertebereich der relativen Ökosystemleistung (0-100 %)
5	Sehr hoch	> 80 %
4	Hoch	> 60 % bis ≤ 80 %
3	Mäßig	> 40 % bis ≤ 60 %
2	Gering	> 20 % bis ≤ 40 %
1	Sehr gering	> 5 % bis ≤ 20 %
0	Äußerst gering/fehlend	≤ 5 %

Abb. 3.41 Sechsstufige Skalierung bei der Bewertung der Ökosystemleistungen (erweitert nach Mehl et al. 2018)

Das Maximum an Ökosystemleistungen (100 Prozent Leistung) wird nach dem RESI-Ansatz unter der Maßgabe abgeleitet (berechnet oder abgeschätzt), dass es sich um „die im betreffenden Gebiet beste Ausprägung“ (Hartsch und Sandner 1991) handelt (vgl. Podschun et al. 2019a). Das wäre der Ansatz für ein konkretes Projektgebiet, sozusagen der „regionale Bezugsmaßstab".

Ein anderer Ansatz wäre, dasjenige Maximim anzusetzen, dass sich bei einem größeren Raumbezug ergäbe: Großlandschaften, Bundesländer, Deutschland, Mitteleuropa usw. Dann sollte unter anderem auf vorhandene, vor allem geowissenschaftliche Bewertungsskalen gesetzt werden.

Um gerade regulative Leistungen bei differierenden Systemgrößen (vor allem Flächengröße) untereinander vergleichbar zu machen, können und sollten bei der Analyse und Bewertung von Ökosystemleistungen flächennormierte Werte verwendet werden (Leistung je Flächeneinheit). Abhängigkeiten bzw. Konkurrenzen zwischen den Ökosystemleistungen und daher mögliche Konflikte („*trade-offs*“) kommen in der Realität häufig vor und können zusätzlich betrachtet werden. Eine Maximierung der Leistungen aller Ökosystemleistungen in einem bestimmten Raum ist ohnehin theoretisch nicht möglich. Allerdings reagieren voneinander abhängige und fachlich-inhaltlich positiv korrelierte Ökosystemleistungen durchaus gruppenhaft und mit einheitlichem Trend auf Veränderungen der Milieubedingungen.

Für die Analyse und Bewertung von Ökosystemleistungen wird auf Indikatoren zurückgegriffen. Diese stehen im Ökosystemleistungen-Konzept für bestimmbare, ggf. sogar messbare Eigenschaften (Merkmale, Parameter) der maßgeblichen Ökosystemfunktion(en) und der darauf basierenden Ökosystemleistungen. Insofern ist

> *„es für die Darstellung und Kommunikation der Leistungen der Ökosphäre entscheidend […], dass nicht die Belastung der Umwelt, sondern die Leistung mit einem Indikator gemessen wird […] und die Indikatoren für Ökosystemleistungen von anderen Indikatoren – z. B. der Nachhaltigkeit – klar zu trennen sind.“* (Grunewald et al. 2015).

Die relevanten Annex-Tabellen des Leitfadens der Europäischen Kommission zur Bewertung von Ökosystemleistungen in EU-Life-Vorhaben enthalten auch Vorschläge für Indikatoren nach Ökosystemleistungen-Klassen mit einer farblichen Kennzeichnung, einem 3-stufigen Farblabel (grün…gelb…rot), bezüglich der „Unsicherheit“ einer Anwendung auf der europäischen Betrachtungsebene, was für deutsche Verhältnisse nur teilweise zutreffend ist. Im Allgemeinen ist die nationale Datenlage als besser einzuschätzen.

Aus ökonomischer Perspektive wird dann der Wert von Ökosystemleistungen mit Hilfe individueller, in Form von Zahlungsbereitschaften ausgedrückter Präferenzen gemessen. Dieser Wert lässt sich – je nach Art der Ökosystemleistungen und der Verfügbarkeit von Daten – mit verschiedenen Methoden ermitteln.

Grundsätzlich wird unterschieden zwischen:

- marktbasierten Methoden, die reale Marktpreise oder reale Kosten zugrunde legen;
- präferenzbasierten Methoden, die die Zahlungsbereitschaften entweder auf Grundlage geäußerter oder offenbarter Präferenzen ermitteln oder
- Sekundäranalysen, die die Ergebnisse bereits vorliegender Studien auf den aktuellen Bewertungskontext übertragen.

Ansätze und Methoden zur ökonomischen Bewertung von Ökosystemleistungen werden im Überblick dargestellt bei Kehl (2014), Naturkapital Deutschland – TEEB DE (2016a,b), Tinch et al. (2019) oder OECD (2018). Eine aktuelle Zusammenstellung von ökonomischen Bewertungsstudien im Kontext von Feuchtgebieten findet sich bei Dehnhardt et al. (2019).

Marktanalysen umfassen sowohl preisbasierte als auch kostenbasierte Methoden und nutzen Marktpreise zur Bewertung von Ökosystemleistungen oder Umweltgütern (Kehl 2014). Preisbasierte Methoden nutzen Marktpreise für Ökosystemleistungen, die direkt auf Märkten gehandelt werden. Diese Bewertungsmethode wird häufig bei versorgenden Ökosystemleistungen angewendet, da hier Marktpreise verfügbar sind, wie beispielsweise für landwirtschaftliche Kulturpflanzen, Fischereiprodukte oder der Holzertrag eines Waldes.

Kostenbasierte Methoden hingegen nutzen Schadens-, Vermeidungs- oder Ersatzkosten, um den Wert einer Ökosystemleistungen zu ermitteln. Schadenskosten umfassen die Kosten von Umweltschäden, die durch Ökosystemleistungen vermieden werden können (z. B. vermiedene Hochwasserschäden durch die Reaktivierung von Überschwemmungsauen) bzw. die Nutzenverluste, die aus einer Verschlechterung eines Umweltzustandes oder dem Verlust von Ökosystemleistungen resultieren.

Vermeidungskosten entstehen durch die Vermeidung oder Verringerung einer bestimmten Umwelteinwirkung und haben keinen direkten Bezug zum Umweltschaden, werden aber häufig zur Bewertung von Umweltschäden herangezogen (UBA 2018). Ersatzkosten hingegen umfassen die Kosten für technische Substitute zur Erbringung einer äquivalenten Ökosystemleistungen. Die entsprechenden technischen Substitute werden über Marktpreise bewertet. Dieser Ansatz findet häufig bei regulativen Ökosystemleistungen Anwendung. Beispielsweise können die Kosten der Wasserreinigung in Kläranlagen als Indikator für den Wert derselben Reinigungsleistung von Retentionsflächen herangezogen werden.

Beispiele für die ökonomische Bewertung von Fließgewässern mit Hilfe kostenbasierter Methoden finden sich u. a. bei Grossmann (2012). Hier wurde der ökonomische Wert der Nährstoffretentionsleistung von Flussauen mit Hilfe der Ersatzkostenmethode ermittelt. Dabei wurden technische Kosten für Abwasserbehandlung, Hoch- und Niedrigwasserregulierung sowie Maßnahmen gegen Erosion berücksichtigt. Ein Beispiel für die Monetarisierung von versorgenden Ökosystemleistungen durch die Marktpreismethode findet sich bei Acreman et al. (2004).

Im Rahmen der Studie wurde der monetäre Werte der infolge einer Flussrenaturierung erhöhten Fischfangmengen mit den tatsächlichen Marktpreisen abzüglich der Produktionskosten ermittelt. Verma et al. (2001) bedienen sich ebenfalls einer Marktanalyse und bewerten die Versorgung mit Trinkwasser in Auengebieten mit Hilfe der anfallenden Wartungs- und Betriebskosten. Allerdings wurden hier keine Veränderungen der Ökosystemleistung bewertet, sondern lediglich die Kosten für den Status quo. Um eine tatsächliche Änderung zu monetarisieren, müsste die Veränderung der Bereitstellungskosten vor und nach einer Maßnahmenumsetzung betrachtet werden. Beispielsweise kann der Betrag, um den sich die Aufbereitungskosten für das Trinkwasser aufgrund einer Qualitätsverbesserung verringern, den Wert der Ökosystemleistungen darstellen. In diesem Fall würde man die Methode dem Ersatzkostenansatz zuordnen.

Aus umweltökonomischer Sicht erfassen die kostenbasierten Ansätze nicht den Nutzen einer Ökosystemleistungen im engeren Sinne, da sie nicht eine gesellschaftliche Nachfrage nach Ökosystemleistungen zugrunde legen. Sie können jedoch, vor allem im Falle komplexer regulativer Leistungen, als Proxy für den Wert der Leistung angesehen werden (Dehnhardt et al. 2019).

Mit Hilfe von Präferenzanalysen hingegen werden Entscheidungen von Konsumenten abgebildet. Über die Zahlungsbereitschaft für Ökosystemleistungen oder Umweltgüter können Präferenzen auch in monetären Einheiten ermittelt werden. Man unterscheidet hierbei zwischen Methoden der geäußerten Präferenzen (sog. „*stated preferences*") und Methoden der offenbarten Präferenzen (sog. „*revealed preferences*"). Letztere erfassen real beobachtbare bzw. bereits getroffene Entscheidungen von Konsumenten.

Hierzu gehören der Hedonische Preisansatz, bei dem Preisdifferenzen zwischen Marktgütern auf den Einfluss von Ökosystemleistungen zurückgeführt werden (z. B. unterschiedliche Immobilienpreise in Abhängigkeit zur Nähe von Grünflächen) oder die Reisekostenmethode, bei der die aufgewendeten Kosten für die Inanspruchnahme einer Ökosystemleistungen (z. B. für den Besuch eines Naturschutzgebietes) als Wert für die entsprechende Ökosystemleistungen herangezogen werden. Geäußerte Präferenzen hingegen ermitteln den Wert für eine Umweltveränderung auf Grundlage von Befragungsstudien, welche die Befragten vor eine hypothetische Auswahl- oder Kaufentscheidung stellen. Hierzu gehören sowohl die Kontingente Bewertungsmethode als auch die Choice Experimente. Präferenzanalysen werden häufig genutzt, um kulturelle Ökosystemleistungen zu bewerten.

Im Kontext der Entwicklung von Fließgewässern finden sich zahlreiche Anwendungsbeispiele für Präferenzanalysen. Bei der Reisekostenanalyse, einer Methode der offenbarten Präferenz, werden die Kosten betrachtet, die für An- und Abreise zu einem bestimmten Erholungsort und für den Aufenthalt dort in Kauf genommen werden. Getzner (2014) konnte mit Hilfe dieser Methode einen positiven Zusammenhang zwischen freifließenden Flussabschnitten und deren Erholungswert nachweisen.

In einer Studie von Ghermandi (2018) wurden hingegen georeferenzierte Social-Media-Daten in Reisekosten-Modelle integriert, um den Erholungswert von Feuchtgebieten zu bestimmen. Die kontingente Bewertungsmethode ermittelt Zahlungsbereitschaften für bestimmte Zielzustände. Ein Beispiel für eine kontingente Bewertung im Bereich aquatischer Ökosysteme findet sich bei Meyerhoff und Dehnhardt (2007), die die

Zahlungsbereitschaften für Managementmaßnahmen zur verbesserten Erhaltung von bedrohten Tierarten und Habitaten entlang der Elbe untersuchten.

Choice-Experimente haben gegenüber kontingenten Bewertungsstudien den Vorteil, dass Zahlungsbereitschaften nicht für ein (Umwelt-) Gut als Ganzes ermittelt werden, sondern einzelne Merkmale und ihre Ausprägungen, aus denen sich das entsprechende Umweltgut zusammensetzt, in den Fokus der Untersuchung rücken.

So haben Rayanov et al. (2018) die Zahlungsbereitschaft für verschiedene Eigenschaften von Flusslandschaften in Deutschland untersucht. Hierbei wurden Präferenzen (ausgedrückt in Zahlungsbereitschaften) für die Naturnähe des Gewässerumfelds und die Uferbeschaffenheit sowie für die Zugänglichkeit und die Ausstattung mit Rad- und Wanderwegen ermittelt.

Eine Übersicht monetärer Werte für Flussrenaturierungsmaßnahmen stellt eine Meta-Analyse von Brouwer und Sheremet (2017) bereit. Hier finden sich auch Bewertungsstudien für regulative Ökosystemleistungen. Mattmann et al. (2016) untersuchten ebenfalls im Rahmen einer Meta-Analyse, welche externen Wohlfahrtseffekte durch die Nutzung von Wasserkraft entstehen. In ihrer Studie werden dabei ausschließlich Präferenzanalysen berücksichtigt. Sie kommen u. a. zu dem Schluss, dass die Nutzung von Wasserkraft vor allem in Schutzgebieten, in denen sie die Landschaft, die Vegetation und die Tierwelt beeinträchtigt, zu negativen externen Effekten führt. Die Zahlungsbereitschaft dafür, solche negativen Effekte zu vermeiden, wird hier allerdings als sehr begrenzt eingeschätzt.

Im Kontext des Rückbaus eines Staudamms zur Energiegewinnung aus Wasserkraft berichten Gowan et al. (2006), dass die Monetarisierung von Ökosystemleistungen (wie zum Beispiel die Zahlungsbereitschaften für freifließende Flusslandschaften) keinen Einfluss auf die Entscheidung zum Rückbau hatte. Sie kommen zu dem Schluss, dass deliberative Beteiligungsprozesse weit mehr zum Erhalt von Ökosystemen beitragen als eine Inwertsetzung.

Sousa et al. (2019) beschäftigen sich in ihrer Arbeit ebenfalls mit den Auswirkungen von Wasserkraftwerken auf die Umwelt. Sie unterstreichen dabei die Relevanz von Existenzwerten und plädieren weiterhin für deren Berücksichtigung bei der ökonomischen Bewertung von externen Effekten der Wasserkraftnutzung. Darüber hinaus stellen Sousa et al. (2019) fest, dass bei entsprechenden Präferenzanalysen die Zahlungsbereitschaften davon abhängig sein können, ob die Befragten der Nutzer- oder Nichtnutzergruppe zugeordnet werden können.

In einer Studie von Hynes und Hanley (2006) wird zunächst der auf Fließgewässer bezogene Nutzungskonflikt zwischen dem Kajakfahren und der Gewinnung von Wasserkraft herausgearbeitet. Durch die Anwendung der Reisekostenmethode wurde dem Nutzen, der durch die Wasserkraftgewinnung entsteht, die Zahlungsbereitschaft von Kajakfahrern gegenübergestellt. Hierbei wird auch die Relevanz von Existenzwerten betont, welche nicht durch die Ermittlung von Reisekosten berücksichtigt wird.

Als weitere Möglichkeit können Sekundäranalysen zur Anwendung kommen. Hierbei werden Ergebnisse bereits durchgeführter Studien über die ökonomische Bewertung von

Ökosystemleistungen (Studienkontext) herangezogen und auf den aktuellen Bewertungskontext (*Politikkontext*) übertragen (*Nutzentransfer*) (Lienhoop 2016).

Die übertragenen Werte können entweder von einer einzigen Studie stammen oder als Durchschnitt aus einer Reihe von Studien zusammengetragen werden (Dissanayake und Smakhtin 2007). Diese Methode ist vor allem bei der Übertragung nicht auf Marktanalysen beruhender Werte sinnvoll, die beispielsweise durch ein Choice-Experiment ermittelt wurden (Andreopoulos und Damigos 2016). Die Vergleichbarkeit des Sachverhalts zwischen Primär- und Sekundärstudie muss gegeben sein und sollte in einer vorherigen Analyse ausführlich geprüft werden. Dabei spielen physische Faktoren, ebenso wie die sozioökonomischen Charakteristika einer Region eine Rolle.

In einer Studie des International Water Management Institutes untersuchten Dissanayake und Smakhtin (2007) die Ökosystemleistungen, die der Fluss Menik Ganga in Sri Lanka bereitstellt. Sie verwendeten verschiedene Methoden der ökonomischen Bewertung, um der vielfältigen Nutzung des Flusses für religiöse Festivals, Fischerei oder als Teil des Yala National Parks gerecht zu werden.

Für die Schätzung des Wertes des wenig erforschten Pilinnawa Feuchtgebiets wurde mit Werten aus einer Studie über das ebenfalls in Sri Lanka liegende Mutharajawela-Feuchtgebiet gearbeitet. Allerdings mussten einige Nutzenschätzungen für Ökosystemleistungen anders gewichtet werden, da das Feuchtgebiet am Menic Ganga deutlich ländlicher geprägt war.

Brouwer et al. (2016) ermittelten die nicht-marktbezogenen Werte einer Flussrenaturierung der Donau in Hinblick auf Wasserqualität, verringertes Hochwasserrisiko und testeten mögliche Nutzentransfers in den drei Untersuchungsländern Österreich, Ungarn und Rumänien. Deutlich wurde, dass ein Transfer der in einem Choice-Experiment ermittelten Zahlungsbereitschaften für Ungarn und Rumänien möglich ist, die Präferenzen der Befragten in Österreich sich jedoch zu stark unterscheiden.

Um Übertragungsfehler zu verringern und den Zugang für politische Entscheidungsträger zu erleichtern, werden spezifische Instrumente entwickelt, die eine ökonomische Bewertung von Gewässern in der Region ermöglichen. Morrison und Bennett (2004) verwenden so beispielweise Daten fünf verschiedener Choice-Experimente in New South Wales führen diese zusammen und entwickeln ein „pooled model", um andere Flüsse im Land bewerten zu können.

Grundsätzlich kann für die jeweilige Auswahl der für die Lösung der Aufgabenstellung zielführenden und damit im Weiteren relevanten (und bewerteten) Ökosystemleistungen auf den RESI-Ansatz (Podschun et al. 2018a,b) und die dafür entwickelten Ökosystemleistungen zurückgegriffen werden, die in Abhängigkeit von der Aufgabenstellung, den Datengrundlagen, aber auch neueren Erkenntnissen fallweise ergänzt oder reduziert werden sollten.

Besonders ist bei Analysen zu angedachten oder geplanten Veränderungen darauf zu achten, dass bei den ausgewählten Ökosystemleistungen auch Veränderungen zwischen Ist-/Ausgangszustand und Planzustand bestehen (Prognosezustände auf Grund von Handlungsalternativen); Ökosystemleistungen, die keine oder nur sehr geringe Veränderungen erwarten lassen, sollten konsequent nicht betrachtet werden. Nur eine Veränderung in Quantität und/oder Qualität eines Umweltguts entspricht dem Konzept der umweltökonomischen Bewertung (Dehnhardt et al. 2016).

Zusätzlich wird für die Auswahl der Ökosystemleistungen ein Abgleich mit dem aktuellen Leitfaden der Europäischen Kommission zur Bewertung von Ökosystemleistungen in EU-Life-Vorhaben empfohlen (*Assessing ecosystems and their services in LIFE projects. A guide for beneficiaries*). Näheres findet sich bei:

(https://ec.europa.eu/easme/sites/easme-site/files/life_ecosystem_services_guidance.pdf).

Dieser Leitfaden greift auf die Ausarbeitungen von Maes et al. (2014) zurück: *Mapping and Assessment of Ecosystems and their Services (MAES); Indicators for ecosystem assessments under Action 5 of the EU Biodiversity Strategy to 2020.*

Zwar ist der grundsätzliche wissenschaftliche Abgleich mit MAES und der CICES-Klassifikation bereits im RESI-Vorhaben (Podschun et al. 2018a,b) vorgenommen worden, aber für die Auswahl und Quantifizierung relevanter Ökosystemleistungen ist besonders die Auswahl der Indikatoren für die einzelnen Ökosystemleistungen von hoher Bedeutung. Hier besteht grundsätzlicher wissenschaftlicher und praktischer Erweiterungsbedarf: Relevanz der Ökosystemleistungen, Indikatoren und geeignete Analyse-/Bewertungsansätze. Die Abhängigkeit von der Fragestellung und von Dimensions-/Maßstabsfragen muss beachtet werden. Ebenso ist ein einheitlicher Betrachtungszeitraum für die Vergleichbarkeit verschiedener Maßnahmenoptionen bei der Analyse unerlässlich.

Für die Auswertung kann auch auf übliche Raumdifferenzierungen der Flussauen zurückgegriffen werden (Brunotte et al. 2009, siehe Abb. 3.42):

- Äquidistante Auenabschnitte/-segmente in Längsrichtung (longitudinal)
- Horizontale Teilräume:
  - Fluss = Fläche des Fließgewässers
  - Morphologische Aue = Datensatz nach Brunotte et al. (2009), dies umfasst die rezente Aue sowie die Altaue
  - Rezente Aue = HQ_{100}-Ausuferungsflächen nach den Länderdaten (in Umsetzung der Europäischen Hochwasserrichtlinie – HWRM-RL)

3.2.5 Veränderung der Ökosystembausteine

Walter Binder und Heinz Patt

In Kapitel 2 wurden die sogenannten Ökosystembausteine natürlicher Gewässer, nämlich Abfluss-, Feststoff- und Morphodynamik, physikalische und chemische Faktoren der Wasserqualität sowie die von diesen Bausteinen abhängige Besiedlungsdynamik beschrieben. Im Folgenden wird versucht, die wichtigsten ausbau- und unterhaltungsbedingten Auswirkungen auf diese Ökosystembausteine darzustellen.

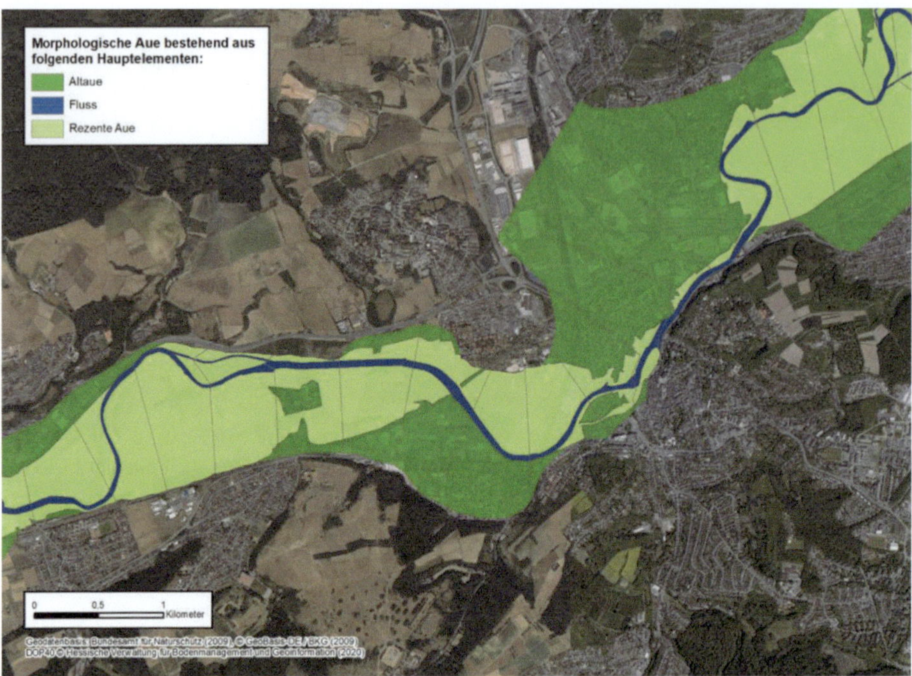

Abb. 3.42 Räumliche Zonierung der Flussaue entsprechend Brunotte et al. (2009); hier exemplarisch für einen Abschnitt der Lahn.

Abflussdynamik

Viele Nutzungen bzw. nutzungs- und sicherheitsorientierte Gewässerausbauten (s. Abschn. 3.2) haben dazu beigetragen, dass sich das Abflussgeschehen deutlich verändert hat. Dies betrifft unter anderem die zeitliche Verteilung und Amplitude der Abflüsse, die Abflussdynamik, den Wasserrückhalt, die Überschwemmungen und die Grundwasserneubildung. Vielerorts treten durch erhöhte Oberflächenabflüsse, Laufverkürzungen und durch fehlende oder verkleinerte Retentionsräume häufiger höhere Abflüsse auf. An Zusammenflüssen mit anderen Gewässern können sich die Abflüsse überlagern und, je nach Größe und Eintreffzeit, zu extremen Hochwasserabflüssen führen. Andererseits sind aufgrund des schnelleren Wasserabflusses und der geringeren Retention teilweise sehr geringe Niedrigwasserabflüsse zu verzeichnen. Zwar sorgen mitunter die bereits erwähnten Wasserspeicher im Einzugsgebiet für einen ausgeglichen Abfluss, so dass extreme Abflüsse gekappt und Niedrigwassersituationen verbessert werden, was allerdings die Fließgewässerdynamik weiter schmälert (s. auch Abschn. 3.2.2).

Das früher bett- und auengestaltende Hochwasser muss nun auf kürzerem Wege und in oft vergleichsweise sehr schmalen Abflussquerschnitten schadlos abgeführt werden, was zu höheren Fließgeschwindigkeiten führt. Querbauwerke verändern die gesamte Fließcharakteristik einer Gewässerstrecke durch Aufstau, wodurch die Fließgeschwindigkeiten verringert und die Transportkapazität herabgesetzt wird.

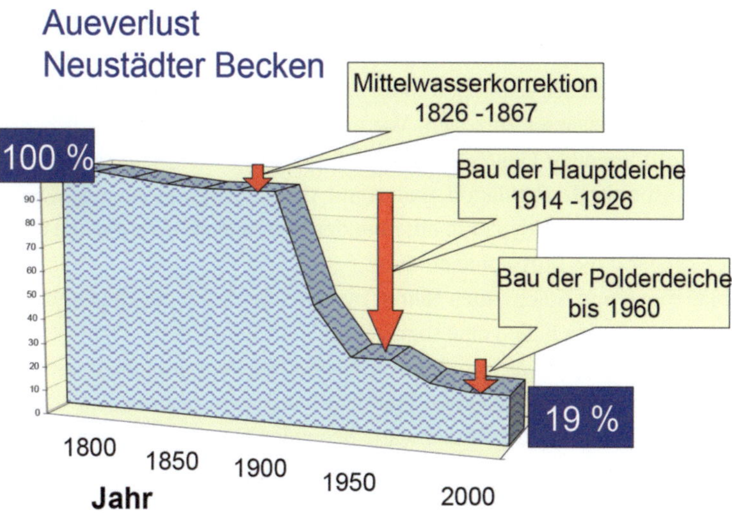

Abb. 3.43 Beispiel für einen schrittweisen Auenverlust durch wasserbauliche Maßnahmen – Donauaue bei Neustadt (Grafik: Regierung von Niederbayern)

Viele Fließgewässer wurden durch Ausbauten und Korrektionen in ein weitgehend uniformes Bett gezwängt. Die Ufer wurden durch Parallelverbau (Längsverbau) vor der natürlichen Umgestaltungsdynamik geschützt. Aufgrund der dadurch bewirkten Eintiefungen der Gewässersohle blieben die Ausuferungen bei kleineren Hochwasserabflüssen immer häufiger aus (Patt 2018). Die in der Aue natürlicherweise vorkommenden, häufigen Überschwemmungen, von Überflutungen bis hin zum reinen Überstau, fehlen vollständig, wodurch vielerorts auch die Grundwasserspiegel zusätzlich langsam absanken. In vielen Flusslandschaften wurde dieser auenuntypische Austrocknungseffekt noch durch Meliorationsmaßnahmen, zum Beispiel durch Entwässerungen mittels Dräns, verstärkt.

Diese Entwicklung in Richtung „Naturferne" wurde zusätzlich noch durch Hochwasserschutzmaßnahmen (Bedeichung) begünstigt, da damit oftmals eine Hochwasserfreilegung ganzer Tallandschaften einher ging (Abb. 3.43). In den ausgedeichten Auenbereichen wurde die Hochwasserretention durch die ausbleibenden Überschwemmungen vollständig unterbunden oder zumindest auf ein Minimum reduziert.

Dasselbe gilt für die Versickerung von Oberflächenwasser in den Auen mit der Folge, dass sich die von den Hochwassern abhängige Grundwasserneubildung erheblich verringerte. Beides, die reduzierte Hochwasserretention und die geringere Versickerung in den Auen, bedeutet auch eine stark geschmälerte Niedrigwasseraufbesserung in Zeiten geringer Wasserführung im Fließgewässer.

Feststoffdynamik

Die Festlegung ehemaliger Feststoffherde bzw. -lieferanten (z. B. Hanganbrüche und Ufer) sowie die Verhinderung des Geschiebetransportes durch Geschiebesperren und -fallen, vor allem in ausgebauten Wildbächen, oder durch frühere *Flussauskiesungen,* sorgen in vielen Fließgewässern für ein Geschiebedefizit. Gleichzeitig wird durch die Vergleichmäßigung der Abflüsse das Transportvermögen reduziert. Zudem unterbinden Querbauten die verbliebene Geschiebedynamik. Totholz und anderes Treibgut werden im Rahmen der Unterhaltung dem Gewässer entzogen. Vor allem in Stauräumen werden bei geschiebe- und schwebstoffführenden Gewässern die restlichen Feststoffe aufgrund der dort nachlassenden Transportkraft abgelagert und somit dem Fließgewässer entzogen. Dadurch wird die natürliche Feststoffdynamik unterbunden und unterstrom aufgrund des fehlenden Geschiebes verstärkt die Flusssohle erodiert.

Die Ablagerungen in Stauräumen führen meist relativ rasch zu Auflandungen. Die Reaktion darauf ist in vielen Fällen eine sogenannte *Stauraumspülung*. Dabei kommt es während der Spülung im Unterwasser zu hohen Feststoffkonzentrationen, die je nach mobilisierten Feststoffen, Spülwassermenge, Spüldauer und zeitlichem Ablauf der Spülung zu einer erheblichen Belastung der flussabwärts liegenden Gewässerstrecken führen können. Genannt seien nur Trübung, Sauerstoffmangel, schlammige Ablagerungen in der Aue und eventuell sogar erhöhte Schadstoffkonzentration.

Morphodynamik, Laufentwicklung

Die Laufentwicklung (Linienführung,Längsschnitt, Querprofile und Struktur) eines natürlichen Fließgewässers und seiner Aue wird maßgeblich von den Abflüssen und Feststofftransportvorgängen geprägt (Patt 2018). Das permanente Zusammenspiel von Strömung und Relief, die Wirkungen wechselnder Abflüsse aufErosion, Transport und Ablagerung sorgen bei natürlichen Gewässern für dynamische Prozesse von Profilveränderungen bis hin zu Laufverlagerungen (Abb. 3.44).

Nutzungsänderungen im Einzugsgebiet, Laufverkürzungen, Regelquerschnitte und Aufstau veränderten das Abflussgeschehen und den Feststoffhaushalt. Dies führte zu einer

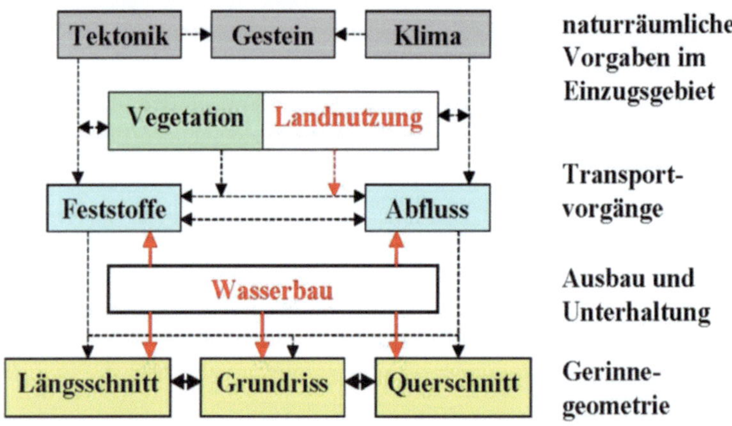

Abb. 3.44 System der Bettbildung anthropogen beeinflusster Fließgewässer. Die menschlich geprägten Gegebenheiten im Einzugsgebiet und die wasserbaulichen Maßnahmen bestimmen die Transportvorgänge und die Gerinnegeometrie (Grafik: Bayerisches Landesamt für Wasserwirtschaft)

weitgehend statischen Gewässermorphologie. Eine eigendynamische Entwicklung von Fluss und Aue ist wegen der festgelegten Gerinnegeometrien in den meisten Fällen nicht mehr möglich. Aufgrund der weitgehend reduzierten Gewässerdynamik können auch fließgewässertypische Strukturen kaum neu entstehen.

Bei ausgebauten Fließgewässern sind die Mächtigkeiten der Substrate und deren Kornverteilung abschnittsweise relativ einheitlich. Dadurch und durch die Vergleichmäßigung der Strömung, die u. a. durch die geringeren Rauheiten bedingt ist, können vielfältige Verteilungsmuster von groben, mittleren und/oder feineren Ablagerungen nur im begrenzten Ausmaß auftreten. Ebenso mangelt es an reliefbedingten Strukturen, d. h. an einer nennenswerten Breiten- und Tiefenvarianz. Diese Strukturarmut wird insbesondere bei kleineren Gewässern durch die Gewässerunterhaltung ständig wieder hergestellt, so dass eine beginnende Fließgewässerentwicklung oft wieder im Keim erstickt wird. Verstärkt werden diese Effekte noch bei einem durchgehend befestigten Gewässerbett. Dementsprechend ist auch das Interstitial in vielen ausgebauten Fließgewässerabschnitten als Lebensraum weitgehend verloren gegangen.

Die Vorländer sind heute vielerorts uniform ausgebildet, da auf ihnen wegen der Sicherstellung der Abflussleistung nur rasenartige Vegetationsformationen geduldet werden. Diese fast ausschließlich auf den Hochwasserabfluss ausgerichtete Situation muss durch Unterhaltungsmaßnahmen (meist durch Mahd) ständig aufrechterhalten werden.

Durch den veränderten Wasserhaushalt wurde eine landwirtschaftliche Nutzung der verbliebenen Auenareale, mit zum Teil hoher Intensität, erst möglich, so dass heute über weite Strecken Maiskulturen in unseren Auen dominieren (Abb. 3.45). Zwangsläufig wur-

Abb. 3.45 In vielen Tallandschaften dominiert beidseitig des ausgebauten Fließgewässers der Maisanbau (Foto: P. Jürging)

den dabei die natürlich gewachsenen morphologischen Strukturen in den Auen großflächig uniformiert. Die natürlichen Lebensräume nahmen dadurch kontinuierlich ab oder wurden zumindest qualitativ entscheidend verschlechtert.

Als Folge der „klassischen Ausbauten" (Korrektion, Begradigung) waren unnatürlich viele Altgewässer in der Aue verblieben. Diese verlandeten jedoch sehr bald bzw. wurden durch den nutzenden Menschen zweckentfremdet, d. h. verfüllt oder für bestimmte Nutzungen so ausgebaut und unterhalten, dass sie ihren ökologischen Funktionen in der Flussaue nicht mehr gerecht werden können.

Physikalische und chemische Faktoren

Bei ausgebauten Fließgewässern werden alle wichtigen physikalischen und chemischen Faktoren mehr oder weniger stark beeinflusst und damit die Lebensbedingungen mitunter extrem verändert.

Fließverhältnisse Die in natürlichen Fließgewässern strukturbedingt unterschiedlichen Fließbereiche werden in ausgebauten Gewässern oftmals zu einem weitgehend gleichmäßigen Fließen innerhalb eines Regelprofils mit geringen Rauheiten reduziert. Oft fehlen bestimmte Strömungsstrukturen, wie zum Beispiel Kehrwasserbereiche, als artspezifische Lebens- und Rückzugsräume vollständig. Auch Fließhindernisse, wie beispielsweise Totholz, darf meist weder anfallen noch im Abflussprofil verbleiben. So werden oftmals in ein Fließgewässer gestürzte Bäume zur Aufrechterhaltung eines ordnungsgemäßen Wasserabflusses möglichst schnell wieder entfernt. Aufgrund der Strukturarmut gibt es im Hochwasserfall für viele Organismen keinen ausreichenden Schutz vor der Abdrift. Das gilt umso mehr, wenn die Gewässersohle befestigt ist oder wenn selbst tiefere Sedimentschichten der Sohle in Bewegung geraten.

Strahlungsverhältnisse Ausbau-, unterhaltungs- und/oder nutzungsbedingt wurden an vielen Gewässern im Laufe der Zeit die flussbegleitenden Ufergehölze ersatzlos entfernt, um die Abflussleistung eines Gewässerabschnittes zu erhöhen oder eine landwirtschaftliche Nutzung bis an die Böschungsoberkante zu ermöglichen. Dies führt, vor allem in den Oberläufen, zu völlig veränderten Strahlungsverhältnissen, da die Fließgewässer zur Vegetationszeit kaum mehr beschattet sind. Neben der zumindest zeitweilig möglichen Temperaturerhöhung des Gewässers stellt nun die verstärkt einwirkende Sonnen- und Himmelsstrahlung für die Primärproduktion keinen begrenzenden Faktor mehr dar. Bei guter Nährstoffverfügbarkeit kann dies in nicht zu schnell fließenden Bereichen zu einem aus limnologischer Sicht unerwünscht kräftigen Pflanzenaufwuchs führen.

Die Zunahme der Phytomasse bedingt höhere Fließwiderstände – worauf sich in der Folge die Fließgeschwindigkeiten merklich verringern – und kann auf diese Weise einer Erwärmung des Gewässers Vorschub leisten. Meist kann ein durch die Wasserpflanzen bedingter höherer Wasserstand nicht hingenommen werden und es wird dann im Rahmen der Gewässerunterhaltung gekrautet und dadurch die Phytomasse aus dem Gewässerbett weitgehend entfernt.

Temperaturen Die veränderten Strahlungsverhältnisse, die durch Ausleitungen bedingte Abflussreduzierung im Fließgewässer (Restwasserstrecken), die Verringerung der Fließgeschwindigkeiten durch Aufstau sowie Kühlwassereinleitungen führen im Vergleich zu einem natürlichen Fließgewässer zu einer Erhöhung der Wassertemperatur bzw. der Temperaturamplitude im Tages- und Jahresgang. Das hat direkte Auswirkungen auf die Stoffwechselaktivitäten und andere Lebensprozesse der aquatischen Lebensgemeinschaften. Kleinere Fließgewässer sind gegenüber anthropogen bedingten Temperaturveränderungen sehr empfindlich, da diese aufgrund des geringen Wasservolumens nur über wenige Puffermöglichkeiten verfügen.

Die höheren Temperaturen bewirken eine geringere Sauerstoffaufnahmefähigkeit des Wassers und führen zusammen mit der vermehrten Einstrahlung und dem höheren Nährstoffangebot zu erhöhten Stoffwechselvorgängen. Zwangsläufig beschleunigen sich in der Folge die biochemischen Abbauprozesse und damit die Sauerstoffzehrung (Schwoerbel und Brendelberger 2013).

Wasserqualität, Gewässerbelastung Neben der Einleitung von Abwasser aus Haushalt und Gewerbe spielen in der freien Landschaft vor allem die vermehrten, meist diffusen, Einträge von Nährstoffen und zum Teil auch Pflanzenschutzmittel durch landwirtschaftliche Nutzungen im Einzugsgebiet und in den Auen eine nicht zu unterschätzende Rolle.

So bedingen Einleitungen von ungereinigtem oder nur unzureichend gereinigtem Abwasser (z. B. bei einer Kläranlage mit fehlender dritter Reinigungsstufe) zumindest abschnittsweise erhebliche chemische Veränderungen. Vor allem liegen die Phosphatkonzentrationen im Vergleich zu denjenigen eines natürlichen Fließgewässers um Größenordnungen höher. Auch von Ammonium, das natürlicherweise nur sehr geringe Konzentrationen aufweist, gelangen erhebliche Mengen direkt (und indirekt durch mikrobielle Ammonifikation) in die Vorfluter. Aber auch die Einleitung von gereinigtem Abwasser bringt eine deutliche Erhöhung der Nährstoffbereitstellung mit sich und führt zu Lebensbedingungen, die in einem vergleichbaren, natürlichen Fließgewässer, wenn überhaupt, erst weiter flussabwärts eintreten dürften.

Aus Einzugsgebieten mit Kahlschlägen, vor allem aber mit intensiver landwirtschaftlicher Nutzung werden anorganische Nährstoffe in die Fließgewässer eingetragen. Insbesondere Nitrate und Phosphate, aber auch indirekt Ammonium, fördern dann durch die Erhöhung der Nährstoffverfügbarkeit die Produktion an pflanzlicher Biomasse im Fließgewässer.

Bei ungünstigen Bewirtschaftungen in der Aue können diese Auswirkungen auf das Fließgewässer noch wesentlich verstärkt werden. Speziell beim Anbau von einjährigen Kulturen besteht meist über längere Zeit im Jahresgang kein Vegetationsschluss, d. h. kein ausreichender Erosionsschutz. In der Folge wird bei Starkregenereignissen oder Überflutungen die Ackerkrume abgetragen, die dann in vielen Fällen, möglicherweise noch angereichert mit Dünge- und Pflanzenschutzmitteln, wiederum in das Fließgewässer gelangt und dieses belastet. Dieser Effekt kann durch Verdichtung der Auenböden durch schwere landwirtschaftliche Maschinen oder durch unsachgemäße Ausbringung von Gülle noch weiter verstärkt werden.

Sauerstoff Der Sauerstoffhaushalt eines Fließgewässers kann durch anthropogene Einwirkungen wesentlich beeinflusst werden. So kann zum Beispiel bei einer verringerten Wasserturbulenz und bei höheren Wassertemperaturen weniger atmosphärischer Sauerstoff in Lösung gehen. Gleichzeitig kann sich die Primärproduktion (vor allem Makrophyten) durch fehlende Beschattung und vermehrtem Nährstoffdargebot wesentlich erhöhen. Dies führt neben dem Abbau von organischem Material aus Abwassereinleitungen zu weiteren sauerstoffzehrenden Vorgängen. Zurückzuführen ist dies auf die Zunahme von abgestorbenem Pflanzenmaterial aus der Primärproduktion. Diese Faktoren können während der Nachtstunden, in denen alle Systemkomponenten Sauerstoff verbrauchen und die sauerstofferzeugende Fotosynthese ruht, zu Versorgungsdefiziten führen. Die geringere Sauerstoffkonzentration bis hin zum zeitweiligen Sauerstoffminimum im Fließgewässer kann für empfindliche Arten zum limitierenden Lebensraumfaktor werden.

In Falle einer Veränderung der Sohlenbeschaffenheit (z. B. durch Sohlenbefestigung oder durch verstärkte Feinsedimentation) können im Interstitial aufgrund der dort dann sehr geringen Wasseraustauschraten anhaltend kritische Sauerstoffverhältnisse vorliegen, welche die Lebensgemeinschaften nachhaltig verändern.

3.2.6 Veränderung der biotischen Faktorenkomplexe

Walter Binder und Heinz Patt

Bei anthropogen veränderten Fließgewässern werden auch die biotischen Faktorenkomplexe beeinflusst. Dies betrifft vor allem die organischen Strukturen, die Durchgängigkeit und die Nahrungsketten.

Organische Strukturen

Totholzstrukturen werden in einem ausgebauten Gewässer im Hinblick auf einen ordnungsgemäßen Hochwasserabfluss nur in geringem Ausmaße toleriert. Die auf Totholz spezialisierten Lebensgemeinschaften sind deshalb in einem Großteil unserer Fließgewässer zumindest streckenweise verschwunden und mancherorts vom Aussterben bedroht.

In vielen, vor allem in kleineren, volldurchlichteten und eutrophen Fließgewässern können sich in der Vegetationsperiode dichte Bestände submerser und emerser Pflanzen entwickeln. In vielen Fällen kommt es dadurch zu unerwünscht hohen Wasserständen und zu einer verstärkten Sedimentation. Um dem entgegen zu wirken, wird im Rahmen der

Gewässerunterhaltung gekrautet, d. h. vorwiegend maschinell die Phytomasse aus dem Gewässer entnommen. Dabei werden nicht nur die Lebensgemeinschaften auf ein niedrigeres Entwicklungsniveau zurückversetzt, sondern es werden auch pflanzliche Strukturen für Aufwuchsorganismen entfernt und gleichzeitig eine beginnende Sohlenstrukturierung im regelmäßigen Turnus wieder nivelliert.

Die gesamte Strukturausstattung eines Fließgewässers zählt zu den Schlüsselfaktoren für Vorkommen und Verteilung einzelner Arten der aquatischen Fauna und Flora. Aus der Herabsetzung der natürlichen Strukturvielfalt resultieren deutliche Änderungen in der Zusammensetzung der Lebensgemeinschaften (Reduktionen von Artenzahl, Diversität, Dichte, Biomasse und Reproduktion).

Längs- und Quervernetzung, Durchgängigkeit

In ausgebauten Fließgewässern ist oftmals für ständig an das Wasser gebundene Organismen, wie zum Beispiel für Fische oder Mollusken, die Durchwanderbarkeit des fließenden Wasserkörpers durch Querbauwerke und Staubereiche verwehrt. Arten, die nur in einzelnen Lebensabschnitten (z. B. im Larvalstadium) andauernd fließendes Wasser benötigen und auch der Drift unterliegen, die aber als erwachsene (adulte) Tiere flugfähig sind, können über Ausbreitungsflüge (Dispersionsflüge) diese Querbauwerke überwinden und in flussaufwärts gelegenen Abschnitten ihren Lebenszyklus neu beginnen.

Fließgewässerstrecken nach Abwassereinleitungen oder mit ungenügendem Restwasserabfluss können zumindest qualitative Wanderhindernisse darstellen.

Oftmals ist auch das Interstitial ausbau- bzw. strukturbedingt nicht mehr durchwanderbar, sei es flussauf- oder flussabwärts, sei es in seitliche Uferbereiche oder in tiefere Schichten, so dass nicht nur die Durchgängigkeit im Längsverlauf unterbrochen, sondern auch die Durchgängigkeit im Querprofil nicht mehr gewährleistet ist. Dasselbe gilt für längere, naturfern befestigte und somit weitgehend strukturlose Ufer oder für intensiv genutzte Auen.

Aber auch die laterale Vernetzung von Fluss und Umland wird oftmals durch begradigte Nebengewässer (Zubringer), die zudem vielfach im rechten Winkel und über Abstürze in den Hauptfluss münden, unterbrochen und damit die Passierbarkeit für aquatische Organismen in die kleineren Nebengewässer unterbunden.

Die zusätzlich auftretenden Zerschneidungseffekte, zum Beispiel durch Ausbauten und Verkehrswege, bedingen fehlende oder zumindest stark eingeschränkte Migrationsmöglichkeiten. Aufgrund dieser Verinselungseffekte sind typische Populationen auf Dauer nicht überlebensfähig.

Nahrungskette

Durch die Gewässerausbauten und dem damit einhergehenden Strukturverlust ging in vielen Fließgewässern ein extremer Wandel der Lebensgemeinschaften einher. Am deutlichsten reagieren darauf die jeweils charakteristischen Zusammensetzungen der Ernährungstypen (Makrozoobenthos – s. Abschn. 2.3.3) und damit auch ein Großteil der Fischnährtiere. Wie sich Veränderungen im Oberlauf auf die Verteilung der Ernährungs-

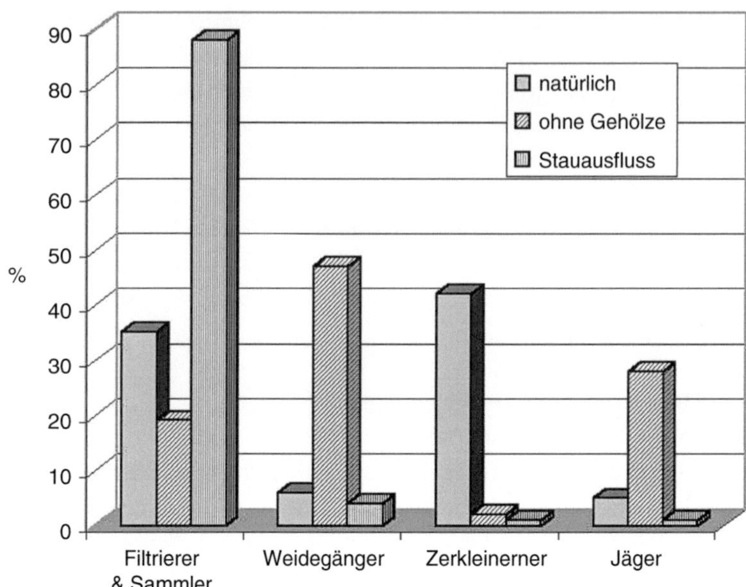

Abb. 3.46 Verteilung der Ernährungstypen (ohne Sedimentfresser) in Prozent in einem Oberlauf im Frankenwald im natürlichen Zustand, ohne Ufergehölze und in einer Ausflussbiozönose eines Aufstaus (verändert nach Steinberg 1987)

typen und damit auf die Nahrungskette auswirken können, zeigt beispielhaft Abb. 3.46. In anthropogen beeinflussten Fließgewässern können sich in den Oberläufen Charakteristika einstellen, die unter natürlichen Verhältnissen im Mittellauf oder erst im Unterlauf zu finden sind (Schumacher 1986).

Im amphibischen und terrestrischen Auenbereichen fehlen vielfach die typischen Lebensräume wieAuwälder, Altgewässer oder ephemere Kleingewässer und damit auch die entsprechenden Lebensgemeinschaften (Abb. 3.47). Somit kommen viele Tier- und Pflanzenarten in vom Menschen geprägten Fließgewässerlandschaften nur noch unterrepräsentiert vor oder fehlen ganz; und dies nicht zuletzt auch deshalb, weil wichtige Bindeglieder in der Nahrungskette fehlen.

3.2.7 Lebensräume und Lebensgemeinschaften

Walter Binder und Heinz Patt

Im vorhergehenden Abschnitt wurde dargestellt, wie der nutzende Mensch die natürlichen Lebensbedingungen der einzelnen Fließgewässerabschnitte durch Eingriffe und Belastungen abgewandelt hat. Lebensraumbestimmende Parameter wurden im Vergleich zu natürlichen Fließgewässern über weite Fließstrecken unnatürlich verändert. Nährstoff-

Abb. 3.47 Vielfach sind auf ehemaligen Auwaldstandorten nur noch Grasformationen zu finden (Foto: P. Jürging)

gehalt, Primärproduktion und Temperaturamplitude nehmen – generell gesehen – flussabwärts zu, während der Sauerstoffgehalt abnimmt.

Damit verlagern und durchmischen sich auch die typischen (verbliebenen) Lebensgemeinschaften der einzelnen Flussabschnitte. Eine fließgewässertypische Einteilung zum Beispiel nach Fischregionen bzw. Ernährungstypen ist somit in ausgebauten Strecken nur noch eingeschränkt, zum Teil überhaupt nicht mehr möglich (u. a. in Staubereichen). Zusätzlich verfälschen bestimmte Nutzungen, wie zum Beispiel die Fischerei durch Besatz, die Lebensgemeinschaften im Fließgewässer.

Wasserkörper

Durch die weitgehend fehlende ober- und unterirdische Gewässerdynamik, durch die nun häufigere Trockenheit der Auen und durch die nachfolgende Strukturarmut verschwanden viele auentypische Lebensräume. Parallel dazu nahmen vielerorts in den verbliebenen Restflächen wesentliche Lebensraumqualitäten durch die fehlende oder minimierte Gewässerdynamik bei gleichzeitiger Nährstoffanreicherung immer mehr ab.

Alle Standortveränderungen im Einklang mit Trennungs- und Verinselungseffekten sowie zeitweilige Störeffekte durch Freizeit- und Erholungsaktivitäten bedingen, dass ehemals reichstrukturierte Fließgewässerlandschaften mit ihren vielfältigen Pflanzen- und Tiergemeinschaften heute durch eine vergleichsweise große Artenverarmung gekennzeichnet sind. Diese Veränderungen der Lebensbedingungen betreffen sowohl das frei fließende Wasser, das Interstitial, die Ufer als auch die Auen mit ihren Auengewässern.

In ausgebauten Wasserläufen wurden die vormals reichhaltigen Strukturen weitgehend vergleichmäßigt und vereinheitlicht. Hochwasser fließen nur noch bei Extremereignissen außerhalb des Mittelwasserbettes ab. Zudem wurde der Lebensraum im freien Wasserkörper vor allem im Oberlauf durch die allgemein stärkere Durchlichtung und Erwärmung, die bereichsweise Herabsetzung der Fließgeschwindigkeiten und die erhöhte Verfügbarkeit von Nährstoffen verändert.

Deshalb sind in kaum geschiebeführenden Fließgewässern mit mittleren bis geringen Fließgeschwindigkeiten empfindliche, submerse Arten sehr selten geworden. Als Beispiel sei das Bunte Laichkraut (*Potamogeton coloratus*), ein Vertreter der kalkreichen Klarbach-Gesellschaften, erwähnt, das im Laufe der letzten Jahrzehnte zu einer Seltenheit geworden ist. Statt dessen dehnten sich in diesen Lebensräumen Arten aus, wie vor allem der Flutende Hahnenfuß (*Ranunculus fluitans*) und auch manche Wasserstern-Arten (*Callitriche spec.*), die in vielen unserer Flüsse und Bäche dominant auftreten (Abb. 3.48).

Abb. 3.48 Aufgrund der verfügbaren Nährstoffe breiten sich in Fließgewässern vielerorts Makrophyten aus, hier zum Beispiel der Wasserstern (*Callitriche spec*) (Foto: P. Jürging)

Dadurch kann es bereits im Oberlauf naturferner Fließgewässer, vor allem in gestauten Bereichen, zu erheblichen, unnatürlichen Verkrautungen kommen. Die Makrophytenbestände wirken sich zwar positiv auf die Strukturvielfalt aus, können aber auch den Abflussquerschnitt einengen. Bei einer massenhaften Entfaltung bewirken diese Verkrautungen eine Erhöhung des Wasserspiegels sowie in aller Regel dann auch einen erhöhten Unterhaltungsaufwand, wobei bei jeder Krautung nicht nur die Vegetationsstrukturen, sondern auch große Biomassen an Fischnährtieren entnommen werden.

Desgleichen können sich in überdüngten und voll besonnten Fließgewässern meterlange Wolken von Fadenalgen (u. a. *Cladophora glomerata*) bilden, die die Funktionen der Bettsedimente weitgehend ausschalten. Allerdings stellen diese Algenwatten mit ihren riesigen Oberflächen trotz allem bedeutende Strukturen und Lebensräume für viele Kleinstorganismen dar. Selbst in technisch ausgebauten Gewässern entwickelt sich in diesen Algenwolken eine enorme Biomasse an Fischnährtieren (Jungwirth et al. 2003).

Als Ausdruck des menschlichen Wirkens haben sich vielfach die klassischen Fischregionen in Richtung Oberlauf verschoben. Zudem hat sich die Fischartenzusammensetzung fast überall durch Besatz geändert. So ist zum Beispiel in den südlichen Donauzuflüssen der Aal erst durch den Menschen „heimisch gemacht" worden.

Sohle

Durch Unterbindung der Umlagerung, durch Befestigungen, durch Wasserentzug (u. a. bei Ausleitungen und Entnahmen) oder durch Verschließen des Interstitials mit feinsten Sedimenten, und damit geringerer Wasseraustauschrate, können die natürlichen Funktionen dieser Lebensräume nicht mehr voll wirksam werden (s. Abschn. 2.2.3). Hinzu kommt, dass zum Beispiel bei Hochwasser oder einem plötzlichen Schadstoffeintrag aufgrund der fehlenden Rückzugsmöglichkeiten nahezu die gesamte faunistische Besiedlung flächendeckend vernichtet werden kann. Es dauert dann vergleichsweise lange, bis eine befriedigende Wiederbesiedlung des Fließgewässers durch Makrozoobenthos-Organismen stattgefunden hat.

Die abgewandelten Lebensbedingungen des Sohlenbereiches verursachen zudem nicht nur eine Artenverschiebung (s. auch Abb. 3.49) bzw. Veränderung der faunistischen Zusammensetzung, sondern nehmen auch etlichen empfindlichen Arten weitestgehend ihre Existenzmöglichkeit. Als drastisches Beispiel für einen Artenrückgang sei hier nur auf den Schwund an Flussperlmuschelbeständen (*Margaritifera margaritifera*) in silikatisch geprägten Ober- und Mittelläufen hingewiesen, von denen nur noch sehr wenige und zudem fast ausschließlich überalterte Populationen existieren (Gumpinger 2003).

Wohl mit ausschlaggebend ist in diesem Zusammenhang auch der Rückgang guter Bachforellenbestände mit einer natürlichen Populationsstruktur, da diese Fischart im Lebenszyklus der Flussperlmuschel eine existenzielle Rolle spielt. Zusätzlich hat der Mensch durch Besatz für etliche Arten den Konkurrenzdruck erhöht und auch die Ver-

Abb. 3.49 Auf nährstoffreichen Kiesflächen dealpiner Umlagerungsstrecken kommen nur noch wenige Alpenschwemmlinge wie zum Beispiel das Barbara-Kraut (*Barbaraea vulgaris*) vor. (Foto: P. Jürging)

breitung von Krankheiten gefördert. Das wohl bekannteste Beispiel hierzu ist der Fluss- oder Edelkrebs (*Astacus astacus*), eines unserer markantesten Benthostiere, auf den sich neben den gewandelten Umweltbedingungen vor allem der gewachsene „Feinddruck" (u. a. durch den Aal, Kormoran, Reiher, Fischotter – siehe u. a. Jahrl 2001) und die Krebspest (durch den Einsatz nicht heimischer Krebsarten aus Übersee) negativ auswirkte.

Auch neueingewanderte oder eingebürgerte Tierarten (*Neozoen*) können die Zusammensetzung des Makrozoobenthos verändern (DWA-Merkblatt M 626-1 Neobiota – Auswirkungen und Umgang mit wasserwirtschaftlich bedeutsamen Tier- und Pflanzenarten – Teil 1: Grundlagen 2019a, DWA-Merkblatt M 626-2 Neobiota – Auswirkungen und Umgang mit wasserwirtschaftlich bedeutsamen Tier- und Pflanzenarten – Teil 2: Artensteckbriefe 2019b). So hat sich in vielen sommerwarmen, sandig bis schlammigen Fließgewässern die Wandermuschel (*Dreissena polymorpha*) verbreitet. Diese kann auch Hartsubstrate besiedeln und ist wohl in erster Linie auf Schiffsrümpfen eingeschleppt worden.

Ufer

In vielen ausgebauten, geschiebeführenden Flüssen reicht das Transportvermögen nicht mehr zu einer natürlichen Umlagerung des Bettmateriales aus. Hier ist die zyklische Entstehung von vegetationslosen Geschiebeablagerungen stark eingeschränkt. Auf den verbliebenen, aber nicht mehr umgelagerten Schotterbänken, Inseln und Ufern schreitet die Vegetationsentwicklung zu reiferen Gehölzbeständen (zum Teil stark mit Fichte durchsetzt) voran, mit dem Ergebnis, dass auentypische Pioniergesellschaften zunehmend seltener werden.

Sind in Flüssen des Alpenvorlandes (dealpin) Umlagerungsstrecken verblieben, dann mussten beispielsweise vielerorts konkurrenzschwache Alpenschwemmlinge, wie Alpen-Leinkraut *(Linaria alpina)* und Zwerg-Glockenblume *(Campanula cochleariifolia),* wegen höherer Nährstoffbelastung und vor allem auch aufgrund von Überlagerungen der Magerstandorte mit nährstoffreichen Feinsedimenten, hochwüchsigen Gräsern, wie Rohrglanzgras *(Phalaris arundinacea),* und Kräutern, wie Barbara-Kraut *(Barbaraea vulgaris* – s. Abb. 3.49), weichen. Auch finden hier gelegentlich Neophyten einen zusagenden Lebensraum.

Vor allem aus gewässerunterhaltungstechnischen Gründen werden in intensiv genutzten Bereichen oftmals keine Gehölzsäume an den Gewässern geduldet. In einigen Fällen, vor allem in den Hügelländern, verblieb aber noch ein galerieartiger Gehölzbestand entlang der Bäche und Flüsse. In diesen meist noch naturnahen Uferzonen stocken vorwiegend Schwarz-Erle *(Alnus glutinosa),* verschiedene Weidenarten (z. B. *Sailix alba, S. fragilis, S. viminalis*), Esche *(Fraxinus excelsior)* und mitunter auch die Traubenkirsche *(Prunus padus).*

Fehlende Uferstrukturen verursachen eine Reduzierung von strukturgebundenen Arten. Als Beispiel sei nur erwähnt, dass, wenn geeignete Ansitzwarten nicht mehr vorhanden sind, der Eisvogel *(Alcedo atthis)* oder die Wasseramsel *(Cinclus cinclus)* einen zum Nahrungserwerb wichtigen Teillebensraum verloren haben. Aber nicht nur fehlende Strukturen, sondern auch wiederholte Störungen, zum Beispiel Lärm oder längere Anwesenheit des Menschen, vertreiben angestammte Tiere auf Dauer aus ihrem Lebensraum (z. B. den Flussregenpfeifer – *Charadrius dubius*). Mitunter weisen derartige Fließgewässer an den Ufern, vor allem im Bereich von Mühlstauen, auch schmale, nahezu durchgehende Röhrichte auf, die aus für Fließgewässer untypischem Schilf *(Phragmites communis)* bestehen.

Bei größeren, schiffbaren oder schiffbar gemachten Strömen und Flüssen spielt auch der Wellensunk und -schwall bzw. der Wellenschlag am Ufer eine erhebliche Rolle. Vor allem die mechanische Belastung durch das Wasser hat vielerorts, unabhängig von durchgehenden Uferbefestigungen mit Wasserbausteinen, Flussröhrichten und den dort typischen Lebensgemeinschaften den Lebensraum genommen.

Ersatzgesellschaften An Fließgewässern, vor allem an den Ufern von Staubereichen, finden sich häufig nitrophile Röhrichte, wie zum Beispiel Zweizahngesellschaften. Auch den im Frühjahr oder Sommer im Gewässerbett auftauchenden Uferbänken, nicht zuletzt auch den Buhnenfeldern, werden immer noch reichlich Nährstoffe zugeführt, so dass diese nährstoffreichen Sonderstandorte oftmals von üppig wachsenden Stauden, beispielsweise von Knöterich- oder Flussmeldefluren, eingenommen werden.

In den höher gelegenen, weitgehend gehölzfreien Uferbereichen haben sich vielerorts nitrophile Ersatzgesellschaften etabliert. In aller Regel bestimmen hier nur schmale, oft lückige Säume von mehr oder weniger nährstoffliebenden Pflanzengemeinschaften aus Kräutern, Gräsern, und vor allem aus Hochstauden, das Bild. Diese bestehen fast ausschließlich aus Brennnesseln (*Urtica dioica* – Abb. 3.50). An Entwässerungsgräben und deren Vorflutern wird diese Situation noch verstärkt, wenn der unterhaltungsbedingte Mäh- und Räumgutaushub auf den Böschungen der Ufer abgelagert wird und auf diese Weise dem Gewässer wieder Nährstoffe im Übermaß zuführt werden. Mitunter gelangt bei nicht so nährstoffreichen Ufern auch Mädesüß *(Filipendula ulmaria)* zur Vorherrschaft, vorausgesetzt, es wird nicht zu oft gemäht.

Nach Ausbaumaßnahmen wurden die Ufer häufig mit Gehölzen bepflanzt. Früher wurden hierzu vielfach Hybrid-Pappeln verwendet, die aus landschaftsarchitektonischen Gründen alleeartig angeordnet wurden. Später erfolgte die Bepflanzung etwas gelockerter, wobei den standorttypischen Bäumen viele Sträucher, wie zum Beispiel Gewöhnliches Pfaffenhütchen *(Euonymus euro*paeus), Faulbaum *(Rhamnus frangula)* und Gewöhnlicher Schneeball *(Viburnum opulus),* beigemischt wurden.

Abb. 3.50 Oftmals breiten sich Säume aus Brennnesseln (*Urtica dioica*) an den Ufern als Ersatzgesellschaften aus (Foto: P. Jürging)

Neophyten Zu den sich auch an den Gewässern immer weiter ausbreitenden anspruchslosen Allerweltsarten *(Ubiquisten)* zählen heutzutage auch etliche invasive Neophyten, die mittlerweile in unseren Gewässerlandschaften vielerorts vertreten sind. Derartige Pflanzen stammen aus fremden Florengebieten und haben sich in zunehmendem Maße in unseren Breiten etabliert. Sie behaupten sich bevorzugt an Stellen, die durch menschliche Eingriffe entstanden sind, so eben auch entlang von Fließgewässern nach wasserbaulichen Ausbau- oder Unterhaltungsmaßnahmen.

Eine weitere Ursache für das vorzugsweise Vorkommen dieser Einwanderer sind schwankende Wasserstände sowie Hochwasser oder Wellenschlag (insbesondere wenn der Boden an Ufern abgetragen oder freigelegt wurde). Diese vegetationsfreien Flächen werden von den Neophyten nahezu konkurrenzlos zur Ansiedlung genutzt. Natürlich begünstigt auch die Drift von Samen und Pflanzenteilen die Ausbreitung dieser Pflanzen an den Fließgewässern.

Eine Auswahl von *Neophyten* zeigt Abb. 3.51a bis d. Zu den wichtigsten Neophyten unserer Flusslandschaften zählen der Japan-Knöterich (*Reynoutria japonica* – s. Abb. 3.51a), der Sachalin-Knöterich *(Reynoutria sachalinensis),* die Kanadische Goldrute *(Solidago canadensis* – s. Abb. 3.51b), die Späte Goldrute *(Solidago gigantea),* das Indische Springkraut (*Impatiens glandulifera* – s. Abb. 3.51c) und der Riesenbärenklau (*Heracleum mantegazzianum* – s. Abb. 3.51d), der auch Herkulesstaude genannt wird (Paulus 1997).

Die schnelle Ausbreitung der Neophyten entlang der Fließgewässer und das Fehlen von natürlichen Konkurrenten führen in der Folge zu einer Verdrängung der standorttypischen heimischen Flora. Angestammte Lebensgemeinschaften können auf diese Weise durch die Ausbreitung von Neophyten verändert bzw. verdrängt werden. Da derartige Veränderungen auch Auswirkungen auf die Fließgewässer- und Auenentwicklung haben, wird versucht, derartige Fehlentwicklungen im Rahmen der Gewässerunterhaltung (ggf. durch Bestandsregulierungen) zu korrigieren (s. auch Abschn. 3.3.4).

Wühltiere Neben den Neophyten haben sich an den Ufern der Fließgewässer aber auch einige „neue" Tierarten (*Neozoen*) breit gemacht. Die bekanntesten Beispiele hierfür sind der Bisam (*Ondatra zibethicus*) und die Nutria (*Myocastor coypus*). Diese Tierarten können durch ihre Wühlarbeit die Sicherheit von Ufer, Deichen und Dämmen gefährden (DVWK-Merkblatt 247 Biber, Bisam, Nutria 1997; DWA-Merkblatt M 608-1 Biber, Bisam, Nutria – Teil 1: Erkennungsmerkmale und Lebensweisen 2017; DWA-Merkblatt M 608-2 Biber, Bisam, Nutria – Teil 2: Technische Gestaltung und Sicherung von Ufern, Deichen und Dämmen, 2022b).

Fließgewässer und Auen bieten diesen Tierarten günstige Lebensräume, in denen sie unter anderem Störungen entgehen, Schutz vor Witterungsunbilden finden, Feinden entkommen, Jungtiere aufziehen und Nahrung finden können. Dies gilt auch für Gräben und ausgebaute Gewässerstrecken.

Abb. 3.51 Neophyten (Auswahl). **a** Japanknöterich (*Reynoutria japonica*), **b** Goldrute (*Solidago canadensis*), **c** Indisches Springkraut (*Impatiens glandulifera*), **d** Riesenbärenklau (*Heracleum mantegazzianum*) (Fotos: P. Jürging)

Zu diesen Wühltieren zählen nicht nur die semiaquatischen, d. h. ufergebunden lebenden Säugetierarten, wie Bisam (Ondatra zibethicus), Biber (*Castor fiber*) und Nutria (*Myocastor coypus*), sondern auch terrestrische Arten wie z. B. Maulwurf (*Talpa europaea*), Feldmaus (*Microtus arvalis*), Schermaus (*Arvicola terrestris*), Wanderratte (*Rattus norvegicus*), Wildkaninchen (*Oryctolagus cuniculus*), Fuchs (*Vulpes vulpes*) und Dachs (*Meles meles*) sowie Wildschwein (*Sus scrofa*)) (DWA- Merkblatt M 608-1 2022b Biber, Bisam, Nutria – Teil 1: Erkennungsmerkmale und Lebensweisen, 2017)

Bisam und Nutria Bisam und Nutria gelten bei uns mittlerweile als etablierte Neozoen, da sie sich über einen längeren Zeitraum in die Biozönosen angestammter Arten „eingegliedert" haben. Beide treten auch gemeinsam mit dem Biber am selben Gewässer auf; der Bisam wird häufig als Untermieter des Bibers angetroffen. Andererseits kann die Nutria dem Bisam gegenüber aggressiv auftreten und diesen punktuell verdrängen. Regional, insbesondere östlich der Elbe, wird der Bisambestand spürbar durch den Mink (*Mustela vison*) reduziert.

Biber Der eurasische Biber (*Castor fiber*) bewohnt als semiaquatisches Säugetier fließende und stehende Gewässer und deren Uferbereiche. Als größtes Nagetier Europas gilt der Biber als aktiver Landschaftsgestalter, der seine Umwelt im großen Umfang selbst verändern kann. Er gilt als eine Charakterart der großen Flussauen und Altgewässer. Er ist anpassungsfähig und besiedelt ebenso gut auch Gräben. Je nach Habitatausstattung beansprucht eine Biberfamilie (Eltern und Jungtiere aus 1 bis 2 Jahrgängen) ein bis fünf Kilometer Uferlänge.

Ursprünglich war der Biber fast überall in Europa heimisch. Durch Bejagung (u. a. wegen Fell, Fleisch, Bibergeil) und Vernichtung seines Lebensraumes wurde er bis auf wenige Vorkommen zurückgedrängt. Konsequenter Schutz und im verstärkten Maße Wiederansiedlungen nach dem Zweiten Weltkrieg haben zur Erholung der Bestände geführt. Heute ist sein Wiederausbreitungspotenzial vielerorts so groß, dass der Biber selbstständig geeignete Gebiete besiedeln kann.

Die heimische Unterart des Bibers, der Elbebiber (*Castor fiber albicus*), siedelt zu 95 Prozent in der Bundesrepublik Deutschland, beschränkt auf die Einzugsgebiete von Elbe, Oder, Peene und Warnow sowie das Spessartgebiet und das Saarland. Trotz positiver Bestandsentwicklung ist der auf 14.000 Tiere bezifferte Gesamtbestand in Deutschland nach wie vor bestandsbedroht und nur durch Aufrechterhaltung bestehender Schutzmaßnahmen zu sichern. Trotz seiner Ausweitung bis in das westliche Niedersachsen und südlich Schleswig-Holstein birgt seine inselhalfte Verbreitung die Gefahr, dass regionale oder lokale Populationen in ihrer Existenz bedroht werden können (s. auch Simon 2020).

In der Bundesrepublik Deutschland wird der Erhaltungszustand des Bibers, einer nach Bundesnaturschutzgesetz (BNatSchG) „streng geschützten Art", erfasst und bewertet. Der Biber ist im Anhang IV der Europäischen FFH-Richtlinie sowie in der Bundesartenschutzverordnung (BArtSchVO) aufgeführt. Danach ist es unter anderem verboten, ihm nachzustellen, ihn zu töten, seine Wohn- und Zufluchtsstätten zu beschädigen oder zu zerstören. Außerdem gehört er gemäß Anhang II der FFH-Richtlinie zu den Tierarten von gemeinschaftlichem Interesse, für die besondere Schutzgebiete auszuweisen sind.

Auen

Die flussbegleitenden Auwälder in der freien Landschaft weisen nur noch wenige intakte Bestände auf. Die meisten natürlichen, Nässe und Dynamik vertragenden Lebensgemeinschaften, wurden im Laufe der Zeit durch anthropogen bedingte Ersatzgesellschaften abgelöst, so dass in den „Restlebensräumen" vorwiegend Allerweltsarten (*Ubiquisten*) dominieren (Abb. 3.52).

An größeren, ausgebauten Gewässern finden sich oftmals auf den Dämmen, Deichen und auf den Vorländern nur noch rasenartige Vegetationsbestände, die regelmäßig im Rahmen der Gewässerunterhaltung gemäht oder/und beweidet werden. Dabei haben sich gelegentlich auf nährstoffarmen Standorten schützenswerte Magerrasen ausgebildet.

Degradierte Auwälder und Forste Sind in den Auen noch Auwaldreste vorhanden, so überwiegen, im Gegensatz zu früher, meist hartholzartige Bestände. Diese stocken heute vielerorts lediglich deshalb an der Stelle von ehemaligen Weiden- und Erlenauen, weil die Wasserspiegellagen absanken und die häufigen Überschwemmungen ausblieben.

Abb. 3.52 Anstelle einer Weichholzaue stocken hier im Vorland in „Reih und Glied" hochwassergerecht aufgeastete Hybrid-Pappeln (Foto: P. Jürging)

Ehemalige Weichholzauen werden, wenn die Überschwemmungen ausbleiben, wegen der Durchlässigkeit ihres in der Regel feinerdearmen Bodens sehr trocken, so dass sich letztlich Kiefernwälder oder auch Birken-Eichenwälder entwickeln. Meist sind aber, wenn überhaupt noch Wälder längs der Flüsse existieren, diese forstlich mehr oder weniger stark übergeprägt, zum Beispiel mit Hybrid-Pappel-Kulturen (Abb. 3.52). Mitunter finden sich auch noch Zeugen alter Nutzungsformen, zum Beispiel von Kopfweiden- und Niederwaldnutzung.

Viele Wälder, die noch in den Auen stocken, sind Forste, also künstlich begründet. Diese Bestände sind oft durch standortuntypische oder gebietsfremde Baumarten (z. B. Balsam- oder Kanada-Pappel) oder Bestände mit standorttypischen Baumarten in Reinkultur, zum Beispiel Laubholzforste aus Esche, Erle oder Silberweide, charakterisiert. Oftmals finden sich auch Nadelholzforste mit Fichten, die generell als Reinkultur auf Auenstandorten nicht als standorttypisch angesprochen werden können.

Wiesen Dort wo Entwässerungsmaßnahmen in den Auen früher nicht möglich waren, blieben Nasswiesen als *„saure"* Wiesen von einer intensiveren Nutzung und Düngung ausgenommen. Anspruchslose Sauergräser und Binsen von niedrigem Futterwert bestimmten weithin das Bild der Auenlandschaft. Bei sinkenden Grundwasserständen und besserem Nährstoffangebot, und damit einer intensiveren Bewirtschaftung, gingen die Nasswiesen schrittweise in Feuchtwiesen über und immer mehr Arten der Wirtschaftswiesen etablierten sich. Vor allem bei Basenreichtum schoben sich wüchsigere Arten wie zum Beispiel Kohldistel *(Cirsium oleraceum)* und Wiesen-Fuchsschwanz *(Alepecurus pratensis)* in den Vordergrund.

Sind diese Feuchtwiesen ausreichend groß, so können Tierarten offener Feuchtlandschaften einen zusagenden Lebensraum finden, zum Beispiel Wiesenbrüter, wie der Große Brachvogel *(Numenius numenius)*. Bestehen für derartige Fließgewässerlandschaften Revitalisierungsabsichten in Richtung Dynamik und Auwaldentwicklung, so sind Konflikte mit dem Naturschutz zwangsläufig vorprogrammiert (s. Abschn. 4.2.3).

In jüngerer Zeit werden Feuchtwiesen mitunter nicht mehr genutzt und es stellen sich eutrophe Feuchtbrachen ein. Der immer noch vorhandene Nährstoffreichtum fördert bei ausbleibender Mahd die Ausbreitung von Hochstauden und konkurrenzkräftigen Gräsern, zum Beispiel Rasenschwiele *(Deschampsia caespitosa)* und allen voran Schilf *(Phragmites communis)*. Haben sich diese einmal ausgebreitet, ist das Aufkommen von Gehölzkeimlingen äußerst schwierig und eine Wiederbewaldung kann, wenn überhaupt, nur in Jahrzehnten, und dies nur von den Rändern oder von Strauchinseln aus, erfolgen.

Ackerbau Speziell in den Nachkriegszeiten wurden viele Auen im Hinblick auf eine ackerbauliche Nutzung melioriert. Kurz darauf setzte der Siegeszug des Maisanbaus ein, der heute weite Teile unserer Auen einnimmt. In diesen einförmigen Lebensräumen, in denen praktisch kaum noch eine auentypische Vernetzung möglich ist, wurden im Prinzip alle angestammten Arten verdrängt.

Werden Äcker in der Aue nicht mehr bewirtschaftet, so stellen sich auf diesen nährstoffreichen Böden schnell Brachen mit ausdauernden Stauden ein. Die zunächst vorwiegend niedrigwüchsigen Ackerwildkräuter, wie zum Beispiel der Löwenzahn *(Taraxacum officinale)*, werden bald von hochstrebenden Arten mit großem Ausbreitungsvermögen, wie zum Beispiel von Ackerkratzdistel *(Cirsium arvense)* sowie von Goldruten-Arten und anderen Neophyten, abgelöst, die dann über viele Jahre das Vegetationsbild beherrschen können. Es dauert etliche Jahrzehnte bis derartige Staudenformationen von Holzgewächsen durchsetzt werden und man im Laufe der Zeit von einem Vorwald sprechen kann.

Auengewässer

Zu den Auengewässern zählen neben den im Kap. 2 bereits angesprochenen Auenbächen und Altgewässern, also den Altarmen und Altwassern naturnaher Auen (s. Abschn. 2.2.3) – auch anthropogen bedingte Qualmgewässer und Totarme sowie zeitweilig wasserführende Kleingewässer und künstliche Gewässer (z. B. Entwässerungsgräben und Grundwasserseen der Kiesgewinnung).

Altgewässer Vor allem in den Auen der Flussunterläufe kamen zu den natürlich entstandenen Altgewässern im Zuge der klassischen Gewässerausbauten aufgrund von Flussbegradigungen unnatürlich viele, künstlich abgeschnittene Flussschlingen (Altgewässer) hinzu (s. auch DWA-Merkblatt M 607 Altgewässer – Ökologie, Sanierung und Neuanlage 2021a; Patt und Städtler 2009; Patt et al. 2009; Patt 2018).

Durch die Eindeichung von Fließgewässern verblieben binnendeichs oftmals ehemalige Flussschlingen, sogenannte Qualmgewässer und Totarme. Die Qualmgewässer sind zwar von den Überschwemmungen des Flusses abgeschnitten, haben aber in vielen Fällen unterirdisch, über das Grundwasser, mit dem Wasserregime des Fließgewässers noch Kontakt. Totarme sind ökologisch betrachtet keine Altgewässer, weil sie ganzjährig weder unterirdisch noch oberirdisch mit dem Wasserregime des Flusses korrespondieren. Sie haben aber die ökologischen Eigenschaften von Teichen und sind dementsprechend keinesfalls ein „toter Lebensraum".

Im Laufe der Zeit verschwanden ein Großteil der natürlich oder künstlich entstandenen Altgewässer durch Nutzungen, Verfüllungen und/oder durch Auf- und Verlandungsprozesse. Letztere können bei einem zusätzlichen Nährstoffeintrag durch den nutzenden Menschen beschleunigt ablaufen. Gleichzeitig kann dieser Prozess auch noch durch sinkende Wasser- und Grundwasserspiegel eine indirekte „Förderung" erfahren, zum Beispiel bei Grundwasserabsenkungen in der Aue (Abb. 3.53).

In und an den wenigen noch vorhandenen Altgewässern verändern Nutzungen die Lebensräume und damit die Lebensgemeinschaften erheblich. Zu den bedeutendsten Nutzungen zählen als Einzelnutzung oder in unterschiedlichen Kombinationen: Fischerei, Jagd, Freizeit und Erholung, Vorflut, Wasserentnahme, Landwirtschaft, Ablagerungen, Verfüllung und Bodenabbau. Deshalb kann der Rest der bis heute in den Auen verbliebenen Altgewässer seine ökologischen Funktionen meist nur noch sehr eingeschränkt erfüllen.

Abb. 3.53 Durch Flusskorrektion und damit abgesunkenem Grundwasserstand trockengefallenes Altgewässer (Foto: P. Jürging)

Aufgrund dieser Entwicklungen fehlen heute natürliche oder naturnahe Altgewässer in fast allen Flusslandschaften oder stellen Mangelbiotope dar. Das ist umso gravierender, da viele Fließgewässerarten, nicht zuletzt aufgrund der meist ausbaubedingt im Fluss fehlenden Lebensräume, auf Altarme, unter anderem zum Laichen oder als Kinderstube, aber auch als Rückzugsraum angewiesen sind (z. B. bei Hochwasser).

Altgewässer können heutzutage in unserer Kulturlandschaft wegen der fehlenden, bettgestaltenden Fließgewässerdynamik nur noch in Ausnahmefällen neu entstehen. Die vielerorts in den Auen entstandenen Kiesweiher und -seen können nur in seltenen Fällen als „neue Altgewässer" bezeichnet werden, da sie in ihrer Morphologie in der Regel stark vom Relief entsprechender ehemaliger Flussschlingen, zum Beispiel im Hinblick auf die Wassertiefe und die Bettgestalt, abweichen.

Auenbäche Viele Auebäche verlaufen meist begradigt und voll besonnt in landwirtschaftlich genutzten Flächen. Auch kennzeichnen häufig kleinere Staubereiche diese ehemaligen Auengewässer, so dass diese – insgesamt gesehen – ihre früheren ökologischen Funktionen nicht mehr voll erfüllen können. Ein weiteres Problem ist, dass die Auenbäche oft im rechten Winkel und, aufgrund von Sohleneintiefungen im Hauptgewässer, inzwischen mit einem erheblichen Höhenunterschied in die Hauptgewässer einmünden. Häufig finden sich in den Mündungsbereichen Abstürze oder andere von Wasserorganismen unüberwindbare Sohlenbauwerke. Damit ist biologisch gesehen ein Anschluss dieser Auenbäche an den Fluss im Sinne einer Durchgängigkeit (Fließgewässerkontinuum) oft nicht mehr gegeben.

Zeitweilige wasserführende Kleingewässer Diese wichtigen Bindeglieder in Auenökosystemen (z. B. für die Nahrungskette) sind in unseren heutigen Auen, vielleicht mit Ausnahme einiger verdichteter Stellen, wie zum Beispiel Fahr- oder Rückespuren, weitestgehend verschwunden. Die Gründe liegen auf der Hand: Vorwiegend ebene Flächen, zu tief liegende Grundwasserspiegel und keine oder nur noch sehr seltene Überschwemmungen. Alles dies sind Faktoren, die jeder für sich alleine schon das Entstehen von Kleingewässern verhindern können. Mit dem Rückgang dieser periodisch wasserführenden Stillgewässer sind auch viele Tierarten, die an diese speziellen Lebensbedingungen angepasst sind, wie zum Beispiel die Krebsart *Triops cancriformis* heute vom Aussterben bedroht.

Künstliche Gewässer Neben den Nassbaggerungen wurden in Auen (vor allem im Flachland) nutzungsorientiert zusätzlich künstliche Gewässer, wie zum Beispiel Kanäle oder Entwässerungsgräben, zum Teil auch deren Vorfluter, neu geschaffen. Aufgrund der gewandelten Situation in den Talniederungen sind diese künstlichen Gewässer in einer ansonsten oft ausgeräumten Kulturlandschaft mitunter die einzigen Habitate, die eine, wenn auch nur bescheidene, Entwicklungsmöglichkeit für Gewässerorganismen bieten und damit auch für den Artenschutz von Bedeutung sein können.

Diese künstlichen Fließgewässer würden sich ohne entsprechende Unterhaltungsmaßnahmen im Laufe der Zeit durch Ver- und Auflandungsprozesse (natürliche Sukzession) wieder zu terrestrischen Standorten entwickeln. Wenn diese künstlich ausgebauten Fließgewässer aber die ihnen zugedachten, nutzungsorientierten Funktionen auf Dauer erfüllen sollen, muss der Mensch immer wieder in die, oft relativ rasch einsetzende, eigendynamische Entwicklung der Lebensräume und der Lebensgemeinschaften im Rahmen der Unterhaltung regulierend eingreifen (s. auch Abschn. 3.2.8 und Abb. 3.54).

Flussstaue Bei ausreichendem Gefälle wurden vor allem an Mittel- und Unterläufen Flussstaue, zum Beispiel zur Wasserkraftnutzung und als Maßnahme gegen Sohleneintiefungen, errichtet. Die dadurch entstehenden Staubereiche stellen einen erheblichen Eingriff in das Ökosystem Fließgewässer dar, da Flussstaue fast das ganze Jahr über in wesentlichen Bereichen Stillgewässern gleichen, während sie bei Hochwasser zu Fließgewässern werden. In solchen aquatischen Lebensräumen können sich fast keine typischen Fließgewässerarten oder charakteristische Stillwasserarten über längere Zeiträume hinweg entwickeln. Deshalb werden Stauräume fast ausschließlich von Allerweltsarten *(Ubiquisten)* besiedelt, die eine entsprechend breite ökologische Amplitude besitzen (Jürging 1987 und 1995).

In jüngerer Zeit wurde – im Gegensatz zu älteren Flussstauen – der Gestaltung der Staubereiche auch im Hinblick auf ökologische Zielsetzungen besondere Aufmerksamkeit geschenkt. Für unvermeidbare Flächenverluste wurde im Rahmen von Ausgleichs- und

Abb. 3.54 An der Stützkraftstufe Landau a.d. Isar wurden als Ausgleichs- und Ersatzmaßnahmen vielfältige Lebensräume geschaffen (Foto: P. Jürging)

Ersatzmaßnahmen versucht, neue Lebensräume anzulegen, um auf diese Weise die Entwicklung artenreicher Lebensgemeinschaften im und am Wasser zu fördern.

Dies wurde zum Beispiel an der Unteren Isar (BayLfW 1991) durch Erdanschüttungen im und am Flussstau für Flachwasserzonen als Standort für Röhrichte, durch grundwassernahe Landflächen zur Eigenentwicklung von weich- und hartholzähnlichen Beständen und durch die Anlage nährstoffarmer Damm- und Deichböschungen für Magerrasen, erreicht (Abb. 3.55). Darüber hinaus wurden spezielle Standorte angelegt, zum Beispiel Tümpel für Amphibien, Steilwände für Uferschwalbe *(Riparia riparia)* und Eisvogel *(Alcedo atthis)* sowie Kiesinseln für kiesbrütende Vögel, wie zum Beispiel den Flussregenpfeifer (*Charadrius dubius*).

In den ersten Jahren nach der Fertigstellung, nachdem die Baumaschinen in Teilbereichen praktisch eine Flusslandschaft wie nach einem extremen Hochwasser hinterlassen haben, fanden vor allem typische Pionierarten einen zusagenden Lebensraum. Mittelfristig betrachtet war das Ergebnis selbstverständlich keine naturnahe, dynamische Flusslandschaft. Aber nahezu ungestörte Lebensräume in dieser Größenordnung sind in unserer ansonsten intensiv genutzten Kulturlandschaft Mangelware und deshalb trotzdem von großer Bedeutung für den Naturhaushalt.

Abb. 3.55 Unsachgemäßes Krauten mit einem Mähkorb kann die Sohlenstruktur und das Ufer beschädigen (Foto: P. Jürging)

3.2.8 Fließgewässerunterhaltung

Heinz Patt

Alle Unterhaltungsarbeiten am Fließgewässer sorgen dafür, dass die – im Vergleich zu natürlichen Gewässern – mehr oder weniger ausgeprägte künstliche Uniformität der Lebensräume immer wieder neu hergestellt wird. Somit unterbindet nahezu jede mechanische Unterhaltungsmaßnahme die Weiterentwicklung der Pflanzen- und Tiergemeinschaften im und am Gewässer. Vor allem bedeutet die Entnahme pflanzlicher und tierischer Biomasse einen Eingriff in die Nahrungsketten und damit in das gesamte Ökosystem Fließgewässer. Dieser Effekt wird noch verstärkt, wenn die Strukturen der Gewässersohle und der Ufer gestört oder im Extremfall nivelliert werden (Patt, 2018).

Zu den *regelmäßigen Unterhaltungsmaßnahmen* gehören vor allem das Freihalten des notwendigen Abflussprofils bzw. die Wiederherstellung der hydraulischen Leistungsfähigkeit, die Gehölzpflege, die Beseitigung von Schäden am Gewässer und die Unterhaltung von Bauwerken und Wegen. Ein Teil dieser Arbeiten fällt regelmäßig im Jahresgang an, andere nur bei Bedarf, also unregelmäßig.

Regelmäßige Unterhaltungsmaßnahmen
Zu den regelmäßigen Unterhaltungsarbeiten zählt vor allem die maschinelle Gewässerunterhaltung, die im Wesentlichen das Mähen von Vorländern und Böschungen sowie das Krauten im Gewässerbett umfassen (s. DWA-Merkblatt M 610 – Neue Wege der Gewässerunterhaltung – Pflege und Entwicklung von Fließgewässern 2010; DWA-Merkblatt M 611 – Fluss und Landschaft – Ökologische Entwicklungskonzepte 2013; DVWK-Merkblatt M 224 – Methoden und ökologische Auswirkungen der Gewässerunterhaltung 1992).

Mähen Das Mähen des Aufwuchses und das Entfernen des Mähgutes sind vielerorts die umfangreichsten Unterhaltungsarbeiten, die im Allgemeinen mehr als einmal im Jahr erforderlich sind. Bei einer regelmäßigen Mahd der Uferböschungen, Vorländer und Bermen bleibt die hydraulische Leistungsfähigkeit erhalten und das Aufkommen von Gehölzen, die den Abfluss behindern, wird zwangsläufig unterbunden. Gleichzeitig wird die Sedimentation von Feststoffen, vor allem in den unteren Böschungsbereichen, verringert. Wichtig ist auch, dass eine regelmäßige Mahd eine Verfestigung der Grasböschungen durch intensive Durchwurzelung fördert.

Das Mähen bedeutet für die ein Fließgewässer begleitenden Gräser, Hochstauden und Röhrichte im wahrsten Sinne des Wortes einen einschneidenden Eingriff und sollte stets neu überdacht werden, da dabei die natürliche Entwicklung immer wieder unterbrochen wird. Dadurch wird ein wesentlicher Teil der Phytomasse aus dem System entfernt und die Entwicklung um mindestens eine Entwicklungsstufe zurückversetzt. Gleichzeitig wandeln sich schlagartig etliche den Lebensraum bestimmende Einflussgrößen, beispielsweise das gesamte Mikroklima. Zudem wirkt eine regelmäßige Mahd selektiv auf die Zusammensetzung der Pflanzenarten, d. h. viele Kräuter können sich aufgrund fehlender Samenreife nicht mehr reproduzieren, während schnittverträgliche oder rosettig wachsende Pflanzen durch die abnehmende Konkurrenz und den erhöhten Lichtgenuss gefördert werden.

Röhrichtsäume können unter einer mehrfachen Mahd sehr leiden. Das gilt insbesondere für Schilfröhrichte, wenn Wasser während der Vegetationsperiode wiederholt in die luftgefüllten Schilfhalme eindringt und dadurch die Wurzeln *(Rhyzome)* von innen vernässen. Letztlich führt dies zu einem Absterben der Pflanzen.

Entsprechend empfindlich reagieren auch alle Tiere, die zum Schnittzeitpunkt auf diese Lebensräume als Deckungs-, Nahrungs-, Schatten- oder Fortpflanzungshabitate angewiesen sind. Nur für wenige Tierarten offener Feuchtlandschaften ist ein spätes Mähen (frühestens nach Mitte Juni) von Vorteil. Dazu zählen vor allem Wiesenbrüter wie beispielsweise der Große Brachvogel *(Numenius arquata)*.

Krauten Unter Krauten werden der Schnitt und das Entfernen von meist submerser Vegetation aus dem Fließgewässer verstanden. Gekrautet wird zur Gewährleistung der Vorflut, d. h. um einen Anstieg der Wasserstände zu verringern, zum Teil aber auch, um eine Verlagerung der Strömung zu verhindern. Das Schnittgut wird aus Gründen der Gewässergüte, vor allem wegen der Gefahr einer Krautwalzenbildung und einer Versetzung an Querbauwerken aus dem Abflussprofil entfernt.

Beim Krauten im Gewässer – ähnlich wie beim Mähen – treten vergleichbare Auswirkungen auf, jedoch werden nicht nur Pflanzen mit ihren Aufwuchsorganismen aus dem Gewässer entfernt, sondern zusätzlich freischwimmende Tiere und zum Teil auch Bewohner der Gewässersohle. Auch kann bei einem unsachgemäßen Einsatz von Maschinen, zum Beispiel des Mähkorbes die Sohlenstruktur wiederkehrend zerstört (s. Abb. 3.55) und der Wasserchemismus verändert werden.

Unregelmäßige Unterhaltungsarbeiten

Zu den *unregelmäßig wiederkehrenden Unterhaltungsmaßnahmen* zählen u. a. die Räumung des Abflussquerschnitts, die Gehölzpflege sowie ggf. Instandsetzungsarbeiten nach Hochwasser, Eisgang und anderen Extremereignissen.

Räumung Die Entfernung von Sedimenten (Kies, Sand, Schlamm) aus dem Abflussprofil, im Wesentlichen also die Entsandung und Entschlammung, wird als Räumung bezeichnet. Das Räumen stellt im Vergleich zum Mähen oder Krauten den gravierendsten Eingriff und somit den größten Verlust an Lebensräumen und Individuen dar. Es werden nicht nur Pflanzen und Tiere dem System entnommen, sondern in der Regel auch die obere Sohlenschicht und die Ufer wieder profilgerecht hergerichtet. Dadurch werden die Sohlenstrukturen (*Interstitial*) und die Ufer als Lebensraum verändert bzw. zerstört. Vor allem in Gewässern mit Kiessohlen existiert nach der Räumung wesentlich weniger Interstitial und geeignetes Laichsubstrat. Meist werden bei diesen Unterhaltungsarbeiten die verbleibenden Lückenlebensräume zusätzlich mit Schwebstoffen „zusedimentiert".

Bei einer Räumung wird zwangsläufig auch *Totholz* aus dem Gewässer entfernt. Ein ausreichender Anteil an Totholz ist jedoch ein wesentliches Element bei der Strukturierung der Fließgewässer und trägt zudem dazu bei, dass sich die Vielfalt der Biotopstrukturen beträchtlich erhöht. Jede Räumung bedeutet daher gewässermorphologisch und ökologisch eine Zurückstufung um mehrere Entwicklungsstufen, da nahezu alle gewachsenen Strukturen entfernt bzw. vereinheitlicht werden.

Gehölzpflege Gehölzpflegeeinsätze werden aus Gründen der Abflusssicherung, der Gefährdung der Verkehrssicherheit oder wegen eines zu dichten Kronenschlusses des vorhandenen Baumbestandes durchgeführt. Ein zu dichter Kronenschluss kann zur Folge haben, dass sich die Gehölze übermäßig in die Breite entwickelt haben und es zu nachbarlich störenden Entwicklungen kommt, der Gehölzunterwuchs abgestorben ist, im Innern der Baumbestände lediglich ein stangenholzartiger dünner Aufwuchs anzutreffen ist oder die Gehölze an Vitalität verlieren.

Instandsetzungsarbeiten Mitunter fallen nach wetterbedingten Ereignissen (z. B. Hochwasser, Sturm, Eisgang, Treibgutanfall) zusätzliche Unterhaltungsmaßnahmen an, um einen möglichst ungehinderten Wasserabfluss zu gewährleisten. Diese Form der Fließgewässerunterhaltung umfasst eine verstärkte Kontrolle an bekannten Versetzungspunkten und die Beseitigung von neu entstandenen, nicht tolerierbaren Abflusshindernissen, wie zum Beispiel umgestürzten Bäumen, *Treibgutansammlungen* und Eisversetzungen.

Die teilweise *Verlegung des Abflussquerschnittes* durch *Treibgut* kann in einem breiten Fließabschnitt vollkommen unproblematisch sein, aber bei einer Verfrachtung an nachfolgenden Engstellen (z. B. Durchlässen, Verrohrungen, Brücken) eine Verlegung (*Verklausung*) des Abflussquerschnittes bewirken. Damit sind oft erhebliche Gefahrensituationen und Schäden verbunden. Gleiches gilt auch für Wasserkraftanlagen, wo das Verlegen der Einlaufrechen zu erheblichen Problemen führen kann (s. Abb. 3.56a,b).

Generelle Auswirkungen der mechanischen Unterhaltung

Die mechanische Unterhaltung wirkt sich umso gravierender auf die Lebensräume und deren Lebensgemeinschaften aus, je häufiger im Rahmen der Unterhaltung in ein Gewässer eingegriffen wird, weil dadurch die Lebensgemeinschaften umso stärker beeinflusst und geprägt werden. Dabei verlieren die Biozönosen mit steigender Unterhaltungsintensität ihre natürliche Stabilität, die entscheidend von der Konstanz der Milieubedingungen bestimmt wird.

Gleichzeitig setzen verstärkt Selektionseffekte ein. Das Arteninventar wird nun nicht mehr durch natürliche Milieufaktoren geprägt, sondern in zunehmenden Maße durch Selektionswirkungen spezifischer, wiederkehrender Unterhaltungsmethoden. Eine steigende Artenverarmung ist die zwangsläufige Folge. Trotzdem sind derartige Fließgewässer, aber auch Grabensysteme, in intensiv genutzten Auen nicht selten die letzten, wenn auch nur sehr bescheidenen Rückzugsareale für etliche Tier- und Pflanzenarten. Derartige Systeme spielen daher als Vernetzungselemente bei einer Wiederbesiedlung eine wichtige Rolle.

Den Einfluss der mechanischen Gewässerunterhaltung auf die Lebensgemeinschaften zeigt grob vereinfacht die Abb. 3.57a,b. Würde ein Fließgewässer ausgebaut und anschließend nicht mehr mechanisch unterhalten werden, dann würde es zunächst eine Primärphase mit einer erhöhten Produktion an Biomasse durchlaufen, d. h. eine Massenentwicklung von wenigen Pionierarten aufweisen. Im Laufe der Zeit würden sich durch zunehmende Konkurrenz und durch allmähliches Einwandern spezialisierter Arten die Lebensgemeinschaften zu einem relativ stabilen System mit einem hohen Selbstregulierungsvermögen entwickeln, wobei die Biomasse im Vergleich zur Primärphase wesentlich geringer wäre (s. Abb. 3.57a).

Wird dagegen, was in der Regel der Realität entspricht, ein ausgebautes Fließgewässer regelmäßig und intensiv unterhalten, wird diese Entwicklung ständig in oder zu Ende der ersten Phase der verstärkten Primärproduktion, d. h. der Massenentwicklung weniger Arten, durch Entnahme der Biomasse unterbrochen. Dadurch muss die Entwicklung der

Abb. 3.56 Treibgutansammlungen erhöhen die Strukturvielfalt, können jedoch auch Schäden verursachen, **a** Bei ausreichendem Platz ist eine Treibgutansammlung in der Regel unproblematisch, **b** An Engstellen kann die Abflussleistung eines Querschnitts erheblich reduziert werden. Durch das Entstehen lokaler Kolke können Fundamente unterspült werden. (Fotos: H. Patt)

a

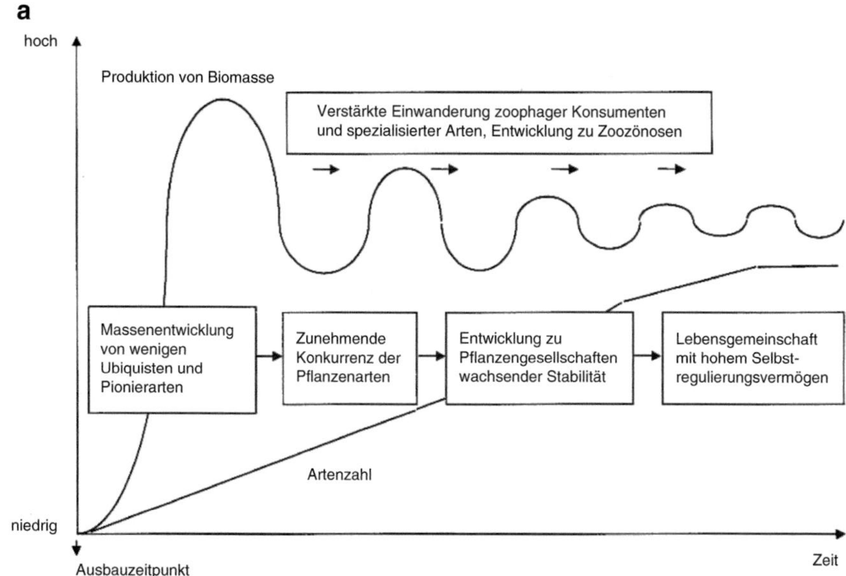

b

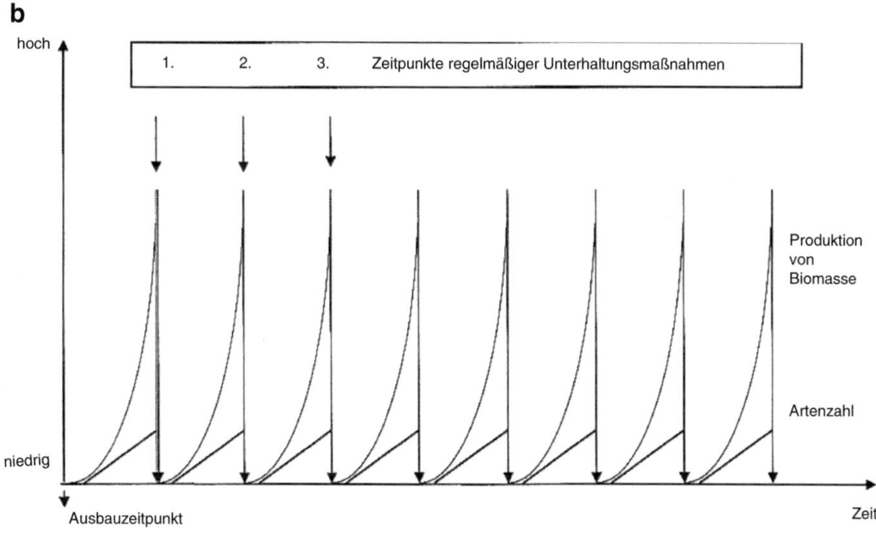

Abb. 3.57 Reaktion einer Fließgewässerbiozönose auf Ausbau ohne und mit regelmäßiger Unterhaltung. **a** Ungestörte Entwicklung eines Fließgewässers nach dem Ausbau ohne spätere Unterhaltung. **b** Entwicklung eines Fließgewässers nach dem Ausbau mit regelmäßig wiederkehrenden Unterhaltungsmaßnahmen, die eine Entwicklung immer wieder zurückwerfen (Jürging 1999; verändert nach Dahl und Hullen 1989)

Lebensgemeinschaften zwangsläufig immer wieder von vorne beginnen. Durch die stetig wiederkehrende Unterbrechung der Sukzession kann sich keine stabile Lebensgemeinschaft mit einen hohen Selbstregulierungsvermögen entwickeln (s. Abb. 3.57b).

Diese hier nur vereinfacht dargestellten Auswirkungen können im Detail sehr unterschiedlich sein. So kann zum Beispiel die Wirkungsweise des jeweils verwendeten Gerätes unterschiedliche Beeinträchtigungen nach sich ziehen. Dasselbe gilt für zeitliche Aspekte, wie zum Beispiel den Zeitpunkt der Arbeiten im Jahresgang oder die Zeitintervalle zwischen den Unterhaltungsmaßnahmen.

Auch spielen die Arbeitsweisen vor Ort, die Arbeitsrichtung und nicht zuletzt die individuelle Gerätebedienung eine nicht zu unterschätzende Rolle.

Einfluss von Unterhaltungsmaßnahmen auf Biber, Bisam und Nutria

Aus ökologischer Sicht hat die Anwesenheit des Bibers im Ökosystem positive Auswirkungen auf Wasserhaushalt, Wasserrückhaltung, Fließgewässerdynamik und die Biodiversität. Dem Biber kommt somit eine Schlüsselfunktion zu. Er sorgt für ein strukturreiches, naturnahes Umfeld, das die Bedingungen für eine Vielzahl von bedrohten und geschützten Arten der Fließgewässer und Auen schafft. Dadurch kann sich eine typspezifische Artengemeinschaft (Biozönose) entwickeln. Die Strukturelemente, die der Biber durch seine Tätigkeit anlegt, können einen Beitrag zum Hochwasserschutz an den Unterläufen leisten und außerdem in strukturarmen Gewässerabschnitten zur Verbesserung des Landschaftsbildes beitragen.

Es gibt wichtige Argumente für die Akzeptanz dieser Arten im Ökosystem: Fließgewässer sind dynamische Ökosysteme, in denen Veränderungen systemimmanent sind. Eine natürliche Dynamik, wie sie beispielsweise durch den Biber ausgelöst wird, lässt sich nur schwer von derjenigen unterscheiden, die durch neozoische Faunenelemente wie Bisam oder Nutria verursacht werden kann. Vor allem an ausgebauten und intensiv unterhaltenen Fließgewässern sind Schäden an Uferbefestigungen durch Bisam und Nutria zu beobachten. Beide Arten fördern in diesen Abschnitten durch punktuelle Störungen die Gewässerdynamik. An wenig unterhaltenen, naturnahen Fließgewässerstrecken richtet ihre Wühltätigkeit dagegen kaum nennenswerten Schaden an. Sie sollten daher dort geduldet werden.

Bei hoher Populationsdichte besiedelt der Biber auch naturferne Gewässerabschnitte bis hin zu ausgeräumten Gräben in Agrarlandschaften. Dort nutzt er Feldfrüchte wie Getreide, Mais, Sonnenblumen, Rüben und Raps als zusätzliche, saisonal sogar hauptsächliche Nahrung. Dort kann er auch durch Aufstaue von Gräben und Bächen, insbesondere in drainierten Gebieten, Konflikte verursachen. Ergeben sich aus der Bautätigkeit des Bibers erhebliche Schäden, so sind diese in der Regel ursächlich anthropogen bedingt (u. a. fehlende ausreichend breite Uferstreifen, wirtschaftliche Nutzung bis zur Wasserkante). In derart ausgeräumten Landschaften, an gehölz- oder strukturarmen Gewässerabschnitten kann das Fällen von Solitärbäumen, Pappelpflanzstreifen oder Restgehölzen durch den Biber das gewohnte, in der Regel aber nicht natürliche Landschaftsbild, zeitweilig beeinträchtigen. Aufgrund dieser Lebensweise kann es zu Konflikten mit den Zielen der auf

Abflusssicherung ausgerichteten Gewässerunterhaltung und des Wasserbaus kommen. Häufig treten folgende Konflikte auf:

- Vernässung angrenzender Grundstücke durch Aufstau
- Überflutung von Infrastrukturen
- Überstauung von Wasserentnahmestellen
- Untergraben bzw. Aushöhlung von Böschungen, Fahrwegen und Hochwasserschutzanlagen
- Gehölzfraß in Garten- und Freizeitanlagen, Plantagen und Forstkulturen.

Mit steigender Populationsdichte nimmt auch die Zahl potenzieller Konflikte zwischen Mensch und Biber zu. Durch Fachbehörden und ehrenamtliche Biberbetreuer organisiertes Bibermanagement hat eine große Bedeutung für die Konfliktvermeidung. Managementpläne im Natur- und Artenschutz stellen dazu eine Palette von Gegenmaßnahmen zur Verfügung. Das Bibermanagement umfasst Öffentlichkeitsarbeit, Populationsüberwachung, Präventions- und Akutmaßnahmen. Durch die Aufstellung und Umsetzung von Bibermanagementplänen oder problemorientierten Gewässerentwicklungsplänen kann die Ausbreitung des Bestandes in siedlungsferne oder konfliktarme Räume gelenkt werden. In diesen Vorrangräumen, soll gelten:

- Einstellen oder Einschränken der Gewässerunterhaltung
- Zulassen der durch den Biber geförderten Gewässerdynamik
- Schaffen, Erhalten und Fördern von wirtschaftlich ungenutzten und durchgängigen, mindestens 20 bis 30 m breiten Uferstreifen.
- Aktive Förderung von Ufergehölzen und krautiger Vegetation
- Vermeiden von Störungen der Reviere durch Besucherlenkung

Welche der Maßnahme zu ergreifen ist, bleibt letztlich der Einzelfallentscheidung überlassen. Zusammenfassend lässt sich feststellten, dass intensiv unterhaltene Gewässerlandschaften wenig Lebensraum für diese Tierart bieten und die Ansiedlungen hier mitunter über wenige Jahre bestehen, in der Regel aber nicht dauerhaft sind. Eine nachhaltige Gewässerunterhaltung behandelt den Biber als eine Ziel- und Schlüsselart unserer Gewässerlandschaften und fördert aktiv seine langfristige Integration in unsere Kulturlandschaft.

Dort wo der Biber sich langfristig ansiedeln kann, wird meistens eine gewässerverträgliche Unterhaltung und Landnutzung betrieben. Die Aufgabe einer zukunftsfähigen Gewässerunterhaltung wird es sein, den Biber als Landschaftsgestalter in eine nachhaltige Strategie zur Gewässerbewirtschaftung einzubeziehen und mögliche Konflikte vorausschauend zu vermeiden. Der biberbedingte Mehraufwand bei der Gewässerunterhaltung wird durch seinen hohen ökologischen Nutzen mehr als aufgewogen, wenn die lokalen Rahmenbedingungen eine derartige Gewässerentwicklung erlauben. Zur vertiefenden Information zu dieser Thematik wird auf das DVWK-Merkblatt M 247 – Biber, Bisam, Nutria 1997 und das DWA-Merkblatt M 608-1 – Biber, Bisam, Nutria – Teil 1: Erkennungsmerkmale und Lebensweisen 2017 hingewiesen.

3.2.9 Auswirkungen von Freizeit- und Erholungsaktivitäten

Heinz Patt

Freizeit- und Erholungsaktivitäten und die hierfür notwendige Infrastruktur können in unterschiedlicher Weise auf den Naturhaushalt eines Fließgewässers und seiner Aue einwirken. Beeinträchtigungen des Naturhaushaltes sind durchaus möglich und vielfach belegt. So zeigten Untersuchungen zur Gefährdungssituation von Fließ- und Stillgewässern des Binnenlandes, dass Freizeit- und Erholungsaktivitäten in hohem Maße an der Gefährdung derartiger Lebensräume beteiligt sind (LÖLF NRW 1993).

Grundsätzlich sind im Sinne der naturschutzrechtlichen Eingriffsregelung bau-, anlage- und betriebsbedingte Auswirkungen auf die verschiedenen Schutzgüter bzw. Bestandteile des Naturhaushaltes (z. B. Tier- und Pflanzenwelt, Wasser und Boden) zu unterscheiden. Die möglichen Beeinträchtigungen des Naturhaushaltes werden dabei vor allem durch die benutzten Sportgeräte bestimmt. Als Beispiele können das Jet-Ski-Fahren, das Rafting, das Canyoning, das Motorbootfahren oder verschiedene Formen des Kanufahrens genannt werden (siehe DWA-Merkblatt M 603 – Freizeit und Erholung an Fließgewässern 2007).

Aufgrund der Auswirkungen bestimmter Freizeit- und Erholungsaktivitäten auf die Lebensraumfunktionen von Fließgewässern und Auen entstehen vor allem Konflikte mit dem Natur- und Artenschutz. Als unmittelbare Beeinträchtigungen gelten beispielsweise das Unterschreiten von Fluchtdistanzen oder das Verursachen von Lärm. Entsprechende Störungen können bei verschiedenen Tieren (z. B. Eisvogel, Uferschwalbe, Flussregenpfeifer, Flussuferläufer) insbesondere im Umfeld ihrer Nester zur Störung des Brutgeschäftes oder der Jungenaufzucht führen. Solche Störungen können aber auch innerhalb von Vogelrast-, Mauser- und Überwinterungsgebieten erheblich sein.

Weiterhin führen bestimmte Freizeit- und Erholungsaktivitäten zu einer direkten Zerstörung bzw. Schädigung von Lebensräumen, Pflanzen und Tieren. Als Beispiel seien die Tritt- bzw. Lagerschäden in der Ufervegetation oder die Beeinträchtigung von Schwimmblatt- und Tauchpflanzen durch Bootsverkehr genannt. Ferner kann in flachen Fließgewässern beim Kanufahren das Interstitial durch den Bootsboden beeinträchtigt werden. Infolge von Grundberührungen mit Bootsboden oder Paddel sind ebenfalls ungewollte mechanische Schädigungen des Fischlaichs, der Fischnährtiere und Muscheln in Flachwasserbereichen möglich (Altmüller 1986; LÖLF NRW 1993; Schmidt und Amt für Umwelt- und Naturschutz Friedrichshafen 1999).

An dieser Stelle sollen nur die wichtigsten und häufig diskutierten Beeinträchtigungspotenziale, die von bestimmten Freizeit- und Erholungsaktivitäten und der hierfür erforderlichen Infrastruktur ausgehen können, aufgezählt werden (s. DWA-Merkblatt M 603 – Freizeit und Erholung an Fließgewässern 2007, DWA-Merkblatt M 624 Risiken an Badestellen und Freizeitgewässern aus gewässerhygienischer Sicht 2016):

- Beunruhigung störempfindlicher Tierarten; alleine durch die Anwesenheit des Erholungssuchenden
- Beunruhigung durch Lärmentwicklung
- Zerstörung oder Beeinträchtigung der Ufervegetation
- Beeinträchtigung der Gewässersohle (Interstitial)
- Beeinträchtigungen des Hochwasserabflusses und damit einhergehend die Behinderung fluss- und auendynamischer Prozesse, insbesondere durch Baukörper, Zaunanlagen usw.
- Beeinträchtigung der Wasserqualität
- Zerschneidungseffekte für wandernde Organismen durch Wegebau
- Versiegelung der Aue durch Überbauung
- Abfallhinterlassenschaften
- Beeinträchtigungen des Landschaftsbilds

Die Auswirkungen bestimmter Freizeitaktivitäten sind nur selten pauschal zu bewerten. In der Regel ist hierfür eine individuelle Betrachtung und Bewertung notwendig. Generell hängen die Einflüsse und deren Bewertung von der Schutzwürdigkeit und ökologischen Empfindlichkeit des betroffenen Fließgewässer- und Auenabschnittes sowie von den spezifischen Umweltwirkungen der jeweiligen Freizeitnutzung, also von Art, Umfang und Intensität der Freizeit- und Erholungsnutzung ab (Schemel und Erbguth 2000). Wertvolle Informationen über die Umweltauswirkungen von Freizeit- und Erholung und Lösungsansätze für Planungen können auch dem periodischen erscheinendem Informationsangebot (Newsletter) des Deutschen Olympischen Sport Bundes (DOSB) entnommen werden.

So stellt die Ausübung einer bestimmten Freizeit- und Erholungsaktivität in sehr vielen Fließgewässerlandschaften, in denen schutzwürdige und gleichzeitig störempfindliche Tierarten fehlen, in aller Regel keine Beeinträchtigung des Schutzgutes „Tiere, Pflanzen und biologische Vielfalt" dar. Dieselbe Freizeit- und Erholungsaktivität kann aber in besonders schutzwürdigen Landschaftsteilen mit Vorkommen störempfindlicher Tier- oder Pflanzenarten erhebliche Beeinträchtigungen des Naturhaushaltes hervorrufen (Abb. 3.58).

Dieselbe differenzierte Betrachtungsweise ist auch bei der Bewertung von Infrastruktureinrichtungen zur Ausübung von Freizeit- und Erholungsaktivitäten notwendig. Ein gewässernaher Radweg stellt beispielsweise bei ebenerdiger, dem Auenkleinrelief folgender Bauweise kein Hindernis für den Hochwasserabfluss dar. Führt die Bauweise allerdings dazu, dass der Weg faktisch in Damm- bzw. Deichlage verläuft, zum Beispiel innerhalb von Flutrinnen, werden die Ausbreitung des Hochwassers in die Aue und die damit einhergehenden fluss- und auendynamischen Prozesse behindert bzw. verzögert.

3.2.10 Besonderheiten urbaner Fließgewässer

Mechthild Semrau, Bernd Schackers und Heinz Patt

Fließgewässer in urbanen Siedlungsgebieten unterscheiden sich von Gewässern in der freien Landschaft durch die Ansprüche des Menschen und die Intensität der anthropogenen Nut-

Abb. 3.58 Freizeitnutzung in einem sehr sensiblen Bereich können zu Konflikten führen (Foto: H. Patt)

zungen in der Regel deutlich in ihrer Hydromorphologie, ihrem Stoffhaushalt und der aquatischen Besiedlung.

Grundsätzlich sollte bei urbanen Fließgewässern zwischen …

- siedlungstangierten und
- siedlungsdominierten Fließgewässern

unterschieden werden (DWA-Merkblatt M 609-1 – Entwicklung urbaner Fließgewässer – Teil 1: Grundlagen, Planung und Umsetzung 2021b).

Siedlungstangierte Fließgewässer befinden sich im Randbereich von Siedlungsgebieten oder durchschneiden diese nur kurz, um danach in der freien Landschaft weiter zu verlaufen. Ihr Abflussverhalten und die Wasserqualität wird nicht oder nur geringfügig durch die Siedlungslage beeinflusst, die morphologische Ausgestaltung ist jedoch, dem geringen Platzangebot und dem Sicherheitsbedürfnis der Anwohner entsprechend, meist naturfern, befestigt und tiefer gelegt. Trotzdem unterscheidet sich die aquatische Fauna in der Regel kaum von der Besiedlung der oberhalb und unterhalb in der freien Landschaft verlaufenden Gewässerabschnitte. Ungünstige Umfeldstrukturen werden durch konstante Eindrift und Aufwanderung im Fließgewässer selbst ausgeglichen. Grundvoraussetzung hierfür ist jedoch eine Durchgängigkeit des Gewässers und eine naturnahe, unbefestigte Gewässersohle.

Siedlungsdominierte Fließgewässer werden in ihren morphologischen, chemischen und hydraulischen Eigenschaften durch die Lage im Siedlungsraum und die damit verbundenen Nutzungen geprägt. Die Besiedlung dieser Fließgewässer unterscheidet sich in der Regel deutlich von denjenigen der Gewässer der freien Landschaft. Meist sind die Benthosgemeinschaften artenarm und werden dominiert von Ubiquisten bzw. Generalisten ohne spezielle Lebensraumansprüche (Podraza und Schuhmacher 1989). Der Grad der Abweichung der Besiedlung von naturnahen Bedingungen hängt ab von dem Ausmaß und der Frequenz anthropogener Störungen sowie von dem Wiederbesiedlungspotenzial (Halle und Podraza 2001).

Das Phänomen, dass strukturell defizitäre Gewässerabschnitte durch konstante Eindrift von Organismen aus naturnäheren Bereichen besiedelt werden und dann vergleichbar naturnahe Lebensgemeinschaften aufweisen können, wird als „*Strahlwirkung*" bezeichnet (Deutscher Rat für Landespflege 2008, 2009). Voraussetzung für eine funktionierende Strahlwirkung ist die Nähe eines naturnahen Bereichs, eines sogenannten *„Strahlursprungs"*, aus dem die Wiederbesiedlung des strukturell defizitären Bereichs erfolgen kann. Weitere Voraussetzungen sind die durchgängige Anbindung des Strahlursprungs an den morphologisch defizitären Gewässerabschnitt und eine strukturelle Mindestausstattung des zu besiedelnden Gewässerabschnitts, des *„Strahlwegs"*.

Bei siedlungstangierten Fließgewässern wird die Strahlwirkung positiv wirksam. Bei siedlungsdominierten Gewässern ist entweder die räumliche Entfernung zum nächsten Strahlursprung mit seinem Wiederbesiedlungspotenzial zu groß oder aber der defizitäre Bereich erfüllt nicht die Mindestanforderung an die Habitatausstattung eines Strahlwegs.

Hydrologische und hydraulische Besonderheiten von Fließgewässern in urbanen Räumen

Der hohe Grad an Versiegelung der Oberflächen im urbanen Raum hat zur Folge, dass Niederschlagswasser nicht mehr versickern kann und sich die Grundwasserneubildungsraten hierdurch verringern. Dies führt dazu, dass Quellschüttungen reduziert werden und im Extremfall ganze Fließgewässerabschnitte zumindest zeitweise trocken fallen. Wasserspeicherung und -entnahme zum Beispiel für die Trinkwassergewinnung, Ausleitungen zur Wasserkraftnutzung sowie Überleitungen in andere Einzugsgebiete verringern ebenfalls den Trockenwetterabfluss und verlängern die Zeit ökologisch kritischer Niedrigwassersituationen.

In urbanen Bereichen wird das Niederschlagswasser zu großen Teilen gesammelt und in Misch- oder Trennsystemen gezielt abgeleitet. Hierbei wird das Regenwasser sowie entlastetes Mischwasser häufig in die nächsten Gewässer eingeleitet. Diese Einleitungen führen dazu, dass Hochwasserwellen steiler und höher verlaufen als unter natürlichen Bedingungen, wobei der Scheitelwert potenziell natürlicher Extremabflüsse um das mehrfache überschritten werden kann. Verstärkte Erosion und Schäden in der aquatischen Lebensgemeinschaft sind häufig die Folge.

Einleitungsbedingte Hochwasserwellen unterscheiden sich zudem von natürlichen Hochwasserwellen durch die plötzliche Abflusszunahme, die den Gewässerorganismen zumeist nicht genügend Zeit für eine Fluchtreaktion in Richtung strömungsgeschützter Uferbereiche oder Lückenraumsystem des Bachbettes (*Interstitital*) lässt.

Physikalisch-chemische Veränderungen der Wasserqualität
Im urbanen Raum werden sowohl die natürlichen Werte bzw. Konzentrationen in den Fließgewässern verändert als auch neue Stoffe den aquatischen Systemen hinzugefügt.

Kläranlagen tragen, trotz verbesserter Reinigungsleistungen und verschärften rechtlichen Vorgaben, immer noch in einem gewissen Maße zur *Eutrophierung* und *saprobiellen Belastung* der Fließgewässer bei. Hinzu kommen in zunehmenden Maße Mikroschadstoffe, häufig synthetische Substanzen, die in der Natur so nicht vorkommen, wie zum Beispiel Rückstände von Arzneimitteln und Kosmetika *(„personal care products")*, Röntgenkontrastmittel, Flammschutzmittel, Pestizide, künstliche Süßstoffe. Über mögliche Auswirkungen dieser Stoffe in der aquatischen Umwelt ist noch wenig bekannt. Grenzwerte und gesetzlich nicht verbindliche Schwellenwerte existieren aktuell für besonders weit verbreitete Stoffe als *„Vorsorge-Wert"* oder für Stoffe, deren ökologische Relevanz bewiesen ist. Die Liste der „prioritären Stoffe" soll ständig fortgeschrieben und aktualisiert werden (vergleiche die EU UQN-Richtlinien aus den Jahren 2008 und 2013 – siehe BMUB 2015).

Entlastungsbauwerke bzw. Entlastungen der Misch- und Trennkanalisation können vor allem in kleinen, abflussschwachen Fließgewässern die Wasserqualität signifikant belasten und die aquatische Biozönose verändern. Neben den direkten Auswirkungen auf die betroffenen aquatischen Lebensgemeinschaften (akute, mittelfristige und langzeitige Effekte), können zum Beispiel bei Starkregenereignissen hohe Abflüsse auftreten. Diese episodischen Störungen erfordern auch weitergehende Maßnahmen zum Schutz der Bevölkerung (u. a. Hochwasserschutz, Gefahrenabwehr, Grundwasserschutz), die wiederum die Nutzung von Gewässern (z. B. für Naherholungszwecke, einschränken können.

In vielen urbanen Gebieten vollzog sich mit der Zeit ein Strukturwandel im sekundären (produktiven) Sektor; ehemalige Industrie- und Gewerbeanlagen wurden aufgegeben oder einer veränderten Nutzung zugeführt. Die in früheren Zeiten weniger strengen Umweltanforderungen und die damit verbundene häufig nicht fachgerechte Entsorgung von Reststoffen unmittelbar am Produktionsort, führte zu lokalen Schadstoffanreicherungen, den sogenannten *Altlasten.* Hinzu kommt die Lagerung von Wohlstandsmüll, Bauschutt, Bergematerial usw. in Deponien und Halden. Bei mangelnder Abdichtung des Lagerstandorts können Schadstoffe in Grundwasser und Oberflächengewässer gelangen. Auch der winterliche Eintrag von *Streusalz* in die Wasserkörper stellt ein Problem dar und wird in seiner ökologischen Relevanz kontrovers diskutiert.

Besondere Situationen herrschen in den Gebieten der Kali-Industrie sowie der Ballungsraum Ruhr/Emscher dar, in dem als Bergbau-Folgelandschaft noch immer salzhaltige *Sümpfungswässer* des Steinkohlebergbaus aus den Stollen abgepumpt und in die Fließgewässer eingeleitet werden. Eine Verarmung der Biozönose ist in der Regel die Folge, vor allem wenn die Salzgehalte in den Gewässern prozessbedingt stark schwanken.

Der *Temperaturhaushalt* in urbanen Gewässern ist ebenfalls häufig verändert, sowohl durch direkte Einleitungen als auch, strukturell bedingt, durch Aufstau und fehlende Beschattung. Folge der erhöhten Wassertemperaturen sind eine reduzierte Löslichkeit von Gasen, zum Beispiel Sauerstoff, sowie eine Veränderung der aquatischen Lebensgemeinschaft durch Überschreitung artspezifisch tolerierter Temperaturamplituden.

Anthropogene Überformung der Gewässermorphologie im urbanen Raum

Fließgewässer müssen sich in der Stadt dem Platzbedarf und den Bedürfnissen der dort lebenden Menschen unterordnen. Dies führt häufig dazu, dass durch Begradigung und Tieferlegung der natürliche *Migrationsraum* beschnitten wird, d. h. der für die Gewässer zur Verfügung stehende Raum wird minimiert und umgestaltet.

Häufig degradiert ein technisch orientierter Ausbau die ehemals natürlichen Fließgewässer zu offenen Ableitungsgerinnen, deren Aufgabe es ist, alles Wasser möglichst schnell und gefahrlos aus dem Siedlungsbereich abzuführen. Deiche und Schutzmauern werden aus Gründen des Hochwasserschutzes errichtet und halten die ehemaligen Auenbereiche weitgehend frei von regelmäßigen Überflutungen. Hierdurch können Ufer- und Auenbereiche für die städtische Entwicklung genutzt und bebaut werden. Dadurch wird jedoch der Lebensraum von Gewässer und Aue entkoppelt. Die Auenbereiche gehen entweder vollständig verloren oder es verbleiben rudimentäre Reste, die ihre Funktion im Naturhaushalt weitgehend verloren haben.

Bäche und Quellen wurden vielerorts sogar verrohrt oder überbaut. So wurde zum Beispiel in der Stadt Bochum das Gewässernetz von ehemals ca. 161 Kilometer auf heute nur noch 41 Kilometer reduziert (Thiesmeier et al. 1988).

Aber auch Flüsse verschwanden unter einem Betondeckel wie zum Beispiel die Nahe in Idar-Oberstein (Brünke et al. 1994). Neben diesem Verlust an Fließstrecke, und damit an Lebensraum für Gewässerorganismen, führen Wehre, Abstürze und künstliche Stillwasserbereiche im Längsverlauf eines Fließgewässers zu einer Zerstückelung des Fließgewässerkontinuums in isolierte Gewässerfragmente. Eine Durchgängigkeit, zum Beispiel für wandernde Fische, ist dann nicht mehr gegeben oder muss durch technische Ersatzmaßnahmen, wie Fischaufstiegsanlagen, künstlich wiederhergestellt werden (s. Abschn. 6.4). Der Verlust der gewässertypischen Eigendynamik und die Störung des natürlichen Geschiebetransports kann jedoch nicht vollständig ausgeglichen werden.

Besondere Eignung urbaner Gewässer für Naherholung und Naturerleben

Bäche und Flüsse im urbanen Raum stellen für die Naherholung und das Naturerleben der Bewohner und Gäste besonders wertvolle Freiflächen dar. Eingebettet in Grünanlagen und

Grünzüge bieten sie für zahlreiche Freizeit- und Erholungsaktivitäten besonders reizvolle Räume, auch wegen ihres ausgleichenden kühlenden Kleinklimas. Aufgrund ihrer linearen Struktur werden Fließgewässerauen in und am Rande von Siedlungsräumen regelmäßig auch als attraktiveVerbindungsachsen im städtischen Rad- und Fußwegenetz genutzt.

In zahlreichen Städten wurden so Bäche und Flüsse, auch im Rahmen städtebaulicher Projekte, zu wertvollen Gestaltungselementen urbaner Bereiche. Vor allem vom fließenden Wasser geht dabei für Menschen eine faszinierende Wirkung aus. Sofern Zugangsmöglichkeiten an die Gewässer gewährleistet sind wird auch das Naturerleben mit allen Sinnen ermöglicht. Hier sind spannende Begegnungen mit dem Element Wasser, aber auch mit Teilen der Lebensgemeinschaften von Bächen und Flüssen möglich. Nicht nur für Kinder und Jugendliche bieten erlebbare und „bespielbare" Fließgewässer in der Stadt eine besonders hohe Wohnumfeldqualität.

Innerörtliche Renaturierungsmaßnahmen führen folgerichtig aufgrund ihrer unmittelbaren Sicht- und Erlebbarkeit zu einer hohen Akzeptanz für die naturnahe Umgestaltung unserer Gewässer bei Bevölkerung, Politik und Verwaltung (s. Abb. 3.59 und 3.60).

Abb. 3.59 Zugangsmöglichkeiten zum Flussufer der Ruhr in Meschede bieten inmitten der Stadt einen attraktiven Raum zum Ruhen und Genießen (Foto: Schackers/UIH Planungsbüro)

Abb. 3.60 Die naturnah umgestaltete Isar in München stellt an sonnigen Wochenenden für tausende Besucher einen attraktiven Freiraum zum Erleben und Verweilen dar (Foto: B. Schackers/UIH Planungsbüro)

Literatur

Verwendete Literatur

Abramovitz JN (1996) Imperiled Waters, Impoverished Future, The Decline of Fresh-water Ecosystems.

Acreman M, Ali M, Bauer H, Braund R, Evans SY, Emerton L, de Longh H, Kari S, Kouokam R, Loth P, Moritz M, Ngantou D, Njomaha C, Oyo P, Pirot JY, Scholte P (2004) The return of the water: restoring the Waza Logone Floodplain in Cameroon, Loth P [Ed.], IUCN, Gland, Cambridge, Worldwatch Paper No. 128, Worldwatch Institute, Washington, D. C.

Altbayerische Flusslandschaften an Donau, Lech, Isar und Inn: handgezeichnete Karten des 16. bis 18. Jahrhunderts aus dem Bayerischen Hauptstaatsarchiv, Ausstellungskataloge der Staatlichen Archive Bayern, Nr. 37, Weißenhorn, Konrad 1998.

Albert C, Galler C, von Haaren C (Hrsg.) (2022a) Landschaftsplanung, 2. Aufl., vollständig überarbeitete und erweiterte Auflage, Verlag Eugen Ulmer, Stuttgart, 608 Seiten.

Albert C, von Haaren C, Galler C (2022b) Ausblick: Landschaftsplanung der Zukunft, In: Albert C, Galler C, von Haaren C (Hrsg.) Landschaftsplanung. 2., vollständig überarbeitete und erweiterte Auflage, Verlag Eugen Ulmer, Stuttgart, 590-596.

Altmüller R (1986) Kanusport und Artenschutz (am Beispiel niedersächsischer Fließgewässer), In: Arbeitsgemeinschaft beruflicher und ehrenamtlicher Naturschutz (Hrsg.) (1986) Jahrbuch für Naturschutz und Landschaftspflege, Bd. 38.

Andreopoulos D, Damigos D (2016) To transfer or not to transfer? Evidence from validity and reliability tests for international transfers of non-market adaptation benefits in river basins, Journal of Environmental Management 185, S. 44-53.

Bantelmann A (1966) Die Landschaftsentwicklung an der schleswig-holsteinischen Westküste, dargestellt am Beispiel Nordfriesland, Eine Funktionschronik durch fünf Jahrtausende, Die Küste 14 (2), S. 5–99.

Barett R, Nielsen DL, Croome R (2010) Associations between the plant communities of floodplain wetlands, water regime and wetland type, River Research and Applications 26, S. 866–876.

Bark RH, Barber M, Jackson S, Maclean K, Pollino C, Moggridge B (2015) Operationalising the ecosystem services approach in water planning: a case study of indigenous cultural values from the Murray-Darling Basin, Australia, International Journal of Biodiversity Science, Ecosystem Services & Management 11, S. 239-249.

BAW (s. Bundesanstalt für Wasserbau, Karlsruhe)

Bayerisches Landesamt für Umwelt – BayLfU & Landesfischereiverband Bayern e.V. (Hrsg.) (2016) Totholz bringt Leben an Flüsse und Bäche, Broschüre.

Bayerisches Landesamt für Wasserwirtschaft – BayLfW (Hrsg.) (1991) Stützkraftstufe Landau a.d. Isar – Entwicklung der Pflanzen- und Tierwelt in den ersten 5 Jahren, Schriftenreihe des Bayerischen Landesamtes für Wasserwirtschaft, Heft 24, München, 156 S.

BayLfW (s. Bayerisches Landesamt für Wasserwirtschaft, München; jetzt Bayerisches Landesamt für Umwelt, Augsburg)

BayStMLU (s. Bayerisches Staatsministerium für Landesentwicklung und Umweltfragen, München)

BfN (Bundesamt für Naturschutz, Bonn)

Bibby CJ, Thomas DK (1985) Breeding and diets of the Reed Warbler at a rich and a poor site, Bird Study 32, S. 19-31.

BMUB (s. Bundesministerium für Umwelt, Naturschutz und Reaktorsicherheit, Bonn/Berlin)

Böhm H (1990) Die Wiesenwässerung in Mitteleuropa 1937, Anmerkungen zu einer Karte von Carl Troll. Erdkunde 44, S. 1–10.

Born W, Meyer V, Scholz M, Kasperidus HD, Schulz-Zunkel C, Hans-Jürgens B (2012) Ökonomische Bewertung Ökosystemfunktionen von Flussauen, In: Scholz M, Mehl D, Schulz-Zunkel C, Kasperidus HD, Born, W, Henle K (2012) Öko-systemfunktionen von Flussauen – Analyse und Bewertung von Hochwasserretention, Nährstoffrückhalt, Kohlenstoffvorrat, Treibhausgasemissionen und Habitatfunktion, Naturschutz und Biologische Vielfalt 124, S. 147–168.

Brouwer R, Sheremet O (2017) The economic value of river restoration, Water Resources and Economics 17, S. 1–8.

Brouwer R, Bliem M, Getzner M, Kerekes S, Milton S, Palarie T, Szerényi Z, Vadineanu A, Wagtendonk A (2016) Valuation and transferability of the non-market benefits of river restoration in the Danube river basin using a choice experiment, Ecological Engineering 87, S. 20–29.

Brünke M, Schwoerbel J, Wendling K (1994) Die Auswirkungen eines Flußtunnels auf Fließgewässerbiozönose: Makrozoobenthos und Fischfauna, Limnologica 24 (4), S. 297–322.

Brunotte E, Dister E, Günther-Diringer D, Koenzen U, Mehl D (2009) Flussauen in Deutschland. Erfassung und Bewertung des Auenzustandes, unter Mitarbeit von: Amberge P, Bonn R, Döpke M, Kischka J, Kurth A, Langer S, Linden J, Lübker T, Mach S, Quick I, Steinhäuser A, Schott M, van de Weyer K, Zellmer U, Schriftenreihe Naturschutz und biologische Vielfalt, Heft 87.

Brux H (2012) Langzeitungsuchung von Wasserpflanzen in nordwestdeutschen Marschgräben als Basis naturschutzfachlicher Leitbildentwicklung. Natur und Landschaft 87(8), S. 338–341.

Bundesamt für Naturschutz - BfN (Hrsg.) (2021) Rote Liste gefährdeter Tiere, Pflanzen und Pilze Deutschlands, Band 5: Wirbellose Tiere (Teil 3), Naturschutz und Biologische Vielfalt, Heft 70/5 - Teil 3: Redaktion: Ries M, Balzer S, Gruttke H, Haupt H, Hofbauer N, Ludwig G, Matzke-Hajek G, Bundesamt für Naturschutz, Bonn, 704 S.

Bundesanstalt für Wasserbau – BAW (Hrsg.) (2004) Mitteilungen Nr. 87, Mai 2004, Karlsruhe, Hamburg, Ilmenau.

Bundesministerium für Umwelt, Naturschutz und Reaktorsicherheit – BMU & Bundesamt für Naturschutz – BfN (Hrsg.) (2009) Auenzustandsbericht, Flussauen in Deutschland. http://www.bfn.de/0324_auenzustandsbericht.html

Bundesministerium für Umwelt, Naturschutz und Reaktorsicherheit – BMU (Hrsg.) (2010) Nachhaltigkeitskriterien der Biodiversitätsstrategie.

Bundesministerium für Umwelt, Naturschutz und Reaktorsicherheit – BMUB (Hrsg.) (2015) Verordnung zum Schutz der Oberflächengewässer (Oberflächengewässerverordnung – OGewV), Entwurf vom 15. April 2015.

Burkhard B, Maes J (Hrsg.) (2017) Mapping Ecosystem Services, Sofia (Pensoft Publishers), 374 S.

Burkhard B, Kandziora M, Hou Y, Müller F (2014) Ecosystem Service Potentials, Flows and Demands – Concepts for Spatial Localisation, Indication and Quantification, Landscape Online, S. 1-32.

Clerici N, Paracchini ML, Maes J (2014) Land-cover change dynamics and insights into ecosystem services in European stream riparian zones, Ecohydrology & Hydrobiology 14, S. 107-120.

Dahl HJ, Hullen M (1989) Studie über die Möglichkeiten zur Entwicklung eines naturnahen Fließgewässersystems in Niedersachsen (Fließgewässerschutzsystem Niedersachsen), Naturschutz Landschaftspflege in Niedersachsen, Heft 18, Hannover, S. 5–95.

de Groot RS, Alkemade R, Braat L, Hein L, Willemen L (2010) Challenges in integrating the concept of ecosystem services and values in landscape planning, management and decision making, Ecological Complexity 7, S. 260-272.

Dehnhardt A, Häfner K, Blankenbach AM, Meyerhoff J (2019) Valuation of Wetlands Preservation, Oxford Research Encyclopedia of Environmental Science, Oxford University Press, https://doi.org/10.1093/acrefore/9780199389414.013.457.

Dehnhardt A, Horbat A, Meyerhoff J (2016) Der Nutzen des Schutzes von Flussauen aus volkswirtschaftlicher Perspektive, KW Korrespondenz Wasserwirtschaft, 9. Jahrgang, Heft 5, S. 306–311.

Dehnhardt A, Scholz M, Mehl D (koordinierende Autoren), Schröder U, Fuchs E (Autoren), Eichorn A, Rast G (Beiträge) (2015), Kapitel 7, „Die Rolle von Auen und Fließgewässern für den Klimaschutz und die Klimaanpassung", In: Hartje V, Wüstemann H, Bonn A (Hrsg.) Naturkapital Deutschland – TEEB DE, Naturkapital und Klimapolitik – Synergien und Konflikte, Technische Universität Berlin, Helmholtz-Zentrum für Umweltforschung – UFZ, Berlin, Leipzig, http://www.naturkapitalteeb.de, S. 172–181.

Deutscher Rat für Landespflege – DRL (Hrsg.) (2008) Kompensation von Strukturdefiziten in Fließgewässern durch Strahlwirkung, Schriftenreihe des Deutschen Rats für Landespflege, Heft 81, 138 S.

Deutscher Rat für Landespflege – DRL (Hrsg.) (2009) Verbesserung der biologischen Vielfalt in Fließgewässern und ihren Auen, Schriftenreihe des Deutschen Rats für Landespflege, Heft 82, 160 S.

Deutsches Zentrum für Luft- und Raumfahrt eV - DRL (Hrsg.) (2021) Rote Listen der Tiere, Pflanzen und Pilze Deutschlands, Gefährdungskategorie, Bestandssituation und Bestandsentwicklung sowie ergänzende Informationen, Projektträger Umwelt und Nachhaltigkeit, Rote Listezentrum https://www.rote-liste-zentrum.de/de/Artensuchmaschine.html

Dissanayake P, Smakhtin V (2007) Environmental and Social Values of River Water: Examples from the Menik Ganga, Sri Lanka, IWMI Working Paper 121, International Water Management Institute.

Dister E, Schneider E, Scholz M (2018) Allgemeine Grundlagen, In: Schneider E, Werling M, Stammel B, Januschke K, Ledesma-Krist G, Scholz M, Hering D, Gelhaus M, Dister E, Egger G [Hrsg.]: Biodiversität der Flussauen Deutschlands, Naturschutz und Biologische Vielfalt 163, S. 25–40.

Dosskey MG (2001) Toward quantifying water pollution abatement in response to in-stalling buffers on crop land, Environmental Management, Vol. 28(5), S. 577–598.

Driescher E (2003) Veränderungen an Gewässern Brandenburgs in historischer Zeit, Landesumweltamt Brandenburg, Potsdam.

DRL (s. Deutsches Zentrum für Luft- und Raumfahrt, Köln-Porz)

Duby G (1984) Krieger und Bauern, Die Entwicklung der mittelalterlichen Wirtschaft und Gesellschaft bis um 1200, „Guerriers et paysans VII-XII siécle“, Suhrkamp Verlag, Frankfurt/M.

DVR (s. Bremischer Deichverband am rechten Weserufer, Bremen)

DVWK (s. Deutscher Verband für Wasserwirtschaft und Kulturbau eV – DVWK, Bonn. DVWK und ATV entstand fusionierten am 1. Januar 2000 zur ATV-DVWK. Aus ATV-DVWK wurde am 27. Oktober 2004 die Deutsche Vereinigung für Wasserwirtschaft, Abwasser und Abfall e. V. – DWA mit Sitz in Hennef/Sieg).

DVWK-Deutscher Verband für Wasserwirtschaft und Kulturbau e. V (Hrsg.) (1992) Methoden und ökologische Auswirkungen der maschinellen Gewässerunterhaltung, Merkblatt DVWK-M 224.

DVWK-Deutscher Verband für Wasserwirtschaft und Kulturbau e. V (Hrsg.) (1997) Biber, Bisam, Nutria, DVWK-Merkblätter zur Wasserwirtschaft, Nr. 247/1997, Bonn.

DWA (s. Deutsche Vereinigung für Wasserwirtschaft, Abwasser, Abfall eV – DWA, Hennef)

DWA – DeutscheVereinigung für Wasserwirtschaft, Abwasser und Abfall eV – DWA (Hrsg.) (2007) Freizeit und Erholung an Fließgewässern, DWA-Merkblatt M 603 (Oktober 2007).

DWA – DeutscheVereinigung für Wasserwirtschaft, Abwasser und Abfall eV – DWA (Hrsg.) (2010) Neue Wege der Gewässerunterhaltung – Pflege und Entwicklung von Fließgewässern, DWA-Merkblatt M 610 (Juni 2010).

DWA-Deutsche Vereinigung für Wasserwirtschaft, Abwasser und Abfall eV – DWA (Hrsg.) (2013) Fluss und Landschaft – Ökologische Entwicklungskonzepte, DWA-Merkblatt M 611 (Februar 2013).

DWA-Deutsche Vereinigung für Wasserwirtschaft, Abwasser und Abfall eV – DWA (Hrsg.) (2014) Erholung und Freizeitnutzung an Seen – Voraussetzungen, Planung und Gestaltung, DWA-Merkblatt M 618 (September 2014).

DWA-Deutsche Vereinigung für Wasserwirtschaft, Abwasser und Abfall eV – DWA (Hrsg.) (2016) Risiken an Badestellen und Freizeitgewässern aus gewässerhygienischer Sicht, DWA-Merkblatt M 624 (Juni 2016).

DWA-Deutsche Vereinigung für Wasserwirtschaft, Abwasser und Abfall eV – DWA (Hrsg.) (2017) Biber, Bisam, Nutria – Teil 1: Erkennungsmerkmale und Lebensweisen, DWA-Merkblatt M 608-1 (August 2017).

DWA-Deutsche Vereinigung für Wasserwirtschaft, Abwasser und Abfall eV – DWA (Hrsg.) (2018) Entwicklung urbaner Fließgewässer – Teil 2: Maßnahmen und Beispiele, DWA-Merkblatt M 609-2 (März 2020).

DWA-Deutsche Vereinigung für Wasserwirtschaft, Abwasser und Abfall eV – DWA (Hrsg.) (2019a) Neobiota – Auswirkungen und Umgang mit wasserwirtschaftlich bedeutsamen Tier- und Pflanzenarten, Teil 1: Grundlagen, DWA-Merkblatt M 626-1 (Februar 2019).

DWA-Deutsche Vereinigung für Wasserwirtschaft, Abwasser und Abfall eV – DWA (Hrsg.) (2019b) Neobiota – Auswirkungen und Umgang mit wasserwirtschaftlich bedeutsamen Tier- und Pflanzenarten, Teil 2: Artensteckbriefe, DWA-Merkblatt M 626-2 (Februar 2019).

DWA-Deutsche Vereinigung für Wasserwirtschaft, Abwasser und Abfall eV – DWA (Hrsg.) (2020) Gewässerrandstreifen – Uferstreifen – Entwicklungskorridore: Grundlagen und Funktionen, Hinweise zur Gestaltung, Beispiele, DWA-Merkblatt M 612 (Mai 2020).

DWA – Deutsche Vereinigung für Wasserwirtschaft, Abwasser und Abfall eV – DWA (Hrsg.) (2021a) Altgewässer – Ökologie, Sanierung und Neuanlage, DWA-Merkblatt M 607

DWA-Deutsche Vereinigung für Wasserwirtschaft, Abwasser und Abfall eV – DWA (Hrsg.) (2021b) Entwicklung urbaner Gewässer – Teil 1: Grundlagen, Planung und Umsetzung, DWA-Merkblatt M 609-1 (April 2021).

DWA-Deutsche Vereinigung für Wasserwirtschaft, Abwasser und Abfall eV – DWA (Hrsg.) (2022a) Unterhaltung, Pflege und Entwicklung von Fließgewässern im Wald, DWA-Merkblatt M 628 (März 2022).

DWA-Deutsche Vereinigung für Wasserwirtschaft, Abwasser und Abfall eV – DWA (Hrsg.) (2022b) Biber, Bisam, Nutria – Teil 2: Technische Gestaltung und Sicherung von Ufern, Deichen und Dämmen, DWA-Merkblatt M 608-2 (Gelbdruck Mai 2022).

Eckoldt M (Hrsg) (1998) Flüsse und Kanäle, Die Geschichte der deutschen Wasserstraßen, Hamburg.

Egoh B, Drakou E G, Dunbar M B, Maes J, Willemen L (2012) Indicators for mapping ecosystem services: a review, JRC Scientific and Policy Reports, European Commission, Joint Research Centre, Luxembourg.

Ehlert T, Neukirchen B (2012) Zustand und Schutz der Flussauen in Deutschland, Natur und Landschaft, 87. Jahrg, Heft 4, S. 161–167.

Ellwanger G, Finck P, Riecken U, Schröder E (2012) Gefährdungssituation von Lebensräumen und Arten der Gewässer und Auen in Deutschland, Natur und Landschaft 87 (4), S. 150–155.

Encarnação JA, Markus D (2006) Estimation of food intake and ingested energy in Daubenton's bats (*Myotis daubentonii*) during pregnancy and spermatogenesis, Eur. J. Wild. Res. 52, S. 221–227.

EU-Kommission (Hrsg.) (2012) Mitteilung an das Europäische Parlament, den Rat den Europäischen Wirtschafts- und Sozialausschuss und den Ausschuss der Regionen, Ein Blueprint für den Schutz der europäischen Wasserressourcen

EU-Kommission (Hrsg.) (2013) Grüne Infrastruktur (GI) – Aufwertung des europäischen Naturkapitals. Mittteilung der Kommission an das Europäische Parlament, den Rat, den Europäischen Wirtschafts- und Sozialausschuss und den Ausschuss der Regionen. COM(2013) 249, 06. Mai 2013, Brüssel.

EU-Parlament und der Rat der europäischen Union (2008) Richtlinie 2008/105/EG vom 16. Dezember 2008 über Umweltqualitätsnormen im Bereich der Wasserpolitik und zur Änderung und anschließenden Aufhebung der Richtlinie des Rates 82/176/EWG, 83/513EWG, 84/491/EWG und 86/280/EWG sowie zur Änderung der Richtlinie 2000/60/EG

EU-Parlament und der Rat der europäischen Union (2013) Richtlinie 2013/39/EG vom 12. August 2013 zur Änderung der Richtlinien 2000/60/EG und 2008/105/EG in Bezug auf prioritäre Stoffe im Bereich der Wasserpolitik (Text von Bedeutung für den EWR)

Feld (2013) Die Nieren der Natur, Netzwerkforschung zur Biodiversitätsforschung, http://www.biodiversity.de/index.php/fuer-presse-medien/top-themen-biodiversitaet/3696-die-nieren-der-natur

Gerritsen AL, Haasnoot M, Hoffmann C C, Kotowski W, Leenen EJTM, Okruszko T, Penning WE, Piórkowski H, Platteeuw M, Querner EP, Siedlecki T, Swart EOAM (2006) Directorate-General for Research Sustainable Development, Global Change and Ecosystems, European Commission Report, How to use floodplains for flood risk? 148 S.

Getzner M (2014) Importance of free-flowing rivers for recreation: Case study of the River Mur in Styria, Austria, Journal of Water Resources Planning and Management 141 (2).

Ghermandi A (2018) Integrating social media analysis and revealed preference methods to value the recreation services of ecologically engineered wetlands,Ecosystem Services 31, S. 351-357.

Giesecke J, Mosonyi E (1997) Wasserkraftanlagen – Planung, Bau und Betrieb, Springer-Verlag, Berlin, Heidelberg, New York, 623 S.

Goldmann K (1982) Märkische Kulturlandschaft – das Erbe bronzezeitlicher Kolonisation? Ausgrabungen in Berlin, Heft 6/82, S. 4–50.

Gowan C, Stephenson K, Shabman L (2006) The role of ecosystem valuation in environmental decision making: hydropower relicensing and dam removal on the Elwha River, Ecological Economics 56 (4), S. 508-523.

Gren IM, Groth K H, Sylvén M (1995) Economic values of Danube floodplains, Journal of Environmental Management 45, S. 333–345.

Grime JP (1979) Plant strategies and vegetation processes, Chichester (Wiley), 222 S.

Grossmann M, Hartje V, Meyerhof J (2010) Ökonomische Bewertung naturverträglicher Hochwasservorsorge an der Elbe, Naturschutz und Biologische Vielfalt (NaBiV), Heft 89.

Grossmann M (2012) Economic value of the nutrient retention function of restored floodplain wetlands in the Elbe River basin, Ecological Economics 83 (2012), S. 108-117.

Grottian T (2001) Wasser, Wiesen, Wischenmaker, Von Suderburg in alle Welt: Bewässerungswiesen der Lüneburger Heide, Museumsdorf Hösseringen, Materialien zum Museumsbesuch 21, 44 S. Lüneburg.

Grunewald K, Walz U, Herold H, Syrbe RU (2015) Ökosystemleistungen erfassen und bewerten. Erste Vorschläge für die nationale Ebene in Deutschland, Naturschutz und Landschaftsplanung 47 (10): 305–310.

Gumpinger C (2003) Die Flussperlmuschel – Gefährdung und Schutzbemühungen in Österreich, In: Österreichischer Naturschutzbund (Hrsg.) (2003) Natur und Land, Heft 1/2-2003, S. 31–34.

GWD Südlicher Oberrhein/Hochrhein (s. Gewässerdirektion Südlicher Oberrhein/Hochrhein, Offenburg).

Härtwig R (1917) Über alte Fischteichanlagen in Sachsen, Archiv f. Fischereigeschichte 9, S. 55–61.

Halle M, Podraza P (2001) Verfahren zur Ermittlung des Wiederbesiedlungspotenzials von Makroinvertebraten auf der Grundlage von Gewässerstrukturmerkmalen, Wasserwirtschaft, 91. Jahrg, Heft 6, S. 296–301.

Handke K (1999) Gräben, In: Konold W, Böcker R, Hampicke U (1999) Handbuch Naturschutz und Landschaftspflege, Kompendium zu Schutz und Entwicklung von Lebensräumen und Landschaften, S. 1–16. Ecomed, Landsberg.

Hartstock E (2000) Entstehung und Entwicklung der Oberlausitzer Teichwirtschaft, Schriftenreihe der Sächsischen Landesanstalt für Landwirtschaft 5, Dresden.

Haase G (1978) Zur Ableitung und Kennzeichnung von Naturraumpotenzialen, Petermanns Geografische Mitteilungen 122, S. 113–125.

Haase G [Hrsg.] unter Mitwirkung von Barsch H, Hubrich H, Mannsfeld K, Schmidt R (1991) Naturraumerkundung und Landnutzung: Geochorologische Verfahren zur Analyse, Kartierung und Bewertung von Naturräumen, Berlin (Akademie-Verlag), Beiträge zur Geografie 34/1, 373. S.

Haines-Young R, Potschin M (2014) Typology/Classification of Ecosystem Services, In: Potschin M, Jax K (Eds.), OpenNESS Ecosystem Services Reference Book.

Haines-Young R, Potschin M (2018) Common International Classification of Ecosystem Services (CICES) V5.1 and Guidance on the Application of the Revised Structure, https://cices.eu/content/uploads/sites/8/2018/01/Guidance-V51-01012018.pdf

Hartsch I, Sandner E (1991) Analyse und Bewertung des Rekreationspotenzials, In: Haase G [Hrsg.] unter Mitwirkung von Barsch H, Hubrich H, Mannsfeld K, Schmidt R (1991) Naturraumerkundung und Landnutzung: Geochorologische Verfahren zur Analyse, Kartierung und Bewertung von Naturräumen, Berlin (Akademie-Verlag), Beiträge zur Geografie 34/1, S. 302–309.

Haupt H, Ludwig G, Gruttke H, Binot-Hafke M, Otto C, Pauly A (2009) Rote Liste gefährdeter Tiere, Pflanzen und Pilze Deutschlands, Band 1, Wirbeltiere, Naturschutz und Biologische Vielfalt 70. Jahrg.

Herzon I, Helenius J (2008) Agricultural Drainage Ditches, Their Biological Importance and Functioning, Biol. Conserv. 141, S. 1171–1183.

Hughes FMR, Colston A, Mountford JO (2005) Restoring Riparian Ecosystems, The Challenge of Accommodating Variability and Designing Restoration Trajectories, Ecology and Society 10 (1), S. 12.

Hynes S, Hanley N (2006) Preservation versus development on Irish rivers: whitewater kayaking and hydro-power in Ireland, Land Use Policy 23 (2), S. 170-180.

IPBES (2016) The methodological assessment report on scenarios and models of biodiversity and ecosystem services. S Ferrier, K N Ninan, P Leadley, R Alkemade, L A Acosta, H R Akçakaya, L Brotons, W W L Cheung, V Christensen, K A Harhash, J Kabubo-Mariara, C Lundquist, M Obersteiner, H M Pereira, G Peterson, R Pichs-Madruga, N Ravindranath, C Rondinini and B A Wintle (eds.), Secretariat of the Intergovernmental Science-Policy Platform on Biodiversity and Ecosystem Services, Bonn, Germany, 348 S.

Jahrl J (2001) Der Fischotter – Jäger oder Gejagter, In: Österreichischer Naturschutzbund (Hrsg.) (2001) Natur und Land, Heft 4/5-2001.

Jessel B, Tschimpke O, Walser M (2009) Produktivkraft Natur, Hoffmann & Campe. Hamburg.

Jungwirth M, Haidvogl G, Moog O, Muhar S, Schmutz S (2003) Angewandte Fischökologie an Fließgewässern, UTB 2113, Facultas Universitätsverlag, Wien.

Jürging P (1987) Landschaftsökologische Untersuchungen bei Flussstauseen, Wasserwirtschaft, 77. Jahrg, Heft 6, S. 284–287.

Jürging P (1995) Wasserwirtschaftliche und ökologische Folgen der Nutzung von Gewässerauen, Zeitschrift für Kulturtechnik und Landentwicklung, Heft 4/1996, S. 154–158.

Jürging P (1999) Die Ökologie von Flachlandgewässern und deren Beeinträchtigung durch Unterhaltungsmaßnahmen, Unterhaltung und Entwicklung von Flachlandgewässern; Materialien Gewässer Band 2, Baden-Württemberg, II/1–15.

Kalweit H (1998) Schöpfung aus Wald und Wasser. Geschichte der Wasserwirtschaft in Brandenburg und Berlin, Stuttgart.

Keeler BL, Polasky S, Brauman KA, Johnson KA, Finlay JC, O'Neill A, Kovacs K, Dalzell B (2012) Linking water quality and well-being for improved assessment and valuation of ecosystem services, Proceedings of the National Academy of Sciences of the United States of America 109, S. 18619-18624.

Kehl C (2014) Inwertsetzung von Biodiversität. Endbericht zum TA-Projekt, Büro für Technikfolgenabschätzung beim Deutschen Bundestag (Arbeitsbericht, Nr. 161).

Keweloh HW (1985) Flößerei in Deutschland, Stuttgart.

Kiel E, Kastner F, Lühken R, Schröder M (2012) The invertebrate fauna of ditches in northern Germany, Natur und Landschaft 8: 347–350.

Kopp D, Jäger KD, Succow M (1982) Naturräumliche Grundlagen der Landnutzung am Beispiel des Tieflandes der DDR, Berlin (Akademie-Verlag), 339 S.

Konold W (1987) Oberschwäbische Weiher und Seen, Geschichte, Kultur, Vegetation, Limnologie, Naturschutz. Beih. Veröffentlichung Naturschutz Landschaftspflege Bad.-Württemberg, 52. Jahrg., 2 Bde.

Konold W (1991a) Wasser, Wiesen und Wiesenwässerung in Isny im Allgäu, Ein Beitrag zur Agrar- und Stadtgeschichte. Schriften des Vereins für Geschichte des Bodensees und seiner Umgebung 109, S. 161–213.

Konold W (1991b) Mittelalterliche Weiher und Dämme in Oberschwaben, In: Garbrecht, G (Hrsg.) Historische Talsperren 2, Stuttgart, S. 353–369.

Konold W (2021) Wasserhistorische Denkmalpflege versus ökologische Funktionsfähigkeit?, Wasserwirtschaft, Heft 1/2021, S. 12-17.

Konold W, Popp S (1994) Zur Geschichte der Wiesenwässerung im Bereich der württembergischen Donau, In: Konold, W (Bearb.) Historische Wasserwirtschaft im Alpenraum und an der Donau, Stuttgart, S. 377–398.

Konold W, Suchomel C, Hugelmann M (2021) Riesen, Schwallungen, Flößerei, Eine Studie zur Kultur- und Baugeschichte der Holzverbringungsanlagen im Einzugsgebiet der Oberen Kinzig, Alemanisches Jahrbuch 67/68, S. 13-168.

Kragten S, Tamisl W L M, Gertenaar E, Midcap Ramiro, S M, Van Der Poll R J, Wang J, De Snoo G R (2010) Abundance of invertebrate prey for birds on organic and conventional arable farms in the Netherlands, Bird Conserv. Int. 21, S. 1–11.

Kränkl G (1994) Historische Schutzmaßnahmen an der Donau zwischen Regensburg und Passau. In: Konold, W (Bearb.) Historische Wasserwirtschaft im Alpenraum und an der Donau, Stuttgart, S. 473–492.

Kurowski H (1993) Die Emscher – Geschichte und Geschichten einer Flusslandschaft, Essen.

LANA (s. Länderarbeitsgemeinschaft Naturschutz)

Landesanstalt für Ökologie, Landschaftsentwicklung und Forstplanung des Landes Nordrhein-Westfalen – LÖLF NRW (Hrsg.) (1993) Naturschutz und Kanusport – Beurteilungsrahmen zur Abwägung der beiderseitigen Belange, LÖLF-Mitteilungen Nr. 2/93.

Landesamt für Natur, Umwelt und Verbraucherschutz NRW (Hrsg.) (2011) Strahlwirkungs- und Trittsteinkonzept in der Planungspraxis LANUV-Arbeitsblatt 16

Lantzius-Beninga (1849) Beiträge zur Kenntniss der Flora Ostfriesland's, Göttingen (Vandenhoek und Ruprecht), 55 S.

LAWA (s. Bund/Länderarbeitsgemeinschaft Wasser)

Leidel G (1998) Der Wasserbau in Kurbayern an der Wende vom 18. zum 19. Jahrhundert. In: Altbayerische Flusslandschaften an Donau, Lech, Isar und Inn – Handgezeichnete Karten des 16. bis 18. Jahrhunderts aus dem Bayerischen Hauptstaatsarchiv. Ausstellungskataloge der Staatlichen Archive Bayern 37, S. 297–315. Weißenhorn

Leser H (1991) Landschaftsökologie, Stuttgart (Ulmer), 647 S.

Lienhoop N (2016) Übersicht über Methoden zur Bewertung von Ökosystemleistungen, In: Naturkapital Deutschland – TEEB DE, Ökosystemleistungen in ländlichen Räumen – Grundlage für menschliches Wohlergehen und nachhaltige wirtschaftliche Entwicklung. Hrsg. von Christina von Haaren und Christian Albert. Leibniz Universität Hannover, Helmholtz-Zentrum für Umweltforschung – UFZ. Hannover, Leipzig. S. 64–69.

Liquete C, Piroddi C, Evangelia G, Drakou E G, Gurney L, Katsanevakis S, Charef A, Egoh B (2013) Current Status and Future Prospects for the Assessmentof Marine and Coastal Ecosystem Services: A SystematicReview, PLoS ONE 8 (7), e67737.

LÖLF NRW (s. Landesanstalt für Ökologie, Landschaftsentwicklung und Forstplanung des Landes Nordrhein-Westfalen – LÖLF NRW)

Maes J, Teller A, Erhard M, Murphy P, Paracchini ML, Barredo JI, Grizzetti B, Cardoso A, Cardoso A, Somma F, Peterson JE, Meiner A, Gelabert ER, Zal N, Kristensen P, Bastrup-Birk A, Biala K, Romao C, Piroddi C, Egoh B, Fiorina C, Santos F, Naruševičius V, Verboven J, Pereira H, Bengtsson J, Kremena G. et al. (2014) Mapping and Assessment of Ecosystems and their Services – Indicators for ecosystem assessments under Action 5 of the EU Biodiversity Strategy to 2020, Mapping and Assessment of Ecosystems and their Services, 81 S.

Mannsfeld K (1978) Zur Kennzeichnung von Gebietseinheiten nach ihren Potenzialeigenschaften, Petermanns Geografische Mitteilungen 122, S. 17–27.

Marks R, Müller MJ, Leser H, Klink HJ [Hrsg.] (1992) Anleitung zur Bewertung des Leistungsvermögens des Landschaftshaushaltes (BA LVL), Trier (Zentralausschuss für deutsche Landeskunde, Selbstverlag), 2. Aufl., Forschungen zur deutschen Landeskunde 229, S. 5–222.

Mattmann M, Logar I, Brouwer R (2016) Hydropower externalities: A meta-analysis, Energy Economics 57, S. 66–77.

Mehl D, Thiele V (1998) Fließgewässer- und Talraumtypen des Norddeutschen Tieflandes am Beispiel der Naturräume Mecklenburg-Vorpommerns, Berlin (Parey Buchverlag im Blackwell Wissenschaftsverlag), 261 S.

Mehl D (1998) Die Fließgewässertypen der jungglazialen Naturräume Mecklenburg-Vorpommerns. Ein landschafts- und gewässerökologischer Beitrag, Dissertation, Universität Rostock, Agrar- und umweltwissenschaftliche Fakultät, 201 S.

Mehl D (2018) Vorwort. Fließgewässerrenaturierung in Deutschland, Hydrologie und Wasserbewirtschaftung, 62. Jahrgang, Heft 1, S. 4–5.

Mehl D, Scholz M, Schulz-Zunkel C, Kasperidus HD, Born W, Ehlert T (2013) Analyse und Bewertung von Ökosystemfunktionen und -leistungen großer Flussauen, Korrespondenz Wasserwirtschaft, 6. Jahrg, Heft 9, S. 493–499.

Mehl D, Hoffmann TG, Iwanowski J, Lüdecke K, Thiele V (2018) 25 Jahre Fließgewässerrenaturierung an der mecklenburgischen Nebel: Auswirkungen auf den ökologischen Zustand und auf regulative Ökosystemleistungen, Hydrologie und Wasserbewirtschaftung, 62. Jahrgang, Heft 1, S. 6–24.

Merot P, Hubert-Moy L, Gascuel-Odoux C, Clement B, Durand P, Baudry J, Thenail C (2006) Environmental Assessment. A method for improving the management of controversial wetland, Environmental Management 37 (2), S. 258-270.

Meyerhoff J, Dehnhardt A (2007) The European Water Framework Directive and economic valuation of wetlands: the restoration of floodplains along the River Elbe, European Environment 17 (1), S. 18-36.

Morrison M, Bennett J (2004) Valuing New South Wales rivers for use in benefit transfer, Australian Journal of Agricultural and Resource Economics 48 (4), S. 591–611.

Neef E (1966) Zur Frage des gebietswirtschaftlichen Potenzials, Forschungen und Fortschritte, 40. Jahrgang, S. 65–70.

Neef E (1976) Nebenwirkungen der gesellschaftlichen Tätigkeiten im Naturraum, Petermanns Geografische Mitteilungen, 120. Jahrgang, Heft 2, S. 141–144.

Neumeister H (1978) Zur Theorie und zu Aufgaben in der physisch-geografischen Prozessforschung, Petermanns Geografische Mitteilungen, 122. Jahrgang, Heft 1, S. 1–11.

Neumeister H (1979) Zur Messung der „Leistung" des Geosystems – Forschungsansätze in der physisch-geografischen Prozessforschung, Petermanns Geografische Mitteilungen, 123. Jahrgang, Heft 2, S. 101–107.

Niemann E (1977) Eine Methode zur Erarbeitung der Funktionsleistungsgrade von Landschaftselementen, Archiv für Naturschutz und Landschaftsforschung 17. Jahrgang, S. 119-158.

OECD (s. Organisation for Economic Co-operation and Development – Organisation für wirtschaftliche Zusammenarbeit und Entwicklung, Paris)

OECD (2018) Cost-Benefit Analysis and the Environment. Further Developments and Policy Use, The Organisation for Economic Co-operation and Development (OECD).

Patt H, Burkart B (2003) Einführung in den Hochwasserschutz, In: Weiterbildendes Studium Bauingenieurwesen – Wasser und Umwelt, Bauhaus-Universität Weimar, Kurs WW 47 – Hochwassermanagement II – Praxis des Hochwasserschutzes, 1. Aufl, Weimar, 2003, Kap. 1, S. 1.1 bis 1.31.

Patt H (2018) Naturnaher Wasserbau – Entwicklung und Gestaltung von Fließgewässern, 5. Aufl., Springer Vieweg, Wiesbaden.

Patt H, Jüpner R (2020) Hochwasser-Handbuch, Auswirkungen und Schutz, 3. Aufl., Springer Vieweg, Wiesbaden

Patt H, Gonsowski P, Speerli U (2021) Wasserbau – Flussbauliche Grundlagen und Gestaltung von wasserbaulichen Bauwerken und Anlagen, 8. Aufl., Springer Vieweg, Wiesbaden.

Patt H, Städtler E (2009) Altgewässer – Ökologie, Sanierung und Neuanlage, Teil 1: Grundlagen, Korrespondenz Wasserwirtschaft, 2. Jahrg, Heft 2, S. 84 ff

Patt H, Groß J, Städtler E, Weih A (2009) Altgewässer – Ökologie, Sanierung und Neuanlage, Teil 2: Beispiele für Schutz, Neuanlage und Sanierung, Korrespondenz Wasserwirtschaft, 2. Jahrg, Heft 3, S. 141 ff.

Paulus Th (1997) Neophyten – Gebietsfremde Pflanzenarten an Fließgewässern – Empfehlungen für die Gewässerpflege, DVWK – Gemeinnützige Fortbildungsgesellschaft für Wasserwirtschaft und Landschaftsentwicklung (GFG) mbH (Hrsg.) (1997), Mainz.

Pickett S T A, White P S (1985) Patch dynamics: a synthesis. In: Pickett, S T. A, White, P. (Hrsg.) The ecology of natural disturbance and patch dynamics, Orlando (Academic Press), S. 371–384.

Podraza P, Schuhmacher H (1989) Die anthropogene 'Überformung' von Fließgewässern im Ballungsraum, dargestellt am Beispiel des Ölbaches in Bochum, Verh. Ges. Ökol. (Essen 1988) XVIII, S. 549–556.

Podschun SA, Albert C, Costea G, Damm C, Dehnhardt A, Fischer C, Fischer H, Foeckler F, Gelhaus M, Gerstner L, Hartje V, Hoffmann T G, Hornung L, Iwanowski J, Kasperidus H, Linnemann K, Mehl D, Rayanov M, Ritz S, Rumm A, Sander A, Schmidt M, Scholz M, Schulz-Zunkel C, Stammel B, Thiele J, Venohr M, von Haaren C, Wildner M, Pusch M (2018a) RESI – Anwendungshandbuch: Ökosystemleistungen von Flüssen und Auen erfassen und bewerten, IGB-Schriftenreihe Heft 31/2018, 187 S., online verfügbar unter www.resi-project.info/handbuch.

Podschun SA, Thiele J, Dehnhardt A, Mehl D, Hoffmann T G, Albert C, von Haaren C, Deutschmann K, Costea G, Pusch M (2018b) Das Konzept der Ökosystemleistungen – eine Chance für integratives Gewässermanagement, Hydrologie und Wasserbewirtschaftung, 62. Jahrgang, Heft 6, S. 453–468.

Posthumus H, Rouquette J R, Morris J, Gowing D J G, Hess T M (2010) A framework for the assessment of ecosystem goods and services; a case study on lowland floodplains in England, Ecological Economics 69, S. 1510-1523.

Pusch M, Fiebig D, Brettar I, Eisenmann H, Ellis B K, Kaplan L A, Traunspurger W (1998) The role of micro-organisms in the ecological connectivity of running waters, Freshwater Biology, 40(3), S. 453–495.

Rayanov M, Dehnhardt A, Glockmann M, Hartje V, Hirschfeld J, Lindow M, Sagebiel J, Thiele J, Welling M (2018) Der ökonomische Wert von Flusslandschaften für Naherholung – eine Zahlungsbereitschaftsstudie in vier Regionen Deutschlands, Hydrologie & Wasserbewirtschaftung, 62. Jahrgang, Heft 6, S. 410–422.

Riecken U, Finck P, Raths U, Schröder E, Ssymank A (2010) Ursachen der Gefährdung von Biotoptypen in Deutschland, Natur und Landschaft, 85. Jahrg, Heft 5, S. 181–186.

Rieger W, Disse M (2008) Wasserrückhalt in der Fläche – Möglichkeiten und Grenzen des dezentralen Hochwasserschutzes, KW Korrespondenz Wasserwirtschaft, 1. Jahrg., Heft 11, S. 603 ff.

Roach KA, Thorp JH, Delong MD (2009) Influence of lateral gradients of hydrologic connectivity on trophic positions of fishes in the Upper Mississipi River, Freshwater Biology 54, S. 607-620.

Robinson CT, Tockner K, Ward J V (2002) The fauna of dynamic riverine landscapes, Freshwater Biology 47, S. 661–677.

Schackers B (2000) Kiesgruben in der Weseraue, In: Bund für Umwelt und Naturschutz Deutschland LV NRW (Hrsg.) (2000) Baggerseen – Ersatzlebensraum oder Wunden in den Flusstälern, Dokumentation der Tagung am 18. August 2000 in Düsseldorf, BUND-Berichte Nr. 17, Eigenverlag, Düsseldorf, S. 27–35.

Scheifele M (1996) Als die Wälder auf Reisen gingen – Wald-Holz-Flößerei in der Wirtschaftsgeschichte des Enz-Nagold-Gebietes, Verlag G. Braun, Karlsruhe.

Schemel HJ, Erbguth W (2000) Handbuch Sport und Umwelt, Meyer & Meyer Verlag.

Schiechtl HM, Stern R (2002) Naturnaher Wasserbau – Anleitung für ingenieurbiologische Bauweisen, Ernst & Sohn Verlag, Berlin.

Schmidt B & Amt für Umwelt und Naturschutz Friedrichshafen (Hrsg.) (1999) Effizienzkontrolle von Besucherlenkungsmaßnahmen an naturnahen Fließgewässern – tierökologische Untersuchungen an der mittleren Jagst, Fachdienst Naturschutz Landesanstalt für Umweltschutz Baden-Württemberg (LfU BW), Naturschutz-Info 2/1999.

Schmidt M (2001) Fischteichbau als Vorstufe des Talsperrenbaues in Deutschland, Wasserwirtschaft, 91. Jahrg, Nr. 7/8, S. 384–390.

Schmidt W (1985) Die Nebennutzungen der Teichböden in der Oberlausitz im 18. und 19. Jahrhundert und ihre natürlichen Grundlagen, Abh. Berichte Naturkundemuseum Görlitz 58 Jahrg, Heft 11, S. 1–28.

Schneider E, Scholz M, Dister E, Mehl D, Kurth A, Hamer H (2018) Biodiversität in Auen, In: Schneider E, Werling M, Stammel B, Januschke K, Ledesma-Krist G, Scholz M, Hering D, Gelhaus M, Dister E, Egger G [Hrsg.]: Biodiversität der Flussauen Deutschlands, Naturschutz und Biologische Vielfalt, 163. Jahrgang, S. 41–78.

Scholle J (1997) Die Entwicklung der Fischfauna in der Huchtinger Ochtum, Bremer Beiträge zur Naturkunde und Naturschutz 3, S. 117–129.

Scholle J (2001) Die Bedeutung der Fleete und Gräben des Bremer Feuchtgrünlandes für die Fischfauna, Bremer Beiträge für Naturkunde und Naturschutz 5, S. 105–117.

Scholz M, Mehl D, Schulz-Zunkel C, Kasperidus H D, Born W, Henle K (Hrsg.) (2012) Ökosystemfunktionen in Flussauen, Analyse und Bewertung von Hochwasserretention, Nährstoffrückhalt, Treibhausgas-Senken-/Quellenfunktion und Habitatfunktion, Schriftenreihe Naturschutz und biologische Vielfalt, 124. Jahrgang, S. 257 S.

Scholle J, Schuchardt B, Brandt T (2006) Pilotprojekt Marschengewässer Niedersachsen: Teilprojekt Fischfauna. Vorschlag eines Bewertungsverfahrens für verschiedene Marschengewässertypen in Niedersachsen. Studie im Auftrag Unterhaltungsverband Kehdingen.

Scholz M, Stab S, Dziock F, Henle K (2005) Lebensräume der Elbe und ihrer Auen, Konzepte für die nachhaltige Entwicklung einer Flusslandschaft, Bd. 4, Weißensee Verlag, Ökologie, Berlin, 380 S.

Scholz M, Mehl D, Schulz-Zunkel C, Kasperidus HD, Born W, Henle K (2012) Ökosystemfunktionen von Flussauen – Analyse und Bewertung von Hochwasserretention, Nährstoffrückhalt, Kohlenstoffvorrat, Treibhausgasemissionen und Habitatfunktion, Naturschutz und Biologische Vielfalt 124.

Schröder M (2012) Vergleichende Studie Zur Ökologie Des Makrozoobenthos ausgewählter Gräben Nordwestdeutschland, Masterarbeit, Carl Von Ossietzky Universität Oldenburg.

Schröter M, van der Zanden EH, van Oudenhoven APE, Remme R P, Serna-Chavez HM, de Groot RS, Opdam P (2014) Ecosystem Services as a Contested Concept: a Synthesis of Critique and Counter-Arguments, Conservation Letters 7 (6), S. 514-523.

Schuchardt B (2001) Der Graben als Gewässertyp: vergleichende Charakterisierung struktureller und funktionaler Eigenschaften, Bremer Beiträge für Naturkunde und Naturschutz 5, S. 31–40.

Schulz-Zunkel C, Scholz M, Kasperidus HD, Krüger F, Natho S, Venohr M (2012) Nährstoffrückhalt, In: Scholz, M, Mehl, D, Schulz-Zunkel C, Kasperidus H D, Born W, Henle K (2012) Ökosystemfunktionen von Flussauen, Naturschutz und Biologische Vielfalt, 124, S. 48–72.

Schumacher H (1986) Künstliche Bachalterung – eine konzeptionelle Charakterisierung anthropogener Veränderungen von mitteleuropäischen Fließgewässern, Verh. Deutsche Zoologische Gesellschaft, 79. Jahrg, S. 318.

Schütze T (1956) Die frühere Waldbedeckung der Oberlausitz im Lichte der Orts- und Flurnamen, Abh. Ber. Naturkundemuseum Görlitz, Nr. 33 (1), S. 5–42.

Schweinfurth W (1990) Geografie anthropogener Einflüsse – Das Murgsystem im Nordschwarzwald, Mannheimer Geografische Arbeiten 26, 351 S.

Schweizerische Geotechnische Kommission – SGK (Hrsg.) (1997) Die mineralischen Rohstoffe der Schweiz, Eigenverlag, Zürich.

Schwoerbel J, Brendelberger H (2013) Einführung in die Limnologie, Stoffhaushalt – Lebensgemeinschaften – Technologie, 10. Aufl., Springer Spectrum.

Simon E (2020) Der Biber – Biologie, Schutz, Management eines Ökosystemingenieurs, In: Jedicke E (Hrsg.) Praxisbibliothek Naturschutz und Landschaftsplanung, Eugen Ulmer Verlag, Stuttgart.

Sousa S, Botelho A, Pinto L, Valente M (2019) How Relevant Are Non-Use Values and Perceptions in Economic Valuations? The Case of Hydropower Plants, Energies 12 (15), S. 2986.

SRU (siehe Rat von Sachverständigen für Umweltfragen)

SRU (1987) Umweltgutachten 1987, Rat von Sachverständigen für Umweltfragen, Stuttgart, Mainz (Verlag W. Kohlhammer), 674 S.

Staub C, Ott W (2011) Indikatoren für Ökosystemleistungen, Systematik, Methodik und Umsetzungsempfehlungen für eine wohlfahrtsbezogene Umweltberichterstattung, Bundesamt für Umwelt – BAFU (Hrsg.), Umwelt-Wissen Nr. 1102, 106 S.

Staub C, Ott W, Heusi F, Klingler G, Jenny A, Häcki M (2011) Indikatoren für Ökosystemleistungen: Systematik, Methodik und Umsetzungsempfehlungen für eine wohlfahrtsbezogene Umweltberichterstattung, Bundesamt für Umwelt, Bern, Umwelt-Wissen Nr. 1102, 106 S.

Steinberg C (1987) Lebensgemeinschaften in Fließgewässern, In: Grundzüge der Gewässerpflege – Fließgewässer, Schriftenreihe des Bayerischen Landesamtes für Wasserwirtschaft, Heft 21, München.

Stowasser A, Lagemann T (2008a) Pflege und Entwicklung von Ufergehölzbeständen aus ingenieurbiologischen Bauweisen – Teil 1: Pflege- und Entwicklungsgrundsätze, Korrespondenz Wasserwirtschaft, 1. Jahrg., Heft 8, S. 412–422.

Stowasser A, Lagemann T (2008b) Pflege und Entwicklung von Ufergehölzbeständen aus ingenieurbiologischen Bauweisen – Teil 2: Bauweisenspezifische Pflegeschritte, Korrespondenz Wasserwirtschaft, 1. Jahrg., Heft 9, S. 487–492.

Summers J K, Smith L M, Case J L, Linthurst R A (2012) A review of the elements of human well-being with an emphasis on the contribution of ecosystem services, Ambio 41 (4), S. 327-340.

TEEB (s. The Economics of Ecosystems & Biodiversity – http://www.teebweb.org/)

TEEB (Hrsg.) (2010) The Economics of Ecosytems and Biodiversity, Mainstreaming the Economics of Nature, A Synthesis of the Approach, Conclusions and Recommendations of TEEB.

TEEB (Hrsg.) (2012a) The Economics of Ecosystems and Biodiversity, Ecological and Economic Foundations, Pushpam K (Ed), Routledge.

TEEB DE (Hrsg.) (2012b) Naturkapital Deutschland – Der Wert der Natur für Wirtschaft und Gesellschaft – Eine Einführung, München, ifuplan; Leipzig, Helmholtz-Zentrum für Umweltforschung – UFZ, Bonn, Bundesamt für Naturschutz.

TEEB DE (Hrsg.) (2015) Naturkapital Deutschland. Naturkapital und Klimapolitik – Synergien und Konflikte, Hartje V, Wüstemann H und Bonn A (Hrsg.), Technische Universität Berlin, Helmholtz-Zentrum für Umweltforschung – UFZ, Berlin, Leipzig.

TEEB DE (Hrsg.) (2016a) Naturkapital Deutschland, Ökosystemleistungen in der Stadt – Gesundheit schützen und Lebensqualität erhöhen. Hrsg. von I Kowarik, R Bartz und M Brenck. Technische Universität Berlin, Helmholtz-Zentrum für Umweltforschung – UFZ, Berlin, Leipzig.

TEEB DE (Hrsg.) (2016b) Naturkapital Deutschland, Ökosystemleistungen in ländlichen Räumen – Grundlage für menschliches Wohlergehen und nachhaltige wirtschaftliche Entwicklung, von

Haaren C, Albert C (Hrsg.), Leibniz Universität Hannover, Helmholtz-Zentrum für Umweltforschung – UFZ, Hannover, Leipzig.
Thiesmeier B, Rennerich J, Darschnik S (1988) Fließgewässer im Ballungsraum Ruhrgebiet, Ökologische Grundlagenerhebung in der Stadt Bochum, Decheniana 141, S. 296–311.
Tillich S (2013) Die Nieren der Natur, Netzwerkforschung zur Biodiversitätsforschung, http://www.biodiversity.de/index.php/fuer-presse-medien/top-themen-biodiversitaet/3696-die-nieren-der-natur.
Tinch R, Beaumont N, Sunderland T, Ozdemiroglu E, Barton D, Bowe C et al. (2019) Economic valuation of ecosystem goods and services, a review for decision makers, In: Journal of Environmental Economics and Policy 92 (2), S. 1-20.
Tockner K, Pennetzdorfer D, Reiner N, Schiemer F, Ward JV (1999) Hydrological connectivity and the exchange of organic matter and nutrients in a dynamic river-floodplain system (Danube, Austria), Freshwater Biology 41 (3), S. 521-535.
Tockner K, Stanford JA (2002) Riverine floodplains: Present state and future trends, Environmental Conservation 29, S. 308–330.
Trepel M (2009) Nährstoffrückhalt und Gewässerrenaturierung, KW-Korrespondenz Wasserwirtschaft, 2. Jahrg, Heft 2, Heft 2, S. 211–215.
Trepel M (2010) Assessing the cost-effectiveness of the water purification function of wetlands for environmental planning, Ecological Complexity, Heft 7, S. 320–326.
Turner K, Georgiou S, Fisher B (2008) Valuing Ecosystem Services, The Case of Multi-functional Wetlands, London (Earthscan), 229 S.
UBA (s. Umweltbundesamt, Dessau)
Umweltbundesamt - UBA (Hrsg.) (2018) Methodenkonvention 3.0 zur Ermittlung von Umweltkosten, Methodische Grundlagen, Umweltbundesamt, Dessau.
Uhlmann D (1988) Hydrobiologie. Ein Grundriss für Ingenieure und Naturwissenschaftler, Jena (Gustav Fischer Verlag), 3., überarb. Aufl., 298 S.
Turner R K, Georgiou S, Fisher B (2008) Valuing Ecosystem Services, The Case of Multi-Functional Wetlands, Earthscan Publications Ltd., London.
Verdonschot RCM, Keizer-Vlek HE, Verdonschot PFM (2011) Biodiversity value of agricultural drainage ditches, a comparative analysis of the aquatic invertebrate fauna of ditches and small lakes, Aquatic Conservation Maritime Fresh. Ecosystems (DOI: https://doi.org/10.1002/aqc.1220).
Verhoeven JTA, Arheimer B, Yin C, Hefting MM (2006) Regional and global concerns over wetlands and water quality, Trends in Ecology & Evolution 21. Jahrg, Heft 2, S. 96–103.
Verma M, Bakshi N, Nair RPK (2001) Economic valuation of Bhoj Wetland for sustainable use, unpublished project report for World Bank assistance to Government of India, Environmental Management Capacity-Building, Bhopal, Indian Institute of Forest Management 35.
Vischer D (2003) Die Geschichte des Hochwasserschutzes in der Schweiz, Berichte der BWG, Serie Wasser, Heft 5, Bern, 207 S.
von Haaren C (Hrsg.) (2004) Landschaftsplanung, Stuttgart (Eugen Ulmer Verlag), UTB, 528 S.
von Haaren C, Albert C, Barkmann J, de Groot RS, Spangenberg JH, Schröter-Schlaack C, Hansjürgens B (2014) From explanation to application: introducing a practice-oriented ecosystem servics evaluation (PRESET) model adapted to the context of landscape planning and management, Landscape Ecology 29 (8), S. 1335-1346.
Voslamber B, Vulink JT (2010) Experimental manipulation of water table and grazing pressure as a tool for developing and maintaining habitat diversity for waterbirds, Ardea 98, S. 329–338.
Ward JV (1989) The four-dimensional nature of lotic ecosystems, Journal of the North American Benthological Society 8, S. 2-8.

WFD CIS Guidance No 12 (2003): Common Implementation Strategy for the Water Framework Directive (2000/60/EC). Guidance document No 12. Horizontal Guidance on the Role of Wetlands in the Water Framework Directive. – European Communities, 61 S.

Witt J, Haesloop U (2001) Das Makrozoobenthos in den Grabensystemen des Großraumes Bremen, Bremer Beiträge für Naturkunde und Naturschutz 5, S. 71–90.

Wölfel W (1990) Wasserbau in den Alten Reichen, Berlin.

Wolff S, Schulp CJE, Verburg PH (2015) Mapping ecosystem services demand: A review of current research and future perspectives, Ecological Indicators 55, S. 159-171.

Wüstemann H, Hartje V, Bonn A, Hansjürgens B, Bertram C, Dehnhardt A, Döring R, Doyle U, Elsasser P, Mehl D, Osterburg B, Rehdanz K, Ring I, Scholz M, Vohland K (2014) Naturkapital Deutschland – TEEB DE. Naturkapital und Klimapolitik – Synergien und Konflikte. Kurzbericht für Entscheidungsträger. – Technische Universität Berlin, Helmholtz-Zentrum für Umweltforschung – UFZ, Leipzig, 77 S., http://www.naturkapitalteeb.de.

Internet

https://cices.eu/resources/

https://ec.europa.eu/easme/sites/easme-site/files/life_ecosystem_services_guidance.pdf

Weiterführende Literatur

Deutscher Olympischer Sportbund - DOSB (Hrsg.) Sport schützt Umwelt, Informationsdienst/Newsletter, https://newsletter.dosb.de/

Grizzetti B, Lanzanova D, Liquete C, Reynaud A, Rankinen K, Hellsten S, Forsius M, Cardoso A-C (2015) Cook-book for water ecosystem service assessment and valuation, Luxembourg (Publications Office of the European Union), Scientific and technical research series No. 27141, 135 S.

MA – Millenium Ecosystem Assessment (2005) Ecosystems and human wellbeing: Biodiversity Synthesis, World Resources Institute, Washington D.C. (Island Press), https://www.millenniumassessment.org/documents/document.356.aspx.pdf

4 Fließgewässerentwicklung – Historie, Ziele

Heinz Patt, Klaus Arzet, Klaus Werk, Michael Weyand
und Walter Binder

Zusammenfassung

In diesem Kapitel wird dargestellt, in welcher Weise die Wasserwirtschaft auf die oft gewässerökologisch und hydromorphologisch nachteiligen nutzungsgedingten Veränderungen der Fließgewässer und gewässernahen Bereiche reagiert. Die ersten Anfänge der „naturnahen" Gewässer- und Auenentwicklung reichen bis in die 1970er-Jahre zurück. Beständig wurden diese zaghaften ersten, hauptsächlich wasserwirtschaftlichen Maßnahmen, um naturschutzfachliche und gewässerökologische Komponenten erweitert und verfeinert. Mit Einführung der EG-Wasserrahmenrichtlinie im Jahre 2000 wurde erstmals eine flussgebietsorientierte Bewirtschaftung eingeführt, die im Zusammenwirken mit anderen europäischen Richtlinien (RL) (u. a. FFH-Richtlinie, Hochwasserrisikomanagement-Richtlinie, Grundwasser-Richtlinie, Kommunale Abwasser-Richtlinie) zu einer ökologischen Verbesserung der Fließgewässer beitragen.

H. Patt (✉)
Sachverständigenbüro Professor Patt & Partner, Bonn, Deutschland
E-Mail: heinz.patt@t-online.de

K. Arzet
Bayerisches Staatsministerium für Umwelt und Verbraucherschutz, München, Deutschland
E-Mail: klaus.arzet@stmuv.bayern.de

K. Werk
vormals Hochschule Geisenheim University, Institut für Landschaftsplanung und Naturschutz, Geisenheim, Deutschland
E-Mail: klaus.werk@werk-home.de

M. Weyand
vormals Ruhrverband, Essen, Deutschland

W. Binder
vormals Bayerisches Landesamt für Umwelt, Augsburg, Deutschland

H. Patt (Hrsg.), *Fließgewässer- und Auenentwicklung*,
https://doi.org/10.1007/978-3-662-64435-5_4

Naturnahe Fließgewässer und deren gewässerbegleitenden Auen sind ökologisch sehr empfindliche und artenreiche Naturräume, die in Mitteleuropa fast vollständig verschwunden sind. Umso bedeutsamer ist es, die verbliebenen naturnahen Gewässerstrecken und Auen besonders zu schützen und bereits beeinflusste Abschnitte so weit wie möglich wieder naturnah zu entwickeln.

Die Realität zeigt, dass diese Ziele in unserer stark anthropogen überformten Landschaft oft nicht einfach zu verwirklichen sind. Die vielerorts vorhandenen Nutzungen limitieren die Handlungsspielräume in beträchtlichem Ausmaß. Mehr noch, der Druck auf die wenigen intakten Fließgewässerlandschaften bzw. Fließgewässerstrecken scheint stetig noch zu wachsen. Oftmals fehlt die Einsicht des wirtschaftlich denkenden Menschen, dass derartige Lebensräume aufgrund ihrer Einmaligkeit und Lebensnotwendigkeit für den Menschen geschützt werden müssen, damit diese und ihre Ökosystemleistungen nicht auf Dauer verloren gehen. Unterschutzstellungen oder Umgestaltungsmaßnahmen sind ungleich schwerer zu begründen, da sie Ziele verfolgen, die zunächst vermeintlich keine monetären Vorteile erkennen lassen, vielleicht sogar Folgekosten verursachen.

Von den ersten warnenden Stimmen in Sachen Fließgewässer- und Auenschutz bis zu den ersten Fließgewässerrenaturierungen war es ein weiter Weg. Viele Entwicklungen in Sachen Gewässerschutz wurden erst auf den Weg gebracht, als die Veränderungen und bleibenden Schäden nicht mehr wegdiskutiert werden konnten. Heute bietet das vorhandene rechtliche Instrumentarium (s. Kap. 5) – neben einem weitreichenden Schutz der Fließgewässer- und Auenlandschaften – Möglichkeit, naturferne Abschnitte wieder in Richtung auf mehr Naturnähe zu entwickeln. Problematisch bleiben meist die auftretenden Konflikte mit vorhandenen oder geplanten Nutzungen. Umso wichtiger ist es, dass Fließgewässer- und Auenentwicklungen ein gesellschaftlich tragbares Konzept verfolgen, in dem aufkommende oder vorhandene Konflikte nicht ausgeklammert werden. Die Farbtafeln Abb.. 4.14 bis 4.24 zeigen unterschiedliche Situationen an den Fließgewässern.

4.1 Geschichte

Die Auseinandersetzung des Menschen mit den Fließgewässern ist so alt wie die Kultur. Der Mensch siedelte bevorzugt an Fließgewässern, um die Vorteile des fließenden Wassers zu nutzen (u. a. Bereitstellung von Trink- und Brauchwasser, Abführung von Abwasser, Fischerei, Schutz vor Feinden, Wasserkraft, fruchtbare Aueböden), und nahm die Gefahr von Hochwasser dafür in Kauf bzw. siedelte auf Hochufern, Flussdünen und künstlichen Warften so, dass Schäden durch Hochwässer nicht auftreten konnten bzw. minimiert wurden. Gleichzeitig begann der Mensch, die Fließgewässer nach seinen Erfordernissen zu verändern, wie zum Beispiel ihren Lauf festzulegen, aufzustauen, Wasser abzuleiten und Flächen zu entwässern.

Im Folgenden soll die Wandlung der Gesellschaft und der Wasserwirtschaft als Teil der Gesellschaft in ihrer Einstellung zu den Gewässern in der zweiten Hälfte des 20. Jahrhunderts beschrieben werden. Um eine kurze, aber konsistente Darstellung dieser Entwicklung zu ermöglichen, soll dies hier am Beispiel des Landes Niedersachsen erfolgen. Vergleichbare Entwicklungen hat es auch in anderen Bundesländern gegeben.

4.1.1 Umdenkprozesse

In der ersten Hälfte des 20. Jahrhunderts war die Auffassung von Herder's aus dem Jahr 1784 (zitiert in Körner 2001) noch weit verbreitet, dass die Schöpfung (die Natur) durch menschliche (bäuerliche) Kultur erst vervollkommnet wird. Kulturtechnik bzw. Landeskultur sei die Keimzelle aller Kultur, der selbstverständlich auch die Wasserwirtschaft unterzuordnen war.

Die *Geschichtsphilosophie von Herder's* wurde vom Nationalsozialismus zur Blut und Boden-Theorie dahingehend pervertiert, dass einer nordischen bäuerlichen, an den Boden gebundenen, daher überlegenen Kulturrasse, südliche und östliche, nicht an den Boden gebundene, daher minderwertige Nomaden- und Händlerrassen gegenüber ständen. Die nordische Herrenrasse habe deshalb den geschichtlichen Auftrag, ihren Kulturkreis auszudehnen.

Die von Herder'sche Auffassung wurde auch durch politische Rahmenbedingungen gefördert. Dazu zählen sowohl Autarkiebestrebungen des Kaiserreiches und des Dritten Reiches als auch die wirtschaftlichen Notzeiten während der Weltkriege und danach sowie der Zuzug von Millionen Vertriebener und Flüchtlinge nach dem Zweiten Weltkrieg, für die in Niedersachsen u. a. der Emslandplan geschaffen wurde, der die Kultivierung der Niederungen und Moore des Emslandes als staatliche Aufgabe definierte.

Folgendes Zitat eines leitenden Mitarbeiters der Obersten Wasserbehörde (!) aus dem Jahr 1974 spiegelt diese Auffassung und die Privilegierung der Landwirtschaft noch wider:

> *Ein besonders starker Nutzungsanspruch an die Landschaft besteht durch die Landwirtschaft. Die Regelung der Wasserverhältnisse im Boden ist eine der wichtigsten Maßnahmen der Standortverbesserung, die wiederum Voraussetzung zur Entwicklung und Sicherung leistungsfähiger landwirtschaftlicher Betriebe ist, die auch bei der heutigen strengen Wettbewerbssituation bestehen können. Die Landwirtschaft fordert daher sehr massiv, dass der Gewässerausbau zum Zwecke des Hochwasserschutzes wie zur Wasserstandsregelung unvermindert fortgesetzt wird. Sie bestreitet entschieden, dass die Sozialbindung des Eigentums so weit gehen könnte, dass durch Versagen weiterer Meliorationen im Interesse der Allgemeinheit im Einzelfall sogar die Existenz des Betriebes gefährdet werden dürfte.* (Krause 1974)

Erst ab Mitte der 1960er-Jahr (im Jahr 1963 erschien Rachel Carsons Werk: „Der stumme Frühling" in deutscher Übersetzung) wurden der Gesellschaft die Auswüchse einer grenzenlosen Kulturtechnik langsam bewusst. Eine ausgeräumte Feldflur, mit Pestiziden und Nährstoffen belastete Gewässer, mit Pestiziden verseuchte Lebensmittel, nicht absetzbare Produktionsüberschüsse und die Vernichtung von Lebensmitteln in der Europäischen Gemeinschaft waren u. a. die unübersehbaren Ergebnisse derartigen Handelns.

In den 1970er-Jahren wuchs die Umweltbewegung in Deutschland (im Jahr 1972: Gründung des „Bundesverband Bürgerinitiativen Umweltschutz" – BBU; im Jahr 1975: Gründung des „Bund für Umwelt und Naturschutz Deutschland" – BUND). Im Jahr 1976 wurden das Bundesnaturschutzgesetz (BNatSchG) verabschiedet und das Wasserhaushaltsgesetz (WHG) novelliert. Beide Gesetze wurden Anfang der 1980er-Jahre in Landesrecht umgesetzt.

Im Jahr 1992 fand die internationale Konferenz „Umwelt und Zusammenarbeit" in Rio de Janeiro statt, auf der die Staatengemeinschaft sich auf nachhaltiges Wirtschaften und Entwickeln einigte und entsprechende Beschlüsse fasste. Die Vorstellung reifte: „*Wir haben Natur und Umwelt von unseren Kindern geliehen*".

Die Natur und die Gewässer haben einen Wert an sich und für die heutige und zukünftige Gesellschaft, weil sie grundsätzlich vielfältige Funktionen ausfüllen können, im Gegensatz zu für bestimmte Funktionen ausgebaute Gewässer. Natürliche Gewässer sind also das „Stammkapital" der Gesellschaft, das für bestimmte notwendige Nutzungen auf begrenzte Zeit und unter der Auflage, das Gewässersystem insgesamt nicht zu beeinträchtigen, ausgeliehen werden kann. Nach ihrer Nutzung sind die Gewässer daher im „natürlichen Zustand" der Gesellschaft wieder zurück zu geben, um sie für neue naturverträgliche Nutzungen vorhalten zu können.

4.1.2 Vom technischen Ausbau zur Biotopgestaltung (1965–1980)

Ende der 1960er-Jahre war der Höhepunkt im reintechnischen Ausbau der Fließgewässer erreicht. In Meliorationsgebieten des norddeutschen Tieflandes (z. B. der Diepholzer Moorniederung, im Bereich der Großen Aue der Landkreise Diepholz und Nienburg, im Landkreis Emsland, im Bereich der Radden des Landkreises Cloppenburg) wurden natürliche Fließgewässer kanalartig ausgebaut, d. h. begradigt und vertieft, um das Wasser neu gebauter Drainvorfluter aufnehmen zu können. Die Ufer bekamen Einheitsböschungen (Neigungen zwischen 1:3 und 1:2) und die Böschungsfüße wurden mit Steinschüttung auf Vlies oder Bongossi-Flechtmatten gesichert.

Das durch Begradigung erhöhte Gefälle wurde durch Sohlenabstürze aus Stahlspundwänden oder durch *Pfeifenbrink'sche Sohlenabstürze* (Sohlenabstürze aus schüsselförmigen Betonfertigteilen) gebrochen (Abb. 4.1). Vielfach wurden normierte Böschungsprofile und -längen propagiert, um die maschinelle Unterhaltung der Fließgewässer mit wenigen Unterhaltungsgeräten rationell durchführen zu können (z. B. AID 1963). Die Chemieindustrie entwickelte Herbizide zur Gewässerunterhaltung (Johannes 1978), deren Anwendung u. a. im Raum Sulingen bis Mitte der 1970er-Jahre getestet wurde.

Abb. 4.1 Ausgebautes Fließgewässer im Landkreis Emsland – Einheitsböschungen ohne Bepflanzung, „Pfeifenbrink'scher Sohlenabsturz" und Einmündung eines Drainvorfluters aus Stahlfertigteilen. (Foto: H.-J. Dahl)

Ein derartiger Ausbau und auch die zugehörige Unterhaltung wurde von einzelnen Naturschützern, dem Heimatbund sowie den Naturschutzbehörden kritisiert. Die Naturschutzverbände heutiger Prägung wurden seinerzeit erst gegründet.

Diese Kritik führte im Jahr 1973 zum gemeinsamen Runderlass des Landwirtschaftsministers – damals für die Wasserwirtschaft zuständig – und des Kultusministers – damals für den Naturschutz zuständig – betreffs: *„Berücksichtigung von Naturschutz und Landschaftspflege bei wasserbaulichen Maßnahmen"* und erweiterte eine Rundverfügung der Bezirksregierung Lüneburg, die bereits seit dem Jahr 1968 gültig war. Der Erlass forderte, wenn überhaupt, dann „naturnah" auszubauen, und die Fließgewässer, wenn möglich, naturnah zu trassieren und lebende Baustoffe zu bevorzugen. Ausschlaggebend waren jedoch weiterhin landwirtschaftliche Erfordernisse und nicht diejenigen des Naturschutzes.

In der folgenden Zeit begann man, verschiedene Gestaltungselemente zu erproben und bei Ausbauten mosaiksteinartig zusammen zu setzen. Der Bezug zu konkreten Fließgewässertypen fehlte jedoch.

Das wesentliche Augenmerk legte man zunächst auf die Bepflanzung. Weil die Erfahrungen mit der Verwendung von *lebenden Baustoffen* weitgehend verloren gegangen waren, wurde in den Jahren 1973/74 an der Oberaller bei Brennekenbrück eine 1,6 Kilometer lange Versuchsstrecke angelegt. Dort wurden verschiedene naturnahe Ausbaumethoden auf ihre Eignung zumUferschutz getestet. Untersucht wurden unterschiedliche Böschungsneigungen (1:3, 1:4 und 1:6) sowie Bermen unter- und oberhalb der Mittelwasserlinie. Letztere wurden mit Weiden, Erlen,Schilf, Wasserschwaden und Schlanksegge bepflanzt (Dahl 1975). Der traditionelle Ausbau an der Aller bestand aus Böschungen 1:3, die mit Schüttsteinen auf Vlies geschützt wurden.

Im Ergebnis waren alle Methoden geeignet, die verschiedenen Böschungen zu halten, jedoch waren die Ufer, je steiler sie waren, durch die Wühltätigkeit des Bisams gefährdet, was bei versteinten Ufern nicht der Fall war. Details zu den Untersuchungen können bei Dahl und Schlüter (1983) nachgelesen werden.

Es dauerte aber zunächst, bis Erfahrungen aus der Versuchsstrecke vorlagen. Daher hatte die Veröffentlichung von Lohmeyer und Krause (1975), *„Über die Auswirkungen des Gehölzbewuchses an kleinen Wasserläufen des Münsterlandes auf die Vegetation im Wasser und an den Böschungen im Hinblick auf die Unterhaltung der Gewässer“*, einen großen Einfluss auf die Gestaltung der Fließgewässer in Niedersachsen. Die Aussage der Veröffentlichung, dass eine geschlossene Gehölzbepflanzung insbesondere aus Schwarzerle nicht nur naturgemäß sei, sondern auch den Aufwuchs von Röhricht- und Wasserpflanzen im Profil und damit den Umfang der Gewässerunterhaltung wesentlich verringern kann, förderte die Akzeptanz von Gehölzen an Gewässern. Über Jahre war anschließend die Vorstellung weit verbreitet, dass (technisch) ausgebaute Fließgewässer mit Erlenbepflanzung naturnah sind.

Die vom Münsterland ausgehende, im Land Niedersachsen dann weit verbreitete Erlenbepflanzung, nicht nur ausgebauter Fließgewässer, sondern auch ganzer Entwässerungsnetze aus künstlichen Gräben – die keinesfalls Fließgewässer sind – führte dann zum Schlagwort der „Grünen Vertunnelung“ und machte bewusst, dass zu naturnahen Fließgewässern weitere Elemente gehören.

So begann man mit *„biotop-gestaltenden“* Maßnahmen, nämlich Fließgewässer punktförmig aufzuweiten, Fischunterstände zu bauen und durch den Einbau von Dreiecksflügelbuhnen die Strömung und Geschiebeführung zu beeinflussen (z. B. Dahl 1976). Selbst in kleinen Fließgewässern mit vertiefter Sohle wurden durch Schüttsteine verschiedene Altgewässerformen hergestellt. Deren natürliche Funktionen waren jedoch nur durch ständige Unterhaltung aufrecht zu erhalten (Abb. 4.2). Im Vordergrund stand weniger das Fließgewässer als dynamisches, sich selbst entwickelndes System, sondern das gebaute Detail, das durch Unterhaltungsmaßnahmen erhalten werden muss. So sinnvoll die Ausführung einzelner Elemente auch sein kann, führt die rezeptartige Verwendung einzelner Bauteile ohne Eichung an einem Leitbild nicht zum Ziel (Abb. 4.3).

Abb. 4.2 Ausgebautes Fließgewässer mit künstlichen „Altarmen“ (Foto: H.-J. Dahl)

Abb. 4.3 „Naturnah“ ausgebautes Fließgewässer mit den Strukturelementen Linienführung in Krümmungen, natürliche Baustoffe (Naturstein in Beton), Gehölze am Ufer (bodendeckende Felsenmispel) sowie schonende Unterhaltung per Hand. (Foto: H.-J. Dahl)

4.1.3 Ansätze zur systematischen Renaturierung – Das Niedersächsische Fließgewässerschutzsystem (1980–1990)

Im Jahr 1976 wurde mit dem § 36b WHG das Instrument *„Bewirtschaftungsplan"* eingeführt. Bewirtschaftungspläne sollen die vielfältigen Ansprüche an Gewässer so aufeinander abstimmen, dass unter Einbeziehung ökonomisch-ökologischer Gesamtzusammenhänge ein größtmöglicher Nutzen zum Wohl der Allgemeinheit erreicht wird. Bemerkenswert ist hier die Einbeziehung der Ökologie.

In Absprache zwischen den Ländern und dem Bundesinnenministerium wurde im Jahr 1978 im Rahmen des Umweltforschungsplanes des Bundesinnenministeriums (BMI) das Forschungsprojekt *„Bewirtschaftungsplan Leine"* ins Leben gerufen und im Jahr 1985 mit der Veröffentlichung der Ergebnisse abgeschlossen (Planungsruppe Pilotprojekt Leine 1985).

Ökologischer Fachbeitrag

Im Jahr 1982 wurde die niedersächsische Fachbehörde für Naturschutz beauftragt, den ökologischen Fachbeitrag in Form eines Bewertungsrahmens zu erarbeiten (Dahl und Hullen 1989). Es sollten unterschiedliche, ökologisch begründete, konkrete Szenarien für das Leine-Einzugsgebiet beschrieben werden, die in volkswirtschaftliche Modellrechnungen einfließen sollten.

Als Maßstab für die ökologische Bewertung wurde das Teilziel des Bundesnaturschutzgesetzes, „Nachhaltige Sicherung der Pflanzen- und Tierwelt", gewählt. Als Mindestanspruch des Naturschutzes (Szenarium 1) wurde formuliert, dass alle gewässertypischen Pflanzen- und Tierarten, die von Natur aus hier vorkommen würden, auch vertreten sind.

Maximalanspruch (Optimum) des Naturschutzes für das Leinegebiet (Szenarium 5) war, alle Nebengewässer und die Leine selbst wären in einem naturnahen Zustand. Die Szenarien 2 bis 4 lagen graduell zwischen Mindest- und Maximalanspruch.

Typisierung der Fließgewässer Um die Vollständigkeit des Artenspektrums sicherstellen zu können, muss von jedem natürlichen Fließgewässertyp ein Fließgewässer im naturnahen Zustand vorhanden sein. Dieses Fließgewässer müsste in Bezug auf die Wasserqualität (chemische und physikalische Merkmale) sowie Morphologie und Struktur von Gewässerbett und Überschwemmungsgebiet den naturraumtypischen Gegebenheiten entsprechend entwickelt sein (Referenzgewässer). Auch müssten die naturnahen Nebengewässer der Leine miteinander über das Hauptgewässer Leine funktional so miteinander verbunden sein, dass der Individuenaustausch möglich ist (Vernetzung von Populationen).

Die Ableitung unterschiedlicher Fließgewässertypen mit je eigener Artenzusammensetzung lag auf der Hand, weil die Leine Nebengewässer aus sehr unterschiedlichen Naturräumen, d. h. mit unterschiedlicher Artenausstattungen aufnimmt. Dazu zählen:

- Fließgewässer des Harzes (Mittelgebirge aus basenarmen Gesteinen)
- Fließgewässer des Leineberglandes (Bergland aus mehr oder minder basenreichen Gesteinen)
- Fließgewässer der Lößbörde (nährstoffreiche Böden, geringes Gefälle)
- Fließgewässer der nördlichen Sandgebiete (eiszeitliche Sand- und Kiesablagerungen).

Die angestrebte Artenvielfalt kann nur gesichert werden, wenn diese unterschiedlichen Lebensräume in naturnaher Ausprägung und miteinander vernetzt mindestens einmal vorhanden sind (Minimalforderung). Bei einmaligem Vorkommen sind die dort lebenden Arten jedoch gefährdet. Daher dienen weitere Vorkommen der nachhaltigen Sicherung der entsprechenden Arten für den Fall, dass durch anthropogene Schädigung oder natürliche Extremereignisse einzelne Fließgewässer als Lebensraum episodisch ganz oder teilweise ausfallen.

Für den Mindestanspruch wurden Fließgewässer ausgewählt, die im Vergleich zu den anderen Gewässern desselben Naturraumes bereits möglichst nah am angestrebten Zustand sind und daher schon ein naturnahes Artenspektrum aufweisen. Der ökologische Beitrag zum Pilotprojekt *„Bewirtschaftungsplan Leine"* führte erstmals drei biologische Erkenntnisse als konkrete Anforderungen des Naturschutzes an die Fließgewässerentwicklung zusammen:

- Unterschiedliche Naturräume beherbergen unterschiedliche Fließgewässertypen mit eigenen Biozönosen. Der Schutz aller Fließgewässerarten kann nur umgesetzt werden, wenn mindestens ein Fließgewässer pro Naturraum als Lebensraum im naturnahen Zustand vorhanden ist.
- Fließgewässer können als Lebensraum natürlicher Biozönosen nur als Einheit von der Quelle bis zur Mündung betrachtet, entwickelt und geschützt werden.
- Die einzelnen naturnahen Fließgewässer müssen miteinander zu einem Netz verbunden werden, das den Individuenaustausch wandernder Arten, von der Quelle bis zum Meer und zurück, gewährleistet.

Die positive Resonanz auf den ökologischen Beitrag ließ hoffen, dass dieser biologisch systematische Ansatz zukunftsträchtig ist.

Volkswirtschaftliche Betrachtung Für die volkswirtschaftliche Bewertung wurden die Kosten ermittelt, die zur Realisierung der entsprechenden Szenarien erforderlich sind.

Das Ergebnis der Bewertung war, dass selbst die Herstellung des Optimalzustands (alle Gewässer naturnah) noch vertretbare Kosten verursacht, insbesondere dann, wenn man den volkswirtschaftlichen Nutzen (z. B. Möglichkeit der Trinkwassergewinnung aus den Oberflächengewässern, Erhöhung der Attraktivität der Gewässer für Erholungsnutzung und für Wohnen an der Aue) in die Rechnung einbezieht.

Fließgewässerschutzsystem
Im Land Niedersachsen wurde in der Folge aus dem ökologischen Beitrag zum Leine-Gebiet das sogenannte *„Niedersächsische Fließgewässerschutzsystem"* entwickelt (Dahl und Hullen 1989; NLWKN 1992, 2008). Ziel war es, ein repräsentatives naturnahes Fließgewässernetz für das Land Niedersachsen zu identifizieren, das in der Lage ist, die Lebensraumfunktion für alle heimischen Pflanzen- und Tierarten der Fließgewässer Niedersachsens zu erfüllen. Dieses Netz sollte Grundlage für alle Renaturierungsvorhaben im Lande darstellen und im Laufe der Umsetzung die Mindestanforderungen des Naturschutzes an die Fließgewässer erfüllen. Damit sollte es auch den zielgerichteten Einsatz entsprechender Haushaltsmittel sicher stellen.

Im *Niedersächsischen Fließgewässerschutzsystem* wird unter Renaturierung verstanden, erkennbare anthropogene Beeinträchtigungen (z. B. Verrohrungen, Sohlenabstürze, Sohlen- und Uferbefestigungen, Einleitungen) des Fließgewässers systematisch zu beseitigen. Das bedeutete nicht immer, diese Bauwerke zu entfernen, sondern auch, die von ihnen ausgehenden Beeinträchtigungen abzustellen bzw. auf ein unerhebliches Maß zu reduzieren. Mit der systematischen Reduzierung von anthropogenen Beeinträchtigungen sollte das jeweilige Fließgewässer in die Lage versetzt werden, sich selber zu regenerieren und zu entwickeln, also eine Art Hilfe zur Selbsthilfe.

Den drei Anforderungen des Naturschutzes aus dem Leineprojekt,

- Naturraumbezug,
- Fließgewässer von der Quelle bis zur Mündung als Einheit und
- intaktes zusammenhängendes Fließgewässernetz,

wurde eine weitere Forderung hinzugefügt. Diese berücksichtigt, dass Fließgewässer des selben Naturraumes, aber unterschiedlicher Stromgebiete (in Niedersachsen: Elbe, Weser, Ems, Vechte, Küstengewässer), aufgrund ihrer Besiedlungsgeschichte nach der letzten Eiszeit unterschiedliche Biozönosen beheimaten und daher in jedem Stromgebiet naturnah vorhanden sein müssen. Das *Niedersächsische Fließgewässerschutzsystem* unterscheidet:

- *Verbindungsgewässer*
  Sie erschließen mehrere naturräumliche Regionen. Dadurch wird die Durchgängigkeit vom Meer bis zu den Quellläufen sowie die Verbindung aller nachgeordneten Gewässer miteinander hergestellt. Wasserqualität und Biotopstrukturen müssen Mindestanforderungen genügen, damit keine unüberwindlichen Hindernisse für wandernde oder sich ausbreitende Tier- und Pflanzenarten bestehen.
- *Hauptgewässer 1. Priorität*
  Sie sollen den Fließgewässertyp einer naturräumlichen Region im Einzugsgebiet eines Verbindungsgewässers repräsentieren. Sie sind einschließlich ausgewählter Nebengewässer so zu schützen und zu renaturieren, dass sich die unter naturnahen Bedingungen typische Arten- und Biotopvielfalt auf ihrer gesamten Fließstrecke wieder einstellen kann.

- *Hauptgewässer 2. Priorität*
  Hinsichtlich ihrer derzeitigen Bedeutung für den Naturschutz in der jeweiligen naturräumlichen Region stehen sie den Hauptgewässern nur wenig nach. Für sie gelten dieselben Funktionen und Anforderungen wie für die Hauptgewässer 1. Priorität, sofern sie alternativ für eines der dort genannten Fließgewässer zur Renaturierung herangezogen werden.
- *Nebengewässer*
  Sie sind Seitengewässer von Hauptgewässern. Weil die Hauptgewässer – auch nach Wiederherstellung eines naturnahen Zustands – immer potenziell gefährdet sind (z. B. durch einen Abwasserstoß beim Ausfall einer Kläranlage), sollen die Nebengewässer als Rückzugs- und Wiederbesiedlungsraum für die Lebensgemeinschaften des Hauptgewässers dienen. Außerdem wird das Hauptgewässer direkt durch die Wasserqualität der Nebengewässer beeinflusst. Daher sollen möglichst viele Seitengewässer – einschließlich ihrer Mündungsbereiche – ebenfalls in den erforderlichen naturnahen Zustand gebracht werden. Somit ist bei der Renaturierung eines Hauptgewässers jeweils das gesamte Einzugsgebiet mit zu betrachten.

Als *Hauptgewässer* wurden die aus Naturschutzsicht jeweils besten Fließgewässer einer naturräumlichen Region ausgewählt, weil ihr Arteninventar zumindest in Teilstrecken dem des natürlichen Fließgewässertyps nahe kommt und als Besiedlungspotenzial für das gesamte Fließgewässer zur Verfügung steht.

Die Auswahl von Hauptgewässern 2. Priorität war wichtig, weil bis dahin nicht bekannt war, ob einzelne Hauptgewässer 1. Priorität überhaupt renaturierungsfähig waren, d. h. ob an diesen Gewässern anthropogene Randbedingungen vorlagen, die realistischerweise auch langfristig nicht zu beseitigen sind (z. B. ausgedehnte Verrohrungen oder Aufstauungen im Innenstadtbereich). In diesen Fällen sollte eines der Hauptgewässer 2. Priorität deren Funktion übernehmen.

Mit dem *Niedersächsischen Fließgewässerschutzsystem* lag ein theoretisches Gerüst des Naturschutzes vor, nach dessen Vorgaben mit der Renaturierung der Fließgewässer systematisch begonnen werden konnte. Eine aktuelle Veröffentlichung von Harms und Sellheim (2019) zeigt den Stand und die Vorgehensweise im Niedersächsischen „*Aktionsprogramm Niedersächsische Gewässerlandschaften*". Besonders hervorgehoben wird die „umsetzorientierte Vorgehensweise" und die Bedeutung von der Auenentwicklung in den gewässerbegleitenden Talauen, die Intensivierung der Flächenbereitstellung und die stärke Nutzung der naturschutzrechtlichen Instrumente.

4.1.4 Vom Fließgewässerentwicklungsprogramm zur Europäischen Wasserrahmenrichtlinie (EG-WRRL) (1990–2000)

Um den Umfang der für die Umsetzung des Fließgewässerschutzkonzepts erforderlichen Aufwendungen abschätzen zu können, aber auch, um die Auswahl der Hauptgewässer 1.

Priorität im Hinblick auf ihre Renaturierungsfähigkeit zu überprüfen, wurden in den Jahren 1990/1991 die Beeinträchtigungen aller Hauptgewässer kartiert und beschrieben. Unterschieden wurde zwischen Sohlenbauwerken, Durchlassbauwerken, befestigten Ausbaustrecken und Einleitungen.

Die Stärke jeder Beeinträchtigung wurde bewertet (Unterscheidung: sehr stark, stark, gering) und die Ergebnisse in Form von Karten und Tabellen veröffentlicht (Rasper et al. 1991). Damit stand ein weiterer Baustein für die naturnahe Gestaltung von Fließgewässern und Auen zur Verfügung. Der Finanzbedarf für die Umsetzung des *Niedersächsischen Fließgewässerschutzsystems* wurde auf ca. 250 Mio. Euro innerhalb von 20 bis 25 Jahren geschätzt.

Im Jahr 1992 wurde zum Beispiel das *Niedersächsische Fließgewässerprogramm* (NLWKN 1992) als gemeinsames Programm von Wasserwirtschafts- und Naturschutzverwaltung aus der Taufe gehoben. Fachliche Grundlage ist das Fließgewässerschutzsystem. Auf der Basis von Gewässerentwicklungsplänen mit umsetzungsorientierten Maßnahmenkatalogen für die Renaturierung von Fließgewässer und Aue können in Niedersachsen zum Beispiel folgende Maßnahmen gefördert werden (s. auch NLWKN 2008):

- Flächenerwerb (für Gewässerrandstreifen, aber auch darüber hinaus)
- Gewässerumgestaltungen
- Beseitigung bzw. Umgestaltung „ökologischer Sperren“
- Maßnahmen zur Wiederherstellung auentypischer Strukturen und zur Reaktivierung von Überschwemmungsgebieten
- Bepflanzungen
- Durchführung von Erfolgskontrollen.

Etwa zeitgleich mit dem Inkrafttreten der Wasserrahmenrichtlinie im Jahr 2000 wurden weitere wichtige Planungsunterlagen für Fließgewässer- und Auenentwicklungen veröffentlicht. Dazu gehören unter anderem die Bewertung der Fließgewässerstrukturen (*Fließgewässerstrukturkartierung*), die Typisierung der Fließgewässer, die Ausweisung von Referenzgewässern sowie die Arbeiten zu den Fließgewässerlandschaften auf Bundes- und Landesebene.

4.2 Frühe Ziele der Fließgewässer- und Auenentwicklung

Heinz Patt

Die existierenden Planungsgrundlagen, Strategien und Vorgehensweisen, die sich aus der jahrelangen Planungspraxis und Erfahrungen mit der Fließgewässerentwicklung angesammelt haben, sind heute vielfach Bestandteile der Maßnahmenprogramme der EG-Wasserrahmenrichtlinie (EG-WRRL). Vieles ist aus der Gewässerentwicklungsplanung bekannt. Oft werden nur neue Bezeichnungen für gleiche oder zumindest ähnlich klingende Ziele genutzt. In dieser Auflage des Buches sollen daher die damals formulierten Ziele der Fließgewässer- und Auenentwicklung nochmals aufgezeigt werden.

Die Ziele der Fließgewässer- und Auenentwicklung umfassten sowohl den Schutz der bestehenden natürlichen Fließgewässerlandschaften als auch die Entwicklung anthropogen veränderter Fließgewässer- und Auen in Richtung Naturnähe. Der Weg dorthin erscheint zunächst einfach und sinnvoll, in der Realität stehen dem jedoch die Nutzungen als limitierende Faktoren gegenüber. Ökologische und nutzungsorientierte Ziele sind in der Regel nur in Ausnahmefällen gleichzeitig zu erfüllen. Die Lösung liegt, wie so oft, zwischen zwei Extremen, wobei die Gewichtung ausschlaggebend ist.

4.2.1 Nutzungsorientierte Ziele

Nutzungsoriente Ziele bedingen sehr oft gebrauchsbedingte Veränderungen der Fließgewässer und umfassen viele bedeutsame Benutzungen (z. B. den Transport von Gütern auf den Wasserstraßen – s. Abb. 4.4a, Energiegewinnung aus Wasserkraft – s. Abb. 4.4b). Es kann davon ausgegangen werden, das eine Nutzung entweder von existenzieller Bedeutung für den Menschen ist (z. B. die Trinkwassergewinnung), mit wirtschaftlichen Vorteilen verbunden oder ein gesellschafts- bzw. umweltpolitisches Ziel ist. Auch hat Sport, Freizeit und Erholung in der freien Landschaft erheblich an Bedeutung gewonnen (s. Abb. 4.4c). Alle diese Nutzungen werden „wertfrei" beschrieben.

4.2.2 Förderung der Fließgewässerentwicklung – Fließgewässerdynamik

Alleine der Schutz der verbliebenen Fließgewässer und Auen ist nicht ausreichend. Die weiter zunehmenden Hochwasserschäden, die drastische Abnahme der Arten- und Biotopvielfalt, die Verödung mancher Gewässerstrecken und nicht zuletzt die globalen Klimaveränderungen erfordern ein aktives Gegenlenken.

Natürliche Fließgewässer und Auen sind in Mitteleuropa aufgrund intensiver Nutzung der gewässernahen Bereiche nur noch in wenigen Segmenten vorhanden. Der Schutz dieser verbliebenen Fließgewässerstrecken muss daher ein vorrangiges Ziel aller Planungen im Rahmen von Fließgewässer- und Auenentwicklungen sein. Deshalb ist es besonders wichtig, wo immer möglich, anthropogen geprägte Fließgewässer und Auen naturnäher zu entwickeln, d. h. den ökologischen Zustand unsere Fließgewässer nachhaltig zu verbessern.

Eigendynamische Entwicklung

Die eigendynamische Entwicklung eines Fließgewässers ist der Königsweg unter den Entwicklungsmaßnahmen. Die Strömung gestaltetdas Fließgewässer mit eigener Kraft, ganz nach den vorhandenen Vorbedingungen. Ein Ziel der Fließgewässerentwicklung ist es daher, an ausgebauten Fließgewässern Abfluss- und Feststoffdynamik wieder an die ur-

Abb. 4.4 Fließgewässer dienen vielen Nutzungen, **a** Der Gütertransport auf Wasserstraßen entlastet unsere Straßen und reduziert den CO_2-Ausstoß. Es ist insbesondere für Massengüter die wirtschaftlichste Transportform (Foto: H. Patt), **b** Die Stromerzeugung in Wasserkraftanlagen spart fossile Energieträger. Viele Anlagen stehen heute unter Denkmalschutz und sind aus dem Landschaftsbild nicht mehr weg zu denken (Foto: P. Jürging), **c** Baden und Schwimmen in Fließgewässern. Der Umgang mit der Natur fördert das Umweltbewusstsein. (Foto: H. Patt)

sprünglichen, natürlichen Verhältnisse heran zu führen, damit sich eine naturraumtypische Laufentwicklung einstellen kann (u. a. Patt 2018).

Abflussdynamik Der Abfluss ist die Eingangsgröße und das Werkzeug mit der die Natur die Fließgewässer- und Auenlandschaften gestaltet. Die Abflussdynamik sorgt u. a. dafür, dass unterschiedliche Bereiche überflutet werden und die Laufentwicklung ständigen Veränderungen unterworfen ist. Dies wiederum hat Auswirkungen auf die Strömungsvielfalt.

Wichtige Kenngrößen der Abflussdynamik sind u. a. der zeitliche Verlauf des Abflussgeschehens über einen längeren Zeitraum, die Maximal- und Minimalwerte und der Abfluss bei dem ein Fließgewässer in die gewässernahen Bereiche (Auen) ausufert (bordvoller Abfluss – s. Abb. 4.5).

Durch die Ausuferungen wird der Wasserrückhalt in der Fläche aktiviert und die Abflussspitzen (Scheitelabflüsse) reduziert. Die Infiltration von Oberflächenwasser fördert zudem die Grundwassererneuerung, beeinflusst die Grundwasserspiegelhöhen und trägt damit zu einer auentypischen Grundwasserdynamik bei.

Feststoffdynamik Die Versorgung der Fließgewässer mit Feststoffmaterialien hängt vom Feststoffdargebot im Einzugsgebiet ab. Die Feststoffe stammen von den Feststoffherden im Oberlauf, von der Gewässersohle (*Tiefenerosion*) und von den seitlichen Berandungen (*Seitenerosion*). Die Feststoffmaterialien werden vom Wasser gelöst, aufgenommen und abtransportiert.

Abb. 4.5 Bordvoller Abfluss – Der Wasserspiegel im Fließgewässer erreicht die Oberkante der seitlichen Böschungen – das Fließgewässer ufert aus. (Foto: H. Patt)

Ein Ziel der Fließgewässerentwicklung muss es sein, einen naturraumgemäßen Feststoffhaushalt wiederherzustellen. Dazu gehört beispielsweise die Erschließung und Mobilisierung entsprechender Feststoffherde, um die Geschiebefracht zu erhöhen und die Durchgängigkeit für Geschiebe sicherzustellen.

Durch das Zulassen vonErosion, Umlagerung und Ablagerung wird dem Fließgewässer das natürliche Werkszeug bereit gestellt, um die morphologische Ausgestaltung in eigener Regie zu übernehmen (Abb. 4.6).

Laufentwicklung, Morphologische Strukturen Die natürliche Laufentwicklung eines Fließgewässers wird von den Parametern Geologie (u. a. Talform), Abfluss und Feststofftransport sowie den Gefälleverhältnissen geprägt. Längsschnitt, Linienführung (Laufform), Querprofile und Gewässerbettstrukturen (Gewässermorphologie) sind Merkmale, die genutzt werden, um die charakteristischen abiotischen Eigenheiten eines Fließgewässers zu beschreiben (s. auch DWA-Merkblatt M 526 – Grundlagen morphodynamischer Phänomene in Fließgewässern 2015; DWA-Merkblatt M 600 - Begriffe aus der Gewässerunterhaltung und Gewässerentwicklung 2018a; DWA-Merkblatt M 570 – Begriffe aus Gewässermorphodynamik und Flussbau 2018b; Patt 2018).

Abb. 4.6 Feststofftransport an einem Mittelgebirgsgewässer nach einem Hochwasser. Die morphologischen Strukturen in der Flutrinne kennzeichnen einen Bereich hoher Fließgeschwindigkeiten. Die Feststoffmaterialien wurden in diesem Bereich erodiert, abtransportiert und anderenorts wieder abgelagert. (Foto: H. Patt)

Das Ziel einer naturraumtypischen Laufentwicklung kann nur erreicht werden, wenn es gelingt, dem Fließgewässer die benötigten Freiräume zurückzugeben bzw. einen größtmöglichen Entwicklungsspielraum bereit zu stellen (u. a. Patt 2011; DWA-Merkblatt M 612 – Gewässerrandstreifen – Uferstreifen – Entwicklungskorridore, Grundlage und Funktionen – Hinweise zur Gestaltung, Beispiele 2020a). Für die Formulierung der Entwicklungsziele sind unter anderem folgende Merkmale von Bedeutung:

- *Längsschnitt*

Der Lauf eines natürlichen Fließgewässers zwischen Quelle und Mündung wird in der Regel in Ober-, Mittel- und Unterlauf unterteilt. Sind die genannten Abschnitte ausgeprägt, nimmt das Sohlengefälle im *Oberlauf* überproportional ab, während im *Unterlauf* die Gefälleabnahme nur noch gering ist. Natürliche Strukturen sind unter anderem Prall- und Gleitufer, Uferanbrüche, Aufweitungen, Kolke, Stromschnellen, Kaskaden, Verzweigungen und, wenn auch selten, Wasserfälle (Patt 2018).

Die Fließgewässerentwicklung muss diese längszonalen Merkmale aufgreifen und dem Fließgewässer die entsprechenden Gestaltungsmöglichkeiten einräumen. Weiterhin sind die Herstellung weitgehend naturraumtypischer Gefälleverhältnisse und die Durchgängigkeit für Geschiebe hervor zu heben.

- *Linienführung (Laufform)*

Die Linienführung (Laufform) eines Fließgewässers ist nicht nur vom Sohlengefälle, sondern auch vom Feststofftransport abhängig. In den Oberläufen ist die Linienführung, unter anderem aufgrund des hohen Gefälles, mehr oder weniger „gestreckt."

Im Mittellauf ist die Linienführung bei geringem Feststofftransport ebenfalls „*gestreckt*", geht aber mit steigender Feststofffracht in einen „*gewundenen*" oder „*verästelten*" Verlauf über. Abb. 4.7 zeigt beispielsweise die für Umlagerungsstrecken typischen Gerinneverzweigungen mit den charakteristischen Flachwasserrinnen. Bei mittleren Feststofftransportraten bilden sich die typischen Prall- und Gleitufer in den Gewässerkrümmungen.

Der *Unterlauf* (geringes Gefälle) weist dagegen eine „mäandrierende" oder „verzweigte" Linienführung auf. Typisch für den Unterlauf sind auch die verschiedenen Formen von Altgewässern (Altarme und Altwasser) in der Gewässeraue (DWA-Merkblatt M 612 Altgewässer – Ökologie, Sanierung und Neuanlage 2020a). Die Linienführung ist auf entsprechende seitliche Entwicklungsflächen angewiesen, deren Bereitstellung ein bedeutsames Entwicklungsziel ist.

- *Querprofile*

Während die Querprofile eines natürlichen Fließgewässers im Gebirge relativ flach und breit sind, tendiert ein Flachlandbach zu größeren Wassertiefen bei geringerer Gerinnebreite. Die stabilisierende Wirkung des Uferbewuchses bei den Flachlandgewässern er-

Abb. 4.7 Verzweigungen sind Gewässerbettstrukturen, die häufig in einem naturnahen Mittelgebirgsgewässer anzutreffen sind. (Foto: H. Patt)

laubt sowohl die Entwicklung von steilen Uferabschnitten als auch flachen Böschungsabschnitten. Die Anlage eines Uferrandstreifens, ggf. auch die Bereitstellung größerer Areale in den Auen, ist ein wichtiges Ziel im Hinblick auf eine naturraumtypische Querschnittsgestaltung.

- *Gewässerbettstrukturen*

Die generelle Abnahme der Korndurchmesser des Sohlenmaterials im Fließverlauf ist auf die geomorphologischen Vorbedingungen, auf die abnehmende Transportkapazität, den Abrieb und die Erosionstätigkeit des Fließgewässers im jeweiligen Einzugsgebiet zurück zu führen. Die Gewässersohle eines Gebirgsbaches setzt sich daher vornehmlich aus Blöcken und groben Steinen zusammen, während die Sohle eines Flachlandbaches in Abhängigkeit von der Geomorphologie des Einzugsgebietes aus Kies, Sand oder feinem Auelehm besteht. Diese höhenzonal unterschiedliche Ausbildung der Gewässerstruktur soll Abb. 4.8 verdeutlichen.

- *Totholz*

Besonders erwähnt werden soll hier das Totholz. Darunter werden unterspülte Bäume, losgerissene Sträucher, Pflanzenreste u. a. verstanden, die durch das Wegbrechen der Böschungen in das Gewässerbett gelangt sind. Diese werden dann vom Wasser als Schwimmstoffe abtransportiert, setzen sich teilweise an künstlichen oder natürlichen Strukturen im Gewässerbett fest und beeinflussen so die Strömung lokal.

Abb. 4.8 Die Laufentwicklung, hier in Form der Gewässerbettstrukturen, eines Fließgewässers erlaubt Rückschlüsse auf den Lebensraum, **a** Große Steinblöcke kennzeichnen Fließgewässer im Gebirge, **b**. während im Mittelgebirge Kies- und Sandsohlen vorherrschen, **c** Kennzeichen von Fließgewässern im Flachland sind die feinen Bettmaterialien (Lehm, Löß). Die Bewuchsstrukturen stabilisieren die Uferböschungen. (Fotos: H. Patt)

Größere Totholzelemente bleiben aufgrund ihrer Masse liegen (Abb. 4.9) und werden erst bei größeren Hochwassern verfrachtet. Jedes Strukturelement ist einerseits eine Folge der kontinuierlich ablaufenden Entwicklungsprozesse, andererseits werden die Prozesse jedoch auch von den Strukturen selbst beeinflusst. Totholzstrukturen tragen zu einer Erhöhung der Strukturvielfalt bei und sind ein wichtiger Bestandteil einer Fließgewässer- und Auenlandschaft (u. a. Gerhard und Reich 2001; Zimmermann 2002; Kail und Gerhard 2003; Städtler 2004).

Wasserqualität Trotz der besser gewordenen Wasserqualität dank leistungsfähiger Kläranlagen muss es ein Ziel bleiben, auch Nährstoffe aus der Fläche vom Gewässer fernzuhalten. Die Möglichkeiten hierzu sind ein sinnvoller Düngereinsatz (u. a. bedarfsgerechtes Düngen), Vermeidung von ungeeigneten Düngezeitpunkten (u. a. bei Schnee oder gefrorenem Boden) und erosionsmindernde Bodenbearbeitung (u. a. Konturpflügen) im Einzugsgebiet sowie Umwandlung von Äckern in der Aue in Grünland oder Auenwald und, wenn nur ein Uferstreifen zur Verfügung steht, breite Ufergehölze zur Abwehr und Pufferung von Dünger- und Pflanzenschutzmitteleintrag ins Gewässer.

Abb. 4.9 Totholzelemente erhöhen die Strukturvielfalt. Ob diese im Gewässerbett verbleiben können, hängt von den örtlichen Gegebenheiten ab. (Foto: H. Patt)

Ökologische Ziele

Entsprechend der EG-Wasserrahmenrichtlinie (EG-WRRL) stehen bei den Zielen einer Fließgewässerentwicklung die Förderung der Lebensräume und Lebensgemeinschaften sowie der Durchgängigkeit und die Vernetzung von Fließgewässern mit ihrem weiteren Umland (Auen) im Vordergrund.

Lebensräume und Lebensgemeinschaften Neben wasserwirtschaftlichen Belangen, vor allem dem Hochwasserschutz, ist es ein vorrangiges Ziel, die wenigen in unserer Landschaft noch vorhandenen naturnahen Fließgewässerabschnitte und Auenbereiche mit ihren Lebensgemeinschaften kompromisslos zu erhalten (Abb. 4.10). Dies bedeutet, dass die Flächen auf Dauer zu sichern sind und dass weiterhin eine eigendynamische Entwicklung zu gewährleisten ist, d. h. die dem System eigenen dynamischen Prozesse auf Dauer zuzulassen (*Prozessschutz*). Gleichzeitig sind Störungen aller Art zu vermeiden bzw. auf einem möglichst niedrigen Niveau zu halten.

Da aber unsere Fließgewässer mitunter nur noch lokal an ihre früheren Qualitäten erinnern, muss es ein gemeinsames Ziel der Wasserwirtschaft und des Naturschutzes sein, naturfern ausgebaute Fließgewässern mit ihren Auen wieder naturnäheren Zuständen zuzuführen. Dieses Ziel ist erreicht, wenn sich nach Abschluss von Maßnahmen zur Ge-

Abb. 4.10 Dieses kleine, als naturnah anzusprechende Fließgewässer in einem ansonsten intensiv landwirtschaftlich genutzten Hügelland erfüllt die wesentlichen Voraussetzungen einer biologischen Durchgängigkeit. Hier ist das Ziel, Erhaltung der Flusslandschaft, sicherlich eindeutig. (Foto P. Jürging)

wässerentwicklung die ÖkosystembausteineAbfluss-, Feststoff- und Morphodynamik wieder naturnäheren Verhältnissen annähern. Parallel dazu verbessern sich dann auch aufgrund der eigendynamischen Rückentwicklung schrittweise die Lebensbedingungen für die angestammten Lebensgemeinschaften. Sofern dem Fließgewässersystem noch ein ausreichendes Artenpotenzial zur Verfügung steht, werden sich im Laufe der Zeit wieder die meisten der lokal fließgewässer- und auentypischen Arten entsprechend der jeweiligen Sukzessionsstufen von selbst einfinden.

Unter diesen Voraussetzungen sollte der natürlichen Sukzession Vorrang eingeräumt werden. Dies gilt vor allem für die aquatischen und amphibischen Lebensräume, in denen sich die entsprechenden Pflanzen- und Tierarten relativ problemlos spontan wieder ansiedeln und tragfähige Populationen ausbilden können. In Auen kann aber eine „Starthilfe" zur Konkurrenzminderung, zum Beispiel durch Umbau von Forsten zu Auwäldern, durch Aufbau einer Auenvegetation durch lockere Gehölzpflanzungen oder zur Änderung des Bodenwasserhaushaltes, zum Beispiel durch Initiierung einer Funktionsunfähigkeit von Drains und Entwässerungsgräben, durchaus sinnvoll sein.

Oft erfahren naturferne Fließgewässer zufällig, zum Beispiel als Nebenprodukt einer Ausbaumaßnahme, punktuell oder abschnittsweise eine biologische Aufwertung. Ziel müsste es aber sein, dass im Laufe der Zeit von jedem Fließgewässertyp wieder (zumindest eine) ausreichend lange naturnahe Fließgewässerstrecken und, je nach Gewässerlandschaft, mit begleitenden Gehölzstreifen oder Auen, am besten von der Quelle bis zur Mündung, vorzufinden sind (s. auch Abschn. 4.1.3).

Deshalb ist es ein wichtiges Ziel, aus den vorhandenen Resten noch naturnaher Abschnitte im Rahmen der Fließgewässerentwicklung durch weitgehendes Schließen naturferner Lücken sinnvoll zusammenhängende bzw. vernetzte Gewässersysteme anzustreben. Nur so kann sich die jeweils natürliche Biozönosenvielfalt wieder entwickeln und auf Dauer funktionsfähig bleiben. Damit würde auch ein wesentlicher Beitrag zur nachhaltigen Sicherung des Naturhaushaltes geleistet (Jürging 1995).

Aufgrund bestehender Nutzungen und anderer Einschränkungen wird das vorrangige Ziel, unsere Fließgewässer wieder in einen „guten ökologischen Zustand" zu bringen, wohl in den meisten Fällen nicht erreicht werden. Somit bleibt nur das (vorläufige) Ziel, naturfern ausgebaute Fließgewässer und Auen, wo immer möglich, abschnitts- und schrittweise naturnäheren Verhältnissen zuzuführen. Dabei kann es zielführend sein, sich auch nur einzelne oder besser mehrere Ökosystembausteine im Laufe der Zeit naturnäheren Verhältnissen annähern zu lassen, um wieder eine teilweise bis weitgehende Funktionsfähigkeit einzelner Fließgewässerabschnitte mit ihren Auen erreichen zu können.

Durchgängigkeit In und an vielen Fließgewässern mit ihren Auen ist kaum noch eine ausreichende Migration von Organismen und damit ein befriedigender Genaustausch möglich. Deshalb ist es nötig, dass sich an naturfernen Abschnitten auf möglichst langen Strecken wieder naturnähere Verhältnisse entwickeln können, damit die biologische Durchgängigkeit eine entscheidende Verbesserung erfahren kann.

Dazu ist es notwendig, dass artspezifische Wanderungen von Organismen möglich bleiben bzw. wieder möglich werden. Dies betrifft allerdings nicht nur den Wasserkörper, sondern auch die Gewässersohle, die Ufer und die Auen. Dabei kann bereits die Verwirklichung einzelner Ziele die biologische Durchgängigkeit eines Fließgewässersystems wesentlich verbessern. Hierzu zählen vor allem …

- der Umbau von Querbauwerken (z. B. von Abstürzen zu flachgeneigten Sohlenrampen oder Sohlengleiten),
- die Anlage von Fischpässen oder Umgehungsbächen bei Wasserkraftanlagen,
- die Entschärfung von Verödungszonen (z. B. durch Erhöhung von Restwassermengen oder durch Verbesserung der Wasserqualität bei Einleitungen),
- die Wirksamkeit von Triftfallen zu schwächen (z. B. in Staubereichen durch Erhöhung der Fließgeschwindigkeit),
- eine Verbesserung der Feststoffsituation (z. B. durch die Aktivierung festgelegter Feststoffherde, durch Beseitigen von Geschiebefallen und das Zulassen von Seitenerosion),
- eine Verbesserung des Feststofftransportes (z. B. durch Geschiebeweitergabe bzw. geschiebefähige Wasserkraftanlagen),
- so weit wie möglich die Lockerung von befestigten bzw. abgedichteten Gewässersohlen oder zumindest deren Überdeckung mit für das Gewässer typischem Material, wenn notwendig auch aus Überkorn,
- die Schaffung strukturreicher Ufer (z. B. durch Rückbau harter Uferverbauungen) und
- möglichst durchgehende Uferstreifen, bevorzugt mit Gehölzen, anzulegen oder besser noch das Schließen von Auwaldlücken.

Längs- und Quervernetzung Die meisten naturschutzfachlich herausragenden Flächen in unserer Landschaft sind in aller Regel relativ klein. Zudem ergeben sich aus ihrer oft isolierten Lage eine Vielzahl von Problemen. So treten zum Beispiel schädliche Randeffekte (Störungen und Einflüsse aus dem Umland) oder Verinselungen von Populationen (kein Austausch mit anderen Populationen) auf. Arten mit großem Flächenanspruch oder großflächige Ökosysteme können mit verstreut in der Landschaft liegenden Biotopen kaum wirksam geschützt werden.

Da aber aufgrund der dichten Besiedelung und der intensiven Nutzung unserer Landschaft eine sinnvolle Unterschutzstellung großer Gebiete kaum zu erreichen ist, und auch die Rückkehr zur vorindustriellen Landnutzung nicht möglich ist, muss zumindest versucht werden, vereinzelt in der Landschaft liegende Biotope zu vernetzen. Zu einem derartigen Biotopverbund zählen neben der Vernetzung von schutzwürdigen Gebieten durch Korridore (z. B. Hecken) und Trittsteinbiotope (z. B. Feldgehölze, Brachflächen) vor allem aber auch Fließgewässer mit ihren bandartigen Strukturen.

Bei naturfernen Fließgewässern sollte es deshalb ein Ziel sein, neben einem Fließgewässerkontinuum auch einen hohen lateralen Vernetzungsgrad zu systemeigenen Lebensräumen zu erreichen, zum Beispiel durch Vernetzen von Fließgewässern mit seiner

Aue, seinen Seitengewässern sowie den Quellbereichen. Desweiteren sollten, wo immer möglich, naturferne Altgewässern regeneriert und Neuanlagen, auch von Kleingewässern, in der Aue gefördert werden (DWA-Merkblatt M 612 Gewässerrandstreifen - Uferstreifen - Entwicklungskorridore: Grundlagen, und Funktionen, Hinweise zur Gestaltung und Beispiele 2020a).

Sind in Auen für die Entwicklung von Auwäldern keine ausreichenden Flächen verfügbar, können statt Auenwäldern ersatzweise durchgehende Uferstreifen mit standortgerechten und heimischen Gehölzen begründet werden. Diese Uferstreifen sollten dann aber hier und da einen Anschluss unter anderem in Form von Hecken oder breiten, ungenutzten Wegrändern mit Stauden usw. an terrestrische Lebensräume haben, wie zum Beispiel an auenbegrenzende Hangwälder.

Bei allen Maßnahmen zur Fließgewässer- und Auenentwicklung nehmen zwangsläufig Flächenbereitstellungen und/oder die Ablösung von Wasserrechten eine Schlüsselstellung ein. Wichtig ist auch, bei allen Maßnahmen zu Fließgewässerentwicklungen, bei denen dynamische Prozesse wieder ablaufen dürfen, morphologische Veränderung mit einer wissenden Gelassenheit zu beobachten, um notfalls bei sich anbahnenden Gefahren regulierend einzugreifen zu können.

Nutzungsbedingte Lebensräume Abweichend von dem ökologischen Ziel Fließgewässer mit ihren Auen sich selbst entwickeln zu lassen, kann unter dem Gesichtspunkt der Förderung schützenswerter Arten bzw. Lebensgemeinschaften der Erhalt bestimmter kultur- und nutzungsbedingter Vegetationsformationen sinnvoll sein. Dies kann in besonderen Fällen als Entwicklungsziel formuliert werden, auch wenn es sich streng genommen nicht aus dem potenziell natürlichen Zustand als Ziel der Gewässerentwicklung ableiten lässt, sondern rein naturschutzfachlich begründet ist. Zu diesen kulturbedingten Vegetationsformen gehören vor allem Magerrasen und Kulturgrasland, aber auch historische Nutzungen wie die von Kopfweiden.

Magerrasen auf Trockenstandorten wie auf Deichen, Dämmen und Brennen in Schotterauen sind oft von hohem naturschutzfachlichen Wert (Abb. 4.11). Zu ihrem Erhalt ist auf den Einsatz von Dünger und Pflanzenschutzmittel zu verzichten und in aller Regel eine einmalige Mahd im Herbst unter Entfernung des Schnittgutes notwendig. Alternativ kann auch eine extensive Schafbeweidung bei ein bis zwei Weidegängen pro Jahr, allerdings ohne Standweide, förderlich sein.

Kulturgrasland Kulturgrasland ist eine als Wiese oder Weide genutzte Graslandvegetation, die zur Erhaltung ihrer Lebensgemeinschaften kultureller Eingriffe des Menschen, zum Beispiel einer Mahd oder Beweidung, bedarf.

Ein bemerkenswertes Beispiel hierzu beschreibt Redecker (2004) für den Radegaster Haken, ein als Grünland genutztes Überflutungsgebiet an der Elbe, deren Wiesen zu den artenreichsten der niedersächsischen Elbaue gehören. Sie beherbergen unter anderem

Abb. 4.11 Wenn in Halbtrockenrasen gewässernaher Standorte ein Kleinod, wie zum Beispiel die Pyramiden Orchidee (*Anacamptis pyramidalis*) vorkommt, hat der Artenschutz sicherlich Vorrang. (Foto: P. Jürging)

auch für den Naturschutz wertvolle Brenndoldenwiesen, die selbst lang anhaltende Überflutungen nahezu unbeschadet überstehen können. Derartige Auenwiesen bedürfen zu ihrer Erhaltung einer zweimaligen Mahd pro Jahr. Gleichzeitig können sie auch bedeutende Lebensräume für Wiesenbrüter sein, wobei dann der erste Mähtermin nicht vor Ende Juni liegen sollte.

Kopfweiden sind ein Bestandteil naturnaher Kulturlandschaften. Die Erhaltung und Pflege war in früheren Zeiten durch die Nutzung der Weidenzweige für Korbflechterei, Zäune, Korbmöbel u. a. gesichert. Durch die inzwischen weitgehend fehlende Nutzung ist der Bestand an Kopfweiden zurückgegangen. Wird ihre Erhaltung als Ziel formuliert, so ist ein regelmäßiger und vollständiger Schnitt der Krone im Abstand von fünf bis sieben Jahren erforderlich, damit die Krone nicht zu schwer wird und auseinander bricht (BayStMLU 1995).

4.2.3 Naturschutzfachliche Ziele

Heinz Patt und Walter Binder

Eine der ältesten Aufgaben des Naturschutzes ist der Schutz seltener Pflanzen und Tiere. Ursprünglich waren dabei vor allem ethische und ästhetische Gründe ausschlaggebend; geschützt wurden bevorzugt attraktive Arten, wie zum Beispiel bestimmte Orchideen, Vögel oder Säugetiere. Im Laufe der Zeit gewannen neben dem klassischen Artenschutz der Biotopschutz, der Schutz abiotischer Ressourcen und die Steuerung der Landnutzung als Aufgaben des Naturschutzes immer mehr an Bedeutung. Hier sind auch die Ursachen für die klassischen Konflikte zwischen dem Naturschutz und der Wasserwirtschaft, also dem Ausbau und der Unterhaltung von Fließgewässern, zu suchen.

Im letzten Jahrzehnt gewann die Erkenntnis, dass in dynamischen Systemen, wie in Dünen- oder Fließgewässerlandschaften, für typische Arten und Lebensgemeinschaften die stete „Zerstörung und Neubildung" eine wesentliche, wenn nicht gar die Existenzgrundlage schlechthin darstellt. Viele Arten sind eben an dynamische Prozesse, zum Beispiel Reife- und Zerfallsphasen in Wäldern oder an die dynamische Veränderung von Fließgewässern, d. h. Störungen, angepasst. Deshalb sind Arten dynamischer Extremstandorte vielerorts aufgrund geschmälerter bzw. nicht mehr vorhandener dynamischer Verhältnisse besonders gefährdet. Konsequenterweise kommt somit dynamischen natürlichen Prozessen in der heutigen Naturschutzdiskussion eine wesentlich stärkere Rolle zu.

In diesem Zusammenhang, also in der Problematik Statik versus Dynamik, können bei einer eigendynamischen Fließgewässer- und Auenentwicklung Konflikte zwischen dem klassischen und dem „modernen" Naturschutz auftreten; insbesondere wenn es vorherzusehen ist, dass geschützte Arten in den der Dynamik und der Sukzession überlassenen Flächen ihre Lebensgrundlagen verlieren.

Eigendynamische Entwicklung

Ist an ausgebauten Flüssen und Bächen eine eigendynamische Fließgewässer- und Auenentwicklung vorgesehen, so müssen ausreichend große Flächen in der jeweiligen Aue auf Dauer sichergestellt werden. Werden diese flussbegleitenden, für die Entwicklung vorgesehenen Arealen ausschließlich land- oder forstwirtschaftlich genutzt, so kommt es in aller Regel zu keinen naturschutzfachlichen Konflikten. Völlig anders kann aber die Sachlage sein, wenn sich in diesen anthropogen veränderten Auen sekundär schützenswerte Arten weitgehend statischer Lebensräume angesiedelt haben. Als ein Beispiel sei hier kurz die Situation an der Salzach angeführt.

Die Folge des Ausbaus der Salzach im vorletzten Jahrhundert war in den Beckenlagen ein reguliertes Gerinne, dessen Sohle sich aufgrund der Laufverkürzung und eines Geschiebedefizites kontinuierlich eintiefte. Entsprechend der Sohleneintiefung nahmen Überschwemmungen in der Aue ab und der Grundwasserspiegel sank mit dem Flusswasserspiegel. Sofern sich nicht andere Nutzungen auf den nunmehr weitgehend statischen Flächen ausbreiteten, passten sich die Lebensgemeinschaften der verbliebenen Aue langsam an die sich sukzessive verändernden Standortbedingungen an. So wurden zum Beispiel ehemalige Weichholzauen mehr und mehr von Arten der Hartholzauen durchwandert. In diesen anthropogen bedingt etwas trockener gewordenen Lebensräumen siedelten sich auch Arten an, die heute in den sogenannten Roten Listen zu finden sind und somit zu geschützten Arten zählen. Bedeutsam ist in diesem Zusammenhang das Auftreten von Frühjahrsgeophyten wie zum Beispiel Schneeglöckchen (*Galanthus nivalis* – Abb. 4.12) und Märzenbecher (*Leucojum vernum*), die beide aspektbildend vorkommen und überregional als bedeutsame „Besonderheit" angesehen werden.

Im Zuge der Planung wurden Untersuchungen durchgeführt, die Flusslandschaft der Salzach im Freilassinger und im Tittmoninger Becken wieder in einen naturnäheren Zustand zurückzuführen. Dies bedeutet, dass man den Fluss mit seiner Aue zumindest in Teilbereichen wieder einer eigendynamischen Gewässerentwicklung anheim stellen möchte. Wäre dies der Fall, so würden im Laufe der Zeit auch wesentliche Bereiche des heutigen Auwaldes dieser Dynamik unterliegen und somit auch die geschützten Frühjahrs-

Abb. 4.12 Nach dem Ausbau der Salzach im Freilassinger Becken haben sich im Laufe der Zeit aufgrund der Grundwasserabsenkung und der weitgehend fehlenden Dynamik in der Aue Frühjahrsgeophyten, wie zum Beispiel das Schneeglöckchen (*Galanthus nivalis*), aspektbildend angesiedelt. (Foto: P. Jürging)

geophyten dezimiert werden. In diesem Konflikt zwischen einem statischen Schutz des bestehenden Zustands und einer „Dynamisierung" ist dann eine Entscheidung zu treffen, wobei der Naturschutz zunehmend, wie auch in dem geschilderten „Fall Salzach", dem Prozessschutz den Vorrang einräumt (Jäger et al. 2001).

Wiedervernässung der Aue

Vielfach wurden zur „Verbesserung" des Wasserhaushaltes bzw. der Nutzung in Auen Entwässerungsgräben angelegt. Die meist nicht beschatteten Gräben verkrauten und verschlammen in der Regel sehr stark durch Material- und Nährstoffeinträge aus den angrenzenden Flächen. Um die Funktion dieser Gräben als Vorfluter aufrecht zu erhalten werden sie im Rahmen wiederkehrender Unterhaltungsmaßnahmen gekrautet und geräumt. Bei einer vernachlässigten oder sehr extensiven Unterhaltung (lange Intervalle bei Schonung von Restbeständen) können Gräben eine hohe Lebensraumvielfalt aufweisen mit einer dementsprechend oft erstaunlichen Reichhaltigkeit von Flora und Fauna. Gleichzeitig steht aber auch fest, dass ohne jegliche Unterhaltungsmaßnahmen diese „Kulturgewässer" aufgrund von Auf- und Verlandungen im Laufe der Zeit wieder verschwinden würden (DWA-Merkblatt M 610 Neue Wege der Gewässerunterhaltung – Pflege und Entwicklung von Fließgewässern 2010).

Kommen nun in einem Auegraben geschützte Arten vor, wie zum Beispiel die Sumpfcalla (*Calla palustris* – Abb. 4.13), und wird dieser Graben im Rahmen einer eigendynamischen Entwicklung sich selbst überlassen, was einer Nutzungsaufgabe und damit

Abb. 4.13 Seltene und geschützte Pflanzen in Auegräben, wie hier zum Beispiel die Sumpfcalla (*Calla palustris*), in einem Graben in der Naab-Aue bei Wernberg-Luhe, haben bei einer eigendynamischen Auenentwicklung auf Dauer keine Überlebenschancen. (Foto: P. Jürging)

auch einer Einstellung der Unterhaltung entspricht, so werden auch die geschützten Arten durch die sukzessive Standortveränderung mittelfristig keinen zusagenden Lebensraum mehr vorfinden. Allerdings können einige dieser Arten unter bestimmten Umständen aufgrund der Gewässerdynamik, die ein Neuentstehen von Altgewässern und deren Verlandung begünstigen kann, einen neuen Lebensraum finden. Auch in einem derartigen Konflikt sollte der Prozessschutz bevorzugt werden.

Entwicklung von Auwäldern

Mitunter sind Flachmoore und Auen durch großflächige, nur extensiv genutzte Feuchtwiesen gekennzeichnet. Ebenso wird manch ausgebautes Fließgewässer von breiten Vorländern mit mehr oder weniger feuchten Wiesen begleitet.

Derartige, ausreichend große Wiesen können für Wiesenbrüter von großer Bedeutung sein, zum Beispiel für den Brachvogel (Numenius numenius), die Bekassine (*Gallinago gallinago*) und die Uferschnepfe (*Limosa limosa*). Diese Wiesenbrüter haben aufgrund von Nutzungsintensivierungen in den letzten Jahrzehnten starke Bestandseinbußen erlitten, weshalb ihnen heute auch ein besonderes Schutzinteresse entgegengebracht wird, was sich nicht zuletzt auch durch spezielle Hilfsprogramme für auffällige Arten wie den Brachvogel dokumentiert.

Bleibt nun aber ein Fluss mit seinen feuchten Wiesenauen einer eigendynamischen Entwicklung überlassen, was einer Nutzungsaufgabe und damit Einstellung der Mahd gleichkäme, so folgen auf die niedrigwüchsigen Feuchtwiesen relativ schnell hochwachsende Hochstaudenfluren, weniger später einzelne Gehölze und letztlich, eine ausreichende Entwicklungszeit vorausgesetzt, ein Auwald. Bereits beim Aufkommen einer Hochstaudenflur würden die Wiesenbrüter keinen geeigneten Lebensraum mehr vorfinden und durch andere Arten, wie zum Beispiel Sumpfrohrsänger (*Arcocephalus palustris*), Rohrammer (*Emberiza schoeniclus*) oder Feldschwirl (*Locustella naevia*) ersetzt werden (Kaule 1986). Bei dieser Aussage soll aber nicht die Frage angeschnitten werden, welche Art wertvoller ist, sondern nur eine mögliche Sukzession aufgezeigt werden. Konkurriert quasi, wie zum Beispiel an der Altmühl bei Treuchtlingen, eine Gewässerentwicklung mit dem Vorkommen von Wiesenbrütern, so wird wohl jeder Planende zu Kompromissen, möglicherweise auch nur auf Zeit, bereit sein.

Veränderung einer Kulturlandschaft
Ein weiterer, wenn auch anders gelagerter Konflikt, kann zwischen dem Ziel einer eigendynamischen Entwicklung und dem Wunsch nach Erhalt einer historisch gewachsenen Kulturlandschaft entstehen, zum Beispiel bei dem Umbau eines alten Mühlenstaus aus Gründen der Wiederherstellung naturnäherer Bedingungen, nicht zuletzt auch mit dem Ziel, die Durchgängigkeit zu verbessern. Hier ist in jeden Fall ein gemeinsamer Abwägungsprozess notwendig, der beiden Zielen, wenn auch mit Kompromissen, gerecht wird und so zu Lösungen führt, die von beiden Seiten mitgetragen werden.

4.3 Die Umsetzung der Europäische Wasserrahmenrichtlinie (2000 bis 2027)

Klaus Arzet

Mit der im Dezember 2000 in Kraft getretenen EG-Wasserrahmenrichtlinie (EG-WRRL) wurden in allen Mitgliedsstaaten der Europäischen Union einheitlich geltende Umweltziele für einen umfassenden Schutz der Oberflächengewässer und des Grundwassers eingeführt. Die Wasserrahmenrichtlinieverfolgt einen integrativen Ansatz der Gewässerbewirtschaftung in Flussgebieten über Länder- und Staatengrenzen hinweg, der eine koordinierte Bewirtschaftungsplanung von allen Anrainernstaaten einfordert. Im Mittelpunkt stehen die Erhaltung bzw. Wiederherstellung der ökologischen Funktionsfähigkeit der Gewässer und der nachhaltige Schutz der Ressource Wasser.

Ziel ist es, dass alle Flüsse, Seen, Küstengewässer und das Grundwasser ursprünglich bis 2015 – jedoch spätestens bis 2027 – den „guten“ Zustand erreichen bzw. der „(sehr) gute“ Zustand von Gewässern und des Grundwassers erhalten bleibt. Der gute Zustand orientiert sich an der natürlichen Vielfalt von Pflanzen und Tieren in naturnahen Gewässern mit ihren kaum veränderten Struktureigenschaften und wechselnder dynamischer Wasserführung sowie der natürlichen – von Menschen weitgehend unbeeinträchtigten – Qualität des Oberflächen- und Grundwassers *(„Referenzzustand“)*.

Im Falle von den Menschen erheblich veränderten oder künstlichen Gewässern tritt anstelle des *„guten ökologischen Zustands“* das Umweltziel des *„guten ökologischen Potenzials“*.

Für alle Gewässer gilt in Bezug auf den Zustand ein sog. Verbesserungsgebot bzw. ein Verschlechterungsverbot.

Die wichtigsten Instrumente für die zielgerichtete Bewirtschaftung sind die Bewirtschaftungspläne und Maßnahmenprogramme für Flussgebiete bzw. Teilbereiche von Flussgebieten, die von allen Ländern turnusmäßig (seit dem Jahr 2009 alle 6 Jahre zunächst bis 2027) aufzustellen sind. Neben den Zielen und Maßnahmen des Umwelt- und Gewässerschutzes werden auch wirtschaftliche Aspekte der Wassernutzung bei der Umsetzung der Wasserrahmenrichtlinie betrachtet (sog. Wirtschaftliche Analyse).

Die Einbeziehung der Öffentlichkeit in den Planungsprozess ist ein weiterer essentieller Bestandteil bei der Umsetzung der EG-WRRL. Alle wichtigen Dokumente (u. a. Bewirtschaftungspläne, Maßnahmenprogramme, Methoden, sonstige begleitende Dokumente) sind öffentlich zugänglich (im Internet oder bei den zuständigen Behörden einsehbar), zu den Entwürfen der Bewirtschaftungspläne und Maßnahmenprogramme sowie weiterer wichtiger Fragen kann in sogenannten „öffentlichen Anhörungen“ Stellung genommen werden. Alle für das Hoheitsgebiet der Bundesrepublik Deutschland erstellten Bewirtschaftungspläne und Maßnahmenprogramme sind behörden- und rechtsverbindlich.

4.3.1 Bewirtschaftungsziele und Maßnahmenprogramme 2009 bis 2015 und 2016 bis 2021

Die Bewirtschaftungspläne sind zusammen mit den Maßnahmenprogrammen auf der Ebene der Bundesländer die strategischen Hauptinstrumente bei der Umsetzung der Wasserrahmenrichtlinie. Der Bewirtschaftungsplan ist Grundlage für die einzugsgebietsbezogene Gewässerbewirtschaftung für ein ganzes Flussgebiet oder eines Teils davon. Er gibt die Leitlinien für die Entwicklung von Gewässern vor und bestimmt maßgeblich die Bedingungen und Auflagen, die bei Maßnahmen und Vorhaben (sowohl in und an Gewässern als auch im Einzugsgebiet zum Beispiel bei Wassernutzungen) einzuhalten sind.

Nach Inkrafttreten der EG-Wasserrahmenrichtlinie Ende 2000 haben die Bundesländer zunächst mit der Übernahme der rechtlichen Grundlagen in die Wassergesetzgebung der Länder begonnen und im Jahr 2009 die ersten Bewirtschaftungspläne und Maßnahmenprogramme für den 1. Bewirtschaftungszeitraum 2009 bis 2015 veröffentlicht. Die Bewirtschaftungspläne und Maßnahmenprogramme für den 2. Bewirtschaftungszeitraum 2016 bis 2021 befinden sich derzeit in der Umsetzung, gleichzeitig wurden bis Ende 2021 die Bewirtschaftspläne und Maßnahmenprogramme für den 3. Bewirtschaftungszeitraum (2022 bis 2027) fertiggestellt. Zuvor wurden die Entwürfe in der Zeit vom 22. Dezember 2020 bis 22. Juni 2021 im Zuge der Anhörung im Internet bzw. bei den zuständigen Behörden zur Einsichtnahme bereitgestellt.

Auf Grund der föderalen Verwaltungsstrukturen in Deutschland hat im 1. Bewirtschaftsungszeitraum jedes Bundesland für die in seinen Grenzen liegenden Flussgebietseinheiten eigene Bewirtschaftungspläne und Maßnahmenprogramme erarbeitet. Lediglich an der Elbe und Weser haben sich die Anrainerländer von Beginn an in sogenannten Flussgebietsgemeinschaften (FGG Elbe, FGG Weser) organisiert, die jeweils einen gemeinsamen Bewirtschaftungsplan mit Maßnahmenprogramm für das gesamte deutsche (Teil-)Einzugsgebiet erstellten. Inzwischen gibt es auch im deutschen Einzugsgebiet der Donau eine Flussgebietsgemeinschaft Donau der Anrainerländer Baden-Württemberg und Bayern, die aktuell erstmals für den 3. Bewirtschaftungszeitraum (2022 bis 2027) einen gemeinsamen Bewirtschaftsplan mit Maßnahmenprogramm für das deutsche Donaueinzugsgebiet aufgestellt hat.

Im Einzugsgebiets des Rheins haben sich die Anrainerländer für den 3. Bewirtschaftungsplan Rhein auf einen gemeinsamen „Überblicks-Bericht“ verständigt, belassen es aber ansonsten auch im 3. Bewirtschaftsungszeitraum bei länderspezifischen Bewirtschaftungsplänen. Bayern hat zum Beispiel Anteile an den Flussgebietseinheiten Donau, Rhein, Elbe und Weser, und fertigt daher weiterhin einen eigenen Bewirtschaftungsplan für das Teileinzugsgebiet des Rheins bzw. erarbeitet zusammen mit Baden-Württemberg einen gemeinsamen Bewirtschaftungsplan Donau sowie im Falle von Elbe und Weser den genannten oben genannten Flussgebietsgemeinschaften zu.

Mit der Veröffentlichung der Bewirtschaftungspläne und Maßnahmenprogramme für den Bewirtschaftungszeitraum 2010 bis 2015 haben die Länder mit der Umsetzung der im Maßnahmenprogramm geplanten Maßnahmen begonnen. Bis Ende 2015 sollten möglichst viele der umgesetzten Maßnahmen die gewünschte Wirkung entfalten. Ende 2012 haben die Länder erstmals über den Fortschritt bei der Umsetzung des ersten Maßnahmenprogramms berichtet (sog. Zwischenbericht) und der Europäischen Kommission entsprechende Daten übermittelt.

Ergebnisse und Erfahrungen, die im 1. Bewirtschaftungszeitraum bisher erzielt wurden, bilden eine wichtige Grundlage bei der weiteren Bewirtschaftungs- und Maßnahmenplanung an den Gewässern. Der 2. Bewirtschaftungsplan (2016 bis 2021) berücksichtigt daher die Erfahrungen aus dem 1. Bewirtschaftungszyklus sowie die Vorschläge und Kritik der Europäische Kommission (EU KOM). Dies kann sich sowohl auf einfache formale Kriterien (z. B. die Gliederung der Kapitel) als auch auf inhaltliche Aspekte beziehen.

Eine Auswertung der ersten deutschen Bewirtschaftungspläne durch die Europäische Kommission (EU KOM) und Schlussfolgerungen finden sich zum Beispiel im dritten Umsetzungsbericht zur EG-WRRL aus dem Jahr 2012 und entsprechenden Begleitdokumenten (Bericht der Kommission über die Umsetzung der Wasserrahmenrichtlinie, Bewirtschaftungspläne für Flusseinzugsgebiete 2012; mit Commission Staff Working Document 2012, Volume 1, 2, 8).

Im ersten Bewirtschaftungszeitraum 2009 bis 2015 wurden bundesweit umfangreiche Maßnahmen geplant und viele davon auch umgesetzt. Gleichwohl blieben die Fortschritte bei der Maßnahmenumsetzung in den einzelnen Bundesländern deutlich hinter den Erwartungen zurück. Trotz erheblicher Anstrengungen der Länder zeichnete sich bereits vor Ende des 1. Bewirtschaftungszyklus ab, dass die Oberflächenwasserkörper mehrheitlich sowie Teile der Grundwasserkörper den angestrebten guten Zustand bzw. das gute Potenzial bis Ende 2015 nicht erreichen werden. Die wichtigsten Gründe hierfür sind:

- Renaturierungen von Oberflächengewässern sind rechtlich, finanziell sowie bautechnisch zeitaufwändig und benötigen zudem Raum, der entlang von Fließgewässern oft knapp bemessen ist.
- Die Umsetzung von landwirtschaftlichen Maßnahmen zur Reduktion von Nährstoffbelastungen und Bodeneintrag aus der Fläche benötigen lange Zeit, um ihre Wirkung in den Gewässern entfalten zu können und müssten insgesamt verstärkt werden.
- Die Wirkung von Maßnahmen zur Verbesserung des Grundwasserzustandes brauchen in der Regel ebenfalls sehr lange Zeiträume.
- strukturelle (hydromorphologische) Maßnahmen benötigen längere Zeiträume, um ihre Wirkung entfalten zu können, da die sog. Biokomponenten (u. a. Makrozoobenthos, Phytobenthos, Fische) zeitverzögert auf verbesserte Lebensraumbedingungen reagieren.
- Der Aufwand die Wirkung der Maßnahmen auf einzelne Biokomponenten durch ein entsprechendes „*Wirkungsmonitoring*" nachzuweisen, ist methodisch und zeitlich anspruchsvoll.
- Erzielte Verbesserungen bei einzelnen betrachteten Biokomponenten gehen im Gesamtergebnis der Zustandsbewertung unter, da folgende Regeln gelten: Wenn nur für einen Stoff das gesetzte Umweltziel hinsichtlich des chemischen Zustands verfehlt wird, wird der Gesamtzustand als nicht gut bewertet. Beim ökologischen Zustand bestimmt die schlechteste biologische Qualitätskomponente den Gesamtzustand eines Wasserkörpers („*one out all out-Prinzip*", s. auch Abschn. 6.2 und 6.3).

Nachdem die erzielten Fortschritte in Bezug auf die Erreichung der Umweltziele im 1. und absehbar im 2. Bewirtschaftungsplan noch gering waren, müssen die Anstrengungen im folgenden 3. Bewirtschaftsungszyklus (2022 bis 2027) kontinuierlich und unvermindert fortgeführt werden. In einigen Bereichen, insbesondere bei den diffusen Nährstoffbelastungen und hydromorphologischen Belastungen, müssen sie sogar deutlich verstärkt werden, sonst läuft man Gefahr, die Umweltziele über das Jahr 2027 hinaus zu deutlich zu verfehlen.

Der von der Europäischen Union projektierte Zeitraum bis zum Erreichen des guten Zustandes bzw. des guten Potenzials möglichst aller Gewässer in Deutschland (bis spätestens zum Jahr 2027 – Ende des 3. Bewirtschaftungszyklus) greift daher sowohl operationell als auch von der natürlichen Reaktionsfähigkeit der Gewässer auf Grund der bisherigen Erfahrungen der ersten beiden Bewirtschaftungsperioden mit hoher Wahrscheinlichkeit zu kurz. Aufgrund gesellschaftlicher, ökonomischer und ökologischer Rahmenbedingungen ist es mehr als wahrscheinlich, dass die Zielerreichung nur mit einem langen Atem über mehrere Generationen möglich sein wird (vergleichbar der Erfolge im Gewässerschutz mit der Abwasserentsorgung in der Siedlungswasserwirtschaft).

Die Einhaltung u. a. zeitlicher Fristen, der Zeithorizont oder das Prinzip der Freiwilligkeit sowie weitere Kriterien wurden von der Europäischen Kommission im Rahmen der angekündigten Überprüfung der Wasserrahmenrichtlinie im Jahr 2019 im sog. „*Blueprint-Verfahren*“ erörtert, jedoch später mit dem sog. Fitness-Check der EG-WRRL und weiterer wasserbezognerer EU-Richtlinien 2019 nicht angepasst, sondern wurden in der Richtlinie unverändert beibehalten (Mitteilung der europäischen Kommission 2012: A „*Water-Blueprint*“ for Europe 2013, Fitness-Check zur EU-Wassergesetzgebung, Defizite bei der Umsetzung 2019).

In den Maßnahmenprogrammen sind die Maßnahmen aufgelistet, die von den wasserwirtschaftlichen Fachbehörden zur Erreichung der in der Wasserrahmenrichtlinie festgeschriebenen Umweltziele in einem Flussgebiet für notwendig erachtet werden. Dabei wird zwischen sogenannten grundlegenden Maßnahmen (z. B. rechtliche Umsetzung und Einhaltung einschlägiger Gesetze und Verordnungen) und – soweit erforderlich – ergänzenden Maßnahmen (z. B. praktische Maßnahmen zur Verbesserung der Gewässermorphologie oder Reduzierung der stofflichen Belastung) unterschieden.

Ein Maßnahmenprogramm bezieht sich gewöhnlich auf eine Bewirtschaftungsperiode analog dem zugehörigen Bewirtschaftungsplan (1. Bewirtschaftungsperiode 2010 bis 2015; 2. Bewirtschaftungsperiode 2015 bis 2021; 3. Bewirtschaftungsperiode 2022 bis 2027).

Die EG-Wasserrahmenrichtlinie (EG-WRRL) sieht formal vor, dass die für den 1. Bewirtschaftungszeitraum verzeichneten Maßnahmen von den Ländern bis zum 22. Dezember 2012 bzw. für den 2. Bewirtschaftungszeitraum bis zum 22. Dezember 2018 und für den 3. Bewirtschaftungsplan bis 22. Dezember 2024 durchzuführen sind. In der Praxis bedeutet dies, die sachlichen Voraussetzungen rechtzeitig zu schaffen, um die Programmziele erreichen zu können (z. B. die Anpassung von Rechtsvorschriften, Aufstellung eines Förderprogramms, Erstellung von Plänen und Umsetzungskonzepten, die Vollendung einer baulichen Maßnahme oder die Inbetriebnahme einer Anlage, die dem Gewässerschutz dient).

Neben stofflichen Belastungen durch punktuelle Abwassereinleitungen und diffusen Stoffeinträgen aus der Fläche verhindern vor allem strukturelle bauliche Veränderungen an Gewässern das Erreichen des guten Zustandes. Die Maßnahmenbereiche eines Maßnahmenprogramms umfassen daher im Wesentlichen den Gewässerschutz bei punktuellen stofflichen Belastungen (z. B. Maßnahmen der Abwasserentsorgung) und bei diffusen stofflichen Belastungen (z. B. Maßnahmen zur gewässerschonenden Landbewirtschaftung) sowie die Gewässerentwicklung (u. a. gewässerstrukturelle Maßnahmen und Maßnahmen zur Verbesserung der Durchgängigkeit eines Gewässers) und das Abflussregime.

Querbauwerke in Fließgewässern schränken die aufwärts und abwärts gerichteten Wandermöglichkeiten für Fische und andere wassergebundene Organismen ein. Dies führt dazu, dass der geforderte gute ökologische Zustand oder das gute ökologische Potenzial in vielen Flusswasserkörpern nicht erreicht wird. In zahlreichen Fällen sind daher Maßnahmen zur Verbesserung bzw. Wiederherstellung der biologischen Durchgängigkeit notwendig. Aufgrund der Vielzahl der betroffenen Querbauwerke (die oftmals nicht im Detail erfasst sind), kann die Verbesserung der Situation nur schrittweise und auf Basis einer systematischen Vorgehensweise erfolgen, deren Umsetzung aus heutiger Sicht voraussichtlich noch viele Jahre benötigen wird.

Einzelne Maßnahmen können positive Auswirkungen auf andere Bereiche, wie den Naturschutz, die Fischerei oder den Hochwasserschutz haben. Nach dem Wasserhaushaltsgesetz (WHG) sind die öffentlichen Verwaltungen von Bund (z. B. Bundeswasserstraßenverwaltung), Ländern und Kommunen sowie Unternehmen (z. B. Wasserkraftbetreiber), aber auch öffentlich oder privatrechtlich anderweitig Nutzer und Verpflichtete, für die Maßnahmenumsetzung verantwortlich.

4.3.2 Bewirtschaftungspläne und Maßnahmenprogramme 2016 bis 2021

Der Umsetzungszyklus und Zeitplan der Wasserrahmenrichtlinie schreiben vor, dass bis Ende 2015 der erste Bewirtschaftungsplan aus dem Jahr 2009 fortzuschreiben und zu aktualisieren war. Neue Erkenntnisse und Änderungen bis Ende 2014 wurden in der Fortschreibung des Entwurfs berücksichtigt. Darüber hinaus wurden alle Begleitdokumente wie das Maßnahmenprogramm und die dazugehörige „*Strategische Umweltprüfung*" auf den neuesten Stand gebracht. Sie bildeten dann die Grundlage für die Maßnahmenumsetzung in der Bewirtschaftungsperiode 2016 bis 2021.

Die Entwürfe der aktualisierten Bewirtschaftungspläne wurden gemäß § 83 Abs. 4 WHG ein Jahr vor ihrem endgültigen Inkrafttreten für die Dauer von insgesamt sechs Monaten (22. Dezember 2014 bis 22. Juni 2015) der Öffentlichkeit zur Einsichtnahme und Stellungnahme bereitgestellt. Alle Bundesländer stellten die für diesen Anhörungsprozess wichtigen Informationen im Internet oder zur Einsicht bei den zuständigen Behörden zur Verfügung.

Wesentliche Inhalte und Themen der Bewirtschaftungspläne wurden in Karten anschaulich aufbereitet (z. B. Planungsebenen, Belastungen, Schutzgebiete, Messnetze, Überwachungsergebnisse und Zustandsbewertungen/-beurteilungen der Wasserkörper, Einstufungen von und Umweltzielerreichung bei Wasserkörpern, Maßnahmengebiete und Konzepte). Die Karten decken jeweils die gesamten Flächen der (Teil-) Flussgebiete der Länder ab. Für das Elbe- und Wesergebiet gibt es Gesamtkarten der jeweiligen Flussgebietsgemeinschaften, die das entsprechende nationale Flussgebiet in seiner Gesamtheit abbilden.

Alle Entwürfe der Maßnahmenprogramme der Bewirtschaftungspläne der Länder wurden einer sog. *Strategischen Umweltprüfung* (SUP) unterzogen (§ 14b in Verbindung mit Nr. 1.4 der Anlage 3 des *Gesetzes über die Umweltverträglichkeitsprüfung* – UVPG). Die *Strategische Umweltprüfung* (SUP) hilft, die Umweltauswirkungen eines Programms frühzeitig zu ermitteln, zu beschreiben und zu bewerten. Die Ergebnisse dieser Untersuchungen werden in einem sog. Umweltbericht zusammengefasst und zusammen mit dem zugehörigen Entwurf des Maßnahmenprogramms veröffentlicht.

Die 3. Bewirtschaftungspläne und Maßnahmenprogramme für den Bewirtschaftungszeitraum 2022 bis 2027 wurden nach dem gleichen Procedere wie für den oben beschriebenen 2. Bewirtschaftungszeitraum erstellt. Mit einer Ausnahme: Alle Maßnahmenprogramme beinhalten erstmals all aus heutiger Sicht erforderlichen Maßnahmen um den guten Zustand der Wasserkörper bis 2027 und darüber hinaus zu erreichen. Nachdem das für einige ausgewählte Wasserkörper bis 2027 nicht möglich sein wird (vgl. oben), wurden für diese die voraussichtlichen Umweltzielerreichung nach 2027 dargestellt (sog. Transparenzansatz). Wie die Europäische Kommission auf diese nicht richtlinienkonforme Auslegung der EG-WRRL durch die Bundesrepublik Deutschland reagieren wird, bleibt abzuwarten.

4.3.3 Information und Beteiligung der Öffentlichkeit

Der Schutz sowie die Erhaltung und Verbesserung des Zustands unserer Gewässer sind eine gesamtgesellschaftliche Gemeinschaftsaufgabe, die nur in Kooperation von staatlichen Stellen, Gewässernutzern, Kommunen und Verbänden und nicht zuletzt der gesamten Bevölkerung erfolgreich bewältigt werden kann. Im Rahmen der Gewässerbewirtschaftung müssen daher kontinuierlich widerstreitende Nutzungsinteressen angesprochen und gemeinsam Kompromisse gefunden werden, um die Umweltziele, die in der EG-Wasserrahmenrichtlinie bzw. in den Wassergesetzen festgelegt sind, für alle oder zumindest möglichst viele Gewässer zu erreichen.

Die Information und Beteiligung der Öffentlichkeit sind ein zentrales Element bei der Umsetzung der EG-Wasserrahmenrichtlinie. Daher haben die Länder zur Information und zum Meinungsaustausch zahlreiche Plattformen auf unterschiedlichen Verwaltungsebenen eingerichtet (z. B. Informationsveranstaltungen, Workshops, Wasserforen, Runde Tische, Anhörungen), die zielgruppenorientiert und aufgabenbezogen eine angemessene Beteiligung (u. a. Kommunen, Verbände, Träger öffentlicher Belange und Maßnahmenträger) wiederkehrend sicherstellen (s. auch Abschn. 6.7).

Die formelle Beteiligung der Öffentlichkeit bei der Aufstellung der Bewirtschaftungspläne und Maßnahmenprogramme erfolgt im Rahmen von jeweils drei sechsmonatigen Anhörungen zum Arbeitsprogramm und Zeitplan, zu den wichtigen Fragen der Gewässerbewirtschaftung sowie zu den Entwürfen der Bewirtschaftungspläne und Maßnahmenprogramme einschließlich deren „*Strategischer Umweltprüfung*“ (dreistufiges Anhörungsverfahren). Ziel ist es, die angemessene Berücksichtigung von Interessen und Vorschlägen der Öffentlichkeit sicherzustellen. Inhalte und Termine der Anhörungen sind in § 83 Abs. 4 WHG geregelt.

Bei der im Jahr 2010 begonnenen Umsetzung der Maßnahmenprogramme durch konkrete Planungen bzw. Maßnahmen vor Ort wurden Beteiligte sowie Verbände auf lokaler Ebene eingebunden. Die Einbindung erfolgte dabei im Wesentlichen durch die örtlich zuständigen Wasserwirtschaftsbehörden (in Bayern zum Beispiel die örtlichen Wasserwirtschaftsämter) unter Einbeziehung assoziierter Behörden (z. B. Landwirtschaft und Forst) sowie den Kommunen.

Zur Information der Öffentlichkeit existiert ein umfangreiches, ständig wachsendes Informationsangebot auf den Internetplattformen der Länder und des Bundes sowie zahlreiche Printmedien. Damit wird die Möglichkeit eröffnet, sich jederzeit über den Stand der Umsetzung der EG-WRRL zu informieren (siehe z. B. die Internetseiten der Länder, u. a. www.wasserblick.net, www.wrrl.bayern.de).

4.3.4 Umsetzungsprozess

Wie schon erwähnt, war schon vor Ende der 1. Bewirtschaftungsperiode abzusehen, dass die Vorgabe der EG-WRRL bis zum Jahre 2015 den guten Zustand aller Gewässer zu erreichen deutlich verfehlt werden wird. Die Fortschritte blieben erwartungsgemäß weit hinter den Anforderungen zurück. Das gleiche Bild zeichnet sich nun kurz vor Ende des 2. Bewirtschaftungszeitraum Ende 2021 ab.

Die Länder haben zwar im ersten und zweiten Bewirtschaftungszeitraum bereits viele Maßnahmen umgesetzt oder haben zumindest damit begonnen. Dennoch lassen sich wesentliche Fragen (u. a. Zielerreichung, Verhältnismäßigkeit, Ressourceneinsatz, Zeithorizont, Wirkung der Maßnahmen, Methodik etc.) aus heutiger Sicht nach fast 2. Bewirtschatungszyklen noch nicht abschließend beantworten.

2. Bewirtschaftungsperiode – Bewirtschaftungspläne, Maßnahmenprogramme
Wie oben bereits erwähnt, wurden von den Ländern für alle großen Flussgebiete die Bewirtschaftungspläne und Maßnahmenprogramme für die 3. Bewirtschaftungsperiode 2022 bis 2027 bis Ende 2021 erstellt.

Insgesamt plädieren die in der Bund/Länderarbeitsgemeinschaft Wasser (LAWA) organisierten Länder (dem höchsten bundesweiten Wassergremium, das der Umweltminsiterkonfernez zuarbeitet) für Prozesskontinuität, auch wenn im Detail mancher konzeptionelle Ansatz der EG-WRRL in der praktischen Umsetzung auf den Prüfstand steht. Bei derart komplexen und umfassenden Prozessen bleibt es gleichwohl nicht aus, „nachzusteuern", um die Qualität und Effizienz der Ergebnisse gleichermaßen zu verbessern. Die Vorteile eines flussgebietsbezogenen Ansatz haben sich grundsätzlich bewährt, dies wird auch von der EU-Kommission im sog. Fitness-Check von 2019 bestätigt, unter anderem da ...

- er den Blick auf das große Ganze schärft („alles hängt mit allem zusammen"),
- den „fließenden" Zusammenhang der Gewässer untereinander aufzeigt,
- umfassende Abstimmungen und Lösungen über Verwaltungsgrenzen hinweg einfordert,
- bei der Planung von Maßnahmen die Nährstoffreduzierung aus diffusen Quellen essentiell ist, um nachhaltige Fortschritte von Dauer zu erzielen und
- die Wiederherstellung der Durchgängigkeit sowohl für biologische Organismen als auch für den Feststofftransport nur Sinn macht, wenn Maßnahmen entlang der Fließgewässer aufeinander abstimmt sind und diese in ihrer Summe im gesamten Einzugsgebiet ihre Wirkung entfalten können.

Die bestehenden Defizite in den Fließgewässern weisen deutlich darauf hin, dass auf dem Weg zum guten Zustand und damit zu einer umfassenden Verbesserung der Gewässer noch viel zu leisten ist. Eine wesentliche Voraussetzung für die erfolgreiche Umsetzung ist und bleibt, dass die verantwortlichen Maßnahmenträger auf staatlicher und kommunaler Ebene, der Verbände sowie der Gewässernutzer und -anlieger kooperativ und langfristig im Sinne der EG-WRRL handeln.

Gemeinsame Anstrengungen nachfolgender Bewirtschaftungszyklen sollten insbesondere nachfolgende Aspekte berücksichtigen:

- Gewässer mit großen Defiziten und/oder Mehrfachbelastungen sind vorrangig zu behandeln, im Mittelpunkt stehen strukturelle Defizite sowie die vielerorts eingeschränkte Durchgängigkeit und die stofflichen Einträge aus diffusen landwirtschaftlichen Quellen.
- Dort wo die Belastungen am größten sind, sind gewässerschonende Maßnahmen von der Landwirtschaft entlang der betroffenen Gewässer (z. B. Uferstreifen) und den anhängigen Gebieten zielgerichtet durchzuführen. Das erfordert eine enge Abstimmung zwischen der Landwirtschaftsverwaltung und der Wasserwirtschaftsverwaltung.
- Die noch zu geringe Bereitschaft zur Maßnahmenumsetzung bei privaten und kommunalen Maßnahmenträgern muss deutlich gesteigert werden.
- Das Prinzip der Freiwilligkeit der Maßnahmenumsetzung zum Beispiel für Kommunen mit ihrer Zuständigkeit für die kleinen Fließgewässer bleibt auch für die dritte Bewirtschaftungsplanung zunächst erhalten, wenn auch ergänzt durch die verpflichtende Anlage von Uferrandstreifen (vgl. § 38 WHG Gewässerrandstreifen), und muss ggf. auf den Prüfstand, um langfristig Zustandsverbesserungen der Gewässer erreichen zu können (vgl. auch Blueprint der Europäischen Union – EU).
- In Einzelbereichen bestehende Unsicherheiten (z. B. über Belastungspfade oder über die wirksamsten bzw. kosteneffizientesten Maßnahmen) sind nach Möglichkeit aufzulösen.
- Kontinuität bei den finanziellen und personellen Ressourcen bei den Maßnahmenträgern ist ein wesentliches Element für den langfristigen Erfolg.

Die EG-Wasserrahmenrichtlinie markiert einen Wendepunkt in der Wasserpolitik und ist ein Meilenstein zur konsequenten Umsetzung eines integrierten Flussgebietsmanagements nach „modernen" Ansätzen. Sie ist heute einer der wichtigsten Instrumente für einen konsequenten Gewässerschutz und eine nachhaltige Gewässerbewirtschaftung. Ökologisch intakte Gewässer stellen gesellschaftlich einen Mehrwert dar, der weit über deren natürliche Funktionalitäten für den Wasserabfluss und als Gewässerlebensraum hinausgeht. Fließgewässer in staatlicher und kommunaler Unterhaltungspflicht im urbanen und ländlichen Raum bereichern das Stadt- und Landschaftsbild und sind für den Menschen ein wertvoller Erholungsraum (Stichworte: Sozialfunktion, Ökosystemdiensteistungen).

Die Koordination und Abstimmung unter den Ländern und mit dem Bund wird von der Bund/Länderarbeitsgemeinschaft Wasser (LAWA) über ihre Gremien (Vollversammlung, Ausschüsse, Kleinarbeitsgruppen) organisiert und sollte im Sinne der Harmonisierung des Vorgehens in den Ländern beibehalten werden. In diesem Sinne hatte die LAWA die Weichen für den 2. und 3. Bewirtschaftungsplan frühzeitig gestellt und die zukünftigen Handlungsstrategien für einzelne Teilschritte größtenteils festgelegt (u. a. LAWA-Maßnahmenkatalog, Monitoringinstrumente, Auswertungs- und Bewertungssysteme).

Im LAWA-Arbeitsprogramm werden einschlägige Handlungsanleitungen und Methodenbeschreibungen unter anderem zur Umsetzung des CIS-Prozesses (*Common Implementation Strategy* = gemeinsame Umsetzungsstrategie der europäischen Kommission EU KOM) erarbeitet, die allen Bundesländern zur Verfügung stehen. Die Ausarbeitungen konzentrieren das Fachwissen und bilden das Fundament für eine abgestimmte Umsetzung der Wasserrahmenrichtlinie.

Ungeachtet dessen müssen komplexe Leitfäden in der Praxis oftmals dem wasserwirtschaftlich pragmatischen Handeln angepasst bzw. durch örtliches Expertenwissen ergänzt werden (z. B. begrenzte Zeitfenster und hoher Aufwand bei der Probennahme beschränken manchmal die gewünschte Detailschärfe). Mit der Erarbeitung von Textbausteinen zur Übernahme in die Bewirtschaftungspläne der Länder wurde erstmals der Versuch unternommen, formal einheitliche Textblöcke zur Verfügung zu stellen, mit dem Ziel, die Texte der Bewirtschaftungspläne untereinander anzugleichen und vergleichbar zu machen.

Das Engagement der Länderarbeitsgemeinschaft Wasser (LAWA) kommt allen Länder zu Gute (vgl. u. a. Bund/Länderarbeitsgemeinschaft Wasser (LAWA), Ständiger Ausschuss „*Oberirdische Gewässer und Küstengewässer*", Rahmenkonzeption Monitoring Teil B; Bewertungsgrundlagen und Methodenbeschreibung; jeweils aktuellster Stand unter www.wasserblick.net).

Die umfangreiche Berichterstattung in den Bewirtschaftungsplänen, jeweils zu Beginn der Bewirtschaftungsperioden, mit jeweiligen Zwischenberichten, ist für die Länder sehr aufwändig und zeitintensiv. Sie investieren dafür einen erheblichen Anteil ihrer in diesem Bereich verfügbaren Ressourcen. Die Berichterstattung umfasst, neben dem Berichtswesen selbst, Recherche, Abstimmung und Datenbereitstellung. Hinzukommen auf der operativen Ebene weitere wichtige, Ressourcen intensive Aufgaben (z. B. Planung und Umsetzung von Maßnahmen, Öffentlichkeitsarbeit, Dokumentation).

Gleichwohl gilt es immer die Balance zu halten zwischen konzeptioneller Planung und Berichterstattung auf der einen Seite und operativem Ertrag (= Umsetzung und Maßnahmenerfolg) auf der anderen Seite. Der manchmal geäußerte Eindruck, dass die konzeptionelle Planung zu wissenschaftlich und detailliert angegangen wird, ist hingegen in Anbetracht der Komplexität der Thematik nicht gerechtfertigt. Etwas mehr Mut zu Pragmatismus („eher gröbere Linie") könnte aber dem Prozess als Ganzes sicherlich gut tun. Nachdem ohnehin niemand genau weiß, wie die durchgeführten Maßnahmen am Ende tatsächlich zusammenwirken, könnte die für die Maßnahmenauswahl und -beurteilung eingesetzte Ressource auch zugunsten der Entwurfsplanung für die konkrete Maßnahmenumsetzung reduziert werden, im Sinne einer Beschleunigung des praktischen Planungsprozesses. Im Ergebnis wird das Ringen um den guten Zustand nicht durch den Berichtsumfang von Bewirtschaftungsplänen und Maßnahmenprogrammen entschieden, sondern durch die konkrete Umsetzung von Maßnahmen vor Ort.

Maßnahmenumsetzung

Ausreichende Flächenverfügbarkeit ist wesentlich für die erfolgreiche Umsetzung des Maßnahmenprogramms. Ein Problem, das in der gegenwärtigen gesellschaftlichen Situation kaum zu lösen ist, nachdem eine Konkurrenzsituation zur produzierenden Landwirtschaft besteht und landwirtschaftliche Flächen stark nachgefragt werden.

Die praktische Maßnahmenumsetzung könnte weiterhin durch folgende „Kunstgriffe" beschleunigt bzw. unterstützt werden:

- Klare rechtliche Vorgaben für den Vollzug in allen relevanten Teilbereichen bzw. deren konsequente Anwendung und Umsetzung (z. B. bei der Herstellung der Durchgängigkeit, Mindestwasserabflüssen, Fischschutz vgl. § 33 bis 35 WHG).
- Auch bis 2027 wird das Ziel „guter Zustand" aller Gewässer voraussichtlich nicht erreichbar sein, wenn politisch die Weichen nicht anders gestellt werden. Daher bedarf es eines klaren Bekenntnisses zum gesellschaftspolitischen Auftrag der EG-WRRL, verbunden mit der Maßgabe, weitere rechtliche Rahmenbedingungen zu treffen und notwendige Ressourcen bereit zu stellen.
- Einführung einer gewissen rechtlichen Verpflichtung zur Maßnahmenumsetzung (Kombination von Freiwilligkeit und Ordnungsrechts)
- vereinfachte Rechtsverfahren zur Umsetzung von EG-WRRL-Maßnahmen
- Aufstockung von Personalressourcen, dort wo Defizite erkennbar sind (Adressat ist die Politik. Insbesondere im Bereich Landwirtschaft müsste mehr Ressource aufgewendet und sich zu den Aufgaben der EG-WRRL bekannt werden).
- Abarbeitung der Bewirtschaftungspläne nach Priorisierungen und Schwerpunkten („vom Großen zum Kleinen")
- Verbindung der Maßnahmenumsetzung an Projekte zum Hochwasserschutz nutzen und weiter ausbauen
- Neue Instrumente und Organisationsformen für die Beratung im Bereich der Landwirtschaft nach dem Vorbild anderer Länder erproben (z. B. vergleichbar zum Prädikat „Bio" eine Zertifizierung für „Wasserschutz" in der Landwirtschaft einführen, nach definierten Kriterien für eine Gewässer schonende Landwirtschaft verbunden mit Kontrollmechanismen und positivem Umweltimage).
- Flächenverfügbarkeit für notwendige Gewässerentwicklungsmaßnahmen und Gewässerrandstreifen mit ökologisch angepasster Unterhaltung im Rahmen von Förderprogrammen (ohne Erwerb) durch gezielte Beratung der Landwirtschaft unterstützen.
- Maßnahmenumsetzung zur Hydromorphologie durch Besatzmaßnahmen flankieren, um den Aufbau naturnaher Fischpopulationen zu stützen (die Biokomponente Fisch hat große Bedeutung für die Zielerreichung).

Kommunikation und Information

Die breite Beteiligung der Öffentlichkeit ist wichtig und sollte auf verschiedenen Ebenen kontinuierlich stattfinden. Sie schafft Wissen und Akzeptanz in der Bevölkerung, ökologisch intakte Gewässer als gesamtgesellschaftliche Aufgabe zu begreifen und einzufordern. Bei der Umsetzung konkreter Maßnahmen vor Ort entscheidet die angemessene Kommunikation und Partizipation der Beteiligten und Betroffenen, ob ein Projekt erfolgreich umgesetzt werden kann. Öffentlichkeitsarbeit trägt auch dazu bei, Widerstände abzubauen.

In Bayern haben sich auf der Ebene der konzeptionellen Bewirtschaftungsplanung Wasserforen unter Beteiligung von Verbänden, Wasserkraftbetreibern sowie Behörden bewährt („*Wasserforum Bayern*"). Dabei stellt sich immer wieder Frage, wie kann man die

„interessierte" Öffentlichkeit über die reine Informationsweitergabe hinaus adäquat am konkreten Umsetzungsprozess beteiligen, und wie kann man, unter anderem wegen der Komplexität der fachlichen Materie, begrenzter zeitlicher und personeller Ressourcen sowie unverrückbarer rechtlicher Vorgaben, zum Beispiel Verbände aktiv einbeziehen. Eine gewisse Bereitschaft zur Kompromissfähigkeit beider Seiten ist von Vorteil.

Das ungebrochene Interesse der Mitwirkenden gibt Anlass neue Wege im Prozess der Öffentlichkeitsbeteiligung zu erproben (z. B. in Form von thematisch ausgerichteten Workshops und Diskussionsrunden). Auf regionaler und lokaler Ebene gibt es zum Beispiel in Bayern regionale Foren und das Instrument der sogenannten *„Umsetzungskonzepte"*, die konkrete Lösungen zur Umsetzung von Maßnahmen vorschlagen. Eine generelle Änderung bzw. Intensivierung der Öffentlichkeitsbeteiligung scheint nicht angezeigt. Regional sollte die öffentliche Beteiligung auf ein sinnvolles Maß beschränkt bleiben (z. B. Ortseinsichten und Begehungen im Rahmen der konkreten Umsetzung, Vorstellung und Diskussion von Umsetzungskonzepten).

An Stelle von wiederkehrenden, großen überregionalen Veranstaltungen zur Bewirtschaftungsplanung mit allgemeinen Informationen und Angaben zu nicht verorteten Maßnahmen wäre anzuregen, ob ggf. zu den üblichen auch andere Kommunikations- und Beteiligungswege verstärkt genutzt werden (neben Internetauftritten, u. a. Internetplattformen wie Facebook, Instagram, YouTube), Informationen allgemeiner Natur über die Bewirtschaftungsplanung von Wasser zu vermitteln.

4.4 Synergien mit anderen Richtlinien der europäischen Gemeinschaft

Klaus Arzet

Sowohl die EG-Wasserrahmenrichtlinie (EG-WRRL) als auch die Hochwasserrisikomanagement-Richtlinie (HWRM-RL) und die Fauna-Flora-Habitat-Richtlinie (FFH-RL) sind (Teil-)Elemente der integrierten Bewirtschaftung von Flusseinzugsgebieten.

Die HWRM-RL nimmt in Art. 9 auch direkt inhaltlich Bezug auf die EG-WRRL und sieht eine Koordinierung vor (Richtlinie 2007/60/EG). Potenzielle Synergien und Konflikte zwischen diesen Richtlinien entstehen überwiegend bei der praktischen Umsetzung der Maßnahmen. Allerdings ist die Nutzung dieser Synergien noch ausbaufähig, obgleich eine LAWA-Arbeitshilfe zu Schnittstellen zwischen WRRL und HWRM-RL erstmals konkrete Hinweise liefert, deren kontinuierliche Umsetzbarkeit sich in der Praxis aber erst erweisen müssen (siehe www.lawa.de).

Der von der LAWA entwickelte Maßnahmenkatalog führt Maßnahmen auf, die der Umsetzung beider Richtlinien dienen. Darüber hinaus wurden zum Beispiel in Bayern die in FFH-Managementplänen vorgeschlagenen, gewässerspezifischen Maßnahmen identifiziert und mit EG-WRRL-Maßnahmen abgeglichen. „Ökologischer" (naturnaher) Hochwasserschutz (z. B. Retention, Deichrückverlegung) kommt den Umweltzielen von EG-WRRL und FFH-RL entgegen.

Andererseits sind den Synergien zwischen EG-WRRL und HWRM-RL in Bezug auf den Hochwasserschutz in der Praxis Grenzen gesetzt. Maßnahmen der EG-WRRL können auf das Hochwassergeschehen in der Summe durchaus positiv wirken. Von direkten nachweisbaren Hochwasserschutzeffekten oder der Reduzierung von Hochwasserrisiken kann aber nicht die Rede sein; hier sollte in der Öffentlichkeit kein falsches Bild vermittelt werden.

Die Ziele der Planungen von EG-WRRL und HWRM-RL sind unterschiedlich. Mögliche Synergien und Konflikte können überwiegend bei der praktischen Umsetzung der Maßnahmen entstehen. Das Zusammenspiel beider Richtlinien ist daher vor allem auf der Maßnahmenebene sicherzustellen. Um Maßnahmen, die zu potenziellen Synergieeffekten zwischen den beiden Richtlinien beitragen können, zu identifizieren, werden diese im LAWA-Maßnahmenkatalog gekennzeichnet und bezüglich ihrer Wirkungen auf die Zielerreichung bewertet. Dort wo es zweckmäßig erscheint, werden Maßnahmen des Hochwasserrisikomanagements und der Gewässerentwicklung miteinander verknüpft.

4.4.1 Hochwasserriskomanagement-Richtlinie (HWRM-RL)

Mit der HWRM-RL hat die EU-Kommission neben der EG-WRRL eine weitere wichtige Richtlinie im Bereich der Wasserbewirtschaftung auf den Weg gebracht.

Die Europäische Union hat die Hochwasserrisikoproblematik erkannt und nach intensiver Beratung mit Mitgliedstaaten und Verbänden die Richtlinie 2007/60/EG über die Bewertung und das Management von Hochwasserrisiken („Hochwasserrisikomanagement-Richtlinie“) erlassen. Mit der Neufassung des Wasserhaushaltsgesetzes und des Bayerischen Wassergesetzes wurden die europäischen Vorgaben zum 1. März 2010 in Bundes- und Landesrecht übernommen und inhaltlich konkretisiert.

Ziel des Hochwasserrisikomanagements ist es, die negativen Folgen von Hochwasser für die Schutzgüter menschliche Gesundheit, Umwelt, Kulturerbe, wirtschaftliche Tätigkeit und erhebliche Sachwerte zu verringern. Hochwasserrisikomanagement zielt auf einen planvollen und ausgewogenen Umgang mit Hochwasser ab. Die Verfügbarkeit von Informationen in Form von Karten ist dabei von zentraler Bedeutung. Neben verschiedenen Hochwasserszenarien wird die Flächennutzung in den betroffenen Gebieten berücksichtigt.

Managementplan

Die Hochwasserrisikomanagement-Richtlinie (HWRM-RL) wurde mit einem Managementplan in drei Stufen mit klaren Fristen eingeführt:

- Vorläufige Bewertung des Hochwasserrisikos (bis 22. Dezember 2011).

- Erstellung von Hochwassergefahrenkarten und Hochwasserrisikokarten (bis 22. Dezember 2013).
- Erarbeitung von Plänen für das Hochwasserrisikomanagement (bis 22. Dezember 2015).

Stufe 1 Vorläufige Risikobewertung in Form einer ersten groben Bestandsanalyse, in der die Gewässer ermittelt werden, entlang derer ein besonderes Hochwasserrisiko besteht. Die vorläufige Risikobewertung wurde in den Ländern bis Dezember 2011 abgeschlossen.

Stufe 2 Für die Gewässer, an denen ein besonderes Hochwasserrisiko besteht, werden sog. Hochwassergefahren- und Hochwasserrisikokarten erarbeitet, die verschiedene Hochwasserszenarien erfassen: häufige, mittlere und seltene Hochwasserereignisse. Hochwassergefahrenkarten stellen überflutete Flächen und Wassertiefen dar. Hochwasserrisikokarten geben Informationen über die Flächennutzung und die Anzahl der betroffenen Einwohner in den überschwemmten Gebieten.

Stufe 3 Auf Basis der Karten werden die Hochwasserrisikomanagement-Pläne erarbeitet. Die Pläne beinhalten Ziele und Maßnahmen, wie Hochwasserschäden zukünftig reduziert werden können. Dazu gehören alle Maßnahmen, die der Vermeidung von Risiken, dem Hochwasserschutz, der Vorsorge oder der Regeneration nach Hochwasserereignissen dienen.

Als Beispiele können die Verbesserung des natürlichen Wasserrückhalts, hochwasserangepasstes Bauen, Überlegungen zum Katastrophenschutz, das Freihalten von Überschwemmungsgebieten, die Hochwasserwarnung oder der Wiederaufbau nach großen Hochwasserereignissen genannt werden.

Hochwasserrisikomanagement ist als kontinuierlicher Prozess angelegt. Alle drei Umsetzungsstufen werden im Rhythmus von sechs Jahren regelmäßig entsprechend der EG-WRRL aktualisiert.

Das Hochwasserrisikomanagement betrifft verschiedene Aufgabenbereiche und Ebenen. Die beteiligten Institutionen müssen sich über ihren eigenen Zuständigkeitsbereich hinaus abstimmen. Wie bei der EG-WRRL gilt: Wenn alle an einem Strang ziehen, lässt sich mehr erreichen als im Alleingang.

Die Wasserwirtschaftsverwaltungen der Länder liefern die fachlichen Grundlagen. In Bayern zum Beispiel ist laut Art. 45 des Bayerischen Wassergesetzes das Bayerische Staatsministerium für Umwelt und Verbraucherschutz (StMUV) für das Hochwasserrisikomanagement zuständig. Auf fachlicher Ebene ist das Bayerische Landesamt für Umwelt (LfU) mit der Organisation der Umsetzung der HWRM-RL beauftragt. Das Bayerische Landesamt für Umwelt (LfU Bayern) erarbeitet die fachlichen Grundlagen, zu denen insbesondere die vorläufige Risikobewertung und die Hochwassergefahren- und -risikokarten gehören. Dabei wird das LfU Bayern von den Wasserwirtschaftsämtern mit ihren örtlichen Fachkenntnissen unterstützt.

Lokal bis international – Die Planungsebenen im Hochwasserrisikomanagement
Hochwasser kennt keine Verwaltungsgrenzen. Nötig ist daher eine Betrachtungsweise, die sich wie bei der Wasserrahmenrichtlinie an natürlichen Flusseinzugsgebieten orientiert. Wie schon erwähnt, hat Bayern Anteil an den Flussgebietseinheiten des Rheins, der Donau, der Elbe und in geringem Umfang der Weser. Über die internationalen Flussgebietskommissionen und nationalen Flussgebietsgemeinschaften sowie die Bund/Länder-Arbeitsgemeinschaft Wasser (LAWA) stimmt sich Bayern auch beim Hochwasserrisikomanagement intensiv mit seinen Nachbarn (Bundesländer, Staaten) ab.

Für das Hochwasserrisikomanagement innerhalb Bayerns wurde die Landesfläche in 20 sogenannte Planungsräume unterteilt (z. B. Oberer Main, Lech, Inn). Diese wiederum sind in insgesamt 46 Planungseinheiten untergliedert, in denen regionale und lokale Aspekte berücksichtigt werden.

4.4.2 Natura-2000 – Flora-Fauna-Habitat-Richtlinie (FFH-RL)

Mit der Ausweisung der *Natura-2000*-Gebiete ist auch die Verpflichtung verbunden, die für einen günstigen Erhaltungszustand der Arten bzw. Lebensraumtypen erforderlichen Schutz- und Entwicklungsmaßnahmen auf Dauer zu ergreifen (s. auch Abschn. 5.2). Um dies zu gewährleisten, sehen sowohl die FFH-Richtlinie als auch die Vogelschutzrichtlinie vor, dass die Mitgliedstaaten in bestimmten Abständen im Rahmen der Berichtspflicht (gem. Art. 17 der FFH- bzw. Art. 12 der Vogelschutzrichtlinie) über die Erhaltungszustände und unter anderem auch über Schritte und Maßnahmen zur Umsetzung beider Richtlinien an die Europäische Kommission berichten. Der letzte Berichtstermin war 2019.

Allgemeine Überwachung
Nach Art. 11 der FFH-Richtlinie ist eine allgemeine Überwachung des Erhaltungszustandes der Arten und Lebensraumtypen von gemeinschaftlichem Interesse durchzuführen. Als Lebensraumtypen gemeinschaftlichen Interesses werden die in Anhang I der Richtlinie aufgeführten Lebensraumtypen bezeichnet. Arten gemeinschaftlichen Interesses sind alle in den Anhängen II, IV und V aufgeführten Tier- und Pflanzenarten. Die allgemeine Überwachung betrifft alle Schutzgüter dieser Anhänge außerhalb und innerhalb der *Natura-2000*-Gebiete.

Für die wasserabhängigen Natura-2000-Gebiete sind die Lebensraumtypen des Anhangs I und die Arten des Anhangs II relevant (FFH-Richtlinie) bzw. des Anhangs I und Art. 4 Abs. 2 (EG-Vogelschutzrichtlinie).

Im Berichtzeitraum 2007 bis 2013 wurde zum Beispiel in Bayern ein Monitoring für die Lebensraumtypen des Anhangs I und die Arten der FFH-Anhänge II und IV durchgeführt, wofür rund 2000 Untersuchungsflächen eingerichtet wurden.

Bei der Betrachtung von Fischen ergeben sich hinsichtlich der Umsetzung von EG-Wasserrahmenrichtlinie und FFH-Richtlinie große Synergieeffekte. Zwar weichen die Bewertungssysteme beider Richtlinien deutlich voneinander ab (u. a. die fischökologische Funktionalität eines Oberflächenwasserkörpers versus artbezogene Bewertung einer Population und ihres Lebensraumes), die standardisierte Erfassungsmethodik ist jedoch grundsätzlich dieselbe. Somit können mit Ausnahme weniger Arten, wie in Bayern zum Beispiel dem Schlammpeitzger, an ausgewählten Messstellen, die erfassten Daten für die Berichtspflichten beider Richtlinien verwandt werden.

So können u. a. die Erhebungen nach EG-WRRL sowohl für die Fachbeiträge „Fische" (wenn sie innerhalb der entsprechenden FFH-Gebiete durchgeführt wurden) als auch für das FFH-Monitoring genutzt werden. Neben einer Ressourcenschonung und erheblichen Kostenreduzierung trägt diese „Verschneidung" auch zu einer Schonung der Fischbestände durch einen verminderten Überwachungsumfang bei.

Neben den Erhebungen zur Fischfauna ergeben sich in Bayern auch weitreichende Synergien durch die Übernahme von Kenngrößen (Parameter) der Wasserrahmenrichtlinie für die Bewertung der FFH-Fließgewässer-Lebensraumtypen.

Managementplanung

Gemäß § 32 Abs. 1, 3 BNatSchG in Verbindung mit Art. 6 Abs. 1 FFH-RL sind für jedes einzelne Gebiet die Erhaltungsmaßnahmen zu bestimmen, die notwendig sind, um einen günstigen Erhaltungszustand der Lebensraumtypen und Arten zu gewährleisten oder wiederherzustellen, die maßgeblich für die Aufnahme des Gebiets in das Netz *„Natura-2000"* sind. Diese Maßnahmen werden zum Beispiel in Bayern im Rahmen eines sogenannten „Managementplans" nach Nr. 6 der Gemeinsamen Bekanntmachung zum Schutz des Europäischen Netzes „Natura-2000" vom 4. August 2000 (AllMBl Nr. 16/2000, S. 544–559) ermittelt und beschrieben.

Zustandsbewertungen der Lebensraumtypen und Arten mit konkretem Raumbezug innerhalb der Vogelschutz- und FFH-Gebiete sind Teil des jeweiligen FFH-Managementplans. In Bayern existieren zum Beispiel insgesamt 745 *Natura-2000*-Gebiete mit einer Fläche von etwa 8013 km^2, das entspricht einer Landesfläche von ca. 11,36 Prozent. Insgesamt sind also 745 Managementpläne zu erstellen, von denen noch ca. 180 Pläne in Bearbeitung sind.

4.5 Naturschutzbezogene Zielbestimmungen zur Gewässer- und Auenentwicklung

Klaus Werk

Die Gewässersysteme und ihre Auen bilden auch einen Kernbereich naturschutzbezogener Zielsetzungen und Maßnahmen. Fließgewässer, Stillgewässer, Grundwasser und Meere prägen den Landschaftshaushalt und die ökologischen Wechselverhältnisse.

Der Wasserhaushalt stellt ein Grundgerüst der natürlichen Ressourcen dar und ist Basis für die Ausprägung der biologischen Vielfalt in ihren Lebensräumen und wassergeprägten Lebensstätten sowie des jeweiligen Klimas und der Bodenverhältnisse. Damit entsteht ein enger Wirkungszusammenhang von Wasserwirtschaft und Naturschutz. Zwar ergeben sich aufgrund der differenten wissenschaftlichen und methodischen Herangehensweisen beider Disziplinen Unterschiede in den Grundlagen, Zielen und Bewertungen. Für die Planungs- und Ingenieurleistungen in der Umsetzung von Zielen und Maßnahmen bedarf es aber einer weitgehenden Harmonisierung und Kongruenz. Widersprüche sind aufzulösen, um zu einer adäquaten und gemeinsam getragenen Vorgehensweise und Projektentwicklung beider Disziplinen zu kommen. Insbesondere die Wasserrahmenrichtlinie bietet hierzu eine gute und geeignete Grundlage.

Die Zielbestimmungen des Naturschutzes beinhalten grundsätzlich drei Dimensionen: Die Biologische Vielfalt, die Leistungs- und Funktionsfähigkeit des Naturhaushaltes und die nachhaltige Nutzungsfähigkeit der natürlichen Ressourcen sowie die Wahrnehmung und die Aneignungsmöglichkeit von Natur und Landschaft für die Erholungsvorsorge (Mengel 2011).

Diese drei Zieldimensionen beziehen sich auch auf den Wasserhaushalt und die Gewässersysteme in ihrer Funktion als Lebensraum wild lebender Arten, die Nachhaltigkeit der Ressourcennutzung und die angepasste Erholungsfunktion für die Gesellschaft (Koch 2012).

Der Naturschutz verfolgt für die Gewässersysteme das Primat einer möglichst hohen Naturnähe und entspricht damit auch Zielbestimmungen nach der Wasserrahmenrichtlinie und der Wasserwirtschaft. Natürliche Populationen sollen erhalten und gefördert werden. Austausch und Mobilität der Arten ist zu gewährleisten. Lebensgemeinschaften in ihrer natürlichen Verbreitung sollen repräsentativ gesichert sein und auch der natürlichen Dynamik überlassen bleiben (Lütkes 2011).

Natürliche und naturnahe Gewässer einschließlich der Ufer und Auen und der Retentionsflächen sind zu erhalten. Diese und weitere Bestimmungen in § 1 BNatSchG korrespondieren vom Grundsatz mit den wasserwirtschaftlichen Maximen, wobei der Naturschutz speziell auch die Auen und die Sicherung der Gewässer im urbanen Gebiet ins Visier nimmt.

Aufgrund der vielfach degradierten Verhältnisse an den Gewässern ausgehend ihres Ausbauzustands und der landwirtschaftlichen Nutzungsintensität in den Auen entsteht auch naturschutzbezogen ein sehr hoher Handlungsbedarf zur Renaturierung der Fließgewässer hin zu einer deutlich höheren Naturnähe, Dynamik und Retentionsfähigkeit einschließlich einer ökologisch ausgerichteten Auenentwicklung.

4.5.1 Vertragsnaturschutz und Förderung, gute fachliche Praxis

Der Naturschutz kennt wie andere Disziplinen auch neben den rechtlich etablierten Instrumenten auch verschiedene Anreizinstrumente der Förderung und Entwicklung (Schlacke 2012). Diese mit staatlichen Mitteln ausgestatteten Förderinstrumente basieren auf europäischer, nationaler und länderbezogener Finanzierung, – integriert oder auch separiert.

Um den besonderen Herausforderungen zur Gewässerentwicklung nachzukommen, müssen zukünftig hier deutliche Schwerpunkte auf Maßnahmenpakete zur Renaturierung und zur Auenentwicklung gelegt und maßgebliche Synergien zwischen Naturschutzanliegen und wasserwirtschaftlichen Erfordernissen gesucht werden. Ein Beispiel hierfür ist das Bundesprogramm „*Blaues Band*" für die Bundeswasserstraßen oder die speziellen Länderprogramme mit ihren Schwerpunkten. Von sehr großer Bedeutung hierzu wird die Ausrichtung der nächsten Förderetappe der gemeinsamen Agrarpolitik der Europäischen Union (GAP) für die landwirtschaftlich orientierten Umwelt- und Naturschutzmaßnahmen.

Ein Schwerpunktbereich dazu müssen in den deutschen Landesprogrammen die Auen mit dem Ziel einer deutlichen Extensivierung der Landnutzung und eine wesentliche Minderung für die Nährstoffzufuhr und ein Ausschluss von Pflanzenschutzmitteln sowie die Erhöhung der Biodiversität werden.

Die gute fachliche Praxis der landwirtschaftlichen Auenbewirtschaftung entspricht heute überwiegend nicht mehr den ökologischen Erfordernissen. Hier fehlen weitgehende klare gesetzliche Standards und Maßgaben. Nach wie vor müssen viele noch funktionsfähige Auenbereiche und Retentionsflächen aufgrund der landwirtschaftlichen intensiven Bodennutzung dort als deutlich degeneriert klassifiziert werden. Maßgebliche Beeinträchtigungen für die auenbezogenen Gewässerabschnitte entstammen einer zunehmenden Intensität der landwirtschaftlichen Nährstoffeinträge aus Düngung und Pflanzenschutzmittel (PSM-)Einsatz, aus Dränagen und Bodenabträgen aus Erosion. Sie stehen so einer Erfolgssicherung bei Renaturierungsmaßnahmen am Gewässer auch aus Naturschutzsicht entgegen. Gefordert sind klare Standards in der Bodenbewirtschaftung in den Auen als Grundpflichten für den bewirtschaftenden Betrieb. Das Ziel liegt überwiegend je nach Boden- und Reliefverhältnissen in einer extensiv ausgerichteten unter Mahd und Beweidung.

Die gute fachliche Praxis der forstwirtschaftlichen Nutzung muss sich die Baumartenzusammensetzung strikt an der natürlichen Waldgesellschaft der Weichholzaue bzw. der Hartholzaue orientieren. Eine forstwirtschaftliche Nutzung soll in den Auen unterbleiben oder auf naturschutzverträgliche Einzelbaumentnahmen beschränkt bleiben. Auenwälder sowie Bruch- und Sumpfwälder im Einflussbereich der Gewässer unterliegen dem gesetzlichen Biotopschutz, so dass hier Beeinträchtigungen der Biotopqualität auszuschließen sind.

4.5.2 Landschaftsplanung

Die Landschaftsplanung ist das konzeptionelle Planungsinstrument des Naturschutzes auf ganzer Fläche (von Haaren 2004). Die Landschaftsplanung ist dreistufig aufgebaut, wobei in einigen Ländern die beiden oberen Stufen zusammengefasst sind. Das Landschaftsprogramm gilt für die Landesebene korrespondierend zum Landesentwicklungsplan, der Landschaftsrahmenplan für die Regionsebene korrespondierend zum Regionalplan (1:50.000/25.000) und der Landschaftsplan für die Gemeindeebene korrespondierend zum Flächennutzungsplan (1:5000) mit den jeweils entsprechenden Maßstäben (Appel 2011).

Der Grünordnungsplan ist maßstäblich dem Bebauungsplan zugeordnet. Die Landschaftsplanung ist flächendeckend ausgelegt und beinhaltet alle räumlich relevanten Themen, Aufgaben und Zielsetzungen in der Fläche. Grundlage sind die Zielbestimmungen nach § 1 BNatSchG, die für den jeweiligen Planungsraum zu konkretisieren sind. Gegenstand der Pläne sind eine Bestandsaufnahme, Prognose und Bewertung sowie eine fachliche Zielbestimmung und Maßnahmenplanung bzw. Maßnahmenvorbereitung zur Umsetzung der Pläne im jeweiligen Maßstab (Riedel 2016). Die Pläne sind gegenüber Dritten durchweg unverbindlich und bedürfen zu ihrer Realisation einer Umsetzung durch weitere Instrumente und Verfahren nach dem Naturschutzrecht oder durch entsprechendes Fachrecht bzw. Fördermaßnahmen. In Nordrhein-Westfalen ergeben sich aus Landschaftsplänen auch bindende Wirkungen gegen Dritte.

Inhaltlicher Gegenstand sind insbesondere die Erfordernisse zur Sicherung und Entwicklung der biologischen Vielfalt im Planungsraum, zum Ressourcenschutz und der nachhaltigen Nutzung der Naturgüter sowie zur Erholungsvorsorge (Reinke 2016). Zielbestimmungen und Maßnahmenvorschläge finden sich sowohl für den Biotopverbund, die auszuweisenden und bestehenden Schutzgebiete und Schutzgegenstände oder für Artenschutzprojekte, für Bereiche, die sich vorrangig für Kompensationsmaßnahmen eignen oder Bereiche für die Erholungsvorsorge (Schumacher 2011).

Der Themen- und Aufgabenbereich zum Wasserhaushalt und zur Entwicklung der Gewässersysteme im Planungsraum stellt einen besonderen und expliziten Inhalt in den Plänen dar. Schutz, Qualitätsverbesserung und Regeneration der Gewässer sind als Inhaltsbestimmung der Pläne festgelegt. Dies betrifft die Gewässer gleichermaßen als Schutzgut und Naturgut für die wasserwirtschaftliche Entwicklung und Nutzung wie auch als Ökosystem und als Lebensraum und Lebensstätte wild lebender Arten und ihrer Vernetzung im Biotopverbund. Der Biotopverbund wird als eigener Fachteil im Rahmen der Landschaftsplanung konzipiert. Ein eigenständiges Planungsinstrument besteht dazu nicht.

Fachlich zu differenzieren sind die Zielsetzungen und Maßnahmenvorschläge für die Aspekte zum gebietsbezogenen Wasserhaushalt und Grundwasserschutz insgesamt und für die einzelnen Fließgewässer mit ihren Auen und Retentionsflächen sowie für die einzelnen Stillgewässer und die Uferzonen.

Die daraus erwachsenden Aufgaben sind in der Regel gemeindeübergreifend und liegen in staatlicher Zuständigkeit. Daher ist es adäquat, viele dieser Aufgaben auf der regionalen Ebene des Landschaftsrahmenplans abschließend zu behandeln und nur nachrichtlich auf der Planebene der Gemeinde zu konkretisieren. Dies ist dann für den Landschaftsplan anders, wenn es eine klare kommunale Zuständigkeit der Planaufstellenden Gemeinde gibt.

Die Zielbestimmungen und Maßnahmenvorschläge zur Gewässerentwicklung und bezüglich der Auen korrespondieren mit den Maßgaben der Wasserwirtschaft hierzu. Es ist weder zielführend noch zweckmäßig, wenn dies nicht kongruent erfolgt. Für die Gewässer liegen die Bewirtschaftungsziele ausgehend der Wasserrahmenrichtlinie in den Bewirtschaftungsplänen und Maßnahmenprogrammen durch die Wasserwirtschaftsverwaltung vor. Sie sind fachlich fundiert und beinhalten eine umfassende Bestandsaufnahme, Bewertung, Zielfestlegung und entsprechende Maßnahmenvorschläge (Lüderitz 2009).

Es ist daher ratsam und empfehlenswert, diese Dokumente auf die Systematik der Landschaftsplanung zu übersetzen und zu übertragen und so zu kongruenten Ergebnissen für die Gewässerlandschaften zu kommen. Dabei wird es zu Ergänzungen aus Sicht des Naturschutzes insbesondere aus den Aufgaben zur Sicherung der biologischen Vielfalt, zur kulturlandschaftlichen Entwicklung und der Erholungsvorsorge kommen, die dann für die Maßnahmenvorbereitung für Renaturierungsvorhaben gleichwertig herangezogen werden können.

Wesentlich ist hierzu die gegenseitige und einvernehmliche Abstimmung zwischen Naturschutz und Wasserwirtschaftsverwaltung. Beachtlich ist dazu, daß die Landschaftspläne zumeist nicht durch die Naturschutzverwaltung aufgestellt und entschieden werden, sondern durch die Träger der Regionalplanung bzw. die Kommune.

Im Landschaftsrahmenplan und im Landschaftsplan sollen dann neben der Inwertsetzung der Gewässer selbst vor allem auch der angrenzende Landschaftsraum und die Auen für die Ableitung der Naturschutzmaßnahmen in den Focus kommen. Auch die Quellbereiche und Oberläufe gewinnen hier Bedeutung, weil sie nach wie vor häufig in der wasserwirtschaftlichen Betrachtung unterbelichtet bleiben.

Im Ergebnis kann man festhalten, daß die Gewässerbezogenen Ziele und Maßnahmen in der Landschaftsplanung deutlich durch die Wasserwirtschaftsverwaltung mitgeprägt werden müssen und die Pläne je nach Aktualität für die Renaturierungsvorhaben herangezogen werden können. Liegen Landschaftspläne vor, die zum Beispiel mit über 15–20 Jahren veraltet sind, so bedürfen sie der Fortschreibung, weil ihre Bestandsaufnahme, Bewertung und Zielbestimmung nicht mehr tragen wird. Dies ist leider häufig der Fall.

Alle Rechtsvorschriften hierzu findet man in den §§ 8 bis 12 BNatSchG bzw. in den landesgesetzlichen Bestimmungen.

4.5.3 Eingriffsregelung und naturschutzrechtliche Kompensation

Bei einer Gewässerbaulichen Maßnahme kommt es regelmäßig zu Veränderungen der Gestalt oder der Nutzung von Grundflächen oder zu Veränderungen des mit der belebten Bodenschicht in Verbindung stehenden Grundwasserspiegels.

Erhebliche Beeinträchtigungen der Funktionsfähigkeit des Naturhaushaltes können dann gegeben sein. In diesem Fall liegt ein Eingriffstatbestand nach dem Naturschutzrecht vor und die dazu maßgeblichen Bestimmungen greifen. Zu betrachten ist hier sowohl die maßgebliche Planung und Zielkonzeption aber auch die Bauabwicklung. Die Baumaßnahme selbst ruft die in Rede stehenden Veränderungen hervor. Der Vorhabenträger für die Renaturierungsmaßnahme zeichnet verantwortlich und ist für alle einzelnen Schritte und Veranlassungen zuständig.

Alle Maßnahmen, die zu einer Vermeidung erheblicher Nachteile für Natur und Landschaft führen, sind vorrangig sicher zu stellen (Fischer-Hüftle 2011). Das Vermeidungsgebot steht obenan. Vermeidbar ist auch alles, was sich am gleichen Ort durch bessere Alternativen bewerkstelligen lässt.

Eine Renaturierungsmaßnahme ist wasserwirtschaftlich und wasserrechtlich auch auf Grundlage der europäischen Vorgaben nach der EG-WRRL geboten und erforderlich, so daß eine Maßnahmendurchführung generell kaum vermeidbar wird. Maßgeblich wird es dann dabei, daß den Naturschutzbelangen in besonderer Weise nachgekommen wird, um den Maßgaben der Eingriffsregelung zu entsprechen.

Dies gelingt vornehmlich dann, wenn der angestrebte zukünftige Zustand nach der Renaturierung deutlich besser und qualitätsvoller auch für die Naturschutzbelange gegenüber dem Ausgangszustand ausfällt. Relevant ist dafür der erreichbare Grad der Naturnähe entsprechend der Gewässertypologie und die Schaffung von guten Zuständen für die natürlichen Lebensräume und Lebensstätten der maßgeblichen Artengruppen. Entscheidend ist also, ob das Zielkonzept der Renaturierung vom Naturschutz mitgetragen werden kann. Ausschlaggebend dazu ist das Votum der zuständigen Behörde.

Für die Maßnahmendurchführung und die Baustellenabwicklung ist dann alles zu tun, schwerwiegende Eingriffe zu minimieren und nachteilige dauerhafte Beeinträchtigungen auszuschließen. Da dies immanentes Ziel jeder Renaturierungsmaßnahme ist, wird und kann dies auch gut gelingen.

Sind die Beeinträchtigungen nur im Zuge der Baumaßnahme vorübergehend und nach Abschluss aller Maßnahmen nicht mehr feststellbar, so ist ein dauerhafter Schaden an Natur und Landschaft nicht gegeben, sondern im Ergebnis oft sogar eine Aufwertung. Dennoch bleibt die Maßnahmendurchführung eingriffsrelevant. Unvermeidbare Beeinträchtigungen müssen vom Vorhabenträger ausgeglichen oder ersetzt werden (vgl. Rechtsprechung Fischer-Hüftle 2020).

Unvermeidbare Beeinträchtigungen ergeben sich in der Baustelleneinrichtung und Baustellenabwicklung, auch durch teilweise neu oder nur vorübergehend beanspruchte Grundstücke.

Ein Ausgleich gelingt durch gleichartige funktionsadäquate Maßnahmen am Gewässer, also zum Beispiel im Kontext der Renaturierung selbst. Ein Ersatz gelingt wertgleich durch Maßnahmen des Naturschutzes an anderer Stelle und anderer Funktion (Koch 2012). Ein Restschaden soll nicht zurückbleiben. Um dies bewerten zu können, ist eine Bilanzierung erforderlich vom Endzustand gegenüber dem Ausgangszustand und der entsprechenden funktionsbezogenen Beeinträchtigungen. Bei einer Gewässerrenaturierung kann grundsätzlich davon ausgegangen werden, daß die Maßnahme insgesamt am Schluss eine vollständige Kompensation aufweist.

Genügen die naturschutzbezogenen Maßnahmen im Einzelfall tatsächlich einmal nicht hinreichend, so sind in diesem Fall fachlich begründbare funktionale Aufwertungen als Ausgleich im Bereich der Uferzonen, der Auen und der Gewässerlandschaft möglich und darstellbar. In diese Betrachtung gehen dabei nur die gewässer- und auenbezogenen Maßnahmen und Ziele zur Gewässerentwicklung ein. Kommt es bei der geplanten Maßnahme zu weiteren und parallelen Vorhaben zum Beispiel zum Hochwasserschutz, Deichbau oder Wegebau sind diese davon unabhängig zu bewerten und können regelmäßig Kompensationsmaßnahmen auslösen.

Eine gute Grundlage für die gebotene naturschutzrechtliche Bewertung und Bilanzierung des Vorhabens liegt mit der Bundeskompensationsverordnung vor, die man für alle Bundesvorhaben heranziehen muss. Für die klassischen Renaturierungsvorhaben gelten die landesrechtlichen Bestimmungen, so daß die Verordnungen der einzelnen Länder hier heranzuziehen sind und die einschlägigen Erlasse der Umweltministerien der Länder.

Kann ein Vorhabenträger eine Kompensation durch Ausgleich und Ersatz in angemessener Frist nicht gewährleisten, so hat der Verursacher Ersatz in Geld zu leisten (Ersatzgeldzahlung). Die Höhe des Ersatzgelds bemisst an dem durchschnittlichen Aufwand für Planung, Durchführung und Sicherstellung der Kompensationspflichten. Bei Renaturierungsvorhaben wird es durchweg nicht zu Ersatzgeldfestlegungen durch die zuständige Behörde kommen, weil es in der Zielkonzeption zu einem adäquaten Funktionsausgleich kommt und Defizite nicht feststellbar bleiben.

Renaturierungsvorhaben zeigen im Ergebnis der Planunterlagen regelmäßig ein deutlich höheres und qualitätsvolleres Niveau auch für die Naturschutzbelange als der degradierte Ausgangszustand. Es handelt sich in der Bewertung um eine Gewässerentwicklung und das Erreichen besserer ökologischer Zustände. Wenn dies der Fall ist, entsteht aus der gebotenen naturschutzrechtlichen Bilanzierung ein Kompensationsüberschuss. Wenn dieser gravierend ist, kann sich der Vorhabenträger diesen bilanzierten und ausgewiesenen Überschuss als Bevorratung anerkennen lassen. Dieser Überschuss wird als sogenanntes Ökokonto bei der zuständigen Naturschutzbehörde gutgeschrieben und ausgewiesen. Der Vorhabenträger kann diese Gutschrift dann bei späteren Maßnahmen einsetzen oder auch einen Betrag gegenüber Dritten gegen entsprechende Geldzahlung geltend machen.

Für ein Eingriffsverfahren ist für die Beurteilung der naturschutzrechtlichen Belange ein *landschaftspflegerischer Begleitplan* (LBP) erforderlich, der vom Vorhabenträger zu verantworten und vorzulegen ist. Dieser Plan umfasst alle zur Prüfung erforderlichen Angaben einschließlich der Bilanzierung über die Eingriffswirkungen und die abzuleitenden Kompensationsmaßnahmen. Er ist ergänzender Teil des Fachplans und nimmt in vollem Umfang am Antragsverfahren teil. Er muss bereits zur Vollständigkeitsprüfung vorliegen und dient auch der Vorabstimmung mit der Naturschutzbehörde für ihre Benehmensherstellung. Nähere Bestimmungen dazu sind in den einschlägigen Erlassen der Landesnaturschutzverwaltungen festgelegt.

Der LBP beinhaltet eine Bestandsaufnahme und Bewertung sowie die Darlegung der Eingriffswirkungen nach baubedingten und anlagenbedingten Wirkungen. Bei Gewässermaßnahmen kommt es nicht zu besonderen betrieblichen Wirkungen im Nachgang, es sei denn Staustufen oder Ähnliches werden integriert.

Darzulegen sind alle Maßnahmen zur Vermeidung sowie zum Ausgleich und zum Ersatz. Hinweise zur Eignung können der Bundeskompensationsverordnung und den Landesdokumenten entnommen werden. Grundsätzlich ist davon auszugehen, daß es zu einer vollständigen Kompensation im Rahmen der Gewässerentwicklung kommen wird, so daß eine Ersatzgeldzahlung aufgrund einer Bilanzierung hierzu regelmäßig unterbleibt. Sollte es zu erforderlichen Maßnahmen nach Genehmigung aufgrund unerwarteter Flächeninanspruchnahmen zum Beispiel zur Baustelleneinrichtung kommen, könnte hier ausgehend einer ergänzenden Genehmigung mit Kompensationspflichten zur Festlegung eines Ersatzgeldes kommen.

Für den landschaftspflegerischen Begleitplan bei Gewässerrenaturierungen sind viele der wasserwirtschaftlichen und wasserbaulichen Maßnahmen deckungsgleich mit den naturschutzfachlichen Maßnahmen unter anderem zum Gewässerbett, zur Profilierung, Ufergestaltung oder den Vegetationsarbeiten. Daher verbietet sich regelmäßig eine separierte Planfassung gegenüber der technischen Planung.

Maßgeblich ist dann aber die komplette Abarbeitung der Maßgaben aus der Eingriffsregelung im Fachplan mit entsprechender Kennzeichnung. Damit ist die Prüffähigkeit der Unterlagen für die Naturschutzbehörde gegeben. Der LBP bleibt integrierter Teil des Fachplans. Werden hier gesonderte Tatbestände und Rechtserfordernisse integriert, sollen diese separiert dargestellt werden. Hieraus ergeben sich gesonderte Prüfungen und Erfordernisse und Genehmigungstatbestände oder vorrangige Genehmigungen. Dies beträfe zum Beispiel die Inanspruchnahme in Schutzgebieten, eine FFH VP, den gesetzlichen Biotopschutz oder artenschutzrechtliche Prüfungen und Genehmigungen. Dies muss jeweils abgrenzbar dargestellt sein und bewertet werden.

Alle Rechtsvorschriften hierzu findet man in den §§ 13 bis 19 BNatSchG bzw. in den landesgesetzlichen Bestimmungen.

Für ein Renaturierungsvorhaben ist selbstverständlich eine wasserrechtliche Zulassung durch die zuständige Wasserbehörde erforderlich. Diese Zulassung schließt eine naturschutzrechtliche Eingriffsgenehmigung ein, die durch die zuständige Naturschutzbehörde in ihrem Benehmen zur Wasserbehörde hergestellt wird und Eingang in den Zulassungsbescheid findet.

Für kleinere und einfache Projekte ist dann eine wasserrechtliche Genehmigung hinreichend, andernfalls die wasserrechtliche Planfeststellung mit einem umfangreicheren Verfahren, das auch eine Umweltprüfung einschließt. Die Planfeststellung gewährleistet eine deutlich höhere Rechtssicherheit für die Realisation des Projektes und auch zur Wahrung der Rechte Dritter. Vor allem kann es im Zuge einer Planfeststellung gelingen, die naturschutzrechtlichen Erfordernisse und die notwendige Flächenbereitstellung rechtlich im Verwaltungsakt durchzusetzen. Daher ist dieses Verfahren in vielen Fällen eher anzuempfehlen.

Unabhängig vom Verfahrenstyp sollten sich die Behörden auf die Verankerung einer Umweltbaubegleitung verständigen die über den gesamten Zeitraum der Projektabwicklung vom Vorhabenträger sicherzustellen ist. Die Umweltbaubegleitung hat zu gewährleisten, daß die fachlichen Nebenbestimmungen der Projektzulassung vollständig gewahrt und umgesetzt werden und zugleich Sorge getragen wird, daß auch nicht kalkulierbare Risiken und Auswirkungen jenseits der Planfassung frühzeitig erkannt und gemanagt werden können. Dies gilt insbesondere für Aspekte des Arten- und Biotopschutzes, des Bodenschutzes, der Flächeninanspruchnahme oder von Emissionen verschiedener Ausprägung, die durch die Baustellenabwicklung entstehen.

Eine Gewässerunterhaltung wird regelmäßig keinen Eingriff darstellen, weil die getroffenen Maßnahmen keine erheblichen nachteiligen Wirkungen auf den Naturhaushalt ausüben dürfen. Sie sind darauf gerichtet, den Gewässerzustand zu erhalten oder ökologisch zu verbessern. Um dies auch im Einzelfall zu gewährleisten, sollen diese Maßnahmen rechtzeitig mit der zuständigen (unteren) Naturschutzbehörde darauf abgestimmt werden; dies kann auch im Rahmen einer Gewässerschau passieren.

Zu beachten ist, daß das besondere Artenschutzrecht über die Anwendung der Eingriffsregelung hinausreicht und hierdurch nicht abgedeckt wird. Kommen besonders geschützte Arten vor, so ist das Artenschutzrecht hier maßgeblich anzuwenden und überlagert die Eingriffsregelung. Daher muss sich im Rahmen jeder Bestandserhebung ergeben und nachweisen lassen, ob besonders geschützte Arten vorkommen. Entsprechendes gilt für Schutzgebiete oder Schutzgegenstände, wenn die Maßnahmen in einem ausgewiesenen Schutzgebiet durchgeführt werden sollen oder solche Objekte tangieren. Diese Beachtenspflichten gelten auch bei Unterhaltungsmaßnahmen.

Vertiefende Analysen, Schlussfolgerungen und umfangreiche Hinweise zu Verfahrensvorschriften finden sich im DWA Regelwerk, unter anderem im DWA-Merkblatt M 617 Naturschutz und Planung und Genehmigung von Fließgewässerrenaturierungen (2020b).

4.5.4 Biotopverbund

Die Planung und die Realisation des Biotopverbundes auf ganzer Fläche gewinnt zunehmende Bedeutung. Die Fragmentierung der Landschaft und vor allem die ständig zunehmende Intensivierung in der landwirtschaftlichen Bodennutzung, Flächen- und Bodenverlust schmälern die Ausprägung und Qualität der Lebensräume und Lebensstätten für die wild lebenden Tier- und Pflanzenarten deutlich. Sie sind ausschlaggebende Ursache für den massiven Artenrückgang in Deutschland, der mittlerweile vor allem auch die weit verbreiteten Arten, speziell die Insektenfauna insgesamt umfasst und die Beeinträchtigungen der Ökosysteme verdeutlicht.

Diese Prozesse nehmen aktuell weiter zu und machen einschneidende Veränderungen notwendig, um den Artenrückgang einzudämmen. Die Einschränkungen der Ausbreitungsmöglichkeiten der Arten durch Fragmentierung und die Nutzungsintensivierung verhindern die entsprechenden Optionen zum Genaustausch, zur Vermehrung und Stabilisierung der Populationen und führen zur Verinselung und bedingen so die hohen Artenrückgänge (Jedicke 1990).

Diese Barrierewirkungen sind somit unbedingt aufzuheben. Auen und viele Fließgewässersysteme sind Hotspots der Artenvielfalt aufgrund ihrer diversen Strukturelemente und Standortbedingungen sowie der vorhandenen Dynamik bei naturnahen Verhältnisse. Auen und Fließgewässer sind durch spezifische Arteninventars geprägt, die auf diese Lebensräume und Lebensstätten angewiesen sind und diese maßgeblich beeinflussen (Lüderitz 2009).

Aue und Fließgewässer stehen dabei in einem ökologischen Wechselverhältnis, so daß das Artenspektrum in beiden Komponenten jeweils wertbestimmend für den jeweiligen Landschaftsraum sind. Diese hier maßgeblichen Arten sowohl im Bereich der Flora wie der der Fauna sind vorrangig auf die Vernetzung der spezifischen Auengebundenen und der Gewässergebundenen Biotopstrukturen angewiesen. Ein hohes Maß und eine volle Funktionsfähigkeit der Durchgängigkeit und Vernetzung in Aue und Gewässer ist dabei erstrebenswert, um den Lebensraumansprüchen und Ausbreitung der jeweiligen spezifischen Artengruppen gerecht zu werden. Hier decken sich die materillen Vorschriften der Wasserrahmenrichtlinie, des Wasserhaushaltsgesetzes und der naturschutzrechtlichen Bestimmungen.

Der Biotopverbund dient der dauerhaften Sicherung wild lebender Tier- und Pflanzenarten, ihrer Lebensstätten und Lebensgemeinschaften sowie der Bewahrung, Wiederherstellung und Entwicklung funktionsfähiger ökologischer Wechselbeziehungen.

Der Biotopverbund besteht aus Kernflächen, Verbindungsflächen und Verbindungselementen. Die Kernflächen stellen dabei die bedeutenden Lebensstätten und Rückzugsbereiche für die in Rede stehenden Arten dar. Die Verbindungsflächen und Verbindungselemente dienen vor allem der Funktionssicherung für eine angepasste Ausbreitung der Arten im gesamten Landschaftsraum. Zu beachten ist dazu, daß Arten spezifische Lebensraumansprüche zukommen und es daher eines auf die jeweiligen Artengruppen abgestimmten Konzepts bedarf (DWA-Merkblatt M 617 Naturschutz und Planung und Genehmigung von Fließgewässerrenaturierungen 2020b).

Für die Auen und Fließgewässer bedeutet dies insbesondere die Betrachtung des eigentlichen Gewässerbereichs und der Gewässerrandstreifen sowie der zugeordneten Aue mit ihrer spezifischen Nutzungsstruktur im Grünland, Acker, Auwald und Gehölzstrukturen. Maßgebliche wertbestimmende Artengruppen sind dazu beispielsweise die Vegetation der Gewässer und Auen, Makrozoobenthos, Fische, Insektenarten, Vögel oder die Säugetiere der Auen.

Schutzgebiete und Schutzgegenstände sind integrale Elemente des Biotopverbundes und Teil der Kernflächen. Hierzu zählen vor allem die Naturschutzgebiete, *Natura-2000*-Gebiete, die gesetzliche geschützten Biotope, nationale Naturmonumente und der Biotopverbund innerhalb der Großschutzgebiete wie Nationalparken und Biosphärengebieten. Hinzukommen Bereiche des nationalen Naturerbes, des Grünen Bandes, der Landschaftsschutzgebiete und Naturparke, wenn diese die jeweiligen Funktionen dazu erfüllen.

Die oberirdischen Gewässer sind einschließlich ihrer Uferzonen, Randstreifen und der Auen als Lebensstätten und Biotope für die hier natürlich vorkommenden Tier- und Pflanzenarten zu erhalten und so weiterzuentwickeln, so daß sie ihre großräumige Vernetzungsfunktion auf Dauere erfüllen können. Sie sind damit integraler Bestandteil des Biotopverbundes.

Zur Disposition des Biotopverbundes der Gewässersysteme bedarf es einer spezifischen Betrachtung und Bewertung der jeweiligen Fließgewässer und ihrer Auen. Die Vernetzungsfunktion soll dabei großräumig hergestellt werden, so die Grundlage dafür in den Flussgebietseinheiten liegen muss und hier auf eine entsprechende Durchgängigkeit und Vernetzung in der Bestandsicherung und Wiederherstellung zu achten ist.

Der Biotopverbund wird in erster Linie nicht durch Verordnungen gesichert, wenn dies für die Kernzonen nicht durch Schutzgebiete erforderlich wird. Er soll dauerhaft in seinen Funktionen gewährleistet werden. Um dies erreichen, werden planungsrechtliche Festlegungen maßgeblich.

Dementsprechend ist der Biotopverbund mit den entsprechenden Kennzeichnungen im Rahmen der Raumordnungsplanung/Regionalplänen und den Flächennutzungsplänen nach dem Baugesetzbuch (BauGB) auszuweisen und auch in Bebauungsplänen zu sichern. Seine fachliche Herleitung und planerische Disposition wird in der Landschaftsplanung vorgenommen und diese Planziele in die räumliche Gesamtplanung übernommen. Es ist zweckmäßig und zielführend diese Planziele auch in die Fachpläne der Wasserwirtschaft zu übernehmen und sowohl beim Gewässerausbau wie bei der Gewässerunterhaltung zu berücksichtigen.

Zum weiteren sollen im Biotopverbund vor allem auch freiwillige Vereinbarungen mit der Landwirtschaft und der Landnutzung stattfinden und dementsprechend der Vertragsnaturschutz zum Tragen kommen. Die einschlägigen Förderprogramme der Länder zum Beispiel auf Basis der EU-Förderung sollen hier speziell Anwendung finden können.

Alle Rechtsvorschriften zum Biotopverbund findet man im § 21 BNatSchG und in den landesgesetzlichen Bestimmungen.

4.5.5 Bestimmungen zu Schutzgebieten und Objekten

Schutzgebiete und Schutzgegenstände dienen in besonderer Weide naturschutzfachlichen Zielsetzungen und Zweckbindungen. Sie sind daher rechtlich besonders gesichert und bestimmt. Für die Schutzgebiete und Schutzgegenstände gelten entsprechend ihrer Zweckbestimmung herausgehobene Rechtsvorschriften und Normen, um den Schutzzweck zu erfüllen (Hendrischke 2021).

Diese Vorschriften gehen über die allgemeinen gesetzlichen Bestimmungen hinaus und sind gegenüber diesen vorrangig zu beachten. Die allgemeinen rechtlichen Vorschriften gelten auch in den Schutzgebieten und für die Schutzgegenstände, wenn hierzu nichts Näheres und Weitergehendes bestimmt ist.

In der Regel werden Schutzgebiete durch Verordnung ausgewiesen; Ausnahmen dazu bestehen zum Beispiel in Nordrhein-Westfalen auf Basis der Landschaftspläne. Um ein Schutzgebiet oder einen Schutzgegenstand zur Ausweisung zu bringen, bedarf es einer besonderen Begründung und Rechtfertigung (Heugel 2011). Für die jeweilige Fläche müssen hinreichende Gründe vorliegen, die eine Sicherstellung als Schutzgebiet rechtfertigen und die damit einhergehenden Einschränkungen als notwendig begründen.

Für die flächengebundenen Verordnungen werden im maßgeblichen Verfahren für die Ausweisung alle relevanten Träger öffentlicher Belange, die Naturschutzverbände und alle Nutzungsberechtigten, Gemeinden und Grundeigentümer gehört. Das Verfahren wird nach Landesrecht durch die zuständige Naturschutzbehörde geführt.

Bei Nutzungseinschränkungen gegenüber dem üblichen Standard wird für ein solches Verfahren ein entsprechendes Schutzwürdigkeitsgutachten notwendig, daß die erforderlichen Maßnahmen herleitet und fachlich fundiert. Die Schutzwürdigkeit des Gebiets muss dabei attestiert sein, also seine spezifische und besondere Qualität für den Schutzzweck, die gegeben oder zeitnah herstellbar ist.

Die Schutzbedürftigkeit muss hergeleitet sein, also die Darlegung, in wie weit das Gebiet ohne den entsprechenden Schutz Gefährdungen ausgesetzt ist. Dieses festgestellte Risiko rechtfertigt dann die notwendigen Restriktionen, die in der Verordnung im Einzelnen bestimmt werden und zu begründen sind.

Schutzgebiete und Schutzgegenstände dienen dabei sehr unterschiedlichen Zweckbestimmungen (Möckel 2012). Zum einen geht es um die Sicherung der Biologischen Vielfalt und den Erfordernissen zum Erhalt und zur Förderung bestimmtet wild lebender Tier- und Pflanzenarten und ihrer Lebensräume und Lebensstätten.

Zum anderen kann der Schutzzweck im Ressourcenschutz für bestimmte Schutzgüter und Naturgüter liegen zum Beispiel zur Förderung und Sicherung von Kulturlandschaften, Gewässersystemen oder klimatisch relevanter und sensibler Bereiche, Freiflächen oder zur Sicherung und Entwicklung von landschaftlichen Potenzialen zur Erholungsvorsorge. Schutzgebiete haben eine klare Abgrenzung und klar zu definierende Inhalte. Mindestgrößen sind dazu gesetzlich nicht vorgegeben, wobei aber die Funktionsfähigkeit des Schutzgebiets zur Zweckerfüllung sichergestellt sein muss. Zu kleinteilige oder fragmentierte Bereiche werden dies regelmäßig nicht sicherstellen können.

Die substanzielle Grundlage für die deutschen Schutzgebietskategorien liegt in einer internationalen Übereinkunft zur Klassifikation (s. *International Union for Conservation Nature* – IUCN).

Großräumige Schutzgebiete sind Nationalparke und Biosphärenreservaten oder -regionen. Nationalparke umfassen vornehmlich Naturlandschaften, die in einem vom Menschen wenig beeinflussten Zustand sind oder in einen solchen überführbar sind und sollen den ungestörten Ablauf der Naturvorgänge in ihrer natürlichen Dynamik gewährleisten. Sie bilden damit ein Kernelement zur Sicherung biologischen Vielfalt und dienen speziellen Momenten des Arten- und Biotopschutzes.

Dies gilt in diesen Bereichen auch für die Gewässersysteme und ihre Nutzung, die dort durchweg nicht möglich ist. Biosphärenreservate oder -regionen beinhalten Kulturlandschaften und diesen der Sicherung und Entwicklung einer historisch determinierten und einer speziell geprägten Landnutzung mit besonderen Kulturformen, die noch persistent feststellbar sind.

Diese kulturlandschaftliche Eigenart wird in diesen großräumigen Gebieten besonders gefördert und unter den heutigen modernen gesellschaftlichen Bedingungen weiter bewahrt und entwickelt. Die Gewässersysteme und die Auennutzungen sind hierbei regelmäßig von besonderem Wert und Gegenstand des Managements.

Biosphärenreservate sind in drei unterschiedliche Bereiche zoniert: Kernzone, Pflegezone und Entwicklungszone. Die Kernzonen mit mindestens 3 Prozent Flächenanteil sollen dabei von jeglicher Nutzung freigestellt werden und der natürlichen Dynamik überlassen bleiben. Die Pflegezone mit zusammen zur Kernzone 20 Prozent dienen der Pufferung und naturschutzbezogenen Zielsetzungen auch unter Bewirtschaftung. Die Entwicklungszone mit 80 Prozent Flächenanteil ist eine Zone der Kooperation, des Managements und freiwilliger Vereinbarung für eine nachhaltige Entwicklung der Region.

Naturschutzgebiete dienen in erster Linie den Erfordernissen zum Arten- und Biotopschutz und der biologischen Vielfalt. Ihr Zweck liegt jeweils in der Erhaltung, Sicherung, Wiederherstellung und Entwicklung von Lebensstätten und Lebensgemeinschaften der im jeweiligen Gebiet relevanten wild lebenden Tier- und Pflanzenarten.

In Naturschutzgebieten müssen zur Erreichung des Schutzzweckes und zum Ausschluss entsprechender Beeinträchtigungen und Störungen notwendige Restriktionen in den Verordnungen etabliert werden. Dies reicht über Betretungsverbote außerhalb von Wegen über Einschränkungen zur landwirtschaftlichen Bodennutzung wie Düngeverbote oder den Einsatz von Pflanzenschutzmittel (PSM) oder Vorgaben zu Mahdzeitpunkten bis hin zu Bauverboten und Veränderungsverboten. Naturschutzgebiete liegen dementsprechend auch längs von Gewässern oder Auenbereichen, wenn dazu entsprechende Schutzgründe vorliegen oder in schon zurückliegenden Jahren vorlagen.

Landschaftsschutzgebiete sind eher großräumig und dienen in erster Linie der Sicherung kulturlandschaftlicher Eigenart, dem Ressourcenschutz und der Erholungsvorsorge. Zugleich liegt ihr Schutzzweck für die Gewährleistung des Biotopverbundes und von Lebensraumansprüchen besonderer Artengruppen.

Für die klimatischen Funktionen (Bsp. Kaltluftentstehung und Kaltluftabflussbahnen), für den Bodenschutz maßgebliche Bereiche (u. a. Erosionsschutz) oder für die Erholung relevanter Vorränge (u. a. Naturparke, städtische Freiräume) werden spezifische Landschaftsschutzgebiete ausgewiesen, die dann auch die Gewässer und Auen mit umfassen, ohne daß es hierzu spezieller Restriktionen bedarf.

Landschaftsschutzgebiete sind die prädestinierte Kategorie für den Schutz herausragender Kulturlandschaften nationaler oder regionaler Bedeutung, um diese in ihrer Substanz, Eigenart du Vielfalt zu bewahren und zu entwickeln. Dies kann auch spezielle Landschaftsteile wie Auensysteme oder Fluss- und Stromlandschaften umfassen, die dann mit spezifischen Zweckbindungen belegt werden können.

Naturparke dienen vornehmlich der Erholungsvorsorge. Die Naturparke basieren auf einem Managementsystem für ihre Maßnahmenplanung und Aufgabenwahrnehmung. Sie rechtlich als kommunaler Zweckverband, Verein oder in sonstiger Regie verfasst und nehmen selbst keine Einschränkungen für Nutzungsansprüche wahr.

Grundlage ist in der Regel ein Landschaftsschutzgebiet für den überwiegenden Geltungsbereich. Sie sind großräumig angelegt und umfassen in Deutschland etwa 30 % der Fläche. In den Naturparken liegen viele Gewässer, die auch besonderer Gegenstand für die landschaftliche Entwicklung und die Erholungsvorsorge und Wahrnehmung der Menschen sind. Die Naturparke übernehmen für die Gewässer aber durchweg keine Aufgaben in der Unterhaltung.

Schutzgegenstände des Naturschutzrechts sind auch Einzelschöpfungen und Objekte natürlicher Ausprägung. Sie können als Naturdenkmal oder als geschützter Landschaftsbestandteil ausgewiesen werden. Auch liegt dann ein Verordnungsschutz zugrunde. Naturdenkmale sind Einzelschöpfungen der Natur herausragender Bedeutung vor allem aufgrund ihrer historischen oder landeskulturellen Bedeutung oder als Merkmal des Landschaftsbildes. Relevant sind hierfür zum Beispiel markante Bäume, Baumgruppen, Quellen oder Felsenformationen. Diese Objekte finden sich auch an Gewässern und sind in ihrem Schutzzweck entsprechend beim Gewässerausbau und bei der Gewässerunterhaltung zu beachten und zu erhalten. Beeinträchtigungen sind ausgeschlossen. Der Schutz umfasst neben dem Objekt selbst auch die von ihm beanspruchte Flache, zum Beispiel den Wurzelbereich.

Geschützte Landschafsbestandteile sind ein Ensemble von landschaftsprägenden Objekten. Für ihre Ausweisung ist ihre Prägung für das Landschaftsbild, die Funktion im Naturhaushalt oder auch die landeskulturelle Wertigkeit oder ihre Bedeutung für den Biotopverbund ausschlaggebend. Sie haben eine klare räumliche Ein- und Abgrenzung. Dies kann für den Baumbestand einer Landschaft gelten, für Streuobstbestände, Heckenstrukturen und Feldgehölze, Alleen oder auch Flussabschnitte. Auf dieser Rechtsgrundlage können Kommunen auch ihren innerörtlichen Baumbestand im Rahmen einer Baumschutzsatzung mit entsprechenden Sonderbestimmungen, Ausnahmegenehmigungen und eigener Administration dazu sichern. Diese Bestimmungen gelten dann ggf. auch für Gewässer und Ufergehölze im urbanen Raum.

Alle Rechtsvorschriften zu Schutzgebieten und Schutzgegenständen findet man in den §§ 22 bis 29 BNatSchG und in den landesgesetzlichen Bestimmungen.

4.5.6 Gesetzlicher Biotopschutz

Ohne spezielle Rechtsverordnung sind bestimmte Biotoptypen als gesetzlich geschützte Biotope in der Fläche und vor Beeinträchtigungen geschützt. Dieser Schutz umfasst den Biotop in seiner gesamten Ausprägung, Funktion und Fläche (Kratsch 2011). Maßgeblich ist der Tatbestand, ob das örtliche vorkommende Objekt dem gesetzlich näher bestimmten Typus entspricht. Ist dies der Fall, greift der Schutzaspekt und beeinträchtigende Handlungen bleiben ohne Genehmigung der zuständigen Naturschutzbehörde unzulässig.

Der gesetzliche Biotopschutz ruft dadurch maßgeblich Beachtenspflichten hervor, die auch eine gewisse Sachkunde erfordern, um den Typus zu erkennen. Alle gelisteten Biotoptypen sind aber der Gestalt, daß für sie gut erkennbar ist, daß es sich hier um einen herausragenden Lebensraum oder eine wertvolle Biotopstruktur handelt, die als solche einen hohen Naturschutzwert aufweist.

Mit den Typusschutz wird erreicht, daß es für sehr viele in der Fläche relevanten naturschutzfachlich wertvollen Strukturen, kein gesondertes Ausweisungsverfahren mit Verordnung geben muss, um eine Sicherung zu bewirken. Es handelt sich demgemäß um einen Status quo Schutz ohne Entwicklungsgebot. Der gesetzlich normierte Schutz ist Eigentumsbezogen und Nutzungsbezogen hinzunehmen und löst keinen Entschädigungsanspruch aus. Aktive Maßnahmen zum Erhalt oder zur Entwicklung können nicht abgeleitet werden.

Vom gesetzlichen Biotopschutz sind auch viele Gewässersysteme betroffen, so dass hier besondere Sorgfaltspflichten und Beachtenspflichten in der Unterhaltung und beim Ausbau ausgelöst werden.

Vom grundsätzlichen Schutz der real vorkommenden Biotope vor Beeinträchtigungen kann eine Ausnahme bei der nach Landesrecht zuständigen Naturschutzbehörde beantragt werden. Alle Handlungen, die zu einer Zerstörung oder sonstigen Beeinträchtigung führen können, sind verboten. Die Annahme ist hier ausreichend, so daß die Einschätzung der Naturschutzbehörde im Zweifel maßgeblich wird. Eine Beeinträchtigung oder Störung liegt bereits dann vor, wenn es zu substantiellen Veränderungen am Biotop kommt.

In jedem Fall ist eine Flächenbeanspruchung oder eine materielle physische Inanspruchnahme beeinträchtigend und ein nutzungsbedingter Eintrag, der verändernd wirkt (Pflanzenschutzmittel – PSM, Nährstoffe). Störend sind Einwirkungen, die auf eine Veränderung oder ein andauerndes Verlassen des Biotops für biotopspezifische Arten führen (s. auch Fischer-Hüftle 2020).

Die Zulassung einer Ausnahme wird zum Beispiel dann im Ermessen der Naturschutzbehörde möglich, wenn die vorgesehene Maßnahme und Handlung an der Stelle notwendig ist und andere Lösungen nicht gegeben sind. Die Zulassung der Maßnahme unterliegt dem Ausgleichsgebot. Eine Ersatzmaßnahme oder Festlegung eines Ersatzgeldes ist nicht möglich. Dementsprechend muss der funktionale Ausgleich einer artgleichen Wiederherstellung an anderer Stelle im Naturraum erfolgen. Dazu muss die Flächenbereitstellung vorliegen. Der Ausgleich muss auch zeitlich adäquat sichergestellt sein. Andersfalls kann eine Befreiung nach § 67 BNatSchG geprüft werden.

Die Biotoptypen sind im § 30 Absatz 2 BNatSchG explizit gelistet. Die Listung ist abschließend, kann aber durch Landesrecht ergänzt werden. Dies ist zum Beispiel in Hessen für Streuobstbestände und Alleen geschehen.

Für die Gewässersysteme und die Auen sind die folgenden Biotoptypen mit den entsprechenden Beachtenspflichten relevant:

- natürliche und naturnahe Bereiche fließender und stehender Binnengewässer einschließlich ihrer Ufer und der dazu gehörenden uferbegleitenden natürlichen oder naturnahen Vegetation sowie ihrer natürlichen oder naturnahen Verlandungsbereiche, Altarme und regelmäßig überschwemmten Bereiche,

- Moore, Sümpfe, Röhrichte, Großseggenriede, Seggen- und Binsenreiche Nasswiesen, Quellbereiche, Binnensalzwiesen
- Bruch-, Sumpf- und Auwälder

Maßgeblich bei den Gewässern und den Uferstrukturen ist das Maß der Naturnähe. Dies kann regelmäßig aus der vorliegenden Kartierung zur EG-WRRL festgestellt oder durch konkrete Bewertung vorgenommen werden. Zu beachten ist, daß dies für die Verlandung und Überschwemmung demgemäß auch für die Auen gilt. Bei den Nasswiesen und Seggenriedern wird dies häufig in den Auen belegen sein. Bei Bruch-, Sumpf- und Auwald kommt es nur auf das substantielle Vorkommen mit der entsprechenden Artzusammensetzung in der Aue und nicht zusätzlich auf die naturnahe Ausprägung an.

Bei einer Planfeststellung wird die Ausnahme nach § 30 BNatSchG integriert zugelassen, ansonsten wäre eine gesonderte Ausnahmegenehmigung mit Ausgleichserfordernis notwendig.

Nach Abschluss einer Renaturierungsmaßnahme werden durchweg natürliche bis naturnahe Verhältnisse angestrebt, die die entsprechenden gewässerabschnitte, Uferzonen und Auenbereiche hin zu hoher Naturnähe entwickeln, so daß diese Bereiche in den gesetzlichen Biotopschutz hineinwachsen können.

Alle Rechtsvorschriften zum gesetzlichen Biotopschutz findet man im § 30 BNatSchG und in den landesgesetzlichen Bestimmungen (s. auch Kap. 5).

4.5.7 Natura-2000

Bund und Länder sorgen zusammen für den systematischen Aufbau des Netzes *Natura-2000* basierend auf den europäischen Richtlinien 92/43/EWG FFH-Richtlinie einschließlich der Vogelschutzrichtlinie 79/409/EWG.

Beide Richtlinien dienen dem Erhalt und der Förderung der biologischen Vielfalt in Europa und sorgen für verschiedene Maßnahmen zur Sicherung der Artenvielfalt in den Staaten der Europäischen Union (Schumacher 2011). Dabei geht es sowohl um dezidierte Maßnahmen und Restriktionen zum Artenschutz für besonders schützenswerte Tier- und Pflanzenarten und um die Etablierung eines Europa umfassenden Schutzgebietssystems, das auf Basis der Richtlinien etabliert wurde und etwa 20–30 Prozent der Territorien und Schutzzonen der Meere in der AWZ umfasst. Einbezogen und explizit benannt sind dort viele Arten und Lebensräume der Flusslandschaften.

Die Europäische Union (EU) kann und darf dabei nicht in die territoriale Integrität der Mitgliedstaaten eingreifen und entsprechende Flächen konkret reklamieren. Dies ist und bleibt Aufgabe der Mitgliedstaaten selbst. Daher sind die Richtlinien von Prinzipien und Standards geprägt, die die Mitgliedstaaten verpflichtend anzuwenden und umzusetzen haben. So sind besondere Arten und Lebensräume nähergehend bestimmt, für die Mitgliedstaaten jeweils repräsentative Gebiete zum Schutz und zur Förderung dieser Arten auszuweisen haben. Ausgangspunkt ist also ein Typusschutz, der durch die Handlungen in den einzelnen Regionen konkrete Maßnahmen und Schutzgebiete ergriffen und disponiert werden.

Die natürlichen Prozesse und die Ausbreitung der Arten erfolgt natürlich länderübergreifend und macht an Landesgrenzen nicht Halt. Daher ist ein europäischer, konsistenter und abgestimmter Prozess hierzu maßgeblich, um den Erfordernissen zur Sicherung der biologischen Vielfalt nachzukommen. Dies gilt auch für alle Gewässerlandschaften, die von der Quelle bis zum Meer auch oftmals mehrere Staaten passieren. Zu beachten sind hier zonale und azonale Wechselwirkungen.

Für das Netz *Natura-2000* wurden daher biogeografische Regionen seitens der Europäischen Union bestimmt, die die großen europäischen Landschaftsräume abbilden und in denen die repräsentative Sicherung erfolgen soll. Für diese Großlandschaften wurden dann die entsprechenden Staaten zur Zusammenarbeit geführt, um ein gemeinsam getragenes Konzept sicherzustellen. Dies liegt mittlerweile abgestimmt vor und unterliegt einer fortlaufenden Evaluation bzw. Monitoring mit Berichtspflichten über den erreichten Status gegenüber der Europäischen Union (EU). Dabei haben sich die Verhältnisse hinsichtlich der Sicherung und Entwicklung guter Zustände für die biologische Vielfalt und die näher bestimmten Arten und Lebensräume durchweg nicht stabilisiert oder verbessert. Im Gegenteil. In vielen Fällen ist eine dramatische weitere Verschlechterung eingetreten, die einschneidende Maßnahmen in den nächsten Jahren nach sich ziehen wird.

Die FFH-Richtlinie aus dem Jahr 1992 umfasst eine Vielzahl an Arten und Lebensräumen unbeachtlich der Avifauna. Die Vogelschutzrichtlinie von 1979 lief der FFH-Richtlinie voraus und wurde nur auf die Lebensräume der Avifauna und die europäischen Vogelarten fokussiert. Beide Richtlinien gelten parallel weiter. Sie sind für den Schutz der Lebensräume aber hinsichtlich der Managementaufgaben und Verfahren im deutschen Recht als Netz *Natura-2000* zusammengeführt worden. Maßgeblich hierzu ist das Bundesnaturschutzgesetz in den §§ 31 bis 36 BNatSchG. Zum jetzigen Zeitpunkt liegt ein schlüssiges und kohärentes System der *Natura-2000*-Gebiete vor. Dieses wird in den nächsten Jahren weiterentwickelt und vor allem substanziell für die Qualitätssicherung in den Gebieten unterfüttert werden.

Viele *Natura-2000*-Gebiete umfassen explizit Gewässer und Gewässerlandschaften und Auensysteme und fast alle *Natura-2000*-Gebiete haben aufgrund ihrer Größe auch Gewässer zu Gegenstand. Wertbestimmend und damit maßgeblich für die entsprechenden Regelungsvorschriften in den Gebieten sind die explizit benannten Lebensraumtypen (*Biotoptypen*) und Arten (Schumacher 2011).

In Deutschland sind diese Gebiete durch Landesrecht gesichert und ausgewiesen. Dies geschieht durchweg durch Rechtsverordnung. Grundlage hierfür sind überwiegend Naturschutzgebietsverordnung und/oder in Kombination mit Landschaftsschutzgebietsverordnungen, wobei jeweils eine Kennung für *Natura-2000* erfolgt. Die Nationalparke und Kernzonen der Biosphärenreservate sind überwiegend auch *Natura-2000*-Gebiete geworden. Die Länder haben die *Natura-2000*-Gebiete entweder durch Einzelverordnungen bestimmt oder haben dies auch durch Sammelverordnung mit dann speziellen Vorschriften für Einzelgebiete getan (u. a. Hessen). Die Verordnungen sind im Internet aufrufbar.

Die Schutzerklärung umfasst den Schutzzweck mit den jeweiligen Erhaltungszielen und die Gebietsabgrenzungen. Der Schutzzweck korrespondiert mit den wertbestimmenden Lebensraumtypen und Arten nach den Anhängen der FFH-Richtlinie und der Vogelschutzrichtlinie. Weitergehende Reglements gehen dann auf rein nationales Recht analog der Naturschutzgebiete zurück.

Die Erhaltungsziele bestimmen den angestrebten Zustand. Es ist nach den Kriterien der Richtlinien und den Dokumenten der Europäischen Union ein guter ökologischer Zustand anzustreben. Dieser liegt nur für wenige Gebiete und Bereiche in den Gebieten für die in Rede stehenden Lebensräume und Arten heute vor. Dies ist ein sehr besorgniserregender Zustand.

Grundsätzlich gilt ein Verschlechterungsverbot. Erreichte ökologische Zustände dürfen sich nicht verschlechtern. Dies gilt auch, wenn ein sehr guter Zustand im Gebiet vorliegt, der nicht zu gut reduziert werden darf. Durch geeignete Ge- und Verbote ist sicherzustellen, daß der zu erreichende Erhaltungszustand bewirkt wird. Hierzu dienen auch die Berichtspflichten, wobei bisher alle Margen in den gesetzten Fristen gerissen wurden. Neben den rechtlichen Restriktionen ausgehend des Verordnungsrechts sind geeignete Pflege- und Entwicklungsmaßnahmen zu ergreifen, um die angestrebten Zielsetzungen zu erreichen. Daher wurden für alle *Natura-2000*-Gebiete Managementpläne/Bewirtschaftungspläne aufgestellt und in die Umsetzung geführt. Nur noch wenige Gebiete haben dato keinen abgeschlossenen Plan vorliegen.

Die erforderlichen Unterlassungsvorschriften in den Verordnungen betreffen jeweils je nach Wertbestimmung der Lebensräume und Arten auch die Gewässer, ihre Ufer und die Auen. In den Management- und Bewirtschaftungsplänen werden auch die notwendigen Maßnahmen zur Entwicklung der Gewässersysteme und Auen festgelegt. Es ist notwendig und zielführend, daß diese Aussagen und Zielsetzungen sowie die abgeleiteten Maßnahmen mit den wasserwirtschaftlichen Bewirtschaftungsplänen nach EG-WRRL korrespondieren und widerspruchsfrei bleiben. Dabei erscheint eine gegenseitige Verweisung fallweise auch zweckmäßig, wobei dann die Rechtsvorschriften beider Rechtskreise gegenseitig unbedingt zu wahren sind *Natura-2000* umfasst einen großen Flächenanteil an Gewässern. Daher ist eine intensive und andauernde gute Zusammenarbeit gerade im Management von Gewässer und *Natura-2000* beider zuständigen Verwaltungen und der jeweils Unterhaltungspflichten unbedingt erforderlich.

Ohne eine zugelassene behördliche Eingriffsgenehmigung sind Beeinträchtigungen der Lebensräume nach der FFH-Richtlinie auch außerhalb der ausgewiesenen Gebiete aufgrund der näheren Bestimmungen zum Schadensrecht nicht zulässig. Daher sind ein sorgsames Umgehen und eine Sicherung dieser Lebensraumtypen grundsätzlich und überall angezeigt. In besonderen Fällen, wo dies aufgrund konkreter Vorhaben nicht möglich erscheint, ist eine frühzeitige Konsultation der Naturschutzbehörde unerlässlich, damit kein Umweltschaden mit den gravierenden Rechtsfolgen bewirkt wird.

Folgende Lebensraumtypen an und in Fließgewässersystemen und ihren Auen sind dato rechtlich in der Richtlinie normiert (Code/* prioritär); die Aufzählung ist nicht vollständig:

- Natürliche nährstoffreiche Altarme (3150)
- Alpine Flüsse mit krautiger Vegetation (3220)
- Alpine Flüsse mit Ufergehölzen von Deutscher Tamariske (3230)
- Alpine Flüsse mit Ufergehölzen aus Lavendelweide (3240)
- Flüsse der planaren bis montanen Stufe mit flutender Wasservegetation (3260)
- Flüsse mit Schlammbänken mit Vegetation/schlammige Ufer mit Pioniervegetation (3270)
- Pfeifengraswiesen (6410)
- Brenndolden Auenwiesen (6440)
- Kalkreiche Sümpfe/Schneiden-Kalksümpfe (7210*)
- Kalktuffquellen (7220*)
- Kalkreiche Niedermoore (7230)
- Subatlantischer Stieleichenwald/Sternmieren-Eichen-Hainbuchenwald (9160)
- Auenwälder mit Eiche, Esche, Weide (91E0*)
- Hartholzauenwälder/Eichen-Ulmen-Eschenwald (91F0)
- Magere Flachland Mähwiese (6510)
- Folgende besondere Arten an und in Fließgewässersystemen sind dato beispielhaft in der RL mit unterschiedlichem Status normiert:
- Säugetiere: Biber, Fischotter, Teichfledermaus, Wasserfledermaus
- Fische und Rundmäuler: Bachneunauge, Bitterling. Flussneunauge, Groppe. Huchen, Lachs, Maifisch, Meerneunauge, Rapfen, Schlammpeitzger, Steinbeißer, Streber, Strömer
- Krebse und Muscheln: Dohlenkrebs, Steinkrebs. Flusspermuschel, kleine Flussmuschel

Darüber hinaus sind eine Vielzahl weiterer Arten wie Amphibien, Reptilien, Libellen, Schmetterlinge, Käfer und Weichtiere relevant (vgl. DWA-Merkblatt M 617 Naturschutz und Planung und Genehmigung von Fließgewässerrenaturierungen 2020b).

Maßgeblich für die Zuordnung zu den Naturräumen und die entsprechenden Vorkommen sind die Listungen der zuständigen Landesbehörden.

Bei einem Gewässerausbau und Renaturierungsvorhaben kann es zu einer Tangierung von *Natura-2000*-Gebieten kommen. Eine große Zahl von *Natura-2000*-Gebieten liegen im Einflussgebieten von Gewässern oder haben die Gewässersysteme selbst zum Gegenstand. Maßgeblich ist dann die Frage, ob Lebensräume und Arten im Bereich des Gewässers, der Uferzonen oder in der Aue nach *Natura-2000* wertbestimmend in der jeweiligen Verordnung auf Basis einer Grunddatenerhebung ausgewiesen sind. Bei einem Renaturierungsvorhaben muss davon ausgegangen werden, daß es neben dem Gewässer selbst und seiner Ufer auch zur Beeinflussung der Aue und des gesamten Wasserhaushalts und damit der ökologischen Wechselbeziehungen kommt.

In diesem Fall wird eine Verträglichkeitsprüfung *Natura-2000* erforderlich (FFH VP), die vom Vorhabenträger durchzuführen ist. Diese Verträglichkeitsprüfung geht der Entscheidung zur Zulassung des Vorhabens oder auch einer Umweltverträglichkeitsprüfung voraus (Schumacher 2011).

Die Zulässigkeit des Vorhabens ist abhängig vom Ergebnis der Verträglichkeitsprüfung *Natura-2000*. Die Maßstäbe für die Bewertung der Verträglichkeit ergeben sich aus der Zweckbestimmung der Verordnung, den Erhaltungszielen und den dazu erlassenen Vorschriften. Dies bedarf einer Prüfung im Einzelfall mit eigener Analyse, Folgenabschätzung und Bewertung durch Beauftragung einer Fachexpertise. Im Rahmen einer Vorprüfung lässt sich ermitteln, ob es grundsätzlich zu erheblichen Beeinträchtigungen kommen kann. Kann dies verneint werden, so sind die Maßgaben nach *Natura-2000* hier unmaßgeblich.

Ist von einer Beeinträchtigung auszugehen, so sind die Verfahrensschritte nach *Natura-2000* im Rahmen der Verträglichkeitsprüfung für die Vorhabenzulassung rechtlich bindend abzuarbeiten. Ansonsten ist das Vorhaben ab hier unzulässig.

Für eine Verträglichkeitsprüfung ist genau herauszuarbeiten und zu belegen, welche Lebensraumtypen und Arten in welchem Umfang betroffen und beeinträchtigt werden. Danach darf das Projekt nur zugelassen und weitergeführt werden, wenn zwingende Gründe des überwiegenden öffentlichen Interesses gegeben sind und hier als Notwendigkeit bestehen. Dies ist bei einer Gewässerrenaturierung auf Basis des Wasserhaushaltsgesetzes (WHG) in der Umsetzung der EG-WRRL zu bejahen.

Zugleich ist der Nachweis zu führen, daß es für die Durchführung des Vorhabens keine zumutbaren Alternativen gibt, den verfolgten Zweck an anderer Stelle oder mit geringeren Beeinträchtigung für das NATURA-2000 Gebiet zu erreichen. Dies wird bei einer Gewässerrenaturierung regelmäßig anzunehmen sein, da das Vorhaben zumeist für die in Anspruch zunehmende Fläche oder für die Veränderungen im Wasserregime und den Wechselwirkungen zur Aue aus ökologischen und strukturellen Gründen räumlich festliegt und eine Verlagerung nicht möglich wird.

Darzulegen ist, welche Maßnahmen der Vermeidung und Schonung für die in Rede stehenden Lebensräume und Arten möglich sind und wie dies gewährleistet werden kann. Ergeben sich nur zeitlich begrenzte Einflüsse, die dazu kompensiert werden können, so ist dies darzulegen und sicherzustellen. Hierfür bedarf es dann der Entscheidung und gesonderten Genehmigung der Naturschutzbehörde.

Die Maßnahmen müssen zeitlich vorgezogen stattfinden. Sind prioritäre Arten und/oder Lebensräume betroffen und kann dazu eine erhebliche Beeinträchtigung nicht ausgeschlossen werden, so ist eine Stellungnahme der EU-Kommission durch die zuständige Landesbehörde über das Bundesumweltministerium einzuholen. Die Verfahrensvorschriften im Einzelnen sind in den einschlägigen Erlassen der Landesumweltministerien festgelegt.

Kann dem Projekt seitens der zuständigen Naturschutzbehörde nach den Bestimmungen *Natura-2000* zugestimmt werden, obwohl erhebliche Beeinträchtigungen auf das betroffene *Natura-2000*-Projekt einhergehen, so ist für die Bewältigung der Beeinträchtigungen eine Kohärenzmaßnahme sicherzustellen. Diese Kohärenz gewährleistet die dauerhafte Sicherstellung der Funktionsfähigkeit des Netzes *Natura-2000*. Eine derartige Kompensationsmaßnahme muss naturgemäß den betroffenen Arten und Lebensräumen gleichartig nachkommen.

Bei Renaturierungsmaßnahmen ist durchweg davon auszugehen, daß dies durch zusätzliche Maßnahmen im betroffenen Einzugsbereich an einem gleichen Gewässertyp realisiert werden kann. Dem Vorhaben kommt dann ein zweiter zu entwickelnder Bereich hinzu, der planerisch mit bewältigt und zeitgleich realisiert werden muss.

Diese Kompensationsmaßnahmen stehen nicht im Kontext der Eingriffsregelung und ihrer Vorschriften. Die Kohärenzmaßnahme nach *Natura-2000* kann hingegen auch als Ausgleichsmaßnahme zur Eingriffsregelung im landschaftspflegerischen Begleitplan anerkannt werden. Die Ergebnisse hierzu müssen auch in die Fortschreibung der Landesdaten zu *Natura-2000* zur Grunddatenerfassung übernommen und der EU-Kommission berichtet werden.

Maßnahmen, die der Verwaltung des Gebiets selbst dienen, unterliegen keinen Reglementierungen der Verträglichkeitsprüfung und können durch die zuständige Naturschutzbehörde direkt veranlasst werden. Maßgeblich hierzu sind dann die zugrundliegende Verordnung und die Bewirtschaftungs-/Managementplanung. Wenn sich es dazu als zielführend erweist, auch im Managementplan die vorgesehenen Maßnahmen im Kontext der Renaturierung zu ergreifen und die wertbestimmenden Tatbestände für die Verordnung ggf. anzupassen, so ergeben sich keine Restriktionen für das Renaturierungsvorhaben aus *Natura-2000* (s. auch DWA-Merkblatt M 617 – Naturschutz bei Planung und Genehmigung von Fließgewässerrenaturierungen 2020b).

4.5.8 Artenschutzbestimmungen

Die im Folgenden benannten Vorschriften zum Artenschutz gelten unabhängig und vorrangig zu den anderen benannten naturschutzrechtlichen Bestimmungen. Beim Artenschutz geht es um Vorschriften für die wild lebenden Tiere und Pflanzen und ihre Lebensraumansprüche und Lebensstätten.

Der Artenschutz geht dabei bis auf Sondervorschriften davon aus, daß die Zielsetzungen zur Sicherung der biologischen Vielfalt nur gelingen, wenn die Ökosysteme, Lebensräume und die Lebensstätten dieser Arten entsprechend der ökologischen Ansprüche qualitätsvoll erhalten und entwickelt werden. Der Artenschutz für die Sicherung der biologischen Vielfalt geht dabei von der Diversität der Arten, der Diversität der Lebensräume und Lebensstätten und von der genetischen Diversität innerhalb der Art aus. Alle drei Aspekte durchdringen daher die Bestimmungen und sind beachtlich. Eingebunden sind dazu auch alle Maßnahmen im Rahmen von Wiederansiedlungsprojekten bisher räumlich verdrängten Arten.

Ohne vernünftigen Grund dürfen wild lebende Tiere und wild wachsende Pflanzen und ihre Lebensstätten nicht beeinträchtigt oder zerstört werden. Ein vernünftiger Grund liegt aber einem genehmigten Gewässerausbau oder einer behördlich zugelassenen Maßnahme wie der Gewässerunterhaltung zugrunde, so daß hieraus keine Hinderungsgründe erwachsen.

Grundsätzlich darf bei Renaturierungsvorhaben und bei der Gewässerunterhaltung nur noch gebietseigenes Saatgut und gebietseigene Herkünfte bei der Gehölzpflanzung zum Zuge kommen. Hierzu gibt es Zertifikate für die jeweiligen auszuschreibenden Produkte beim Saatgut und bei Gehölzen aus Baumschulware. Saatgut und Gehölze, die nicht gebietseigener Herkunft sind, dürfen nicht ausgebracht werden und sind generell unzulässig für die wasserbaulichen Maßnahmen (Köck 2012).

Für die Herkunftsgebiete sind entsprechende Produktionsräume und Erntebestände festgelegt. Bei Renaturierungsmaßnahmen und bei der Gewässerunterhaltung empfiehlt es sich vordringlich, autochthones Material aus dem angrenzenden Gewässereinzugsgebiet zu verwenden und dies zum Beispiel durch Heudruschverfahren oder Stecklingsvermehrung zum Beispiel bei Weidenarten zu gewährleisten. Erstrebenswert ist eine naturbelassende Wiederbesiedelung durch natürliche Sukzession aus den Oberläufen, soweit dies aus ingenieurbiologischen Momenten und Erosionsgründen vertretbar erscheint. Hierzu greifen die strengen Vorschriften für die Ausschreibung und Herkunftsnachweisen nicht. Entsprechende Dokumente und Regeln der Technik dazu können bei der Forschungsgesellschaft für Landschaftsentwicklung und Landschaftsbau (FLL) in Bonn bestellt werden.

Grundsätzliche Verbote gelten für bestimmte Handlungen, die erhebliche Beeinträchtigungen für die Artenvielfalt auslösen können. Dies betrifft zum Beispiel das Flämmen von Flächen, den Einsatz einer Grabenfräse oder Maßnahmen zur Gehölzpflege oder Rodung außerhalb des Waldes sowie Schnittmaßnahmen von Röhrichten im Zeitraum der Brutzeiten vom 1. März bis 30. September eines Jahres. Diese Verbote gelten nicht, wenn die Maßnahmen behördlich zugelassen sind, also bei einer wasserrechtlichen Genehmigung zum Gewässerausbau. Das aktive Ausbringen und Wiederansiedeln von Tieren und Pflanzen unterliegt einer gesonderten Genehmigungspflicht der zuständigen Naturschutzbehörde (u. a. Biber, Otter). Dabei ist insbesondere auf die genetischen Herkünfte zu achten.

Im Folgenden wird speziell auf die Aspekte im Rahmen der Gewässerentwicklung und Auenentwicklung eingegangen. In Rede sind hier Maßnahmen durch menschliches Handeln und nicht Aspekte der natürlichen Entwicklung der Gewässersysteme.

Im Kern geht es um Maßnahmen des Gewässerausbaus zur Renaturierung und der Gewässerunterhaltung. Grundsätzlich sind alle betroffenen Arten und ihre Lebensräume und Lebensstätten schützenswert, entwicklungsrelevant und beachtlich bei der Vorhabenplanung und Projektdurchführung. Dies gilt auch für den Bereich der Kleinsäuger, der Insekten oder des Bodenlebens bzw. Zoobenthos.

Bei der Maßnahmendurchführung lassen sich aber Beeinträchtigungen auf das allgemeine Artenvorkommen und Lebensstätten nicht vermeiden und ausschließen. Im Zuge der Eingriffsplanung ist Sorge zu tragen, daß alle Beeinträchtigungen auf vorkommende Arten und Lebensstätten möglichst vermieden und soweit möglich kompensiert werden.

Dies gilt für die große Breite und Masse vorkommender Arten und Biotope. Heute wird erkennbar, daß diese Vorschriften hierzu immer weniger tragen, weil die Artenrückgänge mittlerweile auch die häufig vorkommenden Arten dramatisch betreffen, wie es im Bereich der Insekten oder Vögel erkennbar wird. Daher wird es in absehbarer Zukunft dazu sicherlich weitere Reglementierungen gegenüber Beeinflussungen geben. Diese Aspekte sind aber für Renaturierungsvorhaben bisher nicht erkennbar und nachweislich, auch weil sie insgesamt einer ökologischen Aufwertung und Begünstigung der Artenvielfalt dienen.

Für besonders relevante und gefährdete Arten sind näher bestimmte Vorschriften mit dem besonderen Artenschutzrecht im Bundesnaturschutzgesetz festgelegt worden. Hier wurden auch die europäischen Vorschriften ausgehend der Richtlinien 92/43/EWG FFH Richtlinie und der Vogelschutzrichtlinie 79/409/EWG integriert, die hier unter anderem analog der streng geschützten Arten nähergehend bestimmt sind. Die *Roten Listen* gefährdeter Arten und Lebensräume selbst entfalten keine Rechtswirkung. Maßgeblich für das Schutzregime der besonders geschützten Arten sind die gesetzlichen Bestimmungen des BNatSchG und die darauf basierenden Verordnungen wie die Bundesartenschutzverordnung.

Die Vogelschutzrichtlinie 79/409/EWG von 1979 wurde im Jahr 2009 durch die Richtlinie 2009/147/EG weitergeführt, die dazu gleichfalls heranzuziehen ist.

Besonders geschützt sind Arten nach der Bundesartenschutzverordnung und den europäisch geschützten Arten einschließlich der Arten nach den Anhängen der FFH- Richtlinie und die europäischen Vogelarten entsprechend der Vogelschutzrichtlinie. Ein strenger Schutz gilt hierbei für die dort entsprechend gekennzeichneten Arten. Gleichwertig zum strengen Schutzregime behandelt werden im Bundesnaturschutzgesetz die europäischen Vogelarten und die Arten, die im Anhang IV der FFH-Richtlinie aufgeführt sind.

Besonders geschützte Arten unterliegen den speziellen Vorschriften nach § 44 ff BNatSchG. Wildlebende Tiere einschließlich ihrer Entwicklungsformen (u. a. Eier) dürfen danach weder gefangen, verletzt, getötet, beschädigt oder der Natur entnommen werden. Die europäischen Vogelarten dürfen zudem während der Fortpflanzungs-, Aufzucht-, Mauser, Überwinterungs- und Wanderungszeiten nicht erheblich gestört werden.

Eine Störung liegt bereits dann vor, wenn sich der Erhaltungszustand einer lokalen Population verschlechtert. Die Fortpflanzungs- und Ruhestätten der wild lebenden besonders geschützten Tierarten dürfen weder beschädigt noch zerstört werden. Besonders geschützte Pflanzen und ihre Entwicklungsformen (u. a. Samen) dürfen der Natur nicht entnommen werden und ihre Standorte dürfen nicht beschädigt oder zerstört werden. Diese Tatbestände lassen demgemäß Beeinträchtigungen auf diese Vorkommen nicht zu. Ohne eine behördliche Genehmigung oder Anordnung ist ein entsprechender Zugriff oder Handlung nicht zulässig.

Hierzu gibt es Ausnahmevorschriften, die auch für die wasserwirtschaftlichen Maßnahmen beim Gewässerausbau relevant sind und zutreffen. Bei Maßnahmen der Gewässerunterhaltung kann so ohne Weiteres kein Zugriffsrecht als Ausnahme bewirkt werden, es sei denn, man beantragt für diese Maßnahme zugleich eine separate Eingriffsgenehmigung bei der zuständigen unteren Naturschutzbehörde unter Einschluss einer artenschutzrechtlichen Ausnahme, sofern man grundsätzlich dem Artenschutz bei der Durchführung nachkommen kann.

Eine Rechtsverordnung nach § 54 Abs. 1 Nr. 2 BNatSchG liegt seitens des Bundesumweltministeriums (BMU) bis jetzt nicht vor, so daß national näher bestimmte Arten in der Gleichstellung zu streng geschützten Arten des Anhang IV der FFH Richtlinie 92/43/EWG noch nicht klassifiziert wurden. Dies kann aber kurz- bis mittelfristig geschehen. Dann wären diese Arten dem Anhang IV der FFH-Richtlinie gleichwertig zu behandeln.

Durch eine Ausgleichsmaßnahme nach § 44 Abs. 5 BNatSchG können Maßnahmen unter Beanspruchung von geschützten Arten durchgeführt werden. Hierzu ist ein gesonderter artenschutzrechtlicher Fachbeitrag einzureichen, der vom Vorhabenträger zu erarbeiten ist. Dazu ist eine fachkundige Expertise in der Beauftragung eines Fachgutachtens sicherzustellen. In einer Vorprüfung ist dabei zu ermitteln, welche Arten hinsichtlich der notwendigen Ausnahmegenehmigung konkret betroffen sind. Auf diese sind die entsprechenden Erhebungen, Bewertungen und die abzuleitenden Maßnahmen zu kaprizieren. Die Freistellung von den Verbotstatbeständen bezieht sich auf einen notwendigen Eingriff und die ansonsten anzunehmende Genehmigungsfähigkeit.

Die Beeinträchtigung, die das Vorhaben im Zuge der Eingriffseinwirkung auf die entsprechenden geschützten Arten hat, muss unvermeidbar sein. Dies bedeutet im Umkehrschluss, daß eine alternative Lösung unter Vermeidung nicht gegeben ist. Diese wäre vorrangig zu verfolgen; ein Nachweis zur Unvermeidbarkeit ist führen. Für die große Zahl besonders geschützter Arten wird so der Zugriff zulässig. Nach der Eingriffsregelung muss hierzu dann eine entsprechende Kompensation sichergestellt werden, die möglichst im naturalen Ausgleich liegen sollte.

Sind nach der Bestandsaufnahme jedoch Arten des Anhang IV der FFH-Richtlinie oder europäische Vogelarten betroffen, ergeben sich weitere und höhere Anforderungen für die Ausnahmezulassung. Dabei darf das Tötungs- und Verletzungsrisiko für die betroffenen Exemplare nicht signifikant erhöht sein und die Beeinträchtigung durch Schutzmaßnahmen nicht vermeidbar sein.

Die Signifikanz ergibt sich aus der Betrachtung der beeinflussten Population. Bleibt diese Signifikanz unbedeutend, so kann das grundsätzliche Verbot überwunden werden. Können die betroffenen Arten im gleichen Naturraum also im Einzugsgebiet an anderer Stelle umgesetzt und gesichert werden, ohne daß dadurch die Population an anderer Stelle geschmälert wird, so wird die ökologische Funktionsfähigkeit für das Netz *Natura-2000* weiter gesichert und die Maßnahme kann durchgeführt werden. Weiter werden Ausgleichsmaßnahmen für die betroffenen Lebensstätten bei einer erheblichen Beeinträchtigung zulässig, die dann im räumlichen Zusammenhang des Eingriffs umgesetzt werden müssen, um die ökologische Funktion im Kontinuum zu gewährleisten. Diese Maßnahmen werden als CEF-Maßnahmen bezeichnet („*continued ecological functionality*").

Um ihre Wirkung zu erzielen, müssen diese CEF-Maßnahmen rechtzeitig vor dem Eingriff fertig gestellt sein und eine entsprechende Entwicklung zeigen, um für die betroffenen Arten und ihre mögliche Umsiedlung adäquate Biotopqualitäten zu gewährleisten. Dies kann nicht im Nachgang oder parallel erfolgen. Im Einzugsgebiet des betroffenen Gewässers dürften regelmäßig derartige Flächen für diesen CEF-Ausgleich zu finden und zu entwickeln sein. Dies gilt gleichermaßen für das Gewässer, seine Ufer und die Aue, je nach Betroffenheit der Art. Für die CEF-Maßnahmen ergeben sich keine gesonderten Genehmigungstatbestände. Die Durchführung ist integraler Bestandteil der Antragsunterlage und der erforderlichen Genehmigung mit den entsprechenden Nebenbestimmungen.

Die gutachterliche Expertise mit ihren Untersuchungen der Arten ist von den Verboten freigestellt. Kann ein Vorhaben unter den Voraussetzungen der Eingriffsregelung und von CEF-Maßnahmen nicht realisiert werden, so kann eine gesonderte Ausnahmegenehmigung nach § 45 Abs. 7 BNatSchG bei der zuständigen Naturschutzbehörde beantragt werden. Dies kann zum einen hinsichtlich wasserwirtschaftlicher Schäden erfolgen, also zum Beispiel im Zuge von Hochwasserereignissen.

Die Ausnahme wird auch möglich, wenn das Vorhaben selbst günstige Auswirkungen auf die Umwelt hat. Dieser Tatbestand ist regelmäßig bei einer Renaturierungsmaßnahme anzunehmen und zugrunde zu legen, weil die Renaturierung eine klassische Entwicklungsmaßnahme zur Förderung des ökologischen Potenzials darstellt und positive Auswirkungen auf die Biodiversität zum Gegenstand hat.

Bei der maßgeblichen Fachplanung wird es regelmäßig gelingen, durch CEF-Maßnahmen zum Erfolg zu kommen. Sollte dies für bestimmte besonders geschützte Arten in besonderen Fällen nicht gelingen, so kann dann die Ausnahme abgeschichtet verfolgt werden. Dies ist nur möglich, wenn alternative Lösungen ohne den Zugriff auf die Art nicht bestehen, die Ausnahme also zwingend wird. Dieser Nachweis ist zu führen. Weiter darf sich der Erhaltungszustand der Population der betroffenen Art nicht verschlechtern.

Dieser Nachweis, und die entsprechenden Untersuchungen dafür, sollen bezogen zum Naturraum bzw. zum Einzugsgebiet erfolgen. Sind die Zustände der Art bereits in einem sehr ungünstigen Zustand, wird der weitere Zugriff deutlich schwieriger. Daher muss es das Anliegen aller Beteiligten am Gewässer sein, möglichst gute ökologische Zustände am Gewässer zu bewirken und so auch die Voraussetzungen für die geschützten Arten zu verbessern.

Die weitergehende Ausnahme macht dann Ausgleichsmaßnahmen erforderlich, die nicht mehr als CEF-Maßnahme geeignet sind. Ansonsten wäre die erforderliche Genehmigung nicht notwendig. Die weitergehende Ausgleichsmaßnahme soll und kann dann im Naturraum bzw. im Einzugsgebiet stattfinden und soll der betroffenen Art dienen und den Erhaltungszustand der betroffenen Populationen bzw. ihres Lebensraums verbessern und aufwerten. Diese Maßnahmen auf Basis der Ausnahmegenehmigung nach § 45 Abs. 7 BNatSchG werden als FCS Maßnahmen bezeichnet (*favorable conservation status*). Sie dienen als Sicherungsmaßnahme der Erreichung eines günstigen Erhaltungszustands für die in Rede stehenden Arten und ihren Lebensraum und bedingen in der Regel eine Neuschaffung oder eine Entwicklungsmaßnahme im Bestand.

Nähere Ausführungen zu den Verfahrensvorschriften finden sich im DWA-Merkblatt M 617 Naturschutz und Planung und Genehmigung von Fließgewässerrenaturierungen (2020b). Die Rechtsgrundlagen zum besonderen Artenschutz enthalten die §§ 44 und 45 BNatSchG.

4.5.9 Erholungsvorsorge

Die Erholungsvorsorge in den Gewässerlandschaften ist von sehr hoher Bedeutung. Gerade hier kann eine besondere Wahrnehmung und Erfahrung von Natur und Landschaft mit allen Sinnen und spezifischen Komponenten erfolgen, die sowohl visuell, akustisch, olfaktorisch und haptisch relevant sind. Die landschaftliche Situation ist durchweg vielfältig und durch viele Randeffekte am Gewässer, den Uferzonen, Gehölzen und der Aue geprägt. Hinzukommt eine gute Luftqualität, die empfunden wird und eine spezielle klimatische Ausgleichsfunktion. Das Spannungsverhältnis zwischen Wasser und Land weckt besondere Empfindungen, erst Recht dann, wenn Zutrittsmöglichkeiten zum Medium Wasser geschaffen sind.

Das Naturschutzrecht ermöglicht ein allgemeines Betretungsrecht der Landschaft. Dies gilt geleichermaßen für öffentliche wie für private Flächen. In den Auen enden die Betretungsmöglichkeiten dort, wo landwirtschaftliche Früchte durch das Betreten geschmälert würden oder Vieh im Rahmen einer Beweidung beunruhigt wäre. Auch die Gewässer können prinzipiell ohne Motorkraft befahren oder betreten werden. Veränderungen am Gewässer oder in der Aue sind dadurch nicht erlaubt. Ein Befahren der Landschaft außerhalb klassifizierter Straßen ist nur ohne Motorkraft zulässig und ist auf bestehende Wege begrenzt. Dies betrifft das Fahrradfahren einschließlich E-Bike oder Kutschfahren. Auch Reiten ist nur auf Wegen zulässig.

Längs der Gewässer bestehen in den angrenzenden Auenbereichen in der Regel Wegebeziehungen, die sich gut für eine Erholungsnutzung eignen und so weiterentwickelt werden sollen. Besondere Bedeutung kommt hierbei örtlichen und überörtlichen Fahrradwegen zu. Die Anlage von Wegen unterliegt dabei einem Genehmigungsverfahren und der Eingriffsregelung.

Einschränkungen der Betretungsrechte und der Befahrensmöglichkeit der Gewässer erfolgen im Zuge von näheren Bestimmungen in Schutzgebieten und diesbezüglichen Verordnungen, vor allem in Naturschutzgebieten. Spezielle Schutzgebiete dienen der Erholungsvorsorge selbst wie die Naturparke und Landschaftsschutzgebiete. Restriktionen für den Gewässerausbau, Renaturierungen oder die Gewässer- und Auenentwicklung erwachsen hieraus nicht.

4.5.10 Naturschutzverbände

Den anerkannten Naturschutzverbänden kommen nach den Naturschutzgesetzen von Bund und Ländern besondere Mitwirkungsrechte zu. Nach dem Bundesrecht sind die Verbände in bestimmten Verfahren zwingend zu beteiligen zum Beispiel bei der Vorbereitung von Verordnungen, bei der Landschaftsplanung, bei Befreiungen, Planfeststellungen und weiteren Genehmigungen. Nach Landesrecht sind spezifische Beteiligungsrechte zu den jeweiligen landrechtlichen Verfahren bestimmt. Die Vorschriften korrespondieren mit den Beteiligungsrechten nach dem Umweltrechtsbehelfsgesetz. In bestimmten Fällen und

Voraussetzungen haben die anerkannten Verbände das Recht, Klage nach der Verwaltungsgerichtsordnung zu erheben; dies betrifft auch Planfeststellungen nach dem Wasserhaushaltsgesetz. Näheres findet sich in den Vorschriften der §§ 63 und 64 BNatSchG und dem Landesrecht.

Bei Maßnahmen zum Gewässerausbau sind die anerkannten Verbände in den Verwaltungsverfahren entsprechend der Vorschriften über Träger öffentlicher Belange zu beteiligen. Dies sollte möglichst frühzeitig geschehen.

Bei vielen Naturschutzbehörden werden nach Landesrecht sachkundige Beiräte berufen, denen insbesondere eine Beratungspflicht zu Entscheidungen der Naturschutzbehörde zukommt. Maßnahmen zum Gewässerausbau bzw. zur Renaturierung von Fließgewässern und zur Auenentwicklung beinhalten immer auch eine naturschutzrechtliche Entscheidung und stoßen damit auf ein beredtes Interesse dieser Beiräte, so daß die Unterlagen und Entscheidungsgründe der Naturschutzbehörde auch der Behandlung in den Beiräten zur Beratung kommen.

4.5.11 Empfehlungen

Im Umweltgutachten 2020 gibt der Sachverständigenrat für Umweltfragen (SRU 2020) Empfehlungen für eine sehr ambitionierte Umsetzung der Wasserrahmenrichtlinie in Deutschland für die Dekade bis 2030 und macht dazu gezielte Empfehlungen für die Anwendung und Praxis. Dazu liegen aus dem Gutachten des SRU auch entsprechende Analysen und Bewertungen vor, die entsprechend aufbereitet wurden. Ein Fazit für die Praxis bei Maßnahmen zur Gewässerentwicklung kann dabei wie folgt zusammengefasst werden (Bernhard 2020):

- Verstärkte Nutzung von Synergien aus der EG-WRRL mit den Belangen des Naturschutzes und zur Klimaanpassung, insbesondere auch für die Auen.
- Sicherung der Finanzierungsgrundlagen aus abgestimmten Instrumenten der Wasserwirtschaft und des Naturschutzes
- Verbessertes Flächenmanagement, Flächenverfügbarkeit und Nutzen von Flurbereinigungsverfahren.
- Stärkung der Gewässerfachplanung auch in verbindlicher Ausgestaltung
- Stärkung und Ausbau des Fachpersonals in den zuständigen Behörden
- Förderung der Akzeptanz in der Öffentlichkeit durch gezielte Maßnahmen

4.6 EG-Wasserrahmenrichtlinie – Wie kommen wir weiter voran?

Michael Weyand

Seit der Veröffentlichung der EG-Wasserrahmenrichtlinie Ende des Jahres 2000 mit ihrer grundsätzlichen Zielsetzung einer nachhaltigen Gewässerbewirtschaftung sind nunmehr bereits rund 20 Jahre vergangen. Unzweifelhaft hat sie dafür gesorgt, dass sich der Blick auf die Gewässer deutlich verändert hat. Standen bis dahin bei deren Bewertung vorrangig die Betrachtung chemisch-physikalischer Parameter und eine Beurteilung der saprobiellen Belastung im Vordergrund, so sind seitdem vor allem der ökologische Gewässerzustand anhand des Vorkommens von benthischer Fauna, Wasserpflanzen und Fischen hierfür heranzuziehen. Vereinfacht ausgedrückt hat damit ein Perspektivwechsel von der Beschaffenheit des Wassers zur Beschaffenheit des Gewässers stattgefunden.

An der Erreichung dieser durchaus anspruchsvollen und ehrgeizigen Zielsetzung hat sich seitdem auch das wasserwirtschaftliche Handeln auszurichten. Damit war einerseits ein Umdenken in Richtung eines deutlich stärker integrativ ausgerichteten Denkens und Agierens auf Ebene von hydrologischen und weniger administrativen Grenzen verbunden, andererseits erforderte es aber auch eine umfassende Neuausrichtung in der Erhebung von Daten, die eine Beobachtung und Bewertung der zustandsbeschreibenden Parameter eines Gewässers erlauben.

Gerade nach Umsetzung des letztgenannten Aspekts war aber sehr schnell klar, dass die Gewässer in ihrer oftmals in Deutschland vorhandenen strukturellen Beschaffenheit und ihren hydraulischen Gegebenheiten keine geeigneten Lebensräume für die Flora und Fauna bieten, die ein vitales und vielfältig belebtes Gewässer indizieren. Hierzu bedarf es einer konsequenten Umgestaltung von begradigten, verbauten, monoton gestalteten, eingetieften und schnell fließenden Gewässerstrecken in eine deutlich breitere, strukturell reichhaltig ausgestaltete, eine ausgeprägte Strömungsdiversität aufweisende und eigendynamisch geprägte Form.

Gemäß dem Wortlaut der Wasserrahmenrichtlinie sollten derartige Gewässerverhältnisse, die notwendige Voraussetzung für die Erreichung eines guten Gewässerzustands und damit für die Zielsetzung einer nachhaltigen Gewässerbewirtschaftung sind, bereits im Jahr 2015 erreicht sein.

Ein Blick in die aktuellen Entwürfe der Bewirtschaftungspläne für den dritten Bewirtschaftungszyklus macht allerdings offensichtlich, dass die überwiegende Anzahl der Gewässer in Deutschland von einem guten Zustand weiterhin ein großes Stück entfernt ist, obwohl bereits vielfältig Maßnahmen zur Umgestaltung der Gewässer in Richtung der zuvor beschriebenen generellen Form erfolgt sind. Dies darf nun aber nicht damit gleichgesetzt werden, dass diese Maßnahmen ohne jedwede Wirkung geblieben sind. Im Gegenteil zeigen sich hierfür in der Mehrzahl positive Entwicklungstendenzen auf.

Diese Verbesserungen schlagen sich letztlich allerdings leider nicht im für die Festlegung des ökologischen Gewässerzustands ausschlaggebenden Bewertungsergebnis nieder. Hierfür ist die Betrachtungsmethodik der EG-Wasserrahmenrichtlinie verantwortlich, nach der das Ergebnis der Bewertungsgröße für die Darstellung des Gewässerzustands maßgebend ist, die von einer Vielzahl zu betrachtender am schlechtesten bewertet ist. Dieses als „*One-out-all-out*" bezeichnete Prinzip ist zwar für die fachliche Gewässerbewertung und die grundsätzliche Verfolgung der Zielsetzung der EG-Wasserrahmenrichtlinie unverzichtbar, ist aber wenig förderlich für die Vermittlung von erreichten Maßnahmenerfolgen gegenüber Entscheidungsträgern und Öffentlichkeit.

Um hier in transparenter sowie einfach vermittelbarer und klarer Form die Sinnhaftigkeit derartiger Gewässerumgestaltungsmaßnahmen darzustellen zu können und damit für mehr Akzeptanz hinsichtlich ihrer Umsetzung zu sorgen, bedarf es der Entwicklung eines ergänzenden, positive Fortschritte aufzeigenden Bewertungsinstruments, wie es zum Beispiel eine Zielerreichungs- oder Verbesserungsquote sein könnte. Hier besteht Potenzial, die zur Erreichung der Zielsetzung einer nachhaltigen Gewässerbewirtschaftung notwendigen Schritte positiv zu begleiten und öffentlichkeitswirksam zu unterfüttern. Hierzu wäre eine durch Fachleute unterstützte gemeinsame Herangehensweise aller auf nationaler Ebene handelnden Akteure förderlich. Insgesamt muss verdeutlicht werden, dass die EG-Wasserrahmenrichtlinie in einem langfristigen Ansatz die Nachhaltigkeit unserer Umwelt fördert und die Biodiversität in der Natur stärkt. Damit ist sie ein starker Motor für eine bessere Zukunft von Gesellschaft und für jeden einzelnen Menschen.

Unabhängig von einer verbesserten Kommunikation der Ziele der EG-Wasserrahmenrichtlinie und der daraus resultierenden notwendigen Aktivitäten auf allgemeiner gesellschaftlicher Ebene ist auch auf anderer Ebene ein intensiverer Dialog angesagt. Denn nach Auffassung von Politik, Administration und sonstigen Beteiligten, die sich auch in den Inhalten der Entwurfsdokumente zum dritten Bewirtschaftungsplan widerspiegelt, wird nicht davon ausgegangen, dass mit dem Jahr 2027, dem Ende des dritten Bewirtschaftungszyklus, flächendeckend ein guter Gewässerzustand erreicht sein wird.

Auch wenn diese Richtlinie vorrangig den Schutz und die nachhaltige Entwicklung der Gewässer im Fokus hat, so reichen die damit verbundenen Handlungsnotwendigkeiten weit über den reinen wasserwirtschaftlichen Aktionsradius hinaus. Diese Erkenntnis ist daher bereits in der Richtlinie selbst in ihrem Erwägungsgrund hinterlegt. Doch dem darin formulierten Appell für eine stärkere Integration der Bewirtschaftung von Gewässern in andere politische Maßnahmenbereiche wird auch heute noch eher schwach nachgekommen.

Gegenwärtig scheinen generell die Agrar-, Verkehrs- und Energiepolitik, vor Ort aber auch die Strukturpolitik sowie Standortfaktoren für Wohnen, Arbeiten und Infrastruktur weiterhin einen höheren Stellenwert zu genießen als die Gewässerschutzpolitik. Hier sollte und muss in Zukunft tatsächlich stärker der Dialog gesucht werden. Denn nur durch entsprechende Gespräche und einen kommunikativen Gedankenaustausch lassen sich die durchaus bestehenden Synergien zwischen den verschiedenen Aktionsfeldern verbessern und nutzen.

Beispielhaft zu nennen sind hier Bereiche wie Hochwasserschutz, Stadt- und Landschaftsentwicklung sowie Naturschutz. In diesem Kontext wichtig sind frühzeitige Information, Verständnis für die Sichtweise des jeweils anderen sowie eine ergebnisoffene, sachbezogene und konstruktive Diskussion auf gegenseitiger Augenhöhe. Am Ende sollte als Ergebnis eine gegenseitige Verständigung auf die jeweiligen Interessen mit einer hohen Verbindlichkeit der Akzeptanz stehen, die projektmäßig in einem dann gemeinschaftlich durchzuführenden Verfahren weiterverfolgt werden.

Es wäre wünschenswert, wenn es gelänge, diesen notwendigen Dialog auch in strategische Ansätze zu überführen und die zukünftigen Aktivitäten im Gewässerumfeld in einem längerfristigen Zeithorizont hieran ausrichten. Ob hierfür der vom Bund ins Leben gerufene Nationale Wasserdialog die richtige Plattform ist, bleibt abzuwarten. Denn im Entwurf der Nationalen Wasserstrategie, den das Bundesministerium für Umwelt und Infrastruktur im Juni 2021 vorgestellt hat, geht es vorrangig um Fragestellungen zu Quantität und Qualität unserer Wasserressourcen und deren zukünftigen Schutz. Zwar soll über ein Sofortprogramm des Bundes eine Milliarde Euro an Finanzmitteln zur Verbesserung des ökologischen Zustands der Gewässer bereitgestellt werden, aber normative Ansätze, welche die konkrete Umsetzung der hierfür erforderlichen Maßnahmen erleichtern, sind darin bislang leider nicht zu finden.

Auch wenn es zukünftig gelingen sollte, auf der dialogorientierten Ebene Fortschritte zu erreichen, so braucht es dennoch verbesserte regulatorischer Vorgaben, wie das gravierendste Problem für die Schaffung naturnäherer Gewässer gelöst werden kann, nämlich das Problem fehlender gewässernaher Flächen.

Über Jahrhunderte hat die Gesellschaft die Gewässer immer stärker eingeengt und die beidseitigen Ufer für die Anlage von Siedlungen, Gewerbe, Straßen, Bahnlinien oder landwirtschaftliche Äcker genutzt. Raum zur Selbstentfaltung, zur eigendynamischen Entwicklung und zur Retention im Hochwasserfall ist ihnen selten geblieben.

Die Folgen dieses Handelns hat uns in Deutschland jüngst das Tiefdruckgebiet „Bernd“ von Mitte Juli 2021 mit seinen extremen Niederschlägen vor Augen geführt. Pegelstände in Rekordhöhe, über Ufer getretene Flüsse und Bäche, zu Gewässern umfunktionierte Straßenzüge sowie überschwemmte Keller und Erdgeschosse haben enorme Schäden verursacht. Das Fehlen breiter, naturnaher Gewässerquerschnitte, die zudem an natürlich überflutbare großflächige Auen angebunden sind, hat durch die fehlende Ausuferung des Wassers den schnellen Anstieg und die absolute Höhe der entstandenen Abflusswellen gefördert. Die Rückführung der Gewässer zu derartigen naturnahen Fließ- und Querschnittsverhältnissen ist ein Kernanliegen der EG-Wasserrahmenrichtlinie, benötigt für die Durchführung von entsprechenden Maßnahmen aber zwingend Raum. Damit stellt sich derzeit jedoch die Nutzungskonkurrenz um diese gewässernahen Flächen als Kernproblem und Hemmschuh in der konkreten Umsetzung dar, das es zu lösen gilt.

Sowohl die vorgenannte außergewöhnliche Niederschlagssituation als auch die ausgeprägten und lang anhaltenden Trockenperioden der Jahre 2018 bis 2020 zeigen unmissverständlich auf, dass die Resilienz der terrestrischen und aquatischen Ökosysteme insgesamt zu erhöhen ist. Hierzu können umgestaltete und mit mehr Naturnähe versehene Gewässerstrecken einen hohen Beitrag leisten. Bei deren Bewertung im Sinne der EG-Wasserrahmenrichtlinie ist aber durchaus zu hinterfragen, ob vor dem Hintergrund der angesprochenen Entwicklungen die aktuellen Leitbildzönosen weiterhin Zielgrößen einer Maßnahmenplanung sein können.

Dabei spielt es auch eine Rolle, dass mit Blick auf eine gewünschte positive Wirkung von Maßnahmen auch außerhalb des Wassersektors die wasserwirtschaftlichen Leitbilder in der Regel mit den Vorstellungen anderer Fachdisziplinen (z. B. Natur- und Artenschutz oder Stadt- und Landschaftsentwicklung) wenig abgestimmt sind. Es muss Ziel sein, Lebensräume für eine dynamische Weiterentwicklung zu öffnen, anstatt diese in ihren jetzigen Zuständen zu konservieren. Nur dadurch wird es gelingen, die Gewässer wieder zu revitalisieren, die Multifunktionalität ihrer Strukturen und Habitate zu erhöhen und damit in ihrer Resilienz gegenüber Einflüssen von außen zu steigern.

Allerdings sind bei dieser Zielrichtung unbedingt auch die aktuellen meteorologischen Entwicklungen zu berücksichtigen. Der nicht wegzudiskutierende Klimatrend macht sich in unseren Gewässern deutlich negativ bemerkbar. Insbesondere in den Jahren 2018 bis 2020 war er mit einem temporären Trockenfallen von Fließgewässern verbunden, wodurch sich die dort anzutreffende Biozönose weiter von ihrem typspezifischen Leitbild entfernt haben dürfte. Damit wiederum ist generell betrachtet ein Biodiversitätsverlust und ein Wegbrechen von Wiederbesiedlungsquellen verbunden, was unweigerlich der Erreichung der europäischen Umweltziele entgegenwirkt.

Auf Basis dieser Gegebenheiten ist es daher notwendig, bei der Maßnahmenplanung den Blick von einer separaten Betrachtung von Gewässerabschnitten als Schlauch in der Landschaft auf die Gesamtheit des Gewässersystems im Raum in seiner longitudinalen und lateralen Ausdehnung mit ihren vernetzten Strukturen und Funktionen, auch unter Einbeziehung der Vielzahl an nicht berichtspflichtigen Nebengewässern, zu richten.

Flächennutzungen im landwirtschaftlich und urban genutzten Umfeld sind im Sinne eines gesamtgesellschaftlichen Konsenses stärker als bisher auf das angrenzende Gewässer auszurichten. Denn eine Stärkung der Funktionen der Ökosysteme, eine gezielte Lenkung von Stoffströmen und die Erreichung eines Mehrwerts für die Ansprüche der Gesellschaft wird nur dann gelingen, wenn Gewässer und deren Auen in einem guten Zustand sind. Ebenfalls muss aber auch klar sein, dass eine Entwicklung der Gewässer in die vorbezeichnete Richtung langfristig anzudenken ist. Denn die positive Wirkung einer Maßnahme lässt sich nach bisherigen Erfahrungen aufgrund der hochdynamischen Prozesse eines Fließgewässersystems anhand der Ergebnisse des biologischen Monitorings oftmals erst nach zehn und mehr Jahren belegen.

Ein großes Fragezeichen steht aktuell hinter dem Umgang mit einem rechtlichen Aspekt. Denn mit Ablauf des dritten Bewirtschaftungszyklus Ende des Jahres 2027 sollte in allen Gewässern der gute Zustand erreicht sein. Jedem Wasserwirtschaftler ist aber klar, dass dies nicht der Fall sein wird, auch wenn im dritten Bewirtschaftungsplan alle hierfür erforderlichen Maßnahmen enthalten sein werden. Daher ist es vorgesehen, die für die Verzögerung relevanten Gründe nachvollziehbar darzulegen und den angestrebten Zeitpunkt der Maßnahmenumsetzung konkret zu benennen. Damit soll vor allem vermieden werden, bereits im dritten Bewirtschaftungsplan von einer zahlreichen Anwendung weniger strenger Umweltziele für Wasserkörper Gebrauch machen zu müssen, obwohl dies in der Richtlinie ausdrücklich vorgesehen ist und andere Mitgliedsstaaten hiervon auch Gebrauch machen. Als wesentliches Argument für diesen Ansatz wird dabei ins Feld geführt, bei den Maßnahmenpflichtigen den notwendigen Handlungsdruck aufrecht zu erhalten, was allerdings bei vielen wasserwirtschaftlichen Akteuren als zu eindimensional und schwer nachvollziehbar angesehen wird. Ob dieses Vorgehen juristisch haltbar und bei der EU-Kommission anerkannt wird, erscheint ungewiss, auch wenn die dahinterliegende Intention und die damit verbundenen Strukturen und Planungen transparent vermittelt werden. Daher ist damit zu rechnen, dass es spätestens nach dem Jahr 2027 zu einem

Vertragsverletzungsverfahren kommen wird, welches entweder von der EU-Kommission selbst oder möglicherweise von externen (Umwelt)Verbänden angestoßen wird.

Doch trotz aller Diskussion um das mögliche Eintreten einer derartigen Entwicklung darf der in den sechs Jahren des kommenden dritten Bewirtschaftungsplans notwendige Blick für die weitere Erörterung praktischer Fragen nicht zu kurz kommen. Insofern ist die weitere aktive fachliche Arbeit auf dem Weg zur Erreichung eines „guten Gewässerzustands“ weiterhin angezeigt. Diese impliziert dabei ausdrücklich auch das Schließen weiterhin bestehender Wissenslücken bei Wirkzusammenhängen innerhalb der ökologischen Systeme. Diese liegen trotz vorhandener forschungsmäßiger Fortschritte zum Beispiel in der Wirkung von Spurenstoffen auf die Zustandsentwicklung der Gewässer oder in der Relevanz der longitudinalen und lateralen Verflechtung der Gewässer für die Ökosysteme.

Offen ist auch, wie sich die EG-Wasserrahmenrichtlinie in die zukünftige Umweltpolitik der EU einordnen wird. Auf EU-Ebene ist aktuell mit dem *Green Deal* und der *Biodiversitätsstrategie* eine Neuorientierung zu erkennen, die auf eine Entkopplung der Umweltentwicklung von wirtschaftlichem Wachstum baut sowie insgesamt mehr eine Herstellerverantwortung und das Verursacherprinzip einfordert. Damit werden, auch aufgrund erkennbarer Vollzugsdefizite bei diversen bisherigen Richtlinien, Governance-Strukturen überdacht.

Ziel ist eine neue „Gesetzesstatik“ mit einem ausdrücklichen Behördenmandat, die sich mit den Grundprinzipien der deutschen Wasserstrategie deckt. Allerdings erscheint der Rückgriff auf das Verursacherprinzip bei der Maßnahmenumsetzung im Fließgewässerbereich in der konkreten Ausgestaltung eher schwierig. Denn zum einen bleiben die für eine definitive Verursacherzuordnung notwendigen Kausalitätsketten unklar, zum anderen bedarf es für eine Anwendung dieses Prinzips ganzheitlicher Ansätze sowie einer konsequenten Umsetzung, was auf politischer Ebene mit intensiven Diskussionen und einer schwierigen Prozessfindung verbunden sein dürfte.

Trotz der angesprochenen vielfältigen und gravierenden Probleme, die mit der Umsetzung der EG-Wasserrahmenrichtlinie verbunden sind und das bisher Erreichte eher dürftig erscheinen lassen, muss am Ende ein Punkt klar zum Ausdruck kommen. Diese Richtlinie trifft in Deutschland auf einen breiten Konsens und ist der richtige Ansatz, unseren Fließgewässern ein deutlich naturgeprägteres, ökologisch funktionierendes und nachhaltig wirkendes Gesicht zurückzugeben. Sie ist es daher wert, weiterentwickelt sowie systematisch und verbindlich umgesetzt zu werden. Dabei ist es aber auch wichtig zu erkennen und zu verstehen, dass diese Schritte als Mehrgenerationenaufgabe anzusehen sind.

Die EG-Wasserrahmenrichtlinie hat unzweifelhaft ambitionierte Ziele, deren Erreichung jedoch nicht in den wenigen, als Umsetzungszeitraum genannten Jahren möglich ist. Gerade dies darf jedoch kein Grund zur Resignation sein, sondern Ansporn für weiterhin notwendiges Handeln auf Grundlage einer ehrlichen Erörterung dieser Ziele auf allen politischen, fachlichen und gesellschaftlichen Ebenen.

4.7 Farbtafeln

Die Abb. 4.14 bis 4.24 zeigen unterschiedliche Beispiele weitgehend naturbelassener Fließgewässer und gelungene sowie weniger gelunge Maßnahmen von Entwicklungsmaßnahmen an Fließgewässern.

Abb. 4.14 Bei einem derartigen, abschnittsweise weitgehend naturbelassenen, Fließgewässer steht der Schutz an erster Stelle. Maßnahmen zur Gewässerentwicklung sollten nun vorrangig an den Nebengewässern in der angrenzenden Kulturlandschaft verwirklicht werden. (Foto: W. Schuhmacher)

Abb. 4.15 Dieses natürlich erscheinende Fließgewässer ist in Wirklichkeit ein großzügig bemessener Binnenvorfluter einer Staustufe an der Donau bei Tapfheim (Foto P. Jürging)

Abb. 4.16 Fischtreppen helfen, die biologische Durchgängigkeit zu verbessern. (Foto: T. Katsuno)

Abb. 4.17 Durch die Befestigung der Ufer mit Steinen wurde eine dynamische Entwicklung verhindert (Foto: Archiv Bayerisches Landesamt für Wasserwirtschaft)

Abb. 4.18 Nach Entnahme der Ufersicherungen begann das Gewässer seine Ufer eigendynamisch zu gestalten (Foto: Archiv Bayerisches Landesamt für Wasserwirtschaft)

Abb. 4.19 Die regulierte Loisach musste nach vielen Jahrzehnten aus Gründen des Hochwasserschutzes erneut ausgebaut werden. Vor dem Umbau war sie von einem engen, stark eingewachsenen Profil gekennzeichnet. (Foto: P. Jürging)

Abb. 4.20 Da auch Belange der Gewässerentwicklung in die Planung und Umsetzung Eingang gefunden hatten, war die Loisach bereits wenige Jahre nach dem Umbau von einem naturnahen Strukturreichtum geprägt. (Foto: P. Jürging)

Abb. 4.21 Wenn in einer Aue genügend Platz verfügbar ist, muss nicht jeder Uferanbruch im Rahmen der Unterhaltung zurückgebaut werden …

Abb. 4.22 … sondern kann auch, wie dieses Beispiel an der Sieg zeigt, der eigendynamischen Entwicklung überlassen bleiben. (Fotos: E. Städtler)

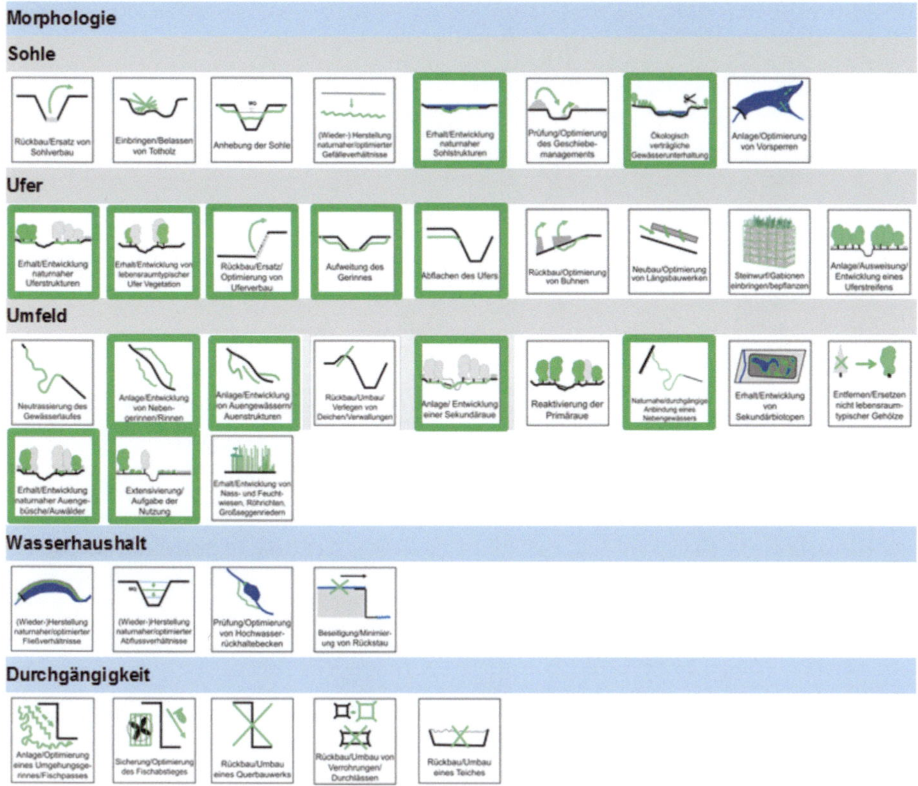

Abb. 6.13 Im Zuge der Renaturierung im Stadtbereich von Jülich (Nordrhein-Westfalen) umgesetzte hydromorphologische Maßnahmen (nach WVER 2009)

Die Bewertung des ökologischen Potenzials anhand von Makrozoobenthos und Fischen zeigt für den Wasserkörper insgesamt die Klasse „gut" (Daten des landesweiten WRRL-Monitoring). Für eine sichere Gesamtbewertung des ökologischen Potenzials fehlt aus fachlicher Sicht noch die Bewertung der Makrophyten, da derzeit kein belastbares Verfahren zur Definition des ökologischen Potenzials vorliegt. Unabhängig davon, ob dadurch die Zielerreichung insgesamt bestätigt oder wiederlegt werden würde, sind die in diesem Bereich bereits geplanten Habitatverbesserungen sinnvoll, auch in Hinblick auf angrenzende Wasserkörper.

Das Strahlwirkungs- und Trittsteinkonzept ist an die Zielerreichung guter ökologischer Zustand angelehnt. Daher kann derzeit keine angepasste Quantifizierung der Anforderungen für erheblich veränderte Wasserkörper erfolgen. Eine Planung anhand dieses Konzepts ist für erheblich veränderte Wasserkörper ist jedoch auch derzeit bereits sinnvoll, da die grundsätzliche Ausrichtung der Gewässerentwicklung vergleichbar ist und die Maßnahmen daher „in die richtige Richtung" gehen.

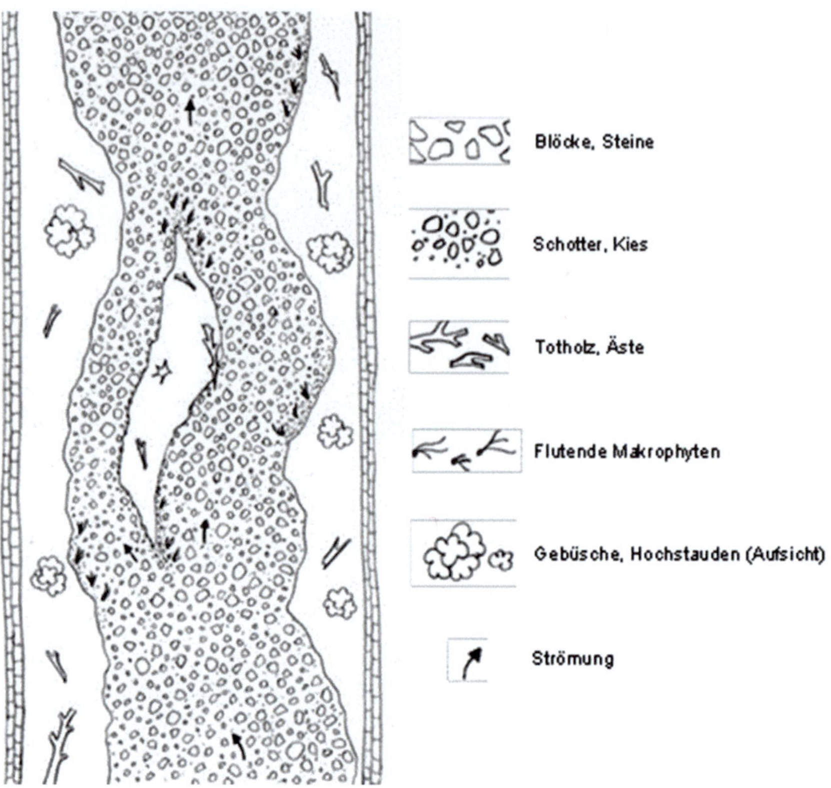

Abb. 3.14 Habitatskizze zum höchsten ökologischen Potenzial von Mittelgebirgsflüssen mit Urbanisierung und Hochwasserschutz ohne Vorland (aus LANUV 2012b)

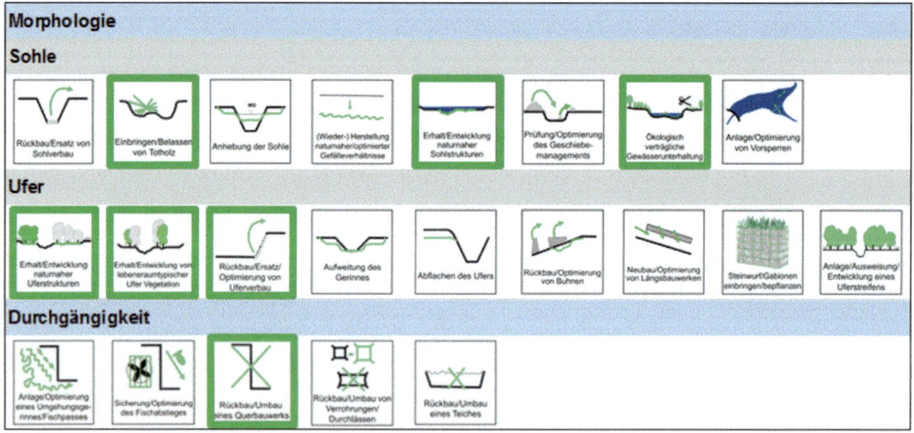

Abb. 6.15 Im Zuge der Renaturierung im Stadtbereich von Wuppertal (Nordrhein-Westfalen) umgesetzte hydromorphologische Maßnahmen (nach Wupperverband 2012)

Das von den Bundesländern durchgeführte Monitoring zur Überwachung des Zustandes der Wasserkörper gemäß EG-WRRL dient hier als wichtiges Kontroll- und Steuerungsinstrument, auch in Bezug auf den erforderlichen Maßnahmenbedarf und die Auswirkungen bereits umgesetzter Maßnahmen. Das Erreichen der Bewirtschaftungsziele wird über das Monitoring angezeigt.

Darüber hinaus ist eine gezielte Erfolgskontrolle einzelner Maßnahmen von Bedeutung. Vor allem, wenn die Ergebnisse auf andere Gewässer übertragen werden können (s. auch Dahm et al. 2014). Diesbezüglich wäre eine zentrale Sammlung und Auswertung der Ergebnisse zielführend (s. auch Hering et al. 2013). Neben einer rein lokalen Betrachtung einzelner Maßnahmen sind insbesondere Analysen und Auswertungen von unterschiedlichen Maßnahmen innerhalb eines Gewässersystems erforderlich, um die funktionalen Zusammenhänge abbilden zu können. Ein solches *Maßnahmen-Verbundmonitoring* könnte gezielt Maßnahmen mit unterschiedlichem Umfang, deren räumliche Verknüpfung sowie die zeitlichen Unterschiede in der Maßnahmenumsetzung berücksichtigen. Auch vor dem Hintergrund von multiplen Belastungen, die sich auf die Gewässerbiozönosen auswirken, kommt dem eine besondere Bedeutung zu.

6.2 Allgemeine, flächendeckende wasserwirtschaftliche und naturschutzfachliche Planungsgrundlagen

Mit Hilfe naturnaher Ausbaumethoden (naturnaher Wasserbau) wurden in der Vergangenheit meist nur einzelne Fließgewässerentwicklungsmaßnahmen (Renaturierungen) an oder in relativ kurzen Fließgewässerabschnitten verwirklicht. Die Maßnahmen basierten also nicht auf landesweiten Programmen o. ä., sondern waren in der Hauptsache ein Produkt günstiger lokaler Gegebenheiten. Für ein systematisches Vorgehen bei Entwicklungsvorhaben sind aber flächendeckende Informationen über den Zustand der Fließgewässer von Vorteil.

Die *Gewässertypologie* hat in der wasserwirtschaftlichen Praxis zunehmend an Bedeutung gewonnen, weil die naturräumlichen Eigenschaften und Voraussetzungen bei der Fließgewässer- und Auenentwicklung eine zunehmende Rolle spielen.

Strukturelle Defizite an Fließgewässern werden durch die *Fließgewässerstrukturkartierung* erfasst. Die Strukturkartierung zeigt damit auch den vordringlichen Handlungsbedarf.

Die Ausweisung und Charakterisierung von *Fließgewässerlandschaften* ist eine weitere bedeutsame Grundlage für die Planung von Fließgewässerentwicklungen. Für größere zusammenhängende Fließgewässer- und Auengebiete werden die charakteristischen Merkmale auf regionaler Ebene dargestellt.

Wichtige naturschutzfachliche Planungsgrundlagen, die bei einer Fließgewässer- und Auenentwicklung ebenfalls sehr hilfreich sein können, sind auch die flächenbezogenen Aussagen der Biotopkartierungen und der Arten- und Biotopschutzprogramme. Im Hinblick auf die Vernetzung von Schutzgebieten, sind auch die *Natura-2000*-Bestimmungen von Bedeutung.

6.2.1 Fließgewässerstrukturkartierung

Tanja Pottgiesser und Mario Sommerhäuser

Abfluss-, Feststoff- und Morphodynamik gestalten die Strukturen von Gewässerbett (Gewässersohle, Ufer) und Aue. Damit geben diese Faktoren auch die Lebensbedingungen in und an natürlichen Fließgewässern vor und bestimmen deren ökologische Funktionsfähigkeit. Die Gewässerstrukturen sind somit wesentliche Bausteine des Ökosystems Fließgewässer mit der begleitenden Aue. Im Laufe der Zeit hat sich diese Strukturvielfalt unserer Flüsse und Bäche vielerorts durch sicherheits- und nutzungsorientierte wasserbauliche Maßnahmen weit von ihrem natürlichen Zustand entfernt (s. Abschn. 3.2). Die aktuelle Gewässerstruktur ist daher ein Maß für diese Veränderungen. Sie ist grundlegend für die ökologische Qualität eines Gewässers und der durch die Strukturen angezeigten dynamischen Prozesse.

Die Strukturkartierung von Fließgewässern ist ein Verfahren, mit dem der strukturelle (hydromorphologische) Zustand und damit die Funktionsfähigkeit von Bächen und Flüssen einschließlich des gewässernahen Umfelds (u. a. Auen) kartiert und bewertet werden. Dazu gibt es zwei unterschiedliche Verfahren: das *Übersichtsverfahren* (u. a. BayLfW 1999) und das *Vor-Ort-Verfahren* für die kleinen bis großen Fließgewässer (LAWA 2019a,b).

Beim *LAWA-Vor-Ort-Verfahren* erfolgt eine Erhebung direkt am Gewässer mit Hilfe standardisierter Erhebungsbögen. Erfasst und bewertet werden die Strukturen des Gewässerbetts, der Ufer und des Gewässerumfeldes bzw. der Aue. In Abhängigkeit von der aktuellen Gewässerbreite werden zwischen 100 und 1000 m lange Kartierabschnitte betrachtet. Kartiert werden jeweils Zustandsmerkmale von Einzelparametern, die wiederum zu Hauptparametern zusammengefasst werden. Unter dem Einzelparameter „*Laufkrümmung*" kann zum Beispiel erhoben werden, ob ein Fließgewässer einen mäandrierenden, geschwungenen, gestreckten oder geradlinigen Verlauf hat. Der Einzelparameter „*Laufkrümmung*" bildet zusammen mit anderen Einzelparametern (z. B. „*Krümmungserosion*" oder „*Besondere Laufstrukturen*") den Hauptparameter 1 „*Laufentwicklung*". Die Hauptparameter decken dabei die drei Bereiche eines Fließgewässers, nämlich Sohle, Ufer und Umfeld (= Land) ab.

Die Kartierung und Bewertung der Fließgewässerstruktur dient in unterschiedlichen Anwendungsbereichen als Planungs- und Entscheidungsgrundlage: Sie stellt ein wichtiges Hilfsmittel bei der Beurteilung des aktuellen Gewässerzustandes (s. Abschn. 6.3) und für die Ableitung von Entwicklungszielen auf der Grundlage einer Defizitanalyse dar. In eine am „*Strahlwirkungs- und Trittsteinkonzepts*" (LANUV 2012a) orientierte Maßnahmenplanung gehen ebenfalls die Bewertungen der Gewässerstruktur ein. Auch kann die Strukturkartierung fachliche Grundlage für die Landschaftsplanung und übergeordnete Fachprogramme (z. B. Auen-, Gewässerrandstreifen- oder Uferstreifenprogramme) sowie für eine ökologische Umgestaltung und Unterhaltung sein (s. Abschn. 6.6). Daneben ist sie wichtig für die Dokumentation der Fortschritte bei der Wiederherstellung ökologisch funktionsfähiger Strukturen über längere Zeiträume im Rahmen von Erfolgskontrollen (LAWA 2020).

In der Europäischen Wasserrahmenrichtlinie (EG-WRRL) ist die Bewertung der Gewässerstruktur eine *unterstützende Qualitätskomponente* zur Festlegung der ökologischen Zustandsklasse (Validierung der biologischen Bewertungsergebnisse). Die Bewertung der Gewässerstruktur wird zudem zur Ausweisung von erheblich veränderten Fließgewässern herangezogen. Darüber hinaus wurden und werden die Daten zur Ableitung und Validierung u. a. der biologischen Bewertungsverfahren genutzt.

Von einigen Bundesländern sind mit den den LAWA-Vor-Ort-Verfahren kompatible für die spezifischen Verhältnisse modifizierte Verfahren entwickelt worden (u. a. biota 2010; LANUV 1999; LUBW 2010). Diese enthalten zum Beispiel:

- Erfassungen von länderspezifischen bzw. naturraumtypischen Gewässertypen oder Strukturen.
- die genauere Erfassung von biozönotisch relevanten Habitateigenschaften mit dem Ziel, die Bewertungsergebnisse der biologischen Qualitätskomponenten besser interpretieren zu können (z. B. durch detaillierte und zahlenmäßige Erfassung besiedlungsrelevanter Strukturen),
- genauere Erfassung von spezifischen Belastungen, um bessere Informationen im Hinblick zum Beispiel auf Maßnahmenplanungen zu erhalten.

Bewertungsgrundlage aller Verfahren sind das gewässertypspezifische Leitbild bzw. die Referenzbedingungen, d. h. der heutige potenziell natürliche Gewässerzustand bzw. ein von menschlicher Störung unbeeinträchtigter Gewässerzustand der morphologischen Typen (s. Abb. 6.16a,b). Dieser definiert die Strukturklasse „1" und damit den Maßstab der Bewertung. Zur Strukturklasse „1" zählen Gewässer, die keine oder allenfalls sehr geringe Beeinträchtigungen hinsichtlich ihrer natürlichen Struktur und Dynamik aufweisen. Im

Abb. 6.16. **a** Naturnahes Fließgewässer – Strukturklasse „1", **b** Anthropogen überformtes Fließgewässer – Strukturklasse „7" (Fotos: T. Pottgiesser)

Rahmen der Bewertung wird die Abweichung des aktuellen Gewässerzustands von dieser Strukturklasse „1“ ermittelt, bei den LAWA-Verfahren in insgesamt 7 Strukturklassen.

Das Ergebnis der Gewässerstrukturkartierung sind Bewertungen der Hauptparameter, die für die Bereiche Sohle-Ufer-Land oder zu einer Gesamtbewertung zusammengefasst werden können.

Die Bewertung der erfassten Zustandsmerkmale führt zu einer Einstufung in eine Bewertungsskala mit sieben unterschiedlichen *Strukturklassen* (s. Tab. 6.1), die auch in Karten dargestellt werden können. Solche Strukturkarten zeigen den morphologischen Zustand der untersuchten Gewässer in farbiger Banddarstellung, zum Beispiel auf Grundlage von topografischen Karten, als einbändige Darstellung der Gesamtbewertung oder zum Beispiel als dreibändige Darstellung der Bereiche Sohle, Ufer, Land. Für die Erfordernisse der EG-WRRL können die Ergebnisse aber auch in fünf Stufen abgebildet werden (siehe u. a. LAWA 2019a).

Die Art der kartografischen Bänderdarstellung ist dabei abhängig vom Maßstab, aber auch dem Anwendungsbereich. Eine bundesweite Übersichtskarte im Maßstab 1:1.000.000 ermöglicht programmatische Aussagen zur Fließgewässerstruktur und kann eine Arbeitshilfe für strategische Betrachtungen sein; detaillierte Aussagen lassen sich aus dieser Gesamtübersicht nur begrenzt ableiten. Für planungsrelevante Fragestellungen oder Erfolgskontrollen sind Karten in größeren Maßstäben (z. B. 1:25.000 bis hin zu 1:5000)

Tab. 6.1 Gewässerstrukturklassen (LAWA 2019a)

Klasse	Grad der Veränderungen	Farben in Karten	Kurze Beschreibung: Gewässerstruktur …
1	Unverändert	dunkelblau	… entspricht dem potenziell natürlichen Zustand bzw. der Referenzbedingung
2	Gering verändert	hellblau	… gering beeinflusst durch einzelne, kleinräumige Eingriffe.
3	Mäßig verändert	grün	… mäßig beeinflusst durch mehrere kleinräumige Eingriffe.
4	Deutlich verändert	hellgrün	… deutlich beeinflusst durch verschiedene Eingriffe; z. B. in Sohle, Ufer, durch Rückstau und/oder Nutzungen.
5	Stark verändert	gelb	… ist durch Kombinationen von Eingriffen, z. B. in die Linienführung, durch Uferverbau, Querbauwerke, Stauregulierung, Anlagen zum Hochwasserschutz und/oder Nutzungen in der Aue, beeinträchtigt.
6	Sehr stark verändert	orange	… ist durch Kombinationen von Eingriffen (z. B. in die Linienführung, durch Uferverbau, Querbauwerke, Stauregulierung, Anlagen zum Hochwasserschutz und/oder Nutzungen in der Aue) stark beeinträchtigt.
7	Vollständig verändert	rot	… ist durch Eingriffe in die Linienführung, durch Uferverbau, Querbauwerke, Stauregulierung, Anlagen zum Hochwasserschutz und/oder durch Nutzungen in der Aue vollständig verändert.

und detailliertere Bänderdarstellungen (z. B. mit bis zu acht Bändern und Unterscheidung von linker und rechter Ufer- und Umfeldseite) erforderlich.

Unter Federführung der Länderarbeitsgemeinschaft Wasser (LAWA) wurden die Fließgewässerstrukturen in der Bundesrepublik Deutschland erfasst und in einer bundesweiten Übersichtskarte dargestellt (LAWA 2002). Diese Karte umfasst ca. 33.000 Kilometer Fließgewässer, wobei künstlich geschaffene Gewässer, wie zum Beispiel Kanäle, nicht berücksichtigt wurden. Sie sollen unter anderem die Veränderungen der Gewässerstrukturen im Vergleich zum natürlichen Zustand aufzeigen und auf die Erfordernisse zur Wiederherstellung gewässertypischer Strukturen hinweisen.

Die dargestellten Ergebnisse zeigen einen großen Anteil an *„deutlich veränderten"* (Strukturklasse 4) bis *„vollständig veränderten"* (Strukturklasse 7) Fließgewässerabschnitten. Diese Verteilung dokumentiert den hohen Nutzungsdruck, dem viele Flüsse und Bäche ausgesetzt sind. Dagegen überwiegen *„unveränderte"* (Strukturklasse 1) bis *„mäßig veränderte"* (Strukturklasse 3) Gewässerabschnitte in Landschaftsräumen mit geringerem Nutzungsdruck oder niedriger Bevölkerungsdichte. Der Anteil der mit *„unverändert"* (Strukturklasse 1) bis *„mäßig verändert"* (Strukturklasse 3) bewerteten Gewässerabschnitte entspricht ca. 23 Prozent der erfassten Gewässer.

Eine aktualisierte bundesweite Karte liegt derzeit nicht vor, aber die meisten Bundesländer haben in den letzten Jahren ihre Fließgewässer-Strukturgüte kartiert und bewertet bzw. führen in regelmäßigen Abständen Kartierungen vor allem der berichtspflichtigen Gewässer gemäß EG-WRRL durch, wie zum Beispiel Bayern, Hessen, Nordrhein-Westfalen oder Sachsen.

6.2.2 Biotopkartierungen

Heinz Patt und Walter Binder

Unsere Landschaft wurde durch Rationalisierung und Intensivierung nahezu aller Flächennutzungen vieler Strukturelemente entledigt, d. h. immer einförmiger und eintöniger. Eine systematische Inventarisierung der Landschaft wurde deshalb unter Naturschutzgesichtspunkten immer dringlicher, nicht zuletzt auch im Hinblick auf die Umsetzung der Naturschutzgesetze. Heute liefern hierzu bundesweit Biotopkartierungen wichtige Grundlagen.

Die ersten Biotopkartierungen fanden bereits in den 1970er-Jahren auf Länderebene statt, zum Beispiel in Bayern (Kaule 1979) und Baden-Württemberg. Diese Kartierungen von schützenswerten Flächen, die auf der Grundlage von Karten im Maßstab 1:50.000 festgehalten wurden, hatten den Charakter einer Übersichtskartierung ohne Anspruch auf Vollständigkeit. Inzwischen konnte in fast allen Bundesländern in einem zweiten Durchgang eine genauere Datenerhebung, meist auf Ebene der Landkreise, im Maßstab 1:25.000, abgeschlossen werden. Parallel dazu wurden in vielen Städten auch sogenannte *Stadtbiotopkartierungen* erarbeitet.

Bei den Biotopkartierungen handelt es sich um selektive Geländeerhebungen der aus naturschutzfachlicher Sicht besonders wertvollen Flächen mit ihren Pflanzen- und Tier-

Abb. 6.17 Bei Biotopkartierungen werden alle naturnahen Lebensräume, wie zum Beispiel auch Altgewässer, erfasst, beschrieben und in Karten eingetragen. (Foto: H. Patt)

gemeinschaften sowie eventuellen Besonderheiten (Abb. 6.17). Zumindest auf Länderebene wurde dabei methodisch einheitlich vorgegangen, um die Vergleichbarkeit der erhobenen Daten zu gewährleisten. Die erarbeiteten Informationen werden in Form von Daten, in Sicht- und Auswertungsprogrammen sowie Karten mit erläuternden Begleittexten zur Verfügung gestellt. In den Bundesländern haben die kartierten Biotope als *„geschützte Biotope"* nach § 30 BNatSchG Eingang in die Naturschutzgesetzgebung gefunden.

Diese flächenbezogenen Daten sind naturschutzfachliche Grundlage für Biotopschutz- und Biotopverbundplanungen, Landschaftsrahmenpläne, Landschaftspläne, aber auch für-Bauleitplanung, Eingriffs- und Ausgleichsplanungen und andere Planungen in der Landschaft.

Das Hauptziel von *Biotopkartierungen* ist es, die noch vorhandenen schutzwürdigen Lebensräume mit ihrem genetischen Potenzial in Zukunft vor negativen Veränderungen wie Standortnivellierung oder Intensivierung zu bewahren, damit in unserer Landschaft ein Mindestmaß an biologischer und struktureller Vielfalt, aber auch charakteristischer Eigenart erhalten bleibt. In ausgeräumten Landschaften kann die Biotopkartierung helfen, notwendige Programme zu Biotopverbesserungen bzw. Biotopneuschaffungen im Hinblick auf einen Biotopverbund zu erarbeiten (z. B. Arten- und Biotopschutzprogramme).

6.2.3 Arten- und Biotopschutzprogramme

Heinz Patt und Walter Binder

Der Mensch ist auf die Nutzung der Naturgüter angewiesen. Damit dies weiterhin möglich ist, sind die Naturgüter so zu nutzen, dass die Funktionen des Naturhaushalts nicht überfordert werden. Dazu ist es unter anderem notwendig, die Lebensräume mit ihrer Artenvielfalt zu erhalten und die Situation örtlich und landesweit zu verbessern, d. h. die ökologisch noch intakten Bereiche in unserer Landschaft zu sichern, in verarmten Bereichen die Entwicklung und den Verbund der Lebensräume durch Optimierung und Biotopneuschaffungen zu fördern und sonstige Maßnahmen für Natur und Landschaft an dieser Zielsetzung auszurichten (Abb. 6.18).

Auf Länderebene, Landkreisebene und auf der Ebene der kreisfreien Städte wurden hierzu vielfach Fachkonzepte für den Naturschutz und die Landschaftspflege entwickelt. Grundlage dieser sogenannten *Arten- und Biotopschutzprogramme* (ABSP) sind u. a. die vorhandenen Biotopkartierungen.

Arten- und Biotopschutzprogramme – oder vergleichbare Programme – enthalten, ohne unmittelbare rechtliche Verbindlichkeit, naturschutzfachliche Vorgaben. Im Einzelnen sind dies allgemeine naturschutzfachliche Aussagen (u. a. zu Geologie, Böden, Schutzgebiete), Angaben zu den vorkommenden Pflanzen- und Tierarten sowie zu den auf

Abb. 6.18 Im Rahmen von Arten- und Biotopschutzprogrammen werden unter anderem Schutz- und Entwicklungskonzepte erarbeitet, die auch eine Vernetzung von Biotopen (Biotopverbund), zum Beispiel von isoliert in einer landwirtschaftlich genutzten Aue liegenden Altgewässern, vorsieht. (Foto: P. Jürging)

naturräumliche Untereinheiten bezogenen Lebensraumtypen und, als Ergebnis, vordringlich erforderliche Naturschutzmaßnahmen.

Zu den dargestellten *Lebensraumtypen* gehören auch wasserwirtschaftlich bedeutsame Gebiete, wie Fließgewässer mit ihren Auen, Stillgewässer, Moore, Nass- und Feuchtwiesen. Auf der Basis dieser Lebensraumtypen wird ein Schutz- und Entwicklungskonzept des Naturschutzes und der Landschaftspflege erarbeitet, um vielfältige Schutzmaßnahmen (u. a. Ausweisung von Schutzgebieten, Naturschutz- und Landschaftspflegeprogramme, Ankauf oder Pacht ökologisch wertvoller Flächen) aufeinander abzustimmen. Damit soll eine Vernetzung von Biotopen (*Biotopverbund*) erreicht und so ein wesentlicher Beitrag zur Erhaltung der natürlichen Lebensgrundlagen geleistet werden.

6.2.4 Natura-2000

Heinz Patt und Walter Binder

Dieses Projekt soll Arten und Lebensräume innerhalb der Europäischen Gemeinschaft in einem internationalen Biotopverbundnetz schützen und damit die biologische Vielfalt dauerhaft erhalten und wieder erhöhen. Bestandteile dieses europäischen Schutzgebietsnetzwerks *Natura-2000* werden die Schutzgebiete gemäß der Fauna-Flora-Habitat-Richtlinie (sog. FFH-Gebiete) und die Schutzgebiete der EU-Vogelschutz-Richtlinie sein.

Wichtige Voraussetzungen für die Meldung der FFH-Gebiete liefern vor allem die Biotopkartierungen mit ihren umfassenden Grundlagenerhebungen über die Lebensräume für gefährdete Tier- und Pflanzenarten. Darauf aufbauend sind, wie es von den europäischen Naturschutz-Richtlinien für *Natura-2000-Gebiete* gefordert wird, Konzeptionen für Schutzstrategien, Managementpläne sowie Monitoring- und Bewertungsverfahren bis zum Jahre 2006 zu entwickeln (BfN 1998).

6.3 Gewässerkategorien und Fragen der Bewertung

Grundlage für jede gewässerbezogene Planung ist die Festlegung von Zielzuständen, den sogenannten *Entwicklungszielen,* die sich an den naturräumlichen Gegebenheiten, anthropogenen Restriktionen sowie sozioökonomischen Aspekten orientieren. Für Fließgewässer gibt das gewässertypspezifische Leitbild dabei die Richtung der Gewässerentwicklung vor, ohne dass der mit dem *Leitbild* beschriebene Zustand jedoch erreicht werden muss (s. auch Abschn. 4.2 und 4.3).

Aus der Bewertung des Ist-Zustands im Vergleich zu den Entwicklungszielen ergibt sich das Maßnahmenkonzept der *Gewässerentwicklungsplanung*. Abb. 6.19 verdeutlicht die Vorgehensweise und die Bedeutung von Gewässertyp und Bewertung in diesem Prozess.

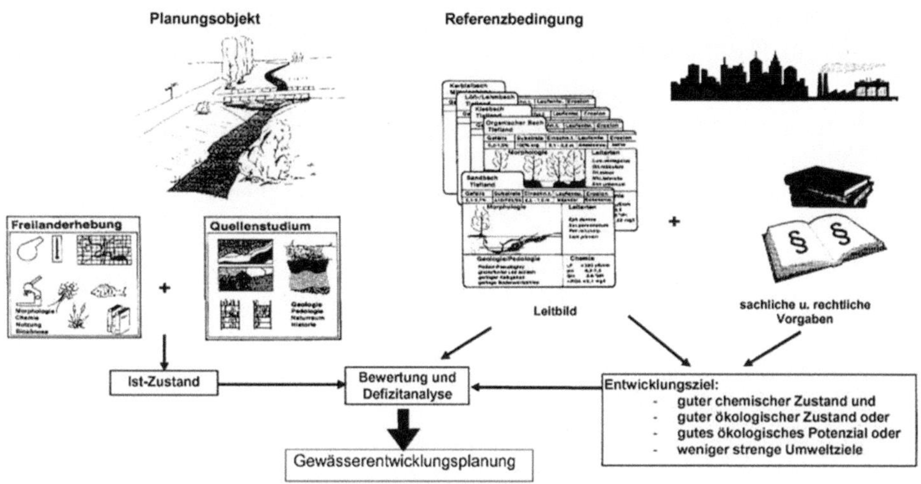

Abb. 6.19 Ablaufschema vom Planungsobjekt zur Gewässerentwicklungsplanung (verändert; aus LUA 1999)

Die zwei Säulen der *Gewässerbewertung* in Deutschland waren in der Vergangenheit das Saprobiensystem mit dem anhand der Kleintierfauna der Grad organischer Verschmutzung indiziert werden kann sowie die *Gewässerstrukturkartierung* (vormals Strukturgütekartierung), die Aufschluss über den Grad der Verbauung und Beeinträchtigungen der natürlichen Strukturvielfalt gibt (LAWA 2000).

Das *Saprobiensystem* wurde in den letzten Jahren einer veränderten Normung unterzogen, was zu einer umfangreichen Erneuerung der DIN 38410 führte (BMU 2003a).

Die EG-Wasserrahmenrichtlinie rückt nunmehr eine integrale Gewässerbewertung, die möglichst alle Einflussgrößen anhand verschiedener tierischer und pflanzlicher Organismen erfasst, in das Zentrum der Betrachtung. Sie fordert die Erreichung eines *„guten chemischen Zustands“* und eines *„guten ökologischen Zustands“* für alle Oberflächengewässer, die der Kategorie *„natürliche Gewässer“* zugeordnet werden. Die letztgenannte Kategorie wird anhand von Organismen und weiteren, sogenannten unterstützenden Qualitätskomponenten, wie zum Beispiel die Wasserbeschaffenheit, Wasserhaushalt oder die Gewässerstruktur, bestimmt.

Die Bewertung nach den Vorgaben der EG-Wasserrahmenrichtlinie konzentriert sich auf das Gewässer selbst, die Aue und das Umland werden nur als Einflussfaktoren berücksichtigt. Hydrologie, Gewässerchemismus und Gewässermorphologie werden als unterstützende Parameter zur Bewertung des ökologischen Zustands herangezogen.

6.3.1 Klassifizierung der Gewässer gemäß EG-Wasserrahmenrichtlinie

Die EG-Wasserrahmenrichtlinie unterscheidet bei Oberflächengewässern *„natürliche“*, *„künstliche“* und *„erheblich veränderte“* Wasserkörper.

„Natürliche Wasserkörper" sind so zu bewirtschaften, dass sie in ihrem chemischen und ökologischen Zustand nur geringfügig von dem natürlichen, vom Menschen nicht oder nahezu unbeeinflussten Zustand abweichen. Das gilt sowohl für chemische als auch für ökologische Kriterien. Der Bewertungsmaßstab ist somit der *„potenziell natürliche Zustand"* (Abb. 6.20).

„Künstliche Wasserkörper" wurden vom Menschen geschaffen in einem Bereich, in dem vorher kein Gewässer vorhanden war, das im Hinblick auf die Wasserrahmenrichtlinie relevant gewesen wäre. Künstliche Wasserkörper sind damit zum Beispiel:

- Schifffahrtskanäle zum Transport von Gütern und Erholungsschifffahrt (s. Abb. 6.21a)
- Hafenanlagen (s. Abb. 6.21b), Kiesgruben, Baggerseen, Teiche
- Pumpspeicherkraftwerke
- Offene Überleitungen in andere Einzugsgebiete.

Gewässer wie Talsperren, Flussstauseen und Fließgewässer, mit zum Beispiel durch Begradigung veränderter Laufführung, die erst durch den Menschen diese Ausprägung erhalten haben, gelten jedoch nicht als künstlich. Im Sinne der EG-Wasserrahmenrichtlinie werden derartige Beeinträchtigungen als eine Änderung der Gewässerkategorie, des Gewässertyps oder der morphologischen Ausprägung bei einem bereits bestehenden Fließgewässer gewertet.

Die ökologische Qualität *„künstlicher Gewässer"* wird anhand ihres *„ökologischen Potenzials"* bewertet. Das *„ökologische Potenzial"* orientiert sich an ähnlichen natürlichen

Abb. 6.20 Natürliches Fließgewässer – Die Dhünn bei Odenthal (NRW) (Foto: A. Müller)

Abb. 6.21 Nutzung von Gewässern, **a** Bundeswasserstraße: Transport von Gütern und Erholungsschifffahrt (Foto: H. Patt), **b** Künstliches Gewässer: Hafenanlagen am Rhein-Herne-Kanal (Foto: A. Müller)

Gewässertypen oder wird theoretisch auf der Grundlage der abiotischen Bedingungen des jeweiligen Naturraumes abgeleitet.

„Erheblich veränderte Wasserkörper" sind durch die menschliche Nutzung des Gewässers selbst und des direkt angrenzenden Uferbereiches in ihrem grundsätzlichen Gewässercharakter – insbesondere in ihrem hydromorphologischen Zustand – derart verändert, dass das Erreichen des *„guten ökologischen Zustands"* gefährdet ist. Maßnahmen, die zur Erreichung des *„guten ökologischen Zustands"* umgesetzt werden müssten, werden nach einem vorgegebenen Abwägungsprozess als nicht realisierbar eingeschätzt.

In der EG-Wasserrahmenrichtlinie (Art. 4 Abs. 3 EG-WRRL) werden folgende Gründe für die Nicht-Umsetzung von Maßnahmen genannt:

- das Erreichen des guten ökologischen Zustands hat signifikant negative Auswirkungen auf:
  - die Schifffahrt (einschließlich Hafenanlagen oder Freizeitnutzung),
  - Tätigkeiten, zu deren Zweck Wasser gespeichert wird, wie beispielsweise Trinkwasserversorgung, Stromerzeugung oder Bewässerung.
  - Die Wasserregulierung, den Schutz vor Überflutungen, die Landentwässerung oder andere ebenso wichtige nachhaltige Entwicklungstätigkeiten des Menschen

oder

- wenn die nutzbringenden Ziele aus technischen oder Kostengründen nicht durch andere Mittel, die eine bessere Umweltoption darstellen, erreicht werden können.

Auch die Bewertung der ökologischen Qualität *„erheblich veränderter Wasserkörper" („heavily modified water bodies")* erfolgt an Hand des ökologischen Potenzials, das vergleichbar den künstlichen Gewässern bestimmt wird. Für *künstliche* und *erheblich veränderte Wasserkörper* gilt, dass sie beide den guten chemischen Zustand erreichen müssen.

Die Abgrenzung erheblich veränderter Wasserkörper von sonstigen *natürlichen* und *künstlichen* Wasserkörpern wird in einer EU-Leitlinie (sog. *Guidance document*) der CIS-Arbeitsgruppe 2.2 (*CIS = Common Implementation Strategy*), *„Leitfaden zur Identifizierung und Ausweisung von erheblich veränderten und künstlichen Wasserkörpern"*, detailliert dargestellt (Abb. 6.22). Das Identifizierungs- und Ausweisungsverfahren ist dabei als iterativer Prozess zu verstehen, bei dem durch zusätzliche Datenerfassung sowie abiotische und biotische Monitoring-Ergebnisse sowohl die Definition der Wasserkörper als auch die Identifizierung und ggf. abschließende Ausweisung als erheblich veränderter Wasserkörper revidiert werden können.

Im Rahmen des Identifizierungs- und Ausweisungsverfahrens werden in einem ersten Schritt die Gewässer in Wasserkörper unterteilt, die in natürliche und künstliche Wasserkörper unterschieden werden. In natürlichen Gewässern wird dann bewertet, ob sie *„signifikant morphologisch"* verändert sind, da nur *hydromorphologische Veränderungen* als Gründe für eine Ausweisung als *„erheblich veränderter Wasserkörper"* zugelassen sind.

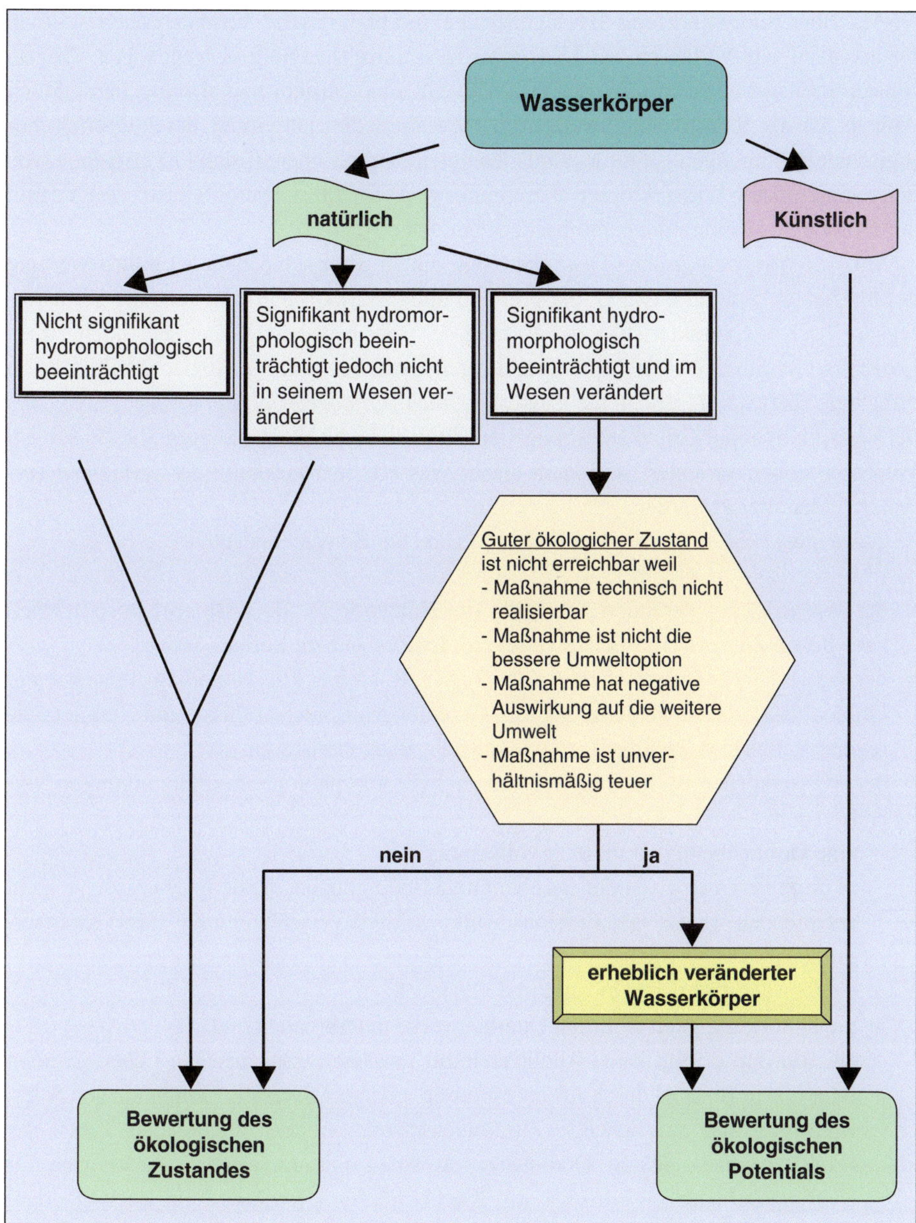

Abb. 6.22 Ablaufschema zur Unterscheidung natürlicher, künstlicher und erheblich veränderter Wasserkörper gemäß CIS-Guidance Document „Leitfaden zur Identifizierung und Ausweisung von erheblich veränderten und künstlichen Wasserkörpern".

Als Bewertungswerkzeug für signifikante morphologische Veränderungen wird in Deutschland das Verfahren zur Fließgewässerstrukturkartierung herangezogen. Gemäß Länderarbeitsgemeinschaft Wasser (LAWA) gilt eine Strukturklasse schlechter „5" (s. Abb. 6.22) als Signifikanzschwelle, um Gewässer, die auf Grund der hydromorphologischen Bedingungen gefährdet sind, den guten ökologischen Zustand zu erreichen, von den ungefährdeten Wasserkörpern abzutrennen (LAWA 2003). Dieser Schritt erfolgt damit auf Grundlage ausschließlich abiotischer Parameter.

Sind die morphologischen Degradationen, die zu einer schlechten Strukturbewertung geführt haben, nicht umfassend, tief greifend und dauerhaft, und sind auch die gewässertypspezifischen Charakteristika der Biozönose, trotz bestehender Defizite, noch zu erkennen, so ist dieser Wasserkörper zwar als gefährdet, den guten ökologischen Zustand zu erreichen, einzustufen, jedoch nicht als *„erheblich veränderter Wasserkörper"*. Erst wenn der Wasserkörper auf Grund anthropogener Eingriffe in die Hydromorphologie „in seinem Wesen erheblich verändert" ist, kann dieser Wasserkörper vorläufig als *„erheblich verändert"* identifiziert werden.

„In seinem Wesen erheblich verändert" kann zum Beispiel bedeuten:

- der Wasserkörper verändert scheinbar die Kategorie (z. B. Talsperre: im potenziell natürlichen Zustand ein Fließgewässer; im Ist-Zustand ein Stillgewässer),
- der Wasserkörper ändert scheinbar den Typ (z. B. kleiner Fluss unterhalb Talsperre mit Grundablass: durch Veränderung im Geschiebehaushalt, Abfluss- und Temperaturregime stellen sich Bedingungen wie in einen Bachoberlauf ein),
- der Wasserkörper ist in allen relevanten hydromorphologischen Bedingungen verändert, d. h.
  - eine Gerinnebettdynamik fehlt vollständig,
  - es dominieren erosive oder sedimentative Bedingungen, die dem Gewässertyp nicht entsprechen (massives Erosionsprofil, völlige Verschlammung des Gewässergrundes),
  - die Gewässersohle ist befestigt und versiegelt,
  - die Durchgängigkeit ist durch Querbauwerke unterbrochen und
  - die Biozönose zeigt keine Ähnlichkeit zur gewässertypspezifischen Lebensgemeinschaft, zum Beispiel durch Artenverarmung, geringe Diversität, Dominanz von Allerweltsarten und abweichende Zusammensetzung in den funktionalen Typen der Habitatansprüche (z. B. Dominanz von Arten mit untypischen Präferenzen für Nahrungsaufnahme – Filtrierer wie Kriebelmücken (*Simuliidae*) im Bach-Oberlauf oder untypische Strömungspräferenzen – Tellerschnecken (*Planorbidae*) im Mittelgebirgsfluss).

Wasserkörper, die als *„signifikant morphologisch beeinträchtigt"* und auch *„grundsätzlich in ihrem Wesen verändert"* eingestuft werden, können als *„vorläufig erheblich veränderte Wasserkörper"* identifiziert werden. Die Reversibilität dieser Veränderungen soll gemäß des *CIS-Guidance Document* in dieser ersten Stufe noch nicht berücksichtigt werden. Jedoch bietet die Einbeziehung der Rückbaumöglichkeit in eindeutigen Fällen (geringes Rückbaupotenzial für Fließgewässer in enger Siedlungslage, hohes Rückbaupotenzial bei Wehr- und Stauanlagen ohne aktuelle Nutzung) den Vorteil, dass sich die Anzahl vorläufig identifizierter von letztendlich ausgewiesenen *„erheblich veränderten Wasserkörpern"* nur wenig unterscheidet.

Nach der vorläufigen Identifizierung als *„erheblich veränderter Wasserkörper"* ist in einem zweiten Schritt zu überprüfen, ob Maßnahmen des Rückbaus bzw. der Umnutzung, die zur Erreichung des guten ökologischen Zustands notwendig wären, realisiert werden können.

Aus sozioökonomischen Gründen ist von einer Umsetzung dieser Maßnahmen abzusehen, wenn diese …

- die bestehenden Nutzungen verhindern oder signifikant beeinträchtigen,
- technisch nicht realisierbar sind,
- nicht die bessere Umweltoption sind,
- negative Auswirkungen auf die weitere Umgebung haben oder
- unverhältnismäßig teuer sind.

Ein Wasserkörper, der auf Grund des dargestellten Abwägungsprozesses in der menschlichen Nutzung verbleibt und hierdurch den guten ökologischen Zustand nicht erreichen kann, kann letztlich als *„erheblich veränderter Wasserkörper"* ausgewiesen werden. Um jedoch mögliche Änderungen in der Nutzung bzw. einen Strukturwandel im Laufe der Zeit berücksichtigen zu können, muss der Identifizierungs- und Ausweisungsprozess alle sechs Jahre wiederholt werden.

Die Unterteilung der als erheblich verändert ausgewiesenen Wasserkörper in die verschiedenen Nutzungsfallgruppen (z. B. Gewässer mit Bebauung ohne Vorland, Gewässer mit Wasserkraftnutzung), die fallgruppenspezifische Bewertung des ökologischen Potenzials sowie die nutzungsabhängigen strukturellen Entwicklungsmöglichkeiten zur Erreichung des guten ökologischen Potenzials sind in Abschn. 6.1.3 dargestellt.

6.3.2 Bewertung von Fließgewässern nach EG-Wasserrahmenrichtlinie

Die ökologische Bewertung von Fließgewässern nach den Vorgaben der EG-Wasserrahmenrichtlinie erfolgt in erster Linie über die dort lebende aquatische Biozönose sowie unterstützend über hydromorphologische und physikalisch-chemische Kenngrößen. Die biologische Bewertung wird mittels vier Organismengruppen, die als *Qualitätskomponenten* bezeichnet werden, vorgenommen. Diese sind:

- Phytobenthos (am Gewässergrund lebende Algen) und Makrophyten (höhere Wasserpflanzen),
- Phytoplankton (im Wasser treibende Algen),
- Makrozoobenthos (Kleintiere der Gewässersohle) und
- Fische.

Dieser Ansatz basiert auf der Erkenntnis, dass verschiedene Organismengruppen auf unterschiedliche Einflussgrößen („*Stressoren*") reagieren. Während pflanzliche Organismen vor allem das Maß der Eutrophierung widerspiegeln, indizieren Fische gewässerstrukturelle Veränderungen. Das Makrozoobenthos reagiert sowohl auf organische Verschmutzung und Versauerung als auch auf Veränderungen der Gewässerstruktur.

Darüber hinaus sind kleine Organismen (z. B. Kieselalgen), die Bestandteil des Phytobenthos sind, in der Lage, sehr kleinräumige Veränderungen widerzuspiegeln und innerhalb eines kurzen Zeitraumes auf eine Belastung zu reagieren, während größere Organismen (z. B. Fische) erst über größere Abschnitte und längere Zeiträume Reaktionen zeigen. Durch Berücksichtigung verschiedener Organismengruppen soll daher eine Bewertung erreicht werden, die über verschiedene Stressoren und über unterschiedliche Zeit- und Raumskalen integriert (Abb. 6.23).

Für die Gewässerbewertung mit den genannten Organismengruppen müssen zudem folgende Prinzipien berücksichtigt werden:

- Unterschiede in der Lebensgemeinschaft (Biozönose) zweier Gewässer können – vereinfacht dargestellt – zwei verschiedene Ursachen haben:
  - *Lebensgemeinschaften können auf natürlicherweise unterschiedlichen Bedingungen beruhen.*
    Dazu zählen zum Beispiel die Unterschiede bei den Wassertemperaturen und bei der Substratzusammensetzung beim Vergleich von Gebirgs- und Tieflandgewässern. Derartige Unterschiede sind Bestandteil der *Gewässertypologie* (s. Abschn. 2.5).
  - *Unterschiede können in der Belastung der Gewässer begründet sein*
    Diese Unterschiede sind für die Gewässerbewertung von Belang. Um sicherzustellen, dass natürliche („gewässertypologische") Unterschiede in der Lebensgemeinschaft nicht die von Belastungen hervorgerufenen Unterschiede verdecken, erfolgt die

	Saprobie	Eutrophierung	Versauerung	Gewässer-morphologie
Phytobenthos				
Makrophyten				
Makrobzoobenthos				
Fische				

Abb. 6.23 Schematische Darstellung der Eignung verschiedener Organismengruppen zur Bewertung des Einflusses unterschiedlicher Stressoren

Bewertung gewässertypspezifisch. Für jeden Gewässertyp werden, falls notwendig, leicht unterschiedliche Verfahren und Zielzustände definiert. Dies trägt zudem der Tatsache Rechnung, dass zum Beispiel Tieflandflüsse viel sensibler auf organische Verschmutzungen reagieren als Gebirgsbäche. Die deutschen Gewässertypen, die somit „Grundeinheiten" der Bewertung sind, werden in Abschn. 2.5 beschrieben.

- Die Bewertung erfolgt durch den Vergleich der vorgefundenen Situation mit einer *„Referenz"*. Der *Referenzzustand* beschreibt die Situation eines Gewässers oder Gewässertyps unter vom Menschen nicht veränderten Bedingungen. Referenzen können entweder anhand weitgehend naturnaher Gewässer beschrieben werden, die unverschmutzt, nicht versauert und unverbaut sind und in deren Einzugsgebiet keine sonstigen Belastungen auftreten, die sich auf die Lebensgemeinschaft auswirken. Alternativ oder ergänzend können Referenzzustände durch historische Daten, durch Vergleich mit ähnlichen Gewässern in anderen Ökoregionen oder durch Modellierung beschrieben werden.
- Die Abweichung des zu bewertenden Gewässers vom Referenzzustand wird in fünf *„ökologische Zustandsklassen"* klassifiziert, die als *„sehr gut"*, *„gut"*, *„mäßig"*, *„unbefriedigend"* und *„schlecht"* bezeichnet werden. Ziel wasserwirtschaftlichen Handelns ist die Erreichung des *„guten ökologischen Zustands"* aller *„natürlichen Gewässer"*.

In Deutschland haben die detaillierten, jedoch verhältnismäßig abstrakten, Vorgaben der Wasserrahmenrichtlinie zur Entwicklung konkreter Bewertungsverfahren für die vier genannten Organismengruppen geführt. Die Methoden sind für alle Organismengruppen ähnlich und beruhen auf sogenannten *„multimetrischen Verfahren"*.

Die Bewertung beginnt immer mit der Erstellung einer Taxaliste (Liste der vorkommenden Tierarten bzw. -gruppen und ihrer Häufigkeit). Um eine möglichst hohe Vergleichbarkeit verschiedener Proben zu erreichen und sicherzustellen, dass Abweichungen vom Referenzzustand tatsächlich auf einer Belastung und nicht auf methodischen Unterschieden beruhen, ist es von großer Bedeutung, die Beprobung von Gewässern zu vereinheitlichen.

So basiert zum Beispiel die Beprobung des Makrozoobenthos auf einer anteilmäßigen Besammlung aller Habitate im Flussbett, soweit sie watend erreichbar sind und mindestens eine Deckung von 5 Prozent erreichen (Abb. 6.24). Die aufgesammelten Individuen werden bestimmt und zu einer Taxaliste zusammengestellt. Vergleichbar erfolgt die Beprobung der pflanzlichen Komponenten. Nur für die Qualitätskomponente „Fische" kann auf Grund deren höherer Mobilität auf eine kleinräumige Berücksichtigung von Habitaten verzichtet werden, statt dessen erfolgt die Probenahme in einem größeren Gewässerabschnitt, der in Strukturvielfalt und Strömungsdiversität repräsentative Aussagen für den zu bewertenden Wasserkörper ermöglicht.

Die Bewertung könnte theoretisch durch den direkten Vergleich der Taxaliste eines zu bewertenden Gewässerabschnitts mit der Taxaliste von Referenzgewässern erfolgen, zum Beispiel durch die Berechnung der relativen Ähnlichkeit von Artenvorkommen und Häufigkeiten.

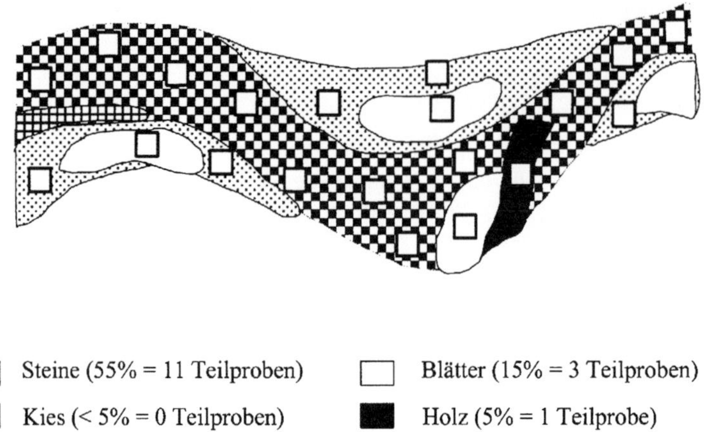

Abb. 6.24 Schema einer Makrozoobenthos-Aufsammlung. Alle vorkommenden Habitate, die mindestens 5 Prozent Deckung erreichen, werden gemäß ihrer Häufigkeit berücksichtigt.

Dies hat jedoch den Nachteil, dass Taxalisten immer einer gewissen Variabilität unterliegen, die – neben methodischen Unterschieden – in zufälligen Schwankungen der Häufigkeit einzelner Taxa oder saisonalen Unterschieden begründet sein kann. Zudem würde der direkte Vergleich von Taxalisten nichts über die mögliche Ursache von Abweichungen aussagen. Daher werden aus der Taxaliste des zu bewertenden Gewässerabschnitts bestimmte Kennwerte (sog. *„Metriks“*) berechnet, die gegenüber zufälligen Schwankungen der Biozönose unabhängiger sind, sich aber mit zunehmender Degradation des Gewässers verändern.

Im Idealfall reagieren die Metriks nur auf eine Einflussgröße, so dass aus dem Wert eines Metriks direkt auf die Ursache der Degradation geschlossen werden kann.

Das für Deutschland vorgeschlagene Bewertungssystem für den Makrozoobenthos basiert für jeden Gewässertyp auf 6 bis 8 Metriks, die drei verschiedenen Modulen zugeordnet werden (s. Abb. 6.25):

- Das Modul *„Saprobie“* basiert auf dem *Saprobienindex* nach DIN 38410 – Teil 2 in der revidierten Form. Für jeden Gewässertyp sind *„saprobielle Leitbilder“* definiert, die den Referenzzustand beschreiben; der Wert des Saprobienindex wird mit dem saprobiellen Leitbild verglichen und aus möglichen Abweichungen ergibt sich die Bewertung (Rolauffs et al. 2002).
- Das Modul *„Versauerung“* basiert auf den *Säurezustandsklassen* nach Braukmann (2000). Da die Versauerung in Deutschland insgesamt zurückgeht und nur noch regional ein Problem darstellt, findet dieses Modul nur für die besonders betroffenen Gewässertypen der silikatischen Mittelgebirgsbäche Anwendung.

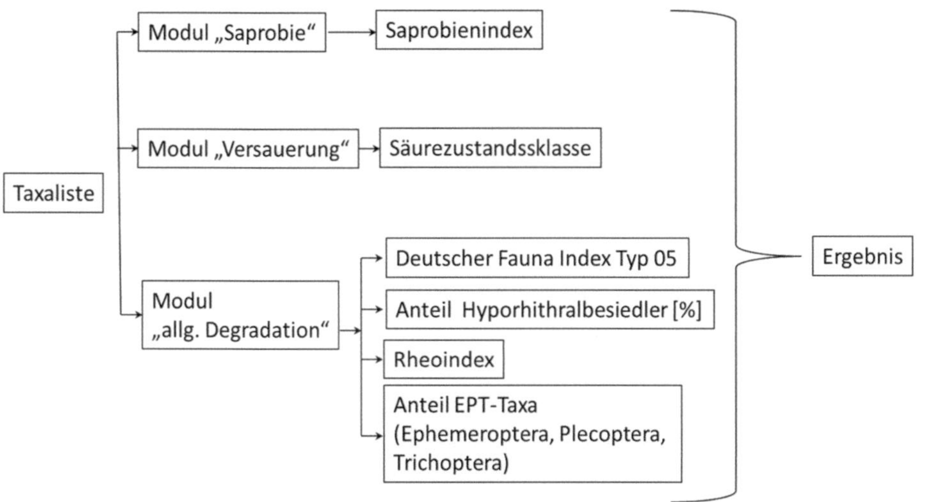

Abb. 6.25 Schema einer multimetrischen Bewertung am Beispiel des Gewässertyps „*Grobmaterialreiche silikatische Mittelgebirgsbäche*". Mit einer Taxaliste werden verschiedene Kenngrößen („*Metriks*") berechnet, die separat mit den entsprechenden Werten und Referenzbedingungen verglichen werden. Aus dem Vergleich ergibt sich die Bewertung.

- Das Modul „*Allgemeine Degradation*" berücksichtigt die Einflüsse aller anderen *Stressoren* auf die *Biozönose.* Es basiert auf 4 bis 6 weiteren *Metriks,* die sich mit zunehmender Degradation verändern. Viele dieser Metriks reagieren besonders auf Veränderungen der Gewässermorphologie und spiegeln damit die Güte der Gewässermorphologie im Einzugsgebiet wider. Solche Größen sind zum Beispiel die Vielfalt (*Diversität*) der Biozönose (gemessen mit dem *Shannon-Wiener-Index),* der Anteil der „*Zerkleinerer*" (Tiere, die sich von abgestorbenen Blättern und Holz ernähren) oder der Anteil strömungsliebender (*rheophiler*) Arten.

Alle diese Informationen werden aus einer Taxaliste entnommen und separat mit entsprechenden Werten unter Referenzbedingungen verglichen. Aus diesem Vergleich resultiert die Bewertung. Als Beispiel ist das Bewertungssystem für den Gewässertyp „*Grobmaterialreiche silikatische Mittelgebirgsbäche*" in Abb. 6.25 dargestellt.

Die Ergebnisse der Bewertung mit dem *Makrozoobenthos* sind auf verschiedenen Ebenen darstellbar (Tab. 6.2):

- Auf der oberen Ebene ist die ökologische Zustandsklasse dargestellt. Sie ergibt sich über die geschilderten Zwischenschritte direkt aus der Taxaliste.
- Auf der zweiten Ebene sind die Ergebnisse der Module dargestellt. Sie lassen Schlüsse darüber zu, ob eine mögliche Degradation zum Beispiel in organischer Verschmutzung begründet ist oder ob andere Einflussgrößen eine Rolle spielen.

Tab. 6.2 Ebenen des Resultates einer multimetrischen Bewertung

	Beschreibung	**Anwendung**
Ebene 1	Ökologische Zustandsklasse	Kartendarstellung, Verortung des Sanierungsbedarfs
Ebene 2	Ergebnisse der Bewertungsmodule	Analyse des Sanierungsbedarfs
Ebene 3	Ergebnisse der Metriks	Maßnahmenplanung

- Auf der dritten Ebene werden die Ergebnisse der einzelnen Metriks, die zur Bewertung herangezogen wurden, dargestellt. Sie sind insbesondere für die Maßnahmenplanung von Belang und lassen Schlüsse darüber zu, welche Renaturierungsmaßnahmen besonderen Erfolg versprechen.

Aus einer Taxaliste lassen sich so, nach einem festen Schema, vielfältige Informationen zum Zustand eines Gewässers gewinnen.

Die zur Unterstützung und Absicherung der biologischen Daten herangezogenen hydromorphologischen und physikalisch-chemischen Parameter werden gewässertypspezifisch in ihren Spannweiten den *ökologischen Zustandsklassen* zugeordnet. Widersprechen sich biotische und abiotische Parameter in ihrer ökologischen Zustandsklasse, so gilt die biologische Bewertung, auch wenn die abiotischen Parameter einen besseren Zustand indizieren.

Zeigen jedoch die hydromorphologischen und physikalisch-chemischen Parameter eine schlechtere ökologische Zustandsklasse an als die biologische Bewertung, so gilt zunächst die abiotische Bewertung. Erst durch Nachweis und detaillierte Begründung über die Repräsentanz der biologischen Bewertung und die Fehlerspannen der abiotischen Parameter kann von dieser Vorgehensweise abgewichen werden (Refcond 2003; siehe CIS-Guidance Document – REFCOND EU WG 2.3 ECOSTAT – EU WG 2 A).

Während die Bewertung der natürlichen Gewässer als Ergebnis den *„ökologischen Zustand"* liefert, wird bei der Bewertung von künstlichen und erheblich veränderten Wasserkörpern das *„ökologische Potenzial"* bestimmt. Die Bewertung des Potenzials erfolgt dabei im Prinzip nach den gleichen theoretischen Ansätzen wie die Bewertung natürlicher Gewässer *(multimetrische Bewertungsverfahren).*

Grundlegender Unterschied ist die Definition von *Referenzbedingungen.* Als Referenzbezug gilt das *„höchste ökologische Potenzial"*. Dieses definiert sich entweder …

- über eine weitmögliche Entsprechung der Bedingungen des ähnlichsten natürlichen Gewässertyps (Anmerkung: Dies kann zum Beispiel für einen Flussstausee der Vergleich mit den Bedingungen in einer natürlichen Fluss-Seen-Kette sein) oder
- anhand einer Konstruktion der Biozönose über die abiotischen Bedingungen und das Artenpotenzial des Naturraums.

Da in der Regel vergleichbare natürliche Gewässertypen fehlen, die den spezifischen Ausprägungen eines erheblich veränderten Wasserkörpers ähneln, wurde im Auftrag der Länderarbeitsgemeinschaft Wasser (LAWA) dem Ansatz der theoretischen Konstruktion der abiotischen Bedingungen für das gute ökologische Potenzial folgend ein Leitfaden entwickelt (Hering et al. 2012). Für eine größtmögliche Vergleichbarkeit der Bewertungsergebnisse wurden hierin die erheblich veränderten Wasserkörper zunächst gemäß ihrer dominierenden Nutzung in sogenannte „*HMWB-Fallgruppen*" unterteilt (Abb. 6.11)

Von den *biologischen Qualitätskomponenten* der EG-Wasserrahmenrichtlinie indizieren vor allem das Makrozoobenthos und die Fische die Qualität der hydromorphologischen Bedingungen. Sie sind daher besonders gut geeignet signifikante hydromorphologische Veränderungen in „*heavily modified water bodies*" (HMWB) anzuzeigen und in ihrer Wirkungsintensität zu bewerten. Daher wurden für diese beiden Gruppen unterschiedlichen Verfahren zur Bewertung des ökologischen Potenzials entwickelt. Diese Verfahren bauen auf den Bewertungsverfahren für die natürlichen Gewässer auf, berücksichtigen aber gleichzeitig den Bewirtschaftungsansatz, d. h. in wie weit das erheblich veränderte Gewässer der jeweiligen „*HMWB-Fallgruppe*" hydromorphologisch verbessert werden kann, ohne die spezifizierte Nutzung signifikant zu beeinträchtigen (Abb. 6.26).

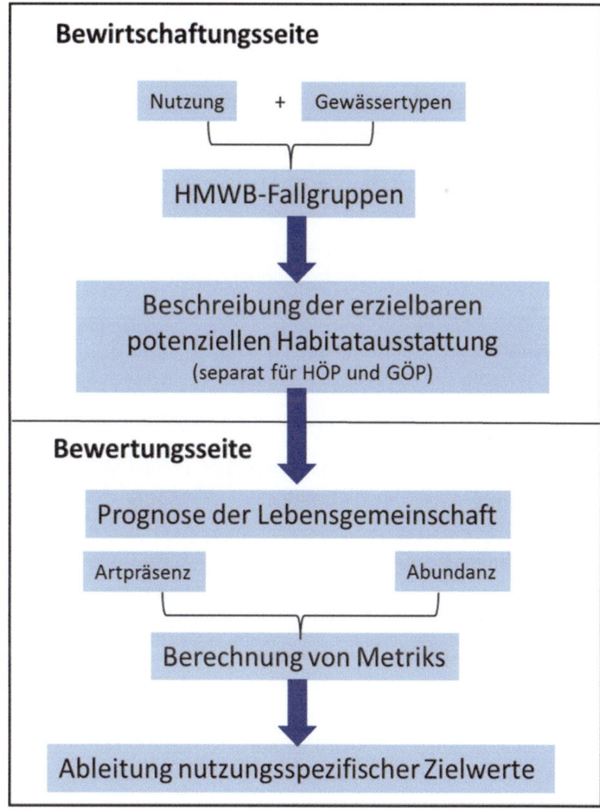

Abb. 6.26 Ablaufschema des Auswertungskonzepts; verändert nach LANUV (2012b) (HMWB - *heavily modified water body*; HÖP - *höchstes ökologisches Potenzial*; GÖP - *gutes ökologisches Potenzial*)

Für die „*erheblich veränderten Wasserkörper*“ bedeutet dies, dass für das höchste ökologische Potenzial (Referenz) nur die für diese Ausweisung ursächlichen Nutzungen als unveränderlich betrachtet werden. Jedoch wird eine Umsetzung aller weiteren ökologischen Verbesserungsmaßnahmen, ohne Berücksichtigung sozioökonomischer Aspekte, hypothetisch angenommen. Die daraus resultierenden abiotischen Bedingungen sowie das Artenpotenzial des Naturraumes bestimmen damit die Biozönose des höchsten ökologischen Potenzials und dienen als Referenz für die Bewertung.

Die Bewertung des ökologischen Potenzials erfolgt, wie die Bestimmung des ökologischen Zustands, in fünf Stufen:

- Höchstes ökologisches Potenzial
- Gutes ökologisches Potenzial
- Mäßiges ökologisches Potenzial
- Unbefriedigendes ökologisches Potenzial
- Schlechtes ökologisches Potenzial.

In Tab. 6.3 werden die beiden besten Stufen als „gut“ und „besser“ zusammengefasst. Um die Bewertungsergebnisse von natürlichen, künstlichen und erheblich veränderten Wasserkörpern in der kartografischen Darstellung unterscheiden zu können, werden die beiden Letzteren durch eine zusätzliche Schraffur kenntlich gemacht. Künstliche Wasserkörper erhalten neben der Farbkennung hellgraue Streifen, erheblich veränderte Wasserkörper dunkelgraue Streifen.

Neben der *ökologischen Bewertung* der Fließgewässer erfolgt gemäß der EG-Wasserrahmenrichtlinie noch die Bewertung des chemischen Zustands. Ziel dieser Be-

Tab. 6.3 Darstellung des ökologischen Zustands und des ökologischen Potenzials von Fließgewässern gemäß EG-Wasserrahmenrichtlinie

Natürliche Fließgewässer					
Bezeichnung	**Sehr gut**	**Gut**	**Mäßig**	**Unbefriedigend**	**Schlecht**
Kennzeichnung – Farbe	Blau	Grün	Gelb	Orange	Rot
Künstliche Fließgewässer - Ökologisches Potenzial					
Bezeichnung		**Gut und Besser**	**Mäßig**	**Unbefriedigend**	**Schlecht**
Kennzeichnung – Farbe		Grün – mit hellgrauen Streifen	Gelb – mit hellgrauen Streifen	Orange – mit hellgrauen Streifen	Rot – mit hellgrauen Streifen
Erheblich veränderte Wasserkörper					
Bezeichnung		**Gut und Besser**	**Mäßig**	**Unbefriedigend**	**Schlecht**
Kennzeichnung – Farbe		Grün – mit dunkelgrauen Streifen	Gelb – mit dunkelgrauen Streifen	Orange – mit dunkelgrauen Streifen	Rot – mit dunkelgrauen Streifen

wertung ist es, Konzentrationen *toxischer* und *mutagener Stoffe*, die akut oder langfristig über Akkumulation wirken, zu reduzieren oder ihren Austrag gänzlich zu unterbinden. Bewertet werden Konzentrationen von *prioritären* und *prioritär gefährlichen Stoffen,* die in Anhang IX der EG-Wasserrahmenrichtlinie und Entscheidung Nr. 2455/2001/EG des europäischen Parlaments (L331/2) gelistet sind.

Die Bewertung erfolgt in zwei Klassen. *„Gut“* („Blau“ markiert) bedeutet, dass die vorgegebenen Konzentrationen eingehalten werden. Das Überschreiten führt zur Bewertung *„nicht gut“* (rot markiert). Auch *„künstliche“* und *„erheblich veränderte“* Wasserkörper müssen einen *guten chemischen Zustand* aufweisen.

Die Gesamtbewertung eines Wasserkörpers ergibt sich aus der schlechteren Bewertung des ökologischen und des chemischen Bewertungsschritts.

6.4 Hydrologische, wasserwirtschaftliche und wasserbauliche Planungsgrundlagen

Heinz Patt

Der Umfang der Planungsarbeiten wird in der Regel von der Art der Maßnahme (z. B. Umgestaltung des Gewässerbetts, Anlage von Altgewässern, ökologische Verbesserung des Fließgewässers mit integrierten Hochwasserschutzmaßnahmen), von der Größe des beplanten Gewässerabschnitts sowie vom Aufwand für die Ermittlung der Planungsgrößen abhängen.

Die Bereitstellung der erforderlichen Bemessungsparameter und anderer Fachinformationen kann aufwändig und deshalb mit hohen Kosten verbunden sein. Es ist ratsam, vorab festzulegen, welche Eingangsgrößen für das Vorhaben von Bedeutung sind. So wird es zum Beispiel für eine Umgestaltung eines kleinen Baches in der Regel nicht notwendig sein, die Auswirkungen von Klimaänderungen einzubeziehen. Umfasst das Projekt jedoch Hochwasserschutzmaßnahmen eines bedeutenden Flusses, ist es durchaus ratsam, bei der Festlegung des Ausbauabflusses auch etwaige klimatische Veränderungen zu berücksichtigen.

Bei allen Datenerfassungs- und Auswertearbeiten sollte großen Wert auf die Kompatibilität der Daten im Hinblick auf eine Weiterverarbeitung in EDV-Anlagen gelegt werden. Dazu gehören insbesondere die Verwendung von gängigen Speichermedien und Datenformaten. Die Einbindung der Ergebnisse oder Daten in andere Programmsysteme wird dadurch wesentlich erleichtert (z. B. die Übertragung von gerechneten Wasserspiegelhöhen in Geoinformationssysteme – GIS, wie zum Beispiel Geländemodelle).

6.4.1 Hydrometrie – Ermittlung von Planungsdaten

Unter dem Begriff *Hydrometrie* wird das hydrologische Messwesen verstanden. Dazu gehören u. a. die Ermittlung von Wasserständen und Durchflüssen bzw. Abflüssen. Andere Datensammlungen enthalten geometrische Größen, wie zum Beispiel das Gewässer- bzw. Talprofil (u. a. Querschnitte, Längsschnitte und Gefälleverhältnisse).

Derartige Messgrößen werden u. a. als Eingangswerte für hydrologische Auswerteverfahren (Hochwasserstatistik, Niedrigwasseranalyse, Einheitsgangslinienverfahren u. a.) sowie hydraulische (u. a. die Bestimmung der Wasserspiegellagen oder die Ermittlung der Überschwemmungsgebietsgrenzen) und hydromorphologische Berechnungen (u. a. Berechnungen zur Entwicklung der Sohlenlagen über längere Zeiträume, Geschiebebilanzen) benötigt.

Das Messwesen spielt zudem eine wichtige Rolle bei der Eichung mathematischer und physikalischer Modelle. Mit zunehmender Bedeutung der Fließgewässermorphologie rücken auch Feststoffkenngrößen und die Beschreibung der Gewässerstruktur mehr und mehr in den Vordergrund. Eine Auswahl von Planungsgrößen zeigt Tab. 6.4. Da die Verlässlichkeit des gewonnenen Datenmaterials mit der Dauer der Datenreihen ansteigt, sollten die entsprechenden Messungen bereits im Vorfeld einer Maßnahme initiiert werden. Während der Planung ist man für jede verlässliche Information dankbar.

Tab. 6.4 Auswahl von Planungsparametern

Art	Planungsparameter	Messmethode bzw. Messverfahren
Wasserstand	• Wasserspiegel in m ü NN • Wassertiefe	• Lattenpegel • Schwimmer-Schreibpegel
Abfluss	• Fließgeschwindigkeiten in Verbindung mit Profildaten	• Messflügel, Schwimmer • Tracer-Messung • Ultraschallmessung • Akustische Messmethode
Profildaten (Gewässerbett, Talprofile von Gewässerauen)	• Querschnitt, Querprofil • Längsschnitt • Gefälle • Wassertiefen • Überschwemmungsgebietsgrenzen	• Peilstange • Lot • Nivellement • Pegelablesung • Luftbild • Digitales Geländemodell
Feststoffparameter	• Korngrößenverteilung • Geschiebetransport • Schwebstofftransport • Gesamttransport	• Sieb- oder Schlämmanalyse • Geschiebefanggerät
Morphologische Strukturen	• Gewässerbett (Böschungen und Sohle) • Gewässernahe Bereiche (u. a. Gewässerrandstreifen, Uferstreifen, Korridore) • Strukturelemente (u. a. Totholz)	• Begehen der Gewässer und Beschreiben mit Hilfe standardisierter Verfahren bzw. Begriffe

Weitere Informationen, beispielsweise die Ermittlung des ursprünglichen Gewässerverlaufes, erhält der Planer unter anderem aus der Auswertung historischer Karten. Derartiges Kartenmaterial ist häufig in den Archiven der Landesvermessungsämter, Kommunen und Kirchen zu finden. Wird auf vorhandene Datenbestände zurückgegriffen, müssen diese immer auf ihre Aktualität und Gültigkeit geprüft werden. Veränderungen im Einzugsgebiet und am Gewässer oder eine Verlegung von Messstellen können deren Verwendung einschränken, wenn nicht gar ausschließen.

6.4.2 Hydrologie und Wasserwirtschaft

Unter dem Begriff *„Hydrologie"* wird nach DIN 4049 Teil 1 die „Wissenschaft vom Wasser, seinen Eigenschaften auf und unter der Landoberfläche sowie in den Küstengewässern" verstanden, während die Bezeichnung *„Wasserwirtschaft"* für die „zielgerichtete Ordnung aller menschlichen Einwirkungen auf das ober- und unterirdische Wasser" steht.

Die *Wasserhaushaltsgleichung* ermöglicht eine quantitative Beschreibung des Wasserkreislaufs. Für ein abgegrenztes Gebiet lässt sich auf diese Weise eine Bilanz der Wasserressourcen aufstellen.

Hauptparameter der Wasserhaushaltsgleichung sind: Niederschlag, Verdunstung, Versickerung (maßgeblich für die Aufteilung in ober- und unterirdischen Abfluss) und Retention (*Wasserrückhalt*). Veränderungen, seien es natürliche oder anthropogen bedingte, führen zu Verschiebungen in der Bilanz. Hierbei können sich bei den einzelnen Parametern sowohl sehr hohe (z. B. Extremhochwasser) als auch kleine Werte (z. B. Niedrigwasser), bis hin zu Null, d. h. bis zum Trockenfallen eines Gewässers, einstellen.

Natürlicher Wasserkreislauf, Wasserhaushaltsgleichung

Die Einflüsse auf den natürlichen Wasserkreislauf in einem Bearbeitungsgebiet bzw. Einzugsgebiet resultieren in mehr oder weniger großen Veränderungen der Parameter der Wasserhaushaltsgleichung:

$$N = V + A_o + A_u \pm R$$

mit

N Niederschlag im betrachteten Einzugsgebiet der Größe AE, dem Abfluss A (oberirdisch als *Oberflächenabfluss* A_o sowie unterirdisch als *Grundwasserabfluss* A_u)

V Verdunstung

R Rückhalt

Wenn in einem Einzugsgebiet Wasser zurückgehalten wird, ist der Rückhalt positiv (+R). Der Rückhalt wird negativ (−R), wenn im Einzugsgebiet gespeichertes Wasser freigesetzt wird.

Neben dem Wasser-Input in Form von *Niederschlägen,* beeinflussen *Infiltration* und *Wasserrückhalt* (Retention) die *Abflussentstehung* in besonderem Maße.

Infiltration Als *Infiltration* wird allgemein der Zugang von Wasser in die Erdrinde bezeichnet. Sie umfasst den Anteil der Niederschläge, die nach Kontakt mit der Erdoberfläche weder oberirdisch (als *Oberflächenabfluss* A_o) abfließen noch verdunsten. Bei der Betrachtung eines langen Zeitraumes (d. h. keine Speicherung im Bodenkörper) entspricht die Infiltration dem unterirdischem Abfluss A_u.

Die *Infiltration* wird natürlicherweise durch meteorologische Faktoren (z. B. Art, Dauer, Höhe und Intensität des gefallenen Niederschlags, Lufttemperatur, Luftdruck und Verdunstungshöhe), durch Bodenkennwerte (z. B. Bodenart und -struktur, Bodenfeuchte, Geländeneigung) und durch die Vegetation (Art des Bodenbewuchses) beeinflusst. Im Hinblick auf anthropogene Beeinflussungen der Infiltration sind insbesondere die zunehmende *Oberflächenversiegelung* durch Siedlungsgebiete, Straßen u. a. Nutzungen zu nennen (s. Abschn. 6.5.1).

Retention (Wasserrückhalt) Der Rückhalt von Wasser im Einzugsgebiet, d. h. die zeitweise Wasserspeicherung auf Pflanzenoberflächen, im Boden- und Grundwasserleiter und im Fließgewässersystem, ist eines der wichtigsten Kennzeichen einer natürlichen Fließgewässer- und Auenlandschaft. Die Wirkung der Retention auf den Abfluss ist in Abb. 6.27 vereinfacht dargestellt.

Durch den *Wasserrückhalt* (Retention) gelangt das Wasservolumen mit einem reduzierten Scheitelwert ($Q_{max,\,I} > Q_{max,\,II}$) und zeitlich verzögert (Verschiebung des Zeitpunkts des Auftretens des Maximalabflusses von $t_{max,I}$ nach $t_{max,II}$) zum Abfluss. Wird der Wasserrückhalt reduziert (z. B. durch das Abtrennen der Auen vom Fließgewässer), treten häufiger höhere Abflussspitzen auf.

In modernen Hochwasserschutzkonzepten (s. auch Abschn. 6.4.5) sind mit den Begriffen *Retention* und *Wasserrückhalt in der Fläche* u. a. die Erhaltung bzw. Wiederanbindung der natürlichen Überschwemmungsgebiete (d. h. in der Regel die Gewässerauen) an ein Fließgewässer verbunden (u. a. Patt und Jüpner 2020; LAWA 1995, 2000, 2003).

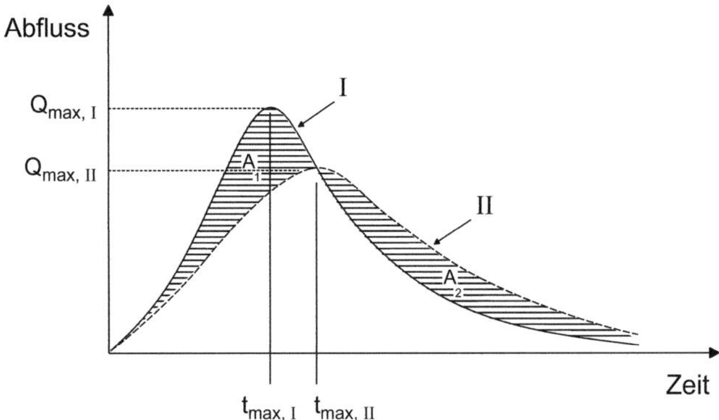

Abb. 6.27 Auswirkungen der Retention auf den Verlauf der Abflussganglinie

Mit Inkrafttreten der *Richtlinie über die Bewertung und das Management von Hochwasserrisiken (2007/60/EG)* bzw. *Hochwasserrisikomanagement-Richtlinie* (s. Kap. 5) hat die Darstellung der Hochwassergefahren (LAWA 2007) immer mehr an Bedeutung gewonnen. Sie sind eine bedeutsame Grundlage für entsprechende Schutzstrategien (Patt und Jüpner 2020; Patt et al. 2021).

Abfluss, Abflussentstehung Der Begriff „*Abfluss*" umfasst den *oberirdischen* und den *unterirdischen Abfluss.* Ob der Abfluss ober- oder unterirdisch erfolgt, hängt größtenteils von der Infiltration, d. h. von der Zugangsmöglichkeit zum Bodenspeicher ab. Diesem fällt damit eine Schlüsselrolle bei der Abflussentstehung zu.

Ist ein natürlich anstehender, durchlässiger Boden nicht verfestigt, hält die Infiltration in der Regel während der gesamten Regendauer an. Der versickernde Anteil fließt dem Grundwasserkörper zu und trägt damit zur *Grundwasserneubildung* bei. Von dort fließt das Wasser mit geringer Verzögerung als Zwischenabfluss *(Interflow)* oder, zeitlich stark verzögert, als *grundwasserbürtiger Abfluss* dem Fließgewässer zu.

Ein mit Niederschlagswasser gefüllter Bodenspeicher (z. B. nach längeren Regenperioden oder durch Schneeschmelze) oder eine großflächige Versiegelung der Bodenoberfläche (z. B. durch Frost oder Bebauung) schränken die Versickerung ein, so dass die Niederschläge unmittelbar abflusswirksam werden. Derartige Vorbedingungen führen häufig zu extremen Abflüssen im Gewässernetz.

Bei der Fließgewässer- und Auenentwicklung ist der *Abfluss* in Verbindung mit seinen unterschiedlichen zeitlichen Bezügen (sog. *Jährlichkeiten*) und abgeleiteten Größen (z. B. die Wasserstände) die wichtigste Planungsgröße [Einheit: m^3/s oder l/s]. Dazu gehören *Minimal-* (NNQ) und *Maximalwerte* (HHQ) sowie die Jährlichkeiten von *Hoch-* und *Niedrigwasserabflüssen* (HQ_x bzw. NQ_x) und der *mittlere Abfluss* (MQ).

Bordvoller Abfluss, ist die Bezeichnung für denjenigen Abfluss, der gerade noch ohne Ausuferungen im Gewässerbett abgeführt werden kann. Er ist insbesondere im Hinblick auf die gewässerbettbildenden Prozesse, d. h. für die Strukturierung des Fließgewässers von Bedeutung (s. Abschn. 6.4.3). Dahingegen ist der *ökologisch erforderliche Mindestabfluss* für das Überleben der Lebensgemeinschaften im Gewässer bedeutsam. Dies gilt im besonderen Maße für die Fische, da sie von einer Reduzierung des Wasserkörpers unmittelbar betroffen sind.

Hydrologische Planungsgrundlagen

Sind die für die Planung benötigten hydrologischen Größen nicht verfügbar oder nicht unmittelbar verwendbar, müssen diese mit Hilfe von geeigneten *deterministischen* oder *stochastischen* Verfahren ermittelt werden. Dazu gibt es eine Vielzahl von Methoden, deren Anwendungsbereiche und Genauigkeit sich mehr oder weniger an der vorhandenen Datenlage orientieren. Ergänzend dazu gibt es *hydrologische Modelle,* die auf mehr oder weniger abstrakte Weise die verschiedenen hydrologischen Prozesse nachbilden (z. B. *Niederschlags-Abfluss-Modelle* – sog. N-A Modelle, Speichermodelle). Hinweise zu hydrologischen Verfahren und Modellen finden sich in der Fachliteratur (u. a. Maniak

1997, 2001; Patt und Jüpner 2020) sowie in den Fachveröffentlichungen der Wasserwirtschaftsverbände (u. a. in den Regelwerken von DWA und BWK).

Hinweise zu einigen Begriffen (s. auch DIN 4049 Teil 1, Teil 2 und Teil 3):

Hauptwerte – Sammelbegriff für die in der Hydrologie gebräuchlichsten statistischen Werte (z. B. Extremwerte, Mittelwerte, unter- oder überschrittene Werte)
Jährlichkeiten – Wiederholungszeitspanne – Mittlere Zeitspanne, in der ein Ereignis einen Wert überschreitet bzw. unterschreitet.
Niederschlags-Abfluss-Modell – Mathematisches Modell zur Ermittlung von Abflussganglinien aus einem Einzugsgebiet als Folge bestimmter Niederschlagsereignisse unter Berücksichtigung des jeweils gegebenen Abflussverhaltens
Flussgebietsmodell – Flächendetailliertes mathematisches Modell zur Ermittlung von Abflussganglinien aus einem Einzugsgebiet, wobei die verschiedenartigen abflussbestimmenden Parameter (z. B. Niederschlagsgeschehen, Gebietsmerkmale, anthropogene Beeinflussungen) getrennt erfasst werden.

In den *hydrologischen Kenngrößen* spiegeln sich gemessene und/oder prognostizierte Abflüsse wider. Diese werden sowohl als Eingangsgrößen (Bemessungsgrößen) für hydraulische Berechnungen bzw. hydromechanische Modelle (z. B. für Ermittlung der Wasserspiegellagen) als auch unmittelbar als Planungsparameter verwendet. Auch bieten diese die Möglichkeit, physikalische (wasserbauliches Modellversuchswesen) und mathematische Modelle (ein- und mehrdimensionale Modelle) zu kalibrieren und zu überprüfen.

In Tab. 6.5 finden sich – stark vereinfacht – Anhaltspunkte, welche hydrologischen und wasserwirtschaftlichen Planungsgrößen bei Fließgewässer- und Auenentwicklungen berücksichtigt werden sollten. Hierbei wird zwischen einer räumlich abgegrenzten Maßnahme an einem kleinen Bach und einer Entwicklungsmaßnahme an einem Fluss mit ausgedehnten Gewässerauen unterschieden.

6.4.3 Feststofftransport und Morphologie

Feststofftransport und *Gewässerbettbildung* sind die maßgeblichen abiotischen Faktoren bei der Fließgewässerentwicklung. *Feststofftransportvorgänge* umfassen sowohl den Transport von Sedimenten entlang der Gewässersohle *(Geschiebe)* als auch den Transport von Partikeln in der Wasserphase *(Schwebstoffe)* sowie *Schwimmstoffe.* Für den Sedimenthaushalt spielen die Schwimmstoffe eine untergeordnete Bedeutung, weshalb hier nicht näher darauf eingegangen werden soll.

Während der Geschiebetransport vor allem für die morphologische Gestalt von Sohle und Ufer verantwortlich ist, beeinflusst der Schwebstofftransport maßgeblich Kolmationsprozesse, Feinmaterialablagerungen im Vorland, Verlandung von Auengewässern und *Rehnenbildung.*

Geschiebe- und Schwebstofftransport werden wesentlich durch die turbulenten Schwankungen des transportierenden Mediums verursacht bzw. beeinflusst. Der Transport

Tab. 6.5 Auswahl hydrologischer und wasserwirtschaftlicher Planungsgrundlagen (stark vereinfachte Übersicht)

Entwicklungsmaßnahme ... Planungsparameter	**... an einem kurzen Gewässerabschnitt eines kleineren Fließgewässers (Bach)**	**... an einem größeren Fließgewässer mit ausgedehnten Auenflächen**
Einzugsgebiet Beschreibung des Einzugsgebiets	–	++
Beschreibung des Gewässerverlaufs	–	++
Nutzungen im Einzugsgebiet	–	++
Größe und Grenzen des Einzugsgebiets	+	++
Einzelne Nutzungen in Gewässernähe	++	+
Niederschlag		
Niederschlagshöhen, -intensitäten	++	++
Jährlichkeiten, Häufigkeiten	++	++
Verteilung des Niederschlags im Einzugsgebiet	–	++
Verdunstung Verdunstungshöhen	–	–
Infiltration Anteil der versiegelten Flächen	–	+
Oberflächenabfluss		
Abflussganglinien	–	+
Ökologisch erforderlicher Mindestabfluss	+	++
Jährlichkeiten	++	++
Grundwasser		
Grundwasserspiegelhöhen	–	+
Ergebnisse aus numerischen Modellen		
Überschwemmungsgebietsgrenzen	–	++
Niederschlags-Abfluss-Modell	+	++
Wasserspiegellagenberechnung	+	++
Wassergüte, Struktur		
Ermittlung der Gewässerstrukturklasse	+	+
Bestimmung der Wassergüte	–	+

++ von Bedeutung, + ggf. von Bedeutung, – i. d. R. von untergeordneter Bedeutung

der Schwebstoffe verläuft vergleichsweise kontinuierlich, wogegen der Geschiebetransport intermittierend und nicht gleichmäßig über die gesamte Gewässerbreite vor sich geht (siehe u. a. DWA-Merkblatt M 526 – Grundlagen morphodynamischer Phänomene in Fließgewässern 2015b; DWA-Merkblatt M 525 – Sedimentmanagement in Fließgewässern – Teil 1: Grundlagen, Methoden, Fallbeispiele 2012).

Feststofftransport

Bei Feststofftransportvorgängen ist zwischen *Schwebstoff-* und *Geschiebetransport* zu unterscheiden.

Schwebstofftransport Bei *Schwebstoffen* handelt es sich um sehr feines, oft kohäsives Material, das im Oberlauf aus dem Sohlen- und Ufersubstrat herausgelöst wird, aus Abriebprozessen stammt oder durch Oberflächenerosion im Einzugsgebiet *(wash load)* eingetragen wird. Dem Schwebstoff kommt insbesondere im Unterlauf eine erhebliche Bedeutung für den Feststoffhaushalt zu. Der Anteil an der Feststoffjahresfracht kann hier deutlich mehr als 90 Prozent betragen.

Die einzelnen Partikel werden ohne Sohlenkontakt mit der Strömung in der Wasserphase bewegt. Bei verminderter Fließgeschwindigkeit und Turbulenz können die Partikel aufgrund der Schwerkraft zu Boden sinken und als Geschiebe transportiert werden bzw. sedimentieren (z. B. in Stauräumen, Vorländern, Auengewässern, Hochufern), erhöht sich die Geschwindigkeiten wieder kann es zu einer Resuspension der Feinpartikel kommen.

Bei kohäsiven Partikeln kann sich aufgrund von Einflüssen aus biologischer Verfestigung, Temperatur, Salzgehalt des Wassers, Art der Tonminerale oder Kationenaustauschkapazität ein Flockungsvorgang einstellen (Gerbersdorf und Wieprecht 2015). Mehrere Einzelteilchen verbinden sich, so dass ein Konglomerat entsteht, das ein völlig anderes Strömungs- und Transportverhalten zeigt, als die Einzelteilchen. Der Schwebstofftransport spielt vor allem in Bezug auf den Schadstofftransport eine wesentliche Rolle, da sich schädliche Substanzen bevorzugt an Partikeln mit einem Korndurchmesser von $d < 20\,\mu m$ wiederfinden.

In Abb. 6.28 ist eine typische Verteilung der Schwebstoffkonzentration über die Tiefe dargestellt. Während die Fließgeschwindigkeit an der Sohle am geringsten und an der Wasseroberfläche am größten ist, bilden sich das Schwebstoffkonzentrationsprofil und das

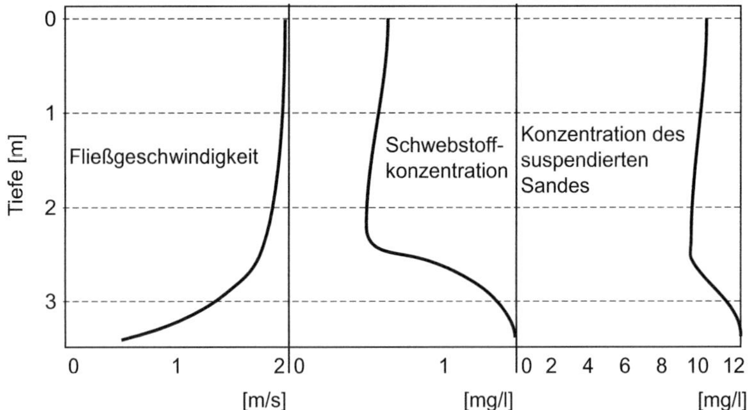

Abb. 6.28 Schwebstoffverteilung über die Tiefe (Skizze nach Messungen der Bundesanstalt für Gewässerkunde)

des suspendierten Sands genau umgekehrt aus. Als suspendierter Sand wird derjenige Anteil des gemessenen Schwebstoffs definiert, der eine Korngröße größer als 2 mm aufweist und damit je nach Strömungssituation auch, zumindest teilweise, zur morphologischen Gestaltung eines Gewässers beitragen kann.

Berechnungsansätze zur quantitativen Ermittlung des Schwebstofftransports und der Jahresfrachten sind in der Literatur detailliert beschrieben und können zum Beispiel bei Einstein und Chien (1954), Simons und Richardson (1966), Karim und Kennedy (1983) oder Zanke (2002) nachgeschlagen werden.

Geschiebetransport Der Geschiebetransport findet direkt an der Gewässersohle statt. Die Einzelkörner bewegen sich rollend, gleitend oder springend über den Boden und nehmen so direkten Einfluss auf die Gestaltung des Gewässerbetts.

In Abb. 6.29 sind beispielhaft die Ergebnisse einer Messreihe, die am Oberrhein für die Bundesanstalt für Gewässerkunde (BfG) durchgeführt wurden, aufgetragen. Im oberen Teil ist die Verteilung des Geschiebetransports im Gewässerquerschnitt dargestellt. Im unteren Teil sind der Messquerschnitt und der zum Zeitpunkt der Aufnahme aktuelle Wasserspiegel abgebildet.

In Flüssen, die eine jahreszeitlich sehr unterschiedliche Abflusscharakteristik aufweisen, vollzieht sich der Geschiebetransport meist sehr ausgeprägt „stoßweise". Im Extremfall kann annähernd die gesamte Geschiebejahresfracht während des Ablaufs einer Hochwasserwelle transportiert werden.

Zur Berechnung des Geschiebetransports existieren zahlreiche *Transportformeln*, die sich grob in drei Klassen einteilen lassen, nämlich stochastische Ansätze, Energiemodelle

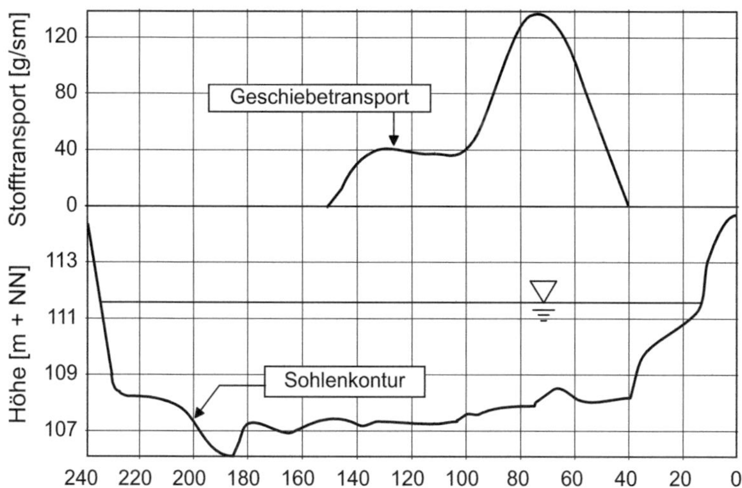

Abb. 6.29 Verteilung des Geschiebetransports in einem Gewässerquerschnitt (Skizze nach Messungen der Bundesanstalt für Gewässerkunde)

und Modelle, die auf dem Vergleich der aktuellen und der kritischen Schubspannung aufbauen.

Die *Meyer-Peter* und *Müller-Gleichung* basiert auf dem *Grundkonzept des Schubspannungsvergleichs*:

$$m_G = \frac{8}{g} \cdot \frac{\rho_F}{\rho_F - \rho_W} \sqrt{\frac{1}{\rho_W}} \cdot \left[\frac{\rho_W \cdot g \cdot I_r \cdot R_s}{\tau_{act}} - \frac{0{,}047 \cdot (\rho_F - \rho_W) \cdot g \cdot d_{ch}}{\tau_{crit}} \right]^{3/2} \quad [kg/(m \cdot s)]$$

mit

ρ_F Feststoffdichte [kg/m³]
ρ_W Dichte von Wasser [kg/m³]
m_G Geschiebetrieb [kg/(m · s)]
I_r Sohlreibungsgefälle [–]
d_{ch} Charakteristischer Korndurchmesser [m]

$$I_r = \left(\frac{k_{Str}}{k_r} \right) \cdot I \quad [-]$$

mit

k_{Str} Rauheitsbeiwert nach Manning-Strickler [$m^{1/3}$/s]
k_r Koeffizient der Kornrauheit [$m^{1/3}$/s]

$$k_r = \frac{26}{\sqrt[6]{d_{90}}} \quad [m^{1/3}/s]$$

mit

d_{90} Korndurchmesser beim 90 %-Massendurchgang [m]
R_s Hydraulischer Radius für den transportwirksamen Abflussanteil [m]

$$R_S = R \cdot Q_S / Q$$

mit

Q_s Transportwirksamer Abflussanteil [m³/s]
Q Abfluss [m³/s]

Der erste Term in der eckigen Klammer der *Meyer-Peter* und *Müller*-Gleichung steht für die durch die Strömung verursachte *aktuelle Sohlenschubspannung* τ_{act}. Der zweite Term beschreibt die *kritische Schubspannung* für den Bewegungsbeginn τ_{crit}, bei der sich das Geschiebe mit einem charakteristischen Korndurchmesser d_m bewegt.

Der Term k_{Str}/k_r erfasst die durch Transportkörper erzeugte Sohlenrauheit. R_S ist der hydraulische Radius für den transportwirksamen Abflussanteil (Mertens 1990; DWA-Merkblatt M 525 – Grundlagen morphodynamischer Prozesse in Fließgewässern 2015b; DWA-Merkblatt M 570 – Begriffe in der Gewässermorphologie und im Flussbau 2018a).

Für die Beurteilung des Feststofftransports in einem Fließgewässer ist nicht nur der Momentanzustand an einem Querschnitt zu untersuchen. Vergleiche von Feststoffbilanzen über längere Zeiträume (z. B. ein Jahr) und über längere Gewässerabschnitte geben wertvolle Aufschlüsse über die langfristige Entwicklung.

Fließgewässermorphologie, Laufentwicklung

Die morphologische Zonierung eines natürlichen Fließgewässers kann durch die schematische Einteilung nach Quelle, Quelllauf, Ober-, Mittel- Unter- und Mündungslauf beschrieben werden. Durch die teilweise massiven Flusskorrektionen in den beiden letzten Jahrhunderten sind jedoch kaum mehr ursprüngliche, anthropogen unbeeinflusste Gewässerlandschaften vorhanden.

Bei der Planung einer Renaturierungsmaßnahme sollte sich der Planer oder die Planerin sowohl mit der aktuellen als auch der originären morphologischen Situation genau auseinandersetzen, um die Auswirkungen geplanter Aus- oder Umbauten, die oftmals räumlich weitreichende Veränderungen nach sich ziehen, abschätzen zu können. Die nachstehend beschriebenen Charakteristika gelten für natürliche Gerinne und sind in Abb. 6.30 schematisch dargestellt.

Die Charakteristik von *Quelle* und *Quelllauf* sind bestimmt von den Schwankungen der Quellschüttung sowie den geologischen und topografischen Gegebenheiten des Quellgebiets. Der relativ schmale Oberlauf zeichnet sich durch eine stark schwankende Wasserführung, hohes Gefälle, und dadurch bedingt, hohe Fließgeschwindigkeiten aus, die zu starken Erosionsprozessen führen können. Die Gewässersohle ist steinig bis grobkiesig und sehr strukturreich. Der überwiegende Teil des Geschiebetransports findet üblicherweise während der Hochwasser statt, während an den übrigen Tagen des Jahres der Anteil an der Feststoffjahresfracht vergleichsweise gering ist.
Im *Mittellauf* nimmt die Gewässerbreite zu und das Gefälle ab. Bei geschiebeführenden Bächen und Flüssen ist dieser Abschnitt durch ein dynamisches Gleichgewicht gekennzeichnet, d. h. Erosion und Sedimentation des überwiegend kiesig, sandigen Geschiebes halten sich großräumig und langzeitlich betrachtet die Waage. Die Dynamik zeigt sich durch stete Umlagerungsprozesse, die den Verlauf des Gewässers im Grundriss und Querschnitt laufend, vor allem jedoch bei Hochwasserereignissen ändern. Dies bedeutet, dass Kiesbänke wandern, Nebenarme werden zum Hauptabflussquerschnitt, wogegen ehemalige Hauptgerinne verlanden, Inseln werden abgetragen und entstehen an anderer Stelle neu. In der Talzone können großräumige Kies- oder Sandauflandungen vorhanden sein, in der sich eine vielfältige Auenlandschaft ausbilden kann. Im Übergang zu den im Unterlauf typischen Mäandern und Altarmen treten oftmals alternierende Kiesbänke auf.

Der *Mittellauf ist der* dynamischste Abschnitt eines Gewässerlaufs und bietet die größte ökologische Vielfalt. Hier reagiert der Fluss am sensibelsten auf die Veränderung von hydrologischen (z. B. erhöhte Hochwasserspitzen, veränderte Hochwasserfülle, längere Niedrigwasserperioden), hydraulischen (Fließgeschwindigkeit, Wassertiefe), sedimentologischen (z. B. vermindertes *Geschiebedargebot* aufgrund von Rückhalt in den Nebengewässern oder oberstrom liegenden Stauen, erhöhter Schwebstoffeintrag durch

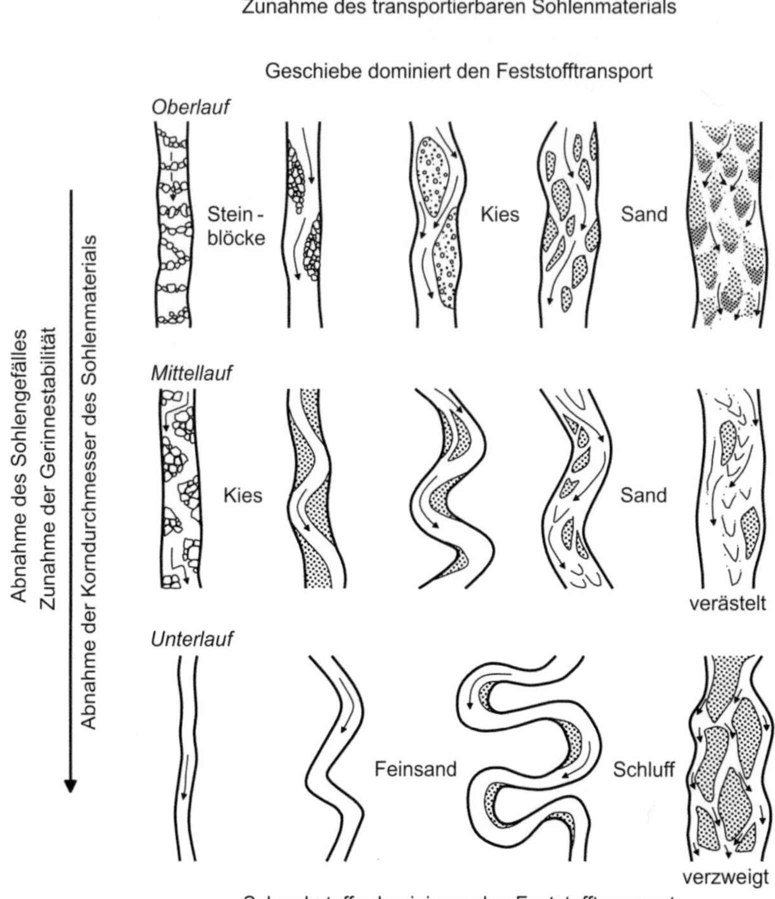

Abb. 6.30 Laufformen von Fließgewässern (in Patt 2018; verändert nach Hütte et al. 1994)

veränderte Landnutzung, veränderte Korngrößenzusammensetzung der Feststoffe) und geometrischen (u. a. Einengungen, Abflussquerschnitt, Verbau) Kennwerten.

Der *Unterlauf* ist gekennzeichnet durch geringes Sohlengefälle und niedrige Fließgeschwindigkeiten. Es dominiert die Ablagerung der aus dem Ober- und Mittellauf ausgetragenen Sedimente. Der relativ breite Fluss mäandriert in einer breiten Aue mit vorwiegend sandigen bis feinsandigen Ablagerungen.

Weist das transportierte Geschiebe einen erheblich kleineren mittleren Korndurchmesser als der mittlere Korndurchmesser (d_m) des Sohlenmaterials auf, ist dies ein Zeichen dafür, dass nur die feinen Fraktionen der Sohle transportiert werden, wohingegen die Schubspannung für die gröberen Anteile nicht ausreicht, um diese zu bewegen. Dadurch wird sich mit der Zeit eine Vergröberung der obersten Schicht der Sohle einstellen und eine sogenannte Abpflasterungsschicht bilden. Nur in seltenen Ausnahme-

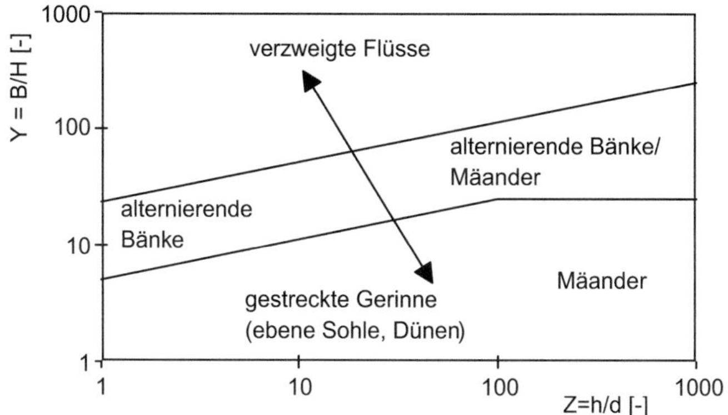

Abb. 6.31 Abgrenzung der Gerinnemorphologie (nach da Silva 1991)

fällen (u. a. bei Hochwasser) werden die kritischen Verhältnisse für den Transportbeginn dieser Grobstruktur erreicht und die Abpflasterungsschicht reißt auf (Dittrich 1999).

Im Längsverlauf eines Gewässers bilden sich je nach Zusammensetzung der Sohle bestimmte makroskalige Sohlen- und Gerinnestrukturen aus. Eine physikalische Erklärung für deren Entstehung kann bisher nicht umfassend gegeben werden. Es scheint jedoch sicher, dass das Auftreten von der Sohlenbreite, der Wassertiefe (üblicherweise bei bordvollem Abfluss) und der Kornzusammensetzung der Sohle (ausgedrückt durch einen charakteristischen Korndurchmesser, zum Beispiel d_m) abhängig ist.

In Abb. 6.31 ist der Zusammenhang nach da Silva (1991) für die Übergänge zwischen verzweigten Flüssen und solchen mit alternierenden Bänken oder Mäandern angegeben. Es ist leicht nachzuvollziehen, dass durch Maßnahmen, wie die Verminderung der Gewässerbreite, wie im Rahmen der Flusskorrektionen der letzten 100 bis 150 Jahre geschehen, bei gleichzeitiger Erhöhung der Wassertiefe (verstärkt durch Sohlenerosion und Bildung von Uferrehnen), sich die Morphologie von einem verzweigten System entlang dem eingezeichneten Pfeil zu einem Gewässer mit alternierenden Bänken bzw. einem gestreckten Gerinne entwickelt. Ebenso kann aus Abb. 6.31 abgelesen werden, wie sich das Gewässersystem bei einem Eingriff mit dem Ziel der Revitalisierung, zum Beispiel in Form einer Aufweitung, voraussichtlich verändern wird.

Die sohlennahe Bewegung der Feststoffe ist auch verantwortlich für Mikrostrukturen, die sich an der Gewässersohle ausbilden. Diese Verformungen der Sohle (Sohlenformen – s. Abb. 6.32) stehen in enger Wechselwirkung zum Abflussgeschehen und zum Feststofftransport.

Unterschieden wird zwischen ebener Sohle, Riffel (Abmessungen im cm-Bereich), Dünen (Höhe bis zu 1/3 der Wassertiefe) und Antidünen (nur im oberen Abflussregime). Die wellenartigen Formen beeinflussen die Strömung durch einen erhöhten Sohlenwiderstand, der aus einem Anteil aus der Kornrauheit und aus der Formrauheit resultiert. Eine mögliche Stützungsmaßnahme einer Erosionsstrecke durch Zugabe von Geschiebematerial mit einer nicht dem natürlichen Material entsprechenden Sieblinie kann daher gravie-

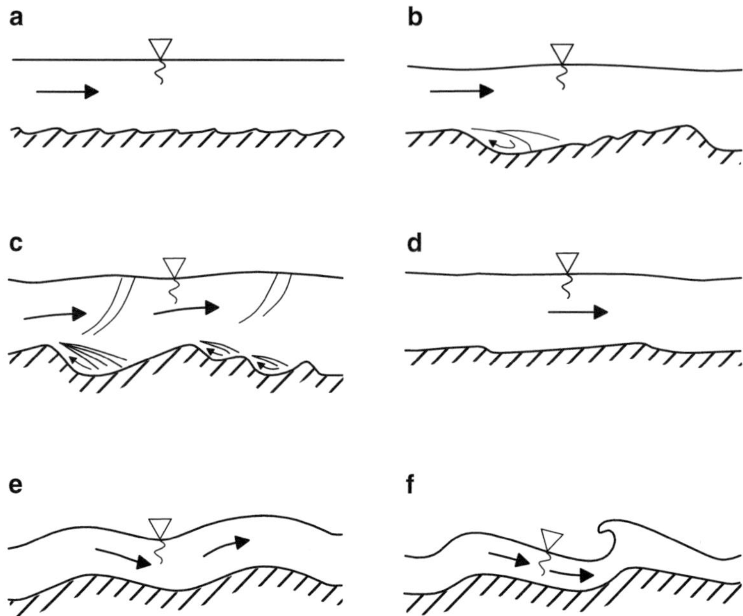

Abb. 6.32 Entwicklung von Sohlenformen, **a** Riffelsohle, **b** Dünen mit Riffeln, **c** Dünen im fortgeschrittenem Stadium, **d** Übergang zur ebenen Sohle, **e** Stehende Wellen, **f** Antidünen mit Oberflächenwellen (aus Patt 2018)

rende morphologische Veränderungen zur Folge haben. Kriterien für das Auftreten von Transportkörpern wurden u. a. von Wieprecht (2001) zusammengestellt.
Vor jeder Maßnahme, die Einfluss auf die Sedimentologie und den Feststoffhaushalt nimmt, sollte deshalb detailliert untersucht werden, wie weitreichend (räumlich und zeitlich) die Folgen des geplanten Eingriffs hinsichtlich der Feststofftransportvorgänge sind.

6.4.4 Wasser-(Fluss)-bauliche Methoden

Gestaltungsmaßnahmen an einem Fließgewässer sind immer mit einem Eingriff in laufende Entwicklungsprozesse verbunden. Das gilt auch, wenn naturnahe Ausbaumethoden angewendet werden, d. h. Ausbaumethode und -materialien den naturraumtypischen Gegebenheiten angepasst sind.

Ein wesentlicher Unterschied zu den *konventionellen Baumethoden* (z. B. Ausbau unter Verwendung von künstlichen Baustoffen, wie zum Beispiel Beton, Pflastersteinen) oder *technischen Bauwerken* (z. B. Abstürze oder Querbauwerke) ist jedoch, dass die *naturnahen Methoden* eine „Flexibilität“ bzw. einen Spielraum zur Verfügung stellen, den ein Fließgewässer für eigendynamische Entwicklungen nutzen kann.

Wenn flussbauliche Maßnahmen durchgeführt werden müssen, sollten deshalb sowohl bei der Sicherung als auch bei der Initiierung eigendynamischer Entwicklungen, wo immer möglich, die Methoden des *naturnahen Wasserbaus* zum Einsatz kommen (DWA – Merkblatt M 620-1 Ingenieurbiologische Bauweisen an Fließgewässern, Teil 1: Grundlagen und Bauweisenauswahl 2020b; DWA-Merkblatt M 620-2 Ingenieurbiologische Bauweisen an Fließgewässern, Teil 2: Planung, Umsetzung und Erfolgskontrolle 2022a). Eine ökologische Baubegleitung ist heutzutage ein Muss, um die ökologischen Standards und die naturschutzfachlichen Belange in der Planungsphase und bei der Ausführung sicherzustellen (siehe u. a. DWA-Merkblatt M 619 – Ökologische Baubegleitung bei Gewässerunterhaltung und Gewässerausbau 2015a; DWA – Merkblatt M 617 Naturschutz bei Planung und Genehmigung von Fließgewässerrenaturierungen 2020c). Eine Zusammenstellung der Begrifflichkeiten bei der Gewässerentwicklung erleichtert die Arbeit der interdisziplinär besetzten Planungsteams erheblich (DWA-Merkblatt M 600 – Begriffe aus Gewässerunterhaltung und Gewässerentwicklung 2018c).

Eigendynamische Fließgewässerentwicklung

Fließgewässer sind dynamische Systeme, die ihr Bett und die angrenzenden Talräume durch Abfolgen von Erosion, Transport im Gewässernetz und Sedimentation unter den jeweiligen Randbedingungen ausformen. Dem angepasst entwickeln sich entsprechende charakteristische abiotische (u. a. morphologische) (s. Abschn. 6.4.3) und biotische Strukturen (s. Abschn. 2.3.1).

Ein wesentliches Gestaltungsinstrument des naturnahen Wasserbaus ist die gestaltende Kraft des fließenden Wassers, d. h. das Zulassen eigendynamischer Entwicklungsprozesse (u. a. Patt und Städtler 2000; DWA-Merkblatt M 525 – Grundlagen morphodynamischer Prozesse in Fließgewässern 2015b; Patt 2018; Patt et al. 2021; DWA-Merkblatt M 540 – Mehrdimensionale morphodynamisch-numerische Modelle für Fließgewässer 2021b). Derartige Maßnahmen zeichnen sich auch dadurch aus, dass mit Abschluss der Bauarbeiten niemals ein „fertiger Zustand“ erreicht wird, sondern lediglich ein momentaner Entwicklungsstand. Es werden zunächst nur Grobstrukturen vorgegeben, die anschließend durch die gestaltende Kraft des Wassers vollendet werden (Abb. 6.33).

Eine freie Entwicklung über längere Gewässerstrecken ist aufgrund bestehender Randbedingungen oft nicht möglich. Der limitierende Faktor ist in den meisten Fällen das Nichtvorhandensein ausreichender Entwicklungsflächen (s. auch DWA-Merkblatt M 612-1 – Gewässerrandstreifen – Teil 1: Grundlagen und Funktionen, Hinweise zur Gestaltung 2020a, DVWK-GfG 2006; Patt 2018; Hermannsdörfer 2020). So müssen sich die angestrebten Veränderungen häufig auf einzelne Gewässerabschnitte bzw. Uferabschnitte oder auf die Verbesserung einzelner Ökosystemkomponenten beschränken (z. B. die Herstellung der Durchgängigkeit für Wanderfische).

Sind Nutzungen gefährdet, kann es erforderlich werden, die eigendynamische Strukturierung eines Fließgewässers einzuschränken und Böschungen oder Uferabschnitte zu sichern. Im umgekehrten Fall können durch flussbauliche Maßnahmen eigendynamische Entwicklungen initiiert und unterstützt werden. Das gilt insbesondere dann, wenn die Laufentwicklung (Linienführung, Längsprofil, Querprofile und Gewässerbettstrukturen) durch bestehende Gerinneausbauten derart festgelegt ist, dass ohne Initialmaßnahmen keine Veränderungen möglich sind.

Abb. 6.33 Eigendynamische Entwicklungsstrecke – Erosion und Sedimentation gestalten eine Gewässerstrecke. Ein fertiger Zustand wird niemals erreicht; die Strukturen sind ständigen Veränderungen unterworfen. (Foto: H. Patt)

Tab. 6.6 enthält Hinweise, wie durch die Eigendynamik des Fließgewässers die ökologischen Bedingungen verbessert werden können. Bei der Planung müssen die dargestellten Entwicklungsmöglichkeiten an die lokalen Gegebenheiten angepasst werden, wobei auch Maßnahmenkombinationen sinnvoll sein können.

Flussbauliche Maßnahmen, Instrumentarium

Sind bei der Fließgewässerentwicklung flussbauliche Maßnahmen erforderlich, kann auf ein Instrumentarium verschiedenster Baumethoden zurückgegriffen werden. Die Palette reicht vom konventionellen Ausbau bis hin zu den Methoden des naturnahen Wasserbaus bzw. der Ingenieurbiologie (siehe u. a. Patt 2018; Hermannsdorfer 2020; Schiechtl und Stern 2002). Welche Methode im konkreten Fall bei einer Fließgewässerentwicklungsmaßnahme zum Einsatz kommt, welche Kombinationen ggf. sinnvoll sind, dies alles kann nur unter Berücksichtigung der lokalen Gegebenheiten festgelegt werden.

Tab. 6.7 soll daher nur einen Überblick über die Einsatzmöglichkeiten verschiedener flussbaulicher Maßnahmen verschaffen, die dazu bereit stehenden Baumethoden vorstellen und deren Wirkungen im Hinblick auf strukturelle Veränderungen aufzeigen. Hierbei wird besonders hervorgehoben, dass flussbauliche Maßnahmen – je nach Ausführung und Anwendung – naturraumtypische Entwicklungen fördern oder verhindern können.

Tab. 6.6 Eigendynamische Fließgewässerentwicklungen – Defizite, Sanierungsziele, wasserbaulicher Maßnahmenkatalog bzw. Instrumentarium (idealisiert)

	Entwicklungsziele	Maßnahmen bzw. Instrumentarium
Defizit am Fließgewässer – Ist-Zustand		
Ausgebautes Fließgewässer mit stark veränderter Linienführung	• Herstellung einer naturnahen Linienführung eines Fließgewässers	• Entfernen der Ufersicherungen • Auslenkung der Strömung durch Wasserbauwerke (z. B. Buhnen) • Verwendung von Totholz, Sturzbäumen o. a. Strukturelementen
Nutzungen bis an den Gewässerrand, ggf. Einträge von Schadstoffen ins Fließgewässer oder intensive Nutzungen in der Gewässeraue	• Auenrevitalisierung; Herstellung naturnaher Auenstrukturen • Naturschutzfachliche Aufwertung der Gewässerauen; Funktion von Auen als Lebensraum, für die Längs- und Quervernetzung mit anderen Ökosystemen verbessern • Raum für morphologische Entwicklungsprozesse bereitstellen • Abstandsfunktion gegen Stoffeinträge aus dem Hinterland nutzen; Puffer- und Filterwirkung der Auenbereiche nutzen • Beschattung des Fließgewässers durch Gehölzsäume • Landschaftsbild erhalten bzw. den naturraumtypischen Gegebenheiten entsprechend entwickeln • Verbesserung bzw. Wiederherstellung der Vernetzungsfunktion der Fließgewässer • Reduzierung der Kosten der Gewässerunterhaltung	• Herausnahme oder Extensivierung der Nutzungen in Gewässernähe bzw. in den Auen • Öffnen oder Auflassen von Dämmen oder Deichen, um die Überflutungsdynamik wieder herzustellen. • Anpassung der Fließgewässerunterhaltung (z. B. Einstellen der Unterhaltung, Extensivierung; Anpassung der Unterhaltung) • Anlage bzw. ständige oder periodische Wiederanbindung von Altgewässern • Anlage eines Bewuchssaumes (Uferstreifen, Entwicklungskorridor) • Aktive oder passive Neubegründung von Auenwald auf Flächen, die aus der Nutzung genommen wurden. • Erhöhung der Vielfalt an morphologischen Strukturen und der ökologischen Reliefstrukturen • Wiederansiedlung von Bibern
Ausgebautes Gewässerbett, Verrohrung	• Verbesserung der Gewässerbettstrukturen • Naturschutzfachliche Aufwertung; Habitatverbesserung	• Entnahme der Sohlenbefestigung bzw. Verrohrung • Entnahme der Ufersicherungen • Anpassung der Gewässerunterhaltung • Einbringen von Totholz

(Fortsetzung)

Tab. 6.6 (Fortsetzung)

	Entwicklungsziele	Maßnahmen bzw. Instrumentarium
Eindämmen anthropogen bedingter Einflüsse, untypische, kontinuierliche Eintiefung der Gewässersohle	• Verringerung der Tiefenerosion • Erhaltung bzw. Wiederherstellung der Durchgängigkeit in die Nebengewässer • Schutz der Ufer vor Schäden	• Gewässeraufweitungen • Gefällereduzierung durch lokale Maßnahmen (z. B. Sohlenschwellen, Rampen) • Grobkornanreicherung, Geschiebezugabe • Vorlandabgrabungen
Kolkbildung an Engstellen, Brückenpfeilern u. ä.	• Sicherung der Bausubstanz in Gewässernähe	• Vergrößerung des Abflussprofils • Auflassen der Störstelle • Veränderung des Strömungsprofils durch flussbauliche Maßnahmen • Lokale Sicherung

Die unterschiedlichen Wirkungsweisen (Sicherung oder Mobilisierung) flussbaulicher Methoden sollen am Beispiel der *Buhne* etwas detaillierter erläutert werden (siehe u. a. Weber et al. 2000; Spannring und Seus 2000).

Buhnen sind dammartige, massive Bauwerke, die quer im Gewässerbett liegen, jedoch nicht über die gesamte Gewässerbreite reichen. Durch die Einengung des Querschnitts wird die Durchflussbreite verringert und damit die Wassertiefe erhöht. Die vergrößerte Wassertiefe bewirkt erhöhte Schubspannungen, so dass die Gewässersohle im unverbauten Profilbereich stärker beansprucht wird. Eine ggf. einsetzende Sohlenerosion dauert solange an, bis sich ein Gleichgewichtszustand zwischen angreifender Strömung und Widerstandskraft der Sohle eingestellt hat. In den strömungsberuhigten Buhnenfeldern zwischen den einzelnen Buhnen kommt es zu Verlandungen.

Unterschieden wird zwischen *inklinanten* (stromaufwärts gerichtet), *deklinanten* (nach stromabwärts gerichtet) und *rechtwinkligen* (im rechten Winkel zur Streichlinie gerichtet) Buhnen (s. Abb. 6.34).

Rechtwinklige Buhnen wirken in Bezug auf die Auslenkung des Stromstrichs überwiegend neutral. Sie haben jedoch große Auswirkungen auf die Höhenlage der Gewässersohle.

Inklinante Buhnen lenken die Strömung gegen die Ufer und können deshalb oberstrom der Buhne zu Uferangriffen führen. Die Buhnenwurzel sollte aus diesem Grunde mit einer Ufersicherung oberstrom der Buhne ergänzt werden. Mit steigendem Wasserstand und beginnender Überströmung der Buhne wird die Hauptströmung stromabwärts des Buhnenbauwerks zur Flussmitte hin abgelenkt.

Deklinante Buhnen lenken die Strömung zur Flussmitte. Mit steigendem Wasserstand wird die Strömung allerdings zunehmend gegen das Ufer gerichtet, so dass die stromabwärts gelegene Uferböschung erodiert. Zur Ufersicherung sind deklinante Buhnen daher nicht geeignet. Durch deklinante Buhnen können jedoch eigendynamische Entwicklungsprozesse eingeleitet werden, so dass diese Bauform im naturnahen Wasserbau durchaus Verwendung findet.

Tab. 6.7 Flussbauliche Maßnahmen, Baumethoden und mögliche Wirkungen im Hinblick auf Ausbau (Festlegung, Sicherung) und Strukturverbesserung (naturraumtypische Entwicklung)

Flussbauliche Maßnahme	Baumethode	Ziele bzw. Wirkungen im Fließgewässer
Einbau eines Längsverbaus	• Röhrichtpflanzung • Böschungsrasen • Gehölzpflanzung • Raubaum • Faschinenbündel • Flechtzaun • Spreitlage • Buschlage • Steinverbau • Steinsatz • Steinwurf • Steinwurf mit Steckhölzern • Trockenmauer	**Festlegung (Ausbau)** • Verhinderung von Seitenerosion; Sicherung eines Uferabschnitts • Einsatz im Rahmen von Entwicklungsmaßnahmen **Naturnah ausgeführt, kann die Maßnahme …** • die Strukturierung eines Gewässerabschnitts verbessern • die Längs- und Quervernetzung herstellen bzw. verbessern • die Entwicklung von Lebensräumen fördern
Einbau von Buhnen	• Wurzelstockbuhne • Flechtwerksbuhne • Steinbuhne • Steinsporn • Steinkastenbuhne	**Festlegung (Ausbau):** • Verhinderung von Seitenerosion; Sicherung eines Uferabschnitts • Einsatz im Rahmen von Entwicklungsmaßnahmen **Entsprechend ausgeführt, kann die Ausbaumethode u. a. …** • eigendynamische Entwicklungsprozesse initiieren sowie • die Strukturierung eines Gewässerabschnitts und die Entwicklung von Habitatstrukturen unterstützen.
Einbau eines Sohlengurts	• Sohlenschwelle • Sohlengurt	**Festlegung (Ausbau):** • Verhinderung von Tiefenerosion; Sicherung eines Gewässerabschnitts
Ersatz von Abstürzen durch Sohlenrampen, Sohlengleiten	• Sohlenrampe • Sohlengleite • Kaskadenrampe	**Festlegung (Ausbau)** • Verhinderung von Tiefenerosion; Sicherung eines Gewässerabschnitts • Einsatz im Rahmen von Entwicklungsmaßnahmen **Naturnah ausgeführt, fördert die Maßnahme …** • die Strukturierung eines Gewässerabschnitts • die Entwicklung von Habitatstrukturen • die Durchgängigkeit eines Fließgewässers

Bei allen Maßnahmen an einem Gewässer ist zu berücksichtigen, dass sich gewässerspezifische Größen wie Wassertiefe, Fließgeschwindigkeiten, Schubspannungen oder die Hochwassercharakteristik den veränderten Bedingungen anpassen. Daraus können sich Veränderungen in der sedimentologischen Zusammensetzung und somit auch der morpho-

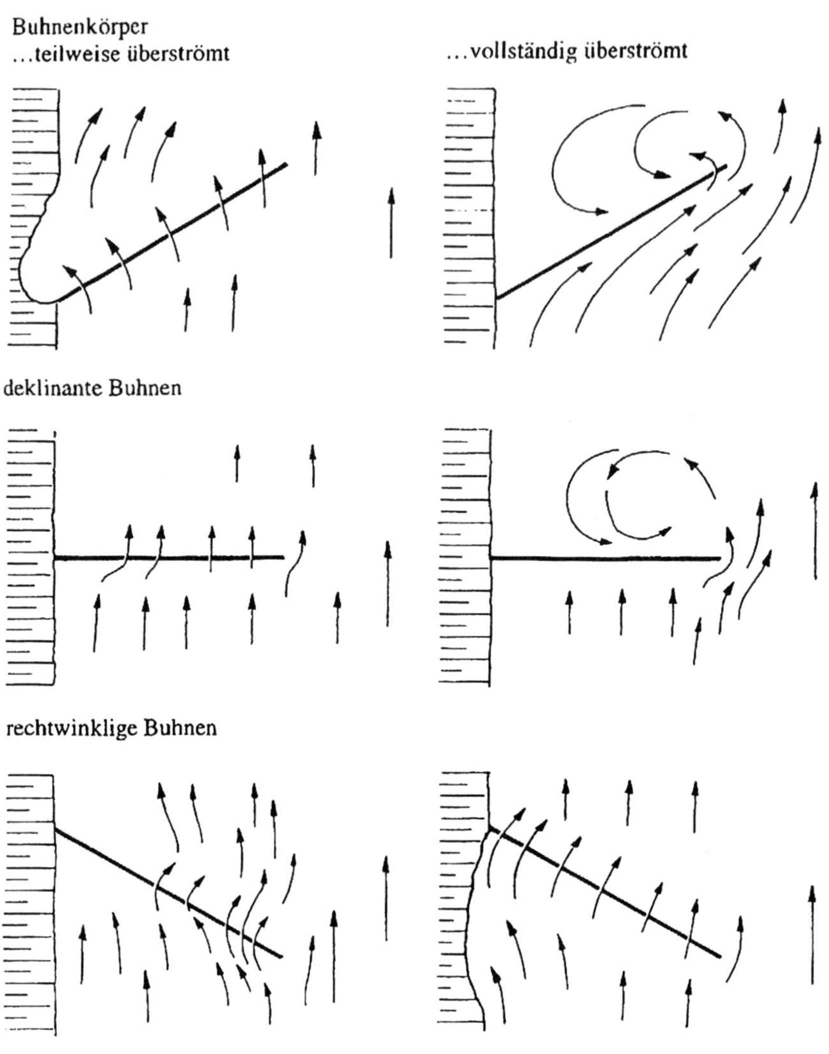

Abb. 6.34 Strömungsbilder der verschiedenen Bauweisen (teilweise überströmt, deklinant, rechtwinklig) von Buhnen (aus Patt 2018)

logischen Gestalt eines Fließgewässers ergeben (s. Abschn. 6.4.3). Diese Eingriffe sind nicht nur auf den lokalen Einflussbereich beschränkt, sondern pflanzen sich sowohl nach ober- als auch nach unterstrom fort.

Ökologische Verbesserungen durch einzelne wasserbauliche Gestaltungen

Aufgrund vielfältiger Nutzungen eines Fließgewässers ist eine eigendynamische Entwicklung oft eingeschränkt, so dass sich die gewünschten Entwicklungsprozesse nicht einstellen können. Da die jeweiligen Nutzungen häufig nicht bzw. nicht alle aufgegeben werden können, muss man sich bei der Fließgewässer- und Auenentwicklung auch mit

Einzelmaßnahmen behelfen, die gezielt eine fehlende Ökosystemkomponente ersetzen sollen.

Dazu zählen die Fischwanderhilfen sowie das Einbringen ins und Belassen von Totholz im Fließgewässer, die Anlage von Ufer- bzw. Uferrandstreifen, die Gestaltung von Deichen und Dämmen sowie die Anpassung der Fließgewässerunterhaltung. Letzteres wird gesondert in Abschn. 6.6 behandelt.

Fischwanderhilfen Fischauf- und Fischabstiegsanlagen sind Bauwerke, die der Wiederherstellung der Durchgängigkeit der Fließgewässer für Fische dienen. Sie sind dort erforderlich, wo der Mensch durch die Errichtung von Querbauwerken (z. B. Staustufen, Wehre) die Fischwanderwege unterbrochen hat (DWA-Merkblatt M 509 – Fischaufstiegsanlagen und fischpassierbare Bauwerke 2014a DWA-Themen - T2/2021 - Methodische Grundlagen zur standörtlichen Evaluierung des Fischschutzes und des Fischabstiegs 2021c).

Als wichtige Voraussetzungen für das Vorhandensein einer bestimmten Fischart sind, neben der Wassertemperatur und den Anteilen an gelöstem Sauerstoff, die Strömungsverhältnisse sowie die Durchgängigkeit der Sohle zu nennen.

Die Strömungsgeschwindigkeiten charakterisieren den Energieeinsatz, den die aquatischen Lebewesen aufwenden müssen, um nicht verdriftet zu werden. Das vielfältig strukturierte Sohlensubstrat wiederum bietet denjenigen Lebewesen Schutz, die sich mit Hilfe anderer Strategien einer Abdrift entziehen (z. B. der Strömung angepasstes Verhalten, Anheftung mittels Saugnäpfen, Aufenthalt in strömungsberuhigten Zonen).

Der Fließrichtung folgend befindet sich der Einlauf der Fischaufstiegsanlage im Oberwasser (OW) und der Auslauf im Unterwasser (UW). Die Fische passieren eine *Fischaufstiegsanlage* gegen die Strömungsrichtung, während *Fischabstiegsanlagen* in Strömungsrichtung durchschwommen werden.

Bei den Fischaufstiegsanlagen wird zwischen *naturnahen* und *technischen Bauweisen* unterschieden. In jeder Kategorie gibt es wiederum unterschiedliche Bauarten (s. Tab. 6.8).

Tab. 6.8 Bauarten von Fischaufstiegsanlagen (siehe u. a. DWA-Merkblatt M 509 2014a; Patt 2018; Städtler und Patt 2003; FAO 2002)

Bauweisen	Bauarten
Naturnahe Bauweisen	• Naturnahes Umgehungsgerinne • Sohlenrampe • Sohlengleite
Technische Bauweisen	• Beckenpass • Becken-Schlitz-Pass • Schlitzpass • Mäander-Fischpass (Peters 2004) • Borsten-Fischpass (Hassinger 2002) • Denilpass • Fischaufzug

Fischaufstiegsanlagen in *naturnaher Bauweise* sind in der Regel als Rampe oder Umgehungsgerinne ausgebildet (Abb. 6.35). *Technische Fischaufstiegsanlagen* (s. Abb. 6.36 – Denilpass) leisten zur naturnahen Strukturierung der Fließgewässer keinen Beitrag. Die Herstellung der Durchgängigkeit für die Fischfauna hat hier im Vergleich zur Durchgängigkeit für die sonstige Fauna einen so hohen Stellenwert, dass der Kompromiss, den man beim Bau

Abb. 6.35 Fischaufstiegsanlagen in naturnaher Bauweise, **a** Rampenbauwerk in älterer Bauweise – Die Steine wurden hier noch durch Beton fixiert, **b** Kaskadenbauweise – Die einzelnen Becken sind zugleich Ruheräume für die aufsteigenden Fische (Fotos: H. Patt)

Abb. 6.36 Fischaufstiegsanlage in technischer Bauweise – Denil-Fischpass (Foto: E. Städtler)

einer technischen Fischaufstiegsanlage immer eingeht, aufgewogen wird. Das trifft zum Beispiel für Anlagen an großen Fließgewässern mit hohen Gefällestufen zu, an denen nur mit sehr hohen Kosten naturnahe Fischaufstiegsanlagen für Langdistanzwanderfische, wie den Lachs, gebaut werden können.

Für Wanderfische muss aber auch der *Fischabstieg* sichergestellt sein. Diese flussabwärts gerichteten Wanderungen umfassen auch die Verdriftung, d. h. eine passive Art der Wanderung, welche unter anderem auch Fischeier und Brut betrifft. Besonders problematisch sind stromabwärts gerichtete Wanderungen, wenn es am Fließgewässer Wasserkraftnutzungen gibt. In den Turbinen kann es zu erheblichen Schädigungs- und Mortalitätsraten kommen. Gleiches gilt, wenn Fische in den Sog von Wasserentnahmebauwerken geraten.

Zum Schutz der Fische werden unterschiedliche Fischschutzsysteme empfohlen. Diese umfassen u. a. Rechen, Siebe und Filter, die ein Eindringen der Fische verhindern sollen, bis hin zu Fischleitsystemen, welche die Fische an den für sie gefährlichen Stellen vorbeileiten und in Umgehungsgerinne führen. Insgesamt besteht jedoch diesbezüglich noch Forschungs- und Entwicklungsbedarf. Hinweise zur Gestaltung von Fischabstiegen finden sich u. a. in DWA-Merkblatt M 509 – Fischaufstiegsanlagen und fischpassierbare Bauwerke 2014a).

Totholz Unter dem Begriff „*Totholz*" werden abgestorbene verholzte Pflanzenteile, feinste Zweige, dünne Äste, dünne Stämme, dicke Äste, dicke Stämme und Sturzbäume bezeichnet (Abb. 6.37). Totholz gelangt unter anderem durch Wind- und Schneebruch, Böschungsabbrüche bei Hochwasser und Alterungsvorgänge von Pflanzen in die Fließgewässer.

Das Einbringen ins oder Belassen von Totholz im Fließgewässer wird sehr kontrovers diskutiert. Für die Ökologen bedeutet Totholz eine naturschutzfachliche Aufwertung durch die Zunahme der Vielfalt an Gewässerbettstrukturen (u. a. Kail und Gerhard 2003; Gerhard und Reich 2001; DVWK-GfG 1999). Dadurch werden unter anderem im aquatischen Bereich Lebens- und Rückzugsräume für die Fließgewässerbewohner geschaffen (z. B. im Kieslückensystem). Derartige Sohlenstrukturen (offene Sand-Kies-Sohlen) sind eine unabdingbare Voraussetzung für den Lebenszyklus vieler Wanderfische (z. B. Lachs und Meerforelle), im Speziellen für die Laichablage. Das Astwerk selbst ist Siedlungsraum vieler Wirbelloser (Abb. 6.37).

Die Betreiber von Wasserkraftanlagen und andere Nutzer sehen dagegen verständlicherweise die Probleme, die durch Totholzansammlungen (Treibholz) vor Stauanlagen, Triebwerkseinläufen und Rechenanlagen entstehen können. Einerseits kann der Betrieb der Anlagen beeinträchtigt werden, andererseits ist die Entsorgung des Totholzes durch den Kraftwerksbetreiber auf Dauer kostspielig.

Abb. 6.37 Totholzstrukturen erhöhen die morphologische Vielfalt in einem Fließgewässer (Foto: H. Patt)

Auch von Seiten des Hochwasserschutzes sind Bedenken berechtigt, da Ansammlungen von Totholz die Abflussleistung von Gerinnen nachteilig beeinflussen können. Totholzansammlungen an Engstellen, wie zum Beispiel vor Brückendurchlässen oder Rohreinläufen, können nicht nur zu Ausuferungen führen, sondern auch durch lokale Kolkbildung die Stabilität gewässernaher Bauwerke beeinträchtigen. Gleiches gilt auch für Kolke, die sich unter anderem im Nahbereich einzelner Baum- und Strauchgruppen ausbilden und dort zu Umlagerungen der Gewässersohle führen können. In der Nähe von Deichen kann deren Standsicherheit gefährdet werden.

Wegen der positiven Effekte von Totholz auf die Gewässerfauna, sollte ggf. ein gewisser Unterhaltungsmehraufwand in Kauf genommen werden.

Gestaltung von Deichen Deiche sind ein wichtiger Bestandteil des technischen Hochwasserschutzes. Die Planung der baulichen Anlagen (u. a. Linienführung, Deichquerschnitt, Untergrund, Standsicherheit, Baustoffe und Erdarbeiten), Deichüberwachung, Deichunterhaltung, Baumaßnahmen an bestehenden Deichen und Deichverteidigung ist in DIN 19712 geregelt. Mit dem Bau eines Deiches an einem Fließgewässer wird der Entwicklungsspielraum des Gewässers eingeschränkt. Ausschließlich an sicherheitstechnischen Erfordernissen orientierte Deichbauten sind oft auf weiter Strecke als künstliche Landschaftselemente zu erkennen (Abb. 6.38).

Bei Deichsanierungen oder bei der Rückverlegung von Deichen zur Wiederanbindung verloren gegangener Rückhalteräume an die Fließgewässer, bieten sich oft Möglichkeiten

Abb. 6.38 Die Standsicherheit von Deichen bedingt technische Vorgaben, die einen Deich als Fremdkörper in einer Landschaft erscheinen lassen. (Foto: H. Patt)

die Einbindung eines Deichs in die Landschaft zu verbessern und gleichzeitig Freiräume für das Fließgewässer zu gewinnen (DWA-Merkblatt M 507-1 – Deiche an Fließgewässern – Teil 1: Planung, Bau und Betrieb 2011; Husicka und Schulte 1999; Patt 2018).

Vorgesehen werden sollte ein möglichst breites Vorland, da dann die naturnahe Gestaltung des Deiches und seiner Umgebung vereinfacht wird. Vorteilhaft sind breite Vorländer unter anderem wegen …

- der erhöhten Sicherheit gegen die Ausbildung von Sickerwegen im Deich,
- des Platzes zur Förderung eigendynamischer Entwicklungsprozesse,
- der Verringerung von Schäden durch Wühltiere (Bisam, Biber und Nutria – siehe DWA-Merkblatt M 608-1 Verkehrssicherung 2017b; Zahner et al. 2020), aber auch Maulwurf, Wildkaninchen, Feldmaus u. a.),
- der Reduzierung der Unterhaltungskosten – wegen des größeren Abflussvolumens sind Unterhaltungsarbeiten nicht immer zwingend erforderlich,
- der abwechslungsreichen Gestaltung der Böschungen und der
- Freizeit- und Erholungsnutzung (u. a. Anlage von Fuß- und Radwanderwegen sowie Rastplätze).

In DIN 19 712 und in DVWK-GFG – Ufergehölze und Gehölzpflege – Empfehlungen für den Unterhaltungspflichtigen (1999) finden sich zahlreiche Hinweise zu den möglichen Auswirkungen von Gehölzen auf Deichen, die aus Gründen der Standsicherheit beachtet werden müssen. Eine Bepflanzung ist nur dort möglich, wo die Wurzeln der Gehölze nicht in den erdstatisch erforderlichen Deichquerschnitt eindringen können. Bei der Planung der Linienführung eines Deiches sollte die vorhandene Ufervegetation berücksichtigt werden, da es vorteilhafter ist, auf bestehende Strukturen zurückzugreifen, als neue anzulegen.

Wühltiere an Deichen Wühltiere, wie beispielsweise Biber, Bisam und Nutria, können die Standsicherheit von Deichen gefährden. Diesbezüglich ist zwischen dem Schutz wildlebender, zum Teil geschützter Tiere, die, wie zum Beispiel der Biber, sogar typisch für Fließgewässer- und Auenlandschaften sind, und den Schäden, den diese anrichten, abzuwägen (DWA-Merkblatt M 507-1 – Deiche an Fließgewässern – Teil 1: Planung, Bau und Betrieb 2011; DWA-Merkblatt M 608-1 – Biber, Bisam, Nutria – Erkennungsmerkmale und Lebensweise 2017b; Zahner et al. 2020; DWA-Merkblatt M 608-2 Bisam, Biber, Nutria – Teil 2: Technische Gestaltung und Sicherung von Ufern, Deichen und Dämmen – Entwurf 2022b; Schrenk et al 2022).

6.4.5 Leitlinien des Hochwasserschutzes

Heinz Patt

Die Länderarbeitsgemeinschaft Wasser (LAWA) hat „*Leitlinien für einen zukunftsweisenden Hochwasserschutz*“ erarbeitet (LAWA 1995). Zur Minimierung von Hochwasserschäden sollen die Teilstrategien …

- Natürlicher Wasserrückhalt in der Fläche,
- Technischer Hochwasserschutz und
- Weitergehende Hochwasservorsorge

beitragen. Diese Teilstrategien sollen sich, den jeweiligen Gegebenheiten bestmöglichst angepasst, zu einem Gesamtkonzept zusammenfügen. Darauf aufbauend sind die folgenden Leitsätze zur Schadensbegrenzung bei Hochwasser formuliert worden (u. a. LAWA 1995; Patt & Jüpner 2020):

- Hochwasserereignisse müssen wieder als Naturereignis begriffen werden, denen der Mensch immer ausgesetzt sein wird.
- Menschliche Eingriffe in den Naturhaushalt haben zu einer Verschärfung der Hochwassergefahr geführt. Diese Eingriffe sollen so weit wie möglich rückgängig gemacht, ausgeglichen und künftig vermieden werden.
- Langfristige Hochwasservorsorge muss sich auf die gesamte Fläche von Flusseinzugsgebieten – auch grenzüberschreitend – erstrecken. Das Vorsorgeprinzip muss auch für Hochwasserplanungen gelten.
- Technischer Hochwasserschutz wird auch in Zukunft notwendig sein. Er soll sich allerdings vorrangig auf den Schutz von Menschenleben und hochwertiger Sachgüter beschränken. Die Belange von Naturschutz und Landschaftspflege sind zu beachten.
- Jeder, der vom Hochwasser betroffen werden kann, muss auch eigene Vorsorge treffen. Hierzu muss ein entsprechendes Informations- und Vorhersagesystem eingerichtet werden.
- Die menschlichen Nutzungen in Überschwemmungsgebieten sind den Gefährdungen anzupassen. Entsprechende Instrumente zur Verminderung des Gefährdungspotenzials sind zu entwickeln.
- In überschwemmungsgefährdeten Gebieten ist Vorsorge gegen mögliche ökologisch negative Folgewirkungen, wie Gewässer- und Bodenverunreinigungen zu treffen.

Die *Hochwasseraktionspläne* spiegeln die für einen Fließgewässerabschnitt gewählte *Hochwasserstrategie* wider. Deren Inhalte haben sich nach der Veröffentlichung der Empfehlungen der Länderarbeitsgemeinschaft Wasser weitgehend angeglichen (LAWA 2000). Sie haben in der Regel die in Tab. 6.9 dargestellten Inhalte.

Natürlicher Wasserrückhalt in der Fläche (Hochwasser-Flächenmanagement)
Bis in die 1970er-Jahre hinein wurden durch den Ausbau der Fließgewässer viele natürliche Überschwemmungsgebiete „hochwasserfrei“ gelegt, um sie „höherwertigen“ Nutzungen zuführen zu können (Patt und Jüpner 2020; Patt et al. 2021). Aus der Erkenntnis heraus, dass die Nutzung der gewässernahen Bereiche einer der Hauptgründe für die zunehmenden Hochwasserschäden sind, erfolgte in den letzten Jahren in immer größerem Umfang eine Sicherung der noch vorhandenen natürlichen Überschwemmungsgebiete für den Hochwasserabfluss. Dort wo möglich, wird heute sogar ein Rückbau der Hochwasserdeiche in Betracht gezogen (Abb. 6.39).

Tab. 6.9 Inhalte und Arbeitsschritte bei der Erstellung von Hochwasseraktionsplänen (nach den Empfehlungen der LAWA 2000)

Inhalte	Arbeitsschritte
Grundlagen	• Besonderheiten im Aktionsgebiet • Rechtsgrundlagen
Bestandsaufnahme	• Derzeitiger Hochwasserschutz • Überschwemmungsgefährdete Bereiche • Hochwassermeldesysteme/Hochwasservorhersage • Hochwassergefährdungen • Beschlossene Maßnahmen
Handlungsziele	• Minderung der Schadensrisiken • Minderung der Hochwasserstände • Verstärkung des Hochwasserbewusstseins • Verbesserung der Hochwassermeldesysteme
Handlungsschwerpunkte (Maßnahmen)	• Wasserrückhalt (natürlich und technisch) • Technischer Hochwasserschutz (Deiche/Mauern) • Vorsorgemaßnahmen (hochwasserangepasste Nutzungen, Risiko- und Gefahrenkarten für Überschwemmungsgebiete, Hochwasservorhersage)
Realisierung und Kosten	• Festlegung der Zeithorizonte • Ausweisung des Mittelbedarfs • Träger der Schutzmaßnahmen • Erfolgskontrolle

Abb. 6.39 Die Wiederanbindung abgeschnittener Gewässerauen an die Fließgewässer ist ein wichtiger Schritt zur Verbesserung des Wasserrückhalts in der Fläche (Foto: H. Patt)

Eine der wichtigsten Größen bei der Planung derartiger Maßnahmen ist die Ermittlung der *natürlichen Überschwemmungsgebietsgrenzen*. Als Grundlage für die Festlegung dienen unter anderem Messdaten von abgelaufenen Hochwasserereignissen, die Dokumentation der Geschwemmsellinien oder Wasserspiegellagenberechnungen.

Digitale Geländemodelle ermöglichen eine präzise Nachbildung der vorhanden Geländekonturen (Hochwasserabflussquerschnitt), in die dann die Ergebnisse der hydraulischen Berechnungen übernommen werden können. Auf diese Weise lassen sich für unterschiedliche Abflüsse (Abflussjährlichkeiten) die natürlichen Überschwemmungsgrenzen bestimmen. Diese dienen unter anderem zur Festsetzung der Überschwemmungsgebiete (z. B. im Rahmen einer ordnungsbehördlichen Verordnung).

Auf diesen Grundlagen werden unter anderem *Hochwassergefahrenkarten* erstellt, aus denen Schadensart, Schadenshäufigkeit und Schadenshöhe für unterschiedliche Hochwasserabflüsse bestimmt werden können. Derartige Karten sind eine wichtige fachliche Grundlage für die Umsetzung des *Hochwasserflächenmanagements* in der Landes-, Regional- und Bauleitplanung sowie eine Bemessungsgrundlage für technische Hochwasserschutzmaßnahmen und für weitere Maßnahmen der Hochwasservorsorge (LAWA 2007; LAWA 2021c).

Technischer Hochwasserschutz

Zum technischen Hochwasserschutz zählte über lange Zeit insbesondere der Ausbau der Fließgewässer (auch mit Deichen und Dämmen) und der Bau von Hochwasserrückhaltebecken. Zwischenzeitlich werden aber auch mobile Wände und lokale Schutzmaßnahmen an Objekten als vollwertige Maßnahmen des technischen Hochwasserschutzes angesehen (Abb. 6.40). Ein vereinfachtes Schema zur Auswahl einer technischen Hochwasserschutzkonstruktion zeigt Abb. 6.41.

Weitergehende Hochwasservorsorge

Die durchgeführten Schutzmaßnahmen reichen in der Regel nicht aus, um auch für selten auftretenden Extremhochwasser ausreichenden Schutz zu bieten.

Die *Hochwasservorsorge*, d. h. der Umgang mit dem Hochwasser, soll derartige Lücken schließen. So zeigen zum Beispiel die *Hochwassergefahrenkarten* einem Grundstückseigentümer, welchem Überschwemmungsrisiko sein Objekt statistisch gesehen ausgesetzt ist (siehe u. a. Patt und Jüpner 2020). Entsprechend kann sich der Betroffene u. a. durch eine angepasste Bauweise schützen, sein Eigentum dem Risiko entsprechend nutzen und auf diese Weise die Hochwasserschäden minimieren. Ergänzt wird dies durch eine entsprechende Verhaltensvorsorge des Hochwasserbetroffenen und die Vorsorgemaßnahmen der Bundesländer, Landkreise und Kommunen. Diese tragen mit *Hochwasserwarnungen*, Alarmierung und Einsatzplanung dazu bei, dass der einzelne Hochwasserbetroffene über die Hochwasserlage informiert wird und im Gefährdungsfall die notwendige Hilfe bereit steht. Die Information der betroffenen Anwohner ist daher ein wesentliches Kriterium der Schadensreduzierung (Abb. 6.42).

Ein wichtiger Bestandteil der *Risikovorsorge* stellt auch der Abschluss einer Versicherung dar. Hierbei wird dem Versicherungsnehmer durch die Höhe der risiko-

Abb. 6.40 Der technische Hochwasserschutz ist dort nicht zu vermeiden, wo der Mensch mit seinen Nutzungen zu nahe an die Gewässer heran gerückt ist. Jedoch nicht jede Nutzung rechtfertigt einen aufwändigen Hochwasserschutz. (Foto: H. Patt)

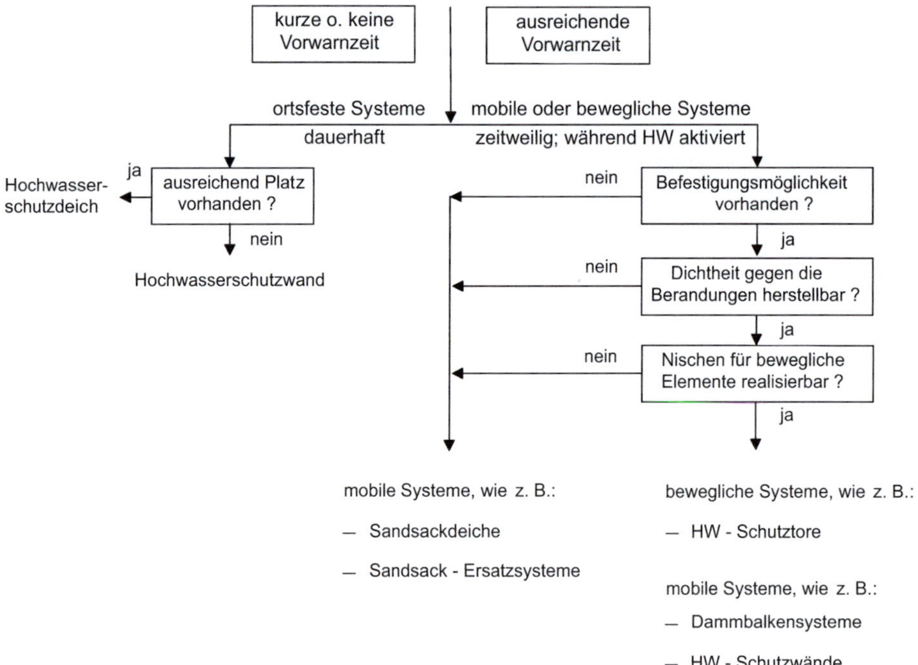

Abb. 6.41 Vereinfachtes Schema zur Auswahl einer technischen Hochwasserschutzkonstruktion (aus Patt und Jüpner 2020)

Abb. 6.42 Sensibilisierung der Anwohner – Pressewirksame Veranstaltungen informieren über die Hochwassergefahren sowie über die Auswirkungen von Schutzmaßnahmen (Foto: H. Patt)

abhängigen Prämie bewusst, welche Gefährdung für sein Eigentum besteht. In besonders gefährdeten Bereichen wird der Versicherer ggf. eine Deckung ablehnen bzw. werden die Prämien derart hoch sein, dass eine wirtschaftliche Nutzung nicht mehr möglich ist (Kron 2013; Kron und Willems 2000).

Realisierung des Hochwasserschutzes

Hochwasserschutz ist in seiner Gesamtheit nicht kurzfristig zu realisieren. Es wird daher in der Regel ein Zeitfenster festzulegen sein, in dem alle vorhandenen Teilstrategien zu einem Gesamtkonzept zusammengeführt werden. Wichtige Bestandteile der zukünftigen Vorgehensweisen sind:

- *Schadensminimierung durch Bereitstellung von mehr Information*
  Durch die Koppelung eines *hydraulischen Modells* (Strömungsmodell) mit einem digitalen Geländemodell können Überschwemmungsgrenzen, Wassertiefen und Strömungsgeschwindigkeiten für Abflüsse unterschiedlicher Jährlichkeiten sowohl berechnet, als auch, den örtlichen Gegebenheiten angepasst, grafisch dargestellt werden. In Verbindung mit Bodennutzungskarten lassen sich Risikoanalysen durchführen. Bedeutsam für die *Risikoanalyse* ist die bestehende Gefährdung und die Empfindlichkeit (*Vulnerabilität*) der gefährdeten Nutzungen. Die Einbeziehung entsprechender Kenngrößen und deren Umsetzung in einen entsprechenden Maßnahmenkatalog sind Voraussetzungen für eine wirtschaftlich ausgewogene Hochwasserschutzplanung (Plate 1997).

Hochwasserschadenspotenziale ergeben sich aus der Hochwassergefahr und den durch diese Ereignisse gefährdeten materiellen und immateriellen Güter. Das bedeutet beispielsweise, dass zwei verschiedene Gewässerabschnitte zwar Hochwassergefahren in gleicher Größe aber mit unterschiedlichen Schadenspotenzialen besitzen können, weil die von den Überflutungen bedrohten Flächen unterschiedlich genutzt werden (Abb. 6.43a,b).

- *Sensibilisierung der Gewässeranlieger*
  Keiner ist von den Auswirkungen eines Hochwassers mehr betroffen als die unmittelbaren Gewässeranlieger. Deren gute Vorbereitung trägt entscheidend dazu bei, die Hochwasserschäden und andere Beeinträchtigungen zu reduzieren. Die Anwohner können sich sowohl durch Bauvorsorge, d. h. Anpassung der Bauweise und der Nutzung, wie auch durch Verhaltensvorsorge, d. h. konkretes Handeln im Hochwasserfall, vorbereiten.
- *Umgang mit dem Restrisiko, Risikobewusstsein*
  Der Wunsch der Betroffenen nach mehr Sicherheit äußert sich häufig in der Forderung nach einer Verbesserung der Hochwasserschutzanlagen. Es wäre jedoch falsch, Hochwasserschutz ausschließlich über bauliche Anlagen zu betreiben, weil – realistisch gesehen – niemals ein absoluter Schutz erreicht werden kann. Die verbesserten Schutzanlagen täuschen vielmehr eine vermeintliche Sicherheit vor und reduzieren so das Risikobewusstsein der Gewässeranlieger.

  Richtig ist es, den Hochwasserschutz als Umgang mit hohen Wasserständen (Hochwasser) und deren Auswirkungen zu verstehen. Das schließt keinesfalls aus, dass technische Anlagen gebaut, saniert oder erhöht werden. Es gehört aber ebenfalls dazu, dass das Risiko einer Überschwemmung den Betroffenen bekannt ist und auf diese Weise das Risikobewusstsein der hochwasserbetroffenen Gewässeranlieger erhalten bleibt. Gelingt es, den Gewässeranliegern die Präsenz dieser Gefährdung zu vermitteln, und auch über Jahre wach zu halten, ist ein bedeutender Schritt zur Reduzierung von Hochwasserschäden getan.
- *Berücksichtigung von Klimaveränderungen bei der Festlegung der Bemessungsabflüsse*
  In den letzten Jahren haben Klimaveränderungen bei Planungen immer mehr an Bedeutung gewonnen. Kein Politiker, und auch kein Planer, will sich später nachsagen lassen, die prognostizierten Klimaveränderungen (u.a. Temperatur- und Abflussveränderungen) nicht berücksichtigt zu haben. Für die Planungsaufgaben in der Wasserwirtschaft sind insbesondere die regional unterschiedlichen Auswirkungen auf den Wasser- und Naturhaushalt von Bedeutung.

6.4.6 Sport, Freizeit und Erholung

Heinz Patt und Bernd Schackers

Viele Fließgewässer und Auen haben sich in der Vergangenheit zu bedeutsamen Arealen für Sport, Freizeit und Erholung entwickelt. Bei der Planung, insbesondere im Hinblick auf die Beteiligung der Öffentlichkeit, muss dies berücksichtigt werden.

Abb. 6.43 Die Hochwasserschadenspotenziale in urbanen Bereichen hängen in besonderem Maße von der Nutzung der gefährdeten Bereiche ab, **a** In ungenutzten Auenbereichen entstehen oft keine oder nur geringe Schäden (Foto: H. Patt), **b** In urbanen Bereichen sind die Schadenspotenzielle beträchtlich; eine gute Vorbereitung kann die Schäden aber erheblich reduzieren. (Foto: E. Städtler)

Die meisten Freizeit- und Erholungsaktivitäten sind von bestimmten Eignungsvoraussetzungen abhängig. Nicht jedes Fließgewässer bzw. jede Fließgewässeraue ist in gleicher Weise zur Ausübung bestimmter Freizeit- und Erholungsnutzungen geeignet. Eignungsvoraussetzungen spielen daher eine besondere Rolle bei der Planung bzw. Standortsuche von Freizeit- und Erholungseinrichtungen. Darüber hinaus sind die Eignungskriterien für die Bewertung möglicher Umweltauswirkungen von Bedeutung.

Grundsätzlich ist darauf zu achten, dass das Gewässer einschließlich seiner Uferzonen und Aue sowie der dort lebenden Pflanzen und Tiere möglichst wenig beeinträchtigt und keinesfalls geschädigt wird. Die Eignung eines Standorts bzw. Fließgewässer- oder Auenabschnitts zur Ausübung bestimmter Freizeitaktivitäten wird einerseits durch *allgemeine Eignungsvoraussetzungen* und andererseits durch spezielle, auf die konkrete Freizeit- und Erholungsaktivität bezogene, spezielle *Eignungsvoraussetzungen* bestimmt (siehe u. a. DWA-Merkblatt M 603 – Freizeit und Erholung an Fließgewässern 2007; DWA-Merkblatt M 618 – Erholung und Freizeitnutzung an Seen – Voraussetzungen, Planung und Gestaltung 2014b).

Allgemeine Eignungsvoraussetzungen sind zum Beispiel die gesetzlichen Vorgaben des Natur- und Artenschutzes, das vorhandene Landschaftsbild bzw. die Qualitäten und Möglichkeiten des Landschaftserlebens (Abb. 6.44), die Geländetopografie und -beschaffenheit, die Gewässer- und Auenbreite, die Gewässergüte, die Erreichbarkeit mit unterschiedlichen Verkehrsmitteln, die vorhandene bzw. notwendige Infrastruktur (z. B. Ver- und Entsorgungsanlagen) oder die Verträglichkeit der Freizeitnutzungen untereinander.

Bei den *speziellen Eignungsvoraussetzungen* ist zwischen wassergebundenen Nutzungen und Freizeit- und Erholungsnutzungen in der Aue, also landgebundenen Nutzungen, zu unterscheiden. Oft sind Infrastruktureinrichtungen (z.B. Toiletten, Umkleideräume) erforderlich, wenn bestimmte Sport- und Freizeitaktivitäten angesiedelt werden sollen.

Tab. 6.10 enthält eine Auswahl wichtiger Freizeit- und Erholungsnutzungen in Fließgewässerauen mit Hinweisen zu den speziellen Eignungsvoraussetzungen verschiedener Sport- und Freizeitaktivitäten. Auf die Besonderheiten von Freizeit- und Erholungsnutzungen in urbanen Bereichen, insbesondere die immer bedeutsamer werdende Naherholung, wird in Abschn. 6.5.4 eingegangen.

Hinweise zur Planung von Freizeit und Erholung an Fließgewässern finden sich u. a. in: DWA-Merkblatt M 603 – Freizeit und Erholung an Fließgewässern 2007; DWA-Merkblatt M 618 – Erholung und Freizeitnutzung an Seen – Voraussetzungen, Planung und Gestaltung 2014a; Patt 2018; Patt und Schrenk 2004a,b; Schemel und Erbguth 2000 und Schemel und Stradas 1998, 2000. Interessante Hinweise zu den Eignungskriterien für Sport- und Freizeitnutzungen und die umweltangepasste Gestaltung derartiger Anlagen geben auch die Informationsbroschüren des Deutschen Olympischen Sportbundes (DOSB).

Abb. 6.44 Eine direkte Erlebbarkeit und/oder Zugangsmöglichkeit zum Wasser fördert das Naturerleben in besonderer Weise, **a** durch die Einbeziehung flacher, attraktiver Gewässerprofile, **b.** In innerörtlichen Bereichen als reines „Wassererleben". (Fotos: H. Patt)

Tab. 6.10 Auswahl von Freizeit- und Erholungsnutzungen mit Hinweisen zu Eignungsvoraussetzungen

Nutzungsart	Hinweise zu Eignungsvoraussetzungen
Auswahl wassergebundener Nutzungen	
Naturerlebnis Wasser, Naturbeobachtung	• Naturnahe Gewässerlandschaft • Zumindest punktuelle Zugangsmöglichkeit zum Wasser • Gefahrlos betretbare Ufer- und Flachwasserbereiche • Anbindung an Wegenetz
Baden, Schwimmen, Tauchen, Schnorcheln (an geeigneten Abgrabungsgewässern sind, aufgrund der Gütestandards der EU-Richtlinie für Badegewässer, Baden und Schwimmen in Fließgewässern i. d. R. offiziell nicht gestattet)	• Strömungsarme, flache, gut zugängliche Uferbereiche • Mindestwassertiefen • Badeaufsicht • Freiflächen zum Lagern und Verweilen • Sanitäre Anlagen • Unterhaltungsmaßnahmen • Hochwassersichere Standorte für ortsfeste Anlagen • Entfernung mobiler Anlagen bei Hochwassergefahr muss gewährleistet werden
Kanufahren	• Mindestbreite von 5 m, damit Wendungen problemlos auch für Ungeübte möglich sind. • Mindestwassertiefen von 30 cm -Informationen zu aktuellen Pegelständen, geeignete Ein- und Ausstiegsstellen und Zufahrten zum Auf- und Abladen der Boote • Umtragemöglichkeiten für Kanus an Stauanlagen • Warnschilder an gefährlichen Hindernissen • Wünschenswert sind Bootsgassen an Stauanlagen sowie Anlege- und Ausstiegspunkte mit Rastmöglichkeiten
Rudern	• Strömungsarme Gewässerstrecken großer bis mittlerer Fließgewässer (z. B. Stauhaltungen) • Mindestwassertiefe von ca. 0,5 m • Mindestbreite in Abhängigkeit vom Bootstyp 10 bis 20 m • Zufahrten zum Gewässer mit Anlandungsmöglichkeiten (Stegen) bzw. Bootshäusern • Gefahrenabwendung im Bereich starker Strömungen an Wehren/Kraftwerken • Umtragemöglichkeiten bzw. Bootsgassen an Stauanlagen

(Fortsetzung)

Tab. 6.10 (Fortsetzung)

Nutzungsart	Hinweise zu Eignungsvoraussetzungen
Wildwasserfahren/Rafting Befahren extremer Gewässerstrecken mittels Schlauchboot, Canyoning (Begehen schwieriger Canyons, Schluchten oder Klammtäler)	• Schnell fließende naturnahe Gebirgsbäche und -flüsse, die aufgrund der herrschenden Naturgewalt des Wassers besondere Herausforderungen an den Sportler bieten. • Zuwegung zu Einstiegs- (z. B. beim Canyoning) und Einsetzpunkten mit Infrastrukturen an den Ausgangs- und Endpunkten der Routen • Abgesteckte und mit Haken und Drahtseilen gesicherte Canyoning-Routen • Informationsstellen, Warnschilder zur Gefahrenabwehr
Jet-Ski und Wasserskifahren	• Große, ausreichend breite Fließgewässer • Mindestwassertiefen; Zugangsmöglichkeiten zum Ufer mit geeigneten Ein- und Ausstiegsplätzen
Motorbootfahren (Motorisiertes Schlauchboot, Kajütboot, Hausboot usw.)	• Auf schiffbaren Gewässern mit entsprechender Größe und Mindestwassertiefe • Bootsschleppen, Bootsschleusen • Liegeplätze für Fahrtunterbrechungen • Dauerliegeplätze in Bootshäfen • Ver- und Entsorgungseinrichtungen
Personenschifffahrt	• Große schiffbare Fließgewässer mit entsprechenden Mindestwassertiefen • Anlegestellen • Ver- und Entsorgungseinrichtungen • Anbindung der Anlegestellen an Wegenetze, Zufahrtmöglichkeiten zur Anlegestelle
Angeln	• Ausreichende Wasserqualität • Zutritt und Begehbarkeit des Ufers, ggf. Stege • Gute Erreichbarkeit der Standplätze • Geringe Störungen durch andere Nutzergruppen
Auswahl von Nutzungen in der Aue/ landgebundene Nutzungen	
Naturbeobachten **Spazierengehen** **Wandern** **Joggen**	• Attraktive Landschaftskulisse • Gute Erreichbarkeit der Wander- oder Joggingstrecke (ggf. mit Parkplatz) • An die Nutzergruppe angepasste Wegegestaltung (Linienführung, Wegebelag, Wegedimensionierung) • Geeignete Wegelängen (für Spaziergänge und Joggen vorzugsweise Rundstrecken) • Rast- und Beobachtungsmöglichkeiten • Wegeunterhaltung

(Fortsetzung)

Tab. 6.10 (Fortsetzung)

Nutzungsart	Hinweise zu Eignungsvoraussetzungen
Sport- und Spielgelegenheiten	• Vor allem größere ebene Freiflächen in gut erreichbarer Lage • gute verkehrstechnische Anbindung, auch an Fuß- und Radwegenetze • Ortsfeste Anlagen außerhalb des Überschwemmungsgebiets • Abfallentsorgung • Pflege und Unterhaltung
Lagern und Grillen	• Gute Anbindung geeigneter Freiflächen an Fuß- und Radwege • Sitzgelegenheiten, Feuerstellen (unter Beachtung gebietsweise hoher Waldbrandgefahren) • Müllentsorgung • Ggf. mobile sanitäre Einrichtungen • Oft in Kombination mit Einrichtungen wassergebundener Freizeit- und Erholungsaktivitäten (z. B. Badestellen an Abgrabungsgewässern oder Ein- und Ausstiegsstellen für Wasserwanderer, Zeltplätze)
Zelt- und Campingplätze	• Ortsfeste Einrichtung aufgrund der Hochwassergefahren nur außerhalb der Überschwemmungsgebiete; andernfalls räumbare Plätze mit mobilen Anlagen. • In der Regel großer Flächenbedarf mit hohem Verkehrsflächenanteil • Hoher Grünflächenanteil • Oft in Kombination mit weiterer Infrastruktur für Freizeit- und Erholungsaktivitäten und mit Zugang zum Wasser (z. B. Anlegestellen, Sport- und Spielgelegenheiten) • Attraktives Landschaftsbild; ruhige Lage • Geeignete Entfernungen zwischen verschiedenen Plätzen können sich aus durchschnittlichen Tagesstrecken von Kanuten oder Radfahrern ableiten • Absicherung über die Bauleit- und Landschaftsplanung

(Fortsetzung)

Tab. 6.10 (Fortsetzung)

Nutzungsart	Hinweise zu Eignungsvoraussetzungen
Radfahren **Radwandern** **Rollschuhlaufen** **Inline-Skating**	• Befestigte Wege; für Radfahrer reichen oft auch wassergebundene Wegedecken oder, bei geringer Inanspruchnahme, Fahrspuren mit grünem Mittelstreifen; Kriterien für die Belagswahl sind Art und Intensität der Beanspruchung sowie der erforderliche Pflege- und Unterhaltungsaufwand. • Geeignete Wegelängen mit geringen bzw. nur minimalen Gefällestrecken • Rundwege unterschiedlicher Länge • Gute Erreichbarkeit • Abwechslungsreiche Linienführung • Rast- und Einkehrmöglichkeiten

6.5 Besonderheiten der Planung in urbanen Bereichen

Im Gegensatz zu vielen Fließgewässern in der freien Landschaft sind die erforderlichen Entwicklungsflächen im urbanen Bereich meist nicht vorhanden. Gerade vor dem Hintergrund des Klimawandels und der Anpassungsstrategien an den Klimawandel sind der Gewässerkörper und die gewässernahen Bereiche eines Fließgewässers das Herz der „blau-grünen Infrastruktur", essentiell für das Mikroklima und die menschliche Gesundheit in den zusehend wärmer werdenden Städten. Auf diese besondere Situation soll im Folgenden etwas näher eingegangen werden (siehe u. a. DWA-Merkblatt M 609-1 – Entwicklung urbaner Fließgewässer – Teil 1: Grundlagen, Planung und Umsetzung 2021; Patt und Jüpner 2020).

6.5.1 Stadthydrologie

Siedlungsgebiete und andere Nutzungen in von Menschen beanspruchten Bereichen (urbanen Bereichen) haben einen sehr großen Einfluss auf die Fließgewässerentwicklung. In Abhängigkeit von der Besiedelungsdichte, aber auch von der Art und Intensität der Bewirtschaftung, werden die quantitativen Parameter der Wasserhaushaltsgleichung oft in erheblichem Ausmaß verändert (s. Abschn. 6.4.1 und 6.4.2). Daneben wird die Wasserqualität durch direkte und diffuse Einleitungen negativ beeinflusst.

Wasserhaushalt urbaner Gebiete Urbane Bereiche sind gekennzeichnet durch den hohen Anteil an versiegelten Flächen, das sind Dach-, Straßen-, Parkplatz- und Hofflächen, und dadurch, dass das Niederschlagswasser auf möglichst direktem Wege der vorhandenen Kanalisation zugeführt wird. Unter derartigen Voraussetzungen fließen die Wassermengen schnell und praktisch fast vollständig auf künstliche Weise ab. Die Versickerung von Niederschlagswasser in den Untergrund ist dann nicht möglich.

Leistungsfähige Kanalsysteme begünstigen diesen Vorgang, so dass im Fließgewässer erhebliche Abflussspitzen auftreten. Das Verhältnis zwischen Hoch- und Niedrigwasserabfluss wird stark erhöht und auf diese Weise gegenüber der natürlichen Abflussdynamik je nach Wasserführung des aufnehmenden Gewässers in mehr oder weniger ungünstiger Weise verschoben.

Neben den Wasservolumina müssen auch die Wasserverschmutzungen, also die Stoffströme betrachtet werden. Insbesondere bei der Mischkanalisation stellt das mit Regenwasser verdünnte häusliche Abwasser eine stoffliche Belastung dar. Durch die großen Regenwassermengen werden zudem Spüleffekte ausgelöst, so dass insbesondere bei stark ansteigenden Abflüssen erhebliche Mengen an abgelagerten Schmutzstoffen mobilisiert werden. Anlagen zur *Regenwasserbehandlung* dienen dazu diese Stoffausträge zu verringern, haben in der Regel jedoch nur einen geringen Speichereffekt, da die Bemessung auf den Schmutzrückhalt ausgelegt ist. Sie können aber mit Rückhaltemaßnahmen kombiniert werden. Doch auch bei der Trennkanalisation ist nicht auszuschließen, dass von Straßen, Parkplätzen und versiegelten Gewerbeflächen mit Schadstoffen belastetes Niederschlagswasser in die Gewässer gelangt. Hier müssen in Abhängigkeit vom Verschmutzungsgrad der Flächen ebenfalls Konzepte zur Behandlung dieser Wässer aufgestellt werden.

Die dichte Bebauung der städtischen Regionen und die intensive Flächennutzung verschieben, gegenüber den natürlichen Verhältnissen in der freien Landschaft, die Gewichte der Parameter der Wasserhaushaltsgleichung (s. Abschn. 6.4.1 und 6.4.2). Versickerung und Verdunstung werden stark behindert bzw. verändert und der Abfluss unnatürlich erhöht (Abb. 6.45).

Versiegelte Flächen können sich deutlich stärker aufheizen, so dass nur kurz andauernde Niederschläge durch Evaporation vollständig verdunsten. Das kann dazu führen, dass kleineren Fließgewässern Wasser (Abfluss) entzogen wird und diese im Extremfall vollständig trockenfallen. Andererseits wurde auch beobachtet, dass im Windschatten stärker versiegelter Gebiete durch Kondensation deutlich stärkere Niederschläge auftreten können und die der Hauptwindrichtung zugewandten Stadtteile wesentlich weniger intensiv überregnet werden (DWA-Merkblatt M 609-1 – Entwicklung urbaner Fließgewässer – Teil 1: Grundlagen, Planung und Umsetzung 2021a).

Wesentlicher Bemessungsfaktor für die Berechnung der Abflussleistung ist der *Abflussbeiwert*. Bei der Planung muss daher das Einzugsgebiet diesbezüglich analysiert werden, um die Abflussanteile der einzelnen Flächen zu bestimmen. Das erfordert im Einzelfall einen erheblichen Erfassungs- und Auswertungsaufwand. Verfahren der Luftbildauswertung, auch unter Zuhilfenahme von hochauflösenden Bildern von ferngesteuerten Drohnen, bei denen Befliegungsdaten (z. B. Dach-, Straßen-, Parkplatz-, Hof- oder Freiflächen und deren Anteile an der Gesamtfläche) mit Abflussbeiwerten verknüpft und so Abflussdaten des Einzugsgebiets ermittelt werden, sind heutzutage ein wichtiges Hilfsmittel. Es ist für größere Einzugsgebiete auch üblich, den Versiegelungsgrad des Gesamtgebiets anzugeben und auf dieser Grundlage die Abflüsse zu ermitteln (Tab. 6.11).

Ein typisches Problem kleinerer, in einem Stadtgebiet entspringender Fließgewässer ist die Überbauung ihres ehemals natürlichen Quellgebiets. Das hat zur Folge, dass der Quellabfluss gefasst wird, nun in der Kanalisation abfließt und dem eigentlichen Fließgewässer dieses

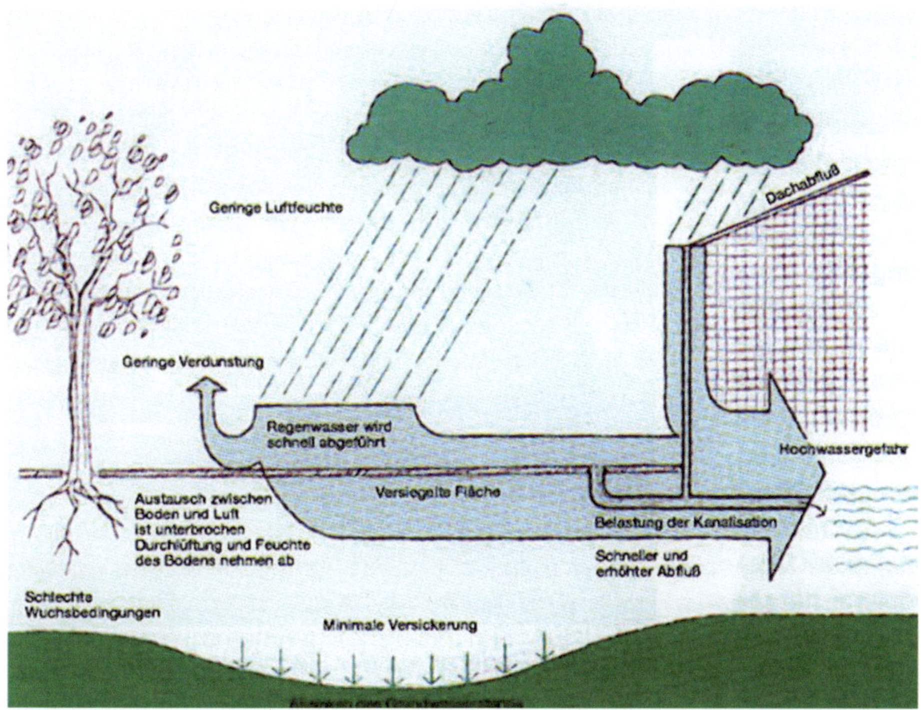

Abb. 6.45 Wasserhaushalt befestigter und unbefestigter Flächen (aus Dreiseitl und Geiger 2001)

Tab. 6.11 Abflussbeiwerte für verschiedene Oberflächen (aus DWA-Merkblatt M 609-1 2021a)

Bebauung	**Abflussbeiwerte**
• Sehr dichte Bebauung (350 E/ha)	0,80
• Dichte Bebauung (250 E/ha)	0,60
• Geschlossene Bebauung (150 E/ha)	0,40
• Weitläufige Bebauung (100 E/ha)	0,25
• Geneigte Dachflächen	0,95
• Flachdächer:	
– Betonplatten	0,80
– Kiespressdach	0,60
– Gründach mit Extensivbegrünung	0,50
– Gründach mit Intensivbegrünung	0,30
• Asphalt- und Betonstraße, Pflaster mit Fugenverguss	0,90
• Klinker- und Plattenbeläge	0,80
• Mittel- und Großpflaster, mit offen Fugen	0,70
• Mosaik- und Kleinpflaster, mit offenen Fugen	0,60
• Wassergebundene Decke	0,50
• Kiesfläche, Schotterrasen, Betongrassteine	0,20–0,40
• verdichtete, verschlämmte Ackerfläche	0,30–0,50
• humusreicher Acker	0,20
• Grünland	<0,20

Wasser fehlt. Verschlimmert wird dieser Zustand noch dadurch, dass auch der natürliche Grundwasserzufluss infolge der behinderten Versickerung und Grundwasserneubildung stark reduziert ist. So fließen oft über längere Zeiten des Jahres in solchen Gewässern nur sehr geringe Wassermengen ab; in regenarmen Sommern können sie ganz trocken fallen.

Charakteristisch für den Wasserhaushalt urbaner Gewässer ist also einerseits die gegenüber den natürlichen Verhältnissen deutlich verminderte Niedrigwasserführung mit entsprechenden Folgen für das Abflussprofil und die gesamte Gewässerökologie. Andererseits kommt es bei Niederschlägen zu sehr schnell ansteigenden und unnatürlich hohen Abflüssen mit deutlichen Folgen für die Profilbemessung und das Leben im Gewässer. Je größer die Unterschiede zwischen Niedrigwasser- und Hochwasserabfluss ist, umso unnatürlicher und technischer muss das Abflussprofil gestaltet werden. Daher kommt der Dämpfung des Gradienten und der Verminderung des Scheitels der Hochwasserwelle durch entsprechende Maßnahmen so hohe Bedeutung zu.

Siedlungswasserwirtschaft

Zu den Maßnahmen der Siedlungswasserwirtschaft, die dem Schutz und der Verbesserung der Ökologie urbaner Gewässer dienen, gehört zunächst eine *Abwasserbehandlung* (Schmutz- und Niederschlagswasserbehandlung) nach dem Stand der Technik.

Kläranlagen sind so zu bemessen und zu betreiben, dass insbesondere die Nährstoffelimination gewährleistet ist. Je nach Qualität des Fließgewässers ist sogar unter Bezug auf den Bewirtschaftungsplan nach der EG-Wasserrahmenrichtlinie eine Auslegung auf weitergehende Anforderungen entsprechend dem Immissionsprinzip erforderlich.

Die *Regenwasserbehandlung* muss bei der Beckenbemessung als Regenüberlauf- oder Regenrückhaltebecken nicht nur den Stoffrückhalt berücksichtigen, sondern mit Rücksicht auf die Abflussspitze im Gewässer im Einzelfall Rückhaltemaßnahmen vor der Einleitungsstelle vorsehen. Auch beim Regenwasser können weitergehende Maßnahmen des Stoffrückhalts durch Siebanlagen oder Bodenfilter in Verbindung mit der Rückhaltung entsprechend den Bewirtschaftungsplanungen erforderlich werden.

Einen besonderen Schwerpunkt aber bilden Maßnahmen zur *Abflussverzögerung* oder gar *Abflussvermeidung*. Es kann nicht das Ziel sein, Niederschlagswasser in gesamter Menge sowie auf kürzestem und schnellstem Wege der Kanalisation zuzuleiten, sondern es sind alle Möglichkeiten zur Vermeidung und Verzögerung des Abflusses zu nutzen. An erster Stelle stehen Maßnahmen, wie etwa die Entsiegelung von Flächen, damit das Wasser wieder versickern kann und möglichst gar kein Abfluss entsteht.

Letzteres ist sicherlich nur in begrenztem Umfang möglich, so dass an zweiter Stelle, aber mit einem wesentlich breiteren Anwendungsspektrum, alle Maßnahmen stehen, die zu einer Wasserspeicherung, einem Wasserrückhalt und so zu einer Abflachung der Abflussspitzen führen. Es kommt also darauf an, die Maßnahmen zur Förderung der Versickerung (Entsiegelung von Flächen), zur Abflussverzögerung (u.a. Mulden-Rigolensysteme), zur Abflussspeicherung (Rückhaltebecken) und zur Niederschlagswasserbehandlung (Regenüberlaufbecken) sinnvoll miteinander zu verknüpfen (s. Abb. 6.46). Erst dann können Maßnahmen zur Verbesserung der Gewässerökologie greifen.

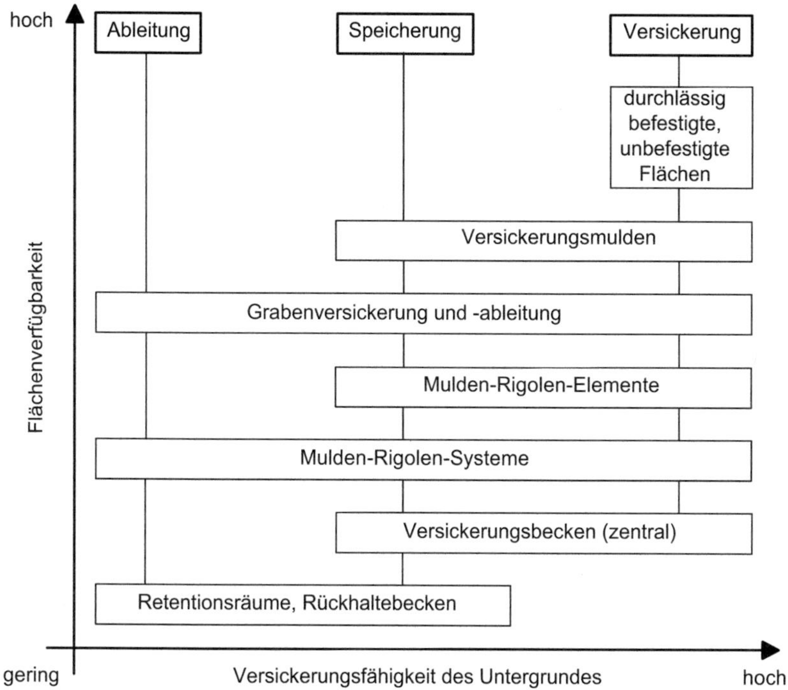

Abb. 6.46 Vereinfachte Darstellung zur Auswahl einer Methode zur Regenwasserableitung

6.5.2 Entwicklung von Gewässerstrecken in der Stadt

Umgestaltungsmaßnahmen sollten auch im urbanen Raum darauf abzielen, die naturraumtypischen Bedingungen soweit wie möglich wieder herzustellen. Oft ist dies auf Grund räumlicher Restriktionen für die Morphologie von Gewässer und Aue jedoch nicht möglich. Um aber urbane Gewässerstrecken in ihrer Funktionsfähigkeit als Ökosystem zu erhalten, wiederherzustellen und/oder zu entwickeln, sind auch unter räumlich beengten Bedingungen die Schlüsselfunktionen des Gewässers sicherzustellen. Dazu zählen insbesondere:

- Längsdurchgängigkeit
- Offene, unversiegelte Gewässersohle
- Durchgängigkeit zu Nebengewässern
- Ökologisch strukturierte Uferbereiche; ggf. mit sog. „*Leitbildkonformen Ersatzstrukturen*".

Längsdurchgängigkeit

Die Wiederherstellung der Längsdurchgängigkeit bezieht sich in urbanen Gewässern nicht nur auf Maßnahmen, um Wehre und Abstürze passierbar zu gestalten (u. a. DWA-Merkblatt M 509 – Fischaufstiegsanlagen und fischpassierbare Bauwerke 2014a; FAO 2002; Schwevers 2000). Verrohrungen können gerade in Kernbereichen von Siedlungen einen großen Streckenanteil der Fließgewässer betreffen und die Auf- und Abwärtswanderung von Fischen und Wirbellosen einschränken. Hier sollten alle Möglichkeiten der Entdolung (Freilegung verrohrter Gewässerstrecken) ausgeschöpft werden. Die Stadt Zürich kann als Vorbild und Vorreiter für ein solches Vorgehen gesehen werden (Buchli und Antener 2000).

Ist eine Offenlegung des Gewässers nicht möglich, so sollten die verrohrten Gewässerabschnitte in einem Profil mit Substratauflage auf der Sohle ausgeführt werden (Steegmüller 2022, Patt 2018) (Abb. 6.47). Eine tagesperiodisch gesteuerte Beleuchtung erhöht deren Passierbarkeit nicht, wie praktische Untersuchungen ergeben haben. So sind sogar Düker bei ausreichender hydraulischer Bemessung für Fische passierbar (Wolter et al. 2010), jedoch ein nicht überwindbares Aufwanderungshindernis für das Makrozoobenthos.

Aufstauungen im Hauptschluss eines Fließgewässers, zum Beispiel als Stadtparkteich oder zum Zwecke des Hochwasserschutzes, unterbrechen ebenfalls die Durchgängigkeit und sind nur bei Anordnung im Nebenschluss ohne negative Auswirkungen auf die Durchwanderbarkeit.

Neben der Durchgängigkeit im aquatischen Bereich sollte jedoch auch die Durchgängigkeit im Ufer- und Auenbereich bei der Maßnahmenplanung an Gewässern im urbanen Raum mit beachtet werden (DVWK-GfG - Empfehlungen für die Wiederherstellung der linearen Durchgängigkeit bei Fließgewässern im Rahmen der Gewässerunterhaltung 2010).

So wandern viele Tiere im Uferbereich entlang der Gewässer und viele aquatische Insektenarten fliegen als adulte Tiere gezielt bachaufwärts. Daher sollten unter anderem auch in Brückenbereichen die Ufer naturnah und durchgängig gestaltet werden. Bei längeren Verrohrungen können Baumreihen, die den Verlauf des verrohrten Gewässers markieren, gewässeraufwärts fliegenden Insekten als Orientierungshilfe dienen, um das Gewässer im Anschluss an die Verrohrung wieder zu finden. Dieser kompensatorische Aufwärtsflug aquatischer Insekten wird gerade in urbanen Gebieten häufig durch Lichtquellen gestört, da diese primär angeflogen werden. Auf eine direkte Beleuchtung der Gewässer sollte daher verzichtet werden. Notwendige Lichtquellen, die auf der dem Gewässer zugewandten Seite abgedunkelt sind und nicht direkt an das Gewässer angrenzen, sollten als Alternative mit geringeren negativen Auswirkungen Einsatz finden.

Offene Gewässersohle

Die Gewässersohle mit ihrem Lückenraumsystem *(Interstitial)* ist für die Besiedlung urbaner Fließgewässer von entscheidender Bedeutung. Sie bildet den Lebensraum der aquatischen Wirbellosenfauna und ist Laich- und Kinderstube für viele Fischarten der Forellenregion. Auch höhere Wasserpflanzen fehlen, wenn die Gewässersohle versiegelt ist. Eine offene, unversiegelte Gewässersohle ist daher auch unter räumlich beengten Bedingungen, auch wenn nur senkrechte Ufer vorhanden sind, Grundvoraussetzung für eine aquatische Biozönose im Gewässer (Abb. 6.48a–c).

Bei erhöhten Abflüssen, wie sie anthropogen bedingt in urbanen Gewässern häufig auftreten (s. Abschn. 6.5.1), dient das Lückenraumsystem als Rückzugsraum für die Wirbel-

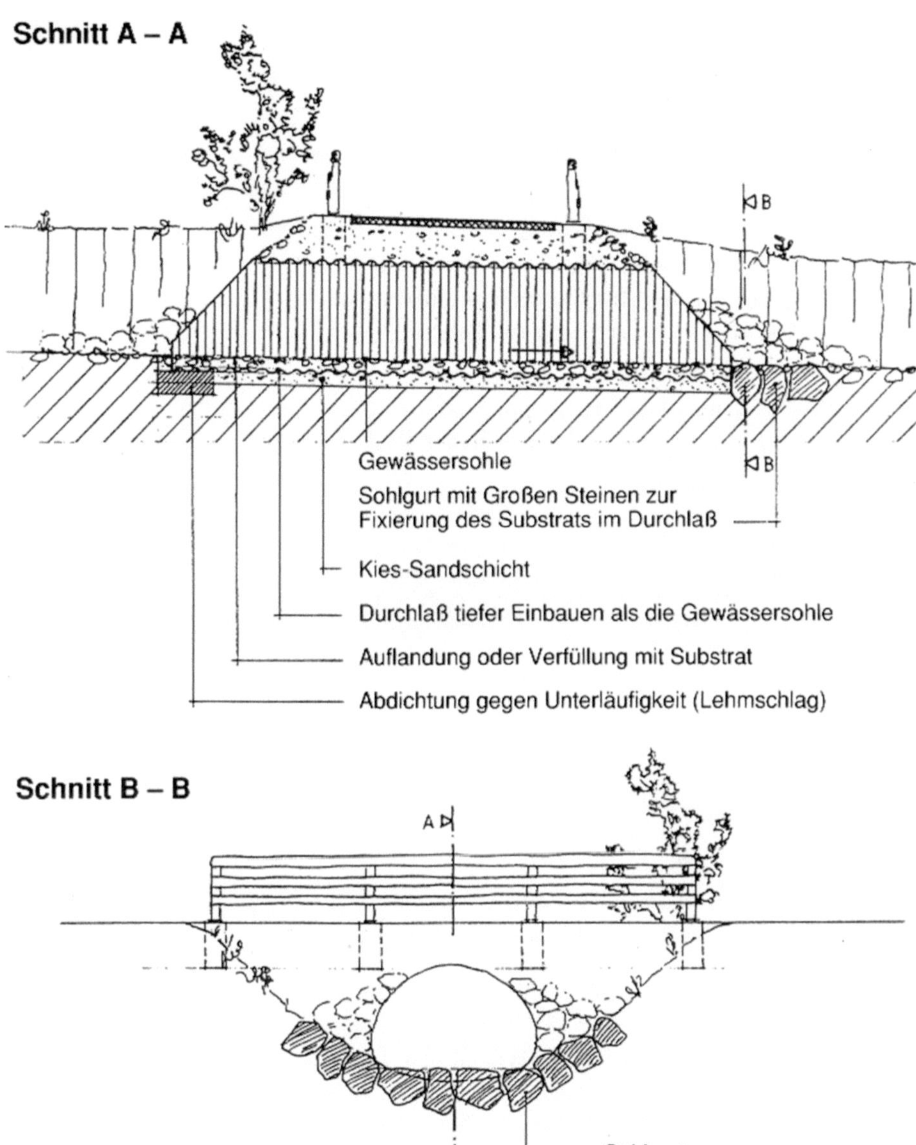

Abb. 6.47 Gestaltung eines Durchlasses mit Substratauflage auf der Sohle (Zeichnung: WWA Rosenheim; aus DWA-Merkblatt M 609-1 2021a)

losen-Organismen. Eine Wiederbesiedlung der gestörten Gewässersohle kann daher relativ schnell erfolgen. Dies ist vor allem dann von Bedeutung, wenn das Wiederbesiedlungspotenzial ober- und unterhalb gelegener Gewässerabschnitte nur gering ist.

Auch in urbanen Gewässern sollte sich die Ausbildung der Gewässersohle an den Substratstrukturen des entsprechenden Gewässertyps orientieren, da nur dann eine arten-

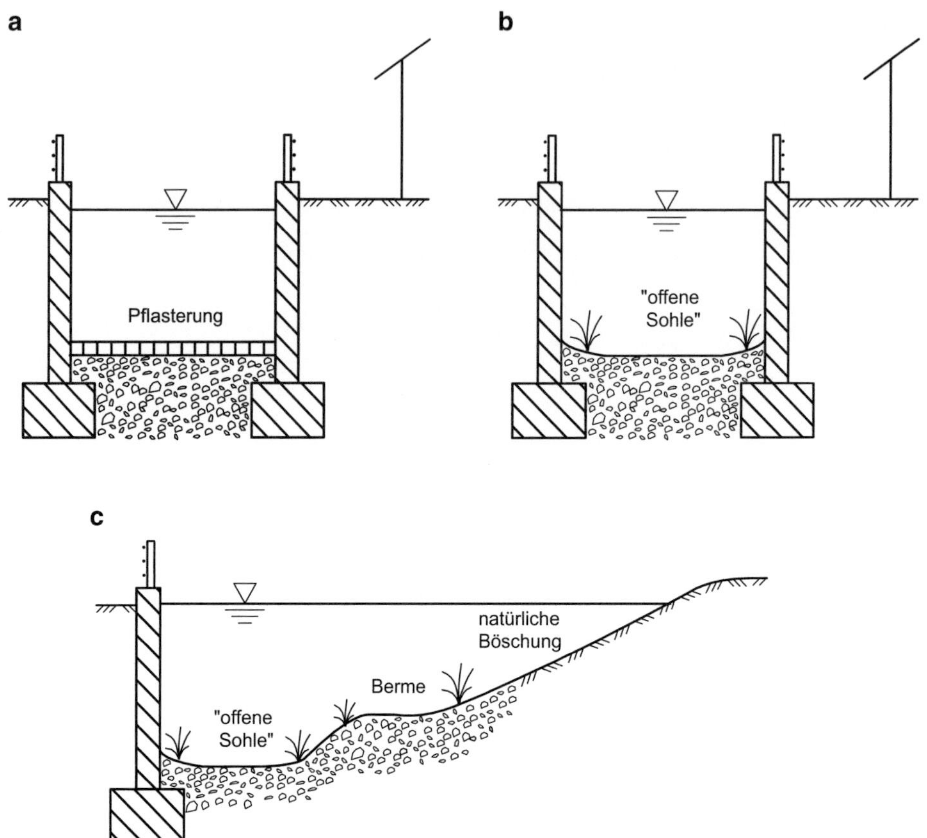

Abb. 6.48 Schematische Darstellung zur Offenlegung der Sohle, **a** vorher, **b** offene Sohle, **c** offene Sohle und natürliche Abböschung (Grafiken: H. Patt)

reiche standortgerechte Besiedlung ermöglicht wird. In der Regel ist das Substratmosaik urbaner Fließgewässer im Vergleich zu den Bedingungen in der freien Landschaft vergleichmäßigt und strukturell monoton, was zu einer geringen *Diversität* in der aquatischen Besiedlung führt. Vor allem organische Substrate wie *Totholz* und *Falllaub* fehlen und damit auch die hierauf angewiesenen Arten der Wirbellosenfauna.

Maßnahmen zur strukturellen Aufwertung der Gewässersohle sollten sich daher nicht auf das Einbringen von Störsteinen beschränken. Deutlich besser geeignet, und für alle Gewässertypen als geeignete Maßnahme anzusehen, ist das Einbringen von Totholz. Dass dies auch bei nur kleinräumigem, verlagerungsstabilem Einbau wirksam ist, zeigt Abb. 6.49.

Auch wenn durch Begradigung, Regelprofilierung und häufige Hochwassersituationen die Gewässersohle oft hydraulisch überlastet wird, sollte auf eine flächendeckende Befestigung der Sohle oder die Verwendung gewässertypfremder Korngrößen verzichtet werden. Lokale Maßnahmen dieser Art werden jedoch als ökologisch vertretbar angesehen, so

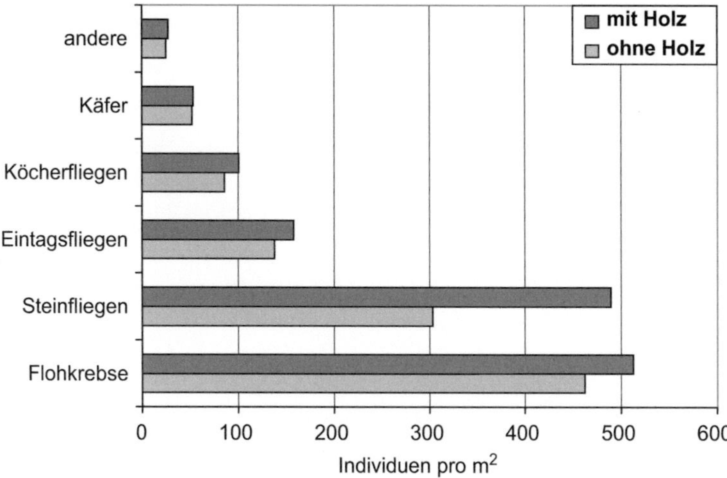

Abb. 6.49 Vergleich der Benthosbesiedlung in einem urbanen Gewässer ohne und mit kleinräumig exponiertem Totholz (aus Lautenschläger 2004)

lange diese Bereiche nicht mehr als 30 Prozent der Fließstrecke im Siedlungsgebiet ausmachen und eine zusammenhängende Länge von 500 m nicht überschritten wird (BWK 2004; Schwevers 2000).

Durchgängigkeit zu Nebengewässern

Fließgewässer stellen in der Regel ein verzweigtes System in der Landschaft dar. In Siedlungsbereichen wird dieses Adernetz häufig reduziert und es verbleiben nur die größeren Fließgewässer. Quellen und kleine Bäche werden überbaut und häufig direkt in die Kanalisation als Fremdwasser eingeleitet. In den 1990er Jahren war dieie Stadt Bochum mit einer Reduzierung der ursprünglichen Fließstrecken um ca. 25 Prozent hierfür ein typisches Beispiel (Thiesmeier et al. 1988).

Entflechtungskonzepte haben die Aufgabe, diese Entwicklungen wieder rückgängig zu machen, indem verrohrte Gewässer zusammen mit dem Regenwasser von der Kanalisation abgetrennt werden. Vorteile der Entflechtungskonzepte sind …

- eine Stärkung der Niedrigwasserführung im aufnehmenden Gewässer,
- eine Reduzierung des der Kläranlage zugeleiteten Wasservolumens und damit
- eine Senkung der Kosten.

Kann bei der Umsetzung des Entflechtungskonzepts die Wasserzuleitung zu dem aufnehmenden Gewässer oberirdisch offen erfolgen, so wird hierdurch verloren gegangener aquatischer Lebensraum wiederhergestellt. Derartigen Gewässerabschnitten kommt gerade in stark besiedelten Gebieten als Trittsteine bei der Ausbreitung von Organismen und dem Gen-Austausch zwischen Populationen eine wichtige ökologische Funktion zu (siehe auch Abschn. 6.1.3).

Abb. 6.50 Verrohrte Mündung eines Baches mit Absturz in das Hauptgewässer. Eine Aufwanderung in das Seitengewässer ist nicht möglich. (Foto: A. Müller)

Ein weiteres Problem der Vernetzung von Gewässern und Zuflüssen in Siedlungsgebieten sind häufig die ausbaubedingt unterschiedlichen Wasserspiegellagen von Haupt- und Nebengewässer. Gerade die größeren Gewässer wurden aus Gründen des Überflutungsschutzes eingetieft oder haben sich selbst als Folge der Begradigung tief in ihr ursprüngliches Bachbett eingeschnitten. Da eine sohlengleiche Einmündung kleiner Nebengewässer hierdurch unmöglich gemacht wird, werden entweder auch diese Zuflüsse eingetieft oder die Einmündung erfolgt als Absturz (s. Abb. 6.50).

Maßnahmen sollten sich hierbei primär auf die durchwanderbare Wiederanbindung der Zuflüsse konzentrieren, auch wenn dies im Mündungsbereich eine Eintiefung des Zuflusses bedeutet. Gerade bei kleinen Zuflüssen ist der Ersatz eines Absturzes durch eine raue Rampe für die Aufwanderung von Wirbellosen eine geeignete Lösung. Ist jedoch die Wassertiefe in diesem Bereich sehr gering, so kann auch diese Lösung noch die Durchgängigkeit für bestimmte Fischarten einschränken und sollte bei der Planung mit berücksichtigt werden.

Uferbereiche, Leitbildkonforme Ersatzstrukturen

Während die Bachbettstrukturen auch im urbanen Bereich dem Gewässertyp entsprechend gestaltet werden können, ist dies für die Uferbereiche auf Grund von räumlichen Restriktionen und häufig gegebener Tieflage oft nicht möglich. Der amphibische Bereich fehlt oder ist nur sehr schmal ausgebildet; für Auen oder auenähnliche Strukturen fehlt in der Regel der Platz. Von diesen Defiziten im terrestrischen Bereich können indirekt auch die im Wasser lebenden Organismen betroffen werden. Für Fische fehlen Unterstände unter unterspülten Baumwurzeln oder im Strömungsschatten größerer Totholzansammlungen. Künstliche Unterstände können hier nur bedingt Abhilfe schaffen. Für das Aufwachsen der Jungfische werden flachere Uferbereiche und Altarme benötigt.

Die meisten aquatischen Insektenarten sind jedoch *merolimnisch* (d. h. sie verbringen nur einen Teil ihres *Lebenszyklus* im Wasser), während sie sich als geflügelte Stadien in der Aue aufhalten und erst zur Eiablage wieder zum Gewässer zurückkehren. Fehlen daher die von diesen Arten benötigten Umfeldstrukturen, so ist die Fortpflanzung nicht mehr gewährleistet und diese Arten fallen aus, obwohl Wasserqualität und Bachbettstrukturen ihr Überleben als aquatische Larvenstadien ermöglichen. Abb. 6.51 stellt die Funktion von Umfeldstrukturen für Wasserinsekten zusammen und zeigt, dass auch diese in einem urbanen Umfeld erfüllt werden können.

In urbanen Bereichen ist eine Renaturierung von Fließgewässern, d. h. ihre Rückführung in den potenziell natürlichen Zustand des Gewässertyps, auf Grund der Vielzahl an Restriktionen zumeist schwierig umzusetzen. Um trotzdem die Fließgewässer in ihrer ökologischen Funktionsfähigkeit zu erhalten bzw. diese wieder herstellen zu können, müssen Maßnahmen getroffen werden, welche die naturnahen Strukturen weitgehend ersetzen und sich trotzdem mit dem städtischen Umfeld vereinbaren lassen (sog. „*Leitbildkonforme Ersatzstrukturen*"). Die oben bereits erwähnten Baumreihen, die den Verlauf eines ver-

Abb. 6.51 Schlüsselfunktion von Strukturelementen urbaner Fließgewässer (Foto: A. Müller)

rohrten Gewässerabschnitts markieren, übernehmen diese Funktion zum Beispiel für die geflügelten Insekten, aber auch für Vögel. Vorschüttungen vor senkrechten Ufermauern, möglichst mit Gehölzen bestanden, oder bei einem höheren Platzangebot (sog. „*Mikro-Auen*"), die trotz Tieflage eine gewisse eigendynamische Laufentwicklung ermöglichen, sind ebenfalls solche Ersatzmaßnahmen.

Auch Bäume, die wie Alleebäume die Gewässer außerhalb der Hochwasserlinie an der Geländeoberkante begleiten, können sich durch ihren Schattenwurf, ihren Falllaubeintrag und ihre dreidimensionale Struktur ökologisch positiv auf Gewässer im dichten Siedlungsraum auswirken.

Bei Bächen, bei denen die positiven Wirkungen höher sind als bei großen Flüssen, sind Erlen hierfür am besten geeignet, da sie auch die natürliche Auenvegetation bestimmen. Ist aus stadtplanerischen Gründen die Schwarzerle auf Grund ihrer Standortansprüche oder ihrer Wuchsform nicht geeignet, so gibt Abb. 6.52 eine Reihung weiterer stadtplanerisch relevanter Bäume, Sträucher und Kletterpflanzen gemäß ihrer ökologischen Wertigkeit für die aquatische Biozönose. Bestimmt wird diese Reihung in erster Linie durch die Qualität des entstehenden Falllaubs, das Nahrung und Habitatstruktur für den überwiegenden An-

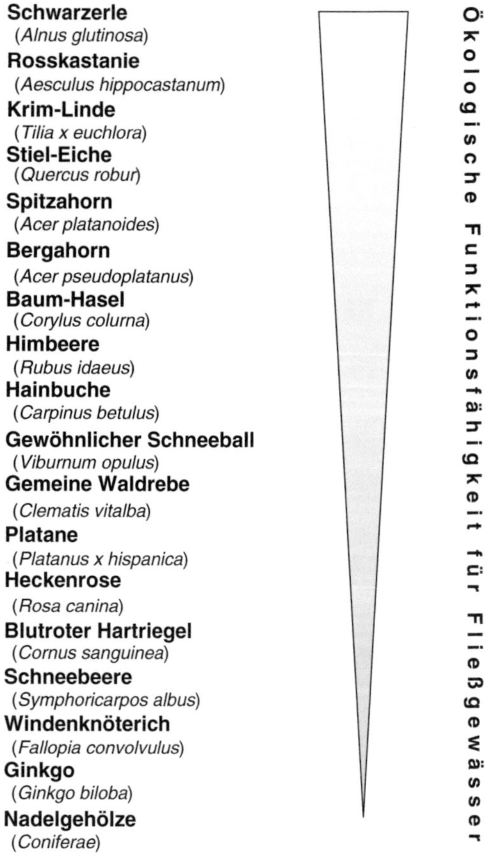

Abb. 6.52 Reihung stadtplanerisch relevanter Bäume, Sträucher und Kletterpflanzen in ihrer ökologischen Funktionsfähigkeit für die aquatische Wirbellosenfauna im Vergleich zur Schwarzerle (*Alnus glutinosa*)

teil der Wirbellosenbesiedlung der Bäche darstellt. Bei der Auswahl von Gehölzen in der Stadt spielen jedoch zunehmend auch klimatische Aspekte eine Rolle. Dies ist im Einzelfall zu prüfen.

Neben den gewässerbegleitenden Gehölzen kommt auch der Ausprägung des direkten Uferbereichs eine wichtige Funktion zu. Nicht nur für den Schlupf der Insekten nach dem Verlassen des Gewässers, sondern auch für die Partnerfindung, Paarung und Eiablage sind diese Strukturen von Bedeutung. Unterschiede in der Besiedlung unterschiedlicher Uferstrukturen machen dies deutlich (Abb. 6.53).

Für Maßnahmen bedeutet dies, dass zum Beispiel eine unverfugte, teilbewachsene senkrechte Mauer von Insekten besser angenommen wird als ein Scherrasen, obwohl dieser einen höheren Vegetationsanteil aufweist. Standortfremder Bewuchs an Mauern zum Beispiel mit Bodendeckern (hier: *Cotoneaster sp.)* wird weniger gut angenommen als eine mit heimischen Gräsern und Kräutern bewachsene Mauer oder eine lose Steinschüttung. Diese Abhängigkeiten sollten bei der planerischen Gestaltung von Fließgewässern im urbanen Bereich mit berücksichtigt werden.

Aus der Vielzahl ökologischer Abhängigkeiten für eine standortgerechte, artenreiche Besiedlung wird deutlich, dass in urbanen besondere Ansprüche an den Planer gestellt werden. Das Ziel einer intakten Biozönose im Einklang mit einem städtischen Umfeld ist in der Regel nur in interdisziplinärer Zusammenarbeit zwischen Wasserwirtschaft, Siedlungswasserwirtschaft, Wasserbau, Stadtplanung sowie Naturschutz und Gewässerökologie zu gewährleisten.

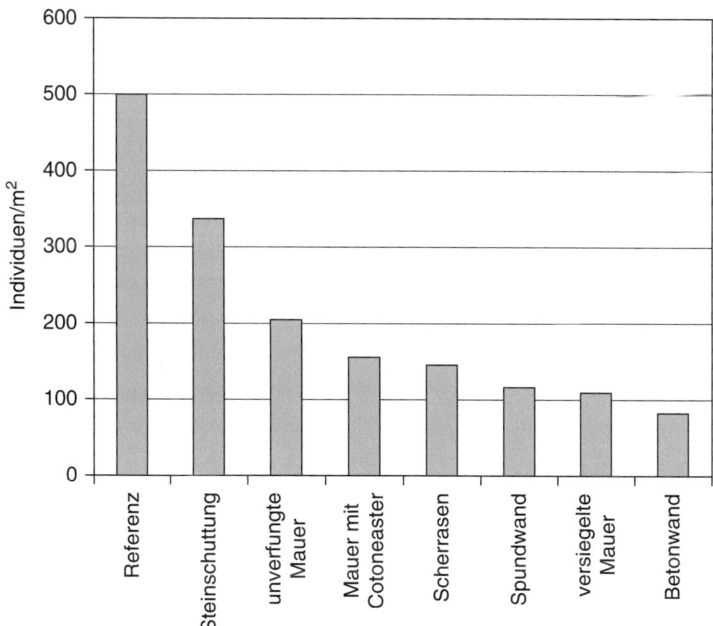

Abb. 6.53 Insektenfänge an verschiedenen Uferstrukturen eines Fließgewässers (verändert aus Lautenschläger und Podraza 2001)

6.5.3 Hochwasserschutz urbaner Bereiche

Heinz Patt

Es ist unbestritten, dass der Mensch in der Vergangenheit mit seinen Nutzungen zu nahe an die Gewässer herangerückt ist. Wohngebiete, Industrie und Infrastruktureinrichtungen sind insbesondere in historisch gewachsenen städtischen (urbanen) Bereichen in den natürlichen Überschwemmungsgebieten der Fließgewässer konzentriert (s. Abschn. 3.3). In urbanen Bereichen kann der Hochwasserschutz daher in der Regel nicht auf technische Lösungen verzichten (Patt und Jüpner 2020).

Bei der Revitalisierung urbaner Gewässerstrecken ist der Hochwasserschutz oft ein limitierender Faktor, da dieser in der Regel die Entwicklungsmöglichkeiten in erheblichem Maße einschränkt. Umso mehr ist es wichtig, die möglichen Zusammenhänge (Interaktionen) zwischen naturnaher Entwicklung und Hochwasserschutz zu kennen, um diese bei der Planung berücksichtigen zu können.

Oberflächenwasser, Grundwasser,Abwasserkanäle

Hinsichtlich der „Wege" des Wassers zu den Schutzgütern ist zwischen *oberirdischem* (Oberflächenwasser) und *unterirdischem* Wasser (Grundwasser) zu unterscheiden.

Oberflächenwasser → Ausuferungen → Überschwemmungen Die Überschreitung der Abflussleistung eines Gerinnes führt zu Ausuferungen, die in den angrenzenden Flächen Überschwemmungen verursachen. Die Umgestaltungsmaßnahmen dürfen daher nicht in dem Maße zu einer Reduzierung der Abflussleistung einer Gerinnestrecke führen, dass diese in der Folge ausufern. Durch eine hydraulische Berechnung ist daher zu prüfen, ob Vegetation (s. Abb. 6.54), Totholz und andere Veränderungen am Gewässerlauf nicht zu einer Überlastung der Gerinnestrecken führen.

Auch darf nicht vergessen werden, dass die Gewässerberandungen (u. a. Gewässersohle, Böschungen, Deiche, Ufermauern, Fundamente) bei Hochwasser wesentlich stärker beansprucht werden. Auskolkungen, Unterspülungen und Auftriebskräfte können unter Umständen die Stabilität gewässernaher Gebäude beeinträchtigen.

Das Verlegen von Abflussquerschnitten mit Totholz oder anderen Schwimmstoffen (sog. *Verklausungen*) lässt Wasserstände und Geschwindigkeiten am und hinter dem Hindernis rasch ansteigen. In der Folge werden die Kraftwirkungen auf die Gewässerberandungen (Ufer und Bachsohle) und eventuell vorhandene Bauwerke erhöht. Feststoffumlagerungen und Feststoffablagerungen können die vorhandenen Belastungen noch weiter steigern (Patt und Jüpner 2020).

Grundwasser → Sickerwasser → Qualmwasser → Flutungen Bei länger andauernden hohen Wasserständen im Fließgewässer stellen sich, mit einer gewissen zeitlichen Verzögerung wegen der stark reduzierten Fließgeschwindigkeiten im Grundwasserleiter, auch höhere Grundwasserstände ein (vgl. Abb. 6.55a–c). Hinter Hochwasserschutzdeichen können

Abb. 6.54 Vegetationsstrukturen können die Abflussleistung eines Gerinnes beeinträchtigen. Kolke können zu einer Freilegung der Fundamente führen und die Standsicherheit der Gebäude gefährden. (Foto: H. Patt)

deshalb insbesondere an tiefer liegenden Geländepunkten kritische hydraulische Belastungen (z. B. die Gefahr eines hydraulischen Grundbruches) und Überschwemmungen durch Wasseraustritte auftreten. Lange bevor Überflutungen durch Oberflächenwasser eine Rolle spielen, können durch Grundwasseraustritte bereits große Flächen unter Wasser stehen. Tröstlich für die Anwohner ist allenfalls, dass das Grundwasser in der Regel nicht verunreinigt ist.

Bei der Rückverlegung von Deichen, unter anderem im Zuge der Wiederanbindung der ursprünglichen Überschwemmungsgebiete, werden in der Regel die Fließwege des Grundwassers bis zu den Nutzungen erheblich verkürzt. Dies kann im Hochwasserfall dazu führen, dass die Grundwasserspiegel schneller und höher steigen. In der Folge kann es dann zu vorher nicht aufgetretenen Wasseraustritten kommen; insbesondere in tiefer gelegenen Geländebereichen.

Die Veränderungen der Grundwasserverhältnisse müssen sorgfältig untersucht werden. Dazu gehört neben der Dokumentation der vorhandenen Verhältnisse (u. a. auch zur Beweissicherung) ggf. auch der Einsatz eines Grundwassermodells.

Oberflächenwasser in Kanalnetzen → Abwasserreinigung Über die Abwasserkanäle kann Flusswasser hinter die Deiche gelangen. Im Vergleich zum Grundwasserleiter fließt

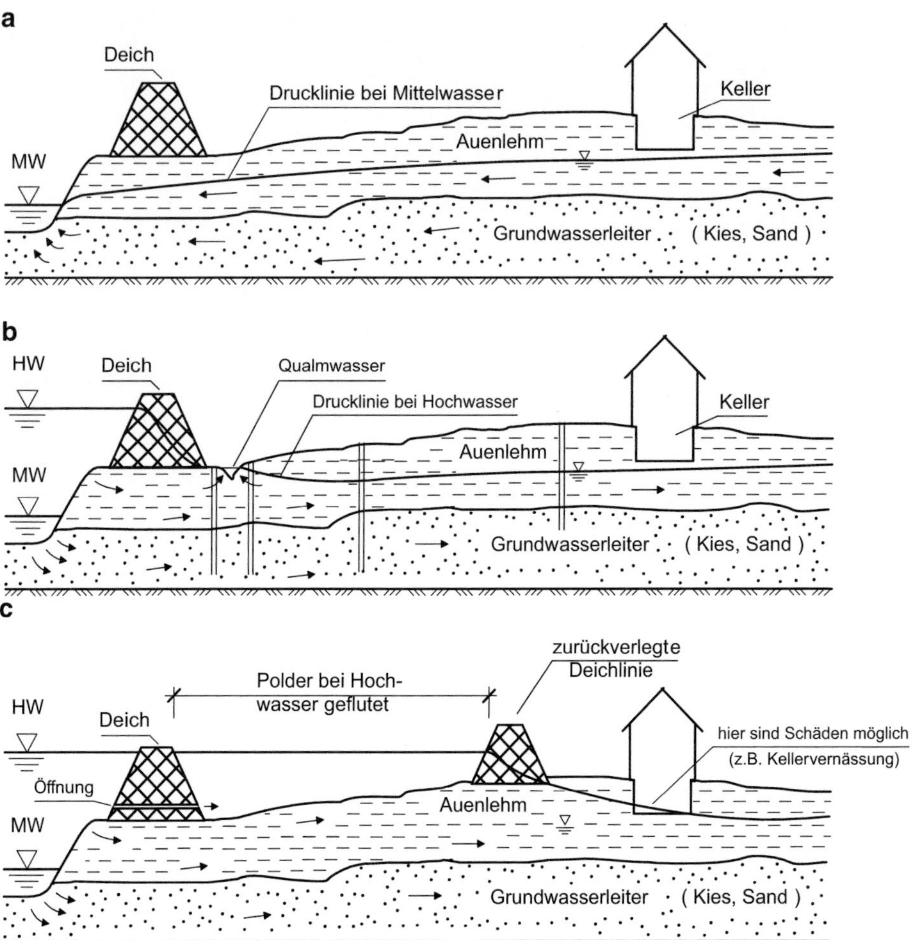

Abb. 6.55 Veränderung der Grundwasserspiegelhöhen bei Hochwasser; Veränderung der Grundwasserstände nach Rückverlegung der Deichlinie, **a** Grundwasserstände bei Mittelwasser, **b** Grundwasserstände bei Hochwasser, **c** Grundwasserstände nach Öffnung des Polders (aus Patt und Jüpner 2020)

das Wasser in den Kanälen jedoch schneller. Es kann durch die oft weit verzweigten Kanalnetze weit in das Hinterland vordringen und an jeder nicht gesicherten Anschlussstelle (z. B. Schächte, Gullys) austreten. Dies kann nicht nur zu Schäden an vorhandenen Nutzungen führen, sondern auch zu erheblichen Schadstoffeinträgen in das Gewässer. Hochwasserschutzmaßnahmen dienen also nicht nur der Reduzierung von Schäden, sondern tragen auch dazu bei, Gewässerverschmutzungen zu verhindern.

In überschwemmten Bereichen kann Flusswasser jedoch auch in Abwasserkanäle eindringen, wenn diese nicht abgedichtet sind. Dies führt dann häufig zu einer Überlastung des Ableitungssystems (u. a. Kanäle, Rückhaltebecken, Stauräume) und der angeschlossenen Kläranlagen. Über die Entlastungsbauwerke wird dieses Wasser dann meist – in der Mischkanalisation gemeinsam mit Abwasser – ungereinigt dem Fließgewässer zugeführt. Neben den negativen Auswirkungen auf die Wasserqualität belasten diese plötzlichen, oft hohen Zuflüsse, die Gewässerstrukturen an der Einleitungsstelle in besonderem Maße

6.5.4 Naherholung

Fließgewässer genießen auch im Siedlungsraum einen hohen Stellenwert für Freizeit- und Erholungsaktivitäten. Dort, wo ausreichend Raum zur Verfügung steht, sind Fließgewässerauen Anziehungspunkte für sportliche Aktivitäten und ruhigere Erholungsformen.

Viele Menschen nutzen die Nähe des Wassers gerne auch als Aufenthaltsräume zum stillen Verweilen. Die Bedeutung für die Naherholung ist dabei oft in einer Einheit mit dem umgebenden, mehr oder weniger bebauten Umfeld zu betrachten. So übernehmen Fließgewässer im Siedlungsraum nicht selten auch eine Rolle als bewusst eingesetztes Gestaltungselement im Zusammenhang mit architektonischen und städtebaulichen Akzenten (Abb. 6.56).

Allein die zahllosen Uferpromenaden entlang großer Flüsse zeugen vom außerordentlichen Wert für die Freizeitgestaltung und Naherholung im Zusammenhang mit städtebaulich-gestalterischen Aspekten. Beispielsweise besitzen Biergärten, Restaurant- und Kaffeeterrassen in Städten an Rhein, Elbe, Weser, Donau oder Spree, die einen freien

Abb. 6.56 Das städtische Fließgewässer als Gestaltungselement und Kunstobjekt (Foto: W. Klein)

Blick auf den vorbeifließenden Fluss gewähren, eine sehr hohe Erlebnisqualität und einen besonderen Charme.

Im Gegensatz zur freien Landschaft werden Fließgewässer in Siedlungsräumen häufiger durch Bauwerke wie Hochwasserschutzmauern, Straßen und Wege oder Wohn- und nutzungsorientierte Bebauung eng begrenzt. Die Fließgewässer verlaufen häufig in künstlichen Kasten- (Abb. 6.57a), Trapez- oder V-Profilen oder verschwinden auf langen Strecken verrohrt unter der städtischen Bebauung, insbesondere unter Verkehrsflächen.

Umso wichtiger ist es, gerade im Siedlungsraum, und damit am Ort des größten Bedarfs für Erholungsmöglichkeiten, Fließgewässer und ihre Auen unter Berücksichtigung der vielfältigen Freizeit- und Erholungsnutzungen zu entwickeln. So können attraktiv gestaltete Freiflächen an Fließgewässern im urbanen Raum auch einen Beitrag dazu leisten, den Nutzungsdruck auf die umliegende freie Landschaft zu verringern. Oft tragen nur wenige strukturelle Maßnahmen dazu bei, den Freizeit- und Erholungswert in erheblichem Ausmaß zu steigern (Abb. 6.57b).

Hierfür kommen zum Beispiel folgende Flächen innerhalb urbaner Räume in Frage (ARGE Weser 1996; DWA-Merkblatt M 603 Freizeit und Erholung an Fließgewässern 2007):

- Bestehende, bauleitplanerisch gesicherte Freizeit- und Erholungsgebiete bzw. Grünflächen.
- Fließgewässer- und Auenabschnitte mit besonderer Eignung zur Ausübung bestimmter Freizeit- und Erholungsaktivitäten
- Naturschutzfachlich gering zu bewertende, gut erreichbare Nassabgrabungsflächen, ökologisch weniger wertvolle Freiflächen.
- Im Siedlungsraum verbliebene land- und wirtschaftliche Nutzflächen
- Flächen, die für die Rückgewinnung historischer Überschwemmungsgebiete vorgesehen werden.

Bei der Planung entsprechender Nutzungsmöglichkeiten und eventuell erforderlicher Infrastruktur sind die Vorgaben des örtlichen Hochwasserschutzes, das Gefahrenpotenzial, insbesondere für Kinder, sowie ökologische, gestalterische und städtebauliche Belange zu berücksichtigen (Patt und Schrenk 2004a,b).

Sobald Fließgewässer und Aue von der Bevölkerung als bedeutsames Naherholungsgebiet oder wichtiges Gestaltungselement für das Stadtbild begriffen werden, stärkt dies auch die Identifizierung der Bevölkerung mit „ihrem“ Fließgewässer. Das kann wiederum zu einer Stärkung des Fließgewässer- und Auenschutzes in der Öffentlichkeit führen. Das hilft, dem Flächenbedarf der Fließgewässer gegenüber anderen Nutzungsformen (u. a. der Straßenbau) mehr Gewicht zu geben.

Abb. 6.57 Gewässertypische Strukturelemente in urbanen Bereichen verbessern den Freizeit- und Erholungswert eines „urbanen“ Gewässers, **a** Ausgebautes Gewässerbett bietet keinen Anreiz für Erholungsuchende (Foto: B. Schackers), **b** Ein im Rahmen des Möglichen strukturiertes Gewässer lädt selbst in urbanen Bereichen zum Verweilen und Rasten ein. (Foto: H. Patt)

6.6 Fließgewässerunterhaltung

Bernd Walser und Heinz Patt

Die Aufgaben der Fließgewässerunterhaltung haben sich in den letzten Jahrzehnten grundlegend geändert (s. Tab. 6.12). Während sie sich früher auf die Erhaltung der Abflussleistung ausgebaute Gewässer und die Instandhaltung technischer Anlagen beschränkte, umfassen die Unterhaltungsmaßnahmen nach der Neuregelung des Wasserhaushaltsgesetzes (WHG) vom 31. Juli 2009 auch die Pflege und Entwicklung des Gewässers (§ 39 Abs. 1 WHG; s. Tab. 6.12). Darüber hinaus regelt § 39 Abs. 2 WHG auch, dass sie sich an den Bewirtschaftungszielen nach Maßgabe von §§ 27 bis 31 WHG ausrichten muss. Somit besteht die Möglichkeit, die Gewässerunterhaltung auch als aktives Gestaltungselement der Gewässerentwicklung einzusetzen.

Die Erweiterung des Unterhaltungsbegriffs unter Berücksichtigung der naturschutzrechtlichen Regelungen beeinflusst wesentlich die Ausführung der Gewässerunterhaltung. Naturnahe Gewässer und Lebensräume stehen unter Schutz. Danach sind alle Maßnahmen unzulässig, die zu einer Zerstörung oder sonstigen erheblichen oder nachhaltigen Beeinträchtigung dieser Biotope führen können.

Da jede Unterhaltungsmaßnahme zwangsläufig eine Beeinträchtigung des Naturhaushalts darstellt, ist diese durch eine räumlich und zeitlich differenzierte Vorgehensweise zu minimieren. In jedem Einzelfall ist vorab zu prüfen, wie viel Unterhaltung sein muss und wie diese möglichst naturschonend ausgeführt werden kann. Von besonderer Bedeutung ist dies bei Flachlandgewässern, die wegen ihrer Neigung zur Verkrautung und der Art des Ausbaus besonders intensiv unterhalten werden.

6.6.1 Naturschonende Gewässerunterhaltung

Unterhaltungsarbeiten sollen so ausgeführt werden, dass eine Schädigung der Pflanzen und Tiere im und am Gewässer vermieden wird. Die herkömmliche Unterhaltung erfolgte früher meist nach dem Motto „lieber zu viel, als zu wenig". Durch diese Vorgehensweise war man immer auf der sicheren Seite hinsichtlich des Wasserabflusses.

Tab. 6.12 Aufgaben der Gewässerunterhaltung nach § 39 WHG

• Erhaltung des Gewässerbetts, auch zur Sicherung eines ordnungsgemäßen Wasserabflusses. • Erhaltung der Ufer, insbesondere durch die Erhaltung und Neuanpflanzung einer standortgerechten Ufervegetation sowie die Freihaltung der Ufer für den Wasserabfluss. • Erhaltung Förderung der ökologischen Funktionsfähigkeit des Gewässers insbesondere als Lebensraum von wild lebenden Tieren und Pflanzen
• Naturnahe Pflege und Gestaltung des Gewässerbetts und der Ufer • Erhaltung der Leistungs- und Funktionsfähigkeit des Naturhaushalts • Bild und Erholungswert der Gewässerlandschaft berücksichtigen

Naturschonende Gewässerunterhaltung ist ein Spagat zwischen unterschiedlichen Zielen. Da diese am unbedingt Notwendigen ausgerichtet ist, erfordert sie mehr Grundkenntnisse sowohl über die hydraulischen als auch die ökologischen Auswirkungen von Profil- und Vegetationsentwicklung für das Gewässer. Dazu gehört auch die Bereitschaft, neue Wege zu gehen.

Hierfür gibt es kein Patentrezept, denn die Gewässer sind zu unterschiedlich. Aber es gibt Erfahrungen, die als Orientierung dienen können. Folgende Überlegungen helfen, die Gewässerunterhaltung naturschonender zu gestalten (aus DWA-Merkblatt M 610 – Neue Wege in der Gewässerunterhaltung 2010):

- Notwendigkeit der Unterhaltung prüfen
- Arbeiten zeitlich und räumlich staffeln
- Geeigneten Zeitraum für Unterhaltungsmaßnahmen wählen (z. B. Mähen nicht vor Juli; aber möglichst vor Ende Oktober)
- Möglichst große und zusammenhängende Teilbereiche des Gewässers schonen
- Besonders empfindliche Gewässerbereiche, insbesondere die Gewässersohle sowie den unmittelbaren Uferbereich (Wasserwechselzone) schonen.
- Räumliches Muster von geschonten und unterhaltenen Bereichen über mehrere Jahre hinweg beibehalten (räumliche Konstante)
- Schonende Verfahren auswählen und einsetzen

Für jeden Gewässerabschnitt sind Unterhaltungs- und Pflegeziele zu definieren. Hierzu ist die Erstellung von Unterhaltungsplänen sinnvoll. Vor Durchführung der Arbeiten ist zu prüfen, ob die Maßnahme zu diesem Zeitpunkt an der gesamten Strecke wirklich notwendig ist oder ob sie zeitlich oder räumlich begrenzt werden kann.

Reduzieren der Gewässerunterhaltung

Eine intensive Gewässerunterhaltung ist bei ausgebauten Fließgewässern meist bereits durch die Art des Ausbaus vorgegeben. Der Ausbauabfluss kann – insbesondere bei Flachlandgewässern – nur dann abgeführt werden, wenn Sohle und Ufer „glatt" gepflegt werden. Ein dauerhaftes Einstellen aller Unterhaltungsarbeiten am Gewässer ist dann in den seltensten Fällen möglich.

An Gewässerabschnitten, bei denen die Erhaltung der Abflussleistung aber nicht erforderlich ist, können Unterhaltungsmaßnahmen zumindest zeitweise ausgesetzt oder aber zeitlich und räumlich stark eingeschränkt werden, um dabei zum Beispiel die Ufer durch Zulassen der Gehölzentwicklung ökologisch aufzuwerten (Abb. 6.58). Voraussetzung hierfür ist die genaue Kenntnis des jeweiligen Gewässers sowie eine große Flexibilität bei der Durchführung der Unterhaltung.

Die Entwicklung des Bewuchses schwankt an vielen Wasserläufen von Jahr zu Jahr sehr stark, so dass es durchaus Spielraum gibt, eine Krautung oder Mahd in Jahren mit

Abb. 6.58 Kleines Flachlandgewässer vier Jahre nach Einstellen der Unterhaltung (Foto: GWD – Bereich Offenburg)

geringem Bewuchs auszulassen oder räumlich zu begrenzen (u. a. DWA-Merkblatt M 610 – Neue Wege in der Gewässerunterhaltung 2010).

Mähen der Böschungen In der Regel ist es ausreichend, Uferböschungen einmal im Jahr zu mähen. Für die Pflanzen- und Tierwelt ist hierfür der Herbst die günstigste Jahreszeit. Ist es zur Sicherung einer geschlossenen Grasnarbe notwendig zweimal zu mähen, gibt es mehrere Möglichkeiten, die regelmäßige Mahd zu modifizieren:

- Nur eine Böschung und die Hälfte des Abflussprofils werden gemäht, wobei die nicht gemähte Böschung bei zweimaliger Mahd im Herbst, bei einmaliger Mahd erst im Folgejahr gemäht wird (halbseitige Mahd – s. Abb. 6.59).
- Die Uferböschungen werden abschnittsweise und wechselseitig im mehrmonatigen Abstand gemäht (abschnittsweise Mahd)
- Beim ersten Schnitt (ca. Mitte Juni) werden nur die Uferböschungen und Vorländer gemäht, der Röhrichtsaum bleibt bis zum zweiten Schnitt (ca. Mitte September) erhalten, wobei grundsätzlich auch hier immer ungemähte Bereiche stehen bleiben sollen.

Beim Geräteeinsatz muss auf eine möglichst naturverträgliche Arbeitsweise geachtet werden. Schlegel- oder Scheibenmähwerke lassen Tierarten wegen ihrer hohen Rotationsgeschwindigkeit kaum Fluchtmöglichkeit. Weitgehend schonend lassen sich Böschungen mit einem Balkenmäher mähen, der nicht zu tief eingestellt ist. Ufernahe Bereiche (z. B. Röhrichte) sollten möglichst nicht, und wenn, nur im ein- oder mehrjährigen Wech-

Abb. 6.59 Halbseitiges Mähen (Foto: GWD – Bereich Offenburg)

sel gemäht werden. Um eine Überdüngung der Uferböschungen zu vermeiden, soll das Mähgut immer abgeräumt werden.

Krauten der Gewässersohle In den seltensten Fällen ist eine Krautung in jedem Jahr und am gesamten Gewässer notwendig. Deshalb ist immer zu überprüfen, ob die Maßnahme aus Gründen der Erhaltung der Abflussleistung überhaupt erforderlich ist. Bei einer modifizierten Krautung gilt es Teillebensräume zu erhalten, von denen ausgehend anschließend eine schnelle Wiederbesiedlung stattfinden kann. Unter Berücksichtigung der entsprechenden Laich- und Schonzeiten sollte eine Krautung möglichst erst in den Herbstmonaten (frühestens Mitte Juni) durchgeführt werden.

Kleinere Gewässer werden nur halbseitig und abschnittsweise mit dem Mähkorb gekrautet (Abb. 6.60). Mit Hilfe von Abstandshaltern wird ein Eindringen des Mähkorbs in die Gewässersohle verhindert.

Schonender kann die Krautung mit einem Mähboot ausgeführt werden, das allerdings nur ab einer gewissen Gewässerbreite und Wassertiefe eingesetzt werden kann. Mit dem Mähboot wird nur eine Krautschneise in der Gewässermitte ausgemäht; dies bewirkt eine ausreichende Absenkung des Wasserspiegels (Abb. 6.61). Die ausgesparten Vegetationsbestände am Gewässerufer erhöhen die Strukturvielfalt und sind wichtige Rückzugsbereiche für aquatische Organismen.

Das abgeschnittene Wasserkraut muss nach dem Mähvorgang aufgefangen, aus dem Wasser entnommen und nach kurzer Zwischenlagerung am Gewässerufer abgefahren werden, um die Bildung von Sickersäften zu verhindern.

Abb. 6.60 Halbseitiges Krauten mit dem Mähkorb (Foto: GWD – Bereich Offenburg)

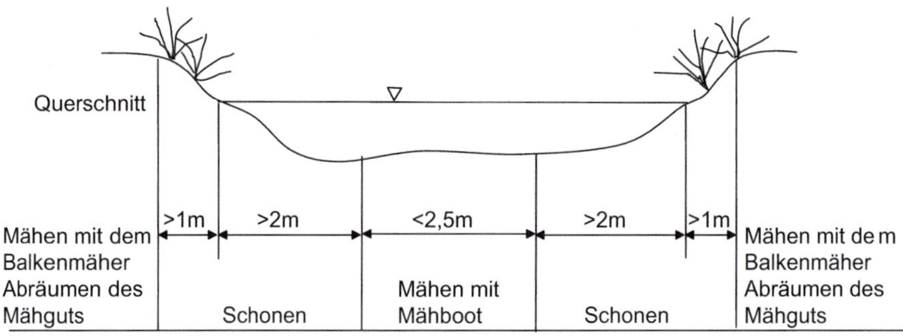

Abb. 6.61 Krauten einer Schneise mit dem Mähboot (aus DWA-Merkblatt M 610 2010)

Räumen von Auflandungen

Auflandungen müssen überall dort entfernt werden, wo der vorhandene Abflussquerschnitt nicht mehr ausreicht. Räumungen werden in der Regel in mehrjährigem Turnus bei Gewässern mit hoher Auflandungstendenz durchgeführt.

Da beim Räumvorgang vorhandene Gewässerstrukturen nivelliert, Wasserwechselbereiche zerstört und vorhandene Pflanzen und Tiere aus dem Gewässer entfernt werden, stellt eine Räumung die gravierendste Beeinträchtigung des Gewässerlebensraums dar. Daher sollte das Räumen so behutsam wie möglich durchgeführt werden. Um eine schnelle Wiederbesiedlung geräumter Gewässerabschnitte zu gewährleisten und den Eingriff in

Abb. 6.62 Halbseitige Räumung mit gleichzeitiger Schonung der Sohlenstrukturen (Foto: GWD-Bereich Offenburg)

den Gewässerlebensraum möglichst gering zu halten, ist auch hier ein abschnittsweises, halb- oder wechselseitiges Vorgehen notwendig (Abb. 6.62).

Grundsätzlich dürfen beim Räumvorgang im Rahmen einer Unterhaltungsmaßnahme nur Auflandungen entnommen werden. Eintiefungen oder Verbreiterungen des ursprünglichen Profils stellen einen Gewässerausbau dar und sind daher genehmigungspflichtig. Der beste Zeitpunkt für eine Räumung ist der Herbst. Die Arbeiten sollten mit einem Bagger mit Grabenräumlöffel ausgeführt werden.

Trotz der negativen Auswirkungen kann eine Räumung auch positive Effekte haben, da bei entsprechender Vorgehensweise ein Flächenmosaik geschaffen werden kann, das die Lebensraumvielfalt erhöht. Bei jeder Räumung wird die Entwicklung in ein Pionierstadium zurückgeführt (s. auch Abb. 6.62). Bei der Wiederbesiedlung siedeln sich hier bevorzugt Pionierarten an, welche erneut die Bildung von Kleinstrukturen einleiten. Eine abschnittsweise oder wechselseitige Räumung bewirkt, dass sich die Flächen entlang des Gewässers in unterschiedlichen Sukzessionsstadien mit vergleichsweise hohem Artenspektrum befinden.

Räumungen können auch Anlass für die Umgestaltung von Gewässerabschnitten sein. So ist es bei Flachlandgewässern möglich, bei der Räumung gleichzeitig die Sohlen- und Böschungssicherung zu entfernen oder Vorlandflächen zur Veränderung des Mittelwasserbetts zu nutzen. Beispiele aus der Oberrheinebene (s. auch das Beispiel in Abschn. 7.8) zeigen, dass sich hier ohne großen zusätzlichen Kostenaufwand im Laufe der weiteren Entwicklung gewässertypische Strukturen wie Kolke und Flachwasserbereiche bilden, welche die Lebensraumvielfalt des Gewässers deutlich erhöhen. Voraussetzung ist die Verfügbarkeit von Entwicklungsstreifen entlang des Gewässers.

Der Verbleib des Räumguts stellt häufig ein Problem dar, da der Einbau des Aushubmaterials auf landwirtschaftlichen Nutzflächen wegen Grenzwertüberschreitungen zunehmend nicht mehr möglich ist. Deshalb ist es besonders wichtig, bereits im Vorfeld das Räumgut auf Schadstoffe zu untersuchen und die fachgerechte Verwertung oder die Entsorgung des Sediments sicherzustellen. Die Abklärung des Vorgehens mit der zuständigen Bodenschutzbehörde ist zu empfehlen.

Beseitigung von Erosionsschäden

Dynamik ist charakteristisch für die natürlichen Lebensräume der Gewässer und Auen. Erosion ist somit ein natürlicher Vorgang, der im Rahmen der Gewässerentwicklung die Bettbildung und -gestaltung wesentlich bestimmt. Durch Tiefenerosion bilden sich Kolke, Schnellen und Sohlenstufen aus; die Seitenerosion fördert die Bildung von Böschungsabbrüchen an den Prallufern. Erosionserscheinungen sind somit nicht von vorne herein als Schäden einzustufen.

Erosionsprozesse können allerdings auch anthropogen bedingte Ursachen, wie zum Beispiel Veränderung des Abflussverhaltens, erhöhte Fließgeschwindigkeiten durch Ausbau und Begradigung (Abb. 6.63) oder die Beseitigung der Ufervegetation, haben. Erosionsschäden sind in der Regel zu beheben, wenn …

Abb. 6.63 Erosionsschäden im Vorland eines Schwarzwaldflusses (Foto: GWD – Bereich Offenburg)

Natura-2000-Gebiete (FFH-Gebiete und EG-Vogelschutzgebiete) geforderten Gebietsmanagements (BfN 2014; Korn et al. 2005; DWA 2020).

Künftige Planungen dürfen zudem die für *Natura-2000*-Gebiete spezifisch formulierten Erhaltungsziele nicht erheblich beeinträchtigen. Somit müssen sich auch künftige Renaturierungsvorhaben an den Erhaltungszielen für die FFH-Gebiete orientieren. Damit besteht die Verpflichtung, sektorale Naturschutzziele (z. B. den Schutz einzelner FFH-Lebensraumtypen und FFH-Anhangsarten oder des Anhangs I der EG-Vogelschutzrichtlinie) künftig noch intensiver aufeinander abzustimmen. Dies kann beispielsweise bei der Aufstellung der Gebietsmanagementpläne für die *Natura-2000*-Gebiete erfolgen (Lorenz 2014). Sobald geplante Maßnahmen, zum Beispiel wasserwirtschaftlich motivierte Renaturierungsmaßnahmen, hinreichend konkret in FFH- oder Vogelschutzgebiets-Managementpläne übernommen werden, können diese gem. § 34 (1), Satz 1 BNatSchG als FFH-verträglich bewertet werden, weil sie als Bestandteil eines Gebietsmanagementplans der Verwaltung des Gebietes dienen (DWA-Merkblatt 617 2020).

7.2 Die Wümme (Niedersachsen/Bremen) – Gewässerentwicklungsmaßnahmen an einem Flachlandfluss

Dieter Coldewey, Peter Sellheim und Thomas Ols Eggers

Mit einer Lauflänge von über 100 Kilometer und einem Einzugsgebiet von ca. 1560 km² ist die Wümme eines der prägenden Fließgewässer des niedersächsischen Tieflands. Sie entspringt im Raum Schneverdingen, im Naturschutzgebiet „Lüneburger Heide“, und mündet unterhalb des Zusammenflusses mit der Hamme in die Lesum, die bei Bremen der Weser zufließt.

Von der Quelle bei Niederhaverbeck bis zur Mündung in die Lesum wird ein Höhenunterschied von ca. 100 Metern überwunden, was einem mittleren Gefälle von ca. 0,9 Promille entspricht. Am Pegel Hellwege (Einzugsgebietsfläche: ca. 908 km²) beträgt das $NQ_{1961-2017} = 0{,}9\ m^3/s$ und das $HHQ_{1961-2017} = 118\ m^3/s$ (Daten NLWKN Verden).

Das Einzugsgebiet der Wümme umfasst Teile der niedersächsischen Landkreise Harburg, Heidekreis, Rotenburg, Verden und Osterholz, Cuxhaven sowie Flächen der Hansestadt Bremen.

7.2.1 Ausgangssituation und Anlass

Die Wümme-Niederung ist naturräumlich zum überwiegenden Teil der Stader Geest zuzuordnen, einer ausgedehnten Grundmoränenlandschaft zwischen den Urstromtälern von Elbe, Weser und Aller.

Während das Gewässer in den oberen Abschnitten als typisches, sandgeprägtes Tieflandgewässer weitgehend naturnah durch eine vorwiegend als Grünland genutzte Talniederung fließt, nimmt die Auennutzung in den unteren Streckenabschnitten immer mehr zu – der Nutzungswandel in der Niederung wird tief greifender.

Nordöstlich des Bremer Stadtgebiets, im Raum Ottersberg, teilt sich die in einer breiten und flachen Niederung fließende Wümme in mehrere Arme auf – es entsteht ein bis zu vier Kilometer breites Binnendelta, das in der niedersächsischen Flusslandschaft einmalig ist. Hier sind die Veränderungen und Umgestaltungen der Landschaft am offensichtlichsten; die Flusslandschaft im Bereich des Binnendeltas wurde tief greifend reguliert.

Aus einem Netz unzähliger Flussarme, Altgewässer und Flutrinnen entstand in den Jahren 1927 bis 1936 ein begradigtes und nivelliertes Gewässersystem mit drei Hauptarmen. Während die Flächennutzung in der Niederung bis in die 1960er-Jahre von einer Nasswiesenbewirtschaftung geprägt war, wurde mit dem Ausbau des staugeregelten Wümme-Südarmes (1966 bis 1979) nun auch Acker- und Weidenutzung in großem Umfang möglich.

Bedeutung der Wümme für den Natur- und Fließgewässerschutz

Für den Fließgewässerschutz in Niedersachsen ist der Verlauf der Wümme mit ihren Nebengewässern und Niederungsbereichen u. a. aus folgenden Gründen ein hoch bedeutsames Gewässersystem:

- Die Wümme zählt einschließlich ihrer Auenbereiche zu den Gebietsvorschlägen des Landes Niedersachsen zur Umsetzung der FFH-Richtlinie (Gebiet Nr. 38: Wümme-Niederung) und ist als EU-Vogelschutzgebiet Teil des europaweiten Schutzgebietssystems *Natura-2000*.

Von besonderer Bedeutung für das FFH-Gebiet sind hier neben dem Fließgewässer selbst, Feuchtwaldkomplexe in der Niederung (u. a. mit Erlen-Eschenwäldern und Birken-Bruchwäldern), Dünengebiete mit Heiden und Übergangsmooren und degenerierte Hochmoorkomplexe. Der Fluss mit seiner Aue ist Lebensraum mehrerer Arten des Anhangs II (u. a. Fischotter, Neunaugen, Grüne Flussjungfer).

- Der Gewässerlauf der Wümme ist ein sogenanntes Hauptgewässer 1. Priorität des Niedersächsischen Fließgewässerschutzsystems (Dahl und Hullen 1989; Rasper et al. 1991). Mit diesem im Jahre 1991 von der Fachbehörde für Naturschutz veröffentlichten Fließgewässerschutzsystem sind landesweit die fachlichen und konzeptionellen Grundlagen für Auswahl und Planung von Renaturierungsvorhaben erarbeitet worden.

In dieser Arbeit wurden sowohl die in Niedersachsen vorrangig zur Renaturierung geeigneten Fließgewässer ausgewählt als auch die Störeinflüsse und Beeinträchtigungen aufgezeigt, die durch entsprechende Maßnahmen gezielt beseitigt werden müssen. Die hier dargestellten sogenannten Hauptgewässer, die den Gewässertyp der betreffenden Naturräumlichen Region repräsentieren sollen, sind die Kerngewässer des Natur- und Fließgewässerschutzes in Niedersachsen.

Langfristiges Ziel eines daraus entwickelten Fließgewässerprogrammes ist es, durch geeignete Renaturierungsmaßnahmen die Vielfalt niedersächsischer Gewässerlandschaften wiederherzustellen und für die Gewässer hinsichtlich ihrer Struktur und Wasserqualität wieder einen naturnahen Zustand zu erreichen (Niedersächsisches Umweltministerium 1992).

Damit leistet das *Niedersächsische Fließgewässerprogramm*, das 2016 mit dem Ziel der stärkeren Einbeziehung der Auenentwicklung und der Maßnahmen des vorsorgenden Hochwasserschutzes zu einem „*Aktionsprogramm Niedersächsische Gewässerlandschaften*" weiterentwickelt wurde (Niedersächsisches Ministerium für Umwelt, Energie und Klimaschutz 2016), einen wesentlichen Beitrag zur Umsetzung der EG-Wasserrahmenrichtlinie (EG-WRRL). Neben dem Flächenerwerb für Gewässerrandstreifen sowie verschiedensten Umgestaltungsmaßnahmen im Gewässer- und Auenbereich, zählen auch Maßnahmen zur Wiederherstellung der ökologischen Durchgängigkeit zu den förderfähigen Maßnahmen der Gewässer- und Auenentwicklung in Niedersachsen.

- Die besonderere Bedeutung der Wümme und ihrer Nebengewässer wird auch dadurch deutlich, dass für eine gerichtete Maßnahmenumsetzung zur Zielerreichung der EG-WRRL, neben der ohnehin schon vorhandenen hohen Priorität, basierend auch dem Vorkommen fließgewässertypischer Arten, diese seit dem Jahr 2015 eines der Teilgebiete der *Gewässerallianz Niedersachsen* ist.

Hier werden in zusammenhängenden Gewässersystemen mit einem hohen Anteil an prioritären Gewässern im bereits mindestens mäßigen ökologischen Zustand bzw. Potenzial gemäß EG-WRRL, u. a. durch bei den Unterhaltungsverbänden angesiedelten Gewässerkoordinatoren, gezielt Maßnahmen (u. a. Herstellung der Durchgängigkeit, Strukturerhöhung, Anpassung der Unterhaltung) zur weiteren Verbesserung des ökologischen Zustands/Potenzials gefördert.

- Zusammen mit verschiedenen Nebengewässern zählt die Wümme zu den Schwerpunkträumen der Fischotterverbreitung in Niedersachsen und ist auch aufgrund ihrer herausragenden Bedeutung als Ost-West-Verbindungsachse und ihrer Vernetzungsfunktion ein Schwerpunktgewässer des Niedersächsischen Fischotterprogramms.
- Teilbereiche der Flusslandschaft wurden als Naturschutzgebiet (NSG) ausgewiesen. In Teilen der Niederung sind zwei Naturschutzgroßprojekte initiiert worden: Die Ausweisung von GR-Gebieten (= Gebiete mit gesamtstaatlich repräsentativer Bedeutung) auf dem Gebiet des Landkreises Verden (GR-Projekt Fischerhuder Wümme-Niederung) und in den unterhalb angrenzenden Niederungsbereichen, auf Gebiet der Hansestadt Bremen (GR-Projekt Borgfelder Wümme-Wiesen) (s. Scherfose et al. 1999).

Insgesamt bieten Wümme und ihre Niederung mit den vielen noch vorhandenen erhaltens- und schützenswerten Strukturen trotz der bestehenden Probleme, Beeinträchtigungen und Störeinflüsse im Planungsraum beste Voraussetzungen für eine naturnahe Entwicklung dieser Gewässerlandschaft. Bereits seit Ende der 1980er-Jahre wurden hier zahlreiche Renaturierungsmaßnahmen, insbesondere auf dem Gebiet des Landkreises Verden und in Bremen, umgesetzt.

In Anbetracht des vergleichsweise naturnahen Zustands der Wümme und der bereits eingeleiteten Schritte haben die Länder Niedersachsen und Bremen die Wümme als positives Referenzprojekt für die Umsetzung der EG-WRRL ausgewählt (Bearbeitungsgebiet Nr. 24 – einschließlich Hamme/Lesum).

Im Rahmen des damaligen Niedersächsischen Fließgewässerprogramms wurden für die Wümme in den Jahren 1996 bis 2000 vier abschnittsbezogene Gewässerentwicklungspläne aufgestellt, in denen weitere konkrete Maßnahmen für die naturnahe Entwicklung von Gewässer und Talaue aufgezeigt werden (StAWA Verden 1996, 1997).

7.2.2 Entwicklungskonzept, Ziele, Konflikte

Die Erarbeitung von Gewässerentwicklungsplänen (GEPL) für ganze Fließgewässer oder längere Gewässerabschnitte hat sich bei der Umsetzung des Fließgewässerprogramms und bei der Durchführung von Projekten der naturnahen Gewässergestaltung in Niedersachsen sehr bewährt (DVWK 1999; Sellheim 1996).

Die für die Wümme und ihre Nebengewässer aufgestellten Gewässerentwicklungspläne hatten zum Ziel,

- Maßnahmen zum Erhalt bestehender wertvoller Strukturen sowie zur Verringerung/Beseitigung bestehender Beeinträchtigungen und Gefährdungen aufzuzeigen,
- eine zusammenhängende und übergeordnete Handlungsgrundlage für die naturnahe Entwicklung der Wümme und ihrer Aue zu schaffen,
- über Möglichkeiten der Fließgewässerrenaturierung an der Wümme zu informieren und die Akzeptanz vor Ort für die Umsetzung von Maßnahmen zu verbessern sowie
- die Finanzmittel zu bündeln und möglichst effektiv einzusetzen.

Aufbau, Inhalte und Umfang der Gewässerentwicklungspläne sowie die Vorgehensweise bei der Planerstellung an der Wümme waren für die verschiedenen Abschnitte ähnlich und orientierten sich an den Hinweisen des Niedersächsischen Landesamtes für Ökologie (Sellheim 1996). Die Planerstellung sowie die Moderation der Arbeitskreise übernahmen das damalige Staatliche Amt für Wasser und Abfall Verden (StAWA Verden) und später der Niedersächsische Landesbetrieb für Wasserwirtschaft und Küstenschutz (NLWK) – Betriebsstelle Verden – unter Mitarbeit örtlicher Planungsbüros.

Rahmenbedingungen für die Gewässerentwicklungsplanung

Bei der Erarbeitung der Gewässerentwicklungspläne für die Wümme innerhalb der Grenzen des gesetzlichen und/oder natürlichen Überschwemmungsgebiets waren bestimmte

Vorgaben und Rahmenbedingungen zu berücksichtigen. Folgende Punkte für die Ziel- und Maßnahmenplanung wurden daher in einer Präambel den Planungen vorangestellt:

- Die notwendige Gewässerunterhaltung im Rahmen gesetzlicher Regelungen muss gewährleistet sein
- Der Hochwasserschutz in der Wümme-Niederung muss sichergestellt sein
- Der Bestand landwirtschaftlicher Betriebe und Nutzungen ist zu gewährleisten
- Die Umsetzung von Maßnahmen soll im Einvernehmen und in Zusammenarbeit mit den Betroffenen, Eigentümern und Verbänden erfolgen
- Ggfs. ist der Flächenankauf oder -tausch die Voraussetzung für die Umsetzung der formulierten Maßnahmenvorschläge
- Für die Durchführung baulicher Maßnahmen sind i. d. R. entsprechende Genehmigungsverfahren erforderlich

Trotz der in der Präambel genannten Punkte, die eine Art Geschäftsgrundlage für alle Beteiligte bei die Planerstellung bedeuteten, blieb es bei den vielen unterschiedlichen Akteuren in den Arbeitskreisen nicht aus, dass es im Laufe der Planbearbeitung zu inhaltlichen Meinungsverschiedenheiten, Interessenskollisionen und auch Missverständnissen zwischen den Beteiligten kam – mit entsprechend kontroversen Diskussionen in den Arbeitskreisen. Beispielsweise gingen gerade bei Fragen der zukünftigen Entwicklung und angestrebten Nutzung der Wümme-Niederung die Zielvorstellungen weit auseinander, so dass ein vollständiger Konsens nicht immer herzustellen war. Nicht zuletzt aufgrund einer gewachsenen „Streitkultur" und der gelungenen Moderation gelang es aber, in den Arbeitskreisen zu insgesamt tragfähigen Lösungen zu kommen.

Leitbild und Entwicklungsziele für die Wümme

In allen Wümme-Gewässerentwicklungsplan-Bearbeitungen wurde der Darstellung der aktuellen Situation ein Leitbild gegenübergestellt, um die Zielrichtung ökologischer Verbesserungen festzulegen. Das Leitbild soll dazu dienen, eine bildhafte Vorstellung vom Aussehen des Wümme-Gebiets ohne tief greifende Beeinflussung durch menschliches Wirken zu erhalten. Die übergeordneten Entwicklungsziele, die in den Gewässerentwicklungsplänen für die verschiedenen Wümmeabschnitte – getrennt nach Gewässerlauf und Aue – herausgearbeitet worden sind, lassen sich wie folgt zusammenfassen:

- Wiederherstellung einer gewässertypischen Wasserführung mit einer natürlichen, ortstypischen Abflussdynamik
- Erhalt und Entwicklung strukturreicher Gewässerufer mit naturnahen Längs- und Querprofilen und standorttypischem Gehölzbewuchs an der Mittelwasserlinie mit Beschattung
- Schaffung stabiler und vielgestaltiger Sohlenstrukturen mit ortstypischer Korngrößenverteilung und weitgehend durchgehendem Lückensystem sowie Totholz und Erlenwurzeln

- Wiederherstellung der ökologischen Durchgängigkeit und der aquatischen Passierbarkeit der Gewässer für sämtliche Gewässerorganismen
- Verringerung der punktuellen und diffusen Stoff- und Sedimenteinträge
- Rückhaltung in den Siedlungsbereichen
- Reduzierung der Gewässerunterhaltung: Anpassung der Unterhaltung an die Ziele der naturnahen Gewässerentwicklung
- Stabilisierung bzw. Verbesserung der Gewässergüte
- Extensivierung der landwirtschaftlichen Nutzung im Planungsraum
- Förderung der Umwandlung von Acker in extensiv genutztes, artenreiches Grünland.
- standorttypische Wiedervernässung des Talraumes auf geeigneten Einzelflächen
- Entwicklung von Feucht- undNasswiesen, Sukzessionsflächen und Auwaldbiotopen auf verfügbaren Flächen.
- Regeneration oder Wiederherstellung von Stillgewässern
- Lenkung der Erholungsnutzung

7.2.3 Planung und Maßnahmen

Für die Wümme und die begleitende Aue wurden folgende Maßnahmenvorschläge und Handlungsempfehlungen herausgestellt:

- Ankauf ökologisch bedeutsamer Flächen
- Anlage von möglichst breiten, ungenutzten und beidseitigen Gewässerrandstreifen mit eigendynamischer Vegetationsentwicklung.
- Regenerierung einzelner Gewässerstrecken durch Zulassen der Eigenentwicklung des Gewässers
- Förderung der Entwicklung von Ufersaumgehölzen
- Rückverlegung der Verwallung an der Wümme zur Wiederherstellung von Überschwemmungsgebieten mit ihrer natürlichen Funktion als Wasserspeicher
- Abbau bzw. Umgestaltung von Sohlenabstürzen, Stauanlagen oder sonstiger bestehender ökologischer Sperren durch die Anlage von Sohlengleiten, Umflutgerinnen o. ä.
- Regeneration ehemaliger Flutmulden und Nebenarme
- Partielle Anhebung des Grundwasserstandes in ausgewählten, möglichst angekauften Bereichen ohne Beeinträchtigungen anderer Nutzungen.

Ein Teil der genannten Maßnahmenvorschläge ist vor allem in den unteren Streckenabschnitten im Rahmen des Niedersächsischen Fließgewässerprogramms, des Fischotterprogramms, der GR-Projekte „Borgfelder Wümmewiesen“ und „Fischerhuder Wümme-Niederung“, diverser Ausgleichs- und Ersatzmaßnahmen und anderer Projekte in Bremen und Niedersachsen mit zum Teil beträchtlichen finanziellen Mitteleinsatz aus den o. g. Programmen umgesetzt worden.

Für viele der größeren baulichen Umgestaltungsmaßnahmen waren Detailplanungen erforderlich, die auf der Grundlage der Gewässerentwicklungspläne erarbeitet wurden und im Zuge von Plangenehmigungsverfahren umgesetzt werden konnten. Die Wesentlichen Bis zum Jahr 2004 wurden im Wümme-Einzugsgebiet folgende wesentlichen Maßnahmen durchgeführt:

- Anlage von unterschiedlich breiten Gewässerrandstreifen an verschiedenen Wümmeabschnitten und an den Nebengewässern (Abb. 7.5a, b)
- Grunderwerb bzw. Flächenankauf in der Talniederung der unteren Gewässerstrecken der Wümme und ihren Nebengewässern in einer Größenordnung von insgesamt ca. 2600 Hektar (Niedersachsen ca. 1900 Hektar; Bremen ca. 695 Hektar). Nach dem Ankauf wurde die landwirtschaftliche Flächennutzung extensiviert bzw. zum Teil eingestellt und die Flächen der natürlichen Sukzession überlassen.
- Deichrückverlegung und punktuelle bzw. abschnittsweise Rücknahme der Verwallungen (Sommerdeiche) in den unteren Streckenabschnitten auf ca. 15,4 Kilometer Länge, davon 300 Meter Hochwasserdeich am Nebengewässer Wörpe.
- Ausdeichung von ca. 370 Hektar Aue; Reaktivierung ehemaliger Überschwemmungsgebiete und Entwicklung von Auenstandorten, Anlage von Flutmulden, Blänken, Stillgewässern (Abb. 7.6a, b).
- Beseitigung bzw. Umgestaltung von Querbauwerken und Wiederherstellung der ökologischen Durchgängigkeit für Fische und aquatische Wirbellose, Umbau von Sohlenabstürzen, Stauanlagen (u. a. zu Sohlengleiten mit Neigungen von 1:30 bis 1:200) und/oder Anlage entsprechend gestalteter Umgehungsgerinne bei insgesamt 37 Anlagen im gesamten Streckenverlauf der Wümme und einigen Nebengewässern.
- Neuanlage von naturnahen Gewässerarmen und Nebengewässern auf ca. 5,2 Kilometer Länge

7.2.4 Entwicklungen und Erfahrungen

Mit den in den 1990iger-Jahren erarbeiteten Gewässerentwicklungsplänen und den weiteren gebietsbezogenen Fachplanungen des Naturschutzes in Niedersachsen und Bremen liegen fachlich fundierte und sehr konkrete Planungsgrundlagen vor. Sie beinhalten eine Fülle von auch heute noch aktuellen Maßnahmenvorschlägen, den Flusslauf und seine Talaue nach ökologischen Kriterien zu entwickeln. Ein Teil der Renaturierungsvorhaben ist wie beschrieben bereits realisiert; weitere Maßnahmen sollen folgen.

Für einzelne der geplanten und umgesetzten Projekte wurden die Entwicklungen dokumentiert und Untersuchungen zur Erfolgskontrolle durchgeführt. Aus den Ergebnissen dieser Effizienzkontrollen und aus den Erfahrungen und Erkenntnissen mit der Projektumsetzung an der Wümme seien einige Punkte herausgegriffen:

Abb. 7.5 Entwicklung des Wümme-Nordarms zwischen den Jahren 1990 und 1997 nach Anlage eines beidseitigen Gewässerrandstreifens, **a** Gewässerrandstreifen am Wümme-Nordarm im Jahre 1990, **b** Gewässerrandstreifen am Wümme-Nordarm im Jahre 1997 (Fotos: D. Coldewey)

Abb. 7.6 Projekte a „Fährwisch" und b „Seewisch" am Wümme-Nordarm – Ausdeichung und Reaktivierung von Auenstandorten (nach Bauausführung) (Fotos: D. Coldewey)

- In der unteren Wümmeniederung ist es gelungen, durch großflächige Grunderwerbs- und Rückdeichungsmaßnahmen die Voraussetzungen zu schaffen für eine weitere eigendynamische Entwicklung der Flusslandschaft in diesem Auenkorridor. Dadurch wird bestätigt, dass die Aue in alle Renaturierungsplanungen einzubeziehen ist und Maßnahmen zur Wiederherstellung der natürlichen Flussdynamik nur gelingen können, wenn dem Gewässer auch der entsprechende Raum für seine Entwicklung dauerhaft zur Verfügung steht.
- Die zu beobachtenden Entwicklungen in diesen Ausdeichungsgebieten sind vielversprechend. Es sind die Strukturen entstanden, die für Auen derartiger Flüsse typisch sind. Dazu gehören Gewässer der unterschiedlichsten Verlandungsstadien, Flutmulden mit sich verändernden Ufern, temporäre Gewässer, Trocken- und Pionierstandorte, Röhrichte, Sukzessionsflächen sowie ein vielgestaltiges Mosaik der verschiedensten Lebensräume dicht beieinander und auf engem Raum wechselnd.
- Das verfolgte Konzept, dem Gebiet oder dem Planungsraum durch behutsame bauliche Maßnahmen zumindest in groben Umrissen eine Form zu geben (z. B. Flutmulden vorzuprofilieren), und dann die Feingestaltung und Besiedlung dem Fluss selbst bzw. seinen Kräften und der natürlichen Entwicklung zu überlassen, hat sich bewährt.
- Bepflanzungen sind in der Regel nicht erforderlich, da sich durch Drift und andere Verbreitungsmechanismen – Saatmaterial ist im Boden vorhanden – Pionierpflanzen und Gehölze von selbst auf den neu entstandenen Rohbodenstandorten ansiedeln, auch wenn dort nicht angesät oder gepflanzt wurde. Zur Sicherung eines gefahrlosen Hochwasserabflusses kann ausnahmsweise im Hauptgerinne eingegriffen werden.
- In den neu geschaffenen Auenbereichen kommt es nach wie vor zu einer starken Sedimentation und Verlandung der angelegten Gewässer – ein natürlicher Vorgang in den Auen stark geschiebeführender Flüsse wie der Wümme. Dadurch unterliegen die ausgedeichten Gebiete einer ständigen morphodynamischen Veränderung. Inwieweit durch die stärkere Flussdynamik auch neue temporäre Gewässer und Flutmulden wieder neu entstehen können, bleibt abzuwarten.
- Die Funktionsfähigkeit der neu angelegten Sohlengleiten hinsichtlich der aquatischen Passierbarkeit wurde exemplarisch an einer Baumaßnahme nicht nur für Fische, sondern auch für wirbellose Gewässerorganismen nachgewiesen. Es ist davon auszugehen, dass aufgrund gleicher Bauweise der weiteren Gleiten, die den natürlichen Gewässerverhältnissen möglichst entspricht, auch die meisten anderen Bauwerke ökologisch wirksam und funktionsfähig sind.
- Die Erarbeitung von Gewässerentwicklungsplänen als Planungsgrundlage und Handlungsleitlinie für die Umsetzung von Renaturierungsmaßnahmen der genannten Projekte hat sich bewährt und in diesem Raum eine wichtige Rolle gespielt.
- Eine effiziente Umsetzung der vorgeschlagenen Maßnahmen erfordert eine enge interdisziplinäre Zusammenarbeit und Koordination der beteiligten Dienststellen und Institutionen auf allen betroffenen Ebenen. Bei der Planung und bisherigen Umsetzung von Umgestaltungsmaßnahmen in der Wümme-Niederung wurde – und wird – dies in gelungener Weise praktiziert. Den planungsbegleitenden Arbeitskreisen kommt auch hier eine zentrale Rolle zu. Die Zusammenarbeit soll weitergeführt und intensiviert werden, um die gesteckten Ziele einer weiteren Verbesserung der ökologischen Situation in den Wümme-Wiesen zu erreichen und auf Dauer zu sichern.

7.2.5 Entwicklungen in den Jahren 2005 bis 2014

Umgesetzte Maßnahmen

Durch die Ende 2002 in Kraft getretene Europäische Wasserrahmenrichtlinie (EG-WRRL) mit ihren verbindlichen inhaltlichen und zeitlichen Vorgaben für die nachhaltige Bewirtschaftung europäischer Gewässerlandschaften haben die Renaturierungsbemühungen auch an den Gewässern im Wümmegebiet deutlich an Fahrt gewonnen. So konnte auf der Grundlage der vorliegenden Planungsgrundlagen und der in den vergangenen Jahren gemachten Erfahrungen bei der Maßnahmenentwicklung und Projektdurchführung die Umsetzung von Maßnahmen auch in Zeiten der EG-Wasserrahmenrichtlinie fortgesetzt werden. Nicht zuletzt ist dies auch ein Ergebnis der in vielen Jahren gewachsenen und inzwischen etablierten Kommunikations- und Kooperationsstrukturen vor Ort (u. a. Arbeitskreise, Gewässertage), die gerade in diesem Planungsraum als landesweit beispielhaft gelten können.

Dadurch konnten im genannten Zeitraum in der Gewässerlandschaft der Wümme zahlreiche weitere unterschiedliche Maßnahmen und Projekte der naturnahen Gewässergestaltung und -entwicklung realisiert werden, von denen allein aus Mitteln des damaligen Fließgewässerprogramms weit über 100 Einzelprojekte und -maßnahmen gefördert worden sind. Die dafür in diesem Zeitraum insgesamt aufgewendeten Kosten belaufen sich auf etwa 8,3 Mio. Euro, die in die Gewässerentwicklung investiert worden sind. Dabei wurden die weitaus meisten Maßnahmen an der Wümme und ihren Seitengewässern von der Wasserwirtschaftsverwaltung durch das Fließgewässerprogramm gefördert. Maßnahmen des Naturschutzes konzentrierten sich im Wesentlichen auf Flächenankäufe in den Auen und damit verbundene Vernässungsmaßnahmen.

Die nachfolgende Zusammenstellung zeigt einen Ausschnitt der in zwischen 2005 und 2014 umgesetzten Projekte und Maßnahmen:

- Durch weiteren Flächenerwerb in den Talniederungen der Wümme und ihrer Nebengewässer konnten insgesamt ca. 3200 Hektar erworben werden, so dass jetzt einschließlich der bis zum Jahr 2004 bereits erworbenen Flächen insgesamt ca. 5800 Hektar Flächen für die Gewässer- und Auenentwicklung bereitgestellt werden konnten. Diese Flächen werden heute nur noch sehr extensiv bewirtschaftet, zum Teil wurde die landwirtschaftliche Nutzung ganz eingestellt und die Flächen der natürlichen Sukzession überlassen.
- Über 70 Sohlen- und Querbauwerke wurden zu Sohlengleiten umgestaltet und damit die aquatische Passierbarkeit wiederhergestellt.
- Durch Anlage von Uferstreifen auf 6 km Länge, Laufverlängerungen und strukturverbessernde Gestaltungsmaßnahmen, wie den Einbau von Kies bzw. die Anlage von Kiesstrecken, Totholz sowie die Förderung des Erlenaufwuchses konnte die Gewässerstruktur deutlich verbessert werden (Abb. 7.7).
- Auf 26 Hektar Ankaufsflächen in der Aue wurden die ortstypischen gewässerbegleitenden Verwallungen zurückverlegt (Abb. 7.8) und auf ca. 900 m auentypische

Abb. 7.7 Auenentwicklung und Umgestaltungsmaßnahmen am Wümme-Mittelarm im Jahr 2013 (u. a. Rückverlegung der Verwallung, Anlage von Flutmulden) (Foto: D. Coldewey)

Abb. 7.8 Reaktivierung eines Altgewässers an der Fintau ein Jahr nach der Bauausführung (Foto: D. Coldewey)

Biotopgestaltungsmaßnahmen durchgeführt (Anlage von Flutmulden, Gumpen und Altarme). Die Flächen werden der Sukzession überlassen. Es wurden Altgewässer reaktiviert und Quellbereiche renaturiert (Abb. 7.9 und 7.10).

Erfahrungen und Erkenntnisse

Aus den Erfahrungen mit den umgesetzten Projekten und Maßnahmen lässt sich für die Entwicklung der Fließgewässer im Wümmegebiet heute zusammenfassend festhalten und bilanzieren:

- Durch die Umgestaltungsmaßnahmen und eine anschließende reduzierte Unterhaltung haben sich Ufer- und Sohlenstrukturen – und damit die Gewässerstrukturklasse – v. a. durch Zunahme der Breiten- und Tiefenvarianzen deutlich verbessert. Dies hat zu einer nachweisbaren Verbesserung der ökologischen Rahmenbedingungen und der abiotischen (hydro)morphologischen Besiedlungsgrundlagen für die an den Gewässergrund gebundene Limnofauna (Makrozoobenthos, Klein- und Jungfische) geführt und damit die strukturellen Voraussetzungen für das Vorkommen ortstypischer Arten bzw. „guter Biozönosen" geschaffen. Die Erhöhung der strukturellen Vielfalt, insbesondere der so bedeutsamen Sohlenstrukturen, hat damit nachweislich positive Effekte für die Artenvielfalt und das biologische Besiedelungspotenzial.

Abb. 7.9 Verbesserung der Gewässerstruktur an der Ruschwede (Foto: D. Coldewey)

Abb. 7.10 Renaturierung des Quellbereiches der Haverbeeke; drei Jahre nach Bauausführung (Foto: D. Coldewey)

- Durch umfangreiche Flächenankäufe in den Niederungen der Wümme und ihrer Seitengewässer und anschließende Nutzungsaufgabe oder -extensivierung hat der Anteil naturnaher und auentypischer Biotopstrukturen (Röhrichte, Rieder, Sümpfe, Auengehölze, Flutmulden, Altgewässer, feuchte Senken usw.) im Wümmegebiet zugenommen.
- Die Reproduktionsraten von Wanderfischarten und die Erreichbarkeit vieler Oberläufe als potenzielle Laichstrecken von Wandersalmoniden (z. B. Lachs und Meerforelle) haben sich durch die Herstellung der ökologischen Durchgängigkeit und durch den Einbau von Kieslaichplätzen/-strecken deutlich verbessert. Denn durch den Einbau funktionsfähiger (= auffindbarer und passierbarer) Fischaufstiegsanlagen an der Wümme, die auch als überregionale Wanderrouten für die Fischfauna von landesweiter Bedeutung ist, hat sich die Durchwanderbarkeit für Fische stark verbessert. Das Gebiet der oberen Wümme gilt inzwischen als der beste Meerforellen-Reproduktionsraum in Niedersachsen; die untere Wümme im Bereich Fischerhude und Ottersberg darüber hinaus als der landesweit bedeutendste Laichplatz der Meerneunaugen und des Lachses.
- Für 32 weitere Wanderhindernisse (Stauanlagen, Wasserkraftanlage Scheeßel u. a.) sind die Planungen und auch Bauaufträge bewilligt und beauftragt worden, so dass ab 2018 die nahezu vollständige Wiederherstellung der ökologische Durchgängigkeit der Wümme und wichtiger Nebengewässer zu erwarten ist – ein großer Erfolg der jahrzehntelangen Bemühungen!

- Die Rückkehr von Otter und Co: Mit ziemlicher Sicherheit lässt sich sagen, dass sich die an der Wümme umgesetzten Entwicklungs- und Umgestaltungsmaßnahmen dazu beigetragen haben, dass sich auch die Bestände des Fischotters in Niedersachsen allmählich erholt haben. Denn die hier über das Fließgewässerprogramm umgesetzten Maßnahmen zur Entwicklung naturnaher Gewässer- und Auenlandschaften einschließlich ihrer Lebensgemeinschaften verbessern die typischen aquatischen Lebensräume des Otters in Auenlandschaften. Dadurch haben sich sowohl Habitatqualität (Deckung) als auch Nahrungsangebot für den Otter (v. a. Fische) insgesamt deutlich verbessert. Auch andere typische Arten der Gewässerlandschaften im Wümmegebiet und verschiedener „Ziel-Auen-Arten" der FFH-RL und der Vogelschutzrichtlinie, wie zum Beispiel Weiß- und Schwarzstorch, Biber oder Bitterling, profitieren direkt oder indirekt von auenbezogenen Maßnahmen wie Flächenankäufen, Nutzungsextensivierungen, der Wiederherstellung auentypischer Strukturen, der Entwicklung von Feuchtgrünland usw.
- Die Gewässergütesituation der Gewässer im Wümmegebiet ist weitgehend stabil geblieben, hat sich zum Teil auch leicht verbessert. Allerdings hat auch die gewässer- und auenbelastende landwirtschaftliche Flächennutzung durch Maisanbau im Zuge der Biogasnutzung und die Zahl der Biogasanlagen im Wümmegebiet erheblich zugenommen. Diese zunehmende „Vermaisung" der Landschaft hat zum Teil verheerende Folgen für Grund- und Oberflächengewässer in den betroffenen Auengebieten. Grünlandumbruch, Entwässerung, Nährstoffeinträge, hohe Sand- und Sedimentfrachten (auch in den Oberläufen), Silagesickersäfte usw. führen zu erheblichen Beeinträchtigungen der Arten- und Lebensgemeinschaften dieser Gewässerlandschaften. Unfälle an Biogasanlagen, Verunreinigungen durch Baumängel, Betriebs- und Wartungsfehler zerstören Lebensräume und Lebensgemeinschaften des Gewässergrundes, gerade der kleineren Bachläufe, und machen vielfach die jahrelangen Bemühungen der Akteure vor Ort, v. a. Fischereiverbände, zur ökologischen Verbesserung der Bachläufe mit einem Schlag zunichte. Ein weiterer Aspekt kommt hinzu: Durch den hohen Flächenbedarf der zahlreichen Anlagen im Wümmegebiet steigt die Flächenkonkurrenz zwischen Nahrungsmittel- und Energiepflanzenerzeugung. Der Erwerb von Flächen (u.a. für Gewässerrandstreifen) wird immer schwieriger, weil der einzuhaltende Flächenpreis gemäß Wertgutachten nicht mehr mit den tatsächlich gezahlten höheren Preisen vor Ort übereinstimmt. Die Verkaufsbereitschaft für die aus Sicht der Gewässerentwicklung erforderlichen Flächen im Gewässerumfeld ist deshalb gering.
- Die in den Gewässerläufen im Einzugsgebiet der Wümme festzustellenden hohen Anteile von Sand- und Sedimentfrachten, die neben den Einträgen aus Oberflächenerosionen vor allem auch aus den Gewässern selbst durch Uferabbrüche sowie Tiefen- und Breitenerosion stammen, sind nach wie vor ein erhebliches Problem für die Lebensgemeinschaften des Gewässergrundes. Sie sollen vor allem durch gezielte Verbesserung der Gewässerstruktur, schonende Unterhaltung, Anlage von Gewässerrandstreifen und in Ausnahmefällen auch durch die lokale Anlage von Sand- und Sedimentfängen weiter reduziert werden.

Insgesamt ist heute festzuhalten: Die umgesetzten Entwicklungs- und Umgestaltungsmaßnahmen an den Fließgewässern im Wümmegebiet haben nachweislich zu erkennbaren ökologischen Verbesserungen und naturnahen Entwicklungen geführt. Vieles wurde erreicht und auf den Weg gebracht. Allerdings sind gewichtige Kernprobleme der Wümme nach wie vor nicht zufriedenstellend gelöst (z. B. stark erhöhte Sand- und Sedimentfrachten, Tiefenerosion und Profileintiefung, zum Teil fehlende Auenanbindung). Angesichts dieser weiterhin bestehenden großen Probleme und Beeinträchtigungen blieb aber immer noch eine Menge zu tun. Schon damals war abgesehen, dass es noch weiterer Anstrengungen bedarf, um eine nachhaltige ökologische Verbesserung der Fließgewässerlandschaften an der Wümme und den geforderten guten ökologischen Zustand auch für die vielen anderen Gewässer zu erreichen.

7.2.6 Entwicklungen in den Jahren 2015 bis 2020

Umgesetzte Maßnahmen

Einen erneuten Schub an Maßnahmen in der Wümme und deren Nebengewässern brachte die Teilnahme der Unterhaltungsverbände (UHV) der Wümme als Kooperationspartner im Rahmen der „Gewässerallianz Niedersachsen“. Während direkt in der Wümme nur noch einzelne Maßnahmen stattfanden, z. B. Verbesserung der Sohlstruktur im Oberlauf und Erhöhung der Durchgängigkeit in der Haverbeeke, einem der Quellbäche der Wümme, wurde das Hauptaugenmerk von Maßnahmen zur Fließgewässerentwicklung auf die Nebengewässer gelenkt.

Von den insgesamt 45 WRRL-relevanten Zuflüssen zur Wümme zählen etwa 1/3 zu den sogenannten Schwerpunktgewässern, auf die im Rahmen der Gewässerallianz Niedersachsen ein besonderer Entwicklungsfokus gelegt wird. Neben weiteren lokalen Maßnahmen zur Erhöhung der Durchgängigkeit an ehemaligen Wehrstandorten wurde an einigen Gewässern auch eine streckenhafte Aufwertung der Sohlen- und Uferstrukturen vorgenommen. Diese Maßnahmen, zum Beispiel in Veerse oder am Lünzener Bruchbach (s. Abb. 7.11a, b, c), zeigen bereits nach relativ kurzer Zeit eine deutliche Verbesserung des ökologischen Zusandes (Eggers 2016). Um diese Entwicklungsmaßnahmen weiter zu fördern, wird besonders in kleineren Nebengewässern der Feinsedimentrückhalt immer mitbetrachtet.

Die Naturschutzverwaltung des Landes Niedersachsen hat durch weitere aktuelle Flächenankäufe im Bereich der Wümme die bereits landesweit größten Flächenanteile aller Gewässersysteme und deren Auen noch erweitern können. Traditionell werden die meisten Flächen als Grünland genutzt. Durch weitere Extensivierung, Mahdmanagement, aber auch baulichen Maßnahmen zum Wasserrückhalt, u. a. wird eine zielgerichtete Entwicklung in artenreiches mesophiles Grünland (FFH-Lebensraumtyp 6510 „Magere

Abb. 7.11 Entwicklung der Gewässerstruktur am Lünzener Bruchbach südöstlich Ostervesede in den Jahren 2011 bis 2017, **a** Vor Durchführung der Maßnahme 2011 (Foto: J. Kinkele im Auftrag des NLWKN), **b** Kurz nach Fertigstellung der Maßnahme im Jahr 2015 (Foto: T.O. Eggers, NLWKN), **c** Zwei Jahre nach Fertigstellung der Maßnahme im Jahr 2017 (Foto: T.O. Eggers, NLWKN)

Flachland Mähwiese") und Feuchtgrünland angestrebt. Wo es die Lage dieser Flächen direkt an Fließgewässern zulässt, wird zum einen eine eigendynamische Entwicklung der Uferbereiche (breite Uferrstreifen) zugelassen. Daneben wird auch die Umsetzung von direkten Maßnahmen der Fließgewässerentwicklung auf diesen landeseigenen Naturschutzflächen ermöglicht.

Als Beispiel kann hier der Stellbach dienen (ein kleineres Seitengewässer der Wümme), der auf Landesflächen mit Mitteln der Fließgewässerentwicklung auf 500 m ehemals geraden Gewässerlauf ein gewässertypisches neues mäandrierendes Bachbett erhalten hat. Landeseigene Flächen wurden auch für einige Wümmeumfluter bereitgestellt. Diese gut funktionierende blau-grüne Zusammenarbeit rundet die Entwicklung ökologisch intakter Auenbereiche, neben den reinen Maßnahmen zur Fließgewässerentwicklung, ab.

Erfahrungen und Erkenntnisse

Im Rahmen der Auswertung zeigt sich, dass neben oft aufwendigen Gewässerum- und neubauten oft auch einfache „*In-Stream-Maßnahmen*" oder eine entsprechende angepasste Unterhaltung eine große und vor allem streckenhafte positive Entwicklung der Gewässer bewirken. Auch in bisher noch nicht priorisierten Gewässern besteht die Möglichkeit der Zuwanderung gewässertypischer Arten aus bereits gut entwickelten Nebengewässern. Mit dem Konzept in den Gewässern, je nach Rahmenbedingung, eine bestmögliche Entwicklung zu verwirklichen, wird auch im Einzugsgebiet (EZG) der Wümme eine nicht unbedingt schnelle aber sicher dafür umso nachhaltigere positive Entwicklung weiter gefördert.

7.3 Die Lippe in den Kreisen Paderborn, Soest und Warendorf

Ulrich Detering

Seit Mitte der 1990er-Jahre werden an der Lippe Rückbaumaßnahmen vorgenommen, um einen guten ökologischen Zustand zu entwickeln. Nachfolgend werden zwei größere Abschnitte zusammenfassend vorgestellt.

7.3.1 Ausgangssituation an der Lippe

Die Lippe ist ein rechtsseitiger Nebenfluss des Rheins in Nordrhein-Westfalen mit einem oberirdischen Einzugsgebiet von 4881 km^2 (Flächenanteile: Landwirtschaft 71 Prozent, Wald 17 Prozent, Siedlungen 10 Prozent). Sie entspringt am Rand des Teutoburger Walds und mündet nach 220 Kilometer bei Wesel in den Rhein (Abb. 7.12). Dabei überwindet sie einen Höhenunterschied von nur 114 m (mittleres Gefälle: 0,52 Prozent). Hinsichtlich der Gewässergüte ist die Lippe „mäßig belastet" (Gewässergüteklasse II).

Abb. 7.12 Die Lippe als Ost-West-Achse in Nordrhein-*Westfalen*

Mit Ausnahme eines etwa 13 Kilometer langen Abschnitts im Oberlauf ist die Lippe überwiegend ein sand- und lehmgeprägter Tieflandfluss (LAWA-Typ 15g). Allerdings spielen auch Mergelschotter und Kies als Substrat abschnittsweise eine große Rolle. Die Lippe fließt auf ihrem Weg am Rand der Senne bei Paderborn, die als nationalparkwürdig gilt, durch landwirtschaftlich genutzte Landschaften mit einem teilweise hohen Grünlandanteil vorbei am Nordrand des Ruhrgebiets und Südrand des zentralen Münsterlands.

Die Lippe ist ein seit Jahrhunderten genutzter Fluss. Schon die Römer transportierten Güter auf der Lippe. Bereits aus dem 13. Jahrhundert sind Flussstaue an Mühlen bekannt. Später folgten Ausbaumaßnahmen zur Schiffbarmachung, zum Hochwasserschutz und vor allem zur Verbesserung der landwirtschaftlichen Produktionsbedingungen.

Allein im letzten Jahrhundert wurde die Fließlänge der Lippe um rund 25 Prozent verkürzt. Nach den technisch orientierten Ausbaumaßnahmen war das Gewässerbett der Lippe überwiegend schmal und tief. Die Flussufer waren am Böschungsfuß durch massive Steinschüttungen auf Kunststoffgitterplanen gesichert (s. Abb. 7.13) und in weiten Teilen von künstlichen Verwallungen begleitet. Diese verhindern frühzeitige Überflutungen der Aue; Fluss und Aue waren getrennt. Die hohen Fließgeschwindigkeiten führten zu einer Tiefenerosion von bis zu 3 Metern allein im letzten Jahrhundert. Durch den Einbau von Wehranlagen wurde sie punktuell gebremst.

Bei Paderborn durchfloss die Lippe den Sander Lippesee, einen durch den Abbau von Sand und Kies entstandenen Abgrabungssee. Die aus dem oberen Einzugsgebiet transportierten Kiese und Sande blieben im See liegen und fehlten dem Unterlauf. Gleichzeitig verschlechterte sich die Wasserqualität durch die Produktion organischen Materials im See. Die Durchgängigkeit für die wassergebundene Tierwelt war unterbrochen.

Abb. 7.13 Ausbauprofil der 1970er-Jahre (Foto: Archiv StUA Lippstadt)

Bestandsaufnahmen gemäß EG-Wasserrahmenrichtlinie (EG-WRRL)
Bei den ökologischen Qualitätskomponenten,

- Makrozoobenthos (wirbellose Kleintiere im Substrat),
- Fische,
- Makrophyten und Phytobenthos (fest sitzende Wasserpflanzen und Algen) und
- Phytoplankton (frei schwebende Algen),

konnte der gute Zustand überwiegend nicht erreicht werden.

Wesentliche Gewässerbelastungen
Einige Abschnitte der Lippe sowie ihrer Nebengewässer in der Planungseinheit sind begradigt und ausgebaut worden. Die dadurch entstandenen defizitären Gewässerstrukturen sowie die bereichsweise verbesserungsbedürftige Wasserqualität und fehlende Anbindung an die Auen sind die wesentlichen Ursachen für den überwiegend schlechten Zustand der Gewässerflora und -fauna.

Durch Wehre und Staustufen ist die Durchgängigkeit für wandernde Gewässerorganismen zudem nicht an allen Wasserkörpern gegeben (Bestandsaufnahme NRW 2013 – Steckbriefe der Planungseinheiten im Teileinzugsgebiet Lippe).

7.3.2 Entwicklungskonzept, Ziele, Konflikte

Seit dem Jahr 1990 sollen im Rahmen des Gewässerauenprogramms Nordrhein-Westfalen die Flüsse mit ihren Auen als natürliche Lebensadern der Landschaft erhalten oder reaktiviert werden (MURL 1990). Die Aktivitäten zur Gewässerreinhaltung sollen durch die Verbesserung der ökologischen Verhältnisse unterstützt werden. Durch die Reaktivierung von Überflutungsflächen sollen gleichzeitig die Voraussetzungen für einen verbesserten ökologischen Hochwasserschutz geschaffen werden.

Mit der EG-Wasserrahmenrichtlinie und der Hochwasserrisikomanagement-Richtlinie hat die Europäische Gemeinschaft Vorgaben für die Gewässerentwicklung gemacht. Die Ziele sollen im Rahmen der Programme „Lebendige Gewässer" und „Hochwasserrisiken gemeinsam meistern" des Ministeriums für Umwelt, Landwirtschaft, Natur- und Verbraucherschutz des Landes Nordrhein-Westfalen erreicht werden. Demnach sollten die Gewässer

- im guten Zustand erhalten oder dahin entwickelt werden und
- die Risiken von Hochwasser vermindert werden.

Der Bewirtschaftungsplan und der Umsetzungsfahrplan sehen die Renaturierung längerer Lippeabschnitte vor. Eine Grundlage bilden die Arbeiten des Gewässerauenprogramms. Bereits im Jahre 1993 wurde für die Lippeaue ein allgemeines Leitbild formuliert:

> „Eine durch Fließgewässer dynamische Prozesse geprägter, sich in Teilen ohne Eingriffe des Menschen entwickelnde Flussauenlandschaft, in der die durch extensive Nutzungen entstandene Strukturen der historischen Kulturlandschaft enthalten" (Zitat nach *StAWA 1993*).

Grundlegende Aussagen zu dem Leitbild der Lippe als sand- und lehmgeprägtem Tieflandfluss (LAWA-Typ 15g) sind in den Veröffentlichungen des Landesamts für Natur, Umwelt und Verbraucherschutz des Landes Nordrhein-Westfalen (LANUV NRW) zu Leitbildern und Gewässertypen zu finden.

Wichtige Hinweise auf eine lokale Anpassung gab die Auswertung historischer Planunterlagen und Daten. Die Lippe hatte demnach eine größere Lauflänge und die Profile waren breiter, aber erheblich flacher. Die Aue wurde jährlich überflutet, das Flussbett der Lippe wäre unter naturnahen Bedingungen erheblich kleiner.

7.3.3 Planung und Maßnahmen

Zwischen 1997 und 2014 wurde die Lippe in verschiedenen Abschnitten rückgebaut. Die größeren Maßnahmen sind:

- Lippeseeumflut bei Paderborn (s. Abb. 7.14)

Abb. 7.14 Ersatzaue mit Lippe am Südufer des Lippesees (Foto: NZO GmbH)

sowie die zusammenhängenden Projekte,

- Hellinghäuser Mersch bei Lippstadt-Hellinghausen,
- Klostermersch bei Lippstadt-Benninghausen und
- Westernmersch bei Lippstadt-Eickelborn.

Außerdem:

- Goldsteins Mersch bei Lippetal-Lippborg

Darüber hinaus wurden Gewässerentwicklungen im Rahmen der Gewässerunterhaltung eingeleitet oder die Durchgängigkeit an Wehranlagen verbessert.

Lippesee-Umflut

Von zentraler Bedeutung für die zukünftige Entwicklung einer typgerechten Morphologie der gesamten Lippe war der Bau der Lippesee-Umflut.

Bei Paderborn-Sande floss die Lippe seit Anfang der 1980er-Jahre durch einen durch den Abbau von Kies und Sand entstandenen See, den sogenannten Lippesee. Der Fluss verließ den See über ein Auslaufbauwerk, das für Fische und andere Bewohner des Flusses nicht überwindbar war. Auch der See selbst war für viele strömungsliebende Arten des Flusses eine Wanderungsbarriere.

Dieser See wirkte als eine Feststofffalle. Die vom Fluss transportierten Kiese und Sande aus dem oberen Einzugsgebiet wurden im See abgelagert und fehlten dem Fluss unterhalb. Dies trug zu einer verstärkten Tiefenerosion in der Lippe bei.

In dem See wurde das Flusswasser erwärmt und trübe. Die im See produzierten Algen und das Zooplankton wurden im Fluss zerschlagen und belasteten den Unterlauf als Nährstoffe. Aus dem klaren kühlen Lippewasser am Einlauf des Sees wurde trübes, erwärmtes Wasser, das die Wasserqualität der Lippe über viele Kilometer belastete. Die Sichttiefe des als Badegewässer genutzten Sees entsprach zumeist nicht den Anforderungen der EG-Badegewässer-Richtlinie.

Deshalb wurde die Lippe in einer Ersatzaue wieder getrennt um den Abgrabungssee geführt (siehe Abb. 7.14). Nach einer mehrjährigen Planungsphase und einer Bauzeit von fünf Jahren wurde die rund 2,6 Kilometer lange Lippesee-Umflut im März 2005 in Betrieb genommen.

Das Land Nordrhein-Westfalen verfolgte mit dem Bau der Lippeseeumflut also vorrangig drei Ziele:

- die Wiederherstellung der Durchgängigkeit für wandernde Organismen
- die Reaktivierung des Transportes von Kies und Sand in der Lippe
- die Verbesserung der Gewässergüte in der Lippe unterhalb des Sees und im Lippesee

Eine Erfolgskontrolle belegt, dass alle Ziele erreicht worden sind.

Wiederherstellung der Durchgängigkeit für wandernde Organismen Die trennende Wirkung des Lippesees durch die Umflut ist aufgehoben. Bereits nach wenigen Wochen hatten alle charakteristischen Fischarten der Lippe die Umflut besiedelt und sich nach ober- und unterhalb ausgebreitet.

Eine große Bedeutung hat die Umflut für die Äsche bekommen, die sehr gut das abwechslungsreiche, kiesige Flussbett der neuen Lippe mit den sich häufig verlagernden Substraten nutzen kann. Die Äsche erreicht in der Lippesee-Umflut hohe Bestandszahlen und pflanzt sich erfolgreich fort. Ähnliche Ergebnisse wie für die Äschen konnten für Bachforellen, Koppen und Elritzen festgestellt werden.

Reaktivierung des Transportes von Kies und Sand in der Lippe Mehrere 10.000-Kubikmeter Kiese und Sande sind durch die eigendynamische Entwicklung der neuen Lippe bereits umgelagert worden. Der Fluss hat seine Form selbst gestaltet. Die Profile sind flach und vielgestaltig geworden, auch Unterspülungen und tiefe Kolke sind entstanden. Unterhalb des Sees sorgen die transportierten Feststoffe für eine Verbesserung der Gewässerstrukturen in der Lippe.

Verbesserung der Gewässergüte in der Lippe unterhalb des Sees und im Lippesee Das Lippewasser ist unterhalb des Lippesees nicht mehr grün-gelblich trübe von den Planktonmassen, die aus dem See ausgeschwemmt werden. Der Fluss ist vielmehr klar, kalt und sauerstoffreich, die Sichttiefe ist deutlich vergrößert. Die positiven Wirkungen sind im kompletten Unterlauf nachweisbar.

Der Lippesee erhält, abgesehen von Hochwasserabschlägen, keine Nährstoffe mehr aus der Lippe. Das Algenwachstum ist stark reduziert, die Sichttiefen sind deutlich vergrößert. Seit dem Jahr 2005 weist der Lippesee konstant Badewasserqualität auf.

Hellinghäuser Mersch, Klostermersch, Westernmersch

Westlich von Lippstadt prägt die Lippe auf einem mehr als 13 Kilometer langen Abschnitt den Landschaftsraum mit ihrer Verlagerungsdynamik und der Dynamik wechselnder Wasserstände.

In den Jahren 1996 und 1997 wurde ein zwei Kilometer langer Abschnitt in der Klostermersch zurück gebaut. Die Ergebnisse der anschließenden Erfolgskontrolle wurden aufbereitet und die Planung der nächsten Abschnitte integriert. Zwischen 2002 und 2010 wurde die 8,5 Kilometer lange Strecke in der Hellinghäuser Mersch umgebaut, zwischen 2012 und bis 2014 wurde der rund 2,5 Kilometer lange Abschnitt der Westernmersch bei Lippstadt-Eickelborn realisiert.

Umgestaltung in der Klostermersch In den Jahren 1996 und 1997 wurde die Lippe im Bereich der Klostermersch bei Lippstadt-Benninghausen auf zwei Kilometer Länge renaturiert. Erste Vorstellungen, den Fluss lediglich von den Steinschüttungen zu entfesseln und ihn eigendynamisch sein Bett gestalten zu lassen, mussten verworfen werden. Dadurch würde zwar die Tiefenerosion gestoppt, die unnatürlich tiefe Sohlenlage aber erhalten bleiben. Als Folge von Breiten- und Krümmungserosionen würde der Wasserstand weiter absinken und der Fluss noch weiter von der Aue entkoppelt werden. Deshalb wurde die tief eingeschnittene Sohle der Lippe um rund zwei Meter aufgefüllt und von etwa 14 auf rd. 40 m verbreitert. Da die begleitenden Uferverwallungen ebenfalls entfernt wurden, verringerte sich die Profiltiefe von etwa 6 m auf rund 2 m (Abb. 7.15 und 7.16).

Der Wasserspiegel bei Niedrigwasserabfluss wurde gegenüber dem früheren Zustand um etwa 90 cm angehoben, die Wassertiefe bei mittlerem Niedrigwasserabfluss liegt im Mittel unter 50 cm gegenüber fast zwei Meter vor dem Umbau. Ergänzt wurde die Umgestaltung durch das Einbringen von großen Bäumen mit Wurzeltellern und Kronen als Totholz.

Überflutungen der Aue finden nun statistisch gesehen im Mittel etwa 40 Tage pro Jahr statt. Die bordvolle hydraulische Leistungsfähigkeit sank von 110 m^3/s auf etwa 60 m^3/s. Da sich die Wassermengen jetzt in der Aue ausbreiten können und die Uferwälle entfernt wurden, stiegen die Wasserspiegel bei größeren Hochwasserereignissen (HW_{100}) nicht.

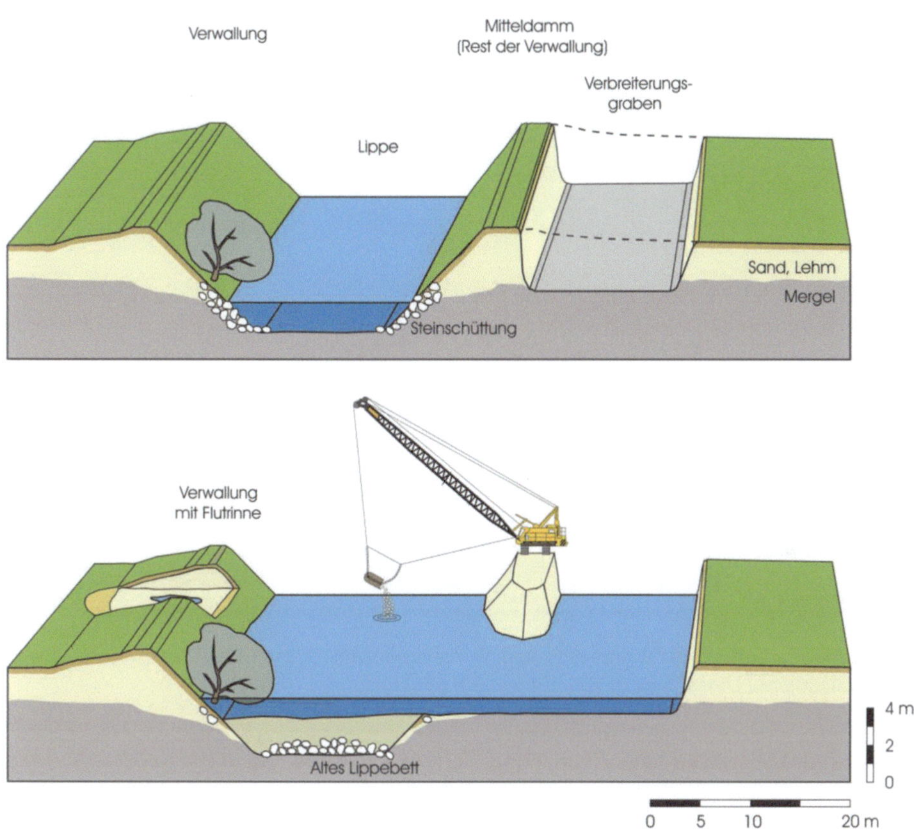

Abb. 7.15 Schemadarstellung der Sohlenanhebung in der Klostermersch (Darstellung: M. Bunzel-Drüke)

Große Teile der Aue werden einfachen Rindern beweidet, die den ausgestorbenen Auerochsen ähneln. Sie sollen für ein Mosaik aus dichten Waldbereichen und offenen Landschaftsteilen sorgen (s. Abb. 7.17).

Hellinghauser Mersch Oberhalb der Klostermersch bis zum westlichen Stadtrand der Innenstadt Lippstadts im Bereich der Hellinghauser Mersch wurde die Lippe auf einer Länge von 8,5 Kilometern von 2002 bis 2010 in sieben Bauabschnitten rückgebaut. Durch den Abbau einer Wehranlage wurde ein gewässeruntypischer Staubereich entfernt. Die Ufer wurden von den Steinschüttungen befreit, die Sohle aufgefüllt und auf im Mittel 25 Meter verbreitert. Durch neue Bögen wurde der Fließweg der Lippe verlängert.

Nach dem Rückbau entwickelten sich schnell die typischen Lebensräume eines naturnahen Flusses. Unterschiedliche Substrate wie Schotter, Kies, Sand und organisches Substrat, Wasserpflanzenpolster, Baumwurzeln und Totholz sowie Zonen unterschiedlichen Fließens, Abschnitte mit tiefen Kolken und Flachwasserzonen bieten der heimischen Tier- und Pflanzenwelt eine große Strukturvielfalt (Abb. 7.18).

Abb. 7.16 Aufhöhung der Lippesohle und Verbreiterung im Bereich der Klostermersch (Foto: Archiv Staatliches Umweltamt - StUA Lippstadt)

Abb. 7.17 Die Klostermersch im Jahr 2007 (Foto: Archiv BR Arnsberg, NZO)

ökologischen Durchgängigkeit und naturnäheren Gewässerentwicklung im Sinne der EG-Wasserrahmenrichtlinie beinhalten.

Maßnahmen zur Verbesserung der Gewässerstruktur
Auf der Grundlage der oben erwähnten Diplomarbeiten konnten Defizite der Strukturen am und im Gewässer aufgezeigt, Maßnahmen umgesetzt und dokumentiert werden. So erfolgte in Teilbereichen des Ruhlander Schwarzwassers der gezielte Einbau von Totholz in verschiedenen Varianten (Stamm- und Astholz) zur Initiierung einer eigendynamischen Gewässerentwicklung. Hierzu wurden Bereiche ausgewählt, wo die angrenzenden Nutzungen Uferabbrüche und Verlagerungen des Gewässers zulassen.

Zusätzlich legte unser Verband „Geschiebedepots" verschiedener Korngrößenklassen an, wo sich das Gewässer bei entsprechender Wasserführung allein „bedient" und die gewünschte Sohlenanhebung und die Verbesserung der Sohlenstruktur unterstützt. Im Rahmen der Gewässerunterhaltung wird Totholz nur noch aus dem Gewässer entfernt, dass vor Brücken, Wehrbauwerken und Sohlengleiten zu nicht duldbaren Abflusshindernissen führt. Mehrere Hochwasser nach Maßnahmenumsetzung bewiesen, dass die angelegten Initiale zur gewünschten Gewässerentwicklung führen (Abb. 7.35).

Der Sieggraben als Verbindungsgewässer zwischen dem Ruhlander Schwarzwasser und der Schwarzen Elster bietet sich zur eigendynamischen Gewässerentwicklung an. Nach Unterlassung von turnusmäßigen Unterhaltungsmaßnahmen wie Sohlenkrautung

Abb. 7.35 Ausbildung neuer Gewässerstrukturen durch Totholz (Foto: Gewässerverband Kleine Elster-Pulsnitz)

Abb. 7.36 Verlagerung des Sieggrabens (Foto: Gewässerverband Kleine Elster-Pulsnitz)

und Böschungsmahd, setzte die Bildung von Inseln im Gewässer und daraus resultierende Uferabbrüche und Gewässerverlagerungen, auch unter Mitwirkung der ansässigen Biber, ein (Abb. 7.36).

Die Ansiedlung von Eisvogel (*Alcedo atthis*) und Biber (*Castor fiber*) folgten fast zeitgleich. Es gibt aber teilweise noch Unverständnis und Missmut über die „vernachlässigten" Gewässer und die modifizierte Art der Gewässerunterhaltung. Hier bedarf es noch viel Aufklärung und Öffentlichkeitsarbeit, um Verständnis für die ökologischen Belange rund um unsere Gewässer zu erlangen.

Wehre, Sohlengleiten, Fischaufstiegsanlagen

Alle Wehrstandorte im Ruhlander Schwarzwasser und Sieggraben wurden in Hinsicht auf ihre Nutzungen, Hochwasserschutz und Wasserrückhalt kritisch betrachtet und für jeden Einzelstandort eine Lösung zur Herstellung der ökologischen Durchgängigkeit gesucht. Die Ergebnisse sind vielfältig und dem jeweiligen Standortanforderungen angepasst. Wehrbauwerke, die für den Hochwasserschutz unentbehrlich sind, wurden auf Grund der schlechten Bauzustände saniert bzw. neu gebaut und dafür die Wehrbauwerke in den Nebenschlüssen zu Fischaufstiegsanlagen umgebaut (vorrangig Sohlenschwellen mit Riegelbauweise und Beckenstruktur) (Abb. 7.37 – vor Umbau; Abb. 7.38 – nach Umbau).

Durch die Möglichkeit des Flächenerwerbs nach den Fördermodalitäten der Richtlinie zur Verbesserung des Landschaftswasserhaushalts konnten auch Umgehungsgerinne um Wehrstandorte angelegt werden, deren Bestand weiterhin aus Hochwasserschutzgründen für Ortslagen zu sichern war. Strukturelemente wie Wurzelstubben, Steinriegel und eine auetypische Bepflanzung geben dem Umgehungsgerinne augenscheinlich den Eindruck eines Nebenarmes (Abb. 7.39).

Abb. 7.37 Wehrbauwerk Abschlag Sieggraben vor Rückbau (Foto: Gewässerverband Kleine Elster-Pulsnitz)

Abb. 7.38 Sohlengleite am Wehrstandort nach Umbau (Foto: Gewässerverband Kleine Elster-Pulsnitz)

Abb. 7.39 Neues Umgehungsgerinne um einen Wehrstandort Ruhlander Schwarzwasser (Foto: Gewässerverband Kleine Elster-Pulsnitz)

Wiederanschluss von Altarmen

Am Ruhlander Schwarzwasser sind historisch nur wenige Altarme vorhanden. Viele von ihnen sind (teilweise mit Hausmüll) verfüllt und forstlich genutzt. Über ein Plangenehmigungsverfahren konnte in einem Abschnitt am Ruhlander Schwarzwasser ein noch in Ansätzen vorhandener Altarm revitalisiert und wieder an das Ruhlander Schwarzwasser angeschlossen werden (Abb. 7.40).

Monitoring und Ausblick

Einige der Einzelmaßnahmen wurden durch ein Monitoring durch die Brandenburgische Technische Universität Cottbus (BTU) und das Institut für Binnenfischerei begleitet und ausgewertet.

Hinsichtlich der Durchgängigkeit für aquatische Lebewesen gab es kaum Beanstandungen (Abb. 7.41), eher noch Verbesserungshinweise für den Bau von Sohlengleiten mit Steinriegeln. Es ist aber anzumerken, dass deren Funktionalität in den letzten Jahren durch mitunter monatelange Niedrigwasserabflüsse teilweise sehr eingeschränkt war.

So erwies sich auch am *Ruhlander Schwarzwasser und Sieggraben* das knappe Wasserdargebot in den Sommermonaten als problematisch für die permanente Durchgängigkeit der Sohlenbauwerke. Fehlende Niederschläge, Anforderungen der zahlreichen Teichwirtschaften und der Mühlenbetriebe führen regelmäßig zu Wasserdefiziten im Gewässer. Hier sind zukünftig vor allem aktualisierte wasserrechtliche Entscheidungen zu Wasserentnahmen und Ausleitungen, speziell für Niedrigwasserphasen, zu treffen.

Abb. 7.40 Wieder eröffneter Altarm mit partieller Böschungssicherung geschuldet aus Restriktionen des angrenzenden Radweges und Forderungen des Privateigentümers (Foto: Gewässerverband Kleine Elster-Pulsnitz)

Abb. 7.41 Nachweis der Durchgängigkeit für Bachneunaugen (*Lampetra planeri*) (Foto: Gewässerverband Kleine Elster-Pulsnitz)

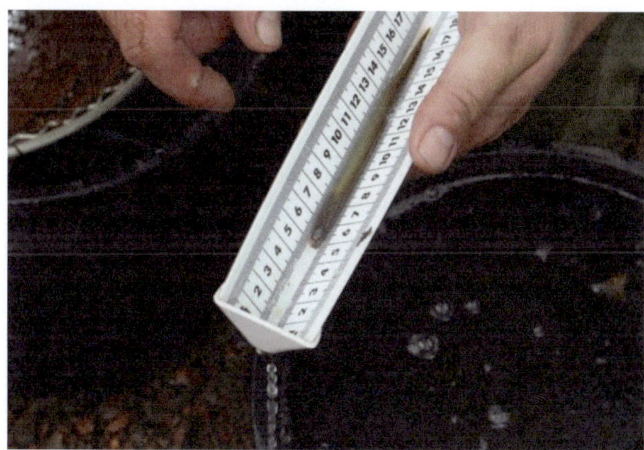

Hinsichtlich des Totholzeinbaus konnte nachgewiesen werden, dass gezielter Einbau von Holz mit Anlage von Geschiebedepots sehr zeitnah zu den gewünschten Effekten wie Sohlenanhebung, Veränderung der Breiten- und Tiefenvarianz, variierenden Fließgeschwindigkeiten, Bildung von naturnahen Gewässerstrukturen sowie zu einer nachweisbaren Erhöhung der Anzahl der vorkommenden Fischarten kommt (Seidel 2008).

Hierbei sollte jedoch aus Kostengründen möglichst auf den aufwändigen und kostenintensiven künstlichen Einbau von Totholz zugunsten des natürlichen Eintrags (bei

vorhandenem Potenzial) verzichtet werden. Dies führt einerseits zu Einsparungen bei der Gewässerunterhaltung jedoch andererseits auch zu einem nicht zu unterschätzenden Aufwand an Gewässerkontrollen. Oftmals sind gerade nach Hochwasser oder Sturmereignissen Abstimmungen mit Naturschutzbehörden, Eigentümern und Landnutzern zum Verbleib des Holzeintrages zu führen.
Vorstellbar ist an kleinen Gewässern auch die Anlage eines „Holzfangs" vor Ortslagen, Brücken oder Durchlässen, um gezielt an einer Stelle Treibholz zu entnehmen. Bei unseren gefälleschwachen Tieflandbächen ist die Verklausungsgefahr jedoch eher gering.

7.5.5 Entwicklungen und Erfahrungen

In Abhängigkeit von der Zeitspanne, die seit der Umsetzung der Maßnahmen vergangen ist, lassen sich erkennbare Verbesserungen der Gewässerstrukturen und des Landschaftswasserhaushalts nachweisen. Mit einer differenzierten Gewässerunterhaltung kann und sollten diese positiven Effekte begleitend unterstützt werden. Gegenüber dem einstigen Ausbauzustand mit oftmals naturferner Trassenführung, gleichförmigem überdimensionierten Trapezprofil und vorflutbestimmender Ausbautiefe, sind die Einzelmaßnahmen, noch dazu bei komplexer Ausführung in Teileinzugsgebieten, zur Initiierung einer Fließgewässerentwicklung gut geeignet. Da sie vielfach auch abflussverzögernd wirken, den Wasserstand dauerhaft anheben und das Retentionsvermögen erhöhen, wird damit gleichzeitig der Landschaftswasserhaushalt stabilisiert und verbessert sowie ein Beitrag zur Dämpfung der Hochwasserabflüsse geleistet.

Bei aller guter Absicht, und den erkennbaren Verbesserungen, können punktuelle Maßnahmen, auch wenn sie sich über ein Teileinzugsgebiet erstrecken, die gezielte Umsetzung einer *Gewässerentwicklungsplanung/Gewässerentwicklungskonzept* nicht ersetzen. Wegen der bestehenden gravierenden anthropogenen Veränderungen einstiger natürlicher Fließgewässer, wird zumindest an ausgewählten Vorranggewässern ein renaturierender Gewässerausbau unumgänglich sein. Leitbilder unter Berücksichtigung der berechtigten Nutzungsinteressen als auch umfassend abgestimmte und realisierbare Entwicklungsziele fehlen derzeit noch für viele Fließgewässer unserer Region.

Insbesondere gewässerstrukturverbessernde Maßnahmen und solche die den gezielten Wasserrückhalt und die Wasserstandserhöhung fördern und vielfach dem gewohnten „Ordnungs- und Sauberkeitsbedürfnis" der Bürger widersprechen, machen eine intensive Öffentlichkeitsinformation erforderlich. Das gilt umso mehr, als derzeit die Mehrzahl der Gewässerentwicklungsmaßnahmen im Land Brandenburg nur in den vorhandenen, einst künstlich ausgebauten Gewässerprofilen stattfinden, die so auch als FFH-Gebiet ausgewiesen sind und besonders hohen Restriktionen und Verschlechterungsverboten unterliegen.

Der Erwerb von hinreichend breiten Flächen längs der Gewässer, aber auch von größeren Auebereichen, ist zur leitbildorientierten Gewässerentwicklung mit dem ergänzenden

Ziel der umfassenden Verbesserung des Landschaftswasserhaushalts zukünftig unerlässlich.

Bei allen zukünftigen Planungen und Maßnahmen zur Entwicklung naturnäherer Fließgewässer muss deren perspektivische Abflussentwicklung berücksichtigt werden. Die massiven Veränderungen auf Grund des Klimawandels, die insbesondere in der Niederlausitz auf Grund der spürbar verringerten Niederschläge zu deutlich sinkenden Grundwasserständen in den abflussbildenden Horizonten und damit einhergehende deutliche Abflussrückgänge führen, bilden diesbezüglich gravierende Herausforderungen (MLUL 2021). Gerade bei kleineren, in unserer Region meist angestauten Gewässern darf keine einseitige Orientierung auf die Schaffung der ökologischen Durchgängigkeit erfolgen, wenn damit die Gefahr verbunden ist, dass „auch noch das letzte bißchen Wasser" aus dem Gewässer abfließt. Nicht nur das Trockenfallen der Gewässer wirkt sich negativ aus, sondern der Landschaftswasserhaushalt im angrenzenden Einzugsgebiet wäre arg in Mitleidenschaft gezogen.

Zudem sind bei allen gewässerbezogenen Entwicklungsmaßnahmen im Einzugsgebiet der *Schwarzen Elster* die noch nicht abgeschlossene Sanierung und Flutung der dortigen umfangreichen einstigen Braunkohletagebaue, aber auch zukünftig erwartete extremere Hochwasserereignisse zu berücksichtigen (Abb. 7.42).

Abb. 7.42 Ausgetrocknetes Flussbett der Schwarzen Elster als mehrwöchige Erscheinung der letzten drei Jahre (Foto: Gewässerverband Kleine Elster-Pulsnitz)

7.6 Die Sieg (Nordrhein-Westfalen) – Entwicklungsmaßnahmen an einem Mittelgebirgsfluss

Eberhard Städtler und Heinz Patt

Die Sieg ist ein typisches Mittelgebirgsgewässer mit einer Fließlänge von ca. 150 Kilometer. Von der Quelle bei Siegen-Netphen (Aukopf, bei 600 m über NN) bis zur Mündung in den Rhein nördlich von Bonn (bei 50 m über NN) wird ein Höhenunterschied von 550 Meter überwunden (mittleres Gefälle ca. 3,6 Promille). Das Einzugsgebiet ist ca. 2800 km^2 groß. Am Pegel Menden (etwa 10 Kilometer vor der Mündung in den Rhein) beträgt das $NQ_{1965-1992} = 2{,}4\ m^3/s$ und das $HQ_{1965-1992} = 1050\ m^3/s$ (s. Abb. 7.43).

7.6.1 Ausgangssituation und Anlass

Als die Sieg im Jahre 1962 durch das Landeswassergesetz von Nordrhein-Westfalen zum Gewässer 1. Ordnung wurde, übernahm das Land auch die notwendigen Ausbau- und Unterhaltungsarbeiten. Hintergrund dieser Aufwertung zum Gewässer 1. Ordnung waren

Abb. 7.43 Einzugsgebiet der Sieg – Zuständigkeiten vor Inkrafttreten der EG-Wasserrahmenrichtlinie (im Fließverlauf: Gewässer 2. Ordnung in Nordrhein-Westfalen; Gewässer 1. Ordnung in Rheinland-Pfalz; Gewässer 1. Ordnung in Nordrhein-Westfalen)

die Klagen der unterhaltungspflichtigen Städte und Gemeinden als Sieg-Anlieger über die zu hohen Kosten für ein so großes und bedeutendes Fließgewässer.

Da der 75 Kilometer lange Abschnitt der „Unteren Sieg" in Nordrhein-Westfalen im Dienstbezirk des damaligen „Wasserwirtschaftsamtes Bonn" lag, wurde dieses Amt auch mit den Unterhaltungsaufgaben betraut. Nach Einführung der flussgebietsweiten Bewirtschaftung in Einklang mit den Regelungen der EG-Wasserrahmenrichtlinie und einigen Umstrukturierungen in der Umweltverwaltung des Landes Nordrhein-Westfalen ist heute die Bezirksregierung Köln für die Sieg in Nordrhein-Westfalen zuständig.

7.6.2 Entwicklungskonzept, Ziele, Konflikte

Für die Sieg und ihre Auen gab es bis zum Jahre 1989 keine gemeinsame oder aufeinander abgestimmte Planung. Entscheidungen in den Bereichen Wasserwirtschaft, Landschafts- und Naturschutz, Landwirtschaft, Freizeit- und Erholung, Planung der Städte und Gemeinden usw. wurden teilweise unabhängig voneinander getroffen (Städtler 1997).

Deshalb wurde in den Jahren 1990 bis 1997 auf der Grundlage des Gewässerauenprogrammes des Landes Nordrhein-Westfalen von einem interdisziplinär besetzten Arbeitskreis der erste Entwurf des „Gewässerentwicklungskonzepts für die Untere Sieg" erarbeitet (Siegauenkonzept 1997). Es wurde im Oktober 2007 von der Bezirksregierung Köln als Angebotsplanung im Gewässerauenprogramm des Landes Nordrhein-Westfalen veröffentlicht (s. Abb. 7.44).

Fachlich wurde bei dem „Gewässerentwicklungskonzept für die Untere Sieg" aus dem Jahr 1990 zwischen den Teilen Wasserwirtschaft, Ökologie und Landwirtschaft unterschieden. Darüber hinaus gab es Ziele und Maßnahmen in den Bereichen Landschafts- und Naturschutz, Landwirtschaft, im Bereich der Entwicklung der Städte und Gemeinden sowie im Bereich Freizeit und Erholung.

Die Planung umfasste eine Fläche von 3400 Hektar, bestehend aus der augenblicklichen Aue und den abgetrennten Auenbereichen. Als Ziele und Maßnahmen des Gewässerentwicklungskonzepts im Fachteil Wasserwirtschaft sind zu nennen:

- Erhaltung vorhandener und Rückgewinnung ehemaliger Retentionsräume
- Schutz der Trinkwassergewinnungsanlagen in der Aue
- Schaffung von Pufferzonen zwischen Fließgewässer und angrenzender Nutzung
- Strukturverbesserungen, Unterstützung eigendynamischer Entwicklungen
- Grunderwerb

Kurzfristige Maßnahmen sollten innerhalb von 10 Jahren, mittelfristige innerhalb von 10 bis 20 Jahren und langfristige innerhalb von 20 bis 30 Jahren umgesetzt werden. Geschätzte Gesamtkosten von 180 Mio. €, verteilt auf 30 Jahre, ergaben für 75 Kilometer Fließgewässer und 3400 Hektar Aue einen jährlichen Finanzbedarf von 6 Mio. €. Wegen der unterschiedlichen rechtlichen Voraussetzungen konnte das Konzept damals nicht von

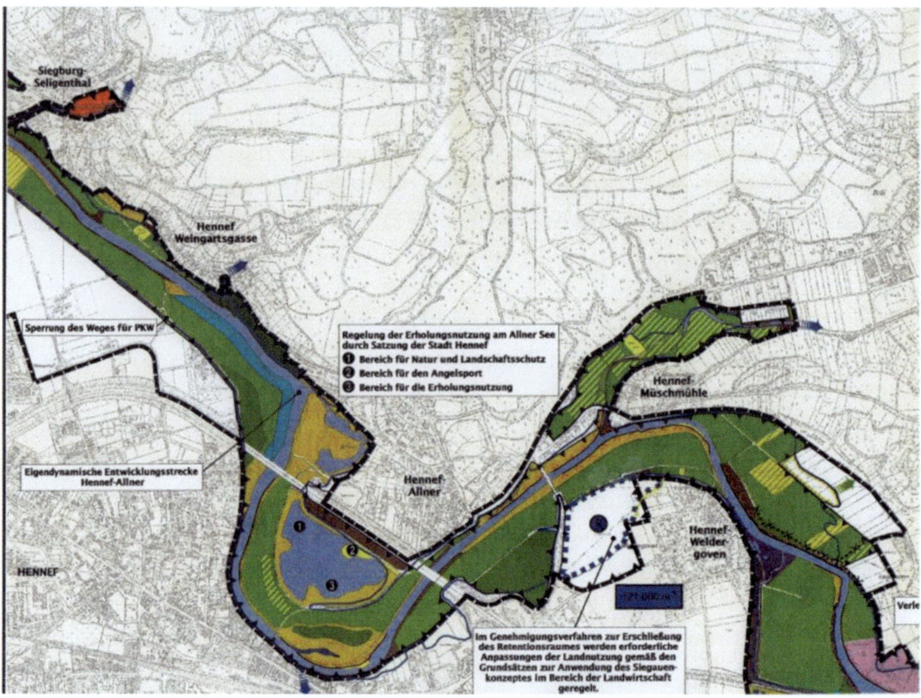

Abb. 7.44 Angebotsplanung für die Sieg im Gewässerauenprogramm NRW – (hier: Auszug aus dem im Oktober 2007 durch die Bezirksregierung Köln veröffentlichten Siegauenkonzepts – Bezirksregierung Köln (2007))

der Quelle bis zur Mündung erarbeitet werden, sondern beschränkte sich vorerst auf diejenigen 75 Kilometer Fließstrecke, auf der die Sieg Gewässer 1. Ordnung in Nordrhein-Westfalen ist.

Zwischen 2000 und 2014 wurden auf der Basis der Europäischen Wasserrahmenrichtlinie, die Bestandsaufnahme, die Bewirtschaftungspläne und die Maßnahmenprogramme erarbeitet. Das nordrheinwestfälische Umweltministerium hat entsprechend den Vorgaben des Wasserhaushaltsgesetzes (WHG) die Entwürfe für die Bewirtschaftungspläne und Maßnahmenprogramme zur Umsetzung der EG-Wasserrahmenrichtlinie am 22. Dezember 2014 offengelegt, damit jeder Bürger bis zum 22. Juni 2015 seine Meinung zu den ab dem Jahr 2016 geltenden Plänen für einen optimalen Schutz der Bäche, Flüsse, Seen und der Grundwasservorräte äußern kann (https://www.flussgebiete.nrw.de).

Für die „Untere Sieg" waren demnach für den Zeitraum 2016 bis 2021 folgende Entwicklungsziele vorgesehen:

- Minderung von Stoffausträgen aus Punktquellen in Oberflächengewässern
- Minderung von Belastungen der Oberflächengewässer durch diffuse Quellen

- Ökologische Gewässerentwicklung gemäß dem Programm „Lebendige Gewässer" (u. a. Verbesserung der Durchgängigkeit, Verbesserung der Gewässerstruktur, Verbesserung des Gewässerhaushalts)
- Minderung der ökologischen Folgen von Wasserentnahmen, Wassereinleitungen, Über- und Umleitungen
- Minderung von Belastungen des Grundwassers
- Besondere Maßnahmen in Schutzgebieten
- Aufstellung der Kosten und deren Finanzierung (u. a. Gewässerschutzkosten in den Bereichen: Abwasserentsorgung, Landwirtschaft, Bergbau, Hydromorphologie, Verbesserung des Gewässerzustandes, Durchgängigkeit, Gewässerentwicklung, Gewässerunterhaltung).

Ob die weit gesteckten Entwicklungsziele des „*Gewässerentwicklungskonzept für die Untere Sieg*" vom Oktober 2007 noch bei zukünftigen Planungen berücksichtigt werden, ist fraglich.

Von besonderer Bedeutung für alle Entwicklungsmaßnahmen ist auch, dass die Siegaue im Rhein-Sieg-Kreis wegen ihres außergewöhnlichen Reichtums an seltenen Pflanzen und Tieren zu den schönsten und ökologisch wertvollsten Flussabschnitten in Deutschland gehört. Deshalb sind die Sieg und ihre Auen im Rahmen des Europäischen Schutzgebietssystems „*Natura-2000*" zum FFH-Gebiet (Flora, Fauna, Habitat-Richtlinie) von europäischer Bedeutung geschützt worden. Als Folge davon wurde die Siegaue im Jahr 2005 von der Mündung in den Rhein bei Bonn bis zur Landesgrenze nach Rheinland-Pfalz unter Naturschutz gestellt.

7.6.3 Maßnahmen

Hinsichtlich der zukünftigen Maßnahmen soll als Beispiel auf die geplante Entwicklung des Mündungsbereichs der Sieg in den Rhein etwas näher eingegangen werden. Ziel dieser Maßnahme ist im Mündungsbereich der Sieg wieder eine naturnahe Auenlandschaft zu schaffen und gleichzeitig die bestehenden Einschränkungen durch die heutigen Hochwasserschutzdeiche zu berücksichtigen. Weiterhin sollen im Folgenden die Entwicklungen hinsichtlich Gewässerstruktur und Durchgängigkeit aufgezeigt werden.

Entwicklung des Mündungsgebiets der Sieg in den Rhein

Im Februar 2011 hat die Bezirksregierung Köln der Presse und der Öffentlichkeit zum ersten Mal das Projekt zur „Renaturierung der Sieg und ihrer Auen" vorgestellt. Folgende Maßnahmen sind vorgesehen (s. Abb. 7.45):

- Erhaltung der Aue zwischen den heutigen Hochwasserschutzdeichen
- Entnahme der vorhandenen Ufersicherungen zu Einleitung von eigendynamischen Entwicklungen

Abb. 7.45 Entwicklung der Siegmündung (Planungsstand: Mai 2013). (Quelle: Bezirksregierung Köln)

- Festlegung eines Entwicklungskorridors
- Entwicklung von Nebengerinnen mit zahlreichen Kies- und Schotterflächen sowie Pionierfluren und Weidenauengehölzen
- Extensive Grünlandnutzung

Die Siegaue ist in diesem Gewässerabschnitt FFH-Gebiet und Naturschutzgebiet. Die natürliche Aue ist in diesem Bereich fast doppelt so breit wie die derzeitige Aue. Eine darüber hinaus gehende Rückgewinnung von früher abgetrenntem Retentionsraum, wie noch im Entwicklungskonzept aus dem Jahre 2007 vorgesehen, ist bei dieser Maßnahme nicht vorgesehen. Aufgrund des vorhandenen Schutzstatus (FFH-Gebiet und Naturschutzgebiet) der Unteren Sieg müssten die Maßnahmen nach Meinung des Autors wesentlich weiter gehen (DWA-Merkblatt 612 2020).

Strukturverbesserungen durch Zulassen von eigendynamischen Entwicklungen in Windeck-Röcklingen und im Hennefer Bogen

Die Einleitung der eigendynamischen Gewässerentwicklung wurde an beiden Stellen nicht gezielt geplant. Die eigendynamische Entwicklung begann jeweils durch Umlagerungen nach Hochwasserereignissen, die aufgrund der örtlichen Gegebenheiten nicht rückgebaut werden mussten.

Windeck-Röcklingen Durch eine Straßenbaumaßnahme war eine trassennahe Ausgleichs- und Ersatzmaßnahme nach Landschaftsgesetz zu planen. Es bot sich an, einen im Röcklinger Bogen vorhandenen Altarm zu vergrößern. Durch den Anschluss an die Sieg sollte ein Angelgewässer geschaffen werden.

Bereits im Jahre 1993, ein Jahr nach der Fertigstellung, waren erhebliche Veränderungen (damals „Hochwasserschäden") festzustellen (Abb. 7.46) (Patt und Städtler 2000).

Die verschiedenen Entwicklungsstadien zwischen 1994 bis zum Durchbruch im März 1999 zeigen die Bilder Abb. 7.47a bis c. Die gewässerbildenden Strömungsvorgänge im Bereich des Durchbruchs bei verschiedenen Wasserführungen zeigen die Abb. 7.47d und e.

Die Aufnahmen aus den Jahren 2003 und 2009 (s. Abb. 7.48 und 7.49) zeigen, dass die Strukturvielfalt im Laufe der Jahrzehnte erheblich zugenommen hat und der Gewässerabschnitt sich immer wieder eigendynamisch umgestaltet hat. Die strukturellen Veränderungen wurden fotografisch, vermessungstechnisch und vegetationskundlich dokumentiert und durch Veröffentlichungen bekannt gemacht.

Im Jahr 2018 haben sich der Gewässerverlauf und die morphologischen Strukturen im Röcklinger Bogen erneut verändert (Abb. 7.50 und 7.51).

Hennefer-Bogen Seit etwa 1995 gab es im Hennefer Bogen erhebliche Erosionen durch Hochwasser, die zunächst wieder rückgebaut und gesichert werden sollten. Durch Grundstücksverhandlungen, insbesondere durch die Unterstützung der Flurbereinigung, konnten Flächen erworben und der Eigenentwicklung überlassen werden.

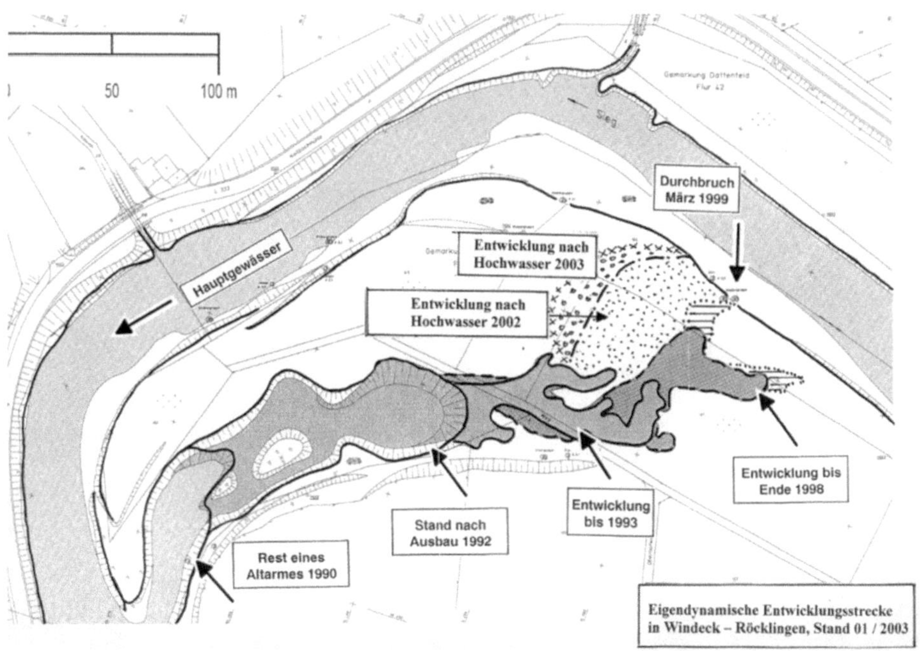

Abb. 7.46 Eigendynamische Entwicklungen im Röcklinger Bogen in den Jahren 1990 bis 2003

(Fortsetzung)

Abb. 7.47 (Fortsetzung)

Abb. 7.47 Zeitliche Entwicklung des Röcklinger Bogen in den Jahren 1990 bis 1998 – Strömung im Bereich des Durchbruchs bei verschiedenen Wasserständen, **a** Entwicklungstand im Februar 1994, **b** Entwicklungstand im Mai 1995, **c** Durchbruch im November 1998, **d** Detailaufnahme – Durchbruch bei Mittelwasser im Jahr 1998, **e** Detailaufnahme – Durchbruch bei Hochwasser im Jahr 1998

Die Eigenentwicklung des Gewässerabschnitts verlief so schnell, dass weitere Flächen angekauft wurden. In den vergangenen zwei Jahrzehnten hat sich die Böschungskante um rd. 20 m verlagert, so dass sich im Gewässer potenzielle Laichplätze für Langdistanzwanderfische ausbilden konnten (s. Abb. 7.52).

Die auf Abb. 7.53 gezeigten Bettstrukturen konnten durch eine angepasste Unterhaltung erreicht werden. Die Uferabbrüche werden regelmäßig kontrolliert, Veränderungen festgestellt und teilweise Maßnahmen zur Verkehrssicherung eingeleitet, weil 3 bis 4 m hohe senkrechte Uferabbrüche entstanden waren (Abb. 7.54).

Wiederherstellung der Durchgängigkeit für Wanderfische

Als Mitte der 1980er-Jahre ohne menschliches Dazutun die ersten Meerforellen an der Mündung der Sieg in den Rhein auftauchten, war dies ein Zeichen dafür, dass jetzt die Möglichkeit zur Wiederansiedlung von ehemals heimischen Fischarten wie Lachs und

Abb. 7.48 Stand der eigendynamische Entwicklung des Röcklinger Bogens im Jahr 2003 (Foto: E Städtler)

Meerforelle bestand (ATV-DVWK 2001b; LÖBF 1996). Voraussetzungen für das Gelingen waren:

- Ausreichende Gewässergüte (war damals annähernd erreicht)
- Durchgängigkeit für Wanderfischarten wiederherstellen (Fischwanderhilfen waren teilweise vorhanden)
- Vorhandensein geeigneter Strukturen von Gewässersohle und Ufer als Unterstand und zum Ablaichen (hier bestanden noch Defizite)

Im Zuge der Umgestaltung der Wehranlagen wurde in Anlehnung an die sog. „Fischtreppe" und die „raue Sohlenrampe" gemeinsam mit Fischereibiologen und der Siegfischerei-Genossenschaft eine modifizierte Bauweise entwickelt (Städtler und Patt 2003). So entstand eine Fischrampe, bei der nur ein Teilbereich des Wehrkörpers in eine Fischaufstiegshilfe umgestaltet wurde. Eine derartige Bauweise ist heute Stand der Technik

Abb. 7.49 Eigendynamische Entwicklungsstrecke Windeck-Röcklingen im Jahr 2009 – durch rückschreitende Erosion ist ein Nebengewässer entstanden (Foto: E. Städtler)

Abb. 7.50 Röcklinger Bogen in Windeck-Röcklingen im Jahr 2018 – die morphologischen Strukturen sind ständigen Änderungen unterworfen (Foto: H. Patt)

Abb. 7.51 Unterschiedliche Fließhindernisse tragen dazu bei, dass sich der Gewässerverlauf ständig verändert. Der Röcklinger Bogen in Windeck-Röcklingen im Jahr 2018, **a** Totholzansammlungen beeinflussen die Strömung und die Feststofftransportvorgänge und tragen zu ständigen Umgestaltung des Röcklinger Bogens bei, **b** Die Wurzeln von Bäumen und Sträucher stabilisieren zeitweise die Berandungen – die Strömung trägt dort wo dieser Schutz fehlt den Oberboden ab und legt die Kiessohle frei, **c** Zeitweise von der Strömung abgetrennte Wasserflächen sind wichtige Lebensräume (Fotos: H. Patt)

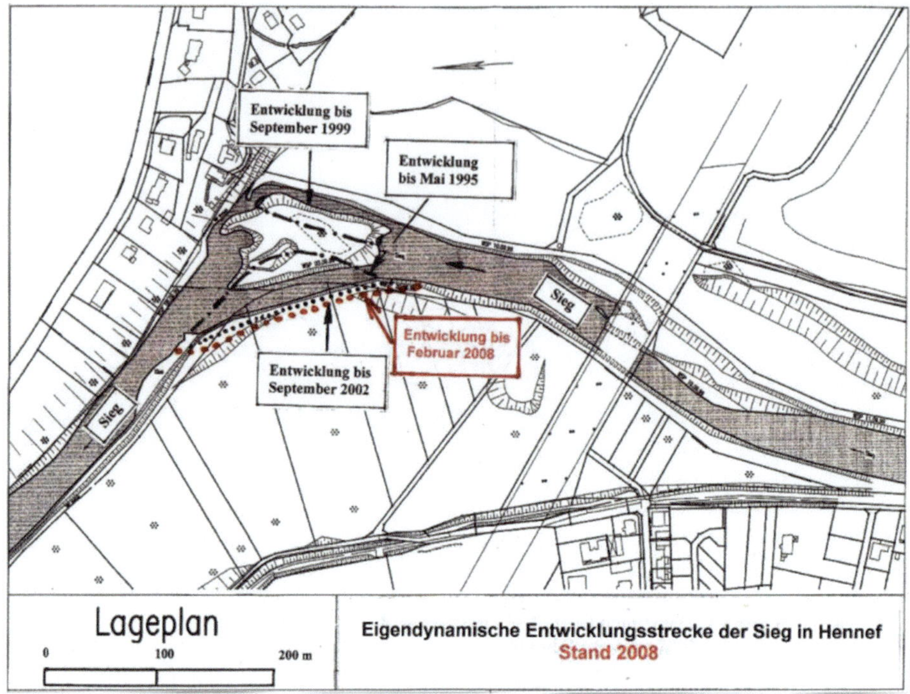

Abb. 7.52 Entwicklung des Hennefer Bogens von 1995 bis 2008 – durch rückschreitende Erosion ist ein Nebengewässer entstanden

(DWA-Merkblatt 509 2014). Mit der Fertigstellung der Umbauten in den Jahren 1987 bis 1994 war die Durchgängigkeit für Wanderfische in der Sieg von der Mündung in den Rhein bis zur Landesgrenze nach Rheinland-Pfalz auf mehr als 75 Kilometer wieder hergestellt.

Im Jahre 1999 hat die Landesanstalt für Ökologie (LÖBF) an dem umgebauten Siegwehr in Siegburg eine Kontroll- und Fangstation für Fische errichtet. An der Kontrollstation werden kontinuierlich die vom Meer aufsteigenden Wanderfische im Siegsystem (Nordrhein-Westfalen und Rheinland-Pfalz) gezählt (s. Abb. 7.55a, b).

Die Zahl der aufsteigenden Lachse dient der Erfolgskontrolle für das Wanderfischprogramm NRW am Pilotgewässer Sieg (MKULNV 2011). An der Rückkehrrate der Lachse lassen sich zudem die Einflussgrößen außerhalb des Siegsystems, zum Beispiel am Niederrhein, im niederländischen Rheindelta sowie im Nordatlantik beurteilen (MUNLV 2006).

Die Ergebnisse der Zählungen werden regelmäßig vom Rheinischen Fischereiverband unter der Überschrift „*Wanderfischprogramm des Landes NRW*“ veröffentlicht (u. a. www.fischschutzverein-siegburg.de). Man kann davon ausgehen, dass in der gleichen Zeit etwa die gleiche Anzahl von Lachsen und Meerforellen das Wehr springend überwunden haben. Alle Erfolge dürfen jedoch nicht darüber hinwegtäuschen, dass im Hinblick auf die Ver-

Abb. 7.53 Entwicklung der Böschungen des Hennefer Bogens im Jahr 2002 und 2020. Die Böschung am linken Ufer in Fließrichtung ist steiler geworden, hat sich aber kaum verlagert. Am rechten Ufer haben die zunehmenden Vegetationsstrukturen dazu geführt, dass sich die im Jahr 2002 nur in den Anfängen erkennbare Insel mittlerweile stabilisiert hat, **a** Blick gegen die Fließrichtung im Jahr 2002 (Foto: E. Städtler), **b** Gleiche Stelle – Blick in Fließrichtung im Jahr 2020 (Foto: H. Patt)

Abb. 7.54 Eigendynamische Entwicklung im Hennefer Bogen im Jahr 2011. Flach überströmte Kiesflächen dienen als potenzielle Laichplätze für Langdistanzwanderfische; wie Lachse und Meerforelle (Foto: E. Städtler)

besserung der Strukturen von Gewässersohle und Ufern noch Einiges zu tun ist. Der Anblick der springenden Lachse am Wehr in Siegburg zieht regelmäßig Fotografen und andere Besucher in ihren Bann (Abb. 7.56) (LÖBF 1999; MUNLV 2002a).

Zwischen den Jahren 2005 und 2014 wurden an den bestehenden Fischwanderhilfen folgende Veränderungen in Angriff genommen:

- Optimierung der 1989 errichteten Fischwanderhilfe in Rampenform am Wehr Siegburg Sankt Augustin durch einen Vertical-Slot-Pass und einen Beckenpass (s. Abb. 7.57)
- Umbau der 1990 errichteten Fischwanderhilfe bestehend aus einer Rampe im Hauptgewässer und eines Denil-Fischpasses im Triebwerksgraben am Wehr Eitorf-Unkelmühle (s. Abb. 7.58)

Gewässernahe Erholung an der Sieg und in der Siegaue

Aufgrund der Attraktivität der Siegaue und der Tatsache, dass diese in einem Ballungsraum von nahezu 2 Mio. Menschen liegt, ist der Nutzungsdruck durch Erholungssuchende enorm. Um das Bedürfnis der Bürger nach Erholung in der freien Natur in Einklang mit den Erfordernissen des Naturschutzes zu bringen, wurden im Rahmen einer Verordnung Möglichkeiten geschaffen, an gekennzeichneten Stellen die Ufer zu betreten und die Sieg

Abb. 7.55 Der Lachs ist der Leitfisch für viele Maßnahmen an der Sieg, **a** Porträt eines Lachsmännchen, **b** Portrait eines Lachsweibchens (Fotos: E. Städtler)

Abb. 7.56 Ein Highlight an der Sieg – Ein Lachs versucht bei der Laichwanderung springend ein Wehr zu überwinden (Foto: E. Städtler)

Abb. 7.57 Wehr Siegburg Sankt Augustin im Jahr 2013 mit zusätzlichem Vertical-Slot-Pass und Beckenpass – links direkt neben der Wehrkrone (Foto: E. Städtler)

unter bestimmten Voraussetzungen mit Kanus, Schlauchbooten und Ruderbooten zu befahren.

Eine Übersichtskarte weist die gewässernahen Erholungsbereiche der Sieg aus (s. Abb. 7.59). Auch sind die Bootsanlegestellen im Bereich des Naturschutzgebiets Siegaue in Kartenform erhältlich. Ergänzend dazu gibt es Befahrensregeln. Weitergehende Informationen werden über das Internet zur Verfügung gestellt, so dass sich jeder über die Angebote und die Einschränkungen informieren kann (siehe www.rhein-sieg-kreis.de) (Abb. 7.60).

Rückgewinnung eines ehemaligen Retentionsraumes in Siegburg-Kaldauen

Im Rahmen der Erarbeitung des Gewässerentwicklungskonzepts für die Sieg wurde auch eine Bilanz der Retentionsräume zwischen 1850 und 2007 erstellt.

Von den etwa 3400 Hektar historischer Siegauenfläche sind seit 1850 ca. 50 Prozent verloren gegangen. Von den verloren gegangenen Rückhalteflächen sind etwa 7 Prozent kurzfristig rückgewinnbar und weitere 10 Prozent langfristig. Als Ergebnis dieser Bilanzierung ist als Ziel formuliert worden, dass bis zum Jahr 2025 der Anteil des bei Hochwasser zur Verfügung stehenden Retentionsraumes von 50 auf 67 Prozent erhöht werden soll (s. Abb. 7.61).

Abb. 7.58 Umgebaute Wehranlagen in Eitorf-Unkelmühle mit Vertical-Slot-Pass als Ersatz für ein Denil-Gerinne – Pilotanlage NRW 2012 (Foto: E. Städtler)

Abb. 7.59 Bootsanlegestellen im Naturschutzgebiet und FFH-Gebiet „Siegaue" (Rhein-Sieg-Kreis, Amt für Natur- und Landschaftsschutz – www.rhein-sieg-kreis.de)

Abb. 7.60 Kanuten auf der Sieg – durch ein Nutzungskonzepte sollen die Beeinträchtigungen des Naturraumes durch Erholungsnutzungen reduziert werden (Foto: H. Patt)

Es wurden 14 rückgewinnbare Retentionsräume auf einer Fließgewässerlänge von 75 Kilometer ermittelt. Auf einer Fläche von rd. 700 Hektar ergibt sich daraus ein Speichervolumen von rd. 15,3 Mio. m^3.

Auf der Basis umfangreicher Vorstudien wurde als erste Maßnahme an der Sieg das sog. „Kaldauer Feld" zur Ausführung vorgeschlagen. Dieser Bereich ist besonders geeignet, da hier noch Reste einer ehemaligen Gewässerschleife vorhanden sind, die Fläche mit 100 Hektar ausreichend groß ist und bis auf eine Randbebauung nur landwirtschaftliche Nutzungen vorhanden sind. Insgesamt ist dort ein Speichervolumen von ca. 1,4 Mio. m^3 realisierbar.

Während das „Siegauenkonzept" aus dem Jahre 2007 noch rückgewinnbare Retentionsräume ausweist (siehe Abb. 7.44), ist dies bei den Entwürfen für die Maßnahmenpläne aus dem Jahr 2011 nur noch teilweise der Fall. Zusätzlich gibt es einen Hinweis, dass die Realisierung zusätzlicher Rückhalteflächen fraglich ist.

7.6.4 Entwicklungen und Erfahrungen

Die Wiederherstellung der Durchgängigkeit der Sieg für Wanderfischarten ab dem Jahre 1985 wurde wesentlich eingeleitet durch eine kontinuierliche Verbesserung der Gewässergüte, den Einsatz der Fischereivereine und dem glücklichen Umstand, dass zwischen dem Rheindelta und der Siegmündung bei Bonn keine Wanderhindernisse im Rhein vorhanden waren.

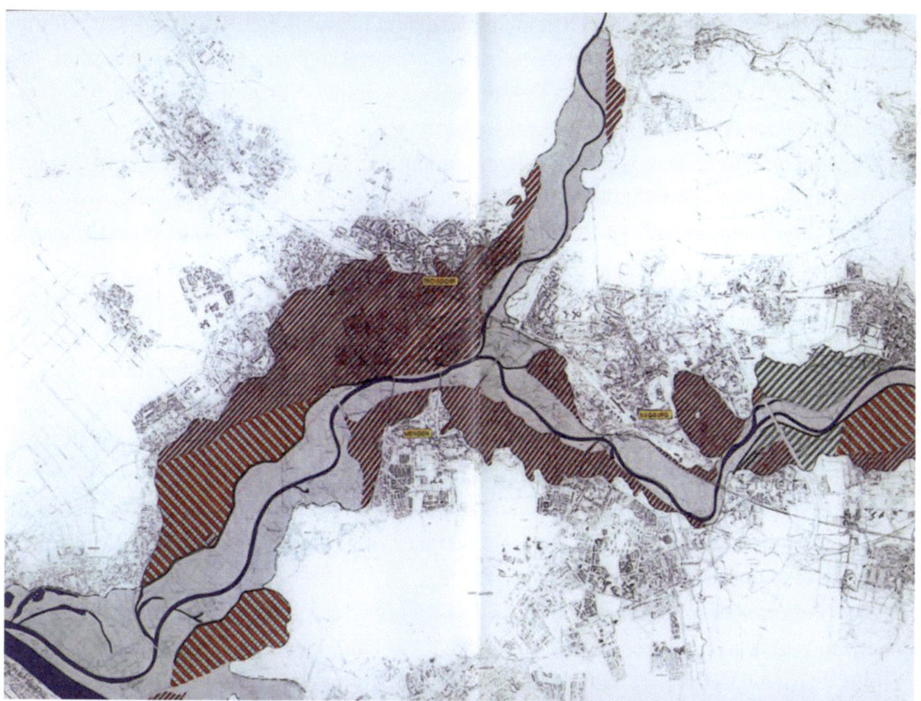

Abb. 7.61 Bilanz der Rückhalteflächen zwischen dem Jahr 1850 und 2007. Die äußeren Konturen der gekennzeichneten Flächen stellen die Grenze der Sieg-Aue um 1850 dar. (aus Siegauenkonzept – Bezirksregierung Köln 2007)

Von 1985 bis 1995 wurden vier große Wehranlagen umgestaltet und mit Fischwanderhilfen versehen. Seit 1995 ist die Durchgängigkeit der Unteren Sieg auf 75 Kilometer gewährleistet. Diese Wehranlagen mit Fischwanderhilfen wurden in den Jahren 2005 bis 2014 optimiert. Auch das Land Rheinland-Pfalz, im Mittellauf der Sieg, ist auf dem Weg die Durchgängigkeit an den vorhandenen Wehranlagen zu verbessern.

Das Land Nordrhein-Westfalen hat das Wanderfischprogramm beständig weiterentwickelt. In der nun laufenden Programmphase (von 2011 bis 2020) werden nicht nur die Erfolge der Wiederansiedlung des Lachses abgesichert, sondern auch die Wiederansiedlung des Europäischen Aals und des Maifisches unterstützt.

Als im Jahre 1990 mit der Erarbeitung des Gewässerentwicklungskonzepts für die Sieg begonnen wurde, wusste keiner der Beteiligten wie das Ergebnis am Ende aussehen würde. Dass der erste Entwurf erst im Jahre 1997 fertiggestellt wurde, lag daran, dass zum einen das Land Nordrhein-Westfalen zwischenzeitlich ein Gewässerauenprogramm ins Leben gerufen hatte und zum anderen eine Kooperationsvereinbarung zwischen dem Umweltministerium NRW und der Landwirtschaft geschlossen wurde.

Die Hochwasserereignisse im Rheineinzugsgebiet in den Jahren 1993 und 1995 führten weiter dazu, dass zusätzliche Überlegungen zur Dämpfung von Hochwasserwellen, insbesondere zur Rückgewinnung von Retentionsraum, in das Konzept einflossen.

Das im Oktober 2007 von der Bezirksregierung Köln veröffentlichte Siegauenkonzept als Angebotsplanung sah noch die Rückgewinnung von Retentionsräumen vor. In den Entwürfen für die Maßnahmenpläne im Zeitraum 2011 bis 2015 (MUNLV 2006) wird zwar noch auf die rückgewinnbaren Retentionsräume hingewiesen, eine Realisierung erscheint aber fraglich.

Das Problem der Strukturverbesserungen an der Gewässersohle, an den Ufern und in der Aue ist erst im Zusammenhang mit Untersuchungen über die Entwicklung von Salmonideneiern im Kieslückensystem der Fließgewässer im Einzugsgebiet der Sieg in den Vordergrund gerückt. Die Eier der anspruchsvollen kieslaichenden Fischarten sind auf ein gut durchströmtes, offenes Kieslückensystem mit einer sehr guten Sauerstoffversorgung angewiesen. Sie reagieren empfindlich auf Störungen der Wasserqualität sowie auf Strukturveränderungen im Gewässerbett. Die negativen Auswirkungen von Feinsediment- und Nährstoffeinträgen auf die Laichgebiete von Salmoniden stehen seit Jahren im Mittelpunkt verschiedener Forschungsprojekte.

Die Förderung eigendynamischer Gewässerentwicklungsstrecken ist durch Grunderwerb möglich, wenn die ersten Ansätze erkennbar sind oder wenn Initialarbeiten durchgeführt werden. Ufersicherungen können nur dort entnommen werden, wo die öffentliche Hand Grundstückseigentümer ist und wo bei eintretenden Seitenerosionen keine Schäden zu erwarten sind.

7.7 Die Ahr (Rheinland-Pfalz) – Fließgewässerentwicklung an einem Mittelgebirgsfluss

Josef Groß und Thomas Paulus

Die Ahr bildet mit ihren Nebenbächen das zentrale Gewässersystem der sogenannten Ahr-Eifel. Sie entspringt ca. 520 Meter über dem Meeresspiegel am Fuße der Blankenheimer Burg im benachbarten Nordrhein-Westfalen und mündet nach etwa 86 Kilometer Fließlänge bei Remagen-Kripp etwa 50 Meter über dem Meeresspiegel in den Rhein. In diesem Bereich hat die Ahr ein Sohlengefälle von ca. 0,4 Prozent, während das Gefälle im Oberlauf mit bis zu 0,8 Prozent höher ist (Abb. 7.62).

Die Ahr entwässert ein Niederschlagsgebiet von etwa 900 km^2. Von den 86 Kilometer Lauflänge befinden sich rund 68 Kilometer innerhalb des Landes Rheinland-Pfalz. Von der Landesgrenze Rheinland-Pfalz bis zum Stadtgebiet Bad Neuenahr-Ahrweiler verläuft sie in ihrem Mittellauf in großen Schleifen, sogenannten Mäandern. Ab dort weitet sie sich in ihrem Unterlauf auf und verläuft bis zum Rhein in einer breiten Mulde. Ihre bedeutendsten Nebenflüsse sind Ahbach, Trierbach, Adenauerbach, Eichenbach, Dreisbach, Armuths-

Abb. 7.62 Die Ahr durchfließt im Mittellauf in großen, flachen Schleifen ein breites Tal (Foto: Th. Paulus)

bach, Kesselinger Bach, Sahrbach, Vischelbach, Liersbach, Leimersdorfer Bach, Bachemer Bach, Hellenbach und Harbach.

7.7.1 Ausgangssituation und Anlass

Der in seiner ökologischen Bedeutung einzigartige Mündungsbereich ist als besonders schützenswerter Teil von Natur und Landschaft seit 1977 als Naturschutzgebiet anerkannt und ausgewiesen. Von den 42 Nebenflussmündungen des Rheins von der Schweiz bis zu den Niederlanden ist die Ahrmündung das einzige Mündungsgebiet, das trotz der in der Vergangenheit durchgeführten wasserbaulichen Veränderungen seinen weitgehend naturnahen Charakter bewahren konnte. So fließt sie streckenweise in einem selbstgeschaffenen Bett, das durch ständige Umlagerungsprozesse gekennzeichnet ist (Abb. 7.63).

Das wildflussartige Gelände im Mündungsbereich, in dem sie ungebunden ihren Lauf verlegt, unablässig Schottermassen umlagert, Kies- und Sandbänke aufbaut und wieder erodiert, beheimatet ein Mosaik aus kurzlebigen Pioniergesellschaften, mehr oder weniger dauerhaften Flussuferröhrichten sowie nitrophilen Hochstaudenfluren und Queckenrasen.

Auch die gewässerökologisch sowie hydraulisch bedeutsamen Totholzstrukturen unterliegen ständigen Veränderungen. Der Rückhalt der Totholzstrukturen ist insbesondere für die Schifffahrt auf dem Rhein von großer Bedeutung.

Abb. 7.63 Der Mündungsbereich der Ahr ins Rheintal mit ständig umgelagerten Schotter-, Sand- und Kiesstrukturen ist als dynamischer Pionierstandort für Pflanzengesellschaften von besonderer Bedeutung (Foto: J. Groß)

Die pflanzensoziologisch außergewöhnlichen Bedingungen, bei denen sich im Wechselspiel von Hoch- und Niedrigwasser von Rhein und Ahr neue Fließbahnen bilden, Schotter-, Schlick-, Sand- und Kiesflächen in kurzen Zeitabständen ihre Gestalt ändern und so immer wieder neue Möglichkeiten für eine Besiedlung bieten, waren der Auslöser für die Schutzgebietsausweisung (Lohmeyer 1970, 1975). Seit 1988 werden für den Mündungsbereich die notwendigen Maßnahmen zur Erhaltung der schützenswerten Auendynamik im Rahmen eines *Gewässerpflegeplans* koordiniert, der aufgrund der eingetretenen Eigenentwicklung der Ahr im Jahre 2001 fortgeschrieben wurde.

Ab Mitte des 19. bis zum Ende des 20. Jahrhunderts führten vor allem die Erweiterung der menschlichen Siedlungen und der Ausbau der Verkehrswege zu einer Einengung des Gewässerbetts im mittleren und oberen Ahrtal. Die Errichtung von Wehranlagen und Sohlenschwellen führte zu massiven Gewässerbegradigungen mit Befestigungen von Ufer und Sohle.

Ein Fließgewässersystem zeichnet sich in erster Linie dadurch aus, dass es sich um ein offenes Ökosystem handelt. Dies beinhaltet den Austausch von Lebewesen und das ungehinderte Zu- und Abfließen von Stoffen innerhalb der verschiedenen Teilstücke. Um die biologische *Vernetzung* der bisher getrennten Flussabschnitte wieder herzustellen, zum Beispiel um den Zugang zu den Laichgebieten für heimische Fischarten in den Seitengewässern oder im Oberlauf zu ermöglichen, ist der Umbau der verschiedenartigen

Sohlenabstürze, Wehranlagen sowie von flach abfallenden Schussböden und betonierten Gewässerstrecken aus gewässerökologischer Sicht zwingend notwendig (siehe Abb. 7.57 unpassierbares Heimersheimer Wehr vor der Umgestaltung).

Die naturnahe Umgestaltung sollte neben dem ungehinderten Stofftransport (Geschiebe) die Ausbreitung und Wanderung von Fließgewässerorganismen ermöglichen. Nicht nur die sog. Wanderfische wie Lachs und Meerforelle führen Laichwanderungen durch, sondern auch die heimischen Fischarten, wie Bachforelle, Äsche, Döbel, Nase oder der in ihrem Bestand stark bedrohte und früher in der Ahr heimische Maifisch, suchen verschiedene Lebensräume auf.

Im Jahre 1995 wurden in der Ahr erstmals Junglachse ausgesetzt. Seit dem Jahre 1999 ist die Rückkehr dieser zwischenzeitlich ins Meer abgewanderten Fische nachgewiesen. Um in ihre Laichgründe im Mittel- und Oberlauf aufsteigen zu können, muss den Lachsen die Überwindung etlicher Wehre ermöglicht werden. Gerade die Wiederansiedlung der früher in der Ahr häufigen Lachse ist auf Grund der bereits im Mai 2000 nachgewiesenen Jungfische in der Nähe von Laichgruben sehr erfolgversprechend. Die Ahr ist daher als potenzielles Laichgewässer in das Wiederansiedlungsprogramm von Lachs und Meerforelle *„Lachs 2000"* bzw. *„Lachs 2020"* integriert. Der hohe Stellenwert der Ahr für dieses Programm wird in einer Veröffentlichung der Internationalen Kommission zum Schutz des Rheins (IKSR) verdeutlicht, in der die Ahr mit 95 Hektar potenzieller Laichgebiete und 300 Hektar Jungfischhabitate alleine über 50 Prozent der an allen Nebenflüssen des Rheines kartierten Gesamtflächen aufweist (IKSR 1999).

7.7.2 Ziele

Vorrangiges und gemeinsames Ziel der Wasserwirtschaft, des Naturschutzes und der Fischerei in der *Fließgewässerentwicklung* ist es, die *Gewässerökologie* zu verbessern. Dies kann vorrangig durch den Ankauf und die Bereitstellung von Gewässerentwicklungskorridoren sowie die Wiederherstellung der linearen Durchgängigkeit erreicht werden. Somit wird die Rückentwicklung der Ahr mit möglichst vielfältigen naturnahen Strukturen ermöglicht. Durch die Maßnahmen wird darüber hinaus die natürliche Hochwasserrückhaltung verbessert.

Die *Renaturierungsmaßnahmen* werden zum Teil durch Ausbau, durch gezielte Unterhaltungsmaßnahmen oder durch Unterlassen aller Eingriffe in das Gewässer und dem angrenzenden Gelände in Gang gesetzt. Ziel ist das Anstoßen eines natürlichen Entwicklungsprozesses hin zu mehr Naturnähe mit der Förderung der Eigendynamik der Ahr.

Der Umbau der zahlreich vorhandenen Sohlenabstürze und Wehranlagen in der Ahr wird von der Struktur- und Genehmigungsdirektion Nord, Regionalstelle Wasserwirtschaft, Abfallwirtschaft, Bodenschutz Koblenz (SGD Nord), mit Unterstützung und finanzieller Beteiligung des unterhaltungspflichtigen Landkreises Ahrweiler seit Beginn der 1990er-Jahre intensiv vorangetrieben. Ziel ist es, für die gesamte Gewässerfauna Zug um Zug, vom Mündungsbereich ausgehend, die lineare Durchgängigkeit wieder herzustellen.

So werden seit nunmehr mehr als 30 Jahren im Rahmen von verschiedenen Gewässerpflegeplänen Maßnahmen zur Erhaltung und Entwicklung naturnaher Gewässerzustände und zur Wiederherstellung der linearen Durchgängigkeit im rheinland-pfälzischen Teil der Ahr dargestellt und erfolgreich umgesetzt.

7.7.3 Maßnahmen

Von der Ahrmündung in Sinzig beginnend wurden ab den 1990er-Jahren die vorhandenen Sohlenschwellen und Sohlenabstürze in der Ahr in raue Rampen durchgängig umgestaltet. Nachdem dann im Jahre 1997 das Bodendorfer Wehr, als erstes großes Wanderhindernis in der Ahr, umgestaltet werden konnte, wurden in den Jahren 1998 und 2000 zwischen Bad Bodendorf und dem Heimersheimer Wehr weitere 10 Sohlenabstürze naturnah und durchgängig umgestaltet.

Heimersheimer Wehr
Nachdem die rechtlichen Voraussetzungen geschaffen werden konnten, wurde im Jahre 2000 der Umbau des 1,85 m hohen senkrechten Heimersheimer Wehres (Abb. 7.64) als bis dato größtes und für alle Fische unüberwindbares Wanderhindernis in der Ahr in Form einer aufgelösten Blocksteinrampe mit Niedrigwasserrinne ausgeführt (s. Abb. 7.65) Wehres (Groß et al. 2001).

Da am Heimersheimer Wehr noch eine Wasserkraftnutzung festgeschrieben ist, war eine Beseitigung des Wehres oder eine Reduzierung der Stauhöhe nicht möglich. Stattdessen wurde an das alte senkrechte Überfallwehr eine naturnahe Blocksteinrampe vorgebaut. Auf einer Länge von 40 m wurde eine felsige Stromschnelle gestaltet, die der Ahr in diesem Abschnitt den Charakter eines Gebirgsflusses verleiht. Hierzu wurden über 3000 Tonnen große Felssteine und kleineres Felsgestein eingebaut. In Rampenmitte wurde eine muldenförmige Vertiefung (*Niedrigwasserrinne*) mit einer Breite von bis zu 4 m angeordnet, sodass auch bei geringen Abflüssen eine Mindestwassertiefe von mehr als 50 cm gewährleistet ist.

Gleichzeitig wurde beim Umbau der Wehranlage der Einlauf in den Mühlgraben so umgestaltet, dass bei Niedrigwasser eine Abflussverteilung zwischen Hauptgewässer und Triebwerksgraben zugunsten der Ahr erfolgt. So ist gewährleistet, dass auch bei Niedrigwasser die Gewässerstrecke unterhalb des Wehres mit mindestens 450 l/s durchflossen wird. In die Ausleitungsstrecke mündet unmittelbar unterhalb der Wehranlage der Leimersdorfer Bach, sodass die Wassermenge im Ahrbett weiterhin erhöht wird.

Insgesamt 15 aufgelöste Querriegel aus großen Blocksteinen mit einer Kantenlänge von bis zu 1,40 m bilden die Tragkonstruktion der Rampe. Die großen Steine wurden jeweils zu Gruppen mit vier bis fünf Steinen angeordnet. Mit einem Höhenunterschied von jeweils 5 bis 15 cm zwischen den Riegeln wird der Gesamthöhenunterschied des Wehres von 1,85 m von Oberwasser nach Unterwasser abgebaut. Oberhalb dieser Steinriegel staut sich das Wasser, sodass sich unregelmäßige tiefere Becken ergeben, in denen die Fische

Abb. 7.64 Unpassierbares Heimersheimer Wehr vor der Umgestaltung (Foto: J. Groß)

Abb. 7.65 Heimersheimer Wehr nach der Umgestaltung (Foto: J. Groß)

verweilen können. Die Rampensohle besteht aus Felssteinen, die mit kiesigem Sohlenmaterial aus der Ahr überschüttet wurden. In den Lücken der Sohle und am Ufer sind die Fließgeschwindigkeiten so gering, dass sich auch weniger leistungsfähige Fischarten und im Fluss lebende Kleintiere flussaufwärts ausbreiten können. (Abb. 7.65 – Heimersheimer Wehr nach der Umgestaltung)

An der Wiedereinleitungsstelle des Mühlgrabens in die Ahr am Ende der Ausleitungsstrecke wurde die Renaturierungsmaßnahme im Jahre 2006 ergänzt durch eine Maßnahme zur Entschärfung des Sackgasseneffekts durch die unerwünschte Leitströmungswirkung des Mühlgrabens gegenüber der Ausleitungsstrecke durch eine diffuse Wasserrückführung nach dem „Diffuser-Prinzip" (Schneider und Groß 2008).

Bei dieser pilothaften Anlage wurde anstelle der punktuellen Rückführung des Wassers am Mühlgrabenauslauf die sukzessive Rückführung an einer Vielzahl von Einzelpunkten angestrebt. Dazu wurde bei diesem „Diffuser" eine am Eintrittsbereich des Mühlgrabens beginnende, für Fische nicht passierbare, parallel zur Hauptströmung der Ahr führende Aneinanderreihung von großen Natursteinblöcken im Ahrbett in einem Abstand von rd. 4 m zum Ahrufer versetzt. Die Einzelsteine wurden dazu in einer Reihe mit Abständen von jeweils ca. 5 cm aneinandergereiht, durch die jeweils Wasser aus dem Mühlgraben in die Ahr geleitet wird. Am Ende dieser Steinreihe ist nunmehr in dem verlängerten Mühlgraben gegenüber der Ahr keine besondere Leitströmung mehr wahrnehmbar, sodass die Fische nicht mehr in den Mühlgraben einschwimmen, sondern die Ahr hinaufziehen.

Wehranlagen in Bad-Neuenahr-Ahrweiler

Der weitere Aufstieg der laichwilligen Salmoniden von heimischen Weißfischarten sowie der übrigen Gewässerfauna wurde alleine im Stadtgebiet von Bad Neuenahr-Ahrweiler durch weitere fünf große Wanderhindernisse und 46 kleinere Sohlenabstürze (ehemalige Stützschwellen) unterbunden (Abb. 7.66).

Abb. 7.66 Betonieren der Ahrsohle im Jahre1960 (Foto: Archiv SGD Nord)

Wehranlage oberhalb der Kurgartenbrücke

Die Wehranlage oberhalb der Kurgartenbrücke wurde mit Rücksicht auf den Kurbetrieb bereits im Jahr 2001 erstmalig umgestaltet. Zur Wiederherstellung der biologischen Durchgängigkeit des Gewässers wurde hier an der unverändert gebliebenen Wehranlage im seitlichen Vorland ein naturnaher Fischpass angelegt. Der Vollumbau des 2,35 m hohen Wehres war seinerzeit leider nicht möglich, da dieses Wehr in den Sommer- und Wintermonaten mit zwei unterschiedlichen Stauzielen betrieben wurde und der Abflussquerschnitt der Ahr im Stadtgebiet von Bad Neuenahr-Ahrweiler für den schadlosen Hochwasserabfluss nicht verringert werden durfte.

Erst durch die Außerbetriebnahme der Wasserkraftanlage und die damit verbundene Reduzierung der aus der Ahr in den Mühlgraben abzuleitenden Wassermenge war es möglich, auf die bis dato in den Sommermonaten auf die Wehrkrone aufgesetzten und für die Gewässerökologie sehr nachteiligen 0,35 m hohen Aufsatzbohlen zu verzichten.

Hierdurch konnte im Jahr 2013 eine Umgestaltung und Optimierung der Wehranlage in eine vollflächige, oberflächenraue aufgelöste Blocksteinrampe erfolgen, wodurch die biologische Durchgängigkeit des Gewässers für die gesamte gewässerbegleitende Fauna wesentlich verbessert werden konnte.

Innerhalb der Sohlengleite ist eine muldenförmige Vertiefung (Niedrigwasserrinne) angelegt. In diesem ca. 4,10 m breiten Bereich wurde die Gerinnesohle um mindestens 75 cm niedriger eingebaut. Durch eine variable Breite und Lage dieser Rinne werden die Fließstrukturen erhöht. Innerhalb dieser Vertiefung werden Mindestwassertiefen von ca. 75 cm eingehalten.

Am Fuß des Bauwerks wurde ein großer Kolk mit einer Wassertiefe von ca. 1,0 m ausgebildet, in dem die Fische ausruhen können, bevor sie die lange Sohlengleite hinaufschwimmen.

Sohlenabstürze am Apollinaris-Stadion und oberhalb der Landgrafenbrücke Die Umgestaltung der beiden Sohlenabstürze am Apollinaris-Stadion und oberhalb der Landgrafenbrücke sowie eines 1,90 m hohen Wehres an der Kurgartenbrücke mit Renaturierung der betonierten Gewässersohle am Casino konnte im Jahr 2002 in Angriff genommen werden (Groß und Paulus 2004). Auftraggeber war auch hier die Struktur- und Genehmigungsdirektion Nord, Regionalstelle Wasserwirtschaft, Abfallwirtschaft, Bodenschutz Koblenz (SGD Nord) in Zusammenarbeit mit der Kreisverwaltung Ahrweiler. Die Ahr ist Gewässer II. Ordnung, unterhaltungspflichtig ist somit der Landkreis Ahrweiler. Die SGD Nord, Regionalstelle Wasserwirtschaft Koblenz, führt nach § 35 Abs. 3 LWG RP (Landeswassergesetz des Landes Rheinland-Pfalz) für den Landkreis Ahrweiler mit dessen Kostenbeteiligung die Unterhaltungsarbeiten durch.

Die Wehranlagen und Gewässerentwicklungsmaßnahmen liegen in der Ausleitungsstrecke des oberhalb der Kurgartenbrücke befindlichen Wehres der Stadt Bad Neuenahr. Die an diesem Wehr im Jahr 2001 errichtete Fischaufstiegsanlage in Form eines seitlich angeordneten naturnahen Fischpasses in Riegelbauweise garantierte einen festgelegten

Mindestabfluss von 450 l/s in der Ausleitungsstrecke. Durch die Aufgabe der Wasserkraftnutzung ist nunmehr ganzjährig eine ausreichende Wasserführung in dieser zwei Kilometer langen Ausleitungsstrecke gewährleistet. Das Gewässerprofil ist im Stadtgebiet von Bad Neuenahr-Ahrweiler als Trapez ausgebaut und hat im Mittelwasserbereich eine Breite von etwa 15 m (Abb. 7.67).

Die Umgestaltungsmaßnahmen wurden innerhalb der Gewässerparzelle durchgeführt, bzw. reichten bis in das Vorland, wenn die Besitzverhältnisse dies erlaubten. Voraussetzung für die Umgestaltungs- und Strukturmaßnahmen an den Querbauwerken sowie der betonierten Sohle der Ahr in Bad Neuenahr-Ahrweiler war die Beibehaltung des bestehenden Hochwasserschutzes.

Zwischen den Böschungsoberkanten des Trapezprofiles hat das Ahrbett eine Breite von 35 bis 40 m. Die Böschungen waren mit Steinstickungen befestigt, die jedoch in der Vergangenheit vereinzelt aufgrund von Ausspülungen nach Hochwasserereignissen mit Beton ausgebessert wurden. Alle Querbauwerke lagen im Stadtbereich und konnten daher aus Gründen der Gebäudesicherungen nicht vollständig entfernt werden.

Die 18 m breite – quer zur Fließrichtung verlaufende – Wehrkrone der Wehranlage in der Ausleitungsstrecke unterhalb der Kurgartenbrücke bestand aus einer Querschwelle aus Natursteinen. An die Wehrkrone schlossen sich insgesamt drei flach geneigte Schussböden an. Der erste Schussboden bestand aus der ehemaligen Wehrpflasterung und überwand einen Höhenunterschied von 1,40 m mit einer Neigung von 1:20. In einem Abstand von

Abb. 7.67 Wehr und Ufersicherung unterhalb Kurgartenbrücke am Casino in Bad Neuenahr-Ahrweiler vor der Umgestaltung – Blick gegen die Fließrichtung (Foto: J. Groß)

29 m stromabwärts der Wehrkrone folgte ein zweiter ca. 21 m langer, aus Betonplatten bestehender Schussboden. Dieser ging nach einem 20 cm tiefen Absturz in eine dritte, ca. 40 m lange Betonplatte (3. Schussboden) über, die wiederum mit einem Absturz an die natürliche Ahrsohle anschloss. Insgesamt wird ein Höhenunterschied von Wehrkrone bis zum Ende der drei Schussböden von 1,90 m überwunden (siehe auch Abb. 7.66 – Betonieren der Ahrsohle im Jahre 1960).

Auf der rechten Seite beginnt nach einem 5 bis 6 m breiten Böschungsstreifen die Bebauung. Auf der linken Seite schlossen an den Schussboden nach einem kleinen Absatz Uferböschungen an. Im Bereich der gestickten Schussböden im Anschluss an die Wehrkrone begrenzen beidseitig Ufermauern die Ahr. Auch unterhalb der Schussböden war das Mittelwasserbett bis zur Casinobrücke auf einer Länge von ca. 115 m beidseitig von Spundwänden und Betoneinfassungen naturfern eingegrenzt.

Etwas weiter unterhalb behinderten eine ca. 60 cm und eine ca. 30 cm hohe Sohlenschwelle oberhalb der Landgrafenbrücke die Durchwanderbarkeit zumindest für Kleinfischarten und Makrozoobenthos. Zu den Böschungen hin stieg die Betonschwelle leicht an. Sie war an einer Seite durch in Beton gesetzte Blocksteine nachträglich befestigt. Ein steiler Wehrrücken grenzte an die Krone an und ging in die natürliche Ahrsohle über.

Mit einer Sohlenneigung von rd. 1:19 fiel die Ahr am Apollinaris-Stadion, nach einem ca. 3 m breiten gepflasterten Vorboden, über die 1,20 m hohe Wehranlage. Der Wehrrücken bestand ursprünglich ebenfalls aus einer Pflasterung, wurde aber nachträglich mit Beton überzogen. Die Unterseite der Krone war schadhaft als unregelmäßige Abbruchkante ausgebildet. Im Unterwasser schloss sich ein etwa 0,80 m tiefer und 15 m langer Kolk an das Bauwerk an.

Alle in Bad Neuenahr-Ahrweiler bestehenden Wehrkörper wurden abgebrochen und bis auf den kleinen ca. 30 cm hohen Absturz durch Blocksteinrampen in natürlicher Bauweise ersetzt. Die rauen Rampen wurden in aufgelöster Riegelbauweise mit einem Gefälle von rd. 1:27 errichtet. Die Tragkonstruktion der Rampen besteht auch hier aus einer Gitterstruktur von unregelmäßig gesetzten und in die Sohle eingebundenen großen Blocksteinen.

Das Sohlenmaterial zwischen diesen Riegeln besteht aus einer Packlage aus dicht gesetzten größeren Wasserbausteinen und einer Auflage aus einem Gemisch aus Grobkies und kleineren Wasserbausteinen. Diese aufgelöste Bauweise führt zu vielfältigen Sohlen- und Strömungsstrukturen. Die Rampen steigen von der Mitte zum Ufer hin leicht an. Dadurch entstehen in Rampenmitte tiefere beckenförmige Abschnitte und an den Rändern schwach durchströmte, flachere Bereiche. Solche Strukturen bieten allen Fischarten und Kleinlebewesen eine Aufstiegsmöglichkeit. Strömungsliebende Tierarten nutzen solche Strukturen auch als Lebensraum.

Die Rampen wurden oberwasserseitig geringfügig abgesenkt, sofern damit der Hochwasserschutz beibehalten oder verbessert werden konnte. In Rampenmitte wurde jeweils eine Niedrigwasserrinne von ca. 4 m Breite und einer Mindestwassertiefe von ca. 60 cm angeordnet. Mit Fließgeschwindigkeiten an den Riegeln von rd. 1,7 m/s und 0,2 m/s in den Becken ist eine solche Rampe aufgrund der strömungsberuhigten Zonen in den Randbereichen und auf der rauen Sohle auch für schlechte Schwimmer passierbar.

Mit den Riegeln wird jeweils eine Wasserspiegeldifferenz von 0,15 m abgebaut. Die Beckengröße mit ca. 3,70 × 4,00 m und jeweils eine Lücke in den Steinriegeln von mindestens 35 cm Breite ermöglichen es auch größeren Fischarten wie Lachs oder Meerforelle innerhalb der Rampe aufzuschwimmen und Ruhepausen einzulegen. Die Sohle der Rampe ist rau und naturnah gestaltet sowie an Ober- und Unterwasser angebunden. Neben Wasserbausteinen wurde anfallendes Sohlenmaterial der Ahr verwendet. Dies bewirkt die mosaikartige Ausgestaltung des Lückensystems, das hiermit auch für Makrozoobenthos und Jungfische als Lebensraum geeignet ist.

Begleitend zur Wiederherstellung der Durchgängigkeit wurden strukturverbessernde Maßnahmen an der Gewässersohle und im Böschungsbereich durchgeführt, soweit dies innerhalb des ausgebauten Trapezprofils der Ahr kleinräumig realisierbar war, ohne den Hochwasserabfluss im Zentrum von Bad Neuenahr-Ahrweiler nachteilig zu beeinträchtigen. So wurde die betonierte Sohle unterhalb des Wehres an der Kurgartenbrücke vollkommen abgerissen und durch eine reich strukturierte Gewässersohle ersetzt. Im Niedrigwasserbett der Ahr wurden vereinzelt seitliche Steinbuhnen zur Erhöhung der Strukturvielfalt und Differenzierung des Strömungsbildes eingebaut (Abb. 7.68).

Massive Uferbefestigungen, wie Spundwände und Betonufermauern, wurden zum Teil durch naturnahe Ufersicherungen in Felsbankbauweise ersetzt bzw. durch größere Wasserbausteine verdeckt, wenn aus statischen Gründen zum Schutz der angrenzenden Gebäude (Spielkasino) kein Entfernen möglich war. Das hierdurch erfolgte einseitige Einengen des

Abb. 7.68 Ahr unterhalb der Kurgartenbrücke am Casino in Bad-Neuenahr-Ahrweiler nach der Umgestaltung (Foto: J. Groß)

Abflussprofils wurde durch eine Aufweitung am gegenüberliegenden Ufer ausgeglichen. Dies stellt sicher, dass sich die Hochwassersituation im Stadtgebiet nicht nachteilig verändert hat.

Bei der Bauausführung mussten sehr viele schwierige Randbedingungen beachtet werden. Die Baustelle befand sich in zentraler Lage von Bad Neuenahr-Ahrweiler. Der rechtsseitige Kurbetrieb und die linksseitigen Geschäftshäuser erlaubten keine seitliche Andienung der Baustelle mit Lastfahrzeugen (LKW). Die Ahr-Uferpromenade war darüber hinaus für den LKW-Betrieb ungeeignet. Die gesamte Abwicklung des Baustellenverkehrs musste daher im Ahrbett stattfinden.

Hierzu wurde in der Ahr unter Berücksichtigung eines schadlosen Hochwasserabflusses eine 500 m lange Baustraße angelegt, die eine Fußgängerbrücke unterquerte. Da die lichte Höhe unter der Brücke nicht für Baustellenfahrzeuge ausreichend war, musste die Gewässersohle unter der Fußgängerbrücke eingetieft werden.

Durch die größere Wassertiefe unter der Brücke konnte die Zufahrt bei erhöhten Abflüssen nicht mehr befahren werden, sodass die Baustelle dann nicht mehr angedient werden konnte. Um in dem engen Ahrbett arbeiten zu können, wurde der Niedrigwasserabfluss oberhalb der Baustelle in den Mühlgraben der Kur AG abgeleitet und unterhalb der Baustraße wieder in die Ahr zurückgeleitet.

Trotz vorheriger Absprachen mit allen Beteiligten meldeten sich seinerzeit in regelmäßigen Abständen kritische Naturschützer medienwirksam zu Wort, die ein Verenden einzelner Fische beklagten. Wegen der unmittelbar an die Baustelle angrenzenden ausgebuchten Tagungsräume der Kur AG mussten die Bauarbeiten zum Leidwesen der vielen Ferien- und Kurgäste in den Ferien durchgeführt werden und bis zum September abgeschlossen sein. Sie mussten daher auch bei erhöhten Abflüssen weitergeführt werden. Aufgrund der Lage im Kurgebiet galt ein eingeschränktes Fahrverbot für Lastkraftwagen zu bestimmten Zeiten. Darüber hinaus durfte mit Rücksicht auf einen angrenzenden Hotelbetrieb erst ab 8 Uhr mit den Bauarbeiten begonnen werden.

Wehranlage am Kloster Calvarienberg Die nächste ahraufwärts gelegene Wehranlage am Fuß des Klosters Calvarienberg in Ahrweiler wurde im Jahr 2003 umgestaltet. Bei dieser 1,90 m hohen Wehranlage konnte die Wehrkrone nach Aussage des Bodengutachtens ohne zu erwartende Schäden an der angrenzenden Bebauung um 1,0 m abgesenkt werden, sodass der große Rückstau im Oberwasser mit Wassertiefen bis zu 2,30 m auf ein Minimum reduziert wurde und nunmehr auch oberhalb dieser Wehranlage fließgewässertypische Strömungsverhältnisse herrschen.

Die verbleibende Wasserspiegeldifferenz an der Wehranlage von 0,90 m wurde mit einer naturnahen aufgelösten Blocksteinrampe in Riegelbauweise mit integrierter *Niedrigwasserrinne* abgebaut. Die Neigung des Wehrrückens beträgt dabei 1:27.

Durch die durchgeführte Stauabsenkung haben sich die strukturellen und ökomorphologischen Bedingungen im ehemaligen Staubereich erheblich verbessert. Es haben sich besondere Laufstrukturen und Substratverhältnisse herausgebildet, die eine erhebliche

Verbesserung der Gewässerstruktur bedeuten. Ausgeprägte Kiesbänke und Inselansätze wurden freigelegt, die für Barbe, Äsche und Lachs als Laichplätze geeignet sind.

Durchgängigkeit der Ahr – Stand der Arbeiten

Nach Fertigstellung der Baumaßnahme am Calvarienberg im Jahre 2003 erfolgten bis zur Landesgrenze zu NRW noch zahlreiche Baumaßnahmen zur Wiederherstellung der ökologischen Durchgängigkeit der Ahr. Neben Wehrumgestaltungen in raue Sohlengleiten, teilweise mit und ohne Stauabsenkungen, wurden teilweise auch alte Wehranlagen, deren Wasserrechte nicht mehr genutzt wurden, komplett zurückgebaut, sodass sich die Ahr in diesen Bereichen wieder vollkommen natürlich entwickeln kann. Darüber hinaus wurden auch drei große Furten durch die Ahr erstmalig wieder durchgängig umgestaltet.

Heute ist die Durchgängigkeit der Ahr von der Mündung in den Rhein bis nach Antweiler auf einer Strecke von insgesamt rd. 62 Kilometer wieder hergestellt (vergl. Abb. 7.69). Lediglich das letzte verbliebene Wanderhinderniss bei Ahr-Kilometer 61,6 ist in den nächsten Jahren noch durchgängig zu gestalten, sobald das notwendige Einvernehmen mit dem Wasserrechtsinhaber hergestellt ist.

Seit 1990 konnten an der Ahr von insgesamt 50 größeren Wanderhindernissen bisher 49 umgestaltet werden. Dazu kommen 46 Sohlenabstürze von rd. 50 bis 100 cm Höhe im Stadtgebiet von Bad Neuenahr-Ahrweiler, die ebenfalls bereits durchgängig gestaltet wurden.

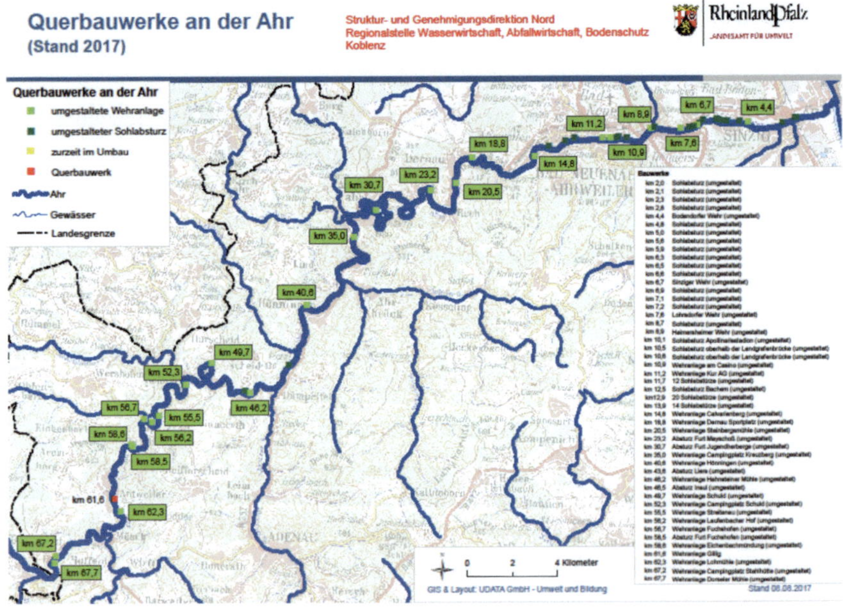

Abb. 7.69 Querbauwerke an der Ahr – Im Jahr 2020 war die Ahr vom Mündungsbereich an bereits auf rd. 62 Kilometer für Fließgewässerorganismen durchgängig. (Grafik: Landesamt für Umwelt Rheinland-Pfalz, Mainz)

Strukturverbesserungen an der Ahrmündung
Eine weitere bedeutende Gewässerunterhaltungsmaßnahme zur Schaffung von Entwicklungsmöglichkeiten und Gewässerstrukturverbesserung an der Ahr wurde 2003 und 2004 oberhalb des Naturschutzgebiets an der Ahrmündung durchgeführt (Abb. 7.70 und 7.71).

Oberhalb dieses einzigartigen Mündungsbereichs verlief die Ahr vor der Renaturierungsmaßnahme in einem trapezförmig ausgebauten Gewässerbett. Eine Entwicklung in das ehemalige Vorland war aufgrund des unmittelbar vorbeiführenden Ahr_Radwegs ausgeschlossen. In Abstimmung mit der Kreisverwaltung Ahrweiler und der Stadtverwaltung Sinzig wurde der Ahr hier wieder die Möglichkeit zur Eigenentwicklung gegeben. Der uferbegleitende Ahrradweg wurde aufgegeben und über vorhandenes Wegenetz vollkommen um das ehemalige Mündungsdelta der Ahr herumgeführt.

Aufgrund des übertieften Gewässerbetts ist eine Eigenentwicklung nur sehr begrenzt möglich (Kern 1998). Daher wurde das rechte Vorland teilweise abgetragen, das Gewässerbett aufgeweitet und Nebenarme als Gegenpol zu den linksseitig noch vorhandenen Steilufern ehemaliger Mäanderbögen grob vorprofiliert.

Der Einbau von Strömungslenkern unter der Verwendung von Totholzstämmen der gerodeten standortfremden Pappeln mit Kiesumlagerungen im alten Ahrbett sollen unter-

Abb. 7.70 Durchgeführte Entwicklungsmaßnahme oberhalb des Naturschutzgebiets (NSG) Ahrmündung (Foto: J. Groß)

Abb. 7.71 Heute können sich vielfältige, ständig verändernde Gewässerstrukturen im Mündungsbereich der Ahr ausbilden. Eine hohe Struktur- und Strömungsdiversität zeichnet diesen einzigartigen Gewässerbereich aus (Foto: J. Groß)

stützend eine naturnahe Entwicklung der Uferbereiche der Ahr im Anschluss an das Naturschutzgebiet bis zur Kläranlage in Sinzig einleiten (Gerhard und Reich 2001; Paulus 1999). Diese entwicklungsfördernden Maßnahmen sollen der Ahr wieder die Möglichkeit geben, durch natürliche Erosions- und Sedimentationsvorgänge ihr Bett und die umliegende Aue selbst zu gestalten und sich dem historischen Vorbild des ehemaligen Mündungsdeltas selbst anzunähern.

Entfesselung der Ahr zwischen Lohrsdorf und Bad Bodendorf

Als weitere bedeutende Gewässerentwicklungsmaßnahme wurde die Ahr zwischen Lohrsdorf und Bad Bodendorf aus ihrem jahrzehntealten Korsett aus Wasserbausteinen befreit. Wurde hier die seinerzeit verzweigte Ahr noch in den 1960er-Jahren in ein ausgebautes Trapezprofil gezwängt und die Ufer mit Steinschüttungen und Rasengittersteinen befestigt, so konnten dieses Ufersicherungen im Jahr 2015 wieder im Rahmen der Gewässerunterhaltung entfernt werden und der Ahr somit erstmalig wieder die Möglichkeit gegeben werden, ihr Bett zu verändern und Sand- und Kiesbänke auszubilden.

Während die Rasengittersteine entsorgt werden mussten, hat man sich dazu entschieden, auf den kostenintensiven Abtransport der Basaltsteine aus den bisherigen Ufersicherungen zu verzichten. Diese Steine wurden als seitliche Stömungslenker, Uferbänke und Inseln im Gewässerbett eingebaut und können sich bei Hochwasser beliebig verlagern.

Abb. 7.72 Aussichtsplattform bei Lohrsdorf (Foto: J. Groß)

Die vorhandenen großen Ufergehölze blieben alle erhalten. Den Rest soll die Ahr in Eigenregie nach Belieben erledigen, wovon sie bereits im Jahre 2016 bei einem Jahrhunderthochwasser tatkräftig Gebrauch gemacht hat.

So sind auch hier, dem Beispiel der Ahrmündungsentwicklung folgend, in kürzester Zeit vielfältige unterschiedliche naturnahe Ufer- und Gewässerstrukturen entstanden. Der hier vorhandene linksseitige gewässerbegleitende unbefestigte Wirtschaftweg wurde aufgegeben und die natursuchenden Fußgänger um das Entwicklungsgebiet über andere vorhandene Wirtschaftswege umgeleitet. Inzwischen wurde dort eine kleine Aussichtsplattform errichtet, von der man die naturnahe Eigenentwicklung der Ahr beobachten kann (Abb. 7.72).

7.7.4 Entwicklungen und Erfahrungen

Der Renaturierungsprozess von Bächen, Flüssen und Strömen wird die Wasserwirtschaft noch die kommenden Jahrzehnte beschäftigen. An der Ahr wurde dieser Prozess bereits Ende der 1980er-Jahre begonnen und bis heute konsequent weiterverfolgt. Die von allen Interessensgruppen akzeptierten und in Gewässerpflegeplänen festgeschriebenen Entwicklungsziele ermöglichen einen nachhaltigen Einsatz der sehr begrenzten menschlichen wie auch materiellen Ressourcen. Dabei hat man erkannt, dass die Bereitstellung von gewässerbegleitenden Flächen für eine eigendynamische Gewässer- und Auenentwicklung, neben der Wiederherstellung der linearen Durchgängigkeit, die Grundvoraussetzung für erfolgversprechende Renaturierungskonzepte ist. Im Bereich der Gewässerentwicklungskorridore können die Gewässer dann die Gestaltungskraft des Hochwassers nutzen, um sich selbst zu renaturieren und vermehrt naturnahe Strukturen auszubilden.

Im Rahmen von routinemäßigen Unterhaltungsarbeiten können diese Umgestaltungen weiter unterstützt werden, zum Beispiel durch strukturverbessernde Maßnahmen durch den gezielten Einsatz von Totholz oder zur Verringerung und/oder Vermeidung von Tiefenerosion. Die eigendynamische Entwicklung der Fließgewässer und der standortgerechten Gehölzsäume wird die Unterhaltung außerhalb der urbanen Bereiche bis auf wenige unabdingbare Maßnahmen reduzieren. Die hierbei eingesparten Mittel können in den Ankauf weiterer Flächen zur Gewährleistung einer uneingeschränkten Eigenentwicklung des Gewässers mit den einhergehenden Strukturverbesserungen investiert werden. Dadurch kann auch der natürliche Hochwasserrückhalt in der Fläche verbessert und gleichzeitig das Konfliktpotenzial mit angrenzenden Nutzungsinteressen verringert werden.

7.7.5 Das Hochwasserereignis 2021

Am 14. und 15. Juni 2021 ist es im Einzugsgebiet der Ahr zu einem extremen Niederschlagsereignis mit entsprechend hohen Abflüssen gekommen. Die Abflüsse an der Ahr sind in Folge derart schnell und hoch angestiegen, sodass die vorhandenen Gerinnebreiten nicht mehr ausreichten, um das zufließende Wasser schadlos abzuleiten. Bei dem Hochwasserereignis starben 134 Menschen; 718 Menschen wurden verletzt. Die Schäden an der Ahr (Rheinland-Pfalz) und der ebenfalls betroffenen Erft (Nordrhein-Westfalen) werden auf ca. 30 Milliarden Euro geschätzt.

Bei der Beantwortung der Frage, welche Maßnahmen erforderlich sind, um derartiges Leid und die wirtschaftlichen Folgen in Zukunft zu vermeiden, bzw. zumindest zu minimieren, scheiden sich die Geister. Würden die Betroffenen unmittelbar entscheiden können, liefe es wohl meist auf eine konservative Lösung hinaus, d. h. ein massiver Ausbau der Ahr von der Quelle bis zur Mündung mit weitgehender Erhaltung der alten, festgelegten Linienführung.

Orientiert man sich an den Ausführungen in diesem Buch, ist die Bereitstellung ausreichender Abflussflächen, d. h. die Vergrößerung des Abflussquerschnittes, ein wesentliches Planungsziel für nachhaltige Verbesserungen. Wo das nicht möglich ist, sollte zumindest ein auf fachlicher Basis zu bemessender Gewässerentwicklungskorridor bereit gestellt werden. Insgesamt ist damit eine ökologische Aufwertung der Ahr verbunden, inklusive eine Verbesserung des Hochwasserschutzes. Durch eine entsprechend angepasste naturraumtypische Unterhaltung (Pflege und Entwicklung) wird es auf Dauer zu einer Verbesserung des Gewässerzustands im Sinne der Ziele der EG-Wasserrahmenrichtlinie kommen. Es ist unschwer zu erkennen, dass dort, wo eine naturraumangepasste Gestaltung der Ahr möglich ist, dem oft wirtschaftliche und natürlich auch persönliche Interessen entgegenstehen.

Im Rahmen der vom Land Rheinland-Pfalz unterstützten „Hochwasserpartnerschaft Ahr“ werden gemeinsam Konzepte eines zukunftsweisenden und überörtlichen Hochwasservorsorgekonzept für das gesamte Einzugsgebiet der Ahr und deren Nebengewässern erarbeitet. Hierbei werden Fragen des Wasserrückhalts durch die Bereitstellung eines gewässertyp spezifischen Entwicklungskorridors und einer naturnahen Gewässerunterhaltung im Einzugsgebiet der Ahr erarbeitet.

Es bleibt zu hoffen, dass sinnvolle Strategien im Hinblick für eine naturnähere, naturraumtypische Gestaltung der Ahr, die das Hochwasser 2021 in vielen Gewässerabschnitten klar und deutlich durch die Schadensbilder aufgezeigt hat, auch vor Ort zur Anwendung kommen. Der Wiederaufbau darf kein Zurück zur „alten" Ahr werden, sondern ein Aufbruch zu einem neuen Gestaltungskonzept für die Ahr, in dem dem Gewässer der notwenige Raum für eigendynamische Entwicklungen im Sinnes eines naturverträglichen Hochwasserschutzes zur Verfügung gestellt wird.

7.8 Weiterentwicklung der Acher-Rench-Korrektion in der mittelbadischen Oberrheinebene (Baden-Württemberg)

Bernhard Walser und Simon Spinner

Das Gebiet der Acher-Rench-Korrektion umfasst die mittelbadische Rheinebene zwischen Offenburg und Baden-Baden. Die bedeutendsten Gewässer sind die Rench mit einem maximalen Hochwasser von 250 m^3/s und die Acher mit einem maximalen Abfluss von 95 m^3/s. Dazu kommen noch mehr als 20 Seitengewässer. Die Hauptgewässer entspringen am Westhang des Nordschwarzwalds. Die Steillagen gehen bereits nach kurzem Fließweg ins Flachland über. Dies hat dazu geführt, dass die Rheinebene zwischen Oberrheinaue und Schwarzwaldrand früher auf 8 bis 10 Kilometer Breite mehrmals jährlich überflutet wurde und bei großem Hochwasser mehr als 80 Prozent der Fläche unter Wasser standen.

7.8.1 Ausgangssituation und Anlass

Die zwischen 1936 und 1967 erbaute Acher-Rench-Korrektion ist das Kernstück des Hochwasserschutzes für die mittelbadische Rheinebene nördlich von Offenburg (Abb. 7.73). Mit einem nahezu vollständigen Ausbau der Flüsse Acher und Rench und deren Seitengewässern wurde die Voraussetzung für eine intensive Nutzung der Landschaft und die weitere Siedlungsentwicklung geschaffen.

Entsprechend den damaligen Zielsetzungen sollte viel Hochwasser auf wenig Gewässerfläche abgeleitet werden. Eine Folge davon war, dass die ausgebauten Gewässer mit großem Aufwand und intensiv zu unterhalten sind.

In den Jahren 1993/1994 wurde ein Gewässerentwicklungsplan erstellt. Seither konnten auf der Grundlage dieser Planung eine Vielzahl von Maßnahmen umgesetzt werden. Dabei waren die Funktionen der Gewässer für den Hochwasserschutz grundsätzlich zu erhalten.

Abb. 7.73 Bau des Renchflutkanal im Jahr 1963 (Archiv Regierungspräsidium Freiburg, Dienstsitz Offenburg)

7.8.2 Gewässerentwicklungsplan

Die begradigten und gepflasterten Gewässer der Acher-Rench-Korrektion bieten in ihrem Ausbauzustand wenig Lebensraum und sehr große Defizite bei der Gewässerstruktur. Regelmäßige intensive Unterhaltungsarbeiten, die zur Erhaltung der Abflussleistung dieser Gewässer erforderlich sind, verhindern die Gewässerentwicklung und belassen die Gewässer auf Dauer in einem naturfernen Zustand. Aufgrund großer finanzieller Anstrengungen im Bereich der Abwasserreinigung haben die Fließgewässer heute wieder eine akzeptable Wasserqualität erreicht – bei der Gewässerstruktur besteht aber erheblicher Entwicklungsbedarf.

Ein Gewässerentwicklungsplan als Gesamtbetrachtung des Gewässersystems untersuchte sowohl die ökologischen als auch die wasserwirtschaftlichen Probleme des Gebiets und bildete die fachliche Grundlage für Entwicklungsmaßnahmen an den einzelnen Gewässern (ALAND 1993).

Unter Beachtung der Rahmenbedingungen (z. B.Hochwasserschutz, Siedlungsentwicklung, Landnutzung und verfügbare Entwicklungsfläche) wurden die erforderlichen Maßnahmen für Schutz, Pflege und Entwicklung der Gewässer formuliert.

7.8.3 Planung und Maßnahmen

Seit Mitte der 1990er-Jahre konnten zahlreiche Maßnahmen des Gewässerentwicklungsplans im Konsens mit Kommunen und Bevölkerung umgesetzt werden. Wesentlich zum Erfolg beigetragen hat die Bereitschaft der Städte und Gemeinden in großem Umfang kommunale Flächen für die Gewässerentwicklung zur Verfügung zu stellen.

Schutz und Erhaltung

Naturnahe Gewässerabschnitte sind in Baden-Württemberg unter besonderen Schutz gestellt. Nach den Ausbaumaßnahmen sind nur noch wenige Flachlandgewässer der mittelbadischen Rheinebene in naturnahem, unverändertem Zustand (Abb. 7.74). Diese wenigen, sowohl morphologisch als auch biologisch bemerkenswerten Bachstrecken, dienten als Vorbildabschnitte für die Gewässerentwicklung und sind von besonderer Bedeutung für die Wiederbesiedlung umgestalteter Gewässerabschnitte (z. B. mit seltenen Libellen- und Muschelarten).

Die Sicherung natürlicher Überschwemmungsflächen, die dem Hochwasserschutz dienen, und die Berücksichtigung der Belange des Arten- und Biotopschutzes bei der Gewässerunterhaltung sind weitere wichtige Bestandteile der Gewässerentwicklung.

Änderung der Unterhaltungspraxis

Durch genaue Kenntnis des jeweiligen Gewässers und eine flexible Organisation können vorhandene Spielräume bei der Ausführung der Arbeiten zugunsten einer naturschonenden Gewässerunterhaltung genutzt werden (ATV-DVWK 2002; DVWK 1999; GWD 1999).

So werden die Gewässer der Acher-Rench-Korrektion, statt der früher üblichen Vollräumung (Abb. 7.75), heute nur noch halb- oder wechselseitig und abschnittsweise geräumt (Abb. 7.76). Bereits nach einem Jahr eingeschränkter Unterhaltung differenzieren die Röhricht- und Wasserpflanzenbestände die Fließstruktur und erhöhen die Lebensraumvielfalt. Als positiver Nebeneffekt wird der Unterhaltungsaufwand dabei deutlich reduziert.

Abb. 7.74 Naturnaher Gewässerabschnitt am Durbach (Foto: Regierungspräsidium Freiburg, Landesbetrieb Gewässer)

Abb. 7.75 Durbach-Kammbach-Wannenbach-Kanal (DKW-Kanal) nach einer Räumung (Foto: R. Jehle)

Abb. 7.76 Halbseitig- abschnittsweiser Einsatz des Mähkorbs (Foto: Regierungspräsidium Freiburg, Landesbetrieb Gewässer)

Beim Mähen des Wasserkrauts mit dem Mähkorb werden die Pflanzen einige Zentimeter über der Gewässersohle und nur in Gewässermitte abgeschnitten (Abb. 7.76). Somit verbleibt in den Randbereichen genügend Vegetation, um den hieran gebundenen Tieren ausreichend Lebensraum zu bieten. Aufgelandete Vorlandflächen oder Anlandungen im Mittelwasserbett der großen Flutkanäle werden halbseitig und abschnittsweise, außerhalb der Brut- und Laichzeiten geräumt.

Förderung der Eigenentwicklung

Die Bereitstellung von Entwicklungsflächen ist die Grundlage einer erfolgreichen Gewässerentwicklung. Am Zusammenfluss von Durbach und Kammbach wurde beispielsweise durch die Gemeinde ein entsprechendes Teilgrundstück zur Verfügung gestellt. Als Initialmaßnahme wurden das Sohlen- und Böschungspflaster entfernt und die Ufer abgeflacht. Inzwischen wechseln sich tiefe Kolke mit flachen Kiesbänken ab (Abb. 7.77a, b). Die Zunahme des Fischbestandes in Artenzahl und Menge dokumentiert den Erfolg dieser Maßnahme.

Der Durbach wurde im weiteren Verlauf mit einem Doppeltrapezprofil mit Vorländern und kleinen Hochwasserschutzdämmen ausgebaut. Auflandungen des Profils machen wiederkehrende Räumungen erforderlich. Bei den Räumungen in den Jahren 1999 und 2000 wurde das Pflaster vollständig entfernt und die vorhandenen Vorlandflächen zur Veränderung des Mittelwasserbetts genutzt. Durch Einbeziehen der ca. 5 m breiten Vorlandflächen ist genügend Raum für Vegetationsentwicklung gegeben, ohne die Abflussleistung des Profils zu beeinträchtigen.

Weiterentwicklung durch Gewässerrandstreifen

Mit der Novellierung des Wassergesetzes des Landes Baden-Württemberg im Jahre 2014 wurde den Trägern der Unterhaltungslast ein Vorkaufsrecht am Gewässerrandstreifen eingeräumt. Der Landesbetrieb Gewässer hat seither von dieser Möglichkeit regen Gebrauch gemacht und konnte so wertvolle Flächen zur Gewässerentwicklung gewinnen. Auf diesen Flächen konnten im Rahmen der Gewässerunterhaltung neue Retentionsflächen und naturnahe Gewässerrandstreifen realisiert werden.

Am Ritt- und Schwellengraben wurden seit dem Jahr 2018 drei zusammenhängende Gewässerrandstreifen erworben und umgestaltet (Abb. 7.78). Die vorhandenen Trapezprofile wurden abgeflacht und eine 3 m breite Berme mit Initialgerinne angelegt. Die Flächen haben sich mittlerweile über natürliche Sukzession begrünt. Zur Sicherung der Übergangsbereiche der alten Böschung wurden Weidensteckhölzer eingebracht.

Naturnahe Umgestaltung

Der im Jahre 1955 begradigte Sasbach wurde 1995/96 wieder naturnah umgestaltet (Abb. 7.79). Dabei wurde bewusst auf eine Feinprofilierung des Gewässerbetts verzichtet, das Mittelwasser wurde relativ eng dimensioniert, der Abflussquerschnitt insgesamt aber stark aufgeweitet, um dem Bach genügend Spielraum für die Weiterentwicklung zu belassen und Unterhaltungsmaßnahmen künftig nur noch auf die höher gelegenen Flächen

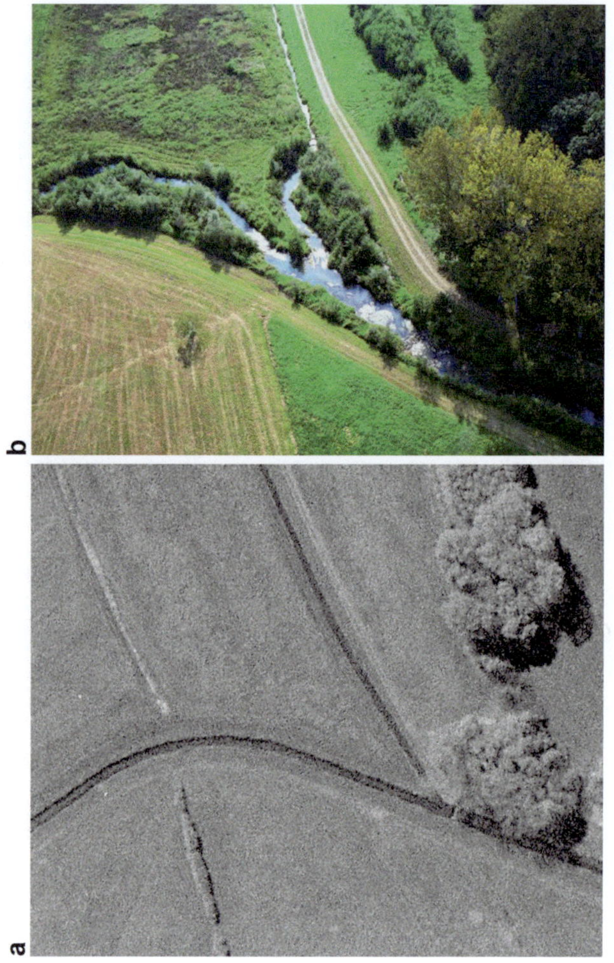

Abb. 7.77 Umgestaltung des Zusammenflusses von Durbach und Kammbach. **a** vor der Umgestaltung (im Jahr 1980), **b** zwei Jahre nach der Umgestaltung (im Jahr 2001) (Foto 7.77a: Landesvermessungsamt Baden-Württemberg; Foto 7.77b: W. Maerzke)

Abb. 7.78 Gewässerrandstreifen am Rittgraben im Jahre 2018 (Foto: S. Spinner)

Abb. 7.79 Sasbachflutkanal nach Abschluss der Baumaßnahmen im Jahre 1996 (Foto: Regierungspräsidium Freiburg, Landesbetrieb Gewässer)

zu beschränken. Der Aufwuchs der bachbegleitenden Ufergehölze mit Schwarzerle und verschiedenen Weidenarten erfolgt nahezu vollständig über natürliche Sukzession.

Die Entwicklung des Sasbachs im Laufe der Jahre zeigt, dass sich zunächst nur ein naturnäheres Bachbett schaffen lässt (Abb. 7.80). Höherwertige Strukturen, welche die Naturnähe eines Gewässers letztlich bestimmen, entwickeln sich erst über längere Zeiträume. So tragen zum Beispiel vor allem die älteren Ufergehölze zur Entwicklung der Sohlenstrukturen bei. Im Rahmen der Gehölzpflege muss allerdings darauf geachtet werden, dass die zur Sicherung des Hochwasserschutzes für den Abfluss benötigten Flächen von Gehölzaufwuchs freigehalten werden.

Wiederherstellung der Durchgängigkeit/Wiederansiedlung von Wanderfischen

Eine Schlüsselfunktion bei der Gewässerentwicklung besitzt die Wiederherstellung eines durchgängigen Gewässerverbundes, der vom Rhein bis in die Oberläufe der Hauptgewässer Rench und Acher reichen soll. Die Durchgängigkeit des Acher-Rench-Gebiets

Abb. 7.80 Sasbach-Flutkanal nach mehrjähriger Entwicklungszeit im Jahre 2002 (Foto: W. Maerzke)

ist besonders wichtig für die geplante Wiederansiedlung der Wanderfische (z. B. Lachs und Meerforelle), die noch bis etwa 1920 in großer Zahl die Laichgebiete der großen Schwarzwaldgewässer aufsuchten.

Zum Wiederaufbau eines Lachsbestandes werden vom Landesfischereiverband Baden seit 2006 an der Rench regelmäßig Junglachse eingesetzt. Mit dem Bau der Fischaufstiegsanlage an der Rheinstaustufe Iffezheim im Jahr 2000 können diese Wanderfische heute auch wieder die Rench erreichen. Durch den Bau mehrerer Fischaufstiege konnte mittlerweile die Durchgängigkeit der Rench vom Rhein bis etwa 40 Kilometer flussaufwärts hergestellt werden (Abb. 7.81).

Hier befinden sich die für die Großsalmoniden geeigneten Laichgebiete. Seit 2005 wurden unterstützt durch Mittel der europäischen Förderprogramme FIAF (Finanzausrichtung für die Ausrichtung der Fischerei) und EFF (Europäischer Fischereifonds) viele weitere Maßnahmen zur Aufwertung der Struktur der Rench umgesetzt (Abb. 7.82). Damit konnte das Lebensraum- und Laichplatzangebot weiter vergrößert werden.

Entwicklungen und Erfahrungen

Für die durchgeführten Gewässerentwicklungsmaßnahmen wurden regelmäßig Erfolgskontrollen durchgeführt, deren Erkenntnisse auch bei der Planung von Folgeprojekten berücksichtigt werden. Bei den neueren Projekten wurden die entsprechenden Fachleute (z. B. Fischereibiologen) bereits bei der Maßnahmenplanung und Bauüberwachung hinzugezogen um aufwändige Nacharbeiten nach Abschluss der Baumaßnahme zu vermeiden. Alle ausgeführten Gewässerentwicklungsmaßnahmen wurden in Maßnahmensteckbriefen dokumentiert.

Abb. 7.81 Umgehungsbach am Renchflutkanal im Jahre 2002 (Foto: W. Maerzke)

Abb. 7.82 Umgestaltung mit Dammrückverlegung an der Rench bei Erlach (Foto: B. Walser)

Abb. 7.83 Umgestaltete Kammbach-Mündung im Jahre 2002 (Foto: W. Maerzke)

Bei den aufgeführten Maßnahmen konnten die monotonen Gewässerstrukturen verändert und neue vielfältige Lebensräume geschaffen werden (Abb. 7.83). Die Erfolgskontrollen zeigen, dass hiervon sowohl die Fische als auch alle anderen Qualitätskomponenten der Wasserrahmenrichtlinie profitieren.

In den Übergangsbereichen Wasser-Land zeigen die Pflanzengesellschaften ebenfalls eine naturnahe Entwicklung. Gehölzbestände, Röhrichtsäume und bachtypische Hochstaudenfluren haben sich heute da etabliert, wo früher artenarmer Böschungsrasen dominierte.

Die Maßnahmen lassen erkennen, dass auch künstliche Flutkanäle einen hochwertigen Lebensraum vor allem für spezialisierte und heute stark bedrohte Arten, wie bestimmte Muscheln und Libellenarten, darstellen können. Mit einer optimierten Unterhaltung kann man hier ohne finanziellen Mehraufwand erfolgreich Gewässerentwicklung betreiben.

7.9 Die Isar (Bayern) – Ein alpiner Wildfluss

Walter Binder

Die Isar entspringt im Karwendelgebirge und fließt nach ca. 260 Kilometer bei Deggendorf in die Donau. Das Einzugsgebiet umfasst nahezu 9000 km^2, einschließlich der wichtigsten Nebenflüsse Loisach und Amper. Anhand der geologischen Räume lassen sich drei charakteristische Flussabschnitte unterscheiden: die Obere Isar (vom Quellgebiet bis an die Stadtgrenze von München), die Mittlere Isar (von München bis Landshut) und die Untere Isar (von Landshut bis zur Mündung in die Donau). Über den gesamten Verlauf hatte die Isar vor der Regulierung im 19. Jahrhundert den Charakter eines alpinen Wildflusses.

Die Niederschläge im Einzugsgebiet betragen im Mündungsgebiet weniger als 700 mm/a, in München ca. 800 mm/a, bei Bad Tölz 1200 mm/a und im Gebirge zum Teil über 2000 mm/a. Die größeren Hochwasser treten im Sommerhalbjahr zwischen Mai und September auf. Beim Pegel München liegt der mittlere Abfluss (MQ) bei ca. 90 m^3/s und der Hochwasserabfluss (HQ) bei ca. 350 m^3/s. Der höchste bekannte Abfluss (HHQ) in München beträgt 1440 m^3/s. Das Geschiebetransportvermögen der Isar liegt zwischen 20.000 bis zu 60.000 Tonnen Geschiebe/Jahr (BayLFU 2011).

7.9.1 Ausgangssituation und Anlass

Bis Mitte des 19. Jahrhunderts war die Isar ein noch weitgehend naturbelassener Wildfluss mit ständig verlagernden Kiesbänken, eingebettet in ein breites Band von Auwäldern. Die Flussrinnen verloren sich in einem bis zu 1000 m breiten Schotterbett. Erst im Mündungsbereich in die Donau veränderte sich die Laufgestalt. Aus dem verzweigten Verlauf entwickelten sich infolge des abnehmenden Gefälles zunehmend mäanderartige Laufformen.

Die Flussarme und Nebengewässer, die ausgedehnten Kiesbänke bis zur Mündung *in die Do*nau und die begleitenden Au*waldbänder* beherbergten Lebensräume für eine Vielzahl von Pfanzen und Tierarten. Sie sind infolge der wasserbaulichen Eingriffe im 20. Jahrhundert stark zurückgedrängt worden und großteils verloren gegangen. Trotzdem wird die Isar auch heute noch von den Alpen bis zur Donau auf weiten Abschnitten von Auwäldern begleitet, nur unterbrochen in den Stadtgebieten von München und Landshut und stark aufgelichtet an der Unteren Isar.

Zu Beginn des 19. Jahrhunderts war die Isar ein noch weitgehend naturbelassener Wildfluss mit ständig verlagernden Kiesbänken, eingebettet in ein breites Band von Auwäldern. Die Flussrinnen verloren sich in einem bis zu 1000 m breiten Schotterbett. Erst im Mündungsbereich in die Donau veränderte sich die Laufgestalt. Aus dem verzweigten Verlauf entwickelten sich infolge des abnehmenden Gefälles zunehmend mäanderartige Laufformen.

Von den Alpen bis zur Donau war der Isar-Flusslauf von einem breiten Auwaldband begleitet, das auch heute noch zu großen Teilen erhalten ist. Diese Auwälder waren nur in den Stadtgebieten von München und Landshut unterbrochen.

Flussbauliche Maßnahmen

Die ersten flussbaulichen Korrektionen wurden zu Beginn des 19. Jahrhunderts im Stadtgebiet von München durchgeführt. Das breite Gewässerbett wurde mittels Buhnen und Längsbauwerken auf ein kanalartiges Gerinne reduziert. Als Folge dieses Ausbaus tiefte sich das Gewässerbett ein. Später stabilisierte man diese Eintiefungen durch massive Querbauwerke.

Die Korrektionsarbeiten an der Unteren und Mittleren Isar begannen in der zweiten Hälfte des 19. Jahrhunderts und wurden zu Beginn des 20. Jahrhunderts abgeschlossen.

An der Oberen Isar sind einige Flussabschnitte bis heute noch weitgehend unverbaut. Beispielhaft seien hier die Abschnitte zwischen Krün und dem Sylvensteinspeicher sowie zwischen Bad Tölz und der Loisachmündung genannt (Abb. 7.84).

Abb. 7.84 Naturbelassener Flussabschnitt an der Oberen Isar. Bei geringen Abflüssen verliert sich das Wasser zwischen ausgedehnten Kiesbänken (Foto: I. Wagner)

Abb. 7.85 Der Sylvensteinspeicher schützt das Obere Isartal und die Stadt München vor Hochwasser (Archiv Bayerisches Landesamt für Umwelt)

Hochwasserschutz

In der ersten Hälfte des 20. Jahrhunderts wurden entlang der Isar zahlreiche Hochwasserschutzdeiche gebaut, wie zum Beispiel von der Mündung bis Garching, in München und südlich von München sowie im Bereich des Klosters Schäftlarn. In Landshut legte man nach 1950 eine Flutmulde an, um den Hochwasserschutz für das Stadtgebiet zu verbessern.

Eine entscheidende Verbesserung für den Hochwasserschutz von München und Landshut brachte der Bau des Sylvensteinspeichers 1954 bis 1959 (Abb. 7.85). Durch dessen Rückhaltewirkung reduziert sich der Abfluss im Stadtgebiet von München um bis zu 200 m^3/s, so dass das HQ_{100} bei ca. 1100 m^3/s liegt. Bei den extremen Hochwasserereignissen 1999, 2005 und 2013 hat der Speicher die Stadt München vor Überschwemmungen geschützt. Allerdings führt das im Speicher zurückgehaltene Geschiebe zu einem Defizit in den noch frei fließenden Flussabschnitten bis Landshut.

Ausleitungen

Die großen Abfluss-Schwankungen (zwischen 30 m^3/s und über 1000 m^3/s), besonders die Hochwasserabflüsse (Hochwasserextreme) und die hohen Geschiebefrachten waren der Grund, dass bis Ende des 19. Jahrhunderts in der Isar keine festen Bauwerke errichtet werden konnten. Das Wasser wurde in München bereits im 14. Jahrhundert zur Nutzung der Wasserkraft in Kanäle (Ausleitungsbäche) geleitet.

In Stadtgebiet von München speist auch heute noch die Isar ein Netz von Stadtbächen einschließlich des Bachsystems im Englischen Garten, bevor das Wasser über den Garchinger Mühlbach wieder in das eigentliche Isar-Bett zurückgeleitet wird. In Landshut wird Wasser aus der Isar in den Längenmühlbach ausgeleitet, der bei Plattling wieder in die Isar fließt.

Wehranlagen gab es nur in München und Landshut. Nur diese Städte waren wirtschaftlich in der Lage, solche Anlagen zu bauen, zu unterhalten und nach zerstörerischen Hochwasserereignissen wieder herzustellen.

Wasserkraftanlagen

Zu Beginn des 19. Jahrhunderts begann der Ausbau der Wasserkraft. Die Wasserführung der Isar, das große Gefälle und die technischen Fortschritte begünstigten diese Entwicklung. Bis zum Jahr 1930 waren Ausleitungskraftwerke an der Isar üblich. Das Wasser wurde mittels Wehranlagen aufgestaut und über Kanäle den Kraftwerken zugeleitet. Derartige Kraftwerksanlagen entstanden zunächst am südlichen Stadtrand von München (um 1900), im Mühltal, bei Schäftlarn (1924 bis 1928) und mit dem Bau des Mittleren Isarkanals (1924 bis 1928).

Erwähnt werden soll in diesem Zusammenhang auch noch die Überleitung von Isarwasser in den Walchensee bei Krün. Diese Anlage wurde in den Jahren nach 1920 errichtet (Karl et al. 1998). Die Ausbauleistung des Walchenseekraftwerks, dem gößten Kraftwerk im Isarsystem (Ausbauleistung 360.000 KW), beträgt ca. ein Drittel aller Kraftwerke entlang der Isar.

Die Konzession für den Betrieb des Kraftwerks muss vom Freistaat Bayern Ende des Jahres 2020 gekündigt werden und endet für den Kraftwerksbetreiber im Jahr 2030. In diesem Zeitraum von zehn Jahren sind die Vorgaben für eine Verlängerung der Betriebs zu erarbeiten. Sie umfassen unter anderen Fragen der Gewässer-und Auenentwicklung, deren Ausarbeitung von den Gemeinden und Fachverwaltungen sowie den in der *Isar-Allianz* zusammengeschlossenen Umweltverbänden kritisch begleitet werden wird.

Stützkraftstufen

Zwischen Landshut und Plattling sind zwischen 1948 bis 1956 sowie 1976 bis 1988 acht Stützkraftstufen errichtet worden. Dadurch wurde u. a. die fortschreitende Eintiefung der Gewässersohle unterbunden, gleichzeitig aber auch die mit dem Aufstau gewonnene Fallhöhe zur Energieerzeugung in Wasserkraftanlagen genutzt. Nachteilig für das Fließgewässer Isar waren u. a. die massive Festlegung der im Unterwasser der Kraftwerke noch fließenden Isar, die Verringerung der Fließgeschwindigkeit in den Stauräumen und die Unterbrechung der Durchgängigkeit für Fische an den Wehranlagen. Die Abdichtung der Dämme hat die Korrespondenz von Fluss- und Grundwasser unterbunden und den Fluss von der Aue entkoppelt.

Flussbegradigungen, Hochwasserschutz, Siedlungen und landwirtschaftliche Nutzung haben viele Flusslandschaften in Mitteleuropa, so auch die Isar, verändert. Aus der einst in einer breiten Aue zwischen Kiesbänken frei pendelnden Isar wurde bis auf wenige Ausnahmen im Oberlauf ein festgelegtes Gerinne mit massiven Längsverbauungen. Talsperren, Abstürze, Wehranlagen und Staustufen unterbrechen die Durchgängigkeit der Isar für Fische und den natürlichen Transport von Geschiebe. Doch wird die Isar auch heute noch vom Gebirge bis zur Mündung in die Donau von ausgedehnten Auwäldern begleitet, unterbrochen im Bereich der Städte München und Landshut und ausgedünnt zwischen Landshut und Plattling.

7.9.2 Entwicklungskonzept, Ziele, Konflikte

Ein verändertes Freizeitverhalten hat in den letzten Jahrzehnten zu einer Wiederentdeckung naturnaher Flusslandschaften geführt. Eine Voraussetzung dazu waren die Erfolge in der Abwasserbehandlung in den letzten 40 Jahren, welche die Fließgewässer als Badegewässer wieder interessant machten. Naturschutzfachlich ist die Isar mit ihren Auwäldern von großer Bedeutung. So sind mehr als 80 Prozent der Isar und der begleitenden Auwälder als Schutzgebiete von europäischer Bedeutung (Flora-Fauna-Habitat-Gebiete) in das Netz *Natura-2000* eingebunden.

Um unterschiedliche Nutzungsansprüche an Fließgewässer und Aue (z. B. Hochwasserschutz, Gewässerökologie, Land- und Forstwirtschaft sowie Freizeit und Erholung) abstimmen zu können, werden im Freistaat Bayern *Gewässerentwicklungskonzepte* erstellt. Diese Pläne enthalten konzeptionelle Vorstellungen zur nachhaltigen Entwicklung der Flusslandschaft durch Förderung des natürlichen Rückhalts bei Hochwasser und durch den Abbau ökologischer Defizite.

Diese Planungskonzepte sind eine Grundlage für die Erstellung der Managementpläne nach den Vorgaben der der EG-Wasserrahmenrichtlinie. Für die Erhaltung der Lebensraumtypen von *Natura-2000* sind ebenfalls Managementpläne vorgeschrieben. Durch die fachübergreifende Zusammenarbeit von Wasserwirtschaft und Naturschutz ergeben sich Synergien für den Schutz und die nachhaltige Entwicklung der Gewässer und ihren Auen.

Ausgehend vom *Leitbild*, das sich am potenziell natürlichen Zustand der Flusslandschaft orientiert, wird eine Bestandsaufnahme durchgeführt. Im Abgleich mit dem Leitbild werden die Defizite ermittelt. Unter Berücksichtigung bestehender Zwangspunkte, wie zum Beispiel Bebauung werden die Planziele und die zu ihrer Umsetzung geeigneten Maßnahmen aufgezeigt.

Für die Isar ergeben sich im Hinblick auf einen verbesserten Hochwasserschutz für die Anwohner und die ökologische Aufwertung der Flusslandschaft an *Entwicklungszielen:*

- Sicherung eines nach ökologischen Gesichtspunkten ausreichenden Mindestabflusses in Ausleitungsstrecken.
- Wiederherstellung der Durchgängigkeit für im Wasser wandernde Organismen und für das Geschiebe; gilt für die Isar und die einmündenden Gewässern.
- Zugabe von Geschiebe und Zulassen gewässerdynamischer Prozesse durch Rückbau von Uferbefestigungen, um das Geschiebedefizit in den noch frei fließenden Flussabschnitten zu verringern.

- Wiederzulassen gewässerdynamischer Prozesse durch Rückbau von Uferbefestigungen.
- Verbesserung des natürlichen Wasserrückhalts bei Hochwasser.
- Sicherung von Siedlungen und Verkehrswegen durch Verstärkung vorhandener Hochwasserschutzsysteme durch Rückbau oder zurück verlegen von Deichen. Erschließung von Flussabschnitten für Freizeit und Erholung zum Beispiel durch Lenkung der Erholungssuchenden.
- Verbesserung des natürlichen Wasserrückhalts bei Hochwasser durch Rückbau oder zurück verlegen von Deichen als Beitrag zum Hochwasserschutz.
- Sicherung von Siedlungen und Verkehrswegen durch Verstärkung vorhandener Hochwasserschutzsysteme.
- Erschließung von Flussabschnitten für Freizeit und Erholung zum Beispiel durch Lenkung der Erholungssuchenden.

7.9.3 Planung und Maßnahmen

Die *Maßnahmen* zur Fließgewässer- und Auenentwicklung konzentrieren sich auf …

- den Uferrückbau und das Wiederzulassen gewässerdynamischer Prozesse,
- den Umbau von Abstürzen in Sohlenrampen und den Bau von Umgehungsgerinnen an Wehren zur Wiederherstellung der Durchgängigkeit,
- den Aufkauf von landwirtschaftlich genutzten Flächen für Flussaufweitungen und Begründung von Auwald sowie
- die Verlegung von uferbegleitenden Wegen, wenn durch die natürliche Flussverlagerung vorhandene Wegverbindungen unterspült werden.

Die Chancen für die Fluss- und Auenentwicklung werden nachfolgend anhand von ausgewählten Projekten vorgestellt.

Pilotprojekt Mühltal

Ein eindrucksvolles Beispiel zur Gewässerentwicklung zeigt der Rückbau der Ufer an der Isar im Bereich der Ausleitungsstrecke Mühltal, 30 Kilometer südlich von München. Für diesen Flussabschnitt wurde im Jahre 1998 ein neuer Wasserrechtsbescheid erlassen, der die Betreiber des Kraftwerks Mühltal verpflichtet, einen Mindestwasserabfluss von durchschnittlich 15 m^3/s in der Isar zu belassen und zusätzlich Maßnahmen zur Gewässerentwicklung durchzuführen.

So wurde am Ickinger Wehr der Fischpass umgebaut, die Geschiebeweitergabe am Wehr verbessert sowie auf einer Fließstrecke von mehr als sieben Kilometern die starren Uferverbauungen im Flussbett entfernt. Das Ziel war die verbaute Isar durch das Zulassen morphodynamischer Prozesse (Laufverlagerung) wieder in eine Wildflusslandschaft zu überführen. Vorbild dafür war eine Studie, welche die Laufgestalt in den Jahren 1798, 1925 und 1986 zeigt (Abb. 7.86 und 7.87). Die dazu benötigten Flächen wurden vom Freistaat Bayern zur Verfügung gestellt.

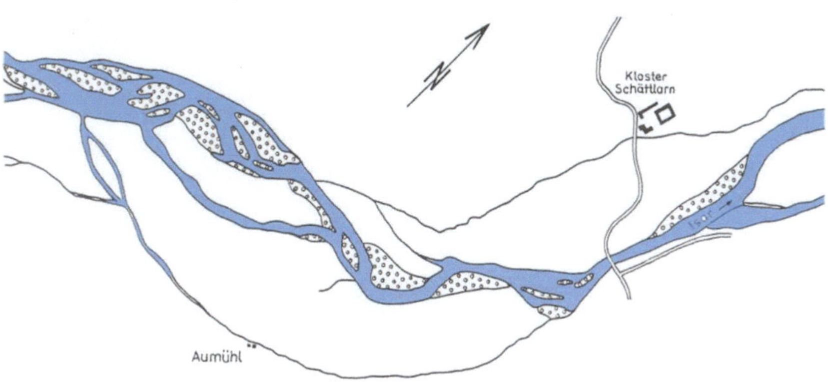

Plan der Isar nach Consoni 1798

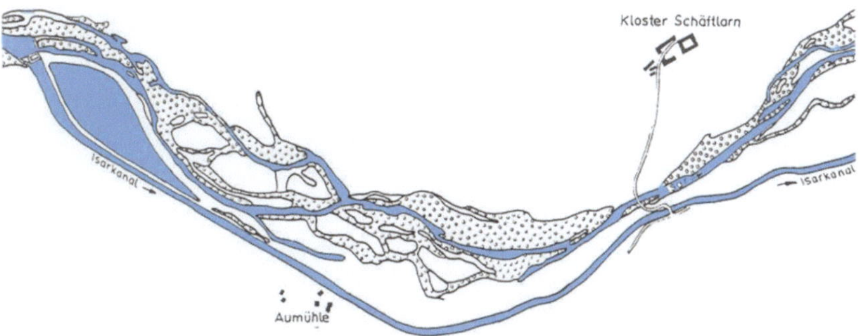

nach Luftbild von 1925

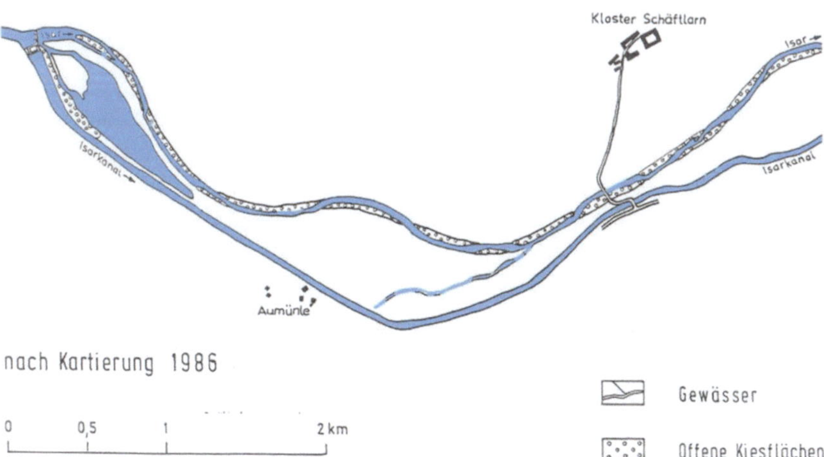

Abb. 7.86 Studie zur Veränderung der Laufgestalt der Isar im Bereich von Icking/Schäftlarn 1798, 1925 und 1986. Zur Nutzung der Wasserkraft wurde im Jahr 1925 der Kanal errichtet und der Fluss verbaut. Als Folge davon sind die Kiesbänke weitgehend verloren gegangen. (Grafik: Bayerisches Landesamt für Umwelt)

Abb. 7.87 Vom verbauten Kanal zurück zum Wildfluss. Die renaturierte Isar im Bereich des Kraftwerk Mühltal im Jahre 2012 mit Laufverlagerung und ausgedehnten Kiesbänken, auf denen sich im Jahre 2014 die Deutsche Tamariske wieder angesiedelt hat. Die gelb gestrichelte Linie kennzeichnet die ehemals verbaute Isar. (Luftbild: Bayerisches Landesamt für Vermessung und Geoinformation)

Der Uferverbau bestand aus Ortsbeton, den man in den zwanziger Jahren aus Isar-Geschiebe und Zement hergestellt hatte. Die starren Betonblöcke wurden entnommen, zerkleinert und das gebrochene Material wieder als „Geschiebe" in die Isar eingebracht. Die Hochwasserereignisse in den Jahren 2005 und 2013 haben den nun nicht mehr durch Verbauungen geschützten Flussschlauch erheblich verändert. Bis heute hat sich in Teilbereichen das Flussbett fast um das Doppelte verbreitert. Ausgedehnte Kiesbänke bezeugen die hohe Dynamik alpiner Flüsse. Der Fluss hat mehr als 25 Hektar Auwald abgetragen, Gehölze entwurzelt, als Totholz verfrachtet und Kiesbänke abgelagert.

Im Vergleich zu dem zuvor kanalisierten Flussabschnitt zeigt die neue Isar wieder ihren alpinen Charakter mit einem durch Kiesbänke und Totholz erheblich verbesserten Lebensraumangebot im und am Wasser (Abb. 7.87).

Die ablaufenden flussmorphologischen Prozesse und die Verlagerung des Flussbetts in den Auwald werden von den Unterhaltspflichtigen mit wissender Gelassenheit beobachtet.

Sollte der Fluss den Lauf soweit verlagern, dass die Gefährdung von Anlagen zu befürchten ist, werden entsprechende Verbauungen eingebracht.

Auf den mit der Renaturierung abgelagerten Kiesbänken hat sich die für den Gebirgsfluss typische Tier- und Pflanzenwelt wieder eingestellt, welche infolge der Verbauungen bereits vor Jahrzehnten verschwunden war. Im Jahr 2014 hat sich auf den Kiesbänken die Deutsche Tamariske (*Myricaria germanica*) angesät, möglicherweise begünstigt durch die bei dem Hochwasser im Jahr 2013 neu angelandeten Kiesbänke (Abb. 7.88). Ebenso stellte sich der Flussegenpfeifer (Charadrius dubius), der auf Kiesbänken brütet, wieder ein.

Die Deutsche Tamariske gehört zu dem stark gefährdeten FFH-Lebensraumtyp 3230, „Alpine Flüsse mit Ufergehölzen der Deutschen Tamariske", der einst entlang den Alpenflüssen weit verbreitet war und heute nur noch in wenigen Restbeständen, so auch an den nicht verbauten Flussabschnitte an der Oberen Isar, zu finden ist. Von dort dürfte der Samen bei dem Hochwasser im Jahr 2013 flussabwärts verfrachtet worden sein.

Die Rückkehr der Deutschen Tamariske an die Isar bei Mühltal zeigt, dass durch das Wiederzulassen morphodynamischer Prozesse die Voraussetzung für die Wiederansiedlung der für die Flusslandschaft typischen Lebensgemeinschaften geschaffen werden können. Die Isar im Mühltal zeigt heute wieder ihren alpinen Charakter und zählt heute zu den Flussjuwelen Bayerns. Ausgedehnte Kies- und Sandbänke, deren Ausprägungen bei jedem

Abb. 7.88 Die Deutsche Tamariske (*Myricaria germanica*), hat infolge von Flussverbauungen ihren Lebensraum an den Flüssen in den Alpen weitgehend verloren. Sie konnte sich auf den Kiesbänken der renaturierten Isar im Mühltal wieder ansiedeln (Foto: W. Binder)

Hochwasser verändert werden, bieten wieder Lebensräume, welche mit der Festlegung der Isar vor 80 Jahren verloren gegangen sind.

Die Rückkehr der Deutschen Tamariske an die Isar im Mühltal unterstreicht die Bedeutung von Projekten zur Renaturierung von Flüssen zur Erhaltung der Biodiversität (Binder und Gröbmaier 2014). Für die Verantwortlichen ist sie Belohnung und Ansporn die Entwicklung der Flusslandschaft Isar auch weiterhin mit Fachverstand und wissender Gelassenheit zu begleiten. Für die Vielzahl der verbauten Gewässerabschnitte in Mitteleuropa und insbesondere im Alpenraum ermutigt und verpflichtet das Beispiel Mühltal solche Projekte zur Gewässerentwicklung entschlossen anzugehen.

Als Ausgleich für eine erhöhter Wasserausleitung in den Kanal baute der Kraftwerksbetreiber in den Jahren 2014 bis 2016 einen Auebach (Abb. 7.89). Er wird mit 2 m^3/s Isarwasser gespeist, umgeht das Ickinger Wehr und folgt vorgegebenen Rinnen im Auwald. Er bietet Laichplätze und Lebensraum für die Wanderfische und mündet nach 1400 Meter wieder in die Isar (Abb. 7.90) (Binder 2017).

Isarplan – München und Perspektiven für die innerstädtische isar

Der *Isarplan München* (Bauzeit von 1999 bis 2011) hat den Fluss im Stadtgebiet zu einem attraktiven Badegewässer aufgewertet. Die Ziele: Verbesserung des Hochwasserschutzes, der Ökologie und des Freizeitwerts wurden voll erreicht.

Die um 1900 in ein kanalartiges Bett gezwängte Isar, deren Ufer massiv verbaut und deren Sohle durch zahlreiche Abstürze festgelegt worden war (Abb. 7.91), hat heute wieder ein naturnäheres Gewässerbett. Dazu wurde das Flussbett aufgeweitet und der massive Uferverbau durch kiesüberdeckte Ufer abgelöst. Sohlenrampen ersetzen die vorhandenen Abstürze und stellen die Durchgängigkeit für Wasserorganismen im Fluss wieder her (Ruhland 2011). Die abgesenkten Vorländer verbessern die Abflussleistung bei Hochwasser (Abb. 7.92).

Die gute Wasserqualität, das große Angebot an Kiesbänken, der verbesserter Zugang zum Wasser hat die Möglichkeiten für Freizeit und Erholung an der Isar im Stadtgebiet von München entscheidend verbessert (Abb. 7.92 und 7.93). Die frühzeitige Einbindung der Bevölkerung und verschiedener Interessengruppen, so auch der in der Isar-Allianz, zusammengeschlossen. Umweltverbände in den Planungs- und Umsetzungsprozess einzubinden, hat sehr zum Gelingen dieser Maßnahme beigetragen.

In Fortsetzung des Isarplans hat das Referat für Stadtplanung und Bauordnung im Auftrag der Stadt München in den Jahren 2015 bis 2019 in einer Flussrunde, in Abstimmung mit Planungsbüros, interessierten Bürgern und Verbänden Perspektiven für die im Norden angrenzende innerstädtische Isar als Rahmenplanung veröffentlicht.

Gewässerentwicklung „Mittlere Isar“

Trotz vieler Eingriffe in die Fließgewässer- und Auenlandschaft wird die Isar zwischen München und Landshut bis auf wenige Engstellen auch heute noch von einem weitgehend geschlossenen Band von Auwäldern begleitet. Große Teile der Isar-Auen zwischen München und Landshut sind heute als Natur- und Landschaftsschutzgebiet ausgewiesen, ste-

Abb. 7.89 Die Trasse des Auenbachs umgeht das Ickinger Wehr (Foto: Uniper, Landshut)

Abb. 7.90 Der Auebach mit eingebrachten Totholz zur Strukturanreicherung entwickelt sich über die Jahre zu einem natürlichen Bachlauf (Foto: Uniper, Landshut)

Abb. 7.91 Die innerstädtische Isar, ausgebaut Ende des 19. Jahrhunderts. Die Kaskade wurde errichtet, um die weitere Einteilung der Flusssohle zu verhindern und die Standfestigkeit der Brücke zu sichern. Die Fischtreppe wurde im Zuge der Beseitigung von Schäden nach dem Hochwasser im Jahr 2005 eingebaut. Sie ermöglicht die Wanderung von Fischen flussaufwärts (Foto: W. Binder)

hen als Bannwald unter Schutz und sind nahezu vollständig für das europäische Biotopverbundnetz *Natura-2000* gemeldet.

Grundlage für die nachhaltige Entwicklung der Fluss- und Auenlandschaft Mittlere Isar ist ein vom Bayerischen Landesamt für Umwelt in Zusammenarbeit mit Fachbehörden und Verbänden erarbeitetes Gewässerentwicklungskonzept. Ein wichtiger Schritt zur Realisierung dieses Konzepts war die Vereinbarung mit den Betreibern der Kraftwerkskette am Mittleren Isarkanal, ab dem Jahr 2002 wieder mehr Wasser im Flussbett zu belassen und Investitionskosten für die Entwicklung der Flusslandschaft Isar, auf Grundlage des Gewässerentwicklungskonzepts, mitzutragen.

Das Konzept sieht vor, durch Rückverlegung von Deichen im Raum Freising bis Moosburg, das derzeitige Überschwemmungsgebiet von 1600 auf mehr als 2600 Hektar auszuweiten (Abb. 7.94). Erste Bauabschnitte sind bereits im Jahre 2004 umgesetzt worden, weitere werden derzeit realisiert.

Das Projektgebiet ist überwiegend bewaldet. Die Wälder sind im Besitz der Staatsforstverwaltung. Durch die Verlegung der Deiche an den Waldrand werden ansonsten notwendige Eingriffe in die Waldbestände, die bei einer Anpassung der Deiche an die heutigen Anforderungen (s. DIN 19 712 „Flussdeiche“) erfolgen müssten, vermieden.

Da die Flusslandschaft mit ihren Auwaldgebieten als *Natura-2000*-Gebiete ausgewiesen und als Bannwald nach dem Bayerischen Waldgesetz geschützt ist, wären solche Eingriffe zur Deichverstärkung bei den gebotenen Alternativen auch nicht genehmigungs-

Abb. 7.92 Die im Zuge des Isarplans neugestaltete Isar im Stadtgebiet von München erleichtert den Zugang zum Wasser (Foto: W. Binder)

Abb. 7.93 Flusserleben inmitten der Stadt München. Die Isar ist bei geringer Wasserführung ein Freizeitparadies. Die Kiesbänke erinnern an den alpinen Charakter des Flusses (Foto: W. Binder)

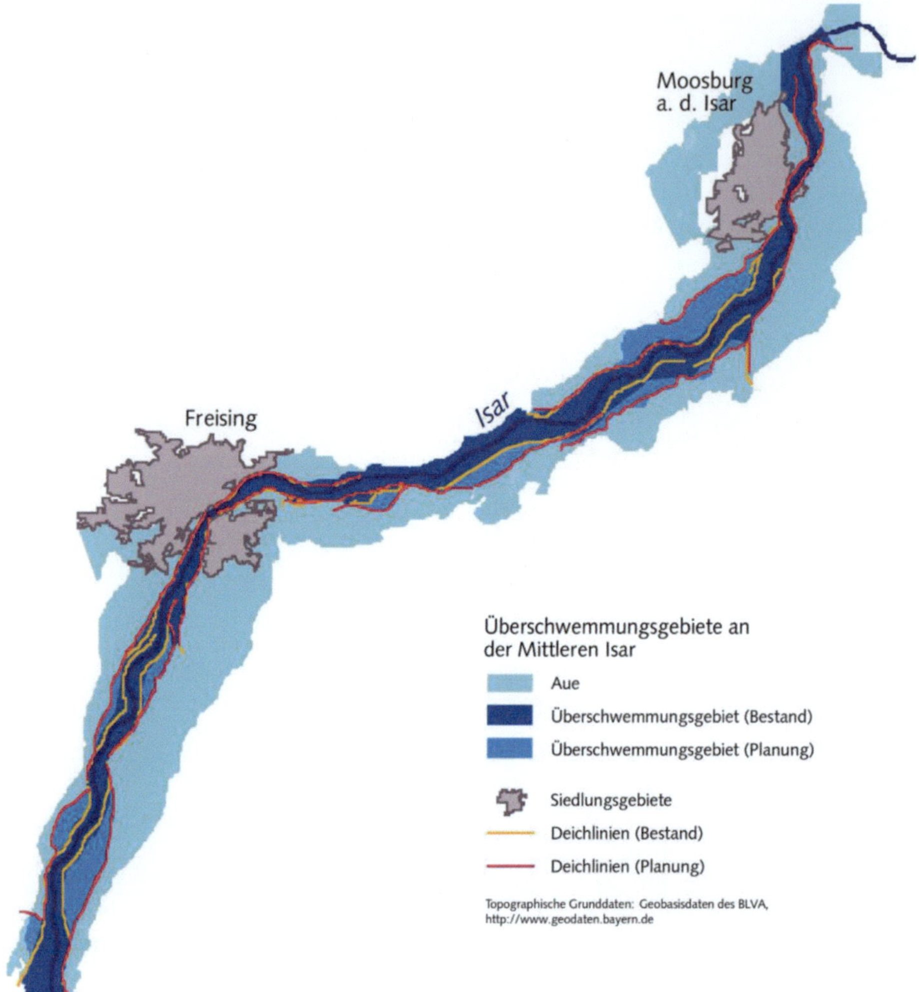

Abb. 7.94 An der Mittleren Isar werden die Deiche zurückverlegt und damit mehr als 1000 Hektar Hochwasserrückhaltgebiete wieder gewonnen (Grafik: Bayerisches Landesamt für Umwelt)

fähig. Nur in Bereichen, in denen eine Deichrückverlegung aufgrund von Nutzungskonflikten nicht möglich ist, werden die vorhandenen Deiche verstärkt und erhöht, um das Bemessungshochwasser schadlos abführen zu können.

Der Deichkörper wird mit Kies geschüttet und nur schwach humisiert. Als nährstoffarmer und relativ wasserdurchlässiger Standort bereichert er das Biotopgefüge der Aue. Diese „brennenähnlichen" Standorte (d. h. grobkiesigen Ablagerungen in der Aue) sind Wuchsorte seltener Arten der Halb- und Trockenrasen. Durch ein- bis zweimalige Mahd im Jahr wird der Aufwuchs von Gehölzen unterdrückt.

Mit der Deichrückverlegung schafft man die Voraussetzung, dass die Uferverbauungen herausgenommen werden können und das Flussbett der Eigenentwicklung überlassen werden kann. Mit der dadurch einsetzenden Verbreiterung des Flussbetts entstehen wieder gewässertypische Lebensräume wie Kiesbänken, die bei jedem Hochwasser verlagert werden. Sie sind Standorte für den Aufwuchs der Weichholzaue, die infolge der Korrektion verloren gegangen waren.

Durch die Rückverlegung der Deiche wird der natürliche Hochwasserrückhalt vergrößert, d. h. bei Hochwasser das Gefahrenpotenzial verringert und somit der Hochwasserschutz für die Anlieger und Unterlieger verbessert.

Ökologische Aufwertung der Unteren Isar im Landkreis Dingolfing-Landau

Zwischen Landshut und Plattling sind zwischen 1948 bis 1956 sowie 1976 bis 1988 acht Stützkraftstufen errichtet worden mit dem Ziel die Eintiefung der Gewässersohle zu unterbinden und die mit dem Aufstau gewonnene Fallhöhe zur Energieerzeugung zu nutzen.

Die Isar wurde in eine Kette von Stauseen umgewandelt. Fließen kann sie nur noch unmittelbar unterhalb der Kraftwerksanlagen. Dazu wurde der Lauf in ein gleichförmiges Bett gelegt mit massiv befestigten Ufer. Der Zugang an das Wasser war weitgehend unterbunden. Die für die Isar typischen Kiesbänke, Uferanbrüche und Nebenarme sind als Folge dieser Eingriffe verschwunden. Die ausgedeichten Auwälder verloren ihre unmittelbare Korrespondenz zum Grundwasser wie auch zum Flusswasser. Für viele Pflanzen- und Tierarten ging das Mosaik an Lebensraum verloren. Fluss und Aue sind dadurch ökologisch verarmt (Abb. 7.95 und 7.96).

Abb. 7.95 Die begradigte Isar bei Dingolfing 2017 zu Beginn der Bauarbeiten (Foto: W. Lorenz, Regierung von Niederbayern)

Abb. 7.96 Der im LIFE Natur-Projekt umgestaltete Flussabschnitt in Dingolfing (Foto: W. Lorenz, Regierung von Niederbayern)

Um diese ökologischen Defizite zu mindern und den Zugang an das Wasser zu verbessern entwickelten das Wasserwirtschaftsamt Landshut zusammen mit der höheren Naturschutzbehörde bei der Regierung von Niederbayern das LIFE Natur-Projekt „Flusserlebnis Isar". Die Laufzeit des Projekte geht von 2015 bis 2022.

Ziele des Projekts ist es, die ökologischen Defizite im Gewässer und der angrenzenden Aue zu mindern und den Zugang an das Wasser zu verbessern, ohne den Betrieb der Wasserkraftanlagen zu beeinträchtigen. Das Projekt wurde zu 60 Prozent von der Europäischen Union (EU) gefördert, mitfinanziert durch den Landkreis Dingolfing-Landau, die Städte Dingolfing und Landau und dem Bayerischen Naturschutzfond.

Das Projektgebiet umfasst insgesamt 600 Hektar, das Projektbudget 6,4 Mio. €. In der staugeregelten Isar leistet das *Life*-Projekt einen wesentlichen Beitrag zur Erhaltung und Förderung der Biodiversität. Zugleich bietet es für Besucher die Möglichkeit die Isar als Fluss wieder zu erleben (Lorenz et al. 2019) (Abb. 7.96).

Isar-Mündungsgebiet

Die etwa sechs Kilometer lange freie Fließstrecke im Mündungsgebiet der Isar wird beidseitig von einem breiten Vorland begleitet (Abb. 7.97). Zusammen mit den Auwäldern und Altgewässern ist das Mündungsgebiet als Schutzgebiet von gesamtstaatlich repräsentativer Bedeutung ausgewiesen worden (Abb. 7.98). Zudem ist das Gebiet mit seinen Lebens-

Abb. 7.97 Das Isarmündungsgebiet beherbergt viele geschützte Lebensraumtypen. Die Maßnahmen für den Hochwasserschutz und die zur Erhaltung der Natura-2000-Gebiete erforderlichen Pflege- und Entwicklungsmaßnahmen werden in enger Abstimmung von Naturschutz und Wasserwirtschaft und den sonstigen Betroffenen umgesetzt (Foto: Archiv Bayerisches Landesamt für Umwelt)

raumtypen als *Natura-2000*-Gebiet entsprechend der europäischen Flora-Fauna Habitat-Richtlinie geschützt.

Aufgrund der herausragenden naturschutzfachlichen Bedeutung des Isarmündungsgebiets und der noch günstigen flussmorphologischen Verhältnisse (ausreichende Kiesüberdeckung) soll dieser Flussabschnitt möglichst naturnah erhalten werden. Durch Abbaggerung der aufgelandeten Ufer, Aufteilen des Abflusses in Flussschlauch und Vorland, soll das Wasser wieder in die Aue geleitet und die Verzahnung von Fluss und Aue verbessert werden.

Das Hochwasser im Jahr 2013 hat erheblichen Schäden im Isarmündungsgebiet verursacht und erfordert eine Ertüchtigung der bestehenden Hochwasserschutzsysteme durch Sanierung und Neubau von Deichen und Ausweitung von Retentionsflächen für den Rückhalt bei Hochwasser.

Abb. 7.98 Totholzstrukturen im Isarmüdungsgebiet fördern die biologische Vielfalt und sind bedeutsame Gestaltungselemente (Foto: W. Binder)

Die Maßnahmen für den Hochwasserschutz und die zur Erhaltung der *Natura-2000*-Gebiete erforderlichen umfangreichen Pflege- und Entwicklungsmaßnahmen nach den Vorgaben der Managementpläne für das Isarmündungsgebiete werden in enger Abstimmung von Naturschutz und Wasserwirtschaft sowie den Betroffenen umgesetzt.

Ein Besucherzentrum in Moos informiert über die gemeinsamen Anstrengungen zum Schutz und Entwicklung der Auen im Isarmündungsgebiet. Dieses wird vom Landkreis Deggendorf, den Fachbehörden des Naturschutzes, der Wasserwirtschaft und dem Bayerischen Naturschutzfond, mit finanzieller Unterstützung durch die Europäische Gemeinschaft, getragen.

7.9.4 Entwicklungen und Erfahrungen

Flussbegradigungen, die Nutzung der Wasserkraft und der Schutz vor Hochwasser haben im 20. Jahrhundert die Flusslandschaft Isar stark verändert. Bis auf wenige Abschnitte im Oberlauf hat sie durch Verbauung ihren alpinen Charakter, gekennzeichnet durch ausgedehnte Kiesbänke, weitgehend verloren. Damit verbunden war der Verlust an Lebensräumen für Pflanzen und Tiere. Das Fluss-Auen-Ökosystem verarmte.

Mit Beginn des 21. Jahrhunderts wurden an allen Abschnitten der Isar vom Gebirge bis zur Mündung in die Donau Projekte zur Renaturierung und ökologischen Aufwertung der Flusslandschaft gestartet. Nicht alle Projekte bringen die ursprüngliche Flusslandschaft zurück, doch alle tragen dazu bei, das Angebot an Lebensräumen für Pflanzen und Tiere nachhaltig zu verbessern und das Flusserlebnis für Besucher aufzuwerten.

Neben den wenigen noch weitgehend natürlich verbliebenen Flussabschnitten, die zu erhalten bzw. zu entwickeln sind, gibt es an der Isar von den Alpen bis zur Donau unterschiedliche Spielräume, um mehr Natur zu wagen und die Lebensräume für Pflanzen und Tiere zu verbessern und Erlebnisräume für die Besucher anzubieten. Sie auszufüllen ist Herausforderung und Verpflichtung für Wasserwirtschaft und Naturschutz und darüber hinaus für alle Nutzer der Isar.

7.10 Die Thur (Schweiz) – Grenzgewässer zwischen den Kantonen Zürich und Thurgau

Christian Göldi

Die Thur entspringt im Säntisgebiet, durchfließt auf einer Länge von 127 Kilometer die Kantone St. Gallen, Thurgau und Zürich und mündet oberhalb des Dorfs Flaach in den Rhein. Von den Kantonen Appenzell Innerrhoden und Appenzell Ausserrhoden fließt die Sitter in die Thur.

Im 1750 km^2 großen Einzugsgebiet der Thur entspringen rund 456 Bäche und Flüsse. Die Thur hat ein wildbachähnliches Wasserregime. Weder Seen noch Stauanlagen gleichen die Wassermassen aus. Starke Regenfälle, die mit starker Schneeschmelze oder vorgängig gesättigtem Boden verbunden sind, führen innerhalb weniger Stunden zu hohen Hochwasserabflüssen in der Thur. Das HQ_{100} beträgt bei Gütighausen ca. 1350 m^3/s. In diesem Abschnitt ist die durchschnittliche Jahresabflussmenge 47 m^3/s. Das niedrigste Tagesmittel (Q = 2,2 m^3/s) wurde im Jahre 1997 gemessen. Das Geschiebevolumen beträgt rund 12.000 m^3 pro Jahr. Eine Darstellung von der Entstehungsgeschichte des Thurtales bis zum Projekt „Hochwasserschutz und Auenlandschaft" enthält Sauter (2022).

7.10.1 Ausgangssituation und Anlass

Am 7. und 8. August 1978 kam es zu einem großen Hochwasser in der Thur. Innerhalb von 24 Stunden waren am 7. August über dem Einzugsgebiet der Thur schätzungsweise 110 mm Niederschlag (entspricht 110 l/m^2) gefallen.

Das Hochwasser brachte große Mengen von Schwemmholz mit sich, welche sich auf dem korrigierten Flussabschnitt unterhalb Frauenfeld in den im Abflussprofil auf dem Vorland stehenden großen Pappeln verfing. Dadurch wurde die Flut lokal aufgestaut und das Wasser strömte an verschiedenen Stellen seitlich über die Deiche. Das auf der Luftseite hinunter schießende Wasser erodierte den aus Erdmaterial, Sand und Kies bestehenden

Abb. 7.99 Die Überschwemmung der Thur-Ebene zwischen Frauenfeld und Gütighausen (Foto: Ch. Hosig)

Deich von hinten her, bis ein Deichbruch erfolgte. Damit brach die Thur aus ihrem Kanal aus und setzte weite Gebiete unter Wasser (Abb. 7.99).

7.10.2 Entwicklungskonzept, Ziele, Konflikte

Unmittelbar nach dem Hochwasser beauftragte der Regierungsrat des Kantons Zürich das Amt für Gewässerschutz und Wasserbau mit der Ausarbeitung eines Korrektionsprojekts für die Thur.

Die im Jahre 1980 vorgelegte Ausbauplanung sah vor, den ursprünglichen Zustand wieder herstellen, d. h. die bald einhundert Jahre alte Korrektion der Thur rückgängig zu machen. Gegen dieses sehr technische Projekt, mit einem durchgehenden geometrischen Profil auf 27 Kilometer Flusslänge und beidseitigem Blockwurf (Steingewicht 1,5 bis 2,5 t), erwuchs aus Naturschutzkreisen energischer Widerstand. Die beratende Kommission des Kantonsrates (Legislative) wies daher das bereits vom Regierungsrat (Exekutive) genehmigte Projekt zur Überarbeitung zurück. Bei der Überarbeitung seien die Belange der Natur besser zu berücksichtigen, ohne jedoch den Schutz von Menschen, Gebäuden und Kulturgütern zu vernachlässigen (Baudirektion Zürich 2000).

In der Folgeplanung, die im Jahre 1983 vorlag, wurden die Naturwerte weit mehr gewichtet. So wurden u. a. die Sohlenbaggerungen reduziert, der Vorlandabtrag modifiziert und der Uferschutz situationsgerecht als Hart-, Misch- und Lebendverbau geplant. Es war vorgesehen, Deiche im Auenwaldgebiet durch Aufschüttungen im Kulturland zu ersetzen.

Trotz dieser Verbesserungen wurde das neue Projekt von den Naturschutzkreisen als immer noch unzureichend abgelehnt. Die Gemeinden des Thurtals wiederum fanden das Projekt zu wenig auf den Hochwasserschutz ausgerichtet. Nach langwierigen Verhandlungen beschloss der Regierungsrat, das Projekt definitiv zurückzuziehen und auf Drängen des Bundes die Hochwasserschutzarbeiten an der Thur als *gebundene Ausgabe* auszuführen. Finanzierungen (Ausgaben) werden als „gebunden" bezeichnet, wenn diese keines Verpflichtungskredits bedürfen, d. h. wenn der Kanton durch übergeordnetes Recht zu ihrer Vornahme verpflichtet ist.

Versuch mit Buhnen als mögliche Verbauungsart

Im Jahre 1987 begannen die Wasserbauer eine ehemals hart mit Beton und Steinen gesicherte bogenförmige Außenkurve (Prallhang) mit Steinbuhnen zu versehen und damit neue Strukturen in diese bis dahin glatt verlaufenden Flussabschnitt einzubringen (Abb. 7.100). Hinter dieser Kurve befindet sich, weiter oben am Hang, eine Eisenbahnlinie, die geschützt werden musste. Die Naturschützer waren damit gar nicht einverstanden. Sie erwarteten Ausbaulösungen ohne hartes Material, zum Beispiel mit Lebendverbau.

In Anbetracht der exponierten Situation vor Ort galt es, Schutzziel und Verbauungsart in Übereinstimmung zu bringen. Eine „weiche" Lösung kam hier nicht in Frage. Obwohl die Wasserbauer auf der Buhnenlösung beharrten, war dies der Beginn einer Annäherung

Abb. 7.100 Steinbuhnen (*im Hintergrund des Bildes*); der frühere „Stein" des Anstoßes. Die Zwischenräume der Buhnen sind nicht befestigt. Auflandungen und Abtragungen ermöglichen eine flusstypische Dynamik. (Foto: Ch. Göldi)

mit den Naturschützern. Es zeigte sich nämlich, dass die Buhnen eine Verbesserung der Gewässerstruktur in der Thur bewirkten.

Die strukturellen Veränderungen wirkten sich wiederum günstig auf die Fischpopulation aus. Als die Fischereiverwaltung im umgestalteten Flussabschnitt den lange nicht mehr gesehenen Schneider (*Alburnoidis bipunctatus*) entdeckte, war das auch aus ökologischer Sicht eine Erfolgsmeldung (Straub 2001).

Im weiteren Fließverlauf der Thur ergaben sich weitere Möglichkeiten, eigendynamische Entwicklungen zuzulassen. Die Bauarbeiten wurden nun von einem Landschaftsarchitekten, der von der Regierung mit Weisungskompetenz versehen wurde, begleitet. Die Zusammenarbeit mit den Fachkollegen der Biologie und der Fischerei wurde verstärkt.

Das anfangs gespannte Verhältnis zwischen Naturschützern und Wasserbauern gestaltete sich zunehmend vertrauensvoller, da mit jedem fertiggestellten Abschnitt der Flussverbauungen Fortschritte erzielt wurden. Heute ist man sich einig, dass durch diese Zusammenarbeit ein guter Weg für einen modernen und naturgerechten Wasserbau beschritten wurde.

Das Säntis-Manifest

Das Einzugsgebiet der Thur umfasst Flussabschnitte in insgesamt fünf Kantonen. Jeder dieser Kantone hat eine eigene Wasserbaugesetzgebung und auch eine Wasserbauverwaltung. In der Erkenntnis, dass für die Entwicklung der Thur und ihrer Seitengewässer und ihres Einzugsgebiets die fünf Kantone gemeinsam die Verantwortung tragen, entwickelte die überkantonale Arbeitsgemeinschaft der Wasserbauingenieure zusammen mit dem Bundesamt für Wasser und Geologie und mit Unterstützung eines externen Landschaftsplaners Grundsätze und Ziele für den Wasserbau im Einzugsgebiet der Thur (sog. *Säntis-Manifest*).

Das Säntis-Manifest hat folgende Inhalte (Arbeitsgruppe Thur 2001):

- Bei allen raumwirksamen Tätigkeiten und Vorhaben am Gewässersystem Thur sind die Sicherheit, die Umwelt sowie wirtschaftliche und soziale Aspekte ausgewogen zu berücksichtigen.
- Maßgebend für die natürliche oder naturnahe Entwicklung der Fliessgewässer im Einzugsgebiet Thur sind folgende Ziele:
  - Ausreichender Gewässerraum
  - Ausreichende Wasserführung
  - Gute Wasserqualität
  - Haushälterischer Umgang mit den natürlichen und wirtschaftlichen Grundlagen

Auf der Grundlage dieser regierungsrätlichen Festlegungen wird die Arbeit der Fachstellen weiter fortgesetzt. Jährlich findet eine gemeinsame Tagung statt, an der wasserbauliche Themen zur Sprache kommen und auch Fragen der Wasserqualität, der Fischerei oder der Raumplanung behandelt werden. Auf den regelmäßigen Sitzungen werden aktuelle Informationen ausgetauscht und zurzeit vor allem die Arbeiten der gemeinsam in Auftrag gegebenen Geschiebehaushaltstudie für das ganze Thurgebiet behandelt.

Am 8. November 2018 fand in Weinfelden im Kanton Thurgau im Geist des „Säntis Manifest" eine Thurtagung, organisiert von den fünf Thuranlieger-Kantonen und dem Eidgenössischen Bundesamt für Umwelt (BAFU), statt. Mit Vorträgen, Podiumsgesprächen und Diskussionen wurde eine Standortbestimmung vorgenommen. Aus dem ganzen Einzugsgebiet wurden realisierte Projekte der Kantone und Gemeinden präsentiert. Zusammen mit den zahlreichen geplanten zukünftigen Vorhaben zeigt sich, dass den damals mit dem Säntis Manifest postulierten Grundsätzen aktiv nachgelebt wird.

Diese auf das gesamte Einzugsgebiet bezogene Zusammenarbeit mit der Abstimmung aller Maßnahmen am Gewässersystem ist auch im Sinne der EG-Wasserrahmenrichtlinie.

7.10.3 Planung und Maßnahmen

Die Planung und die damit verbundene politische Auseinandersetzung über das gesamte Thur-Projekt begann nach dem Hochwasser im Jahre 1978. Erst elf Jahre später, im Jahre 1989, wurden die ersten Maßnahmen ausgeführt. Der Thurabschnitt Altikon (ZH) bis Neunforn (TG) wird hier als Beispiel einer Einzelmaßnahme an der Thur, welche sich auf das *Säntis-Manifest* abstützt und auf die Erkenntnisse der Resultate der Geschiebehaushaltstudien Rücksicht nimmt, dargestellt (Pantucek und Göldi 2004).

Ausgangslage

In diesem Abschnitt wurde die Thur vor etwa hundert Jahren kanalisiert und zwischen Deiche gelegt. Das Profil ist ein Doppelprofil mit einer parallelförmigen Niedrigwasserrinne. Das Dimensionierungshochwasser beträgt $Q = 1350\ m^3/s$. Die in der Regel trockenen Vorländer wurden landwirtschaftlich genutzt.

Geschiebeproblematik

Die Thur ist ein geschiebeführender Fluss. In der über hundertjährigen Geschichte der Eindeichung und Zähmung der Thur inklusive ihrer Seitenbäche ist das Geschieberegime auf verschiedenartigste Weise verändert und beeinflusst worden.

Durch Bachverbauungen und Flussbegradigungen sind Geschiebequellen verändert oder abgeriegelt worden. An Geschiebeablagerungsstellen ist Kiesmaterial oft in großen Mengen entnommen worden. In den wenigsten Fällen sind vorab Überlegungen über die Beeinflussung des Gesamtsystems gemacht worden. Verbauungen und Kiesentnahmen verursachten Sohlenabsenkungen bei den Unterliegern. Dies wiederum erforderte den Einbau von Querschwellen zur Sohlensicherung und zur Verhinderung von Grundwasserabsenkungen.

Eine der ersten Aufgaben im Rahmen der interkantonalen Zusammenarbeit war es, die Geschiebesituation im ganzen Thur-Einzugsgebiet darzustellen und Vorschläge für Maßnahmen zu machen (*Geschiebehaushaltstudie*). Die bisherigen Erkenntnisse haben ergeben, dass im Bereich Altikon-Neunforn in den nächsten 20 Jahren tendenziell mit einer Sohlenerosion zu rechnen ist.

Wassererwärmung

Ein weiteres Problem ist die starke Wassererwärmung in den Sommermonaten. Im Jahre 1997 betrug das niedrigste Abfluss-Tagesmittel im Unterlauf der Thur $MQ_{1997} = 3{,}5\ m^3/s$. In den kanalisierten Abschnitten erfolgt der Abfluss, auch bei niedriger Wasserführung, auf der ganzen Breite, d. h. gleichförmig und wenig tief, was einer unnatürlichen Erwärmung Vorschub leistet. Durch Förderung der Eigendynamik innerhalb der Deiche entstehen tiefe Wasserrinnen, wodurch die Wasseroberfläche kleiner wird. Durch entsprechende Messungen sollen die Auswirkungen auf die Temperaturentwicklung geprüft werden, um Argumente für weitere unterstützende Maßnahmen zu sammeln.

In einem ersten Schritt wurden auf der linken Seite (Kanton Zürich) die Deiche erhöht und verstärkt sowie das in den vielen Jahrzehnten erheblich aufgelandete Vorland abgetragen. Als Gestaltungsmaßnahme wurde das Vorland in einem Abschnitt stärker abgetragen, damit dieser Teil bei höherem Wasserstand vermehrt unter Wasser gesetzt wird. Besondere Schutzmaßnahmen gegen Erosion wurden vorerst nicht getroffen.

Das erste Buhnenfeld und die Skepsis der gegenüberliegenden Nachbarn

Nach schweren Hochwassern in den Monaten Mai und Juli 1996, die breite und tiefe Rinnen in das Vorland unterhalb der Altikerbrücke eingegraben und somit den Hochwasserschutzdeich gefährdet haben, waren Sofortmaßnahmen der einzige Weg, den bedrohten Deich zu schützen. Es wurde beschlossen, eine Reihe von Steinbuhnen entlang des Deiches zu bauen.

Die Konstruktion der Buhnen war eine Kombination aus einer Reihe von in das Vorland gerammten Holzpfählen und einem Buhnenkörper, der aus 1 bis 2 Tonnen schweren Steinen bestand und beidseitig der Pfahlreihe angeordnet war. Bewusst wurde auf eine Sicherung zwischen den Buhnen verzichtet, um eine eingeschränkte Dynamik in diesem Bereich zu ermöglichen.

Die Bewohner auf der thurgauischen Seite beobachteten die Situation mit großer Skepsis. Die eintretende Erosion zwischen den Buhnen erachteten sie als sehr gefährlich (Abb. 7.101). Sie befürchteten, dass später bei den Sicherungsarbeiten auf ihrer Seite ebenfalls diese „unsichere" Verbauungsart angewendet würde. Das Buhnenkonzept hat sich jedoch bisher sehr bewährt.

Beim Thur-Hochwasser im Jahre 1999 mit Abflüssen über $1000\ m^3/s$ (Abb. 7.102) sind die Buhnen nur leicht verändert worden und die Erosion im Zwischenbereich erreichte kein gefährliches Ausmaß. Zur Erhöhung der Sicherheit wurden dennoch die Buhnenköpfe in Richtung Flussmitte etwas verlängert. Die Geometrie des Vorlandes und der Buhnen wird periodisch vermessungstechnisch überwacht.

Abb. 7.101 Erosion zwischen den Buhnen (Foto: Ch. Göldi)

Abb. 7.102 Thur-Hochwasser im Jahre 1999 (Blick auf die überfluteten Vorländer; rechts der Schutzdeich) (Foto: Ch. Göldi)

Workshop anstatt Projektierungsauftrag
Für die weitere Gestaltung zwischen den bereits erhöhten und verstärkten Dämmen stellte sich die Frage der Projektierung. Konventionell hätte man die Projektierungsarbeiten einem Planungsteam übergeben. Dieses hätte nach einer gewissen Zeit die Projektpläne vorgelegt, die amtlichen Fachstellen hätten in einer „Vernehmlassung" (Phase im Gesetzgebungsverfahren der Schweiz) dazu Stellung genommen, das Projekt wäre angepasst und dann ausgeführt worden.

Es wurde ein anderer Weg gewählt. – Unter der Leitung der Abteilung Wasserbau wurden Workshops durchgeführt. Fachleute aus privaten Planungsbüros diskutierten mit Vertretern der kantonalen Fachstellen die Möglichkeiten für diesen Thurabschnitt. Das Resultat dieser Workshops waren Skizzen kombiniert mit detaillierten Zeichnungen. Das beauftragte Planungsbüro übertrug diese Skizzen in Projektpläne, ohne weitere ingenieurtechnische Studien vorzunehmen (Abb. 7.103). Das Zusammenspiel der verschiedenen Bauwerke gibt dem Fluss eine große Freiheit. Die Gesamtlänge dieser neu entstandenen Flusslandschaft hat eine Länge von 1500 Metern. Die Thur wird hier die Möglichkeit erhalten, sich in die Breite von bis zu 150 Metern auszudehnen.

Für die Ausschreibung der Bauarbeiten wurde parallel dazu eine konventionelle Arbeitsausschreibung erstellt. Für die Ausführung der Bauarbeiten durch einen privaten Bauunternehmer bedingte dieses Vorgehen eine sehr intensive Bauleitung.

Buhnen, Leitwerke, Lebendverbau
Der Kern des Projekts ist die große Aufweitung des Gewässerbetts. Dieser Abschnitt umfasst eine Anzahl von Buhnenfeldern, Leitwerken mit und ohne Verbindungen der Endpunkte mittels Baumfaschinen, Holzbuhnen auf der rechten Flussseite, Ein- und Auslaufbauwerke, Faschinenreihen sowie Busch- und Spreitlagen (Abb. 7.104).

7.10.4 Entwicklungen und Erfahrungen

Mit der Entfernung der alten Uferverbauung (s. Abb. 7.105a) an der Niedrigwasserrinne konnte sich die Eigendynamik der Thur sehr bald entfalten (s. Abb. 7.105b). Erosion und Auflandung wechseln sich ab. Die Sohlenstruktur verändert sich dauernd. Der Auenwald auf der thurgauischen Seite ist nun wieder mit dem Flussgeschehen verbunden (Abb. 7.106). Im Laufe der Jahre entstanden Kolke, Stromschnellen und wandernde Kiesbänke (Abb. 7.107)

Die Erfahrungen auf diesem Flussabschnitt ergeben wichtige Erkenntnisse für die an der Thur und anderen Flüssen vorgesehen Projekte. Eines ist klar: Gebt den Flüssen und Bächen mehr Raum, damit ihre Freiheit zum Wohl von Flora und Fauna und zur Freude der Besucher aus Stadt und Land nutzen können. Das Beispiel zeigt, dass Hochwasserschutz und naturnahe Flusslandschaften keine Gegensätze sein müssen.

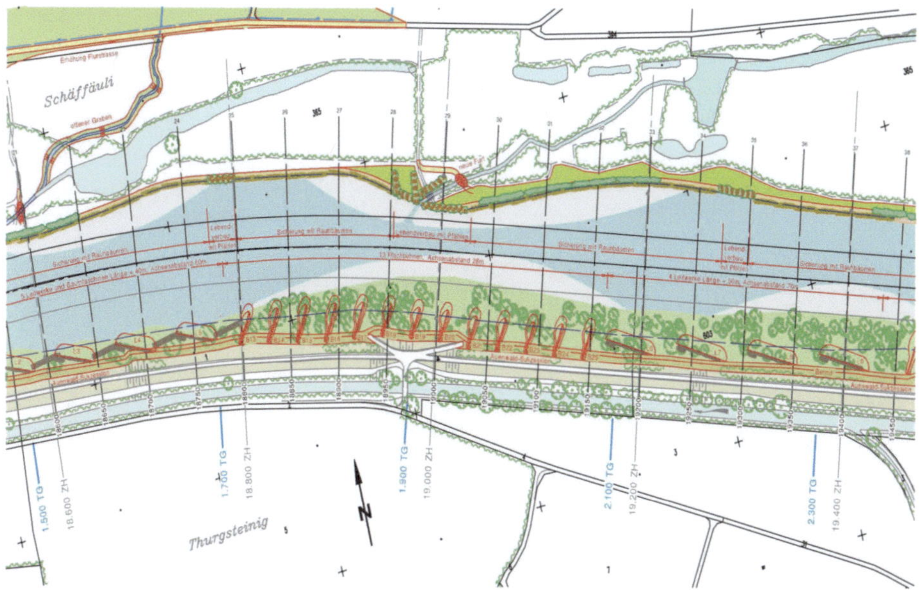

Abb. 7.103 Situationsplan als Ergebnis der Workshops (Grafik: BHA)

Abb. 7.104 Für das Leitwerk wurde ein Lebendverbau gewählt (Foto: A. Bosonet)

Abb. 7.105 Strukturelle Entwicklung der Thur zwischen den Jahren 1982 und 2003, **a** Ausgebaute Thur im Jahre 1982, **b** Gleicher Abschnitt im Sommer 2003 (Foto: AGW und Ch. Hermann)

Abb. 7.106 Aufweitung der Thur 2011 (Foto: AWEL)

Abb. 7.107 Die neu entstandene dynamische Flusslandschaft der Thur im Jahre 2015 (Foto: Ch. Göldi)

7.10.5 Die Weiterentwicklung im Thurabschnitt Altikon (ZH) bis Neunforn (TG)

Die befreite Thur im oben beschriebenen Abschnitt Altikon (ZH) bis Neunforn (TG) entwickelte ihre Dynamik weiter. Bei jedem Hochwasser veränderte sie ihr Bett und sie nahm sich vom angrenzenden Auenwald ihren Raum. Die weitere Ausdehnung in das landwirtschaftlich genutzte Gebiet wird nun mit dem Einbau von teilweise verdeckten Leitwerken aus Blocksteinen verhindert. Das seit 1999 entstandene weiträumige Flussgebiet ermöglicht dennoch weiterhin eine eindrückliche Flussdynamik.

7.10.6 Hochwasserschutz und Auenlandschaft Thurmündung

Die positiven Erfahrungen im mittleren, oben beschriebenen, Thurabschnitt haben wesentlich zur Entwicklung des letzten Projekts an der Thurmündung in den Rhein beigetragen. Mit weiträumig festgelegten Hochwasserschutzlinien wird in einem der größten Auengebiete der Schweiz dem Fluss seine Dynamik und Freiheit zurückgegeben (Göldi und Bänziger, 2022)

Mit dem Projekt „Hochwasserschutz und Auenlandschaft Thurmündung" wird der letzte Bauabschnitt der Thur realisiert. Das von Planungs- und Ingenieurbüros im Auftrag der Baudirektion in enger Zusammenarbeit mit den Fachstellen des AWEL (Amt für Abfall, Wasser, Energie und Luft) und des ALN (Amt für Landschaft und Natur) ausgearbeitete Projekt wurde im Jahre 2002 aufgelegt und vom Regierungsrat am 9. März 2005 festgesetzt. Der Kantonsrat, das kantonalzürcherische Parlament, hat am 4. Dezember 2006 den Kredit in Höhe von 53,6 Mio. Schweizer Franken für das Projekt bewilligt.

Die Ziele des Projekts sind folgendermaßen formuliert worden:

- Erhöhung des Hochwasserschutzes für das Siedlungsgebiet
- Sicherstellung und Verbesserung des Hochwasserschutzes für die landwirtschaftlich genutzten Gebiete
- Ermöglichung einer möglichst freien Abflussdynamik für die Thur
- Aufwertung der Auenlandschaft von nationaler Bedeutung
- Verbesserung der landwirtschaftlichen Fruchtfolgeflächen in den tief liegenden Bereichen
- Ermöglichung eines sanften Erholungstourismus

Die Thur wurde im 19. Jahrhundert begradigt und kanalisiert. In dieser wenig dynamischen und monotonen Gestalt ist die Thur bis zu Beginn der Bauarbeiten für das Projekt unterhalten und gepflegt worden (siehe Abb. 7.105a).

Ein zentrales Ziel des Projekts ist eine möglichst freie Entfaltung der Dynamik der Thur. Die Thur fließt in ihrem untersten Abschnitt mitten durch eines der größten Auengebiete der Schweiz, was die Zielsetzung für eine naturgerechte Entwicklung wesentlich erleichterte.

Abb. 7.108 Die neu entstandene dynamische Flusslandschaft der Thur im Jahre 2018 (Foto: GIS-ZH, Kanton Zürich, 2018)

Nach acht Jahren Bauzeit hat sich die Thur ganz im Sinne der damaligen Vision entwickelt. Die Bauarbeiten wurden Ende 2016 abgeschlossen. Die Thur selbst wird bei jedem Hochwasser die Vision näher an die Realität rücken (Abb. 7.108).

Der Abschluss der Bauarbeiten am gesamten Projekt wurde am 23. September 2017 mit einer öffentlichen Einweihung sowie einem Parcours im Gelände gefeiert. Am 27. Oktober 2017 fand für die Projektmitarbeitenden (Verwaltung, Büros, Unternehmungen, Begleitgruppe) ein Schlussfest statt (Binder und Göldi, 2018; Göldi und Bänzinger, 2022).).

7.11 Alterbach und Söllheimerbach (Salzburg – Österreich)

Helmut Mader

Der Ursprung des Alterbachs, eines rechtsufrigen Zubringers der Salzach, liegt in einem kleinen Moor in rund 600 m Seehöhe. Auf einer Gesamtlänge von ca. 10,5 Kilometer überwindet der Bach einen Höhenunterschied von 186 Meter und entwässert ein Einzugsgebiet von 30,2 km^2. Der Bachverlauf liegt zur Gänze in der Ökoregion 4 „Alpen“, folgt der Ost-West gerichteten Überschneidungslinie zwischen den Kalkalpen im Süden und der Flyschzone im Norden und berührt somit die Fließgewässerbioregionen 4 „Flysch“ und 5 „Kalkvoralpen“. Im Unterlauf durchquert das Gerinne quartäre Terrassen und große Alluvialflächen des heutigen Stadtgebiets von Salzburg. Auf den rechtsufrig, aus Norden einmündenden Hauptzubringer, den Söllheimerbach, entfällt rund ein Drittel des Einzugsgebiets. Der Unterlauf des Söllheimerbaches läuft durch stark lehmige und tonige Böden einer eiszeitlichen Moräne. Bis zur Regulierung des Bachsystems war der Talboden sehr stark versumpft. Der Alterbach ist das größte Fließgewässer in Salzburg-Gnigl und im nördlichen Stadtgebiet in Salzburg-Itzling.

Die restrukturierten Alter- und Söllheimerbachabschnitte sind dem Metharhitral zuzuordnen, weisen eine Flussordnungszahl von 3 und ein mittleres Gefälle von rd. 0,8 Prozent auf und entsprechen einem oberen Mittellauf mit sommer-pluvialem Abflussregime.

7.11.1 Ausgangssituation Hochwasserproblematik und Projektzeitplan

Die Hochwassergefährlichkeit der Bäche im Alterbachsystem basiert einerseits auf der geringen Durchlässigkeit der anstehenden Bodenschichten unterhalb der obersten Bodenhorizonte und andererseits auf der Vielzahl von Einleitungen von versiegelten Flächen des Siedlungsgebiets, der Industriezonen und der Verkehrsflächen.

Das gesamte Einzugsgebiet mit einer mittleren Höhe von 550 m über NN und einem Jahresniederschlag von 1565 mm liegt in einer mäßigen Staulage. Der mittlere Abfluss im Projektgebiet am Alterbach (Einzugsgebietsgröße: 11,5 km^2) beträgt rd. 400 l/s (Söllheimerbach: 540 l/s). Ein HQ_{100} ist für den Alterbach mit 49 m^3/s und für den Söllheimerbach mit 62 m^3/s Katastrophenabfluss ausgewiesen.

Die Auslösung extremer Abflussereignisse erfolgt einerseits durch lang anhaltende Niederschläge mit hoher Intensität (Großereignis im Jahre 1920 nach drei Tagen Dauerregen), andererseits sind Starkregenereignisse infolge örtlich lagernder Gewitterkerne Verursacher von Hochwasserereignissen u. a. auch für das Katastrophenhochwasser vom August 1977 (Abb. 7.109).

Eine Analyse des Ereignisses von 1977 verdeutlicht die Problematik wie folgt: Aus schutzwasserwirtschaftlicher Sicht war ein unzureichender Hochwasserschutz für die mittlerweile hochwertige Nutzung des Raumes als Siedlungs- und Gewerbegebiet vorhanden. Aus gewässerökologischer Sicht bestand eine über Jahrzehnte dauernde Fehlentwicklung in Bezug auf die Nutzung des Hochwasserabflussraums der Gewässer.

Die nach der Hochwasserkatastrophe im Jahre 1977 durchgeführten Sofortmaßnahmen und ein im Jahre 1980 vorgelegtes Regulierungsprojekt für einen Hartverbau des Alter- und Söllheimerbachs wurden als nicht mehr zeitgemäß beurteilt.

Dem Stand der Technik im naturnahen Wasserbau folgend, erfolgte, aufbauend auf einer Problemanalyse und der Ist-Zustandsbewertung (Haslauer et al. 1987), die Definition der Zielsetzungen auf Basis eines Leitbildes und die stufenweise Ausarbeitung der Restrukturierungsprojekte Alterbach (Bodi et al. 1987, 1989) und Söllheimerbach (Flögl 1992). Mit dem Beginn der Maßnahmenumsetzung zeitgleich startete das Monitoring (Mader 1999), das die Basis für laufende Feinjustierungsarbeiten und für die abschließende Bewertung der Zielerreichung darstellt.

Abb. 7.109 Hochwasser im August 1977 – Anstieg des Wasserstandes von 40 cm auf 240 cm binnen zwei Stunden (Foto: Magistrat Salzburg)

7.11.2 Zielzustand

Gewässer stehen im natürlichen Interessenskonflikt zwischen den unterschiedlichen Ansprüchen des Menschen. Hochwasser sind natürliche Prozesse im Abflussgeschehen eines Fließgewässers. Demnach ist es keineswegs eine Frage, ob Hochwasser in Zukunft auftreten. Lediglich der Auftrittszeitpunkt und dic Ercignisgröße sind ungewiss.

Ziel eines nachhaltigen und zukunftsorientierten Wasserbaus und der Raumplanung zur Koordination der verschiedenen Nutzungsansprüche im Alterbachsystem ist nicht ein Kampf gegen die Naturgefahren, sondern ein sinnvoller Umgang mit selbigen. Die konsequente Umsetzung der seit nunmehr Jahrzehnten aufgestellten Forderung, den Fließgewässern wieder mehr Raum zu geben, stellt dabei den wichtigsten Aspekt nach dem Motto, „Retten wir die Retentionsräume, bevor wir uns die Schäden nicht mehr leisten können", dar.

Folgende Ziele galt es im Zuge der Maßnahmenplanung vorrangig zu erreichen:

- Hochwasserschutz HQ_{100} im Siedlungs- und Gewerbegebiet von Salzburg
- Nachhaltige Verbesserung der ökologischen Funktion des Gewässers
- Verbesserung der Erholungsfunktion am Gewässer
- Wirkungsanalyse zur Erfolgskontrolle und Auswahl kosten- und wirkungsoptimierter Maßnahmen für Folgeprojekte am Söllheimerbach

Die Maßnahmenplanung und -umsetzung am Alterbach und am Söllheimerbach erfolgte auf Basis der neuesten Erkenntnisse über die komplexen Zusammenhänge im und am Gewässer. Kernpunkt der Maßnahmen war es, den Fließgewässern wieder mehr Raum zu geben. Dadurch können sich Hochwasser bis zur Größe eines HQ_{100}, deren Ablauf bislang auf einer schmalen Abflussrinne begrenzt war, wieder in der Breite schadlos ausbreiten, wodurch sich Wucht und Höhe verringern. Die Baumaßnahmen wurden verstärkt im Hinblick auf eine Minimierung der Beeinträchtigung der potenziellen Funktion des Fließgewässers ausgewählt und durchgeführt.

7.11.3 Das Alterbachsystem im Wandel der Zeit

Kartendarstellungen aus den Jahren 1797 (Abb. 7.110) und 1830 zeigen gewundene und mäandrierende Gewässerläufe im überwiegend vernässten, zum Teil moorigen Talboden.

Bereits im 19. Jahrhundert begann der in der Landwirtschaft arbeitende Mensch, das Wasser nachhaltig in definierte Bahnen zu lenken. Mit dem Wachstum der Siedlungen in den Talauen hatte auch die Salzburger Bevölkerung ein steigendes Bedürfnis nach raschest möglicher Abfuhr der Wassermassen. Gleichzeitig wurde die Nutzung des Wassers für den Betrieb von Mühlen und für die Holzdrift verbessert.

Die Gewässer wurden geradlinig und monoton auf einen Ablauf eines HQ_{20} bis HQ_{30} ausgebaut (Abb. 7.111). Die natürliche Vielfalt und die Retentionswirkung des Abfluss-

Abb. 7.110 Alterbach – Naturzustand im Jahr 1797 (Foto: Landesarchiv Salzburg)

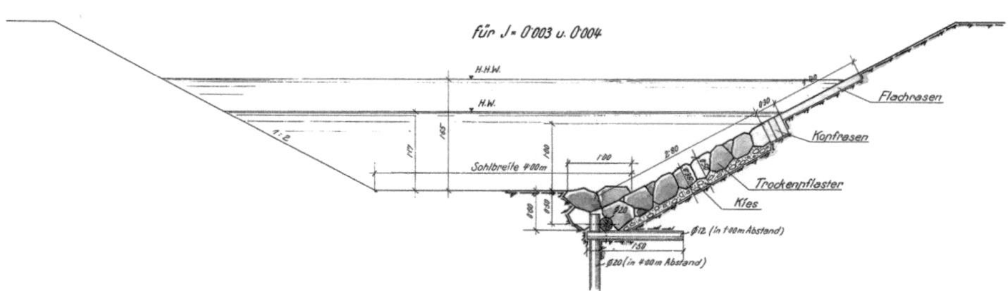

Abb. 7.111 Söllheimerbachregulierung im Jahre 1904 (Grafik: Landesarchiv Salzburg)

raumes ging verloren und das Gewässer wurde völlig seiner Gehölze beraubt. Bei den Unterliegern traten immer größere Hochwasserspitzen auf.

Der Alterbach zeigte bereits um 1830, der Söllheimerbach ab ca. 1905, einen lang gestreckten, nur in Teilen kleinbogigen Verlauf. Die bachbegleitende Vegetation dürfte, soweit vorhanden, eher spärlich gewesen sein, da die Flächen an beiden Ufern entwässert und in Folge bewirtschaftet wurden.

Im 20. Jahrhundert war es die oberste Maxime des „klassischen Wasserbaus", Fluss- und Bachläufe, wie auch den Alter- und Söllheimerbach, möglichst zu begradigen und so zu verbauen, dass im Hochwasserfall eine schnelle und problemlose Abfuhr der Wassermassen gewährleistet werden konnte. Zu diesem Zwecke wurden möglichst haltbare, dem Angriff des Wassers, Geschiebes, Treibholzes und Eisstoßes widerstehende Baumaterialien verwendet und hydraulisch hoch leistungsfähige Abflussrinnen hergestellt (Abb. 7.112). Ökologische Aspekte wurden weitgehend außer Acht gelassen.

Mit der Zeit der beginnenden „Grünbewegung" wurde, durch eine Besinnung auf Bautypen aus der Frühzeit des Wasserbaus (Ingenieurbiologische Bauweisen – Naturnaher Wasserbau), dem steigenden Bedarf an Naturnähe mit der Erstellung der Fließgewässerstudie Alterbach (Mader 1986) und des Gestaltungsplanes Alterbach (Bodi et al. 1987, 1989) entsprochen. Jedoch mangelte es in dieser Zeit noch an ganzheitlichen theoretischen Ansätzen zur ökologischen Beurteilung eines Fließgewässers.

Wissenschaftliche Grundlagenarbeiten der späten 1980er-Jahre bilden die Basis, Ökologie ganzheitlich zu definieren und Fließgewässer als Lebensräume zu begreifen. Diese Arbeiten fanden in dem im Jahre 1992 abgeschlossenen Restrukturierungsprojekt Söllheimerbach Eingang (Flögl 1992).

Im Jahre 1995 erfolgte schließlich die Definition der „ökologischen Funktionsfähigkeit" in der österreichischen Norm (ÖNORM) M 6232 und eine Festlegung maßgeblicher Untersuchungselemente für deren Bewertung. Wie die Maßnahmenplanung und -umsetzung im Alterbachsystem zeigen, stehen Hochwasserschutz und Biotop- bzw. Landschaftsschutz nicht mehr im Konflikt zueinander. Durch umfangreiche Kenntnis über die Auswirkung von Maßnahmen sowie aus dem Dialog zwischen den einzelnen berührten Fachdisziplinen kann heutzutage ein Konsens gefunden werden, der sowohl aus öko-

Abb. 7.112 Regulierung Alterbach im Jahre 1977 (Foto: H. Mader)

nomischer als auch aus ökologischer Sicht eine entscheidende Verbesserung der Situation der Fließgewässer zur Folge hat (Ökologischer systematischer Gewässerrückbau).

7.11.4 Maßnahmenplanung

Sowohl Alterbach als auch Söllheimerbach waren laut Ist-Zustandserhebung in den späten 1980er-Jahren hart verbaut, monoton, banalisiert und kanalartig (Mader 2000). Die Zoozönosen sind degradiert und schwer geschädigt (Moog 1986). Die Gewässer waren stark abwasserbelastet (Haslauer et al. 1987). Das Fischartenspektrum war durch den Rhithralisierungseffekt der Regulierung stark verändert (Laher 1993) und bis auf eine Fischart, die Bachforelle (*Salmon trutta forma fario*), dezimiert. Laich- und Aufwuchshabitate sowie eine intakte amphibische Wasserwechselzone fehlten.

Die Bäche waren in ein 4,5 bis 6 m breites Trapezprofil gezwängt, die Böschungen sind mit großen Steinen gepflastert und gesichert. Die gestreckte Linienführung des Baches war geprägt durch rd. 20 Sohlenstufen, die das Gewässerkontinuum unterbrechen. Die bestehende Regulierung zum Zweck einer landwirtschaftlichen Nutzung des Talbodens, die eine schadlose Abfuhr eines Hochwassers bis zu einer 20 bis 30-jährlichen Auftrittswahrscheinlichkeit gewährleistete, war für die Raumnutzung als städtisches Siedlungs- und Gewerbegebiet völlig unzureichend.

Leitbild

Das Leitbild als Abbild des potenziellen Zustands eines ökologisch funktionsfähigen Fließgewässers weist die Gewässerläufe als gewundene bis mäandrierende Lauftypen mit entsprechendem Arteninventar von zum Beispiel bis zu 10 Fischarten und entsprechender räumlicher und zeitlicher Dynamik in der Bettmorphologie aus. Strukturvielfalt und vielfältige Lebensräume und deren laufende Veränderung prägen das Bild des standorttypischen, natürlichen Bachlaufs.

Der Flächenbedarf für eine Annäherung an einen naturnäheren Zustand im Zuge der Realisierung der schutzwasserbaulichen Ziele wurde an den Leitbilddaten orientiert. Es erfolgte eine Aufweitung generell um rd. 50 Prozent der bestehenden Breite und eine punktuelle bzw. abschnittsweise Aufweitung um bis zu 200 Prozent.

Maßnahmenplanung

Die Auswahl aller Maßnahmen wurde unter Beachtung der Risiken und Schadenserwartungen im Siedlungsraum durchgeführt. Der Schutz bestehender hochwertiger Nutzungen und die Schaffung unterschiedlicher Lebensräume für die Entwicklung resistenter und resilienter, bachtypischer Lebensgemeinschaften stehen gleichwertig im Vordergrund.

Im Zuge der Maßnahmenplanung ließen die äußeren Randbedingungen am Alterbach im Stadtgebiet über weite Abschnitte keine Rückführung des Gewässerlaufs in den Urzustand zu. Hier war lediglich eine Erhöhung der Habitatvielfalt durch eine heterogene Gestaltung der Zonen der niederen bis mittleren Abflüsse möglich. Das Hauptaugenmerk lag dabei in einer Mikro- und Mesostrukturierung des Gewässerbetts. Durch die Anordnung einer schlängelnden Linienführung innerhalb des erweiterten, aber nach wie vor gestreckt verlaufenden Hochwasserquerschnitts, wird ein heterogener, strukturreicher Bachverlauf mit wechselnden Steil- und Flachuferzonen und unterschiedlichen Breiten-, Tiefen- und Strömungsverhältnissen geschaffen. Durch kleinräumige, starke Richtungsänderungen wird ein hohes Entwicklungspotenzial für eine eigendynamische Umgestaltung des Baches initiiert.

Am Söllheimerbach, und punktuell auch am Alterbach, wo die Anlage eines großzügig gestalteten Gewässerprofils möglich war, konnte auf massive Sicherungen weitestgehend verzichtet werden. Eine eigendynamische Umgestaltung der Bäche ist innerhalb der Grenzen tiefliegender, verdeckter Sicherungselemente gewährleistet (Abb. 7.113a–c, 7.114 und 7.115a–c).

Durch das Ausnutzen bestehender und die Schaffung neuer Retentionsräume an den Zubringerbächen und am Söllheimerbach selbst konnte der Katastrophenhochwasserabfluss von rd. 62 m^3/s auf rd. 41 m^3/s um ca. 33 Prozent reduziert werden. Innerhalb des Stadtgebiets wurden durch geringe Geländekorrekturen und die Anlage flachgeneigter Deiche zwei Überflutungsmulden mit einem Rückhaltevolumen von ca. 65.000 m^3 geschaffen. Dadurch erfolgen die bisher unkontrollierten Überflutungen auf besiedelten Flächen nunmehr als kontrollierte Überflutungen auf Grünland und Waldflächen.

Abb. 7.113 Kleinräumige Restrukturierungen am Alterbach, **a** Planung (1986–1989), **b** Umsetzung (1989–1993) einer Maßnahme, **c** und **d** eigendynamisch entwickelter Bachlauf im Jahre 2015 und 2020 (Fotos: **a**. und **d**. H. Mader; **b**. Landesarchiv Salzburg; **c**. Google)

Abb. 7.114 Systematischer Gewässerrückbau am Söllheimerbach: Planung im Jahre 1992 (Grafik: Koboltschnig und Hager), eigendynamisch entwickelter Bachlauf im Jahre 2015 (Bild: Google) und im Jahr 2020 (Foto: H. Mader)

Auf Basis der Erkenntnisse der vorangegangenen Alterbach-Restrukturierung wurde der Söllheimerbach in einen naturnäheren Zustand rückgeführt und ein ökologisch hochwertiger Lebens- und Erlebnisraum am Stadtrand von Salzburg geschaffen.

Abb. 7.115 Alterbach – Restrukturierungsbereich in den Jahren 1986, 1998 und 2015, **a** Restrukturierungsbereich im Jahre 1986 vor der Umgestaltung, **b** gleicher Bereich im Jahre 1998 nach der Umgestaltung, **c** nach eigendynamischer Umgestaltung und Entwicklung der Ufervegetation im Jahre 2015 sowie **d** und **e** im Jahr 2020 (Fotos: H. Mader)

(Fortsetzung)

Abb. 7.115 (Fortsetzung)

Folgende Maßnahmen kamen dabei zur Umsetzung:

- Grundankauf und Brechung der gestreckten Linienführung
- Vergrößerung des Abflussquerschnitts
- Variation der Gewässerbreite
- Ausbildung von Aufweitungen als Sedimentationsbereiche und Flachwasserzonen
- eine Tiefenstrukturierung durch die Zulassung eigendynamischer Entwicklungen und durch Anordnung tief liegender Stabilisierungselemente
- Initialbepflanzung und Beschattung, variable Ufer- und Böschungsgestaltung (Steil- und Flachufer)
- heterogene Sohlengestaltung (Stör- und Belebungselemente)
- Sanierung der Abwasserbelastung

Im Zuge der Umsetzung des Gesamtprojekts erfolgten die Wiederherstellung ökologisch funktionsfähiger Fließgewässerabschnitte und die Wiederherstellung des Fließgewässerkontinuums im Projektbereich.

7.11.5 Monitoring

Der Erfolg der Verbesserung der ökologischen Funktion bzw. der Annäherung an einen naturnäheren Zustand wurde durch den Vergleich des vorgefundenen Zustands mit einerseits dem visionären Leitbild (Urzustand) und andererseits mit dem angestrebten Gewässerzustand unter Berücksichtigung der einschränkenden Randbedingungen beurteilt. Die laufende Adaptierung und Feinjustierung der Maßnahmen nach der Fertigstellung einzelner Abschnitte und die Analyse der Zielerreichung stellten während der Umsetzung einen unverzichtbaren Bestandteil für Folgeprojekte und Folgeabschnitte dar. Die Beurteilung erfolgte auf Basis eines laufenden Erfolgsmonitorings an beiden Bächen.

Durch die Umsetzung der Maßnahmen ist es gelungen, die Hochwassergefahr in besiedelten und gewerblich genutzten Bereichen entlang der Alterbach- und Söllheimerbachabschnitte im Salzburger Stadtgebiet auf ein Minimum zu reduzieren. Abgesehen vom Restrisiko, welches jedes technische Bauwerk aufweist, ist der Schutz der gewässernahen, hochwertig genutzten Flächen bis zu einem 100-jährlichen Hochwassers gegeben. Laut Gefahrenzonenplan 2013 (Bundeswasserbauverwaltung Salzburg 2013) liegen im Renaturierungsbereich des Alterbachs lediglich eine abschnittsweise Gefährdungen durch zu kleinen Freibord sowie ein kleiner Flächenanteil, der als „Gelbe Zone" ausgewiesen ist, als aktuelles Gefahrenszenario vor.

Die Verbesserungen der Lebensqualität für die Salzburger Bevölkerung sowie die Schaffung wertvoller Lebensräume für Flora und Fauna wurden in den vergangenen Jahren mehrfach wissenschaftlich überprüft, dokumentiert und bestätigt.

Abiotische Daten hinsichtlich der Habitatvariabilität und deren Verknüpfung mit biotischen Untersuchungen liegen für maßgebliche niedere Abflüsse vor. Die Profilvariabilität im benetzten Bereich entspricht, ausgedrückt durch den Schwankungskoeffizient der benetzten Breiten mit einem Wert zwischen 3 und 6, naturnahen Gewässerabschnitten. Die Breitenvarianz ist sehr hoch und entspricht mit maximal 42.000 den angestrebten Leitbildwerten von 50.000 (Mader 1999).

Die Varianz der Maximaltiefen ist insbesondere am Alterbach verglichen mit natürlichen Referenzabschnitten auf Grund fehlender großer Kolke gering, konnte jedoch im Vergleich zur Regulierung verzehnfacht werden. Hier zeigt sich das abschnittsweise Fehlen einer Brechung der gestreckten Linienführung des Hochwasserquerschnitts auf Grund fehlender Grundverfügbarkeit deutlich. Dementsprechend erfolgte im Rahmen der Bestandsanalyse für die EG-Wasserrahmenrichtlinie im Jahr 2006 die Beurteilung der Uferentwicklung und der Laufmorphologie mit 3 *(„verbaut")*.

Die Substratverteilung und Substratsortierung ist vergleichbar mit natürlichen Gewässerstrecken und wurden mit 2 *(„naturnah")* bewertet. Die nunmehr vorhandene hohe Variabilität der sohlennahen Fließgeschwindigkeiten dokumentiert die standort- und gewässertypische Variabilität der geschaffenen Habitate für aquatische Organismen. Ein variantenreiches Strömungsbild mit schnell- und langsamfließenden Bereichen, seichten und tiefen Stellen und vielfältigen Verwirbelungen des Wasserkörpers sind das Ergebnis der durch die Bauarbeiten initiierten, kleinräumigen eigendynamischen Umgestaltungen. Die Sohlendynamik und die Bettstrukturen wurden im Restrukturierungsabschnitt des Alterbach mit 2 *(„naturnah")* eingestuft. Im gesamten Abschnitt kam und kommt es wiederholt zu lokalen Sohl- und Ufererosionen und zu einem großflächigen Umlagern der Bettsedimente. Zuletzt führte ein Hochwasserereignis im August 2020 zu lokalen Uferanrissen und Umlagerungen. Unterspülungen, lokale Auskolkungen und neu entstandene Schotterbänke bereichern nach Durchgang der Hochwasser die Habitatvielfalt im Gewässerbett (Abb. 7.116).

Insgesamt gesehen erscheint, aus der Analyse der abiotischen Daten, die maximale Annäherung an einen naturnäheren Zustand unter den gegebenen Randbedingungen realisiert.

Die aufgekommene Vegetation wird dominiert von ausschlagfähigen Weidengehölzen, die bei der Gewässerstrukturierung über ingenieurbiologische Baumethoden zum Einsatz kamen. Im unterschiedlich breit ausgebildeten Vegetationsgürtel finden sich bereits vielerorts bachtypische Vegetationsstrukturen. Eine Korrektur in Richtung einer Schwarzerlen-

Abb. 7.116 Uferanrisse und Sohlenumlagerungen nach Hochwasserdurchgang im August 2020 (Foto: H. Mader)

Eschen-Aue erfolgte im Rahmen der laufenden Gewässerbetreuung. Die Gewässerläufe sind mittlerweile sehr gut beschattet (Abb. 7.116).

Durch die heterogene kleinräumige Gestaltung des Bachbetts stehen nunmehr wesentlich mehr ökologische Nischen zur Verfügung, die in einer naturnahen Besiedelung mit gewässertypischen Lebewesen mündete. Die vorgefundene Verteilung der Benthosorganismen in den Restrukturierungsabschnitten entspricht denjenigen natürlicher Gewässerabschnitte.

Die Abundanzen konnten von 10.000 Individuen/m^2 auf über 30.000 Individuen/m^2 gesteigert werden. Zudem erfolgte ein signifikanter Anstieg von Zuckmücken (> 20.000 Individuen/m^2), Eintagsfliegen und Steinfliegen (Rüter et al. 1997).

Der Vergleich der Revitalisierungsabschnitte mit dem regulierten Zustand vor der Umgestaltung zeigt, dass sich die Umgestaltungen äußerst günstig auf die Artenvielfalt der Fischfauna ausgewirkt haben. Fand vor den Arbeiten nur eine Fischart, die Bachforelle, hier ihren Lebensraum, so konnten bereits wenige Jahre nach Baufertigstellung mit Koppe, Schmerle, Schneider, Gründling, Elritze, Aitel, Flussbarsch, Regenbogen- und Bachforelle neun verschiedene Fischarten nachgewiesen werden (Rüter et al. 1997). Damit einher ging eine Verdopplung der Biomasse. Die gleichzeitige Verzehnfachung der Individuenzahl macht den hohen Anteil an Klein- und Jungfischen in den Restrukturierungsabschnitten deutlich. Das Fehlen großer Karpfenartiger reflektiert das Fehlen großer Pools, die wiederum erst durch eine großräumige Brechung der Linienführung nachhaltig im Gewässer gebildet werden. Die barrierefreie Anbindung der Restrukturierungsabschnitte an den Vorfluter Salzach ist im Zuge der Umsetzung des nationalen Gewässerplans gemeinsam mit einer Restrukturierung der bachabwärts liegenden Regulierungsabschnitte des Alterbachs bereits schrittweise erfolgt, Restarbeiten sind bis zum Jahr 2027 vorgesehen.

7.11.6 Entwicklungen und Erfahrungen

Trotz der abschnittsweise nach wie vor bestehenden massiven Einengung der Gewässer durch Verkehrsflächen, Siedlungsbereiche, Industrie- und Gewerbegebiete sowie durch infrastrukturelle Maßnahmen (Kanal, Leitungen) konnte durch die Anordnung von formbildenden Elementen im Mikro- und Mesostrukturbereich der Fließgewässer eine wesentliche und nachhaltige Verbesserung im Lebensraumangebot für aquatische Organismen geschaffen werden.

Bewertet auf Basis der Qualitätskomponenten der EG-Wasserrahmenrichtlinie entsprechen die restrukturierten Bereiche des Alter- und Söllheimerbaches einem *„guten ökologischen Zustand"*.

Die Bachlandschaften des Alterbaches und des Söllheimerbaches, samt der sie begleitenden Wege, sind wieder Lebens- und Erlebnisraum für Stadtbewohner aller Altersstufen geworden. Die Siedlungsentwicklung ist mittlerweile fortgeschritten und beinahe alle bachbegleitenden Flächen wurden bereits verbaut. Spielende Kinder am Stadtbach nehmen die Bachlandschaft als Erlebnisspielplatz in Besitz und dokumentieren den Erfolg

Abb. 7.117 Abenteuerspielplatz Alterbach (Foto: H. Mader)

der Maßnahmen zur Schaffung eines erlebnisreichen Lebensraumes im dicht besiedelten Stadtgebiet (Abb. 7.117).

In den letzten Jahren wurden weitere Abschnitte des Alterbachs renaturiert und die Mündung in die Salzach fischpassierbar gestaltet. Mittlerweile ist auch das Verständnis von Grundbesitzern, die für die Renaturierung und Aufweitung Grund und Boden hergeben müssen, deutlich gestiegen. Lokal sind im innerstädtischen Bereich Aufweitungen bis zum 4-fachen der ursprünglichen Gewässerbreite realisiert.

Als „Turbo“ für die Renaturierung wirken Hochwasser wie zum Beispiel das HQ_{10} von 2013, aber auch jenes vom August 2020, bei dem ein Zubringer zum Söllheimerbach lokal über die Ufer getreten ist. Seine Bewährungsprobe erhielt die Renaturierung und hochwassersicher Gestaltung des Alterbaches bereits beim Hochwasser im August 2002. Damals lag der Abfluss im Bereich des Bemessungsereignisses (HQ_{100}). Schäden wurden entlang der revitalisierten Gerinne nur in geringem Ausmaß und Umfang festgestellt. Heute ist der Alterbach nach erfolgreicher Renaturierung zwar immer noch ab und zu ein Wildbach, doch zumeist ist er ein wertvoller Lebens- und Naherholungsraum für die Salzburger Bevölkerung.

7.12 LIFE-Projekt „Bachtäler im Arnsberger Wald"

Joachim Drüke, Birgit Beckers und Roland Loerbroks

7.12.1 Ausgangssituation und Anlass

Der Arnsberger Wald gehört zu den größten Waldgebieten Nordrhein-Westfalens. Teile dieser Waldlandschaft sind als FFH-Gebiete ausgewiesen und gehören damit zum europäischen Schutzgebietsnetz „*Natura-2000*". Zahlreiche Fließgewässer, vom kleinsten Rinnsal bis zum großen Bach, durchfließen den Arnsberger Wald (Abb. 7.118). Viele dieser

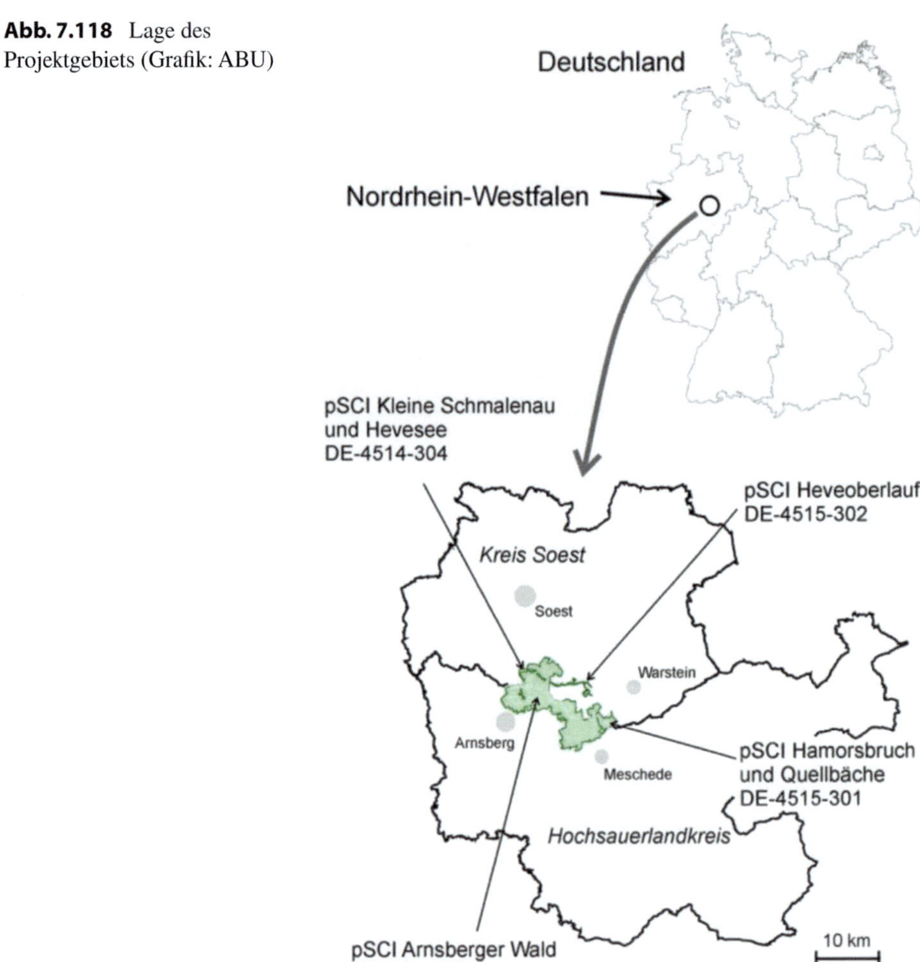

Abb. 7.118 Lage des Projektgebiets (Grafik: ABU)

Bäche sind sehr natürlich und artenreich, durchfließen naturnahe Auen mit einer reichen Tier- und Pflanzenwelt. Andere Bäche jedoch sind von einförmigen Fichtenforsten gesäumt und auch begradigt. Ihre Auen sind oft entwässert, dunkel und artenarm.

Das LIFE-Projekt „Bachtäler im Arnsberger Wald" sollte den Bächen wieder ihren natürlichen Lauf geben, den Wasserhaushalt der Auen und Moore renaturieren und das Entstehen der typischen Wälder der Bachauen mit Erlen und Eichen initiieren.

Von 2009 bis 2014 führte die Arbeitsgemeinschaft Biologischer Umweltschutz im Kreis Soest e. V. – Biologische Station Soest (ABU) in drei zusammenhängenden FFH-Gebieten das LIFE-Projekt durch. LIFE ist ein Finanzierungsinstrument der Europäischen Union für die Umwelt, über das in diesem Fall 46,5 Prozent der Projektkosten finanziert wurden. Einen Anteil von 49 Prozent der Kosten trug das Land Nordrhein-Westfalen aus Mitteln des Naturschutzes, die übrigen Kosten finanzierte der Naturpark Arnsberger Wald.

Partner im Projekt waren der Landesbetrieb Wald und Holz NRW (vertreten durch das Lehr- und Versuchsforstamt Arnsberger Wald) als Bewirtschafter und Verwalter der landeseigenen Flächen, die Stadt Meschede, die Biologische Station Hochsauerlandkreis, der Naturpark Arnsberger Wald und das Naturschutzdezernat der Bezirksregierung Arnsberg. Die Genehmigung der Maßnahmen oblag den Unteren Wasser- und Landschaftsbehörden des Kreises Soest und des Hochsauerlandkreises.

Ausgangssituation

Die Fließgewässer des Projektgebiets gehören in der Typologie der LAWA zum Typ 5 „Grobmaterialreiche, silikatische Mittelgebirgsbäche" und repräsentieren damit einen der häufigsten Gewässertypen in Nordrhein-Westfalen (Tab. 7.1).

In der regionalen Typologie Nordrhein-Westfalens (LUA NRW 1999) handelt es sich dabei um „Kerbtalbäche des Grundgebirges", „Kleine Talauebäche des Grundgebirges" und „Große Talauebäche des Grundgebirges". Die nachfolgend dargestellten Maßnahmen zur Renaturierung betreffen die Fließgewässer einschließlich ihrer Auen gem. Tab. 7.1. Die Fließgewässer sind dem Typ „Kleine und Große Talauebäche" zuzurechnen.

Tab. 7.1 Daten der Maßnahmengewässer und Talböden am jeweils untersten Maßnahmenabschnitt des jeweiligen Gewässers[a]

Gewässer	[km^2]	[m^3/s]	[m^3/s]	[m^3/s]	[m^3/s]	[‰]	[m]
Heve	65,60	0,06	1,06	8,4	16,3	9	ca. 150
Große Schmalenau	18,30	0,02	0,3	2,3	4,5	14	50–70
Kleine Schmalenau	7,0	0,01	0,1	0,9	1,7	18	50–70
Rissmecke	0,7					24	ca. 30

[a]Die Hauptwerte der Abflüsse für Große Schmalenau und Kleine Schmalenau sind geschätzt auf Grundlage der Angaben des Deutschen Gewässerkundlichen Jahrbuchs (BfG 2014) für den Pegel Neuhaus. Der Pegel liegt am Ende des untersten Maßnahmenabschnitts an der Heve

Anmerkungen zur Landschaftsgeschichte

Für das Verständnis des Zustands von Gewässern und Auen zu Projektbeginn sind einige Aspekte der Landschaftsgeschichte bedeutsam. Die nacheiszeitliche und vor allem durch die mittelalterlichen Rodungen verstärkte Auelehmbildung hat die einst schottergeprägten Talböden in auelehmgeprägte verwandelt.

Im Mittelalter standen im Arnsberger Wald jagdliche Interessen im Vordergrund. Im Umfeld der Ortslagen spielte Waldweide eine wichtige Rolle und war schon im 14. Jahrhundert urkundlich geregelt. Zur Verhüttung von Erzen wurden große Mengen Holzkohle benötigt. Beschreibungen aus dem Zeitraum von 1583 bis 1761 berichten von einem wenig gepflegten Hochwald, unterbrochen von Heiden. Weidenutzung und Wildwiesen prägten die breiteren Talauen. Historische Karten aus der ersten Hälfte des 19. Jahrhunderts zeigen bereits die begradigte Heve. Maßnahmen zur Entwässerung der Auen und zur Begradigung der Fließgewässer wurden sicherlich bereits früher durchgeführt, spätestens seit Gründung des Orts Neuhaus im Jahr 1750. Hier wurde auch Wiesenbewässerung betrieben.

Große Mengen Holz verschlangen auch die Salinen entlang des Hellweges nördlich des Arnsberger Waldes sowie eine Glashütte, die ab 1762 für einige Jahre in Neuhaus betrieben wurde. Im Jahre 1786 wurde das „Plaggen" (Anmerk.: Abstechen des humosen und durchwurzelten Oberbodens) der Heide verboten, die Wälder waren durch Beweidung, Holzeinschlag und mangelnde Pflege heruntergewirtschaftet. „Blößen" mit Gras, Heide und Gebüsch dehnten sich immer weiter aus. Ab 1806 siedelten sich Waldarbeiterfamilien und Kleinstbauern an.

Erst als das Gebiet nach dem Wiener Kongress im Jahre 1815 an die Preußen fiel, wurden erste Straßen im Gebiet befestigt. Im Jahre 1821 wurde die Markenteilung eingeführt und damit die weitgehende Trennung von Wald und Weide, es begann der Neuaufbau der stark zerstörten Wälder. Noch um 1850 gab es im Arnsberger Wald nur vereinzelt Fichtenbestände, dann wurden sie großflächig angebaut.

Historische Karten aus der Mitte des 19. Jahrhunderts zeigen die Planungen zur Begradigung des Unterlaufs der Großen Schmalenau und ihrer Mündung in die Heve. Zu Beginn des 20. Jahrhunderts sind die meisten Begradigungen an den Fließgewässern bereits durchgeführt.

Die Umwandlung der grünlandgenutzten Talböden in Fichtenforste begann Anfang des 20. Jahrhunderts. Verbliebene Bestände von Schwarz-Erlen waren um 1920 in Fichte und Eiche umgewandelt. In den 1930er-Jahren legte der Reicharbeitsdienst in Auen des Arnsberger Waldes Entwässerungsgräben an; vermutlich gehen auch einige Begradigungen sehr kleiner Bäche auf diese Aktivitäten zurück. In den Jahren nach 1940 wurden in den Bachtälern vereinzelt wieder Erlen angepflanzt. In der Heveaue vollzog sich die großflächige Umwandlung von Grünland in Fichtenforste bis in die 1980er-Jahre.

Für den Geschiebehaushalt der Heve von großem Nachteil war, dass im Mittellauf bis mindestens in die 1980er-Jahre in erheblichem Umfang Bachschotter mit Radladern entnommen und zum Waldwegebau verwendet wurde.

In den 1980er-Jahren wurden die Bemühungen des Naturschutzes stärker und mündeten u. a. in der Ausweisung der Naturschutzgebiete „Arnsberger Wald“ (Kreis Soest) und „Breitenbruch-Neuhaus“ (Hochsauerlandkreis) im Jahr 1991. Zehn Jahre später wurde das FFH-Gebiet „Arnsberger Wald“ Teil des europäischen Schutzgebietsnetzes *Natura-2000*.

Beeinträchtigungen

Einige Abschnitte der Fließgewässer wurden in der Vergangenheit begradigt. Vermutlich wurde die Gewässersohle bereits damit einhergehend tiefer gelegt. In jedem Fall aber führte die erhöhte Transportkapazität aufgrund des bis zum doppelten vergrößerten Sohlengefälles zu einer nachfolgenden Sohlenerosion. Dieser sich selbst verstärkende Prozess endete mit Erreichen des Grundgebirges (siehe Abb. 7.119).

Ergebnis sind Gewässerabschnitte, die nur noch bei sehr großen, sehr seltenen Hochwassern ausufern, in denen bei Hochwassern eine extreme Drift herrscht (siehe Abb. 7.120), in denen Kiesbänke und Kieslückensysteme weitgehend fehlen und die zumindest bei niedrigen Abflüssen nicht durchgängig sind.

Die begleitenden Auen wurden infolgedessen nur noch selten überschwemmt. Damit fehlte ein wichtiger Faktor naturnaher, dynamischer Auenentwicklung, der natürlicherweise z. B. für Substratumlagerung und Eintrag von Samen sorgt.

Das Ausmaß der Veränderungen soll ein Beispiel zeigen. An der Kleinen Schmalenau war der direkte Vergleich eines Erosionsprofils (siehe Abb. 7.121) mit einem naturnahen Gewässerprofil möglich. Unmittelbar neben dem Bachlauf war ein Rudiment des ehe-

Abb. 7.119 Blick auf die begradigte Große Schmalenau vor der Renaturierung. Das Gewässer ist bis auf das Grundgebirge erodiert (Foto: J. Drüke)

Abb. 7.120 Hochwasser in der begradigten Großen Schmalenau vor der Renaturierung (Foto: J. Drüke)

Abb. 7.121 Vor über hundert Jahren begradigter, erodierter Abschnitt der Kleinen Schmalenau (Foto: J. Brackelmann)

Abb. 7.122 Freipräparieren eines Rudiments der ehemaligen, naturnahen Kleinen Schmalenau in unmittelbarer Nachbarschaft des in Abb. 7.121 dargestellten Erosionsprofils (Foto: J. Brackelmann)

maligen naturnahen Bachlaufs als leichte Senke im Fichtenwald noch erkennbar. Das naturnahe, ehemalige Gewässerprofil wurde freigelegt (siehe Abb. 7.122). Beide Profile wurden vermessen. Hydraulische Kenndaten veranschaulichen die Unterschiede (siehe Abb. 7.123).

Fast alle Querungen mit Wegen erwiesen sich als nicht hinreichend durchgängig für Fische und andere Lebewesen der Gewässer. Auf begradigten, sohlenerodierten Gewässerabschnitten waren Abstürze auf dem freigelegten Grundgebirge teilweise selbst für schwimmstarke Fische nicht überwindbar (siehe Abb. 7.124).

Der Umfang der vorgenannten Beeinträchtigungen der Gewässer und Auen wurde zu Projektbeginn an den Gewässern, die für Maßnahmen vorgesehen waren, kartiert (siehe Abb. 7.125).

In den Auen existierten vielfach Entwässerungsgräben, die zwar seit längerem nicht mehr unterhalten worden waren, aber meistens dennoch eine entwässernde Wirkung hatten. Kleine Nebenbäche waren in der Aue oft begradigt, als Graben ausgebaut und auf schnellstem Wege dem Hauptgewässer zugeführt. Seitengräben der Wege, die an einer der Talseiten parallel zur Aue verliefen, verhinderten oft über viele hundert Meter den Zutritt von Hangwasser in die Aue. Im Ergebnis waren viele Auen verglichen mit dem naturnahen Zustand viel zu trocken.

Zudem waren die Talböden in erheblichem Umfang mit einförmigen Fichtenaltersklassenwäldern bestockt. Damit fehlte dem Gewässerökosystem das Laub als Nahrungsquelle. Die Talböden waren in diesen Abschnitten dunkel und arm an typischer Flora und Fauna. Die Gewässer waren dort auch auffallend arm an Totholz, weil Fichten in ihrem Lebenszyklus bis zur Ernte wesentlich weniger Fallholz als Laubgehölze erzeugen (siehe Abb. 7.126).

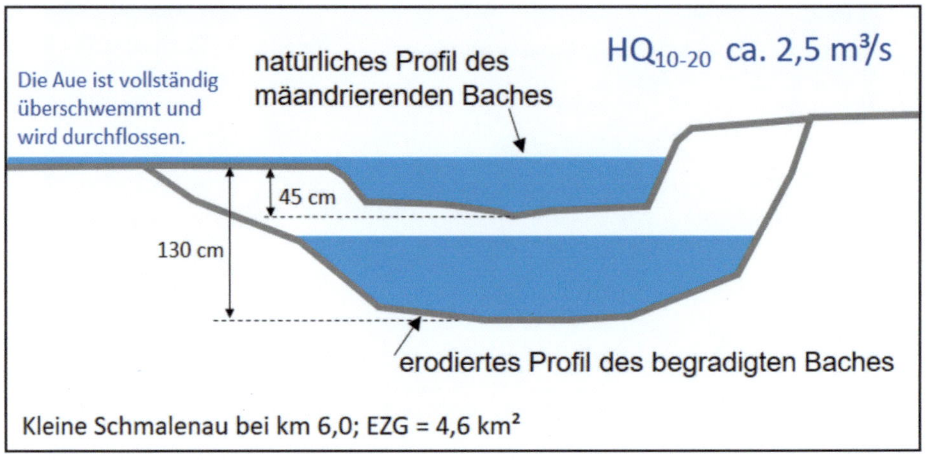

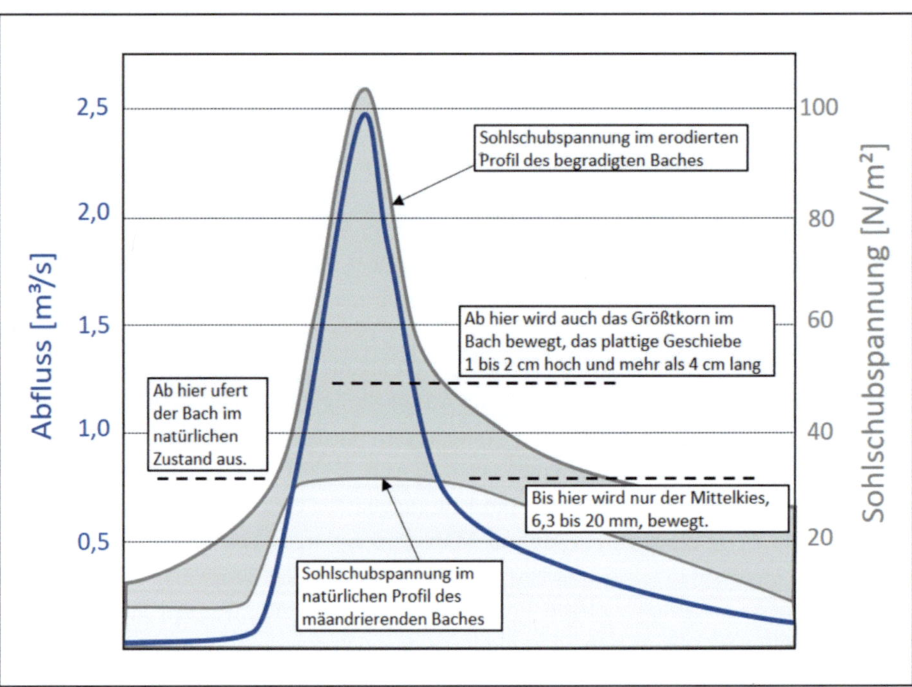

Abb. 7.123 Vergleich der Profilgeometrien und der Sohlenschubspannungen des natürlichen Profils des mäandrierenden Bachs mit dem Erosionsprofil des begradigten Bachs für ein 10- bis 20-jährliches Hochwasser (Grafik: J. Drüke)

Abb. 7.124 Erodierter Abschnitt der Kleinen Schmalenau. Der durch Sohlenerosion freigelegte Absturz auf dem Grundgebirge ist für Fische unüberwindbar (Foto: J. Drüke)

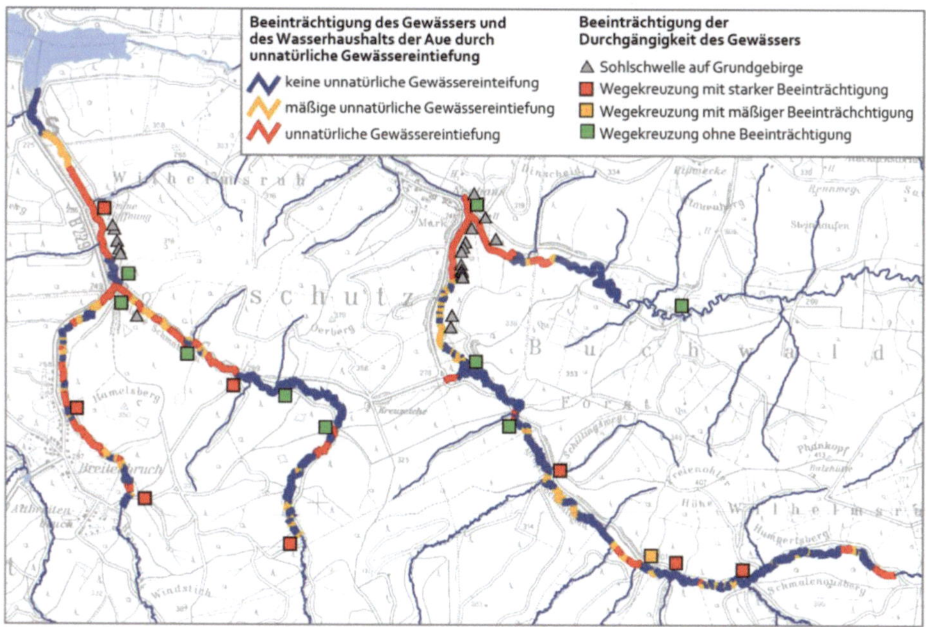

Abb. 7.125 Beeinträchtigungen durch unnatürliche Gewässereintiefung und Störungen der Durchgängigkeit (Grafik: ABU)

Abb. 7.126 Fichtenaltersklassenwald am Oberlauf der begradigten Großen Schmalenau (Foto: J. Drüke)

7.12.2 Entwicklungskonzept, Ziele, Konflikte

Die Fließgewässerabschnitte, die erheblich anthropogen verändert wurden, sollten wieder in einen Zustand versetzt werden, der es ihnen ermöglicht, sich leitbildkonform zu entwickeln. Der Wasserhaushalt der Auen sollte dort, wo er durch Entwässerungsgräben, Abkoppelung seitlicher Einzugsgebiete, Ausbau kleiner Nebenbäche in der Aue und Gewässerausbau erheblich verändert wurde, renaturiert werden.

Zu den naturschutzrechtlichen Schutzzielen gehören die Erhaltung und Entwicklung der Lebensraumtypen „Erlen-Eschenwälder und Weichholzauenwälder" (91E0) und „Fließgewässer mit Unterwasservegetation" (3260) für die FFH-Arten Groppe *(Cottus gobio)*, Bachneunauge *(Lampetra planeri)* Eisvogel *(Alcedo atthis)* und Schwarzstorch *(Ciconia niger)*. Hierfür sollen gemäß den Erläuterungen zum Standarddatenbogen die naturnahen Strukturen und die Dynamik der Fließgewässer mit ihrer typischen Vegetation und Fauna entsprechend dem jeweiligen Leitbild des Fließgewässertyps entwickelt werden.

Von wesentlicher Bedeutung dafür sind demnach eine möglichst unbeeinträchtigte Fließgewässerdynamik, die Durchgängigkeit der Fließgewässer für ihre typische Fauna und der Rückbau von Uferbefestigungen. In den Bachauen soll die typische Vegetation durch Nutzungsaufgabe, Naturverjüngung, Sukzession oder Initialpflanzung und durch

Erhaltung und Entwicklung der lebensraumtypischen Grundwasser- und Überflutungsverhältnisse geschützt und entwickelt werden.

Leitbilder

Die Maßnahmen zur Renaturierung sollten sich am Leitbild für das jeweilige Gewässer entsprechend dem Naturpotenzial des Gewässerökosystems auf der Grundlage des Kenntnisstandes über dessen natürliche Funktionen orientieren (LUA NRW 1999). Als irreversibel, in erheblichem Umfang anthropogen verursacht, wurden die Auelehme der Talböden als Bestandteil des Leitbildes angesehen. Dies korrespondiert mit den Naturschutzzielen im Projektgebiet. Auf den Talböden sind in erheblichem Umfang geschützte Lebensraumtypen und Habitate geschützter Arten ausgeprägt, die zu erhalten und im Sinne der Schutzziele zu entwickeln sind.

Für die Maßnahmenentwicklung sind folgende Merkmale des Leitbildes wesentlich: Eigendynamische Entwicklungsfähigkeit, Laufformen, Windungsgrad und Sohlengefälle, Bettgeometrien, Sohlensubstrate, Ausuferungshäufigkeit und Durchgängigkeit. Von wesentlicher Bedeutung für die Funktionsfähigkeit des Gewässers ist zudem die Vegetation. Totholz und Laub im Fließgewässer bilden Strukturen, beeinflussen die morphologische Entwicklung sowie die Ausuferungshäufigkeit und sind Nahrungsquelle für Destruenten, die ein wichtiger Teil der Nahrungskette in den Bachökosystemen sind. Die Art der Vegetation steuert zudem den Lichthaushalt (siehe Abb. 7.127 und 7.128).

In das Leitbild wurden die Auen einbezogen. Ihr Wasserhaushalt ist im Leitbildzustand frei von Störungen, d. h. insbesondere ohne künstliche Entwässerung, die seitlichen Talhänge entwässern frei in die Auen, die Überschwemmungshäufigkeit ist natürlich (Abb. 7.130). Hinzu kommt als wesentlicher Faktor für den Auenwasserhaushalt der Zufluss durch kleine seitliche Gewässer, die abhängig von ihrer Größe entweder in der Aue ein eigenes, oft mündungsverschlepptes Bachbett ausbilden (Abb. 7.129) oder in der Aue vollständig ihre bettbildende Kraft verlieren und kleinräumig Auensümpfe bewirken. Von Bedeutung ist zudem die Vegetation, die natürlicherweise von erlendominierten Auwäldern geprägt ist.

Das Projektgebiet bietet zahlreiche Beispiele für sehr naturnahe, nur wenig gestörte Fließgewässer und Auen. Sie repräsentieren die gesamte Größenpalette der stark veränderten Gewässerabschnitte, an denen Maßnahmen durchgeführt wurden (Abb. 7.131).

Die Talböden haben einen typischen Aufbau (Abb. 7.132). Über dem silikatischen Grundgebirge liegt eine in der Mächtigkeit schwankende Schicht aus Talkiesen. Diese ist überlagert mit Auelehm in einer Mächtigkeit von typischerweise mehreren Dezimetern, im Tal der Heve auch bis zu einem Meter Mächtigkeit. In den Auelehmen finden sich teilweise kleinräumig Ansammlungen von Kies. Die Auenlehme sind von einer Schicht belebten Oberbodens überdeckt. Die Auelehme werden als Bestandteil des Leitbildes betrachtet, auch wenn sie in erheblichem Umfang Ergebnis anthropogen bedingter, flächiger Erosion sind.

Abb. 7.127 Hier vermittelt die Heve einen Eindruck von der Gestalt naturnaher Gewässer im Projektgebiet. Das Bachbett ist nur wenige Dezimeter in die Aue eingetieft, die Gewässersohle ist kiesgeprägt, Schnellen und Kolke wechseln sich ab. Schwarzerlen prägen die Aue (Foto: J. Drüke)

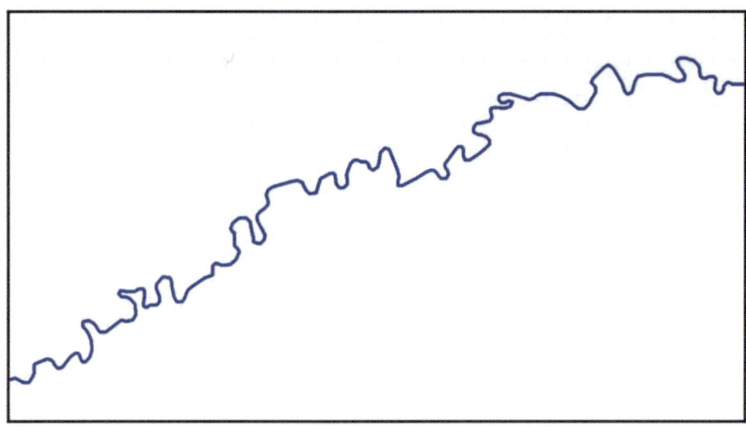

Abb. 7.128 Weitgehend ungestörte Laufentwicklung der Großen Schmalenau mit einem Windungsgrad von 1,7 bis 1,8. (Grafik: ABU)

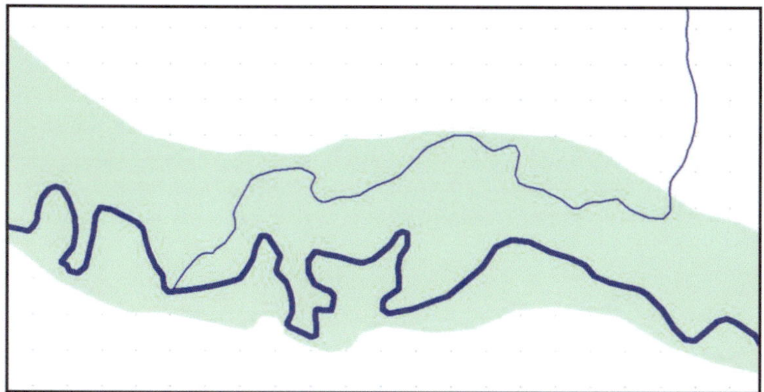

Abb. 7.129 Mündungsverschleppung eines kleinen Nebenbachs in der Aue (*grün*) der Heve. Fließrichtung ist von rechts nach links. (Grafik: ABU)

Abb. 7.130 Auch häufige Hochwasser treten über die Ufer. Die Ausuferung sehr naturnaher Gewässerabschnitte mit Totholz beginnt nach Beobachtungen im Projektgebiet etwa ab dem zwei- bis dreifachen des mittleren Abflusses MQ, d. h. ab etwa einem Drittel des HQ_1 (Foto: J. Drüke)

Restriktionen

Das Projektgebiet ist vergleichsweise arm an Restriktionen für eine naturnahe Entwicklung der Fließgewässer und ihrer Auen. Alle Flächen im Bereich der hier beschriebenen Maßnahmen stehen im Eigentum des Landes Nordrhein-Westfalen, verwaltet vom Landesbetrieb Wald und Holz.

Abb. 7.131 Äste und umgestürzte Bäume differenzieren das Bachbett und erhöhen die Ausuferungshäufigkeit. Je kleiner der Bach umso bedeutender sind kleinräumige Verklausungen aus Ästen und Laub (Foto: J. Drüke)

Abb. 7.132 Das Foto zeigt die typische Abfolge von Talkiesen, Auelehm und belebtem Oberboden (Foto: J. Drüke)

Die Naturschutzziele korrespondieren grundsätzlich mit den Maßnahmenzielen. Geschützte Biotope, FFH-Lebensraumtypen oder Vorkommen besonderer Arten schränkten bereichsweise die Maßnahmenplanung ein, allerdings ohne dass dies für eine naturnahe Laufentwicklung oder eine Renaturierung des Auenwasserhaushalts hinderlich gewesen wäre.

Auf wenigen Maßnahmenabschnitten sind die Auen durch Wegedämme oder Straßen erheblich verschmälert. Allerdings konnten auch hier in den meisten Fällen natürliche Laufformen und Windungsgrade realisiert werden.

Die Auen werden an einigen Stellen von Forstwegen oder Straßen in Dammlage gequert (Abb. 7.133). Dort steht für den Hochwasserabfluss nur ein eng bemessener Querschnitt zur Verfügung, es sei denn bei sehr großen Hochwassern wird der Damm überströmt. Im Bereich dieser Querungen ist der Hochwasserabfluss stark verändert: Schon bei kleinen Hochwassern wird der gesamte Abfluss auf den Durchlass gebündelt, was unterstrom der Querung zu hohen Transportkräften und oft lokaler Sohlenerosion führt; bei großen Hochwassern ergibt sich bachaufwärts ein Aufstau. Im Zuge des Umbaus einiger nicht durchgängiger Querbauwerke konnte die Durchlässigkeit der querenden Wege in Dammlage etwas erhöht werden. In einem Fall war eine deutliche Erhöhung der Durchlässigkeit möglich, weil das Querbauwerk zu einer Furt umgebaut werden konnte. Im Übrigen waren diese Bauwerke jedoch nicht veränderliche Restriktionen.

Für die Wiederherstellung eines natürlichen Auenwasserhaushalts erwiesen sich Forstwege, die am Talrand entlang geführt sind, abschnittsweise als nicht unerhebliche Beeinträchtigung. Zu Sicherstellung der notwendigen Entwässerung findet sich typischerweise auf der Hangseite ein Wegeseitengraben, der das Hangwasser wegeparallel abführt.

Abb. 7.133 An einigen Stellen queren Wege in Dammlage die Auen (Foto: J. Drüke)

Rohre oder offene Rinnen quer zum Weg, mit denen das gesammelte Wasser der Aue zugeleitet wird, wurden oft jedoch erst in Abständen von einigen hundert Metern angelegt, so dass erhebliche Abschnitte der Aue ausgetrocknet sind. Für die Verbesserung dieser Situationen waren im LIFE-Projekt keine Mittel vorgesehen, so dass Verbesserungen späteren Maßnahmen vorbehalten sind.

7.12.3 Planung und Maßnahmen

Planung

Zu Beginn der Planungen war zu entscheiden, ob Maßnahmen notwendig waren, um die erheblich beeinträchtigten Gewässerabschnitte und ihre Auen in einen Zustand zu versetzen, der die Entwicklung hin zu naturnahen Zuständen wieder ermöglichte.

Wie zahlreiche Beispiele im Projektgebiet zeigen, führte die eigendynamische Entwicklung begradigter, unbefestigter Bachabschnitte zur Ausbildung großer, tiefer Erosionsprofile. Als Folge lag die Sohle auf dem Grundgebirge, Kiesbänke (und somit auch das Interstitial) waren selten bzw. nur sehr kleinflächig anzutreffen. Eine eigendynamische Rückentwicklung hin zu naturnahen Profilgeometrien und Ausuferungshäufigkeiten fand auf den begradigten Abschnitten über Zeiträume von mehr als hundert Jahren nicht statt. „Sekundärauen" bildeten sich nur sehr kleinräumig aus – lokal allenfalls bis wenige Meter breit – und erfüllten daher nicht die Funktionen, die natürliche Auen haben. Die morphologisch natürlichen Auen waren dauerhaft abgekoppelt, und natürliche, vom Hochwasser ausgelöste Prozesse wie Umlagerung von Material und Eintrag von Samen in die Aue fanden nicht mehr statt. Sehr hohe Transportkapazitäten und unnatürliche Drift blieben kennzeichnend für diese Gewässerbetten.

Damit war klar, dass Maßnahmen zu ergreifen waren. Allerdings stellte sich die Frage, welcher Art diese Maßnahmen zweckmäßigerweise sein sollten. Verfüllt man begradigte Erosionsprofile, ohne naturnahe Laufformen und Geometrien neu zu gestalten, so leitet man den Bach auf den Auelehm. Bettbildung auf dem Auelehm ist wegen der Erosionsstabilität des Auelehms ein sehr langfristiger Prozess.

Über lange Zeiträume fehlt es damit auch an einer kiesgeprägten Bachsohle, in der die für Talauebäche typischen, mehrere Dezimeter mächtigen Kieskörper ausgebildet sind. Zu bedenken war auch, dass die Ausprägung der Laufformen und Gewässerprofile naturnaher Abschnitte gleichzeitig mit der Auelehmbildung stattfand. Das heißt die Bettbildung stellte sich natürlicherweise nicht als Erosion in vorhandene, mehrere Dezimeter mächtige Auelehme dar, sondern als Prozess der Ausdifferenzierung stärker durchströmter Fließwege ohne Auelehmsedimentation und benachbarter Auenflächen mit Auelehmsedimentation.

Diese Vorstellungen über die Bettbildung im wachsenden Auelehm sind sicherlich modellhaft. Und insbesondere die Vegetation und Totholz wird die Prozesse deutlich beeinflusst und modifiziert haben.

Wir haben uns vor diesem Hintergrund dazu entschlossen, auf den begradigten Abschnitten durch einmalige Maßnahmen vorhandene Altverläufe zu reaktivieren oder, falls Altverläufe nicht vorhanden waren oder Naturschutzgründe gegen ihre Aktivierung sprachen, neue, leitbildähnliche Verläufe zu schaffen, die anschließend der eigendynamischen Entwicklung überlassen sind. „Leitbild-ähnlich" bedeutet, die Renaturierung streng am natürlichen Vorbild auszurichten, und zwar insbesondere im Hinblick auf die Laufformen, den Windungsgrad (das führt zum natürlichen Sohlengefälle) sowie die Bettgeometrien (womit eine natürliche Ausuferungshäufigkeit gewährleistet ist). Damit wird insbesondere sichergestellt, dass wieder naturnahe Transportkapazitäten eingestellt werden, die vor nachfolgender Sohlerosion schützen.

Wesentliche Grundlagen und Eckpunkte der Planung waren folgende Planunterlagen:

- Deutsche Grundkarte 1:5000.
- Begehung der Auenflächen zur Ermittlung von Altlaufrudimenten, entwässernder Gräben und von Altläufen kleiner Nebenbäche.
- vegetationskundliche und floristische Aufnahmen.
- Abgrenzung der Flächen, die vor Befahren mit Baufahrzeugen zu schützen sind, wie z. B. geschützte Biotope, nasse Auenbereiche, sonstige vegetationskundlich wertvolle Bereiche.
- Schürfe zur Ermittlung der Auelehmmächtigkeiten und zur Bestimmung ehemaliger naturnaher Sohlenhöhen in Altlaufrudimenten in den Fällen, in denen eine Neutrassierung geplant war.
- Hochaufgelöste digitale Geländemodelle (x,y,z-Koordinaten im Abstand von weniger als ein Meter), aufgearbeitet in Form höhendifferenzierter, georeferenzierter Bilder (nach Transformation der z-Koordinate durch „Kippen" des Tales in die Horizontale) (siehe Abb. 7.134) und als Höhenlinien im 10 cm-Stufen.
- Tachymetrische Geländeaufnahmen zur Ergänzung und Überprüfung der Geländemodelle.
- Im Bereich der Baumaßnahmen Erfassung zu erhaltender Einzelbäume und planungsrelevanter Einzelobjekte, wie z. B. großer Sturzbäume.
- Im Falle von Neutrassierungen Bestimmung der leitbildkonformen Bettgeometrien und Verläufe anhand benachbarter, sehr naturnaher Gewässerabschnitte.
- Kleinräumiger Massenausgleich, Verzicht auf Transport von Bodenmassen mit Radfahrzeugen.

Die stichprobenhaft ermittelten Auelehmmächtigkeiten ließen folgende Ausführungsplanung zu, ohne dass unnatürlich tiefe Profile entstanden: Zur Herstellung neuer Gewässerbetten auf der neuen Gewässertrasse sollten Oberboden und Auelehm entnommen werden, nicht jedoch der darunter lagernde Talkies. Das heißt, dass die Talkiese auf der neuen Gewässertrasse liegen bleiben sollten, auch wenn dies stellenweise höhere Sohlenhöhen als geplant bedeutete. Lag der Talkies tiefer als die geplante Sohle, sollte der bindige Boden lokal auch wenige Dezimeter tiefer entnommen werden insbesondere dort, wo

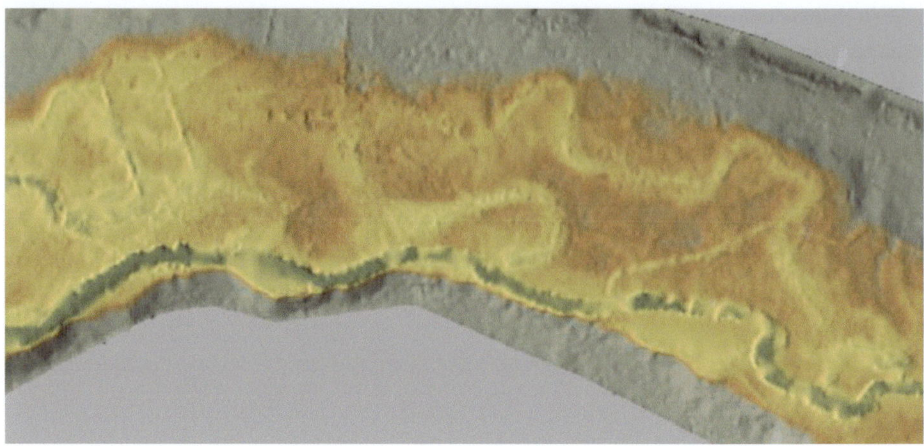

Abb. 7.134 Höhendifferenziertes Bild eines Talabschnitts der Großen Schmalenau nach Transformation der z-Koordinaten (Kippen der Talachse in die Horizontale) (Grafik: ABU)

im Zuge der anschließenden eigendynamischen Entwicklung mit der Ausbildung von Kolken gerechnet werden konnte.

Mit dem anfallenden, bindigen Boden sollte der begradigte Gewässerlauf und ggf. vorhandene Entwässerungsgräben stellenweise verfüllt werden. Um auch bei Hochwasser eine Erosion dieser Stopfen und damit ein Reaktivieren des begradigten Laufs zu verhindern, sollten die Stopfen deutlich höher als das Auenniveau ausgebildet werden.

Innenkurven neu trassierter Mäanderbögen wurden in einigen Fällen auf mehrere Metern Breite abgesenkt, wenn andernfalls unnatürliche Einschnitttiefen entstanden wären. Wo der Talboden vermutlich zur Wiesenbewässerung eingeebnet worden war, wurden an einigen Stellen Flutmulden hergestellt, um das frühzeitige Ausufern zu fördern.

Waren noch vorhandene Altläufe zu reaktivieren, so wurden diese darauf hin überprüft, ob lokal Bodenentnahmen notwendig waren, um einen Durchfluss wieder zu ermöglichen. Abb. 7.135 zeigt als Beispiel den Ausschnitt einer Ausführungsplanung.

Bei nicht durchgängigen Querbauwerken wurde zunächst geprüft, ob die Durchgängigkeit allein durch Sohlenaufhöhung mittels Laufverlängerung bachabwärts des Bauwerks dauerhaft verlässlich wiederhergestellt werden konnte. Dies erwies sich in einigen Fällen als möglich und als sehr kostengünstige Maßnahme. In einem Fall wurde das vorhandene ehemalige Wiesenbewässerungswehr durch Reaktivierung naturnaher Altverläufe „umfahren". In anderen Fällen wurde das vorhandene, nicht durchgängige Bauwerk durch neue Bauwerke ersetzt. Dabei wurde eine mindestens vier Dezimeter mächtige naturnahe Schottersohle im Bereich des Querbauwerks gewährleistet sowie Laufverlängerungen zur Herstellung eines naturnahen Windungsgrades im Unterlauf der Querung, die künftiger Sohlenerosion vorbeugen. In einem Fall wurde ein Rohr durch eine Furt ersetzt.

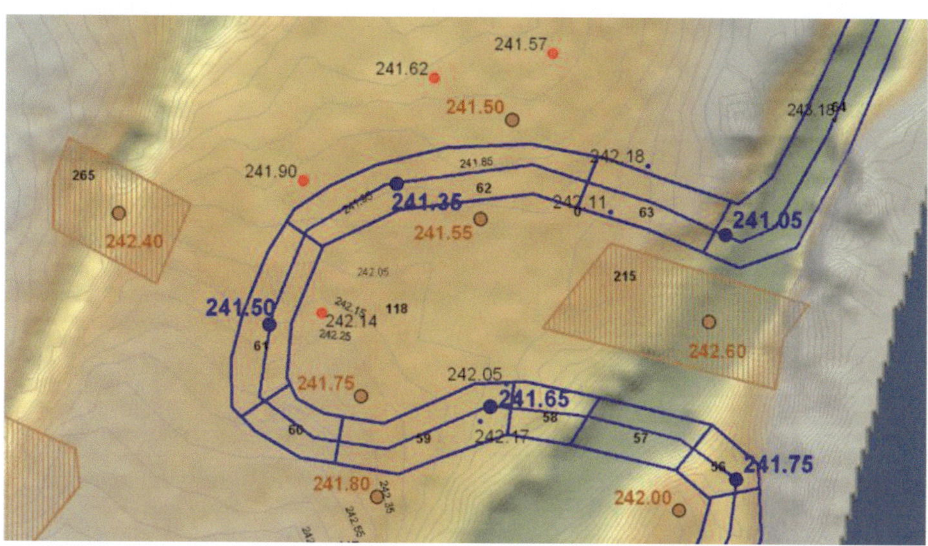

Abb. 7.135 Ausschnitt eines Ausführungsplans für eine Neutrassierung (Grafik: ABU)

Maßnahmen

Auf einer Gesamtstrecke von 9,5 Kilometer wurden Fließgewässer und der Auenwasserhaushalt renaturiert. Sieben Querbauwerke wurden zur Herstellung der Durchgängigkeit umgebaut bzw. durchgängig gestaltet, drei nicht durchgängige Querbauwerke wurden durch Laufverlängerung umgangen. 130 Bäume wurden als Totholz in die Fließgewässer eingebracht. Die Baukosten dieser Maßnahmen beliefen sich auf 400.000 €.

Bauausführung bei Neutrassierung Die neuen Gewässerverläufe wurden eingemessen und mit Pflöcken markiert. Auf der neuen Gewässertrasse wurde nur der Auelehm entnommen, nicht der Kies, auch wenn er höher anstand als die Sohlenhöhe laut Plan. Dafür gab es zwei Gründe: Zum einen ist eine möglichst hohe Sohle bzw. eine geringe Einschnitttiefe eine günstige Ausgangssituation für das neue Gewässer, weil ein schnelles Ausufern der Sohlenerosion vorbeugt. Zum anderen ist Kies ein äußerst wertvolles Gut, ohne das Kieslückensysteme und die typische Abfolge von Kolken und Furten nicht ausgebildet werden können. Der entnommene Auelehm wurde vom Bagger zwischen der neuen Schlinge und dem begradigten Bachlauf abgelegt (siehe Abb. 7.136). Dann wurde der begradigte Laufabschnitt, der bei Aktivierung der neuen Schlinge trocken fällt, abgefischt.

Anschließend häufte der Bagger unmittelbar unterstrom des Beginns der neuen Schlinge im begradigten Bachbett einen Wall aus Geröll auf, das er aus der Sohle des abzuklemmenden begradigten Laufs gewinnt. Erreicht die Höhe des Walls die Sohlenhöhe der neuen Schlinge, beginnt deren Aktivierung.

Abb. 7.136 Herstellung einer neuen Bachschlinge durch Entnahme des Auelehms (Foto: J. Drüke)

Für die Herstellung des Blockes lagerte der Bagger den entnommenen Auelehm unmittelbar zum Ufer des begradigten Bachabschnitts um. Anschließend drückte er die Bodenmasse allmählich in das Bett des begradigten Bachabschnitts, bis dieses komplett verschlossen war. Der Block wurde durch Befahren mit dem Bagger verdichtet und auf eine Höhe von 0,3 bis 0,5 m über dem Auenniveau aufgebaut. So wurde gewährleistet, dass er bei Hochwasser umflossen und nicht überströmt werden kann, was seine Zerstörung durch rückschreitende Erosion zur Folge hätte.

Je länger die neue Schlinge war, desto höher war das Risiko, dass der Abfluss im begradigten Gewässer bachabwärts während der Aktivierung abriss und das Gewässer unterstrom der neuen, noch nicht vollständig aktivierten Schlinge trocken fiel. Um dies sicher zu vermeiden, wurde in einigen Fällen in den Wall, der die Aktivierung der neuen Schlinge bewirkt, ein PVC-Rohr eingebaut, durch das ein Mindestabfluss im begradigten Altlauf erhalten blieb. Nach der vollständigen Aktivierung der neuen Schlinge, wurde es wieder ausgebaut. Abb. 7.137 zeigt den Übergang von einer neu hergestellten Schlinge zum noch begradigten Bachabschnitt.

Stellenweise mussten für den Bau der Blöcke oder in Kreuzungspunkten von neuer Schlinge mit begradigtem Altlauf Bäume entnommen werden. Sie wurden alle als Totholz in das neue Gewässer gelegt.

Aktivierung von Altläufen und Schließen von Entwässerungsgräben Altläufe wurden aktiviert, indem der begradigte Bachabschnitt lokal mit Blöcken aus bindigem Boden verschlossen wurde. Die dafür notwendigen Bodenmassen wurden in unmittelbarer Nähe des zu erstellenden Blocks, d. h. vom Bagger erreichbar, durch seitliche Aufweitung des be-

Abb. 7.137 Das Bild veranschaulicht die Differenz der Wasserspiegellagen zwischen der neuen Bachschlinge (links) und dem begradigten, sohlenerodierten Bachlauf (Foto: J. Drüke)

gradigten Bachlaufs oder durch Herstellen einer Geländevertiefung gewonnen. Dabei wurde darauf geachtet, dass die Blöcke nicht weiter als 30 bis 50 m voneinander entfernt lagen und gegenüber dem Auenniveau überhöht wurden, um eine Zerstörung der Blöcke durch rückschreitende Erosion und damit eine Reaktivierung des tiefen, begradigten ehemaligen Gewässerabschnitts sicher zu vermeiden.

Entwässerungsgräben wurden ebenfalls mit einfachen Erdblöcken verschlossen. Besondere Sorgfalt war in einigen Auenbereichen bei der Planung der Anfahrtswege erforderlich, um die vorhandene Vegetation zu schützen. Dafür kam entweder ein relativ leichter 8,5-Tonnen-Bagger oder ein Schreitbagger zum Einsatz, oder es wurden Fahrplatten verlegt.

Querbauwerke Fast alle überprüften Querbauwerke hatten zum Projektbeginn Mängel hinsichtlich ihrer Durchgängigkeit. Generell zeigte sich, dass ihre hydraulische Beanspruchung bei Hochwasser sehr hoch war, so dass sich bachabwärts der Bauwerke Auskolkungen und Sohlenerosion eingestellt hatten. Teilweise waren Rohrprofile zu hoch eingebaut, so dass sich auch deshalb auf der Rohrsohle keine Schottersohle ausbilden konnte.

In jedem Fall wurde geprüft, ob sich die Mängel durch Laufverlängerung in Verbindung mit Sohlenaufhöhung bachabwärts der Querbauwerke dauerhaft lösen ließen. Das gelang in wenigen Fällen und erwies sich als sehr kostengünstige Maßnahme. In vielen Fällen konnte die hydraulische Belastung der Durchlässe bei Hochwasser reduziert werden, in-

Abb. 7.138 Raue Rampe in der Heve bei Möhnesee-Neuhaus (Foto J. Drüke)

dem alte Durchlässe durch neue mit größeren Dimensionen ersetzt wurden oder ein zweiter, vergrößerter Durchlass errichtet oder ein Durchlass in eine Furt umgestaltet wurde.

In der Heve bei Möhnesee-Neuhaus, unmittelbar bachabwärts der Mündung der Großen Schmalenau, wurde eine raue Rampe errichtet (siehe Abb. 7.138). Sie baut mit einem Gefälle von ca. 1,4 Prozent die Differenz der Sohlenniveaus der renaturierten Heve und der weiterhin begradigten, eingetieften Heve bachabwärts in Höhe von 2,30 m so ab, dass rückschreitende Erosion verhindert und die Durchgängigkeit für Organismen weitgehend gewährleistet werden.

Öffentlichkeitsarbeit Öffentlichkeitsarbeit ist verpflichtender Bestandteil von LIFE-Projekten. An zwei Orten des Projektgebiets – Parkplätze an beliebten Gasthäusern und Startpunkte für Wanderungen – wurden drehbare Infosäulen errichtet (siehe Abb. 7.139). Als sehr nützlich erwiesen sich zudem in den Tageszeitungen angekündigte öffentliche Exkursionen, an denen je Exkursion 20 bis 60 Interessierte teilnahmen (siehe Abb. 7.140).

Zum Ende des LIFE-Projekts wurde ein 60-seitiger sogenannter Laienbericht erstellt (ABU 2014a, b), der in verständlicher Sprache über die Ziele und Maßnahmen des Projekts informiert. Im Gebiet wurden zwei ca. sieben Kilometer lange Rundwege auf vorhandenen Wanderrouten ausgewiesen, entlang derer der Wanderer an bestimmten Stellen Informationen und über Pfade einen Zugang zum Gewässer findet. Eine Internetseite informiert über das Projekt (www.life-bachtaeler.de).

Abb. 7.139 Drehbare Informationstafeln (Foto: B. Beckers)

Abb. 7.140 Exkursion in das LIFE-Projektgebiet anlässlich der „Internationalen Limnologen Tagung“ in Münster 2013 (Foto: B. Beckers)

7.12.4 Entwicklungen und Erfahrungen

Erste eigendynamische Entwicklungen

Erste kleinere Hochwasser zeigen, dass sich naturnahe Bettstrukturen durch kleinräumige Umlagerung von Bachschotter rasch entwickeln (siehe Abb. 7.141 und 7.143). Zudem gewährleisten die erstellten Profilgeometrien und Windungsgrade, unterstützt durch eingebrachtes Totholz (siehe Abb. 7.142), ein frühes Ausufern bei Hochwasser und damit einen wirksamen Schutz vor Sohlenerosion.

Gehölzentwicklung

Anders als die Ausbildung naturnaher Bachbettstrukturen benötigt die Entwicklung naturnaher Laubgehölze dort, wo die Bachtäler baumfrei waren oder wo in einem Korridor auf dem Talboden Fichtenbestände entnommen wurden, wesentlich mehr Zeit. Um den Prozess der Waldentwicklung zu unterstützen, wurden als Naturverjüngung aufkommende Laubgehölze in mehreren Maßnahmenabschnitten gesucht und durch Einzelschutz vor Verbiss durch Rehe und Hirsche geschützt.

Diese Arbeiten wurden maßgeblich durch freiwillige Mitarbeiter der ABU durchgeführt; sie werden im Rahmen des sog. *„After-LIFE-Conservation-Plan"* (s. u.) künftig fortgesetzt. Auf anderen Maßnahmenabschnitten erwies sich der Verbissdruck als deutlich geringer bzw. die Naturverjüngung insbesondere von Schwarzerlen als so kräftig, dass eine solche Unterstützung nicht erforderlich war. An einigen Stellen wurden Schwarzerlen gepflanzt.

Abb. 7.141 Bettbildung in der Großen Schmalenau 9 Monate nach der Baumaßnahme. Unmittelbar nach dem Baggern wies dieser Abschnitt eine mehr oder weniger ebene Sohle auf (Foto: J. Drüke)

Abb. 7.142 Renaturierte Große Schmalenau ein Jahr nach der Baumaßnahme. Die Bäume mussten im Bereich der Querungen des neuen Laufs mit dem ehemaligen, begradigten Lauf entnommen werden; sie wurden alle als Totholz in das neue Gewässer gelegt (Foto: J. Drüke)

Abb. 7.143 Neuer Verlauf der Heve 10 Monate nach der Baumaßnahme (Foto: J. Drüke)

Wo seitlich von entnommenen Fichtenbeständen nach wie vor Fichtenbestände angrenzen, muss die weitere Entwicklung der Fichtennaturverjüngung beobachtet werden. Ggf. muss entschieden werden, ob Pflegearbeiten zur Entnahme von Fichtennaturverjüngung zweckmäßig sind, um den aufkommenden Laubgehölzen einen Konkurrenzvorteil zu sichern.

Betreuung nach Abschluss des Projekts

In einem sog. *„After-LIFE-Conservation-Plan"* sind zwischen Projektträger, Flächeneigentümer und den übrigen Projektpartnern die Unterhaltung der geschaffenen Einrichtungen und Bauwerke sowie evtl. erforderlich werdende Maßnahmen zur Unterstützung der gewünschten Entwicklung vereinbart worden. Die Entwicklung der Bachtäler im Arnsberger Wald wird zudem von beiden Biologischen Stationen im Rahmen der Schutzgebietsbetreuung weiter begleitet.

Orientierung am Leitbild

Die intensive Auseinandersetzung mit dem Leitbild der Bäche, insbesondere mit den Faktoren, die dauerhaft leitbildkonforme Strukturen, Prozesse und Lebensräume ergeben, hat sich außerordentlich bewährt. Hilfreich war in diesem Zusammenhang auch die Analyse der Ursachen für Schädigungen, insbesondere durch Sohlenerosion. Wesentliche Merkmale des Leitbilds sind insbesondere Windungsgrad und Sohlengefälle, Laufformen und Bettgeometrien, Sohlensubstrate und Geschiebetransport sowie Ausuferungshäufigkeit und eigendynamische Entwicklungsfähigkeit. Von wesentlicher Bedeutung für die Funktionsfähigkeit des Gewässers sind zudem Totholz und Laub.

Die Orientierung an den genannten Leitbildbedingungen machte hydraulische Berechnungen der Abflüsse und der Sohlenschubspannungen entbehrlich. Wegen der günstigen Randbedingungen mit nur wenigen Restriktionen waren auch Nachweise zum Hochwasserschutz nicht erforderlich.

Planung und Bauausführung

Die Ausführungsplanung kann anspruchsvoller sein als die Genehmigungsplanung. Denn wegen der besonderen Schutzbedürftigkeit von Lebensräumen in der Aue musste der Baggereinsatz sorgfältig geplant werden: Vor jeglicher Befahrung zu schützende Flächen wurden ermittelt und ausgewiesen, grundsätzlich waren alle Laubgehölze zu schützen, es sei denn ein Entfernen war für die Maßnahme unumgänglich; diese Gehölze wurden vor Baubeginn einzeln markiert.

Zu transportierende Bodenmassen wurden aus den vorgenannten Gründen, aber auch um Kosten zu minimieren (d. h. auch den Maßnahmenumfang bei gegebenem Projektbudget zu maximieren), auf das unbedingt Notwendige begrenzt. Immer war Massenausgleich am Ort der Maßnahme zu gewährleisten. Mit 30 bis 40 € je Meter umgestalteter Gewässerstrecke fielen die spezifischen Baukosten sehr niedrig aus.

Eine intensive Bauvorbereitung, eine ausführliche Einweisung der Baufirma und die nahezu ständige Anwesenheit der Bauleitung während der Baumaßnahmen zur Gewässerrenaturierung erwiesen sich als entscheidend für eine gute und schonende Durchführung der Maßnahmen. Die Bauleitung für die Gewässerrenaturierungen oblag dem Projektträger.

Forstwege, die die Aue in Dammlage queren, bündeln bei Hochwasser den Abfluss auf die eng bemessenen Durchlässe. Das verursacht hydraulische Belastungen unterstrom der Bauwerke, die Auskolkungen und Sohlenerosion bewirken und dadurch Ursache mangelhafter Durchgängigkeit für Organismen sein können. Das Projektbudget ließ einen Umbau der querenden Wegeabschnitte selber nicht zu, die hydraulische Durchlässigkeit konnte durch Vergrößerung der Durchlässe, durch zusätzliche Durchlässe und in einem Fall durch Bau einer Furt erhöht werden.

Die aufgearbeiteten, hochaufgelösten digitalen Geländedaten erwiesen sich als sehr gute Planungsgrundlage und als hervorragend geeignet für die Präsentation von Zuständen und Planungen.

Zusammenarbeit zwischen „Naturschutz“ und „Wasserwirtschaft“

Auf Seite des Projektträgers arbeitete ein gemischtes Team der Fachrichtungen Wasserwirtschaft und Biologie/Naturschutz. Hierdurch war stets sicher gestellt, dass alle Maßnahmen zwischen beiden Fachrichtungen diskutiert und eng abgestimmt waren. Als besonders hilfreich erwies sich dabei die intensive Befassung mit der Natur der Gewässer im Zuge der Leitbildfindung.

Ebenso hilfreich war die Analyse der Defizitursachen: Sohlenerosion durch Begradigung, aber auch durch Totholzmangel insbesondere in Fichtenforsten; ausgetrocknete Auen nicht nur bedingt durch Entwässerungsgräben, sondern auch durch begradigte statt mündungsverschleppte kleine Nebengewässer und durch Abkopplung seitlicher Einzugsgebiete bedingt durch Wegeseitengräben.

In der projektbegleitenden Arbeitsgruppe waren zudem Förster, die Wasser- und Landschaftsbehörden und die Naturparkverwaltung vertreten. Die wasserbaulichen Maßnahmen wurden erläutert und mussten jeweils begründet werden; die Intensität der wasserbaulichen Eingriffe musste auf das unbedingt Notwendige begrenzt werden.

Die Diskussionen und eingeforderten Begründungen bedeuteten einerseits eine gewisse Anstrengung, gewährleisteten andererseits jedoch in hohem Maße Kenntnis über Defizitursachen und Maßnahmewirkungen sowie Verständnis und Akzeptanz für die Maßnahmen. Daraus kann man folgenden Schluss ziehen: Je besser der Mehrwert eines renaturierten Gewässers vermittelt und je besser die Notwendigkeit bestimmter wasserbaulicher Maßnahmen begründet werden kann, desto eher sind Zustimmung und Unterstützung anderer Fachrichtungen, insbesondere auch des Naturschutzes, zu erlangen.

7.13 Hörsten Bruch im Landkreis Diepholz – Erhöhung der Naturnähe eines Bruchwaldkomplexes durch Aussetzen der Gewässerunterhaltung und anschließende naturnahe Umgestaltung des Fließgewässers

Peter Meyer

7.13.1 Ausgangssituation und Anlass

Das Projektgebiet „Hörsten Bruch" befindet sich im Eigentum der Niedersächsischen Landesforsten (Forstamt Nienburg) und liegt nordöstlich von Sulingen. Es ist überwiegend mit stark entwässerten Erlenbeständen in der Degradationsform „Himbeer-Erlenbruch" bestockt. Selbst den stärker vernässten Erlenbeständen fehlt oft ein Teil der typischen Bruchwaldarten. Infolge der lang anhaltenden Entwässerung zeigen die Niedermoortorfe eine tief reichende Vererdung.

Das Projektgebiet wird durch den Sudwalder Graben, ein Gewässer II. Ordnung, und den Lambertshofgraben, ein Gewässer III. Ordnung, entwässert. Das oberirdische Einzugsgebiet umfasst eine Fläche von 7,5 km^2 und ist zu ca. 2/3 durch Ackerland und ca. 1/3 durch Wald geprägt. Bei Beginn der Maßnahmen war das Fließgewässer strukturell stark überformt und naturfern. Die landwirtschaftliche Nutzung im Einzugsgebiet führte zu einer Belastung mit Stickstoff- und Phosphateinträgen. Aufgrund der geringen Strömung und der Eintiefung des Gewässers wurden niedrige Sauerstoffgehalte und starke Eisenockerbildung festgestellt, sodass der größte Teil der Fließstrecke im Sommer nur eine Gewässergüteklasse III bis IV erreichte (vgl. DIN 3841). Einzelne Messstellen lagen jedoch auch im Bereich der Güteklasse II. Im Winter waren die Werte mit den Güteklassen I bis II deutlich besser. Totholz kam zu Beginn der Maßnahme nur in sehr geringer Menge und Dimension vor.

Der Sudwalder Graben wurde im Oberlauf dem Gewässertyp *„organisch geprägtes Fließgewässer des Tieflands"* zugeordnet. Im Unterlauf handelt es sich um ein *„sandgeprägtes Fließgewässer des Tieflandes"*, da durch die anthropogene Vertiefung die organische Schicht durchbrochen wurde und hier aktuell mineralische Sohlenverhältnisse vorliegen.

Das „Hörsten Bruch" war nicht durchgehend bewaldet. Die Kurhannoversche Landesaufnahme aus dem Jahr 1771 zeigt den heutigen Bruchwaldkomplex als waldfreien Teil einer von Heide und Feuchtgrünland dominierten Landschaft. Die Fließgewässer hatten einen gewundenen Verlauf. Gegen Ende des 19. Jahrhundert waren die Bäche weitgehend begradigt. Ab 1830 setzte die Wiederaufforstung des *„Hörsten Bruch"* ein. Auf der Karte der ursprünglichen Moorverbreitung des Landesamtes für Bergbau, Energie und Geologie (LBEG) zeigt sich das Gebiet als Teil eines ausgedehnten Talmoorsystems.

7.13.2 Entwicklungskonzept, Ziele, Konflikte

Das Entwicklungsziel im Projektgebiet „*Hörsten Bruch*" ist ein naturnaher Biotopkomplex aus Fließgewässer, Bruchwald und Feuchtgrünland. Der Wasserspiegel im Projektgebiet soll durch eine naturnahe Struktur und Dynamik der Fließgewässer so weit angehoben werden, dass eine erneute Torfbildung angeregt, mindestens jedoch die weitere Torfzehrung aufgehalten bzw. stark verlangsamt wird.

Konflikte mit der forstlichen Nutzung ergaben sich nur am Rande, da das Projektgebiet für die Holzproduktion nicht als vorrangig eingestuft wurde und die forstliche Infrastruktur (Wege) durch die Maßnahmen nicht beeinträchtigt wurde. Das Renaturierungsvorhaben wurde vom Flächeneigentümer Niedersächsische Landesforsten und dem zuständigen Forstamt Nienburg in allen Belangen unterstützt.

Die Befürchtungen eines Oberliegers, dass es zu einer unerwünschten Vernässung von oberhalb des Projektgebiets liegenden Grünlandbereichen durch Rückstau kommen könnte, wurden durch eine Berechnung der Wasserspiegellagen ausgeschlossen.

7.13.3 Planung und Maßnahmen

Seit 1999 wurden die aktive Gewässerunterhaltung ausgesetzt sowie im Jahr 2003 Sohlenschwellen in das Fließgewässer eingebaut und Totholz eingebracht.

Insgesamt wurde aufgrund einer Zwischenevaluation dieser weitgehend passiven Renaturierung deutlich, dass weitere aktive Maßnahmen erforderlich sind, um naturnahe Grundwasserverhältnisse wiederherzustellen und ein naturnahes Fließgewässersystem zu entwickeln. Es zeichnete sich ab, dass eine wirksame Restauration des Niedermoores im Hörsten Bruch nur durch Maßnahmen erreicht werden kann, die an der Ursache für die Degradation – der Entwässerung des Moorkörpers durch das Fließgewässer – ansetzen.

Daher wurde im Zuge eines wasserrechtlichen Genehmigungsverfahrens eine Laufververlegung des Gewässers in Verbindung mit der Gestaltung eines naturnahen, gewundenen bis mäandrierenden Gerinnes auf deutlich höherem Geländeniveau mit dem Ziel einer Wiedervernässung wesentlicher Teile des Projektgebiets geplant und im Jahr 2013 durchgeführt.

7.13.4 Entwicklungen und Erfahrungen

Eigendynamische Entwicklung bis 2013

Gewässerstrukturgütekartierungen (Niedersächsisches Landesamt für Ökologie, Hrsg. 2001) in den Jahren 2002 und 2007 zeigen die positiven Effekte einer eigendynamischen Gewässerstrukturierung aber auch die Notwendigkeit für weitere aktive Maßnahmen zur naturnahen Umgestaltung, um das Renaturierungsziel zu erreichen.

Bei der ersten Erfassung im Jahr 2002 zeigten sich bei allen Abschnitten ein verfallendes Regelprofil und eine „*deutlich beeinträchtigte*“ bis „*merklich geschädigte*“ Laufentwicklung. Querbänke als örtliche Aufhöhungen der Gewässersohle konnten in den Abschnitten, die durch eine geringe Wasserführung gekennzeichnet waren, mehrfach registriert werden.

Unter diesen hydrologischen Bedingungen führten schon geringe Totholz- oder sonstige Vegetationsansammlungen zu einer Riffelbildung. In den stärker durchströmten Gewässerabschnitten kam die Querbankbildung dagegen nicht über das Ansatzstadium hinaus. Strömungsdiversität und Tiefenvarianz bewegten sich im Allgemeinen zwischen gering und mäßig.

Das Längsprofil wurde überwiegend als „*merklich geschädigt*“ kartiert und die Sohlenstruktur als „*bedingt naturnah*“ eingestuft. Breitenerosionen wurden in keinem Fall festgestellt. Die Breitenvarianz war aufgrund der Einengung durch die Vertiefungen nur „*gering*“ bis „*mäßig*“. Auch das Querprofil wurde überwiegend als „*deutlich beeinträchtigt*“ eingestuft. Dahingegen wies die Uferstruktur sehr unterschiedliche Strukturklassen auf. Das Umfeld wurde aufgrund der angrenzenden überwiegend naturnahen bestockten Waldbestände überwiegend positiv bewertet.

Nach fünf Jahren ergaben sich in der Gesamtbeurteilung der Gewässerstruktur für die meisten Abschnitte mittlere bis gute Werte. Die Bewertung des Querprofils in Form von Profiltyp, Profiltiefe und Breitenvarianz hatte sich durch die Aufgabe der regelmäßigen Gewässerunterhaltung deutlich verbessert.

Eigendynamische Verbesserungen konnten sich allerdings nur dort einstellen, wo geringe Strömungsgeschwindigkeiten, Vegetation im Gewässer und Verklausungen die Sedimentablagerung begünstigten (Abb. 7.144). Auch beim Längsprofil haben sich im Untersuchungszeitraum deutliche Verbesserungen ergeben.

Eine nach wie vor schlechte Bewertung ergab sich für die Laufentwicklung. Hierfür waren der geradlinige bis gestreckte Verlauf und die weitgehend fehlende Krümmungserosion verantwortlich. Lediglich in Bereichen mit geringen Strömungsgeschwindigkeiten und dort, wo durch genügend Lichteinfall eine Festigung mit Pflanzenbewuchs stattfand, haben die Sohlenschwellen Wirkung gezeigt. In erster Linie waren die Verbesserungen auf die Aufgabe der regelmäßigen Gewässerunterhaltung zurückzuführen.

Durch die Aufgabe der Gewässerunterhaltung war das ursprüngliche Gewässerprofil des Sudwalder Grabens auf weiten Strecken verfallen und innerhalb des ehemaligen, uniformen Ausbauprofils bildeten sich durch eigendynamische fließgewässertypische Erosions- und Sedimentationsprozesse naturnahe Gerinnestrukturen, wie Längsbanke und Totholzansammlungen. Eine signifikante und für das Waldmoor essentielle Sohlenaufhöhung kann hierdurch jedoch auch auf lange Sicht nicht erreicht werden.

Eigendynamische Entwicklung nach naturnaher Umgestaltung

Mit den Maßnahmen zur naturnahen Umgestaltung des Sudwalder Grabens und des Lambertshofgrabens konnten in Teilabschnitten die ursprünglich gesetzten Projektziele

Abb. 7.144 Gewässerstruktur des Sudwalder Grabens unterhalb der Forststraße im Jahr 2007 nach Aussetzen der Unterhaltung, dem Einbau von Sohlenschwellen und dem Einbringen von Totholz

im Hinblick auf die Fließgewässerstruktur und Sanierung des Moorwasserhaushalts erreicht werden. Im oberen Teilabschnitt sind durch den oberflächennahen Abfluss im Nebengerinne die Potenziale für die Anhebung des Moorwasserspiegels ausgeschöpft.

In dem darunter liegenden Abschnitt kam es zu einem ungeplanten flächigen Einstau vor einem Durchlass unter der Forststraße. Hier sollten die fließgewässerstrukturellen Aspekte nach Abwägung mit den positiven Vernässungseffekten sowie der bereits eingesetzten naturnahen Entwicklung des Landschaftsbilds zurückgestellt werden.

Unterhalb des Durchlasses ergab sich in den tiefer gelegenen Abschnitten ein deutlicher Nachbesserungsbedarf im Hinblick auf die Anhebung des Moorwasserspiegels, da die Querdämme ihre Funktion nicht oder nur eingeschränkt erfüllten. Dies sollte durch den Einbau wirksamer und erosionsstabiler Querdämme sowie die Aktivierung und Nachbesserung der bereits erstellten leistungsschwachen Nebengerinne erfolgen.

Die Maßnahmen der ersten und zweiten Renaturierungsphase haben insgesamt zu deutlichen gewässerstrukturellen Verbesserungen geführt (Abb. 7.145), ohne dass es jedoch gelungen ist, den Moorwasserspiegel im gesamten Projektgebiet anzuheben. Eine dritte Renaturierungsphase mit Maßnahmen im Unterlauf des Projektgebiets sollte sich daher anschließen.

Abb. 7.145 Gewässerstruktur des Sudwalder Grabens unterhalb der Forststraße im Jahr 2018 nach naturnaher Umgestaltung im Jahr 2013

Literatur

Verwendete Literatur zu Abschn. 7.1

Arge Weser (s. Arge Weser – Arbeitsgemeinschaft zur Reinhaltung der Weser)

Arge Weser – Arbeitsgemeinschaft zur Reinhaltung der Weser (Hrsg.) (1996a) Ökologische Gesamtplanung Weser-Grundlagen, Leitbilder und Entwicklungsziele für Weser, Werra und Fulda, Abschlussbericht, Eigenverlag Wassergütestelle Weser beim NLÖ, Hildesheim, 236 S.

Arge Weser – Arbeitsgemeinschaft zur Reinhaltung der Weser (Hrsg.) (1996b) Ökologische Gesamtplanung Weser-Grundlagen, Leitbilder und Entwicklungsziele für Weser, Werra und Fulda, Teilgutachten „Erfassung, Darstellung und Auswertung des ökologischen Zustandes der Auenbereiche von Werra, Fulda, Ober- und Mittelweser", Grundlagen Bd. 1, Bearbeitung: Ingenieurbüro Umwelt Institut Höxter (UIH), Eigenverlag Wassergütestelle Weser beim NLÖ, Hildesheim, 292 S. und 192 Karten.

Arge Weser – Arbeitsgemeinschaft zur Reinhaltung der Weser (Hrsg.) (1996c) Auenkonzepte für einen urbanen Bereich, Teilgutachten Bd. 8, Bearbeitung: Ingenieurbüro Umwelt Institut Höxter (UIH), Eigenverlag Wassergütestelle Weser beim NLÖ, Hildesheim, 75 S.

Arge Weser – Arbeitsgemeinschaft zur Reinhaltung der Weser (Hrsg.) (1996d) Unterhaltungsarbeiten an Bundeswasserstraßen, Teilgutachten Bd. 7, Bearbeitung: Bundesanstalt für Gewässerkunde (BfG), Eigenverlag Wassergütestelle Weser beim NLÖ, Hildesheim, 67 S.

Arge Weser – Arbeitsgemeinschaft zur Reinhaltung der Weser (Hrsg.) (1996e) Schaffung von erweiterten Retentionsräumen im Hochwasserfall, Teilgutachten Bd. 6, Bearbeitung: Ingenieurbüro Umwelt Institut Höxter (UIH), Eigenverlag Wassergütestelle Weser beim NLÖ, Hildesheim, 106 S.

BfN (s. Bundesamt für Naturschutz, Bonn)

Bundesamt für Naturschutz (Hrsg.) (2014) Naturschutz und Wasserrahmenrichtlinie in der Praxis. Tagungsdokumentation der BfN-Fachtagung am 26.11.2013 in Bonn – BfN-Skripten, Band 381, BfN – Bundesamt für Naturschutz, Bonn-Bad Godesberg, S. 34–37, (als pdf-Datei auf der Internetseite des BfN - https://www.bfn.de/ - zu finden).

Bundesamt für Naturschutz (Hrsg.) (2015) Gewässer und Auen – Nutzen für die Gesellschaft, Broschüre, Bonn, 58 S. (als pdf-Datei auf der Internetseite des BfN - https://www.bfn.de/ - zu finden).

Buschmann M, Schumacher E, Schackers B, Himmelmann J, Sendermann W (2003) Planung und Umsetzung eines Beweidungsvorhabens – Ausgleichskonzeption der Stadt Olfen, Regeneration und Entwicklung der siedlungsnahen Steveraue als halboffene Weidelandschaft, LÖBF-Mitteilungen, Nr. 4/2003, S. 48–53.

DWA – DeutscheVereinigung für Wasserwirtschaft, Abwasser und Abfall e.V. – DWA (Hrsg.) (2020) Naturschutz bei Planung und Genehmigung von Fließgewässerrenaturierungen, DWA- Merkblatt 617.

Gerken B, Dörfer K (2002) Auenregeneration an der Oberweser – Ein Strom im Wandel, Bausteine zu einer lebendigen Aue, Ergebnisse des Entwicklungs- und Erprobungsvorhabens (E+E-Vorhabens „Gestaltungs- und Pflegemaßnahmen landschaftstypischer Auenstandorte der Oberweserniederung", Wissenschaftliche Begleitung: des Bundesamtes für Naturschutz (BfN), Angewandte Landschaftsökologie, Heft 46, Bonn, 188 S.

Hessisches Ministerium für Umwelt, Landwirtschaft und Forsten – HMULF (Hrsg.) (1999) Defizitkarten der Gewässerstrukturen auf Basis des ATKIS-Basis DLM des Hessischen Landesvermessungsamtes, Selbstverlag, Wiesbaden.

Hessisches Ministerium für Umwelt, Klimaschutz, Landwirtschaft und Verbraucherschutz – HMUKLV (Hrsg.) (2015) Gewässerstrukturgüte in Hessen: http://wrrl.hessen.de/ (abgerufen am 06.06.2022).

HMUKLV (s. Hessisches Ministerium für Umwelt, Klimaschutz, Landwirtschaft und Verbraucherschutz, Wiesbaden)

HMULF (s. Hessisches Ministerium für Umwelt, Landwirtschaft und Forsten, Wiesbaden)

Ingenieur- und Planungsbüro Umwelt Institut Höxter – UIH (2000) Ökologisches Gesamtkonzept für Fulda- und Hauneaue im Landkreis Hersfeld-Rotenburg, Gutachten im Auftrag von Naturkundlicher Gesellschaft Mittleres Fuldatal e. V., Naturlandstiftung Hessen e. V. (Kreisverband Hersfeld-Rotenburg) und Naturschutzbund Deutschland (NABU), Landesverband Hessen e. V. (unveröffentlicht).

Ingenieur- und Planungsbüro Umwelt Institut Höxter – UIH (2002) Anforderungen an die Eingriffsregelung bei Straßenbauvorhaben in Fließgewässerauen – Überprüfung, Analyse und Ableitung eines Anforderungskataloges am Beispiel der Landschaftspflegerischen Begleitplanung zur A 44 Rheinquerung Ilverich, Studie im Auftrag der Rheinauen-Schutzgemeinschaft Meerbusch e. V., Selbstverlag, Höxter, 66 S.

Korn N, Jessel B, Hasch B, Mühlinghaus R (2005) Flussauen und Wasserrahmenrichtlinie – Bedeutung der Flussauen für die Umsetzung der europäischen Wasserrahmenrichtlinie – Handlungsempfehlungen für Naturschutz und Wasserwirtschaft, Schriftenreihe „Naturschutz und Biologische Vielfalt", Band 27, Bundesamt für Naturschutz - BfN (Hrsg.), Bonn, 253 S.

Kreisstadt Bad Hersfeld (Hrsg.) (2003) Fortschreibung des Landschaftsplans Bad Hersfeld, Grundlagen-, Planungs- und Kartenband, Bearbeitung: Ingenieurbüro Umwelt Institut Höxter (unveröffentlicht).

Lorenz W (2014) Das „Landshuter Modell" – Integrierte Fachplanungen von Naturschutz und Wasserwirtschaft in Niederbayern. In: Naturschutz und Wasserrahmenrichtlinie in der Praxis. Tagungsdokumentation der BfN-Fachtagung am 26.11.2013 in Bonn, BfN-Skripten, Band 381, BfN-Bundesamt für Naturschutz. Bonn-Bad Godesberg. S. 34–37, (als pdf-Datei auf der Internetseite des BfN - https://www.bfn.de/ - zu finden).

Otte-Witte K., Schneider C. (2012) Masterplan Fuldaaue, Interkommunale Zusammenarbeit Bebra, Rotenburg an der Fulda, Alheim, IWUD – Ingenieure für Wasser, Umwelt und Datenverarbeitung GmbH, https://www.zubra.de/images/download/Masterplan_Erlaeuterungsbericht_2012-06-21_01_Endfassung.pdf (abgerufen am 06.06.2022)

UBA (s. Umweltbundesamt, Dessau)

Umweltbundesamt – UBA (Hrsg.) (2020) Fulda: Kommunen teilen sich Kosten naturnahen Hochwasserschutzes, https://www.umweltbundesamt.de/fulda-kommunen-teilen-sich-kosten-naturnahen#film-naturnaher-hochwasserschutz-an-der-fulda (abgerufen am 06.06.2022)

Schackers B (1996) Möglichkeiten für Maßnahmen der Auenregeneration an der Fulda und Wege zu deren Umsetzung, In: Schutzgemeinschaft Deutscher Wald, Landesverband Hessen (Hrsg.) (1996) Auenregeneration und Auwaldneuanlage, Neuanlage von Auwald – Teil einer Regeneration von Auenlandschaft, SDW-Tagungsberichte, S. 77–94.

Schackers B (2014) Wie können Naturschutz und Landschaftsplanung die Ziele der EG-WRRL befördern? In: Naturschutz und Wasserrahmenrichtlinie in der Praxis. Tagungsdokumentation der BfN-Fachtagung am 26.11.2013 in Bonn – BfN-Skripten. Band 381. BfN- Bundesamt für Naturschutz. Bonn-Bad Godesberg. S. 28–33, 37, (als pdf-Datei auf der Internetseite des BfN - https://www.bfn.de/ - zu finden).

Schutzgemeinschaft Deutscher Wald, Landesverband Hessen (Hrsg.) (1996a) Auenregeneration und Auwaldneuanlage, SDW-Tagungsberichte, Wiesbaden, 126 S.

Schutzgemeinschaft Deutscher Wald, Landesverband Hessen (Hrsg.) (1996b) Auenwälder – Informationen zum Ökosystem, Handlungsleitfaden zur Neuanlage, Wiesbaden, 46 S.

SDW (s. Schutzgemeinschaft Deutscher Wald)

UIH (s. Ingenieur- und Planungsbüro Umwelt Institut Höxter; jetzt: UIH Planungsbüro – Landschaftsarchitekten Figura-Schackers PartGmbB Höxter)

Vollmer A (2001) Hochwasserschutz im Fulda- und Haunetal – Wasserwirtschaftliche Studie, Gutachten im Auftrag der Naturlandstiftung Hessen e. V. – Kreisverband Hersfeld-Rotenburg (unveröffentlicht).

Verwendete Literatur zu Abschn. 7.2

Dahl HJ, Hullen M (1989) Studie über die Möglichkeiten zur Entwicklung eines naturnahen Fließgewässersystems in Niedersachsen (Fließgewässerschutzsystem Niedersachsen), Naturschutz Landschaftspflege Niedersachsen, Heft 18, Abschn. 5–95, Hannover.

DVWK – Deutscher Verband für Wasserwirtschaft und Kulturbau e. V. (Hrsg.) (1999) Gewässerentwicklungsplanung – Begriffe, Ziele, Systematik, Inhalte, DVWK-Schriften Nr. 126, Bonn.

Eggers TO (2016) Wirkung strukturverbessernder Maßnahmen auf biologische Qualitätskomponenten gemäß WRRL, Tagungsband, Institutskolloquium 2016, Leichtweiß-Institut für Wasserbau der TU Braunschweig (Braunschweig), S. 12-17.

Niedersächsischer Landesbetrieb für Wasserwirtschaft, Küsten- und Naturschutz – NLWKN (Hrsg.) (2008) Leitfaden Maßnahmenplanung Oberflächengewässer, Teil A: Fließgewässer-Hydromorphologie, Stand: 31.03.2008, Wasserrahmenrichtlinie Bd 2, 160 S.

Niedersächsisches Umweltministerium (Hrsg.) (1992) Das Niedersächsische Fließgewässerprogramm, Hannover.

Niedersächsisches Ministerium für Umwelt, Energie und Klimaschutz (2016) Aktionsprogramm Niedersächsische Gewässerlandschaften, Hannover, 67 S.

NLWKN (s. Niedersächsischer Landesbetrieb für Wasserwirtschaft, Küsten- und Naturschutz)

Rasper M, Sellheim P, Steinhardt B (1991) Das Niedersächsische Fließgewässerschutzsystem – Grundlagen für ein Schutzprogramm (unter Mitarbeit von: D. Blanke und E. Kairies), Naturschutz Landschaftspflege Niedersachsen, Heft 25/3, Hannover.

Scherfose V et al. (1999) Ergebnisse des Workshops über Pflege- und Entwicklungspläne von Naturschutzgroß- und Gewässerrandstreifenprojekten des Bundes, In: Bundesamt für Naturschutz (Hrsg.) Pflege- und Entwicklungsplanung in Naturschutzgroßprojekten des Bundes, Angewandte Landschaftsökologie, Heft Nr. 18, Bonn.

Sellheim P (1996) Hinweise für die Erstellung eines Gewässerentwicklungsplanes (GEPl) – Gliederung und Leistungsverzeichnis, Informationsdienst Naturschutz Niedersachsen 16, Nr. 5.

Sellheim P (2006) Fließgewässerrenaturierung und Erfolgskontrollen in Zeiten der Europäischen Wasserrahmenrichtlinie (EG-WRRL), Informationsdienst Naturschutz Niedersachsen, Jahrg. 26, Heft 2/2006, S. 76–86, Hannover.

Staatliches Amt für Wasser und Abfall Verden (Hrsg.) (1996) Gewässerentwicklungsplan Wümme – von der Autobahn 1 bis zur Landesgrenze Bremen.

Staatliches Amt für Wasser und Abfall Verden (Hrsg.) und Planungsgemeinschaft Nord (1997) Gewässerentwicklungsplan Wümme in den Abschnitt zwischen Rotenburg und Scheeßel, Landkreis Rotenburg/Wümme.

StAWA Verden (s. Staatliches Amt für Wasser und Abfall Verden)

Internetquellen zu Abschn. 7.2

https://www.nlwkn.niedersachsen.de/wasserrahmenrichtlinie/flussgebietseinheit_weser/wumme/gebietsforum-wuemme-44009.html

https://www.nlwkn.niedersachsen.de/naturschutz/foerderprogramme/aktionsprogramm_gewaesserlandschaften/aktionsprogramm-niedersaechsische-gewaesserlandschaften-38719.html

https://www.nlwkn.niedersachsen.de/wasserwirtschaft/flussgebietsmanagement_egwrrl/oberflaechengewaesser/ergaenzende_massnahmen/gewaesserallianz-niedersachsen-132369.html

www.wuemme-meerforelle.de/

Verwendete Literatur zu Abschn. 7.3

ABU (s. Arbeitsgemeinschaft Biologischer Umweltschutz im Kreis Soest e. V.)

Arbeitsgemeinschaft Biologischer Umweltschutz im Kreis Soest e. V. (ABU), im Auftrag des Kreises Soest und der Bezirksregierung Arnsberg (Hrsg.) (2014a) Bericht über die Untersuchung der Fischfauna in den Schutzgebieten „Klostermersch", „Hellinghauser Mersch" und „Goldsteins Mersch" im Jahr 2013 (nicht veröffentlicht).

LANUV NRW (s. Landesamt für Natur, Umwelt und Verbraucherschutz des Landes Nordrhein-Westfalen)

Ministerium für Umwelt, Raumordnung und Landwirtschaft – MURL (Hrsg.) (1990) Natur 2000 in Nordrhein-Westfalen, Leitlinien und Leitbilder für Natur und Landschaft im Jahr 2000.

Staatliches Amt für Wasser- und Abfallwirtschaft Lippstadt – StAWA Lippstadt bearbeitet durch Ing. Büro A. Vollmer u. Ing. Büro K. H. Loske (1993) Lippeauenprogramm Abschnitt Lippstadt-Lippborg (nicht veröffentlicht)

Weiterführende Literatur zu Abschn. 7.3

Arbeitsgemeinschaft Biologischer Umweltschutz im Kreis Soest e. V. (ABU) im Auftrag der Bezirksregierung Arnsberg (Hrsg.) (2014b) Bericht über die Untersuchung der Fischfauna in den Schutzgebieten Monitoring-Projekt „Renaturierung der Lippeaue zwischen Lippstadt und Eickelborn" 2013 (nicht veröffentlicht).

Bezirksregierung Arnsberg, bearbeitet durch NZO GmbH (2009) Erfolgskontrolle 2006–2009 zur Abtrennung des Verlaufs der Lippe vom Sander Lippesee (nicht veröffentlicht).
Bezirksregierung Arnsberg, bearbeitet durch Arbeitsgemeinschaft Biologischer Umweltschutz im Kreis Soest e. V. (ABU) (2010) Lippeaue Eine Flusslandschaft im Wandel, Broschüre, Lippstadt
Detering U (2000) Das Gewässerauenprogramm NRW am Beispiel der oberen Lippe, In: Bundesamt für Naturschutz - BfN (Hrsg.) Renaturierung von Bächen, Flüssen und Strömen – Angewandte Landschaftsökolgie 37, Landwirtschaftsverlag Münster, S. 153–162.
Landesumweltamt Nordrhein-Westfalen – LUA NRW (Hrsg.) (2001) Leitbilder für die großen bis mittelgroßen Fließgewässer in Nordrhein-Westfalen, LUA Merkblätter Nr. 34, Albersdruck Düsseldorf.
Landesumweltamt Nordrhein-Westfalen – LUA NRW (Hrsg.) (2002) Fließgewässertypenatlas Nordrhein-Westfalen, LUA Merkblätter Nr. 36, Albersdruck, Düsseldorf.
Ministerium für Klimaschutz, Umwelt, Landwirtschaft, Natur und Verbraucherschutz des Landes Nordrhein-Westfalen MKULNV NRW (Hrsg.) Bestandsaufnahme NRW 2013, Entwurf Stand Dezember 2014 – Steckbriefe der Planungseinheiten im Teileinzugsgebiet Lippe.
Staatliches Umweltamt Lippstadt – (StUA) Lippstadt, bearbeitet durch: Arbeitsgemeinschaft Biologischer Umweltschutz im Kreis Soest e. V. (ABU) (2002) Die Klostermersch. Broschüre, Lippstadt.

Broschüren zu Abschn. 7.3

https://www.bezreg-arnsberg.nrw.de/themen/n/naturnahe_fluesse/index.php

Filme zu Abschn. 7.3 - Renaturierung der Lippe

https://www.bezreg-arnsberg.nrw.de/themen/n/naturnahe_fluesse/alles_im_fluss/index.php

Verwendete Literatu zu Abschn. 7.4

Baumgart HC (2003) Perspektiven für das Stadtgewässer Emscher, In: Technische Universität Dresden, Fakultät für Bauingenieurwesen (Hrsg.) 2003, Wasserbaukolloquium am 20./21. März 2003, „Gewässer in der Stadt", Wasserbauliche Mitteilungen Heft 24, Dresden.
DRL (s. Deutscher Rat für Landespflege, Bonn)
Deutscher Rat für Landespflege (Hrsg.) (2008) Kompensation von Strukturdefiziten in Fließgewässern durch Strahlwirkung, Heft 81, 134 S.
DWA-Deutsche Vereinigung für Wasserwirtschaft, Abwasser und Abfall eV – DWA (Hrsg.) (2020) Entwicklung urbaner Gewässer – Teil 1: Grundlagen, Planung und Umsetzung, Merkblatt DWA-Merkblatt 609-1 (Entwurf März 2020).
DWA-Deutsche Vereinigung für Wasserwirtschaft, Abwasser und Abfall eV – DWA (Hrsg.) (2015) Ökologische Baubegleitung bei Gewässerunterhaltung und -ausbau, DWA-Merkblatt 619.
Emschergenossenschaft (Hrsg.) (1991) Rahmenkonzept zum ökologischen Umbau des Emscher-Systems. Materialien zum Umbau des Emscher-Systems, Heft 1, Essen.
Emschergenossenschaft (Hrsg.) (1992) Emschergenossenschaft: Konzept zur Umgestaltung der Wasserläufe. Materialien zum Umbau des Emscher-Systems, Heft 6, Essen.
Emschergenossenschaft (Hrsg.) (2005) Masterplan „Emscher: Zukunft".
Semrau, M, Hurck R (2005) Leitbildermittlung in stark überformten Landschaften – Erfahrungsbericht aus dem Emschergebiet, GWF-Wasser-Abwasser (Heft 5), S. 408–411.
Semrau M, Reuter S, Hurck R (2007) Entwicklungschancen der Gewässer im Emschergebiet – Grundlage für einen effizienten Mitteleinsatz,Wasser und Abfall (Heft 6/2007), S. 30–34.

Semrau M, Brinkmann S, Wegner R (2010) Das ökologische Konzept für den Umbau der Emscher – eine WRRL-konforme Planung einer anthropogen überformten Flusslandschaft, Wasserwirtschaft 04/2009.

Semrau M, Junghardt S, Sommerhäuser M (2011) Die Erfolgskontrolle renaturierter Schmutzwasserläufe – Monitoringkonzept, Erfahrungen und Messergebnisse aus dem Emscher- und Lippegebiet, In: Jähnig, S., D. Hering, Sommerhäuser, M. (Hrsg.) Fließgewässer-Renaturierung heute und morgen, Wasserrahmenrichtlinie, Maßnahmen und Effizienzkontrolle. Limnologie aktuell, Heft 13, Stuttgart (Schweizerbart), S. 83–102.

Sommerhäuser M, Hurck R (2008) Aufbau des Arteninventars in isolierten, renaturierten Gewässerabschnitten im städtischen Bereich – Trittsteine und Strahlwirkung im Emschergebiet. Schriftenreihe DRL, Heft 81, S. 101–105.

Stemplewski J, Sommerhäuser M (2010) Neue Artenvielfalt im Emschergebiet – Ein Beitrag zur Biodiversität der Ballungsräume, Korrespondenz Wasserwirtschaft (KW) Heft 12/2010, S. 649–655.

Verwendete Literatur zu Abschn. 7.5

MLUL (s. Ministerium für ländliche Entwicklung, Umwelt und Landwirtschaft des Landes Brandenburg)

Ministerium für Ländliche Entwicklung, Umwelt und Landwirtschaft des Landes Brandenburg – MLUL (Hrsg.) (2021) Niedrigwasser 2018 und 2019 in den Flussgebieten Schwarze Elster, Spree und Lausitzer Neiße - Eine länderübergreifende Auswertung, 1. Aufl., Juli 2021.

Groth B, Thiele M (2019) In der Summe mehr, Die Renaturierung der Kleinen Elster. In: Naturmagazin Berlin Brandenburg, Ausgabe 2/2019.

Regel A, Passin A (2008) Renaturierung des Ruhlander Schwarzwassers zwischen Jannowitz und Arnsdorf, In: Gewässer-Info Nr. 42, Mai 2008.

Seidel M (2008) Entwicklungsmaßnahmen von Tieflandbächen mit Holz, Vergleich von Einbauvarianten im Ruhlander Schwarzwasser, Diplomarbeit, Brandenburgische Technische Universität Cottbus.

Seidel M (2018) Naturnaher Einsatz von Holz zur Entwicklung von Fließgewässern im Norddeutschen Tiefland, Dissertation an der BTU Cottbus-Senftenberg, Lehrstuhl Gewässerschutz, Magdeburger Wasserwirtschaftliche Hefte, Band 15.

Weiterführende Literatur zu Abschn. 7.5

Hanspach D et al. (2001) Der Schraden – Eine landeskundliche Bestandsaufnahme im Raum Elsterwerda, Lauchhammer, Hirschfeld und Ortrand, Herausgeber: Luise Grundmann im Auftrag des Instituts für Länderkunde Leipzig und der Sächsischen Akademie der Wissenschaften zu Leipzig, Bearbeitung: Dietrich Hanspach, Böhlau Verlag, Köln, Weimar, Wien.

Hanspach D et al. (2005) Der Schraden – Eine landeskundliche Bestandsaufnahme im Raum Elsterwerda, Lauchhammer, Hirschfeld und Ortrand, Autor: Grundmann L (Hrsg.) im Auftrag des Leibnitz-Instituts für Länderkunde Leipzig und der Sächsischen Akademie der Wissenschaften zu Leipzig, Erarbeitung unter Leitung von Dietrich Hanspach, 2., verbesserte Auflage, Böhlau Verlag, Köln, Weimar, Wien.

Hanspach D et al. (2008) Grossenhainer Pflege – Eine landeskundliche Bestandsaufnahme im Raum Großenhain und Radeburg, Herausgeber: Dietrich Hanspach und Haik Thomas Porada im Auftrag des Leibnitz-Instituts für Länderkunde und der Sächsischen Akademie der Wissenschaften zu Leipzig, Böhlau Verlag, Köln, Weimar, Wien.

Institut für Binnenfischerei e.V. – IFB (Hrsg.) (2010) Landeskonzept zur ökologischen Durchgängigkeit der Fließgewässer Brandenburgs, Potsdam.

Landesamt für Umwelt, Gesundheit und Verbraucherschutz – LUGV (Hrsg.) (2011) Umsetzung der europäischen Wasserrahmenrichtlinie, Beiträge des Landes Brandenburg zu den Bewirtschaftungsplänen und Maßnahmenprogrammen der Flussgebietsgemeinschaften Elbe und Oder.

Landesamt für Umwelt (2020) Auskünfte zur Niedrigwassersituation im Landkreis Elbe-Elster mit ergänzenden Angaben zur Situation im Einzugsgebiet der mittleren Schwarzen Elster.

Landesumweltamt Brandenburg (Hrsg.) (1993) Gütezustand der Schwarzen Elster – Methodische Ansätze wasserwirtschaftlich-ökologischer Betrachtungen mit Anregungen für gütestabilisierende Gewässerunterhaltung.

Landesumweltamt Brandenburg (Hrsg.) (1997) Schwarze Elster Ökologischer Zustand und Entwicklungsziele, Fachbeiträge des Landesumweltamtes, Titelreihe Nr. 24.

Landesumweltamt Brandenburg (Hrsg.) (1998) Die sensiblen Fließgewässer und das Fließgewässerschutzsystem im Land Brandenburg, Studien und Tagungsberichte, Bd. 15.

Landesumweltamt Brandenburg (Hrsg.) (2002) Strukturgüte von Fließgewässern Brandenburgs, Studien- und Tagungsberichte, Bd. 37.

Landesumweltamt Brandenburg und Ingenieurgemeinschaft WTU GmbH (Hrsg.) (2002) Generalplan Hochwasserschutz Einzugsgebiet der Schwarzen Elster im Land Brandenburg, Flussgebiete der Schwarzen Elster und Pulsnitz.

Lausitzer und Mitteldeutsche Bergbau-Verwaltungsgesellschaft mbH (Hrsg.) (2001) Flutungszentrale Lausitz.

MUGV (s. Ministerium für Umwelt, Naturschutz und Raumordnung des Landes Brandenburg – MUGV)

Ministerium für Ländliche Entwicklung, Umwelt und Landwirtschaft des Landes Brandenburg – MLUL (Hrsg.) (2016) Umsetzung der Wasserrahmenrichtlinie. Beiträge des Landes Brandenburg zu den Bewirtschaftungsplänen und Maßnahmenprogrammen der Flussgebietseinheiten Elbe und Oder für den Zeitraum 2016–2021.

Ministerium für Ländliche Entwicklung, Umwelt und Landwirtschaft des Landes Brandenburg – MLUL (Hrsg.) (2019) Richtlinie für die Unterhaltung von Fließgewässern im Land Brandenburg.

Ministerium für Umwelt, Gesundheit und Verbraucherschutz – MUGV (Hrsg.) (2014) Verbesserung des Landschaftswasserhaushaltes in Brandenburg, Bericht zum Förderprogramm 2002 bis 2012.

Ministerium für Umwelt, Naturschutz und Raumordnung des Landes Brandenburg – MUGV (Hrsg.) (1997) Richtlinie für die naturnahe Unterhaltung und Entwicklung von Fließgewässern im Land Brandenburg.

Scharf R, Braasch D (1997) Die sensiblen Fließgewässer des Landes Brandenburg – Kreis Elbe-Elster, In: Naturschutz und Landschaftspflege in Brandenburg, Heft 2, S. 49–58.

Scharf R, Braasch D (1998) Die sensiblen Fließgewässer des Landes Brandenburg, 3. Beitrag zu ihrer Erfassung und Bewertung – Kreise Spree-Neiße und Oberspreewald-Lausitz, kreisfreie Stadt Cottbus, In: Naturschutz und Landschaftspflege in Brandenburg Heft 2, S. 133–141.

Internetquellen zu Abschnitt 7.5

https://www.gwv-sonnewalde.de/

https://lfu.brandenburg.de/lfu/de/

DWA – Deutsche Vereinigung für Wasserwirtschaft, Abwasser und Abfall e. V. – DWA (Hrsg.) (2014) Fischaufstiegsanlagen und fischpassierbare Bauwerke – Gestaltung, Bemessung, Qualitätssicherung, DWA-Merkblatt DWA-M 509.

Gebler RJ (2005) Entwicklung naturnaher Bäche und Flüsse – Maßnahmen zur Strukturverbesserung, Verlag Wasser + Umwelt, Walzbachtal

Verwendete Literatur zu Abschn. 7.6

ATV-DVWK – Deutscher Verband für Wasserwirtschaft, Abwasser, Abfall e. V. (Hrsg.) (2001) 10 Jahre Gewässernachbarschaft Sieg - 10 Jahre Fließgewässerentwicklung an einem Mittelgebirgsgewässer, gewässer-info, Ausg. Mai 2002, S. 152–162.

Bezirksregierung Köln (Hrsg.) (2007) Siegauenkonzept – Angebotsplanung für die Sieg im Gewässerauenprogramm NRW vom Oktober 2007.

DWA – Deutsche Vereinigung für Wasserwirtschaft, Abwasser und Abfall e. V. – DWA (Hrsg.) (2014) Fischaufstiegsanlagen und fischpassierbare Bauwerke – Gestaltung, Bemessung, Qualitätssicherung, DWA-Merkblatt DWA-M 509.

DWA-Deutsche Vereinigung für Wasserwirtschaft, Abwasser und Abfall e. V. – DWA (Hrsg.) (2020) Gewässerrandstreifen – Uferstreifen – Entwicklungskorridore: Grundlagen und Funktionen, Hinweise zur Gestaltung, Beispiele, Merkblatt DWA- M 612 (Mai 2020).

Landesanstalt für Ökologie, Bodenordnung und Forsten des Landes Nordrhein-Westfalen – LÖBF (Hrsg.) (1996) Wiedereinbürgerung des Lachses, Schriftenreihe, Bd. 11. Landesanstalt für Ökologie, Bodenordnung und Forsten des Landes Nordrhein-Westfalen (LÖBF) (Hrsg.) (1999) Informationsblatt „Die Kontroll- und Fangstation für Wanderfische in der Sieg am Wehr Siegburg-Sankt Augustin“, Dezember 1999.

Landesanstalt für Ökologie, Bodenordnung und Forsten des Landes Nordrhein-Westfalen LÖBF (Hrsg.) (1999) Informationsblatt „Die Kontroll- und Fangstation für Wanderfische in der Sieg am Wehr Siegburg-Sankt Augustin“, Dezember 1999.

LÖBF (s. Landesanstalt für Ökologie, Bodenordnung und Forsten des Landes Nordrhein-Westfalen, Recklinghausen)

Ministerium für Klimaschutz, Umwelt, Landwirtschaft, Natur- und Verbraucherschutz des Landes Nordrhein-Westfalen – MKULNV (Hrsg.) (2011) Broschüre Wanderfischprogramm NRW – Ein Landesprogramm im Bereich Naturschutz und Gewässerökologie, Phase 2011 bis 2015.

Ministerium für Umwelt und Naturschutz, Landwirtschaft und Verbraucherschutz des Landes Nordrhein-Westfalen – MUNLV (Hrsg.) (2002a) Wanderfischprogramm Nordrhein-Westfalen, Statusbericht zur ersten Programmphase 1998 bis 2002, Ein Landesprogramm im Bereich Naturschutz und Gewässerökologie.

Ministerium für Umwelt und Naturschutz, Landwirtschaft und Verbraucherschutz des Landes Nordrhein-Westfalen – MUNLV (Hrsg.) (2006) Wanderfischprogramm Nordrhein-Westfalen – Phase 2007 bis 2010.

MKULNV (s. Ministerium für Klimaschutz, Umwelt, Landwirtschaft, Natur- und Verbraucherschutz des Landes Nordrhein-Westfalen, Düsseldorf)

MUNLV (s. Ministerium für Ministerium für Umwelt und Naturschutz, Landwirtschaft und Verbraucherschutz des Landes Nordrhein-Westfalen, Düsseldorf)

Patt H, Städtler E (2000) Eigendynamische Entwicklung einer Gewässerstrecke, Wasser und Boden, 47. Jahrg., Heft 1+2/2000.

Siegauenkonzept – Grobkonzept zur Renaturierung der Siegaue – Sieg- und Agger-Auenkonzept, Entwurfsbearbeitung: Ingenieurbüro Cochet, Überarbeitung: Staatliches Umweltamt Köln, Amt für Gewässerschutz und Abfallwirtschaft Rhein-Sieg-Kreis; Amt für Natur-und Landschaftsschutz Rhein-Sieg-Kreis; Landwirtschaftskammer Rheinland (September 1997).

Städtler E (1997) Das Gewässerauenkonzept Sieg, Wasser und Boden, 49. Jahrgang, Heft 10/1997.

Städtler E, Patt H (2003) Von der Fischtreppe zur Fischrampe – Wiederherstellung der ökologischen Durchgängigkeit eines Fließgewässers – 10 Jahre Pilotprojekt an Sieg und Agger, Wasser und Boden, Zeitschrift für Wasserwirtschaft, Bodenschutz und Abfallwirtschaft, 55. Jahrg., Heft 7 und 8/2003, S. 150–156.

Weiterführende Literatur zu Abschn. 7.6

Amt für Natur- und Landschaftsschutz des Rhein-Sieg-Kreises (Hrsg.) (2007) Ausweisung von Bootsanlegestellen und Freizeit- und Erholungseinrichtungen im Naturschutzgebiet Sieg- und Aggeraue, Stand Mai 2007, https://www.rhein-sieg-kreis.de/vv/produkte/Amt_66/Abteilung_66.3/Baden_und_Kanu_fahren_auf_Sieg_und_Agger_.php

ATV-DVWK – Deutscher Verband für Wasserwirtschaft, Abwasser, Abfall e. V. (Hrsg.) (2001b) Wiederherstellung der Durchgängigkeit der Sieg, „gewässer-info", Ausg. Sept. 2001, S. 124–127.

Ministerium für Klimaschutz, Umwelt, Landwirtschaft, Natur- und Verbraucherschutz des Landes Nordrhein-Westfalen – MKULNV (Hrsg.) (2010) Erste Erfolge bei der Wiederansiedlung des Maifisches, Pressemitteilung vom 04. Oktober 2010.

Ministerium für Klimaschutz, Umwelt, Landwirtschaft, Natur- und Verbraucherschutz des Landes Nordrhein-Westfalen – MUNLV (Hrsg.) (2014a) Bewirtschaftungsplan für die nordrhein-westfälischen Anteile von Rhein, Weser, Ems und Maas 2010 bis 2015, 633 S.

Ministerium für Klimaschutz, Umwelt, Landwirtschaft, Natur- und Verbraucherschutz des Landes Nordrhein-Westfalen – MKULNV (Hrsg.) (2014b) Steckbriefe der Planungseinheiten in den nordrhein-westfälischen Anteilen von Rhein, Weser, Ems und Maas mit Teileinzugsgebiet der Sieg, Stand Dezember 2014, 228 S.

Ministerium für Klimaschutz, Umwelt, Landwirtschaft, Natur- und Verbraucherschutz des Landes Nordrhein-Westfalen – MKULNV (Hrsg.) (2014c) Maßnahmenprogramm 2016–2021 für die nordrhein-westfälischen Anteile von Rhein, Weser, Ems und Maas, Entwurf, Stand Dezember 2014, 136 S.

Ministerium für Umwelt und Naturschutz, Landwirtschaft und Verbraucherschutz des Landes Nordrhein-Westfalen – MUNLV (Hrsg.) (2002) Gewässerauenprogramm – Ein Überblick über die Gewässerauenkonzepte in Nordrhein-Westfalen, 29 S.

Ministerium für Umwelt und Naturschutz, Landwirtschaft und Verbraucherschutz des Landes Nordrhein-Westfalen – MUNLV (Hrsg.) (2013) Steckbriefe der Planungseinheiten in den nordrhein-westfälischen Anteilen von Rhein, Weser, Ems und Maas, Bestandsaufnahme 2013, Stand: März 2014, 123 S., https://www.umwelt.nrw.de/

Ministerium für Umwelt und Naturschutz, Landwirtschaft und Verbraucherschutz des Landes Nordrhein-Westfalen – MUNLV (Hrsg.) (2014) Maßnahmenprogram NRW 2016 bis 2021 zur Umsetzung der Ziele der WRRL (im Internet unter: https://www.umwelt.nrw.de/

Patt H, Städtler E (2009) Altgewässer – Ökologie, Sanierung und Neuanlage, Teil 1: Grundlagen, 2. Jahrg., Heft 2, S. 84 ff

Patt H, Groß J, Städtler E, Weih A (2009) Altgewässer – Ökologie, Sanierung und Neuanlage, Teil 2: Beispiele für Schutz, Neuanlage und Sanierung, KW Korrespondenz Wasserwirtschaft, 2. Jahrg., Heft 3, S. 141 ff.

Regierungspräsidentin Köln (Hrsg.) (2013) Broschüre „Die Sieg heute und morgen" – Gewässerentwicklung der Siegmündung, Stand März 2013, 24 S.

Städtler E (2008) Gewässerentwicklung und Wanderfischprogramm für die Sieg, KW Korrespondenz Wasserwirtschaft, 1. Jahrg., Heft 7, S. 351 ff.

Internetquellen zu Abschn. 7.6

https://wassernetz-nrw.de/
https://www.bezreg-koeln.nrw.de/brk_internet/suche/index.php
https://www.fischschutzverein-siegburg.de/%20
https://www.flussgebiete.nrw.de/
https://www.umwelt.nrw.de/

Verwendete Literatur zu Abschn. 7.7

Gerhard M, Reich M (2001) Totholz in Fließgewässern – Empfehlungen zur Gewässerentwicklung, Gemeinnützige Fortbildungsgesellschaft für Wasserwirtschaft und Landschaftsentwicklung (GFG) mbH & WBW – Fortbildungsgesellschaft für Gewässerentwicklung (Hrsg.), 84 S.

Groß J, Paulus Th (2004) Umgestaltung von Wehranlagen mit Renaturierung der betonierten Gewässersohle an der Ahr im Bereich des Casinos in Bad Neuenahr-Ahrweiler, In: gewässer-info, ATV-DVWK Deutsche Vereinigung für Wasserwirtschaft, Abwasser und Abfall e. V. (Hrsg.), Hennef, Heft 29, S. 225–229.

Groß J, Gebler RJ, Paulus T (2001) Die Ahr wird für Fische und Kleinlebewesen wieder passierbar, In: gewässer-info, ATV-DVWK Deutsche Vereinigung für Wasserwirtschaft, Abwasser und Abfall e. V. (Hrsg.), Hennef, Heft 21, S. 116–118.

IKSR – Internationale Kommission zum Schutz des Rhein (Hrsg.) (1999) Lachs 2000 – Ist der Rhein wieder ein Fluss für Lachse?, Koblenz, Bearbeiter: B. Froehlich-Schmitt, und A. Schulte-Wülwer-Leidig, 63 S.

Kern K (1998) Sohlenerosion und Auenauflandung – Empfehlungen zur Gewässerunterhaltung, Gemeinnützige Fortbildungsgesellschaft für Wasserwirtschaft und Landschaftsentwicklung (GFG) mbH (Hrsg.), 48 S.

Lohmeyer W (1970) Über das Polygono-Chenopodietum in Westdeutschland unter besonderer Berücksichtigung seiner Vorkommen in am Rhein und im Mündungsgebiet der Ahr, Schriftenreihe für Vegetationskunde, Bonn-Bad Godesberg, S. 7–28.

Lohmeyer W (1975) Über Fluss begleitende nitrophile Hochstaudenfluren an Mittel- und Niederrhein, Schriftenreihe für Vegetationskunde, Bonn-Bad Godesberg, Heft Nr. 8, S. 79–98.

Paulus T (1999) Ufergehölze und Gehölzpflege – Empfehlungen für den Gewässerunterhaltungspflichtigen, Gemeinnützige Fortbildungsgesellschaft für Wasserwirtschaft und Landschaftsentwicklung (GFG) mbH (Hrsg.), Mainz., 60 S.

Schneider J, Groß J (2008) Entschärfung des Sackgasseneffekts durch die unerwünschte Leitströmungswirkung von Mühlgräben gegenüber Ausleitungsstrecken durch diffuse Wasserrückführung – erste Ergebnisse, In: gewässer-info, ATV-DVWK Deutsche Vereinigung für Wasserwirtschaft, Abwasser und Abfall e. V. (Hrsg.), Hennef, Heft 41, S. 393–395.

Weiterführende Literatur zu Abschn. 7.7

ATV-DWK Deutsche Vereinigung für Wasserwirtschaft, Abwasser und Abfall e. V. (Hrsg.) (2003) Wehre und Stauanlagen an kleinen und mittelgroßen Fließgewässern – ATV-DVWK-Regelwerk, ATV-DVWK- Arbeitsbericht, 68 S., Hennef.

DWA-Deutsche Vereinigung für Wasserwirtschaft, Abwasser und Abfall eV – DWA (Hrsg.) (2014) Fischaufstiegsanlagen und fischpassierbare Bauwerke – Gestaltung, Bemessung, Qualitätssicherung, DWA-Merkblatt 509.

Groß J, Gebler R J (2005) Naturnahe Entwicklung der Ahr oberhalb der Mündung in Sinzig, In: gewässer-info, ATV-DVWK Deutsche Vereinigung für Wasserwirtschaft, Abwasser und Abfall e. V. (Hrsg.), Hennef, Heft 34, S. 297–300.

Krause A (1975) Über die natürliche Verjüngung von Uferweiden an der Ahr, Schriftenreihe für Vegetationskunde, Bonn-Bad Godesberg, Heft Nr. 8, S. 99–104.

Krause A (1998) Das Mündungsgebiet der Ahr, ein frühes Naturschutzprojekt des Bundes, Angewandte Landschaftsökologie, Bundesamt für Naturschutz (Hrsg.), Bonn-Bad Godesberg, Heft 23, S. 99–108.

Krause A (2000) Über Motive für die ökologische Verbesserung von Wasserläufen, Angewandte Landschaftsökologie, In: Bundesamt für Naturschutz – BfN (Hrsg.) (2000), Heft Nr. 37, S. 9–12.

Verwendete Literatur zu Abschn. 7.8

ALAND – Arbeitsgemeinschaft Landschaftsökologie (1993) Gewässerentwicklungsplan für die Wasserläufe der Südlichen Acher-Rench-Korrektion (AREKO-Süd) (unveröffentlicht).

ATV-DVWK Deutsche Vereinigung für Wasserwirtschaft, Abwasser, Abfall e. V. (Hrsg.) (2002) Aktuelle Hinweise zur Unterhaltung von Fließgewässern im Flachland, Broschüre, Januar 2002.

DVWK (s. Deutscher Verband für Wasserwirtschaft und Kulturbau e. V., Bonn – Anmerkung: Der Deutsche Verband für Wasserwirtschaft und Kulturbau e. V. (DVWK) und die Abwassertechnische Vereinigung e. V. (ATV) sind seit dem 1. Januar 2000 fusioniert. Der neue Verband führt die Bezeichnung: ATV-DVWK Deutsche Vereinigung für Wasserwirtschaft, Abwasser, Abfall e. V. mit Sitz in Hennef/Sieg).

DVWK Deutscher Verband für Wasserwirtschaft, Abwasser, Abfall e. V. (Hrsg.) (1999) Ökologische Aspekte bei der maschinellen Gewässerunterhaltung, DVWK-Materialien Nr. 4/1999.

Gewässerdirektion Südlicher Oberrhein/Hochrhein (Hrsg.) (1999) Unterhaltung und Entwicklung von Flachlandgewässern, Tagungsband zum Workshop am 08./09. Juni 1999 in Achern, Ortenaukreis, Materialien Gewässer, Band 2.

Gewässerdirektion Südlicher Oberrhein/Hochrhein (Hrsg.) (2003) Weiterentwicklung der Acher-Rench-Korrektion im Ortenaukreis, Hochwasserschutz und Gewässerentwicklung im Einklang, Broschüre Juni 2003.

GWD (s. Gewässerdirektion Südlicher Oberrhein/Hochrhein, Offenburg)

Internetquellen zu Abschn. 7.8

https://ec.europa.eu/oceans-and-fisheries/index_en

https://eur-lex.europa.eu/homepage.html?locale=de

Verwendete Literatur zu Abschn. 7.9

Bayerisches Landesamt für Umwelt – BayLfU (Hrsg.) (2011) Flusslandschaft der Isar im Wandel der Zeit.

BayLfU (s. Bayerisches Landesamt für Umwelt, Augsburg)

Binder W, Gröbmaier W (2014) Renaturierung der (Isar im Süden von München und die Rückkehr der Deutschen Tamariske, In: Auenzentrum Neuburg/Donau-Ingolstadt (Hrsg.) (2014) Auenmagazin, Heft 7/2014, S. 52–53.

Karl J, Scheuermann H et al. (1998) Die Isar – ein Gebirgsfluss im Wandel der Zeiten, Jahrbuch des Vereins zum Schutz der Bergwelt, 63. Jahrg., 1998, München, S. 1–131.

Ruhland M (2011) Die Isar, Stadt, Mensch, Fluss, Süddeutsche Zeitung Edition, München.

Weiterführende Literatur zu Abschn. 7.9

Auenzentrum Neuburg/Ingolstadt (Hrsg.) (2014) Auenmagazin – Magazin des Auenzentrums Neuburg a.d. Donau, Neuburg a.d. Donau, https://www.auenzentrum-neuburg-ingolstadt.de/

Bayerisches Landesamt für Wasserwirtschaft, Bayerisches Landesamt für Umwelt – BayLfW – BayLfU (Hrsg.) (2001) Flusslandschaft der Isar von der Landesgrenze bis Landshut – Leitbilder, Entwicklungsziele, Maßnahmenhinweise.

BayLfW (s. Bayerisches Landesamt für Wasserwirtschaft, München; jetzt Bayerisches Landesamt für Umwelt, Augsburg)

Binder W (2017) Isarwasser für die Au – Der Auenbach am Ickinger Wehr Auenzentrum Neuburg/ Donau-Ingolstadt (Hrsg.), Auenmagazin, Heft 11/2017, S. 23-25.

Deutscher Rat für Landespflege - DRL (Hrsg.) (2009) Verbesserung der biologischen Vielfalt in Fließgewässern und Auen, Heft Nr. 82, Bonn

DRL (siehe Deutscher Rat für Landespflege, Bonn)

Egger G, Michor K, Muhar S, Bednar B (Hrsg.) (2009) Flüsse in Österreich, Lebensadern für Mensch, Natur und Wirtschaft, Studienverlag Innsbruck, Wien, Bozen.

Hafner K (2001) Neues Leben für die Isar – 2,5 Kilometer bereits renaturiert, Isartalverein e. V., Jahresbericht 2000/2001, München, S. 30–34.

Landeshauptstadt München – Referat für Städteplanung und Bauordnung, Grünplanung (Hrsg.) (2020) Perspektiven für die innerstädtische Isar, Dokumentation Rahmenplanung und Flussrunde, S. 1–54.

Lorenz W et al (2019) Auwaldentwicklung an der unteren Isar im Zeichen des Eschentriebsterbens, In: Auenzentrum Neuburg/Donau-Ingolstadt (Hrsg.) (2019), Auenmagazin, Heft 16/2019, S. 21–28

Lorenz W, Schacht H (2015) Das Landeshuter Modell, gewässer-info Nr. 62, Januar 2015, S. 765–769.

Margraf C (2014) Ein Fluss renaturuert sich selbst, Auenzentrum Neuburg/Donau-Ingolstadt (Hrsg.) Auenmagazin, Heft 06/2014, S. 21–22.

Micheler A (1956) Die Isar vom Karwendel-Ursprung bis zur Mündung in die Donau, Jahrbuch des Vereins zum Schutze der Alpenpflanzen und -tiere, 21. Jahrg., München, S. 15–46.

Muhar S, Muhar A, Egger G, Sigrist D (Hrsg.) (2019) Flüsse der Alpen Vielfalt in Natur und Kultur, Hauptverlag Bern, 512 S.

Internetquellen zu Abschn. 7.9

https://www.die-neue-isar.com/isarrenaturierung/isar-muenchen-isarplan-2

https://www.muenchen.de/freizeit/orte/119332.html

https://www.wwa-m.bayern.de/fluesse_seen/massnahmen/isarplan/

https://www.wwa-la.bayern.de/life_isar/index.htm

https://ec.europa.eu/oceans-and-fisheries/index_en

Verwendete Literatur zu Abschn. 7.10

Arbeitsgruppe Thur (2001) Die Thur – Ein Fluss mit Zukunft für Mensch, Natur und Landschaft.

Baudirektion Kanton Zürich – Amt für Abfall, Wasser, Energie und Luft (Hrsg.) (2000) Wasserbau im Kanton Zürich. Sonderdruck Nr. 1450, gwa-Zeitschrift des Schweizerischen Vereins des Gas- und Wasserfaches (SVGW), Zürich.

Binder W, Göldi C (Hrsg.) (2018) Das Thurauenprojekt, Auenzentrum Neuburg/Donau, In: Bayerisches Landesamt für Umwelt Augsburg, Auenmagazin – BayLfU (Hrsg.) (2018), Heft 4/2018, S. 35-38, https://www.auenzentrum-neuburg-ingolstadt.de/

Göldi C und Bänziger R (2022) In: Sauter M (2022) Die Thur und das untere Thurtal in den Kantonen Zürich und Thurgau, Die Geschichte von den Anfängen bis zur Gegenwart, Baudirektion des Kantons Zürich (Hrsg.) (2022), 604 S.

Göldi C (2006) Hochwasserschutz und Auenlandschaft Thurmündung, Ausgangslage-Ideen-Ziele, Zürcher Wald, Heft Nr. 3/2006.

Göldi C (2014) Revitalization of Rivers in Switzerland, A Historical Review, In: Swiss Competences in River Engineering and Restoration, Tagungsband Seventh International Conference on Fluvial Hydraulics „River Flow 2014", CRC Press.

Nikitin I, Göldi C (1996) Die Anwendung von Buhnen im naturnahen Wasserbau, Gas Wasser Abwasser gwa, Heft Nr. 2/1996.

Pantucek P, Göldi C (2004) Erneuerte Flusslandschaft an der Thur, Gas Wasser Abwasser gwa, Heft Nr. 3/2004.
Sauter M (2022) Die Thur und das untere Thurtal in den Kantonen Zürich und Thurgau, Die Geschichte von den Anfängen bis zur Gegenwart, Baudirektion des Kantons Zürich (Hrsg.) (2022), 604 S.
Straub M (Hrsg.) (2001) Neuer Fischatlas des Kantons Zürich, Werd-Verlag, Zürich.

Weiterführende Literatur zu Abschn. 7.10

Göldi C (2014) Revitalization of Rivers in Switzerland – A Historical Review, Swiss Competences in River Engineering and Restoration, ETH Lausanne.
Göldi C, Nikitin I (2000) Das Buhnenfeld an der Thur bei Altikon, eine flussgerechte Damm- und Ufersicherung.
Nikitin I, Göldi C (1996) Die Anwendung von Buhnen im naturnahen Wasserbau, Gas Wasser Abwasser gwa, Heft Nr. 2/96.
Peters A (2009) Flussrevitalisierungen – Lernbeispiel für Wissenschaft und Praxis, Erfahrungen aus dem Projekt Rhone-Thur, Wasser-Energie-Luft, Heft 3-2009, S. 213 ff.
Weiss H (2020) achtung: landschaft schweiz, Vom nachhaltigen Umgang mit unserer wichtigsten Ressource, AS-Verlag, Zürich, Schweiz

Internetquellen zu Abschn. 7.10

https://www.zh.ch/de/baudirektion/amt-fuer-abfall-wasser-energie-luft.html

Verwendete Literatur zu Abschn. 7.11

Bodi K, Mader H, Pelikan B (1987 und 1989) Gestaltungsplan Alterbach, 1. Abschnitt (1987), 2. Abschnitt (1989), Wasserrechtliches Einreichprojekt im Auftrag der Stadt Salzburg, Kanal & Gewässeramt, Institut für Wasserwirtschaft, Universität für Bodenkultur, Wien.
Bundeswasserbauverwaltung Salzburg (2013) Gefahrenzonenausweisung Alterbach, Söllheimerbach, Schleiferbach, Ingenieurbüro Dipl. Ing. Günther Humer im Auftrag des Amtes der Salzburger Landesregierung. (https://www.salzburg.gv.at/tb_gzp_alterbach_komm_2013.pdf)
Flögl H, Flögl W (1992) Hochwasserschutz Söllheimerbach, Projekt im Auftrag des Magistrat Salzburg.
Haslauer J, Mader H, Patzner AM, Pelikan B, Schwarz W (1987) Fließgewässerrenaturierungen im großstädtischen Bereich, dargestellt am Alterbachsystem der Stadt Salzburg, Österreichische Wasserwirtschaft, Jahr, 39, Heft 7/8, S. 189–198.
Laher G (1993) Wirkungsanalysen der Renaturierungsarbeiten am Alterbach – Söllheimerbach, Diplomarbeit am Institut für Wasserwirtschaft, Universität für Bodenkultur, Wien, 1993.
Mader H (1986) Revitalisierung Alterbach – Fließgewässerstudie 1986, Diplomarbeit am Institut für Wasserwirtschaft, BOKU Wien.
Mader H (1999) Biotop Adjustment Measures at river ALTERBACH, Salzburg/Austria, Monitoring 1986–1999, 3rd International Symposium on Ecohydraulics, Salt Lake City 1999, USA.
Mader H (2000) Lebensraum Stadtbach, Alterbach, Söllheimerbach, Im Auftrag der Landesregierung Salzburg, FA 6/6 Wasserwirtschaft.
Moog O (1986) Fließgewässerstudie Alterbach 1986, Fachbericht Makrozoobenthos, Salzburg, 1986.
Rüter H, Asche H, Glechner R, Kainz E, Mader H, Mark W, Medgyesy N, Patzner AM, Platzer G (1997) Bestandsanalyse ausgewählter Restrukturierungsprojekte an Alterbach, Oichten und Pollingerbach, BAW-Bundesamt für Wasserwirtschaft, Schriftenreihe Band 2.

Internetquellen zu Abschn. 7.11

https://www.salzburg.gv.at/umweltnaturwasser_/Seiten/taugl-klassenzimmer-am-bach.aspx

Verwendete Literatur zu Abschn. 7.12

ABU (s. Arbeitsgemeinschaft Biologischer Umweltschutz e. V., Biologische Station Soest)

Arbeitgemeinschaft Biologischer Umweltschutz e. V. – Biologische Station Soest (Hrsg.) (2014a) Bachtäler im Arnsberger Wald, Bad Sassendorf, Laienbericht zum gleichnamigen LIFE-Projekt,

Arbeitgemeinschaft Biologischer Umweltschutz e. V. – Biologische Station Soest (Hrsg.) (2014b) Stream valleys in the Arnsberg Forest, Bad Sassendorf, Layman's report to the LIFE-Project with the same name.

BfG (s. Bundesanstalt für Gewässerkunde, Koblenz)

Bundesanstalt für Gewässerkunde – BfG (Hrsg.) (2014) Deutsches Gewässerkundliches Jahrbuch Rheingebiet III, 2014.

Landesamt für Natur, Umwelt und Verbraucherschutz Nordrhein-Westfalen – LANUV NRW (Hrsg.) (2001) Natura-2000-Gebiete in Nordrhein-Westfalen – Arnsberger Wald (Quelle: http://www.naturschutzfachinformationssysteme-nrw.de/natura2000-meldedok/de/fachinfo/listen/meldedok/DE-4514-302; Abgerufen am 06.062022).

Landesumweltamt Nordrhein-Westfalen – LUA NRW (Hrsg.) (1999) Leitbilder für kleine bis mittelgroße Fließgewässer in Nordrhein-Westfalen – Gewässerlandschaften und Fließgewässertypen, Merkblätter Nr. 17, Essen.

LANUV NRW (s. Landesamt für Natur, Umwelt und Verbraucherschutz Nordrhein-Westfalen)

LUA NRW (s. Landesumweltamt Nordrhein-Westfalen)

Ministerium für Umwelt, Raumordnung und Landwirtschaft des Landes Nordrhein-Westfalen – MURL NRW (Hrsg.) (2010) Richtlinie für naturnahe Unterhaltung und naturnahen Ausbau der Fließgewässer in Nordrhein-Westfalen, 6. Aufl., Düsseldorf.

MURL NRW (s. Ministerium für Umwelt, Raumordnung und Landwirtschaft des Landes Nordrhein-Westfalen, Düsseldorf)

Internetquellen zu Abschn. 7.12

http://www.life-bachtaeler.de/

www.life-bachtaeler.de/downloads/finish/13-downloads/122-life-bachtaeler-broschuere-laienbericht.html

www.life-bachtaeler.de/downloads/finish/13-downloads/170-life-bachtaeler-broschuere-laienbericht-engl.html

https://artenschutz.naturschutzinformationen.nrw.de/artenschutz/de/start

Verwendete Literatur zu Abschn. 7.13

Caspers G, Bauerochse A, Meyer P (2011) Standardkartierbogen für Nordwestdeutschland. Erfassung von Niedermooren im Wald, AFZ-Der Wald, Heft 21, S. 36–37.

Meyer P, Küchler P, Becker G (2009) DSS-WAMOS: Unterstützung für das Management von Waldmooren, AFZ-Der Wald, Heft 17, S. 902–904.

Meyer P, Städtler H, Küchler P, Becker G (2010) Abschlussbericht des von der Deutschen Bundesstiftung Umwelt geförderten Projekts „Praxistest des DSS-WAMOS am Beispiel zweier Waldmoorgebiete in Nordwestdeutschland – Anwendung eines Entscheidungsunterstützungssystems zur Umsetzung und Erfolgskontrolle von Renaturierungsvorhaben in Waldmooren“. URL: https://www.nw-fva.de/, weiter unter dem Stichwort „Moore“.

NFÖ (s. Niedersächsisches Landesamt für Ökologie, Hannover)

Niedersächsisches Landesamt für Ökologie (Hrsg.) (2001) Gewässerstrukturgütekartierung in Niedersachsen – Detailverfahren für kleine und mittelgroße Fließgewässer, Bearbeiter: M. Rasper, Hildesheim, 100 S.

Stichwortverzeichnis

H. Patt (Hrsg.), *Fließgewässer- und Auenentwicklung*,
https://doi.org/10.1007/978-3-662-64435-5

B

C

D

H

O

P

T

MIX
Papier aus verantwortungsvollen Quellen
Paper from responsible sources
FSC® C105338

If you have any concerns about our products,
you can contact us on
ProductSafety@springernature.com

In case Publisher is established outside the EU,
the EU authorized representative is:
Springer Nature Customer Service Center GmbH
Europaplatz 3, 69115 Heidelberg, Germany

Printed by Libri Plureos GmbH
in Hamburg, Germany